# COMMENTAIRE

## DE

# THÉON.

DE L'IMPRIMERIE DE A. BOBÉE.

# ΘΕΩΝΟΣ ΑΛΕΞΑΝΔΡΕΩΣ

## ΥΠΟΜΝΗΜΑ

### ΕΙΣ ΤΟ ΠΡΩΤΟΝ ΤΗΣ ΠΤΟΛΕΜΑΙΟΥ ΜΑΘΗΜΑΤΙΚΗΣ ΣΥΝΤΑΞΕΩΣ.

## COMMENTAIRE
# DE THÉON D'ALEXANDRIE,

### SUR LE PREMIER LIVRE DE LA COMPOSITION MATHÉMATIQUE DE PTOLEMÉE,

TRADUIT POUR LA PREMIÈRE FOIS DU GREC EN FRANÇAIS,
SUR LES MANUSCRITS DE LA BIBLIOTHÈQUE DU ROI,

## PAR M. L'Abbé HALMA

Chanoine honoraire de l'Eglise métropolitaine de Paris;

POUR SERVIR DE SUITE ET D'ÉCLAIRCISSEMENT A SON ÉDITION GRECQUE
ET A SA TRADUCTION FRANÇAISE DE L'ASTRONOMIE DE PTOLEMÉE.

## TOME I,

CONTENANT LA PREMIÈRE PARTIE DES DÉVELOPPEMENS DE LA TRIGONOMÉTRIE SPHÉRIQUE
D'HIPPARQUE ET DE PTOLEMÉE.

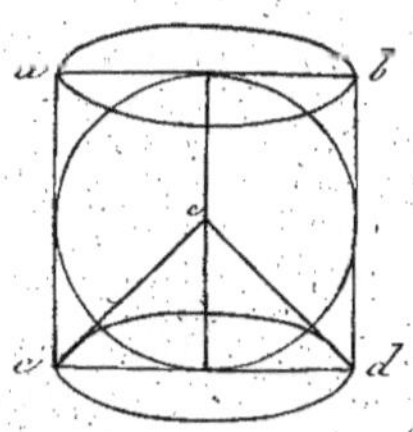

## A PARIS,

CHEZ MERLIN, LIBRAIRE, QUAI DES AUGUSTINS, N°.

### 1821.

# A SON ÉMINENCE

## MONSEIGNEUR

# LE CARDINAL DE PÉRIGORD,

## ARCHEVÊQUE DE PARIS, etc.

Monseigneur,

L'Église a toujours apporté la plus grande attention à régler son calendrier sur le cours des astres pour la célébration annuelle de la fête de Pâques. Le cycle de l'astronome grec Méton servit, dans cette vue, de règle aux saints évêques Eusèbe de Césarée et Hippolyte de Porto, et au savant prêtre Clément d'Alexandrie. Dans les derniers temps, les cardinaux Cusa et d'Ailly, que leurs talens avoient élevés au-dessus de la condition de leur naissance, eurent également pour but de leurs travaux le projet d'établir sur ce point une uniformité constante dans l'Église. Le Pape Grégoire XIII y est parvenu par la publication de la correction que l'astronomie moderne introduisit dans le calendrier Julien de Sosigène, qui professoit cette science dans Alexandrie, au temps de Jule-César. Avant l'époque grégorienne de 1582, le concile de Nicée, qui fixa l'observation de cette fête au premier dimanche après le quatorzième jour de la lune de l'équinoxe vernal, avoit chargé l'évêque d'Alexandrie, suivant ce que rapporte saint Cyrille dans le prologue de son Cycle pascal, de s'informer auprès des astronomes de cette ville, devenue fameuse par son école d'astronomie, du jour précis de cet équinoxe, qui alors tomboit au 21 mars, et d'en instruire les autres Églises de la Chrétienté.

Théon fut un de ces savans. Il enseignoit publiquement l'astronomie dans Alexandrie, au temps même où saint Augustin étudioit cette science à Carthage. Il expliquoit les méthodes extrêmement compliquées du livre de Ptolemée, dans l'école de cet auteur, deux siècles après lui, quatrième de notre ère chrétienne. Ses explications forment le commentaire que nous avons en grec sous son nom et sur la composition mathématique de ce grand astronome.

Les ouvrages de ces deux hommes, si célèbres encore de nos jours, paroissent enfin pour la première fois en une des langues modernes de l'Europe : et si la nôtre a l'honneur d'être la première qui leur fasse parler son idiôme, elle le doit au secours que Votre Eminence accorda autrefois aux études personnelles dont cette première interprétation française est le fruit.

Je me suis livré à ce travail avec d'autant plus d'ardeur, qu'en remplissant le vœu des savans qui le demandoient depuis la renaissance des lettres, il me fournissoit aussi l'occasion de montrer la part que les premiers ministres de la Religion chrétienne ont eue à la culture d'une science qui, par suite de la variation que cause dans l'année solaire la précession des équinoxes, combinée avec le calcul des lunaisons, n'est pas moins utile à l'Église pour la détermination des jours où ses fêtes mobiles doivent être observées, que nécessaire à l'État sous le rapport de son commerce et de sa force maritime.

Je suis avec un très-profond respect,

MONSEIGNEUR,

De Votre Éminence,

Le très-humble et très-obéissant serviteur,

L'Abbé HALMA,

Chanoine honoraire de l'Église métropolitaine de Paris.

# TABLE

## DES CHAPITRES CONTENUS DANS CE PREMIER LIVRE.

———

**FIN DE LA TABLE.**

# DISCOURS PRÉLIMINAIRE.

« Les astronomes annoncent les éclipses de soleil et de lune, plusieurs années avant
» l'événement : ils en prédisent le jour et l'heure, ils disent quelle sera la grandeur de
» la partie obscurcie du disque, et jamais ils ne se trompent ; car ces phénomènes sont
» toujours arrivés avec les circonstances prévues et dans les temps déterminés d'a-
» vance. Aussi en ont-ils établi des règles fondées sur l'observation et le calcul, et
» ces règles enseignées dans les écoles, et suivies dans la pratique de leur art, leur
» font découvrir sans erreur les temps précis de l'obscuration des luminaires célestes.
» Les personnes étrangères à l'astronomie en sont dans l'admiration, et les savans qui
» font de cette science l'objet de leur étude, s'applaudissent avec raison du succès de
» leurs travaux » (1).

C'est ainsi que s'exprime dans ses confessions le grand évêque d'Hippone, en renfer-
mant dans ce peu de mots toute l'étendue de l'astronomie au siècle de Théon, son contemporain, et en quelque sorte son compatriote, quoique de différentes langues, car ils
vivoient sous le règne de Théodose I, et ils habitoient la même côte septentrionale de
la partie du monde aujourd'hui connue sous le nom général d'Afrique, qui n'en dési-
gnoit alors qu'une seule contrée. Saint Augustin nous apprend dans ce livre, qu'il
avoit étudié l'astronomie à Carthage, qui avoit alors repris une partie de sa première
splendeur, et ce fait nous montre que cette ville avoit conservé de ses anciennes ins-
titutions, l'école d'astronomie, si nécessaire à la navigation. Un esprit si pénétrant
ne pouvoit manquer d'appercevoir l'immense différence qui distingue l'astronomie
d'avec l'astrologie, sa sœur aînée, mais bâtarde et mensongère. « Je reconnoissois
» la vérité dans les assertions des astronomes, dit-il, quand je comparois les résul-
» tats de leurs calculs vérifiés par le temps et par les révolutions visibles des astres,
» avec les délires de l'astrologue dont les prédictions étoient si nombreuses et souvent si
» opposées entr'elles, que le hazard seul faisoit trouver en quelques-unes cette appa-
» rence trompeuse de vérité qui nourrit toujours l'erreur des gens faciles à se repaître
» d'illusions. Je ne voyois dans celles-ci ni la raison des solstices et des équinoxes, ni la

(1) Prænunciaverunt ante multos annos defectus luminarium solis et lunæ, quo die, qua hora, quanta
ex paate futuri essent, et non eos fefellit numerus, et ita factum est ut prænunciaverant. Et scripserunt
regulas indagatas, et leguntur hodie, atque ex eis prænunciatur quo anno et quo mense anni, et quo
die mensis, et qua hora diei, et quota parte luminis sui defectura sit luna, vel sol, et sic fit ut prænunciatur. Et mirantur hæc homines et stupent qui nesciunt eam, et exultant atque extolluntur qui sciunt.
D. A. Augustini, *Hippon. episcopi confess. L. v. C,* iii.

» cause des éclipses, ni rien de ce que j'avois appris dans les livres où j'avois puisé les
» connoissances humaines que j'avois acquises (2).

Le commentaire de Théon, sur le grand traité d'astronomie composé par Ptolemée,
est un de ces livres. Comme son modèle, il est exempt de toute tache de cette astrologie
qui a partout souillé l'astronomie dès sa naissance; et si l'on excepte son avant-propos,
où il a renchéri sur l'ineptie du prologue de Ptolemée, si l'on excuse la longueur de ses
explications où il a un peu trop abusé du privilége acquis aux commentateurs, d'être
longs impunément, quoiqu'il eût promis, dans son avant-propos, d'être court, on
peut regarder son commentaire comme un des bons ouvrages sortis de l'école d'Alexandrie, selon le jugement que M. Delambre en a porté. Les explications qu'il donne
des méthodes de calcul usitées chez les anciens, ne se trouvent dans aucun autre
ouvrage. Il est vrai qu'il n'a rien ajouté à la doctrine contenue dans celui de Ptolemée;
mais il a rendu un grand service à la science en la maintenant à peu près dans l'état
où Ptolemée l'avoit laissée. Et si Théon n'augmenta pas le domaine de l'astronomie,
nous lui devons au moins les détails d'une éclipse de soleil qu'il observa lui-même,
avec toutes ses circonstances, phénomène qui manque dans l'ouvrage de Ptolemée.
C'est même presqu'uniquement en vue de rapporter toute la science au calcul des
éclipses, objet constant des plus grands travaux des astronomes de l'antiquité, que
Théon est entré dans les développemens qui font le mérite particulier de son commentaire. On y trouve des exemples d'opérations exécutées suivant les règles de l'arithmétique des Grecs, des applications de cette arithmétique à la géométrie, l'introduc-
tion des lois de l'une et de l'autre dans la trigonométrie sphérique, et l'emploi de
cette trigonométrie si belle et si fine, dans la solution des problêmes d'astronomie. Et
quand enfin l'astronomie cessa dans Alexandrie, par la mort de ce professeur, de l'avoir
pour appui, elle tomba de plus en plus sous ceux qui le remplacèrent, jusqu'au dernier
coup que les Sarrazins lui portèrent, par la prise de cette ville. L'astronomie alors se
réfugia dans Byzance, où les Grecs du Bas-Empire qui en recueillirent les débris,
laissèrent périr entre leurs mains ces restes précieux du plus bel héritage de leurs pères.

Le commentaire de Théon ne nous est pas parvenu en entier. Nous en avons les deux
premiers livres dans toute leur intégrité; mais le troisième est perdu. On prétend
qu'il existe en manuscrit dans la bibliothèque Ambrosienne de Milan. Comment, si
cela est, se fait-il qu'il n'ait pas encore été publié? Quoiqu'il en soit, il a été suppléé
par Nicolas Cabasilas, archevêque de Thessalonique, dans le quatorzième siècle;
comme le cinquième, perdu également, l'a été par Pappus, dans le quatrième de notre
ère. Suidas dit que Pappus avoit commenté les quatre premiers livres de Ptolemée.

(2) Multa ab eis vere dicta retinebam, et occurrebat mihi ratio per numeros et ordinem temporum
et visibiles attestationes siderum, et conferebam cum dictis Manichæi qui de his rebus multa scripsit
copiosissimè delirans, et non mihi occurrebat ratio nec solstitiorum et æquinoctiorum, nec defectuum
luminarium, nec quidquid tale in libris sæcularis sapientiæ didiceram. (*Ibid. l.* v. *C.* III.

Harles croit sur ce témoignage que les premiers livres de ces commentaires sont de Pappus, à l'exception du troisième qui, étant perdu, a été remplacé par celui de Cabasilas, et que tous les autres sont de Théon. Ce qui est certain, c'est qu'Eutocius, qui vivoit du temps de l'empereur Justinien, a loué dans ses livres sur la mesure du cercle et sur la sphère et le cylindre d'Archimède, les écrits de Pappus et de Théon. Mais Reumann ajoute en notes, que le commentaire de Théon sur le troisième livre existe réellement ; que Cabasilas attribua celui qui est sur le premier livre, à Théon qui s'en reconnoît l'auteur, et que Bandini taxe d'erreur Fabricius pour avoir dit qu'il n'existe qu'une exposition de Cabasilas sur le troisième livre, ignorant que le commentaire ds Théon sur ce troisième livre est dans un des manuscrits de la bibliothèque Laurentine de Médicis, avec les autres du même auteur sur les premier, deuxième, quatrième et sixième livres, et avec les scholies de Pappus sur le cinquième et le sixième.

Mais laissons là ces recherches qui sont plus du ressort d'un bibliographe que d'un interprète, et passons à la revue de ceux d'entre les écrits de Théon qui ont rapport à notre Ptolemée. D'abord, il est bien certain que le Théon, qui a commencé Ptolemée, n'est pas le Théon de Smyrne que Ptoleméc cite et nomme dans son grand traité, et dont nous avons un commentaire sur les propositions géométriques de Platon. Mais aussi il est difficile de croire que notre Théon soit le même que celui qui a fait sur Aratus des scholies auxquelles on a mêlé bien d'autres, et qui ont donné lieu à Robert Simson, qu'il ne faut pas confondre avec Thomas Simpson, de le mettre prequ'au rang le plus bas des mathématiciens (3). Sans vouloir décider ici de son mérite d'après cet habile géomètre, je me contenterai de dire que si véritablement les six premiers livres des commentaires sur Ptolemée sont de Pappus et les autres de Théon, l'opinion du géomètre anglais seroit assez fondée, à en juger par la différence qui se remarque entre les premiers et les derniers livres de ces commentaires. Il manque une grande partie de chacun de ces derniers, mais ce qui en reste suffit pour donner une idée de ce qui est perdu. J'y ai suppléé par des extraits de l'abrégé de Régiomontan, qui avoit travaillé lui-même d'après l'arabe Geber de Séville. Seulement j'en ai retranché les sinus qui auroient fait une trop forte disparate avec ce qui est de Théon qui ne les connoissoit pas.

Ces commentaires n'ont été imprimés qu'une seule fois en grec, à la suite du texte de la composition mathématique de Ptolemée, à Bâle chez Waldérus. Mais les manuscrits sont plus nombreux ; les personnes curieuses d'en avoir le dénombrement, le trouveront dans Fabricius, Harles, Bandini et Morelli. Celui-ci dit que le numéro 310 in-folio, du

---

(3) Nothing is usually reckoned more difficult in the elements of geometry by learners, than tnhe doctrine of compound ratio which Theon has rendered absurd and ungeometrical. Theon's definition is quite useless and absurd, for that Theon brought it into the elements, can scarce be doubted, as it is to be found in his commentary upon Ptolemy's μεγαλη σύνταξις, where he also gives a childish explication of it, as agreeing only to such ratios as can be expressed by numbers. From this it is evident that this definition is not Euclid's, but Theon's, or some other unskillfull geometr's.

quinzième siècle, et de Venise, contient avec la composition de Ptolemée, les commentaires de Théon, suppléés pour le livre troisième par ceux de Cabasilas écrits de la main du cardinal Bessarion, et qu'ils y sont plus corrects que dans l'édition de Bâle. Morelli ajoute qu'Averrani avoit commencé la traduction latine de la composition et des commentaires, mais qu'il la cessa dès les premières pages, quand il apprit que les commentaires étoient déjà traduits et envoyés en France pour l'édition grecque qu'on en préparoit, et qui est la seule que nous ayons eue jusqu'à présent. Il dit encore qu'Alexandre Marchetti, à ce qu'il paroît par les lettres inédites des hommes illustres, publiées par Fabroni à Florence, en 1773, écrivit au cardinal Léopold de Médicis, qu'il avoit traduit en latin avec l'aide de George Fleming d'Irlande, le premier livre de l'Almageste et le commentaire de Théon sur ce livre. Mais toutes ces prétendues versions du livre de Théon sur celui de Ptolemée, n'ont été vues par aucun de ceux qui en parlent, et l'on en conclut qu'elles n'existent point. Le seul manuscrit entier de ces commentaires grecs, que j'aie trouvé dans la bibliothèque du Roi, et le seul par conséquent sur lequel je les ai traduits, est un moyen in-folio sous le n° 2392, en parchemin, relié en bois recouvert d'un cuir verdâtre, sans les fermoirs qui sont arrachés. Il vient de la bibliothèque de Hérault de Boistellier. L'écriture en est très-menue, fine, bien formée et pleine d'abbréviations et de ligatures. Elles marquent qu'il est du quinzième siècle. Le titre général qui est celui que j'ai donné au présent volume, et les titres particuliers de chaque livre, sont en lettres byzantines d'or, et ceux des chapitres, en rouge; les figures y sont en noir comme l'écriture, et bien tracées. Il y a quelques notes rares aux marges, où elles sont en rubrique, mais la plupart tronquées ou remplies de fautes de calcul, dont le texte lui-même fourmille, sans parler des omissions, des répétitions et des lacunes qui s'y trouvent les mêmes que dans l'édition de Bâle qui semble avoir été imprimée sur ce manuscrit.

La traduction française que je publie ici, est aussi littérale que celle que j'ai donnée de Ptolemée; elle l'est même beaucoup plus, parce que le style de Théon étant plus clair et plus simple, mais aussi plus prolixe encore que celui de Ptolemée, permet davantage de le rendre plus littéralement. Il faut être familiarisé avec la géométrie grecque d'Euclide, de Théodose et de Ménélas, pour suivre les démonstrations géométriques que Théon leur emprunte ou dont il profite pour les siennes. Les commentaires avec les supplémens, tirés de l'abrégé de Régiomontan, vaudront toujours mieux que ceux des Arabes et des Rabbins postérieurs aux écrivains qui ont succédé à Ptolemée dans son école même. J'ai rassemblé, à la fin de chaque volume, les figures géométriques qui appartiennent aux démonstrations qu'ils renferment. Théon citant les paroles mêmes de Ptolemée, telles que nous les lisons dans le texte de cet auteur, et telles qu'il les avoit lues par conséquent dans le manuscrit autographe de la bibliothèque d'Alexandrie, en est donc un témoin irrécusable, puisqu'il n'a été contredit par aucun écrivain contemporain ou postérieur. Les dates et les époques rapportées par Théon sont celles mêmes que nous lisons dans Ptolemée. Hesychius, Suidas et autres Grecs du moyen âge, en nous apprenant que Théon est l'auteur du grand commentaire que nous avons sous son nom, et sur la composition mathématique de Ptolemée, ne nous ont donné aucun détail biographique sur ce commentateur; mais ils ne nous ont pas laissé ignorer le genre de mort de sa fille Hypatia, qui a donné lieu à des discussions où l'esprit de parti a plus écouté sa passion que la vérité. Comme on s'attend bien qu'après avoir parlé du père, je ne passerai pas sous silence ce que l'histoire nous dit de cette femme plus fameuse encore par sa fin malheureuse que par ses connoissances, j'exposerai, avec l'impartialité la plus scrupuleuse, dans l'édition que je prépare des tables manuelles astronomiques de Ptolemée, ce que j'ai trouvé de plus digne de foi dans les auteurs contemporains qui nous ont transmis les causes et les circonstances de ce déplorable événement. Ici, je dois me borner aux détails qui concernent le commentaire de Théon, auquel Hypatia n'a eu aucune part.

La bibliothèque du Roi possède un manuscrit en papier, in-folio, recouvert en parchemin, qui contient une autre version latine des commentaires de Théon, de Cabasilas et de Pappus, sur l'Almageste de Ptolemée. Elle est de David de Saint-Clair, écossais, professeur royal de mathématiques au collège de France. Son écriture est en caractères demi-gothiques du seizième siècle; ils sont assez difficiles à lire, à cause des abbréviations et des ligatures dont ils sont surchargés. Toutes les figures géométriques y manquent, et on voit à la fin de cette version qu'elle a été exécutée sur l'édition grecque de Théon imprimée à Bâle par Jean Walderus, en 1535. A la fin de cette version, Saint-Clair ajoute une traduction latine du prologue ou avant-propos de Ptolemée, dans laquelle il explique le passage de Ptolemée sur la théorie qui, avec le temps, a fini par précéder la pratique, en ces termes : *Quamvis enim ea sit activæ facultatis sors inferior ut ante ipsam speculatio temporis prærogativam adepta sit*, etc. C'est le sens que j'ai donné à ce passage dans l'almageste : « Quoiqu'il soit arrivé qu'avec le temps la théorie ait précédé la pratique, etc. » Saint-Clair confirme ce sens dans une note suivante sur le prologue de Ptolemée; il y dit : *Cum enim nostra omnis vis in animo et corpore sita sit, in quo animo humano duo principia constituant philosophi* νῦν καὶ ὄρεξιν, *quorum illa rerum speculationi dicata est, hæc actioni, hinc merito exsurgit duplex philosophandi genus quorum alterum* θεωρητικον, *alterum* πρακτικον... πραξεως γαρ αρχη προαιρεσις, προαιρεσεως δε ορεξις και λογος. « Le commencement de la pratique est le choix du moyen, et ce choix doit être précédé de la curiosité et du raisonnement. »

Ce prologue est tout ce que Saint-Clair a traduit du grand ouvrage de Ptolemée. On voit, seulement à la fin du manuscrit, une seconde version de l'avant-propos de Théon, assez différente, pour le sens de quelques phrases, de celle qui est au commencement. J'ai de même ajouté à la fin du premier volume de ma traduction française de Ptolemée, une seconde version du prologue de cet auteur, pour contenter les personnes qui ne se contenteroient pas de la première. Enfin Saint-Clair termine par une note sur les calculs et les méthodes de Ptolemée et de Théon, dans laquelle il fait preuve de beaucoup d'habileté.

David de Saint-Clair étoit un gentilhomme écossais, venu en France pour y professer librement la religion catholique, très-persécutée alors dans sa patrie. Il se lia d'amitié avec des savans, savant lui-même, et surtout dans les langues anciennes et en mathématiques. Henri IV lui donna, en 1599, une des chaires de mathématiques du collége de France; Saint-Clair la remplit jusqu'à sa mort en 1629. Il expliquoit de grec en latin à ses auditeurs les anciens mathématiciens et particulièrement les astronomes, sous le titre de sphère. Les sciences exactes n'étoient pas son seul talent; il faisoit aussi des vers latins, aujourd'hui aussi peu connus que sa version latine de Théon. Son épithalamium en l'honneur de Marguerite de Valois, est également tombé dans l'oubli, et sa version de Théon étoit sans doute ignorée de Théophile d'Urbin qui en a fait une autre dans la même langue; celle-ci se trouve aussi dans la bibliothèque du Roi, et la manière dont elle y est venue est assez curieuse pour que j'en rende compte à mes lecteurs.

Personne n'ignore que Colbert, ce digne ministre de Louis XIV, encouragea les progrès des arts et des sciences par les récompenses qu'il obtenoit de ce grand Roi pour les savans et les artistes qui se distinguoient, non-seulement en France, mais encore dans les pays étrangers. Instruit du mérite éminent de Vincent Viviani, gentilhomme florentin, mathématicien du grand-duc de Florence, et connu pour avoir restitué ce qui étoit perdu d'Apollonius de Perge, et expliqué le cinquième livre très-obscur d'Euclide, Louis XIV lui accorda une pension. C'est ce que Fontenelle raconte en ces termes, dans son Eloge de Viviani membre de l'Académie des sciences de Paris : « En ce temps-là il arriva à M. Viviani ce qui doit l'avoir le plus flatté en toute sa vie; il reçut une pension du Roi en 1664, d'un prince dont il n'étoit point sujet, et à qui il étoit inutile. Si ces circonstances relèvent le mérite de M. Viviani, elles relèvent encore plus la magnificence du Roi et son amour pour les lettres ».

Fontenelle rapporte ensuite que Viviani dédia au Roi, en 1701, par une inscription lapidaire *où les Français ont le plaisir de voir un étranger parler comme eux*, les trois livres de sa divination sur Aristée, ouvrage plein de recherches fort profondes sur les coniques. Puis il ajoute (et Voltaire l'a répété dans son Siècle de Louis XIV) : « M. Viviani ne croyant pas qu'il pût satisfaire, par ce traité adressé au Roi, à ce qu'il lui devoit pour la pension qu'il recevoit de Sa Majesté, avoit acheté à Florence une maison qu'il avoit fait rebâtir sur un dessin très-agréable, et aussi magnifique qu'il pouvoit convenir à un particulier. Cette maison s'appelle *Ædes a deo datæ*, et porte ce titre sur son frontispice : allusion heureuse et au premier nom qu'on a donné au Roi, et à la manière dont elle a été acquise. Une reconnoissance ingénieuse et difficile à contenter, n'a pu rien imaginer de plus nouveau et de plus noble qu'un pareil monument. M. Viviani, si digne par son savoir et par ses talens de recevoir les bienfaits du Roi, s'en rendoit encore plus digne par l'usage qu'il en faisoit après les avoir reçus ».

Mais ce que ni Fontenelle ni Voltaire n'ont pas su, c'est le don que Viviani a fait, en 1686, à la bibliothèque du Roi, du manuscrit autographe de la traduction latine du commentaire de Théon, par Théophile d'Urbin. Ce Théophile étoit un mathématicien assez peu connu d'ailleurs. Mais Commandini, célèbre par ses traductions des géomètres grecs, dans deux lettres adressées d'Urbin au signor Tassoni, le prie d'imprimer la version latine que ce Théophile a faite du commentaire de Théon sur l'Almageste de Ptolemée. Cette lettre est en italien, et l'original s'en conserve dans le manuscrit de Théophile. L'écriture n'en est ni belle ni lisible, et la difficulté de la lire est encore augmentée par la confusion qui résulte de la maladresse avec laquelle on a collé ensemble sans ordre et sans intelligence, plusieurs feuillets détachés de trois différentes lettres de Commandini à ce Théophile.

Dans la première de ces lettres, datée de 1571, Commandini dit qu'il a parlé à cet imprimeur, et que la conclusion est qu'il faut qu'il se transporte sur le lieu même de l'impression pour la surveiller. Dans une seconde lettre, datée du 30 juillet 1574 et adressée d'Urbin à Théophile, à Rome, Commandini lui dit d'abord qu'Olympie, sa fille et son mari qui désirent fort d'avoir des enfans, ne peuvent pour cela aller prendre les eaux à Viterbe, comme le médecin Bartholini le leur a conseillé, parce que ces eaux sont contraires à ceux qui ont eu le mal français (1), que nous autres en France appellons le mal de Naples, d'où nos soldats l'ont rapporté dans le quinzième siècle, suivant Astruc, (2). Ensuite il lui recommande l'impression et la vente de ses Elémens d'Euclide. Et enfin il demande à Théophile s'il a terminé sa traduction de Théon, et où il en est de ce travail. Il lui mande que le signor Raphaël Bombelli de Bologne, qui a imprimé un livre d'algèbre, écrit que le signor Antonio-Maria Pazzi a traduit cinq livres de Diophante, et qu'au désir de son fils, ce Pazzi qui entend bien la langue grecque, (3) pourroit, avec ce Bombelli, habile en algèbre, achever la traduction de Diophante. Il termine cette lettre en disant que George de Trébizonde a fait aussi un commentaire sur l'Almageste qu'il a traduit, et qu'il l'a adressé à son serviteur Frédéric Commandin; qu'il voudroit le voir, et qu'étant dans la bibliothèque de Saint-Pierre, il est aisé de le lui procurer. Enfin, dans une autre lettre, sous la suscription de Tassoni à Urbin, et datée de 1575, Commandin écrit que le signor Mutio s'offre de faire tout ce qui a été convenu pour l'édition du travail de Théophile. Et toutefois cette traduction n'a jamais été imprimée. Le manuscrit tomba dans les mains de Viviani, et ce géomètre l'envoya à Paris pour en enrichir la bibliothèque du Roi, dans laquelle il est encore déposé.

Ce manuscrit est un moyen in-folio, en papier, et dont l'écriture est en abbréviations, avec des figures géométriques, très-mal faites. Il est recouvert en peau rouge, ornée des armes du Roi en or. La bibliothèque du Vatican regretta de ne pas l'avoir en sa possession, et le pape Clément XI le fit redemander à la cour de France. Cette cour refusa de le rendre, et ce pape en fit tirer à Paris une copie qui fut certifiée exacte, par une attes-

(1) Ch' hanno patito del mal francese.

(2) *De Luc Venerea* C. xi. p. 80.

(3) Le copiste de ces lettres entendoit si peu l'italien, qu'il a transcrit le mot *intendeva* par *intrudeva*, sans compter bien d'autres bévues et nombre de lacunes.

tation latine de Ch. Letellier de Louvois, premier bibliothécaire du Roi, donnée à Paris le 11 juillet 1817, et consignée sous les numéros 5868 et 7263 qui sont ceux de ce manuscrit. La traduction qu'il contient est donc la seconde du commentaire de Théon. Théophile, son auteur, n'a certainement eu aucune connoissance de la première qui est celle de l'écossais Saint-Clair; car celle-ci n'est jamais sortie de France, et ne ressemble nullement à la seconde pour le style. Le commentaire de Théon a eu ainsi, comme l'ouvrage de Ptolemée qu'il explique, deux interprètes latins; mais si les deux versions latines de Théon sont meilleures que celles de Ptolemée, celles-ci jouissent de l'avantage d'avoir été publiées, tandis que les autres sont restées enfoncées dans le réduit caché d'une bibliothèque; et cela par un de ces caprices de la fortune qui met souvent au grand jour ce qui devroit être enfoui dans l'oubli.

J'ai déjà prévenu de l'incorrection du texte grec de Théon en plusieurs endroits de l'édition de Bâle. Ils semblent imités de celles du manuscrit que je viens de décrire, et ces fautes ne sont ni en moindre quantité ni de moindre importance que celles du texte de Ptolemée qui le précède ordinairement dans cette même édition. En voici une entr'autres plus choquante que toutes celles que j'aurois pu également citer : cette édition présente, dans le chapitre VII, les mots τοῦ πραθένοῦ, *du signe de la Vierge*, c'est-à-dire, selon cette édition, que le solstice d'hiver est *au commencement du signe de la Vierge*, et le solstice d'été au commencement du signe du Cancer : ce qui est une erreur manifeste. Car si, comme il est vrai par Ptolemée, Hipparque, Géminus et tous les autres astronomes grecs, le solstice d'été étoit dans le Cancer, le solstice d'hiver étoit nécessairement dans le sixième signe suivant, qui est le Capricorne; et effectivement le manuscrit grec exprime ce dernier par le symbole astronomique qui lui est affecté, et Théophile, dans sa version latine, l'a très-bien rendu par le mot *Capricorne*; mais Saint-Clair n'a exprimé ni le Cancer, ni le Capricorne, ni la Vierge.

J'aurois bien d'autres fautes à reprendre dans l'édition de Bâle. J'en indiquerai quelques-unes des plus grossières, dans les notes qui termineront ce discours. Je me hâte, pour arriver plutôt à la fin, de passer aux interprètes latins de Théon.

Saint-Clair et Théophile sont, à quelque peu d'exceptions près, assez d'accord entr'eux sur le sens du texte de Théon. Cependant, voici un passage où ils soutiennent la contradictoire l'un de l'autre; c'est à l'endroit où Théon explique les preuves que Ptolemée apporte de la rondeur de la terre (l. 1. ch. 3. p. 56. ). Théon dit que Ptolemée, après avoir établi les raisons qui font juger que la terre est de forme sphérique, passe à des preuves plus fortes contre ceux qui s'imaginent qu'elle *n'a pas* cette forme. Cette négative ne se trouve ni dans le grec manuscrit, ni dans le grec imprimé; et cependant elle y est indispensable, ou Ptolemée seroit en contradiction avec lui-même. Aussi, Théophile l'a-t'il bien exprimée dans sa version. « *Ipse etiam*, dit-il, *ad id quod perfectius seu absolutum magis est transitum facit, eorum sententias memorans qui ab hæc diversam terræ figuram commenti sunt.* Saint-Clair dit au contraire : *Transit ad argu-*

*mentùm firmius contra dicens opinionibus eorum qui opinantur eam esse circà hanc figu-
ram.* Ainsi, selon Théophile, Ptolemée fait mention de ceux qui croient que la figure de
la terre est différente de la figure sphérique ; et selon Saint-Clair, il réfute ceux qui
croient qu'elle a bien à très-peu près cette figure. Il est évident que Saint-Clair a tort,
suivant ce que dit Ptolemée aussitôt après. Il prouve par les solides à faces triangulaires
comme celles des pyramides tétraèdres, et quadrangulaires comme celles des cubes, que
la terre n'est ni un tétraèdre ni un hexaèdre. Or rien n'approche moins qu'une pyramide
triangulaire ou qu'un cube tel qu'un dez à jouer, de la figure sphérique. Par conséquent
l'intention de Théon, en cet endroit, n'a pas été de dire que Ptolemée réfutoit ceux qui
soutenoient que la figure de la terre étoit environ la sphérique, mais bien ceux qui
soutenoient qu'elle n'étoit pas de forme sphérique. La négative est donc nécessaire ici,
et je l'ai suppléée.

Quelque parfaites que puissent être ces deux versions latines, elles sont, quoique
meilleures que celle du premier livre par Porta, aussi inutiles au public, étant restées
manuscrites et ignorées, que les deux mauvaises traductions latines de l'ouvrage de
Ptolemée. L'interprétation de celui-ci en notre langue m'imposoit donc l'obligation
de celle du commentateur dans le même idiôme ; mais, je sens ici que j'ai à donner
quelques notions préalables sur l'objet particulier du commentateur dans les deux
premiers livres de Ptolemée, dont le premier compose le contenu du présent volume.
M. Delambre, dans ses notes sur le premier volume de ma traduction de Ptolemée,
et dans son histoire de l'astronomie ancienne, où il a développé les méthodes de cet
astronome, et celles de l'arithmétique des Grecs, a donné des explications si lumi-
neuses de leur trigonométrie sphérique, que le lecteur ne pourra que gagner à
y avoir recours pour s'éclairer sur un grand nombre de points que nos méthodes ac-
tuelles nous donnent rarement lieu de connoître.

M. Ideler a aussi publié sur le même sujet, en sa langue, un mémoire beaucoup moins
étendu. Après l'avoir traduit, pour mon instruction, j'ai jugé que tout profond qu'il est,
n'ajoutant rien aux explications de M. Delambre, il ne feroit que grossir ce volume et
en augmenter inutilement les frais. Je lui ai donc substitué quelques lignes que j'ai
extraites de l'histoire allemande des mathématiques de M. Kæstner, pour ne pas laisser
tout à fait cet objet sans en donner une légère idée.

Kæstner montre d'abord que les Grecs se servoient des triangles inscrits, pour l'évaluation des angles et des côtés. Il le prouve par la table des cordes de Ptolemée. « Le
diamètre étant de 120 parties égales, dit-il, le côté de l'hexagone, égal au rayon, en
a 60 ; le côté du décagone se trouve en avoir 37, 4', 45", celui du pentagone 70, 32', 3 ;
celui du carré 84, 51', 10" ; et celui du triangle équilatéral 103, 55', 23". Les 60 parties du rayon, réduites en secondes, font 126000" ; par conséquent une seconde est
$=\frac{1}{216000}$ du rayon. Cette fraction, réduite en décimales, est $= 0{,}0000046296$. Ainsi,
une seconde du rayon n'en est qu'une quatre-millionième portion, avec moins de sept

dix-millionièmes. Telle est la précision avec laquelle Ptolemée évalue les droites ins-crites dans le cercle.

Pour prouver combien cette manière de les évaluer est sûre et exacte, il suffira de comparer à la valeur exprimée ci-dessus, du côté du triangle équilatéral, $103^p$ 55′ 23″, son expression en secondes du rayon, par le moyen des logarithmes. C'est $374123^r$ du rayon (1).

$$\text{Log. } 374123 = 5,5730132$$
$$216000 = 3,3344538$$
$$\overline{\hspace{2em}0,2385694\hspace{2em}}$$

logarithme du nombre 1,73204 qui dans nos tables répond à 2 sin 60 $^4$.

Quoique Ptolemée n'emploie pas cette doctrine à résoudre tous les cas possibles des triangles sphériques, mais seulement ceux dont il a besoin pour ses démonstrations, il est aisé de les y soumettre tous. Il prend pour la double obliquité de l'écliptique $47^d$, 42′, 40″, quantité égale aux $\frac{11}{83}$ de la circonférence, selon Eratosthène et Hipparque. Selon M. Ideler, Ptolemée ou plutôt Hipparque, remarquant que le diamètre ou double rayon du cercle est la corde de l'arc double de 90 degrés, et que le rayon est la corde de l'arc double de 30 degrés, vit bientôt qu'on pouvoit représenter les valeurs des angles par des droites évaluées en parties du rayon, et il en dressa une table pour le quart du cercle : cette table se trouvera expliquée et développée dans le volume suivant, celui-ci n'en contenant que les préliminaires pour l'intelligence de sa construction.

D'autres objets dont il me reste à parler, ne sont pas, comme cette table, uniquement du ressort de la conception mentale, mais ils sont la matière ou l'occasion des sensations que leur présence excite dans l'âme par l'intermédiaire de nos organes. Ce sont les représentations gravées dont j'ai décoré ce volume. Je ne parle pas des figures géo-métriques; elles ne sont rien moins qu'un ornement, mais elles entrent nécessairement dans l'ouvrage, comme partie intégrante pour l'intelligence du texte. Je parle, comme je l'ai fait dans le premier volume de mon Ptolemée, de la dioptre que j'ai représentée en tête du texte de Théon. Elle ressemble à celle que j'ai décrite dans la préface de mon Pto-lemée, à l'exception des deux pinnules, l'une fixe ou oculaire, l'autre mobile ou objective. Elles tiennent lieu des verres de nos lunettes ou tubes à longue vue; celles de Ptolemée sont carrées ou à angles droits, et celles de Théon en forme de hache, comme il le dit et comme on le voit ici, ce qui, par la différence des lignes transversales, calculées suivant une certaine échelle, servoit à mesurer les diamètres des plus petites étoiles, comme des plus grandes, en les regardant par la transversale des deux côtés les plus étroits de

(1) Voyez les tables logarithmiques que j'ai publiées (*in-*32) d'après l'allemand de M. de Prass, pour l'intelligence de tout ce qui, dans les notes sur Ptolemée, est exprimé en logarithmes. Elles se trouvent chez Bachelier, libraire, quai des Augustins, à Paris. H.

ces pinules trapézoïdales, la plus proportionnée à la grandeur apparente de ces astres.

La seconde gravure que ce volume présente, est la vignette du frontispice. On y distingue bientôt la sphère inscrite au cylindre, avec le cône inscrit, d'une hauteur égale au rayon de la sphère. Théon en tire un parti si avantageux pour ses démonstrations dans ce premier livre, que je n'ai pas dû me dispenser de remettre sous les yeux du lecteur, par un simple tracé de lignes, cette admirable parité de rapports entre ces surfaces et ces solides, démontrée par Archimède, qui fut si charmé de l'avoir trouvée, qu'il ordonna que la figure géométrique en fût gravée sur son tombeau. Elle le fut; mais il fallut un Cicéron pour l'y voir et pour reconnoître à cette marque le lieu où étoient déposés les restes mortels du plus grand géomètre de l'antiquité.

L'orateur romain raconte ce fait avec tant d'agrément, dans ses questions tusculanes, que tout le monde me saura gré de terminer cet avant-propos par le récit qu'en fait ce grand homme.

« Je retirerai, dit Cicéron, de la cendre des morts et de dessous les traces encore visibles de la règle et du compas, cet Archimède, simple et pauvre particulier, dont je cherchois le tombeau caché sous les ronces et les épines, lorsque j'étois gouverneur de Sicile. Les Syracusains m'assuroient qu'ils ne l'avoient pas; mais de certains vers que je savois, m'avoient appris que ce tombeau étoit surmonté d'une sphère avec un cylindre. Après avoir parcouru des yeux tous les environs, car du côté des portes Agraganes, tout est couvert de tombeaux, je remarquai une petite colonne qui s'élevoit fort au-dessus des buissons, et sur laquelle étoit gravée la figure d'une sphère et d'un cylindre. Je dis aussitôt aux Syracusains, car j'étois avec les premiers de la ville, que je croyois avoir trouvé ce que je cherchois. J'envoyai des gens avec des coignées pour éclaircir et débarrasser l'entrée de ce lieu. Quand on put en approcher, on y vit une inscription dont les lignes étoient à moitié effacées chacune à la fin. Ainsi, la ville la plus célèbre, et autrefois aussi la plus riche de toute la Grèce, eût toujours ignoré qu'elle possédoit le tombeau du plus grand génie qu'elle eût jamais eu au nombre de ses citoyens, si elle ne l'eût pas appris d'un Italien d'Arpino ».

(6) Humilem homuuculum a pulvere et radio excitabo Archimedem, cujus ego quæstor ignoratum ab Syracusanis, cùm esse omninò negarent, sæptum undique et vestitum vepribus et dumetis indagavi sepulchrum. Tenebam enim quosdam senariolos, quos in ejus monumento esse inscriptos acceperam, qui declarabant in summo sepulchro sphæram esse positam cum cylindro. Ego autem cùm omnia collustrarem oculis, est enim ad portas Agraganas magna frequentia sepulchrorum, animadverti columellam non multum è dumis eminentem, in quâ inerat sphæræ figura et cylindri, atque ego statim Syracusanis, erant autem principes mecum, dixi me illud ipsum arbitrari esse, quod quærerem. Immissi cùm falcibus multi pùrgarunt et aperuerunt locum. Quò, cùm patefactus esset aditus, ad adversam basim accessimus. Apparebat epigramma exesis posterioribus partibus versiculorum, dimidiatis ferè. Ità nobilissima Græciæ civitas, quondam verò ditissima, sui civis unius acutissimi monumentum ignorasset, nisi ab homine Arpinate didicisset.

(M. Tull. Cicer. Tuscul. Quæst. Lib. v. C. 23.)

Ce monument n'existe plus ; mais Archimède s'en étoit érigé un autre plus durable que le marbre et le bronze, dans ses écrits. Le temps et les guerres les ont plus respectés que son tombeau. Consacrons ici, à la gloire de ce grand homme, l'expression analytique de l'égalité de rapports qu'il a trouvée entre les surfaces et les solidités de la sphère et du cylindre circonscrit, et qu'il a consignée dans les œuvres immortelles où son génie respire encore.

Soient 1°, pour les surfaces :

$C =$ Circonférence d'un grand cercle de la sphère.

$A =$ L'axe de cette sphère, $=$ le diamètre de ce cercle.

$s =$ Surface du grand cercle.

$S =$ Surface de la sphère.

Or, $s = \frac{1}{4} A . C$

Et $S = A . C$

Donc la surface de la sphère est quadruple de celle de son grand cercle. Mais la surface convexe du cylindre circonscrit à la sphère est $= A . C$. Donc la surface de la sphère est égale à la surface convexe du cylindre circonscrit ; mais la surface totale $Y$ de ce cylindre est $= A . C + \frac{1}{2} A . C = \frac{3}{2} A . C$. Ainsi, $S : Y :: 1 : \frac{3}{2} :: 2 : 3$, et $S = \frac{2Y}{3}$.

Donc la surface de la sphère est $= \frac{2}{3}$ de la surface totale du cylindre circonscrit.

2°. Pour les solidités :

$\sigma =$ Solidité de la sphère.

$\Sigma =$ Solidité du cylindre circonscrit.

Or $\quad \sigma = \frac{A}{2} . \frac{s}{3} = \frac{1}{2} A . \frac{AC}{3} = \frac{\overset{2}{A}C}{6}$

$\Sigma = A . s = A . \frac{1}{4} AC = \frac{\overset{2}{A}C}{4}$

Donc $\sigma : \Sigma :: \frac{\overset{2}{A}C}{6} : \frac{\overset{2}{A}C}{4} :: \frac{1}{6} : \frac{1}{4} :: 4 : 6 :: 2 : \quad , $ et $\sigma = \frac{2\Sigma}{3}$

Ainsi la surface de la sphère est à celle du cylindre circonscrit, en même raison que la solidité de cette sphère à la solidité de ce cylindre (8).

Mais en finissant ce discours, racontons d'après Tite-Live, la fin tragique de ce grand géomètre. Les machines par lesquelles il lançait des roches sur l'armée romaine qui assiégeoit Syracuse sa patrie ; et celles qu'il mettoit en mouvement pour enlever les vaisseaux de la flotte romaine, les balancer en l'air, et les précipiter au loin dans la mer, avoient retardé les progrès du siége. Enfin les soldats du consul Marcellus ayant pénétré par un endroit mal gardé, la ville fut livrée au pillage, et Archimède, absorbé dans la méditation de quelque théorème, n'ayant pas répondu à la question d'un Romain, ce brutal le tua d'un coup d'épée, sans le connoître. Marcellus avait ordonné qu'on l'épargnât, et il fut si affligé de ce malheur, qu'il le pleura même au milieu de son triomphe. Il fit remettre son corps à ses parens pour lui faire rendre des honneurs funèbres. Plutarque ajoute qu'il honora ses obsèques de sa présence. Ainsi périt Archimède, à l'âge de soixante-quinze ans, dans la 212e année avant Jésus-Christ.

(8) Voyez les principes et les détails de cette démonstration, dans les élémens de géométrie, des abbés Mazéas, La Caille et Marie. H.

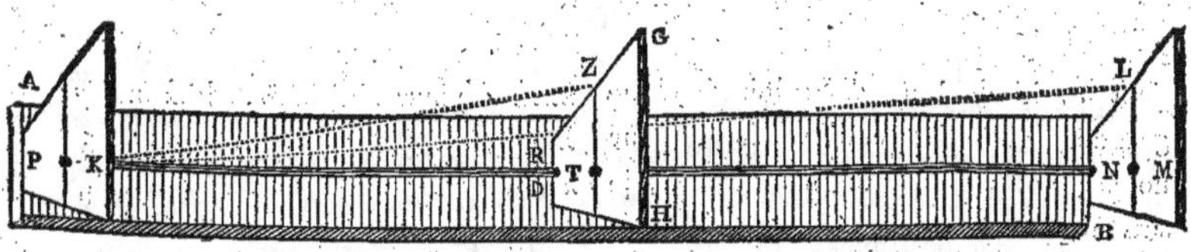


# ΘΕΩΝΟΣ ΑΛΕΞΑΝΔΡΕΩΣ

## ΥΠΟΜΝΗΜΑ

### ΕΙΣ ΤΟ ΠΡΩΤΟΝ

#### ΤΗΣ ΠΤΟΛΕΜΑΙΟΥ ΜΑΘΗΜΑΤΙΚΗΣ ΣΥΝΤΑΞΕΩΣ.

---

## ΠΡΟΟΙΜΙΟΝ.

ΣΥΝΕΧΕΣΤΕΡΟΝ προτρεπόμενος παρὰ τῶν ἀκροατῶν, τέκνον Ἐπιφάνιε, ὑπαγορεύειν εἰς τὰ ἑκάςῳ δοκοῦντα δυσχερῆ τῆς Πτολεμαίου μαθηματικῆς συντάξεως, καλῶς ἔχειν ἡγησάμην τὸν ὑπομνηματισμὸν ταύτης ποιήσασθαι, καὶ δεόντως ὡς ἂν οἷός τε ὦ τῆς τοιαύτης σπουδῆς ἐπιμεληθῆναι τῆς τε τῶν ἀςρονομούντων ἀσκήσεως, καὶ τῆς τῶν ςοιχειουμένων προτροπῆς. Δυνατὸν δέ ἐςι τοῖς φιλαλήθως καὶ ζητητικῶς ἐντυγχάνουσιν ἐφικέσθαι, ὡς ὅτι πολλὰς ἀποδείξεις τῶν μηδόλως ἐπινοηθεισῶν παρὰ τῶν πρὸ ἡμῶν ὑπομνηματιςῶν παρεθέμεθα, ἐξ ὧν καταλελοίπασιν ὑπομνημάτων. Τὰ γὰρ σαφέςερα προθέμενοι παραλιπεῖν, τὰ μάλιςα δυσχερῆ παραλελοιπότες φαίνονται.

Καὶ πρὸς τούτοις τοῦ Πτολεμαίου διαρρήδην ἐν ἀρχῇ τῆς πραγματείας λέγοντος, « μέλλοντες ἅπαντα γραμμικῶς ἀποδεικνύειν, αὐτοὶ τὰ πλεῖςα καθάπερ ἐν προχείροις κανόσι διὰ ψιλῶν ἐφόδων περαίνουσιν ». Ἡμεῖς δὲ σπουδὴν μεγίςην τιθέμεθα μὴ μόνον διὰ τῆς γραμμικῆς δείξεως ἅπαντα

ΘΕΩΝ.

---

# COMMENTAIRE

## DE THEON D'ALEXANDRIE

### SUR LE PREMIER LIVRE

#### DE LA COMPOSITION MATHÉMATIQUE

## (OU ASTRONOMIE)

### DE PTOLEMÉE.

---

## AVANT-PROPOS.

PERPÉTUELLEMENT sollicité par mes auditeurs, ô Epiphane, mon cher fils, de leur donner une explication des difficultés que leur paraît renfermer la composition mathématique de Ptolemée, j'ai cru devoir me rendre à leurs prières, et j'espère que ce sera servir tout à la fois, et ceux qui professent l'astronomie, et ceux qui l'étudient, que d'entreprendre ce travail, utile peut-être aussi aux personnes qui aiment assez la vérité pour n'épargner ni peines ni recherches en vue d'arriver jusqu'à elle. J'y ai ajouté quelques démonstrations inconnues aux commentateurs qui m'ont précédé ; comme il paroît par leurs ouvrages, où, en se proposant d'omettre les choses les plus claires, ils ont le plus souvent omis les plus difficiles.

Ptolemée dit expressément au commencement de son traité : Au lieu de démontrer tout géométriquement, ils n'ont donné que des résultats comme dans les tables manuelles. Pour moi, je me suis appliqué non-seulement à soumettre tout aux démonstrations géométriques, autant que je l'ai pu, mais encore à ne rien omettre de ce qui

1

peut avoir quelque difficulté. Quelque grande que soit une pareille tâche, et pour ne pas trop allonger ce commentaire, je suivrai pas à pas Ptolémée dans le premier livre de sa composition, en rapportant d'abord ses propres paroles ; et dans les suivans, laissant de côté tout ce qui paraît facile aux personnes qui connoissent les élémens, je m'arrêterai sur ce qui leur semblera difficile à comprendre, et j'en donnerai les démonstrations. J'aurai une grande obligation à ceux qui rectifieront ce qui peut m'être échappé de moins exact, et comme le dit notre auteur, nous ne rougirons pas des corrections faites par une autre main, à un travail aussi grand que celui auquel je m'engage. Car je ne présume pas assez de moi-même pour me flatter de tout dire sans donner lieu à quelque contradiction.

C'est avec raison, ce me semble, dit Ptolémée, que dans la saine philosophie....... Je suis d'avis que celui qui professe l'astronomie ne doit pas emprunter de la philosophie de longs discours, mais expliquer le plus brièvement qu'il est possible, ce qu'il y a de bon dans les mots et dans les choses. Son avant-propos est, selon moi, très-clair, à le prendre simplement, comme il paraît l'avoir pris lui-même. Car il dit à la fin : Ce traité est écrit pour ceux qui ne sont pas entièrement étrangers à la science, entendant par ceux qu'il nomme ainsi, les jeunes gens, pour lesquels, s'il le leur eût destiné, il n'auroit pas ainsi conçu son prologue. Il me semble qu'il ne faudroit pas beaucoup de discours pour l'expliquer, comme je vais le faire voir en exposant

κατὰ δύναμιν διεξελθεῖν, ἀλλὰ καὶ μηδὲν ὅλως τῶν δοκούντων εἶναι δυσχερῶν παραλεῖψαι, κἂν μὴ οἷοι τε τοσοῦτοι ὦμεν περὶ τῶν τοιούτων διαλαμβάνοντες. Καὶ διὰ τὸ μὴ μακροποιῆσαι τὸν ὑπομνηματισμόν, ἐπὶ μὲν τοῦ πρώτου τῆς συντάξεως, διὰ τὸ ϛοιχειῶδες, ἅπαντα κατὰ λέξιν ἐκτιθέμενοι. Ἐπὶ δὲ τῶν ἑξῆς, ὅσα μὲν καὶ τοῖς μικρὰ συνορᾶν δυναμένοις εὐμαρῆ καταφαίνεται, τούτων ἑκόντες ἀμελήσομεν· ὅσα δὲ τοῖς τοιούτοις μετρίως καταφαίνεται δυσθεώρητα, καὶ τούτων τὰς ἀποδείξεις ἐκτιθέμενοι. Χάριν δὲ μεγίϛην ἡγούμεθα λαμβάνειν, παρὰ τῶν δυνατῶς ἐχόντων διορθοῦσθαι, τὰ μὴ ὡς ἐχρῆν παρ' ἡμῖν ἠκριβωμένα, καθάπερ φησὶ καὶ αὐτός, μηδ' αἰσχρὸν ἡγεῖσθαι μεγάλης τινὸς καὶ θείας οὔσης τῆς ἐπαγγελίας, κἂν τῆς ὑπ' ἄλλων τύχωμεν διορθώσεως· οὐδὲ γὰρ καὶ αὐτοὶ τοσούτους ἑαυτοὺς εἶναι πεπιϛεύκαμεν ὡς ἅπαντα κατὰ λέξιν ἀναμφισβητήτως διεξελθεῖν.

Πάνυ καλῶς οἱ γνησίως φιλοσοφήσαντες...... Προσῆκον ἡγοῦμαι τὸν ἀϛρονομεῖν ἐπαγγελλόμενον, μὴ τὰς ἐκ φιλοσοφίας μακρολογίας παρεισάγειν, ἀλλ' ἐπὶ τὸ συντομώτερον κατὰ τὸ δυνατὸν παρατιθέναι, ὅσα κατά γε τὴν λέξιν καὶ τὴν ὅλην διάνοιαν ἔϛι σαφῆ. Καὶ γάρ ἐϛι σχεδὸν τὸ ὅλον προοίμιον, ὡς ἐγὼ νομίζω, σαφὲς, εἴτις αὐτὸ κατὰ τὸ ἁπλούϛερον ἐκδέχοιτο, καθάπερ καὶ αὐτῷ τῷ Πτολεμαίῳ δοκεῖ. Φησὶ γὰρ ἐν τελευταίοις τοῦ προκειμένου προοιμίου, γέγραπται ἡμῖν ἥ δὲ ἡ πραγματεία, ἐφ' ὅσον ἂν οἱ ἤδη καὶ ἐπὶ ποσὸν προκεκοφότες παρακολουθεῖν αὐτῇ δύναιντο, τοὺς νέους λέγων πρὸς οὓς πραγματευόμενος, οὐκ ἂν τοιαύτην ἠξίωσε τὴν τῶν ἑαυτοῦ προοιμίων ἐξήγησιν γίνεσθαι. Εἰ δὲ τοῦτο μηκύνοι τίς, οὐκ ἂν οἶμαι πολλῶν λόγων δεηθείη, ὅθεν ἡμεῖς ἐπὶ τὸ συνελεῖν τὴν ὅλην διάνοιαν ἐρχόμεθα. Ἐςὶ μὲν οὖν κατ' ἐμὴν γνώμην ἡ ὅλη διάνοια αὕτη· τὸν εὐ-ζωοῦντα ἄνθρωπον ἀεὶ δεῖ τῆς καλῆς καὶ εὐτάκτου γίνεσθαι καταςάσεως. Ἔςι δὲ αὕτη ἡ κατάςασις ἐν δύο, τῇ τε θεωρίᾳ καὶ τῇ πράξει, ὅθεν καὶ ἀπὸ ἐπαίνου τῶν ταῦτα διελόντων ἤρξατο, φάσκων καλῶς κεχωρι-κέναι τὸ θεωρητικὸν ἀπὸ τοῦ πρακτικοῦ τοὺς γνησίως φιλοσοφήσαντας. Λέγει δὲ τοὺς ἐκ τοῦ περιπάτου, ἐπεὶ καὶ μετ' ὀλίγα τοῦ Ἀριςοτέλου μνημονεύων, καὶ τὸ θεω-ρητικὸν αὐτὸν φησὶ καλῶς διελθεῖν, ὡς ἂν καὶ ἄλλό τι καλῶς διελόντα, δηλαδὴ τὸ εἰρημένον, τουτέςι τὴν ὅλην φιλοσοφίαν εἰς τὸ πρακτικὸν καὶ θεωρητικόν. Λέγουσι δὲ τῇ μὲν θεωρίᾳ προκεῖσθαι τέλος τὸ ἀληθὲς, τῇ δὲ πράξει τὴν εὐδαιμονίαν καὶ τὴν τοῦ ἤθους καλοκαγαθίαν, ὅθεν αἱ ὑπὸ τὸ πρα-κτικὸν αἱ τοῦ ἤθους ἀρεταὶ ἠθικαὶ καλοῦν-ται.

Φησὶ δὲ ὁ Πτολεμαῖος συμβεβηκέναι τῷ πρακτικῷ τὸ πρότερον αὐτοῦ τὸ θεωρητικὸν τυγχάνειν, διὰ τὸ ἴσως δεῖν πρότερον τὸν πράξαντά τι, καὶ ὅτι αἱρετὸν τὸ πραχθη-σόμενον καταληφέναι, καὶ ὅτι διὰ τῶν δε ἂν γένοιτο, καὶ τόν δε τὸν τρόπον, ἅπερ ἐςὶν ἀληθευτικῆς καὶ θεωρητικῆς ἕξεως· ἀλλ' ὅμως φησὶ μεγάλην εἶναι ἐν αὐτοῖς τὴν διαφοράν. Τῶν μὲν γὰρ ἠθικῶν ἀρετῶν ἐνίας καὶ ἄνευ διδασκαλίας περιγίνεσθαι· ἐξ ἔθους γὰρ ἅπασαι αὗται πλὴν τῆς φρονήσεως δο-κοῦσι συνίςασθαι. Ὅθεν καὶ ἠθικὰς αὐτὰς ἀξιοῦσιν ὀνομάζεσθαι, οἷον ἐθικάς τινας οὔσας. Εἰσὶ δ' αὗται, σωφροσύνη, ἀνδρία,

brièvement le sens de ses paroles. Voici donc ce qu'il veut dire : Homme qui vit honnêtement, doit toujours être dans une disposition d'esprit bien réglée. Or, cette disposition consiste dans deux par-ties, la spéculation et l'action. C'est pour cela que Ptolemée commence par approu-ver ceux qui ont fait cette distinction, en disant : C'est avec raison que l'on a dis-tingué la théorie de la pratique. En quoi il veut parler des péripatéticiens, puis-qu'ensuite, en faisant mention d'Aristote par qui il témoigne que la partie spé-culative a été parfaitement traitée, il dit que si jamais il a fait une distinction juste, c'est celle-là, savoir, comme nous l'avons déjà dit, que toute la philosophie consiste dans la pratique et la théorie. Or, ils sou-tiennent que la fin de la spéculation est la vérité; et celle de l'action, l'heureuse réu-nion des qualités du cœur et de l'esprit, et que c'est pour cette raison qu'on appelle morales les vertus qu'il faut pratiquer.

Ptolemée ajoute qu'il est arrivé à la pra-tique, que la théorie la précède, parce qu'il faut que celui qui agit, ait auparavant dé-terminé ce qu'il doit faire, l'objet qu'il doit choisir, les moyens qu'il emploiera, la ma-nière dont il s'y prendra, toutes délibéra-tions qui sont du ressort de la spéculation, et qui portent un caractère de vérité. Néanmoins, dit Ptolemée, il se trouve en-tre l'une et l'autre une grande différence, en ce qu'il y a des qualités morales, formées des notions qui ne sont pas le fruit de l'instruction, et ces qualités, outre l'in-telligence, paroissent consister dans les mœurs (a). De là vient qu'on doit les appeler morales, comme étant de pratiquer

1 *

la plupart : telles sont la sagesse, la bravoure, la libéralité, l'équité, la clémence; et en général on dit que nous sommes honnêtes et bons, d'après notre conduite habituelle. Nous avons aussi quelques qualités qui paroissent être naturelles. Car les animaux dénués de raison, passent pour être les uns courageux, les autres prudens. Il y a donc quelques-unes de ces qualités qui sont innées dans l'homme, avec la raison. Or, la contemplation de toutes choses, dit Ptholemée, ne peut exister sans la raison. Il ne dit pas simplement la spéculation, mais celle de toutes les choses dans leur universalité; ou bien il suffiroit donc de penser, pour avoir aussitôt la vérité sans étude et sans instruction, comme cela a lieu pour les axiomes, tels que : deux choses égales chacune à une autre, sont égales entr'elles. Il dit qu'en cela seul consiste toute la différence dans les objets dont il a parlé, et ensuite en ce que l'utilité de la pratique est dans l'usage, même quand ce seroit par le moyen des organes du corps; et celle de la théorie dans l'application aux recherches, et dans les progrès qu'on y fait.

Ainsi, puisque la pratique et la théorie diffèrent l'une de l'autre, et qu'il est évident que tout homme sage se conduit d'après elles, et que, selon Ptolemée, il se règle pour ses actions par l'application qu'il leur fait de ses idées, c'est-à-dire qu'il commence par faire choix de la manière dont il agira, et qu'il y conforme ses actions, voulant avant que d'agir, le faire avec ordre et mesure, Ptolemée dit que la spéculation est le temps que l'on donne à la méditation des sciences mathématiques surtout, qui embrassent la géométrie, l'arithmétique, la musique et l'astronomie.

ἐλευθεριότης, δικαιοσύνη, πραότης· καὶ ἁπλῶς καλοὶ καὶ ἀγαθοὶ τὸ ἔθος εἶναι λεγόμεθα. Δοκοῦσι δὲ τούτων τινὲς καὶ φυσικῶς παραγίνεσθαι. Καὶ γὰρ καὶ ἄλογα ζῶα τὰ μὲν ἀνδρεῖα, τὰ δὲ σώφρονα λέγεται εἶναι. Τούτων μὲν οὖν τινες καὶ χωρὶς λόγου τοῖς ἀνθρώποις ἐγγίνονται, ἡ δὲ τῶν ὅλων φησὶ θεωρία, οὐκ ἄνευ λόγου. Οὐκ ἁπλῶς δὲ θεωρίαν εἶπεν, ἀλλὰ τὴν τῶν ὅλων. Γένοιτο γὰρ ἂν τῆς θεωρίας καὶ ἀληθείας κατάληψις, καὶ ἄνευ διδασκαλίας, οἷαι καὶ αἱ τῶν ἀξιωμάτων, οἷον τὰ τῷ αὐτῷ ἴσα καὶ ἀλλήλοις ἐςὶν ἴσα. Ἐν μιᾷ οὖν ταύτῃ διαφορᾷ διαφέρειν φησὶ τὰ εἰρημένα. Ἕτερον δὲ ὅτι τῆς μὲν πρακτικῆς τὸ ὄφελος, ἐξ αὐτοῦ τοῦ πράττειν (τοῦτο δ' ἂν εἴη τὸ διὰ σώματος ἐνεργεῖν) περιγίνεται, τοῦ δὲ θεωρητικοῦ, ἐκ τῆς πρὸς τὰ θεωρήματα σπουδῆς τε καὶ προκοπῆς.

Ὄντων οὖν διαφόρων τοῦ τε πρακτικοῦ λέγω καὶ τοῦ θεωρητικοῦ, καὶ κειμένου τοῦ δεῖν ἑκατέρου ἔχεσθαι τὸν εὐζῶντα, τοῦτο καὶ αὐτός φησι ποιεῖν. Πρὸς μὲν τὰς πράξεις ῥυθμίζων ἑαυτὸν ἐν αὐταῖς ταῖς τῶν φαντασιῶν ἐπιβολαῖς. Ἀντὶ τοῦ ἐν αὐτῷ τῷ ἄρχεσθαί τε καὶ προαιρεῖσθαί τι πράττειν, πειρώμενος εὐτάκτως καὶ εὐρύθμως τοῦτο ποιεῖν. Τοῦ δὲ θεωρητικοῦ φησιν ἔχεσθαι, τῷ τὴν σχολὴν εἰς τὴν τῶν θεωρητικῶν καταναλίσκειν διδασκαλίαν, μάλιςα τῶν μαθηματικῶν, ταῦτα δὲ ἐςὶ τά τε κατὰ γεωμετρίαν καὶ ἀριθμητικὴν καὶ μουσικὴν καὶ ἀςρονομίαν.

Ὅτι δὲ καὶ ἡ μαθηματικὴ ὑπὸ τὸ θεωρητικόν, τὸν Ἀριστοτέλη μάρτυρα παρεισφέρει, ὃς εἰς τρία διεῖλε τὸ θεωρητικόν, εἴς τε τὸ φυσικὸν καὶ μαθηματικὸν καὶ θεολογικόν. Καὶ φησὶ καλῶς ἔχειν τὴν διαίρεσιν, διότι καὶ τὰ πράγματα τρία ἐστίν, ἐξ ὧν πάντα τὰ ὄντα συνέστηκεν. Ἔοικε δὲ ὄντα λέγειν τὰ φυσικὰ σώματα, ταῦτ' οὖν εἶναι ἐξ ὕλης καὶ εἴδους καὶ κινήσεως, τῶν τριῶν τούτων πραγμάτων οὐ δυναμένων μὲν ἀλλήλων καθ' ὑπόστασιν χωρισθῆναι, ὡς ἰδία μὲν τοῦτο, ἰδία δὲ τὸ ἕτερον καθ' αὑτὸ ὑποστῆναι, ἀλλὰ τῷ νοεῖσθαι ἕκαστον αὐτῶν ὡς ἰδίαν ἔχον φύσιν. Οὐ γὰρ ἡ αὐτὴ κινήσεως καὶ ὕλης, ἢ κινήσεως καὶ εἴδους φύσις, ἢ ὕλης καὶ εἴδους. Τριῶν οὖν τούτων ὄντων τὴν μὲν κίνησιν ὑποστῆσαι τὸ θεολογικὸν εἶδος. Τῷ γὰρ ζητεῖσθαι τὸ τῆς ὅλων πρώτης κινήσεως αἴτιον, λέγοι δ' ἂν πρώτην κίνησιν τὴν ἀπ' ἀνατολῶν ἐπὶ δύσιν, ταύτην γὰρ πρώτην ὁ κόσμος κινεῖται· τῷ οὖν ταύτης κινητικὸν αἴτιον ζητεῖσθαι, ὑπέστη ἡ θεολογία. Θεὸς γὰρ τούτου τὸ αἴτιον, ἀκίνητός τις καὶ ἀόρατος φύσις, εἴ τις κατὰ τὸ ἁπλοῦν φησιν ἐκλάβοι, ἀντὶ τοῦ εἰς ἁπλότητα ἀνατρέχων καὶ χωρίζων αὐτὸν τῶν σωμάτων, οἷς αἴτιός ἐστι τῆς κινήσεως, ἀξιῶν ὥσπερ κατὰ ἀνάλυσιν γενέσθαι ταύτην τὴν νόησιν, καθάπερ τῶν ἐν τοῖς μαθήμασι. Καὶ γὰρ ἐνταῦθα τήν τε ἐπιφάνειαν κατὰ τὴν τοῦ στερεοῦ ἀφαίρεσιν ἐνοήσαμεν, καὶ τὴν γραμμὴν κατὰ τὴν τοῦ ἐπιπέδου. Καὶ ἔτι ἀφαιροῦντες καὶ ἀναλύοντες, ἐπὶ τὸ σημεῖον κατηντήσαμεν, χωρίσαντες αὐτοῦ καὶ τὸ μῆκος, ὃ ἔτι ἦν ὑπολειπόμενον, ἵνα εἰς τὸ πάντη ἁπλοῦν καὶ ἀμέγεθες ἔλθωμεν.

Θεολογίαν μὲν οὖν διὰ τὴν κίνησιν, τὸ

Et pour prouver que les mathématiques sont du genre des sciences spéculatives, il cite en témoignage Aristote, qui a divisé le genre spéculatif en trois parties, physique, mathématique et théologique. Divisions qu'il approuve, parce qu'il y a en effet trois choses qui constituent les êtres ; et il paraît entendre par le mot *être* tous les corps naturels qui sont composés de matière, de forme et de mouvement, trois choses qui ne peuvent pas être séparées de manière à pouvoir subsister chacune à part des autres. Mais on conçoit que chacune en particulier a sa nature propre. Car le mouvement n'est pas de la même nature que la matière, ni l'une et l'autre de la même nature que la forme. Après avoir ainsi posé ces trois principes de toutes choses, il fait consister le genre théologique dans le mouvement, et il le prouve par le premier mouvement de l'univers, en disant que ce premier mouvement s'exécute d'orient en occident, car c'est par ce premier mouvement que le monde est emporté ; et la recherche de la cause de ce mouvement fera trouver que cette cause est Dieu invariable et invisible de sa nature. Si quelqu'un, dit Ptolémée, examine simplement, c'est-à-dire, abstraction faite des corps dans lesquels le mouvement entre comme partie essentielle, il veut par cette simplification et cette distinction rendre la chose plus palpable, comme dans les objets des mathématiques, où nous concevons la surface, sans égard au solide, et la ligne, sans penser au plan ; et enfin en réduisant toujours de plus en plus, nous parvenons au point considéré séparément de la longueur qui restait à la ligne, pour arriver à l'élément le plus simple, et dénué de toute grandeur.

Il fait donc du mouvement l'essence des

choses divines, et de la matière celle des choses physiques. Car le sujet de la physique étant la qualité toujours mobile et variable, comme la blancheur, la chaleur, la douceur, la mollesse, ne conserve pas toujours les mêmes propriétés, et la raison en est dans la matière. Car la permanence dans un même état repose plutôt dans la forme, c'est pourquoi la cause de la variabilité est dans la substance. Or, dit Ptolémée, la science mathématique est de ce genre, puisqu'elle en a la nature avec le transport d'un lieu en un autre. Mais la forme termine la surface, et la figure en détermine l'espèce, comme celle du triangle ou du quadrilatère. Considérée sous le rapport de la grandeur, c'est la géométrie; sous celui de la quantité, c'est l'arithmétique; on peut aussi la considérer quant au lieu et au temps, considération qui est du ressort de l'astronomie, comme quand celle-ci cherche en quel lieu du ciel est un astre, et en combien de temps il fait sa révolution.

La science mathématique tient comme le milieu entre la physique et la théologie. Car il y a des choses qui ont besoin de l'usage des sens pour être entendues, telles sont les choses physiques; et d'autres qui n'ont besoin que de l'intelligence, savoir les objets de la théologie. Or, les mathématiques se comprennent, et par le secours des sens, et sans le secours des sens, en ce qu'elles embrassent tous les êtres, tant ceux qui sont périssables, que ceux qui sont éternels; tous les êtres étant limités, et sous de certaines figures, ce qui s'entend des corps physiques, nous en avons conclu que toutes choses ont matière, forme, et mouvement. Si donc tout existe sous de certaines limites et sous de certaines figures, il s'ensuit que la science des mathématiques embrasse toutes

δὲ φυσικὸν εἶδος διὰ τὴν ὕλην ὑπέςη. Ἐπεὶ γὰρ τὸ φυσικὸν περὶ τὴν ἀεὶ κινουμένην καὶ μεταβάλλουσαν ποιότητα, οἷον τὸ λευκὸν, τὸ θερμὸν, τὸ γλυκὺ, τὸ ἁπαλὸν, εὔδηλον ὅτι οὐ μένει ἐπὶ τῶν αὐτῶν ποιοτήτων. Τὸ δὲ μὴ μένειν, παρὰ τὴν ὕλην ἂν εἴη. Στάσεως γὰρ μᾶλλον καὶ μονῆς τὸ εἶδος αἴτιον ἀλλ' οὐ ῥύσεως· διὸ τῆς φυσικῆς ἡ ὕλη αἰτία. Ἡ δὲ μαθηματικὴ διὰ τὸ εἶδος ὑπέςη. Περὶ γὰρ τοῦτο, φησὶν, αὕτη καὶ τὴν τούτου ποιότητα ἔχει, ἔτι τε τὰς μεταβατικὰς κινήσεις. Εἶδος δ' ἂν λέγοι τὸ πέρας, καὶ τὴν ἐπιφάνειαν, ποιότητα δὲ εἴδους τὸ σχῆμα, οἷον τὸ τρίγωνον καὶ τετράγωνον. Σκοπεῖσθαι δ' αὐτὴν καὶ περὶ πηλικότητα δηλονότι, ὡς τὴν μετρικὴν, καὶ περὶ ποσότητα, ὡς τὴν ἀριθμητικὴν, ἀλλὰ καὶ περὶ τόπου καὶ χρόνου, ὡς τὴν ἀςρονομικὴν, ὅτι καὶ ποῦ ὁ ἀςὴρ καὶ ἐν πόσῳ χρόνῳ ἀποκαθίςαται, καταλαμβάνει.

Καὶ δεῖ εἶναι ταύτην τὴν μαθηματικὴν ὥσπερ ἐν μέσῳ τῆς τε φυσικῆς καὶ τῆς θεολογικῆς. Τούτων γὰρ τὸ μὲν αἰσθήσεως χρήζειν πρὸς τὸ κατανοηθῆναι, ὡς τὸ φυσικὸν, τὸ δὲ νοῦ, ὡς τὸ θεολογικὸν, τὴν δὲ δύνασθαι καὶ δι' αἰσθήσεως καὶ ἄνευ ταύτης νοεῖσθαι. Ἔτι καὶ τῷ ταύτην πᾶσι τοῖς οὖσι συμβεβηκέναι, καὶ θνητοῖς καὶ ἀθανάτοις. Πάντα γὰρ τὰ ὄντα, καὶ πέρατα καὶ σχήματα ἔχει, ὡς ἂν περὶ σωμάτων φυσικῶν λέγων, ὅθεν καὶ πρότερον οὕτως ἐξεδεξάμεθα, τὸ πάντα τὰ ὄντα ὕλην ἔχειν καὶ εἶδος καὶ κίνησιν. Εἰ οὖν πάντα ἐν πέρασι καὶ σχήμασι, περὶ δὲ ταῦτα ἡ μαθηματικὴ, περὶ πάντα ἂν εἴναι. Τοῖς μὲν οὖν ἀεὶ μεταβάλλουσι, ταῦτα δέ ἐςι τὰ

φυσικὰ, κατὰ τὸ εὐχώριςον φησὶ, καὶ αὕτη
εἶδος μεταβάλλει. Τοῦτο δ᾽ ἂν εἴη ὅτι ταῦτα τὰ φυσικὰ, καὶ ἀεὶ μετά τινος ἐπιφανείας ἔςι καὶ εἴδους, καὶ ἀεὶ ἐν κινήσει
τοῦτο τὸ εἶδος ἔχει, Τοῖς δ᾽ αἰθερώδεσιν
ἐνυπάρχειν τὴν μαθηματικὴν, τῷ καὶ ταῦτα
εἶδος ἔχειν, εἶδος δὲ ἀκίνητον. Προετιμή-
σαμὲν οὖν φησὶ τὴν μαθηματικὴν, τῶν
ἄλλων, ὅτι τὸ μὲν φυσικὸν ἀκατάληπτον
ὂν ἑωρῶμεν, διὰ τὸ ρευςὸν τῆς ὕλης,
τὸ δὲ θεολογικὸν ὁμοίως ἀκατάληπτον, διὰ
τὸ παντελῶς ἀφανὲς αὐτοῦ, τὸ δὲ πρόεισι
διὰ ἀναμφισβητήτων ἀποδείξεων τῶν τε ἀριθ-
μητικῶν καὶ γεωμετρικῶν. Πάσης μὲν τῆς
μαθηματικῆς ἐπιμεληθῆναι, μάλιςα δὲ ἀςρο-
νομίας, διὰ τὸ ταύτην μόνην περὶ τὰ ἀεὶ
καὶ ὡσαύτως ἔχοντα ἀναςρέφεσθαι. Ἄλλως
τε καὶ ὅτι δυνατὴ εἰς τὰ ἕτερα μέρη τῆς
φιλοσοφίας ὠφελῆσαι. Εἰς μὲν τὸ θεολογικὸν,
τῷ καὶ αὐτὴν περὶ τὰ θεῖα ἔχειν. Ἐγγυτέρω γὰρ τὰ θεῖα εἰ καὶ σώματα τῶν ἀσω-
μάτων θεῶν, ἥπερ τὰ μὴ θεῖα. Ἔτι δὲ καὶ
ὅτι εὔτακτός ἐςιν αὐτῶν ἡ φορά. Τάξις
δὲ θεῶν οἰκεῖον. Εἰς δὲ τὸ φυσικὸν συμμε-
ταβάλλεσθαι τὴν ἀςρονομίαν, ὅτι καὶ τοῖς
φυσικοῖς σώμασιν ἀπὸ τῆς μεταβατικῆς κινήσεως τὰ ἰδιώματα, τῷ τὸ μὲν ἄφθαρτον
ἐγκυκλίως κινεῖσθαι, τὸ δὲ φθαρτὸν, ἐπ᾽
εὐθείας. Ἔτι δὲ καὶ τοῦ φθαρτοῦ τὸ μὲν
βαρὺ, ἐπὶ τὸ μέσον φέρεσθαι, τὸ δὲ κοῦφον
τὸ ἀπὸ τοῦ μέσου. Εἰπὼν δὲ βαρὺ καὶ κοῦφον, μετέλαβεν εἰς ποιητικὸν, καὶ παθητικὸν, ἀντὶ τοῦ εἴτις μὴ βαρὺ θέλει λέγειν,
ἀλλὰ παθητικὸν, ἢ μὴ κοῦφον, ἀλλὰ ποι-
ητικόν. Καὶ μὴν καὶ πρὸς τὸ πρακτικὸν
φησι τὴν ἀςρονομίαν εἶναι χρήσιμον. Συν-
εθίζουσαν γὰρ τοῖς θείοις σώμασι, καὶ ταῖς

choses, puisque les limites et les figures de
celles-ci sont toujours variables. Or, ces
choses sont les choses naturelles, c'est pourquoi, dit-il, elles se dissolvent aisément, et
changent de forme. Ce qui se fait parce
qu'elles ont toujours une surface et une
forme, et que cette forme tend perpétuellement à s'altérer. Mais la science mathématique embrasse les corps célestes, parce que
leur forme est invariable. Nous avons donc
préféré, dit Ptolemée, cette science aux autres, parce que le genre physique ne nous
paraissait pas pouvoir être bien conçu à
cause de l'instabilité de la matière, ni le
genre théologique à cause de son obscurité
absolue. Or, on procède en mathématique
par démonstrations certaines d'arithmétique et de géométrie. C'est pourquoi il s'est
appliqué à toutes les parties des mathématiques; mais principalement à l'astronomie, parce que cette science est la seule
qui s'occupe d'objets constants, et toujours semblables à eux-mêmes, et surtout
aussi parce qu'elle peut aider dans l'étude
des autres genres de science; de la théologie, d'abord, qui a pour objet les choses
divines, attendu que les corps célestes ont
plus d'affinité avec les dieux immortels,
que les corps physiques, et que leurs mouvemens se font avec un certain ordre; or,
l'ordre est de l'essence divine; et dans
l'étude de la physique également, parce que
l'astronomie suit dans les corps célestes leurs
commutations comme dans les corps physiques, par l'effet du mouvement local; ce
qui est incorruptible se mouvant circulairement, et ce qui est corruptible allant en
droite ligne; dans ce qui est corruptible,
ce qui est pesant se portant vers le centre,
et ce qui est léger s'éloignant du centre :
Ptolemée donne à ces expressions de
pesant et léger un sens actif et passif;

comme si quelqu'un, au lieu de dire *pesant*, disoit passif; et au lieu de *léger*, actif; enfin il dit que l'astronomie est encore utile pour la pratique de la morale. Car en accoutumant l'esprit à observer dans les corps célestes, leur bel ordre et leur symétrie, elle fait naître dans l'ame l'amour du beau, de l'honnête et du juste. Voilà, à ce qu'il me semble, ce que veut dire l'avant-propos de Ptolemée.

Après cela il expose le plan de son traité, et il dit qu'il s'efforcera d'augmenter les connaissances astronomiques, en se constituant avec raison, juge de ce qui a été dit par les anciens, dans l'intention de faire servir à l'instruction ce qu'ils ont imaginé de meilleur, et d'y ajouter les choses nécessaires à savoir pour le complément de la science; mais qu'ils ont omises ou ignorées. Car il est du devoir des hommes éclairés, dans l'exécution des ouvrages qu'ils entreprennent, de ne pas rejetter ce que d'autres ont inventé d'utile, et de suppléer ce qui y manque, et c'est ce qu'il paroît que Ptolemée a fait dans son ouvrage, car il supprime plusieurs choses dans leurs discours, comme superflues, et il en corrige d'autres comme peu exactes, sans blâmer personne, mais avec l'honnêteté et la modération qui le font, sinon toujours croire, au moins toujours approuver. Enfin, parce qu'il sait que la connoissance des mouvemens célestes ne se perfectionne qu'avec le temps, il veut que son ouvrage doive sa perfection future à un aussi long espace de temps que l'est celui qui s'est écoulé depuis les anciens astronomes jusqu'à nous.

τούτων εὐταξίαις τε καὶ συμμετρίαν διδάσκουσαν, εἰς ἔρωτα ἄγειν τοῦ καλοῦ, καὶ τάξιν ἐκποιεῖν τῇ ψυχῇ. Τοιούτων τοῦ Πτολεμαίου, κατὰ τὴν ἡμετέραν γνώμην, τὸ τοῦ παντὸς προοιμίου βούλημα.

Εἶτα ἑξῆς ἐρεῖ καὶ ὃν τρόπον βούλεται ἐπεξιέναι τῇ πραγματείᾳ, καὶ φησὶν αὔξειν πειρᾶσθαι τὴν ἀϛρονομικὴν θεωρίαν, ὀρθὸς κριτὴς γινόμενος περὶ τὰ ἐκκείσθμενα τῶν παλαιῶν. Ἐθέλειν γὰρ τὰ μὲν καλῶς ἐκπεπονημένα αὐτοῖς καὶ ὀρθὴν πεποιημένα τὴν σκέψιν προθύμως προσίεσθαι, τὸν τοῦ μανθάνοντος ἀσπαζόμενος τρόπον. Ὅσα δὲ τούτοις παραλέλειπται καὶ ἀναγκαίαν ἔχει τὴν ἐπιζήτησιν εἰς συμπλήρωσιν τῆς θεωρίας, ταῦτα προϛιθέναι μετ' ἀκριβοῦς τῆς ἐπισκέψεως. Ἀνδρῶν γὰρ ἀϛείων ἔργον ταῖς προειληφείαις πραγματείαις ἑπομένων, τὰ μὲν ὀρθῶς εὑρημένα προσίεσθαι καὶ μὴ παρορᾷν, τὰ ἐλλείποντα προϛιθέναι, ὅπερ ἐν ἁπάσῃ τῇ συντάξει τῆς δὲ τῆς θεωρίας αὐτὸς ποιῶν φαίνεται. Τὰ μὲν γὰρ ἀφαιρεῖ τῶν λόγων ὡς παρέλκοντα, τὰ δὲ διορθοῦται ὡς ἂν οὐκ ὀρθῶς εἰρημένα, ἐπιτιμῶν μὲν οὐδενὶ δημώδη ἐπιτίμησιν, αὐτοῖς δὲ τοῖς πράγμασι πράως ἔχων, κἀκεῖθεν τὸν ἔλεγχον λαμβάνων, ἢ τὴν πίϛιν. Εἶτα ἐπεὶ οἶδε τὸν μακρῷ πολλαπλασίονα χρόνον ἀκριβεϛέρας ἔτι ποιούμενον τὰς τῶν κινήσεων καταλήψεις, φησὶ, τοσαύτην προσθήκην τῇ πραγματείᾳ σπουδάζειν συνεισενεγκεῖν, ὅσην ὁ ἀπὸ τῶν παλαιοτέρων ἀϛρονόμων χρόνος μέχρι τοῦ καθ' ἡμᾶς δύναιτ' ἂν περιποιῆσαι.

## ΚΕΦΑΛΑΙΟΝ Α'.

### ΠΕΡΙ ΤΗΣ ΤΑΞΕΩΣ ΤΩΝ ΘΕΩΡΗΜΑΤΩΝ.

Βουλεται ἐν τούτῳ τῷ κεφαλαίῳ τὴν ἀπαρίθμησιν ποιήσασθαι τῶν ὀφειλόντων καθόλου καὶ κατὰ μέρος ἀρχοειδῶς προληφθῆναι εἰς τὴν τῆς ἀςρονομικῆς συντάξεως θεωρίαν, καὶ δηλῶσαι ὅτι ἀκόλουθον ποιεῖται τὴν τάξιν τῆς τε τούτων διδασκαλίας, καὶ ἔτι τῆς τῶν ἀςέρων κινήσεως τῇ πρὸς τὰ φαινόμενα συμφωνίᾳ, ἐπεὶ καὶ αὐτὴ ἡ ὕλη τῆς προκειμένης θεωρίας. Καὶ φησὶ προηγεῖσθαι τῶν κατὰ μέρος τῆς τοιαύτης συντάξεως, τὸ τὴν καθόλου σχέσιν ἰδεῖν ὅλης τῆς γῆς πρὸς ὅλον τὸν οὐρανόν. Τί δὲ ἐςὶ καθόλου τοιαύτη σχέσις, λέγει, τὸ τὴν γῆν τοῦ μέσον ἐπέχειν τόπον, ὅτι τε σφαιροειδής ἐςιν ὁ οὐρανὸς, καὶ φέρεται σφαιροειδῶς. Καὶ ὅτι ἡ γῆ τῷ μὲν σχήματι καὶ αὐτὴ σφαιροειδής ἐςὶ πρὸς αἴσθησιν, ὡς καθ' ὅλα μέρη λαμβανομένη, τουτέςιν ἤτοι σύμπασα, ἢ κατὰ μεγάλα μέρη· οἷον καθ' ἕκαςον κλίμα μετά τε τῶν ὁρῶν καὶ τῶν ἐν αὐτῇ κοιλωμάτων, ὡς τούτων ἐλαχίςων ὄντων πρὸς τὸ ὅλον τῆς γῆς μέγεθος, ἢ καὶ τὰ εἰρημένα μέρη, ἔτι τε καὶ μετὰ θαλαττῶν καὶ ποταμῶν. Δείκνυσι μὲν γὰρ ἐν τοῖς ἑξῆς, ὅτι καὶ ἡ ἐπιφάνεια τῆς θαλάττης καὶ παντὸς ὕδατος ἠρεμοῦντος σφαιροειδὴς ὑπάρχει. Τῇ δὲ θέσει μέση τοῦ παντὸς οὐρανοῦ κεῖται κέντρῳ παραπλησίως, σημείου λόγον ἐπέχουσα, ὡς πρὸς τὸ μέχρι τῆς τῶν ἀπλανῶν ἀςέρων σφαίρας ἀπόςημα. Οὐ γὰρ ὅτι ἀμεγέθης ἐςὶ καθάπερ σημεῖον, ἀλλ' ὅτι ὡς πρὸς τὸ οὐράνιον μέγεθος, οὐκ ἀξιόλογον ἔχουσα φαίνεται αὕτη τὸ μέγεθος.

THEON.

## CHAPITRE I.

### DE L'ORDRE DES THÉORÊMES.

Dans ce chapitre, Ptolémée veut faire l'énumération des connoissances préliminaires tant générales que particulières, qu'il faut apporter à l'étude de la syntaxe astronomique, et démontrer que l'ordre qu'il établit dans leur enseignement, ainsi que celui du mouvement des astres, s'accorde avec les apparences célestes, qui sont le sujet même de la théorie ; et il dit que la première chose à examiner particulièrement, c'est le rapport général de la terre avec le ciel ; il dit en quoi ce rapport consiste, c'est en ce que la terre est au milieu du ciel, que le ciel est sphérique et se meut sphériquement, que la terre est sensiblement ronde, à la prendre dans son ensemble, c'est-à-dire, si on la considère dans son ensemble ou selon ses grandes parties, comme selon les climats, et avec ses montagnes et ses vallées, qui sont très-petites comparativement à la terre entière, ou à quelque grande partie, avec les mers et les fleuves. Il fait voir ensuite que la surface de la mer, et de toute étendue d'eau, est sphérique, et que la terre est au centre du ciel, comme un point relativement à la distance de la sphère des étoiles fixes, non qu'elle soit sans grandeur, mais c'est que comparée à la grandeur du ciel, elle paroît n'en avoir aucune, et enfin qu'elle est sans mouvement au centre du monde. Voilà ce qu'il faut d'abord savoir en général, et ce que les observations

2

les plus simples apprennent. Il cherche, pour le premier objet qui doit venir ensuite, de combien le cercle oblique, qui passe par les animaux du zodiaque, et que le soleil ne quitte jamais, est incliné sur le cercle équinoxial, et il trouve cette inclinaison par l'arc qu'ils interceptent sur le grand cercle qui passe par leurs pôles. En effet, comme il l'enseigne dans le second livre, c'est par le moyen de cette inclinaison, que l'on détermine les durées des jours et des nuits, différentes suivant les différens degrés d'obliquité de la sphère. Il parle ensuite des parties habitées de la terre, c'est-à-dire de la partie que nous connoissons comme habitée, vers les ourses et vers le midi, et il dit quelle est sa grandeur en longitude et en latitude ; car il ne veut point parler de ce qui est inconnu, ni de la quantité dont s'étendent vers le midi les parties habitées d'après leurs plus longs et leurs plus courts jours, en conséquence des inclinaisons de leurs horizons respectifs, suivant ce qu'on sait de leurs situations boréales ou australes. Car il est clair que tout s'y passe de même, comme Théodose l'a démontré dans son traité des habitations de la terre, savoir : que les astres fixes qui sont entre l'équateur et le plus grand des cercles toujours visibles, paroissent plus long-temps aux habitans des parties boréales de la terre, au-dessus de leur horizon, qu'à ceux des parties australes. Mais les astres austraux

Καὶ ὅτι οὐδὲ κίνησίν τινα ποιῆται, ἀλλ' ἕστηκε μέση τοῦ παντὸς, ἀκίνητος τυγχάνουσα. Καὶ ταῦτα δηλώσας εἶναι τὰ καθόλου ἀρχοειδῶς ὡς ἐκ ψιλῆς ὑπομιμνήσεως καὶ ἁπλουςτέρων παρατηρήσεως ὀφείλοντα προληφθῆναι, ἑξῆς καὶ περὶ τῶν κατὰ μέρος τὴν διάληψιν ποιεῖται, καὶ φησὶν, ὅτι ἀκόλουθον ἐςὶ καὶ ἐπὶ τούτων προλαβεῖν ἡμᾶς περὶ τῆς θέσεως τοῦ λοξοῦ πρὸς τὸν ἰσημερινὸν καὶ διὰ μέσων τῶν ζωδίων κύκλου, καθ' οὗ ὁ ἥλιος ἀεὶ φέρεται, τουτέςι πηλίκη τίς οὖσα ἡ πρὸς τὸν ἰσημερινὸν ἔγκλισις αὐτοῦ καταλαμβάνεται, ἐπὶ τοῦ διὰ τῶν πόλων αὐτοῦ γραφομένου μεγίςου κύκλου. Καὶ γὰρ ἐκ τῆς τοιαύτης ἐγκλίσεως, οἱ χρόνοι τῶν ἡμερῶν καὶ νυκτῶν καθ' ἑκάςην ἔγκλισιν τῆς σφαίρας, διάφοροι καταλαμβάνονται, ὡς ἐν τῷ ϛʹ βιϐλίῳ δείκνυσιν. Ἔτι τε καὶ περὶ τῶν τόπων τῆς καθ' ἡμᾶς οἰκουμένης, τουτέςι ποῖον μέρος ἐςὶ τῆς γῆς τὸ οἰκούμενον, καὶ εἰς γνῶσιν ἡμῖν ἐληλυθὸς, πότερον τὸ πρὸς ἄρκτους ἢ πρὸς μεσημϐρίαν. Καὶ τίς πάλιν ἡ τούτου πηλικότης κατά τε μῆκος καὶ πλάτος. Οὐ δὲ γὰρ περὶ τῶν ἀγνώςων πρόκειται αὐτῷ διαλαϐεῖν, καὶ πηλίκαι τῶν κατὰ τὰς οἰκήσεις μεγίςων ἢ ἐλαχίςων ἡμερῶν παρὰ τὰς ἰσημερινὰς αἱ ὑπεροχαί, παρὰ τὰς ἐγκλίσεις τῶν ὁριζόντων γινόμεναι, ἐκ τῶν βορειοτέρων καὶ νοτιωτέρων αὐτῶν θέσεων. Δῆλον γὰρ ὡς ἐκ τούτων αἱ τοιαῦται γίνονται διαφοραί, καθάπερ ὁ Θεοδόσιος ἐν τῷ περὶ οἰκήσεων δείκνυσιν, ὅτι τὰ ἀπλανῆ ἄςρα ὅσα ἐςὶ μεταξὺ τοῦ τε ἰσημερινοῦ καὶ τοῦ μεγίςου τῶν ἀεὶ φανερῶν, πλείονα χρόνον ὑπὲρ τὸν ὁρίζοντα φαίνεται, τοῖς πρὸς ἄρκτον οἰκοῦσι, ἢ τοῖς πρὸς μεσημϐρίαν. Ὅσα δὲ ἐςὶ μεταξὺ τοῦ τε ἰσημερινοῦ καὶ τοῦ μεγίςου τῶν ἀφανῶν, πλείονα χρόνον ὑπὲρ τὸν ὁρίζοντα φαίνεται τοῖς πρὸς μεσημβρίαν οἰκοῦσιν, ἢ τοῖς πρὸς ἄρκτους. Διὸ συμβαίνει τοῦ μὲν ἡλίου ἐπὶ τοῦ θερινοῦ τροπικοῦ τυγχάνοντος, μείζονας γίνεσθαι τὰς ἡμέρας ἐπὶ τῶν βορειοτέρων οἰκήσεων, ἐλάσσονα δὲ τὰ ἐπὶ τῶν νοτιω-τέρων. Τοῦ δὲ ἡλίου ἐπὶ τοῦ χειμερινοῦ τρο-πικοῦ τυγχάνοντος, ἀνάπαλιν, μείζους μὲν γίνεσθαι τὰς ἐλαχίςας τῶν ἡμερῶν ἐπὶ τῶν νοτιωτέρων οἰκήσεων, ἐλάσσους δὲ ἐπὶ τῶν βορειοτέρων. Γίνονται δὲ καὶ περὶ τὰς ἀνατολικωτέρας καὶ δυτικωτέρας τῶν ὁρι-ζόντων θέσεις διαφοραὶ, τῷ κατὰ τὸν αὐτὸν χρόνον πλεῖον εἶναι τὸ πλῆθος τῶν ὡρῶν ἐπὶ τῶν ἀνατολικωτέρων οἰκήσεων, ἔλαττον δὲ ἐπὶ τῶν δυτικωτέρων. Ἔτι δὲ καὶ περί τε τὰς ἀναφορὰς καὶ τοὺς ὡριαίους χρόνους, καὶ περὶ ἄλλα πλείονα γίνονται διαφοραὶ περὶ τὰς θέσεις τῶν ὁριζόντων, ὡς ἐν τοῖς ἑξῆς φανερὸν ποιεῖται.

Εἶτα βουλόμενος τὸ χρήσιμον τῆς τούτων προδιαλήψεως διδάξαι, φησὶ, προλαμβανο-μένη γὰρ ἡ τούτων θεωρία, τὴν τῶν λοι-πῶν ἐπίσκεψιν εὐοδοτέραν παρέχει. Ἑξῆς δὲ πάλιν τούτων τὴν περὶ τῶν ἀςέρων ἐπί-σκεψιν μέλλων ποιεῖσθαι, ἀναγκαῖον εὑρίσκει προεκθέσθαι, περὶ τῆς ἡλιακῆς καὶ σεληνι-ακῆς κινήσεως καὶ τῶν ταύταις ἐπισυμβαι-νόντων. Ταῦτα δὲ ἐςὶ τὰ περὶ τοὺς ἀπο-καταςατικοὺς χρόνους αὐτῶν καὶ τὰς ἀνω-μαλίας καὶ μήκους ἐποχὰς, ὁμαλάς τε καὶ ἀκριβεῖς, ἔτι τε καὶ πλάτους, καὶ ἀποςη-μάτων καὶ μεγεθῶν, καὶ παραλλάξεων, καὶ συνόδων, καὶ πανσελήνων, καὶ ἐκλείψεων, καὶ προσνεύσεων, καὶ ὅσα ἄλλα ἐν τῷ γ καὶ δ καὶ ε βιβλίῳ καὶ ἕκτῳ διαλαμβάνει.

qui sont entre l'équateur et le plus grand des cercles invisibles, paroissent plus long-temps aux habitans des terres australes, au-dessus de leurs horizons, qu'aux habitans des terres boréales. De là vient que le soleil étant dans le tropique d'été, les jours sont plus longs pour les pays septentrionaux, et plus courts pour les méridionaux; et réciproquement, plus longs pour les méridionaux, et plus courts pour les septentrionaux, quand le soleil est dans le tropique d'hiver. Il y a aussi des différences pour les points plus orientaux ou plus occidentaux des horizons, car dans un même instant les pays plus orientaux comptent plus d'heures que les pays plus occidentaux. Enfin, les différences dans les élévations des astres au-dessus des horizons, dans les saisons de l'année, et dans bien d'autres circonstances sont autant de conséquences des différences des horizons, comme on le verra dans la suite.

Puis voulant montrer l'utilité de la connoissance préalable de ces principes, Ptolemée dit qu'elle facilitera l'intelligence de tout le reste. Et avant que d'en faire l'application aux astres, il juge nécessaire de traiter du mouvement du soleil et de celui de la lune, ainsi que de leurs conséquences qui sont les durées de leurs périodes, et les lieux vrais et moyens de longitude et d'anomalie de chacun à part; et de plus, leurs déclinaisons, leurs distances, leurs grandeurs, leurs parallaxes, leurs conjonctions, les pleines lunes, les éclipses, les inclinaisons de l'ombre, et tout ce dont il traite dans le troisième, le quatrième, le cinquième et le sixième livres. Car sans cette connoissance préliminaire, dit-il, on ne peut rien savoir de clair, de complet, ni de certain concernant les étoiles et les planètes. Et comme la dernière fin de ce qu'il met en avant sur le soleil et la lune, est d'arriver à la théorie des planètes, il s'arrête aux étoiles, et cela avec raison, dit-il, parce que descendant du général au particulier, il commence par la terre et le ciel. Et parlant d'abord du ciel, et par suite, de la position du zodiaque et de la partie de la terre que nous habitons, il entre ensuite dans les détails de la terre, c'est-à-dire des différences causées dans les divers horizons, par leurs inclinaisons. Après avoir déclaré que ce sont là les principes dont il faut être instruit pour entendre plus facilement ce qui suit dans l'étude de l'astronomie, il expose les particularités du soleil et de la lune, et des autres astres tant fixes qu'errans. Nous verrons par chacune de ces choses traitée en son lieu, qu'en suivant le plan qu'il s'est proposé, Ptolemée a suivi l'ordre des phénomènes. Car comme il déduit les mouvemens des étoiles et des planètes, de ce qu'il a exposé de la lune et du soleil, c'est pour cela qu'il a commencé par ces deux astres, et d'abord par

Χωρὶς γάρ φησι τῆς τούτων προδιαλήψεως, οὐδὲ τὰ περὶ τοὺς ἀςέρας, λέγω δὴ ἀπλανεῖς τε καὶ πλανωμένους, οἷον τ' ἂν γένοιτο διεξοδικῶς τουτέςιν ἐντελέςερον καὶ σαφέςερον καταληφθῆναι. Τελευταίου δὲ ὄντος τῶν περὶ τοῦ ἡλίου καὶ τὴν σελήνην ἀποδεικνυμένων καὶ περὶ τῶν ἀςέρων ὡς ἔφαμεν θεωρίαν ποιήσασθαι, προτάττει δὴ καὶ ἐνταῦθα, τῆς περὶ τῶν πλανωμένων διαλήψεως, τὴν περὶ τῶν ἀπλανῶν ἐπίσκεψιν, ἑξῆς δὲ ταύτης, τὴν περὶ τῶν πλανωμένων. Ὅτι δὲ ἀκολούθῳ τάξει ἡ τοιαύτη ἀπαρίθμησις αὐτῷ γεγένηται, δῆλον ἡμῖν οὕτως ἔςαι, πρότερον μὲν γὰρ ἀπὸ τῶν καθολικωτέρων τὴν ἀρχὴν πεποίηται, οὐρανοῦ καὶ γῆς, καὶ πρῶτον ἀπὸ οὐρανοῦ, εἶτα ἑξῆς περὶ τῆς θέσεως τῶν τούτων μερῶν, λέγω δὴ τοῦ τε ζωδιακοῦ καὶ τῆς καθ' ἡμᾶς οἰκουμένης· εἶτα πάλιν τῶν μερικωτέρων τῆς γῆς τόπων, τουτέςι τῶν καθ' ἕκαςον ὁρίζοντα περὶ τὰς ἐγκλίσεις γινομένων διαφορῶν. Καὶ ταῦτα δηλώσας εἶναι τὰ ὀφείλοντα προληφθῆναι, πρὸς εὐμεταχείριςον ἐπίσκεψιν τῶν λοιπῶν τῆς ἀςρονομικῆς θεωρίας, ἑξῆς καὶ τῶν ἐπιμερικωτέρων τὴν ἀπαρίθμησιν πεποίηται, ἡλίου καὶ σελήνης, καὶ τῶν λοιπῶν ἀςέρων ἀπλανῶν τε καὶ πλανωμένων. Ὅτι δὲ καὶ τὴν τούτων τάξιν ἀκολούθως πεποίηται τῇ πρὸς τὰ φαινόμενα συμφωνίᾳ, φανερὸν ἡμῖν γενήσεται ἐν τοῖς οἰκείοις τόποις, ἐκ τῶν περὶ τὰς καταλήψεις αὐτῶν δεικνυμένων. Τὰ μὲν γὰρ περὶ τὰς κινήσεις τῶν ἀπλανῶν τε καὶ πλανωμένων ἐκ τοῦ περὶ τὸν ἥλιον καὶ τὴν σελήνην καταλαμβάνεται· διὸ προλαμβάνει τὴν περὶ τούτων πραγματείαν. Ἔπειτα αὐτῶν τούτων προλαμβάνει τὴν περὶ τοῦ ἡλίου. Ἐκ γὰρ τῶν τούτων καταλήψεων, τὰ περὶ τὴν σελήνην καταλαμβάνεται. Ἔτι δὲ προτάττει τὴν περὶ τῶν ἀπλανῶν πραγματείαν τῆς περὶ τῶν πλανωμένων, ἐπειδήπερ πολλάκις ἡ τοῦ ἀπλανοῦς ἐποχὴ χρήσιμος αὐτῷ πρὸς τὴν κατάληψιν τοῦ πλάνητος γίνεται, ὡς ἐν τῷ θ´ βιβλίῳ φανερὸν ποιεῖται, ὅθεν προσέθηκε καὶ τῷ εἰκότως προτάττεσθαι τὰ περὶ τῆς τῶν ἀπλανῶν σφαίρας τῆς περὶ τῶν πλανωμένων πραγματείας· διὸ καὶ τελευταίαν τὴν τούτων δεῖξιν πεποίηται. Ἐκάλεσε δὲ πλανώμενα τοὺς ε´ μόνους τούτους ἀστέρας, λέγω δὲ τόν τε τοῦ Κρόνου καὶ τὸν τοῦ Ζηνὸς καὶ Ἄρεως καὶ Ἀφροδίτης καὶ Ἑρμοῦ· διὰ τὸ μόνους τούτους ὁρᾶσθαι, πῆ μὲν ἑστῶτας πρὸς αἴσθησιν, πῆ δὲ ἐπὶ τὰ ἑπόμενα, πῆ δὲ ἐπὶ τὰ προηγούμενα, τουτέστιν ἐπὶ τὰ ἔμπροσθεν καὶ ὄπισθεν, καὶ ἔτι ἐπὶ τὰ πλάγια, ὡς ἐπὶ τῶν κατὰ πλάτος ἀποστάσεων τὰς παρόδους ποιουμένους, καὶ ἐοικέναι τοῖς κατὰ τὰς τριόδους πλανωμένοις. Τοὺς δὲ λοιποὺς ἀστέρας πάντας ἐκάλεσεν ἀπλανεῖς, διὰ τὸ τά τε διαστήματα καὶ τοὺς σχηματισμοὺς αὐτοὺς φυλάττοντας πρὸς ἀλλήλους, ἐοικέναι τοῖς μὴ ἀπ᾿ ἀλλήλων πλανωμένοις. Ἥλιον δὲ καὶ σελήνην οὔτε ἀπλανεῖς καλεῖ, διὰ τὸ μὴ φυλάττειν αὐτοὺς μήτε τὰ πρὸς ἀλλήλους διαστήματα, μήτε τὰ πρὸς τοὺς ἀστέρας, μήτε μὴν δηλαδὴ τοὺς σχηματισμούς. Οὔτε δὲ πλανωμένους, διὰ τὸ μήτε στηρίζοντας αὐτοὺς φαίνεσθαι, μήτε ὑποστρέφοντας. Ἕκαστα δὲ τὰ προειρημένα, ἀποδείκνυσιν ἀρχαῖς μὲν καὶ ὥσπερ ὕλῃ τῆς ἀστρονομικῆς θεωρίας προσχρώμενος, τοῖς διὰ τῶν ὀργάνων παρατηρήσεως καταλαμβανομένοις περὶ τὰς κινήσεις συμβεβηκόσιν. Ἔτι δὲ καὶ ταῖς παρὰ τῶν παλαιῶν ἀνα-

le soleil, car le soleil lui servira pour la lune. Ensuite il traite des planètes après les étoiles, parce que le lieu d'une étoile lui sert à connoître celui d'une planète, comme on le voit au neuvième livre. C'est pourquoi il dit qu'il exposera ce qui concerne la sphère des étoiles, avant que de rapporter ce qui concerne la sphère des planètes, raison pour laquelle il n'a parlé de celles-ci qu'en dernier lieu. Il appelle ces cinq astres, planètes ou astres errans, ce sont Saturne, Jupiter, Mars, Vénus et Mercure, parce qu'ils sont les seuls qui paroissent tantôt sensiblement stationnaires, tantôt allant suivant l'ordre des signes, et tantôt contre; c'est-à-dire, tantôt directs et tantôt rétrogrades, enfin tantôt allant de côté dans leurs écarts en latitude, en quoi ils ressemblent aux gens qui se trompent de route dans un carrefour. Il appelle fixes tous les autres astres qui gardent toujours les mêmes configurations entr'eux, et les mêmes distances, samblables en cela à ceux qui ne s'écartent jamais les uns des autres. Quant au soleil et à la lune, il ne les appelle point fixes, parce qu'ils ne gardent ni les mêmes distances, ni les mêmes configurations, l'un par rapport à l'autre, et par rapport aux étoiles ; et il ne les appelle pas non plus errans, parce qu'on ne les voit jamais stationnaires ni rétrogrades. Ptolemée démontre toutes ces choses par des principes dont il se sert comme étant les élémens de la science astronomique, par le secours des instrumens qui ont aidé suivre les astres dans leurs mouvemens, et par d'excellentes observations que les anciens, et surtout Hipparque, ont décrites, après les avoir faites à l'aide de leurs instrumens, dont il explique la construction, la position et l'usage, dans l'endroit qui convient à chacune de ces choses, et par ces moyens il pose ses hypothèses sur ce qui a été trouvé avant lui, et il en déduit les conséquences par des méthodes démontrées géométriquement.

Ensuite, après avoir dit plus haut qu'il faut commencer par voir quelle est la relation générale de la terre entière avec le ciel; il l'expose ici, comme nous l'avons annoncé, en disant : Il convient d'abord de savoir avant tout que le ciel est sphérique, et se meut sphériquement, que la terre est sensiblement de figure ronde dans l'ensemble de ses parties prises, comme nous l'avons déjà dit, avec ses mers et ses montagnes, parce que l'élévation de celles-ci au-dessus de la surface n'est rien en comparaison de la grandeur de la terre ou de ses parties. En effet, comme un grain de sable ou quelque très-petit enfoncement sur une boule de quelque matière qu'elle soit, d'un pied de diamètre, n'est rien par rapport à cette grosseur, et ne l'empêche pas d'être ronde, de même les montagnes et les cavités de la surface terrestre n'altèrent point sa figure sphérique, au moins sensiblement. Car cela sera démontré dans le chapitre où ce point sera traité par la comparaison de la plus grande montagne à la grandeur de toute la terre. Pto-

γεγραμμέναις ἀκριϐέσι τηρήσεσι, καὶ μάλιϛα ταῖς ὑπὸ τοῦ Ἱππάρχου, καὶ αὐταῖς πάλιν δι' ὀργάνου καταληφθείσαις, ὧν τὰς κατασκευὰς καὶ τὰς θέσεις ἔτι τε καὶ τὰς χρήσεις ἐν τοῖς ἑξῆς κατὰ τοὺς οἰκείους τόπους ἐκτίθεται. Καὶ τὰς ταῖς διὰ τούτων εὑρισκομέναις καταλήψεσι συμφώνους ὑποθέσεις ἐφαρμόζων, τὰς ἐφεξῆς τῶν καταλήψεων ποιεῖται, διὰ τῶν ἐν ταῖς γραμμικαῖς δείξεσιν ἐφόδων.

Εἶτα ἐπεὶ ἐπάνω ἔλεγε τῆς προκειμένης συντάξεως προηγεῖσθαι τὸ τὴν καθόλου σχέσιν ἰδεῖν ὅλης τῆς γῆς πρὸς ὅλον τὸν οὐρανὸν, νῦν ὡς ἔφαμεν ἐρεῖ τίς ἐϛιν ἡ εἰρημένη αὐτῷ καθόλου σχέσις, καὶ φησὶ τὸ μὲν οὖν καθόλου τοιοῦτον ἂν εἴη προλαϐεῖν, ὅτι τε σφαιροειδής ἐϛιν ὁ οὐρανὸς, καὶ φέρεται σφαιροειδῶς, καὶ ὅτι ἡ γῆ τῷ μὲν σχήματι καὶ αὐτὴ σφαιροειδής ἐϛι πρὸς αἴσθησιν ὡς καθ' ὅλα μέρη λαμϐανομένη, καθάπερ ἐπάνω ἐδηλοῦμεν, μετά τε τῶν θαλαττῶν καὶ τῶν ὀρῶν· ὡς καὶ τούτων ἐλαχίϛας ποιούντων ἐπαναϛάσεις πρὸς τὸ ὅλον τῆς γῆς μέγεθος, ἢ καὶ τὰ εἰρημένα μέρη, καθάπερ γὰρ ἐὰν ἐν σφαίρᾳ ἐξ ὕλης τινὸς κατασκευασθείσῃ, ποδιαίαν ἐχούσῃ διάμετρον. ψάμμιον προσπαγῇ, ἢ ἐλάχιϛόν τι τοιοῦτον κοίλωμα ἐν αὐτῇ γένηται, οὐκ ἤδη καὶ τὸ σφαιροειδὲς σχῆμα ὡς πρὸς τὴν αἴσθησιν ἠλλοίωσεν, οὕτω καὶ ἐπὶ τῆς γῆς, ὡς πρὸς τὴν σύγκρισιν τοῦ μεγέθους αὐτῆς, τά τε ὄρη καὶ τὰ ἐν αὐτῇ κοιλώματα ἐλάχιϛα τυγχάνοντα, ἀναλλοίωτον αὐτῆς, ὡς πρὸς τὴν αἴσθησιν, τὸ σφαιροειδὲς σχῆμα συντηροῦσι. Καὶ ἐπ' αὐτῶν δὲ τῶν μεγεθῶν τῆς γῆς καὶ τοῦ μεγίϛου ὄρους. τὴν ἐξέτασιν ποιούμενοι, τὸ αὐτὸ τοῦτο ἀποδείξομεν ἑξῆς, ἐν τῷ περὶ

τούτου κεφαλαίῳ· διὸ καὶ σφαιροειδῆ αὐτὴν
ὑποτίθεται, ἐκ τῶν περὶ αὐτὴν φαινομένων
ἐναργῶν τοιαύτης αὐτῆς καταλαμβανομένης.
Ἔτι δὲ καὶ τῇ θέσει μέσην τοῦ παντὸς οὐρανοῦ, καὶ τῷ μεγέθει σημείου λόγον ἔχουσαν,
οὐχ' ὡς ἀμεγέθους αὐτῆς ὑπαρχούσης, ἀλλ'
ὡς πρὸς τὴν σύγκρισιν ὡς ἔφαμεν τοῦ ὑπερ-
μεγέθους ἀπ' αὐτῆς ἀποστήματος, ἐπὶ τὴν
τῶν οὐρανίων σφαῖραν, καθὼς καὶ Εὐκλείδης
ἐν τοῖς ὀπτικοῖς φησιν, ὅτι ἕκαστον τῶν ὁρωμένων, ἔχει τι διάστημα, οὗ γενόμενον, οὐκέτ'
ὀφθήσεται. Ἐὰν οὖν ἐπινοήσωμεν ἀπὸ τηλικούτου ἀποστήματος ὁρᾶν τινα τὸ τῆς γῆς
μέγεθος, διὰ τὴν ὑπερβολὴν τοῦ ἀποστήματος,
ἐλάχιστον θεωρηθήσεται, ἢ καὶ φεύξεται τὴν
αἴσθησιν· διὸ καὶ εἴρηκεν ὡς πρὸς τὸ ἀπό-
στημα, ἔτι δὲ καὶ τοῦτον ἂν εἴη τῶν ὡς ἐν
ἀρχῆς λόγῳ ὀφειλόντων προληφθῆναι, τὸ ἀ-
κίνητον αὐτὴν μένειν καθ' ὃν εἰρήκαμεν τόπον,
μὴ δ' ἕν τινα οὖν κίνησιν ποιουμένην. Καὶ
ἐπεὶ ὡς ἀρχὰς τὰ τοιαῦτα παραλαμβάνει,
τῶν δὲ ἀρχῶν οὐκ ἔστιν ἀποδείξεις ποιήσασθαι,
φησὶ, περὶ τούτων δὲ ἑκάστου τῆς ὑπομνήσεως βραχέως διελευσόμεθα, τῆς ὑπομνήσεως εἰπών, καὶ οὐχὶ τῆς ἀποδείξεως· διὸ
καὶ ἐπακτικῷ καὶ οὐκ ἀποδεικτικῷ κέχρηται
λόγῳ. Διαλαμβάνει δὲ περὶ τούτων, ἀπὸ
κοινῶν ἐννοιῶν, καὶ ψιλῶν τινων παρατηρήσεων, οὐχὶ ὡς ἀποδείξεις ὡς ἔφαμεν τῶν
ἀρχῶν ποιούμενος, ἀλλ' ὑπομιμνήσκων, ὅτι
αὗται αἱ λαμβανόμεναι αὐτῶν ἀρχαί, οὐχὶ
τυγχανόντως καὶ ἀνοικείως λαμβάνονται,
ἀλλ' ὡς ὅτι μάλιστα ἁρμοζόντως τῇ πρὸς τὰ
φαινόμενα συμφωνίᾳ. Ὁ αὐτὸς γὰρ τρόπος
ἁρμόττει τοῖς περὶ ἀρχῶν λόγοις.

lemée suppose donc la terre sphérique d'a-
près toutes les apparences qui confirment
cette supposition. En outre, il dit que la
terre occupé le milieu du ciel, où elle est
comme un point, proportionnellement à la
grandeur de l'espace, non pas qu'elle n'ait
aucune grandeur, mais comparativement à
la distance presqu'infinie de la sphère céleste, comme Euclide a démontré dans son
optique, que les objets que l'on voit, ont
tous une certaine distance, à laquelle si on
les y transportoit on ne les appercevroit
plus. Si donc nous concevons que nous
voyons à une aussi grande distance, quelque corps aussi gros que la terre, nous
le verrons extrêmement petit, à cause de
l'éloignement immense où nous serons de
lui; ou même il échappera à nos yeux, et
nous ne le verrons point du tout. Voilà
pourquoi Ptolémée a dit, relativement à
la distance: Enfin, ce qu'il faut préala-
blement savoir comme principe, c'est
que la terre est immobile dans le lieu que
nous avons dit qu'elle occupe: Et comme
il pose cela en principe, et que les principes ne se démontrent pas, il dit:
Nous n'en ferons qu'une légère mention,
et non une démonstration; c'est pourquoi
il ne fait que l'exposer sans le démontrer, n'en parlant que d'après les notions communes, et d'après de certaines
observations, non par voie de démonstration, comme nous l'avons dit, mais de
supposition, parce que les principes dont
on se sert ne se prennent pas au hasard,
et sans aucun rapport aux objets en question, mais on choisit ceux qui ont le
plus de convenance et de conformité avec
les apparences, et c'est ce qui a lieu pour
tout ce qui concerne les principes.

## CHAPITRE II.

### LE CIEL TOURNE SPHÉRIQUEMENT.

APRÈS avoir exposé les articles, tant généraux que particuliers, de la composition mathématique, qui doivent être les premiers énoncés, et après avoir déclaré qu'il faut savoir avant tout que le ciel est sphérique, et tourne à la manière d'une sphère, Ptolemée, pour éclaircir ces deux assertions, commence par le mouvement sphérique du ciel, laissant de côté la preuve de sa sphéricité : attendu que ce mouvement fait assez voir que le ciel est sphérique ; c'est donc ce mouvement qui est le sujet de ce chapitre. Ptolemée enseigne d'abord comment les anciens ont eu connoissance de ce mouvement de l'univers ; c'est, dit-il, qu'ils voyoient le soleil, la lune et les autres astres, tant fixes qu'errans, décrire des cercles parallèles. Ils en avoient acquis la certitude par l'observation continuelle des corps célestes, et surtout des astres toujours visibles, qui décrivent des cercles par leur mouvement, comme il le dit ensuite. Ainsi c'est la vue constante du mouvement des étoiles toujours visibles, qui a conduit les anciens à la connoissance de cette sphéricité. Le soleil et la lune leur paroissent, ainsi que les cinq planètes, parcourir des cercles parallèles, par le premier mouvement, qui est celui de l'univers, d'orient en occident, sans aucune différence sensible, dans les

## ΚΕΦΑΛΑΙΟΝ Β'.

### ΟΤΙ ΣΦΑΙΡΟΕΙΔΩΣ Ο ΟΥΡΑΝΟΣ ΦΕΡΕΤΑΙ.

ΠΟΙΗΣΑΜΕΝΟΣ τὴν ἀπαρίθμησιν τῶν τε καθόλου καὶ κατὰ μέρος τῆς ἀϛρονομικῆς συντάξεως ὀφειλόντων προληφθῆναι, καὶ δηλώσας ὅτι πρὸ πάντων χρὴ προλαβεῖν τοῦτο, τὸ συναμφότερον, ὅτι τε σφαιροειδὴς ἐϛιν ὁ οὐρανὸς, καὶ ὅτι σφαιροειδῶς φέρεται, ἐνταῦθα καθ' ὃν εἰρήκαμεν τρόπον τὴν περὶ τούτων ὑπόμνησιν μέλλων ποιήσασθαι, ἐπέσκεψε τὸ προτεθὲν κεφάλαιον, ὅτι σφαιροειδῶς ὁ οὐρανὸς φέρεται, παραλιπὼν ὅτι καὶ σφαιροειδής ἐϛιν. Ἔοικε δὲ ἐπεὶ ἀπὸ τῆς τοῦ παντὸς σφαιροειδοῦς φορᾶς τὴν ὑπόμνησιν ποιεῖται, τοῦ σφαιροειδῆ αὐτὸν εἶναι, ἀπὸ ταύτης καὶ τὴν ἀπογραφὴν τοῦ κεφαλαίου πεποιῆσθαι. Ἐρεῖ οὖν πρότερον πόθεν εἰς ἔννοιαν ἦλθον οἱ παλαιοὶ τῆς τοιαύτης τοῦ παντὸς φορᾶς. Καὶ φησὶν ὅτι, ἑώρων γὰρ τόν τε ἥλιον καὶ τὴν σελήνην καὶ τοὺς ἄλλους ἀϛέρας τούς τε ἀπλανεῖς καὶ πλανωμένους κατὰ παραλλήλων κύκλων φερομένους. Τὸ μὲν οὖν κατὰ κύκλων φερομένους, ὡς ἤδη ἔννοιαν αὐτῶν εἰληφότων ἀπὸ τοῦ συνεχοῦς ἐπὶ τὰ οὐράνια κατανοήσεως, καὶ μάλιϛα ἀπὸ τῶν ἀεὶ φανερῶν ἄϛρων, ὅτι σφαιροειδῶς φέρονται· καθὼς καὶ ἐπάγων ἑξῆς φησι, μάλιϛα δ' αὐτοὺς ἦγεν ἐπὶ σφαιρικὴν ἔννοιαν, ἡ τῶν ἀεὶ φανερῶν ἄϛρων περιϛροφὴ, κυκλοτερὴς θεωρουμένη, καὶ τὰ ἑξῆς. Τὸ δὲ καὶ κατὰ παραλλήλων κύκλων, ἐπὶ μὲν ἡλίου καὶ σελήνης καὶ τῶν έ πλανωμένων, ὅτι ἐκ τῆς τοῦ παντὸς ἀπὸ ἀνατολῶν ἐπὶ δυσμὰς πρώτης φορᾶς φερόμενοι, οὕτως αὐτοῖς ἐφαίνοντο, ὡς πρὸς αἴσθησιν ἐπὶ τῆς κατὰ μίαν ἑκάϛην ἡμέραν θεωρίας ἀνεπαισθήτου γινομένης ἐν τοσούτῳ τῆς διαφορᾶς τῶν παραλλήλων, πρὸς τὰς ἕλικας τὰς κατὰ τὸ ἀληθὲς ὑπ᾽ αὐτῶν γραφομένας, ἔκ τε τῆς αὐτῶν κινήσεως, καὶ ἐκ τῆς τοῦ παντὸς γινομένης αὐτῶν περιφορᾶς. Τῆς γὰρ τῶν ὅλων πρώτης φορᾶς ἀπ᾽ ἀνατολῶν ἐπὶ δυσμὰς εἰς τὰ προηγούμενα γινομένης, τῆς δὲ τῶν ἀςέρων κινήσεως ἀπὸ δυσμῶν ἐπὶ ἀνατολὰς καὶ εἰς τὰ ἑπόμενα θεωρουμένης, καὶ ταύτης μηδὲ κατὰ παραλλήλων τινῶν τοῖς πόλοις τῆς σφαίρας ἐν τῇ περιφορᾷ γραφομένων, ἀλλὰ κατὰ λοξῶν, τούτοις συμβήσεται ἕλικας αὐτοὺς γράφειν, ἐκ τῆς συναμφοτέρων ὑπεναντίας κινήσεως.

Νενοήσθω γὰρ ἡ σφαίρα, καὶ ἐν αὐτῇ μεσημβρινὸς μὲν ὁ ΑΒΓΔ, πόλοι δὲ αὐτῆς τὰ ΒΔ σημεῖα. Καὶ ἔςω μέγιςος τῶν παραλλήλων τῶν τοῖς πόλοις τῆς σφαίρας ἐν τῇ περιφορᾷ γραφομένων, ὁ ΑΕΓ κύκλος, λοξὸς δὲ ἔςω πρὸς τοῦτον ὁ ΖΕΘΗ. Ἐὰν δὴ νοήσωμεν τινὰ τῶν πλανωμένων ἀςέρων κατὰ τὸ Θ, τῆς τῶν ὅλων περιφορᾶς περὶ τοὺς ΒΔ πόλους ὁμαλῶς ἀποτελουμένης, εἰ μὲν ὁ ἀςὴρ ἐπί τοῦ Θ μένει, δηλονότι γράψει κύκλον παράλληλον τῷ ΑΕΓ. Ἐπεὶ δὲ ἐν ᾧ ἡ τῆς σφαίρας ςροφὴ ἀποτελεῖται, καὶ ὁ κατὰ τὸ Θ ἀςὴρ κινεῖται, καὶ γίνεται λόγου ἕνεκεν κατὰ τὸ Κ, γράψει ἄρα γραμμὴν ἐκ τῆς περιφορᾶς ὡς τὴν ΘΛΚ, καὶ πάλιν ἕως ἑτέρα περιφορὰ γένηται, κινηθεὶς καὶ γενόμενος ὡς κατὰ τὸ Ν, γράψει καὶ ἑτέραν γραμμὴν, ὡς τὴν ΚΜΝ, ἥτις ἔςαι ἡ καλουμένη ἕλιξ. Ἐπὶ δὲ τῶν ἀπλανῶν, ἀληθέςερον ἂν εἴη μᾶλλον τὸ λεγόμενον, ὡς ὅτι ἑώρων αὐτοὺς κατὰ παραλλήλων κύκλων φερομένους, διὰ τὸ τὴν τούτων ἰδίαν κίνη-

THÉON.

observations faites sur chacun de ces astres. Mais ce sont vraiment des hélices décrites par les astres en vertu de leur mouvement combiné avec celui de l'univers. Car le premier mouvement, qui est celui du monde, s'exécutant d'orient en occident, vers les points antécédens, en même temps que l'on voit les astres aller d'occident en orient vers les points conséquens, il s'ensuit qu'ils ne tracent pas des cercles dont tous les points soient à égales distances des pôles de la sphère; mais que leurs routes obliques par la combinaison de ces deux mouvemens contraires l'un à à l'autre, sont des hélices ( ou spirales. )

Concevons ( fig. 1 ) une sphère dont le méridien soit ABGD; les pôles B, D; le plus grand des cercles parallèles décrits par la révolution de la sphère sur ses pôles AEG; et le cercle ZETH oblique sur ce parallèle. Imaginons une planète en T. Si dans le mouvement uniforme de la révolution de la sphère sur ses pôles, la planète demeure en T, il est évident qu'elle décrira un cercle parallèle à AEG. Mais comme pendant que la sphère fait sa révolution, l'astre qui est en T se meut en sens contraire, et arrive, par exemple, en K, il décriroit donc par la révolution de la sphère, une ligne telle que TLK, et par l'effet de son mouvement simultané une ligne telle que KMN qui sera celle qu'on appelle hélice. Pour les fixes, il seroit plus vrai de dire que les anciens les voyoient parcourir des cercles parallèles, parce que leur mouvement propre étant très-lent, est insensible, puisqu'il n'est que d'environ un degré en cent ans, en s'exécutant dans des cercles inclinés à l'équateur, vers les points conséquens, et en commençant d'én bas, comme si elles partoient de la terre, pour s'élever peu à peu. Quant aux intervalles du ciel à la terre, il a appelé bas le lieu qui est du côté de l'orient, non pour sa distance au ciel, mais relativemnent à nous. Car chacun appelant haut ce qui est au-dessus de sa tête, et bas ce qui est sous ses pieds, tout ce qui est de niveau avec les pieds, c'est-à-dire, dans l'horizon oriental est bas aussi. C'est pourquoi il a ajouté qu'ils s'élèvent peu à peu, attendu qu'ils montent par degrés depuis l'horizon, comme vers le haut milieu du ciel qui paroît à chacun au-dessus de sa tête, et qu'ensuite ils en repartent vers l'occident, en descendant de même par degrés jusqu'en bas, au niveau des pieds, jusqu'à ce qu'ils disparoissent aux yeux de ceux qui les observent. Après qu'ils ont demeuré quelque temps invisibles, ils reparoi sent comme s'ils recommençoient leur élévation subséquente au-dessus de la terre. Il a dit qu'ils reparoissent ou qu'ils se lèvent comme d'un autre point de départ, parce que leur disparition interrompt l'apparente continuité de leur révolution. En observant les temps de leur apparition et de leur disparition, ainsi que les lieux d'où elles se levoient, et ceux où elles se couchoient, où ils remarquèrent un grand ordre et une grande régularité : car les temps mesurés par des vases à eau ( clépsydres ), se trouvoient, par le calcul, être les mêmes en chaque jour, le passage de chacune des fixes au-dessus de la terre, et son passage

σιν βραχεῖαν καὶ ἀνεπαίσθητον εἶναι παντελῶς. Δείκνυται γὰρ ἐν τοῖς ρ̄ ἔτεσι μίαν μοῖραν ἔγγιςα εἰς τὰ ἑπόμενα κινούμενοι κατὰ λοξῶν ὁμοίως κύκλων πρὸς τὸν ἰσημερινὸν. Καὶ ἀρχομένους μὲν ἀναφέρεσθαι κάτωθεν ἀπὸ τοῦ ταπεινοῦ καὶ ὥσπερ ἐξ αὐτῆς τῆς γῆς, μετεωριζομένους δὲ κατὰ μικρὸν εἰς ὕψος. Καίτοι ὄντων τῶν ἀπὸ τῆς γῆς ἐπὶ τὸν οὐρανὸν διαςημάτων, ταπεινὸν ἐκάλεσε τὸν πρὸς τῇ ἀνατολῇ τόπον, ταπεινὸν οὐχὶ πρὸς τὸ ἀπόςημα, ἀλλ' ὡς πρὸς ἡμᾶς. Ἐπεὶ καὶ τὸ μὲν πρὸς τῇ κεφαλῇ αὐτοῦ ἕκαςος ἄνω καλεῖ, τὸ δὲ πρὸς τοὺς πόδας κάτω. Καὶ ἔςι τὸ πρὸς τοὺς πόδας τὸ πρὸς τῷ ὁρίζοντι ἐν ᾧ ἐςὶν ἡ ἀνατολή. Ὅθεν καὶ τὸ μετεωριζομένους κατὰ μικρὸν εἰς ὕψας προσέθηκεν, ἐπεὶ καὶ τάξει οὕτω φέρονται ἀπὸ τοῦ ὁρίζοντος, ὡς ἐπὶ τὸ μεσουρανοῦν, ὃ δοκεῖ ἑκάςῳ ὡς πρὸς τῇ κεφαλῇ καὶ ἄνω τυγχάνειν. Εἶτα πάλιν ἀναλόγως ἀπὸ τούτου πρὸς τὴν δύσιν, καὶ ὥσπερ εἰς τὸ κάτω καὶ πρὸς τοὺς πόδας, ἕως οὗ καὶ ταῖς ὄψεσι τῶν τηρούντων ἀφανεῖς γένονται. Ετι δὲ καὶ τινὰ χρόνον μείναντες αὐτοῖς ἀφανεῖς ὥσπερ ἀρχὴν πάλιν ἑτέραν ἐλάμβανον τοῦ ἀνατέλλειν καὶ ὑπὲρ γῆν ἀκολούθως φαίνεσθαι. Ἔφησε δὲ ὥσπερ ἐξ ἄλλης ἀρχῆς αὐτοὺς φαίνεσθαι, ἤτοι ἀνατέλλειν, διὰ τὸ τὸν ἀφανισμὸν αὐτῶν διακόπτειν τὴν φαινομένην τῆς φορᾶς αὐτῶν συνέχειαν. Τοὺς δὲ χρόνους τούτους καθ' οὓς φανεροὶ ἐγίνοντο καὶ ἀφανεῖς, καὶ ἔτι τοὺς τόπους ἀφ' ὧν ἀνέτελλόν τε καὶ ἔδυνον τεταγμένως, καὶ ὁμοίως τὰς ἀνταποδόσεις λαμβάνοντας. Τοὺς μὲν οὖν χρόνους ὑδρίοις καταμετροῦντες, τοὺς αὐτοὺς καθ' ἑκάςην ἐξ ἐπιλογισμῶν κατελάμβανον, τῆς τε ὑπὲρ γῆν φορᾶς, καὶ τοῦ αὐτοῦ τῆς ὑπὸ γῆν ἐπὶ τῶν ἀπλανῶν ἀςέρων τῆς συναμφότερον ὑπὲρ γῆν φορᾶς τξ´ χρόνων συναγομένης. Καὶ τοὺς τόπους δὲ τοὺς ἐπὶ τοῦ ὁρίζοντος ἀνατολικοὺς καὶ δυτικοὺς, καὶ ἔτι τοὺς ἐπὶ τοῦ μεσημβρινοῦ, τοὺς αὐτοὺς πάλιν μένοντας πρὸς αἴσθησιν κατελαμβάνοντο. Οὐκέτι δὲ καὶ ἐπὶ ἡλίου καὶ σελήνης καὶ τῶν πέμπτων πλανωμένων οἱ αὐτοὶ χρόνοι καὶ τόποι κατελαμβάνοντο, ἀλλὰ τάξει τινὶ κατὰ τὴν ἀνταπόδοσιν ἀμειβόμενοι.

Μάλιςα δὲ αὐτοὺς ἦγεν εἰς σφαιρικὴν ἔννοιαν ἡ τῶν ἀεὶ φανερῶν ἄςρων περιςροφὴ, κυκλοτερὴς θεωρουμένη, καὶ περὶ κέντρον ἓν καὶ τὸ αὐτὸ περιπολουμένη. Ἑώρων γὰρ ἀςέρας τινὰς περὶ τὸν βόρειον πόλον μήτε ἀνατέλλοντας μήτε δύνοντας, ἀλλὰ πάντοτε ὑπὲρ γῆς φαινομένους, καὶ ἐκ τῆς περιφορᾶς κύκλους γράφοντας, ἐξ ὧν μάλιςα ἐνενόουν σφαιρικὴν εἶναι τὴν κίνησιν, τῷ τοὺς μὲν αὐτῶν ἐλάττονας κύκλους γράφειν, τοὺς δὲ μείζονας. Καὶ φαίνεσθαι τὸν μείζονα κύκλον γράφοντα ἐκ τῆς περιφορᾶς, ὥσπερ ἐφαπτόμενον τῆς τοῦ ὁρίζοντος περιφερείας. Καὶ ἐμπεριλαμβάνοντα τῷ ὑπ' αὐτοῦ γραφομένῳ κύκλῳ πάντα τὰ ἀεὶ φανερὰ ἄςρα. Τοῦ δὲ ὑπό τινος ἀςέρος γραφομένου ἐλαχίςου κύκλου, ὥσπερ μέσον τὶ σημεῖον ἀκίνητον. Τοῦτο δὲ ἐγίνετο ὥσπερ κέντρον τῶν ἐκ τῆς περιφορᾶς τῶν ἀεὶ φανερῶν ἀςέρων γραφομένων κύκλων. Κέντρον δὲ εἶπε καὶ οὐχὶ πόλον, ὥσπερ κοινῇ καὶ σαφεςέρᾳ ἐννοίᾳ καταχρόμενος. Ἀναγκαῖον οὖν ἦν ἡγεῖσθαι τοῦτο τὸ σημεῖον κατὰ τοῦ πόλου τῆς σφαίρας, ἀκόλουθον γὰρ ἦν λοιπὸν καὶ λέγειν σφαῖραν. Τῶν μὲν μᾶλλον αὐτῷ πλησιαζόντων, κατὰ μικροτέρων κύκλων φερομένων, τῶν δὲ ἀπωτέρω πρὸς τὴν τῆς διαςάσεως ἀναλογίαν

au-dessous, faisant ensemble la somme de 360 temps; les lieux, tant ceux des levers à l'horizon oriental, que ceux des couchers à l'horizon occidental, et ceux de leurs passages au méridien, se trouvoient aussi demeurer sensiblement les mêmes. Au contraire on n'observoit pas cette constance de temps et de lieux dans le soleil, la lune et les cinq planètes, mais bien qu'ils varioient suivant des périodes régulières.

Ce qui surtout leur suggéra l'idée de la sphéricité, ce fut la révolution des étoiles toujours visibles, qu'ils voyoient aller circulairement autour d'un centre toujours le même. Car ils voyoient vers le pôle boréal des étoiles qui jamais ne se levoient, ni ne se couchoient; mais qui paroissoient toujours au-dessus de la terre, et qui décrivoient par leur révolution des cercles qui, plus que tout autre chose, firent concevoir que le mouvement général étoit sphérique, en ce que, de ces cercles, les uns étoient plus grands et les autres plus petits, et que le plus grand décrit par cette révolution paroissoit comme toucher la circonférence de l'horizon, et embrasser toutes les étoiles toujours visibles, et que le point immobile, presqu'au milieu du plus petit cercle décrit par quelqu'une de ces étoiles, devenoit comme le centre des cercles décrits par la révolution des étoiles toujours visibles. Il s'est servi du mot centre, et non du mot pôle, préférant une expression commune et plus claire; et comme on ne pouvoit faire autrement que d'estimer ce point au pôle de la sphère, il s'ensuit qu'il devoit aussi employer l'expression de sphère, les étoiles qui sont les plus proches de ce point, tournant dans des cercles plus petits, et celles qui en sont plus éloignées décrivant des cercles plus grands, à proportion de leur éloignement, et formant par là une figure sphérique jusqu'au point où commencent les étoiles qui disparoissent par suite de leur distance. La conséquence étoit qu'au-delà du plus grand des cercles visibles, les cercles parallèles étaient coupés par l'horizon, et que les étoiles qui décrivent ces parallèles se levoient et se couchoient. Ils voyoient que parmi celles-ci, la plus proche du plus grand cercle des étoiles toujours visibles, se levant et se couchant, demeuroit moins de temps invisible que celles qui étoient plus éloignées, et ainsi des autres ; ensorte que les portions de ces cercles parallèles, inférieures à l'horizon, et les plus proches du plus grand cercle des étoiles toujours visibles, étoient plus grandes que semblables aux portions inférieures des cercles plus éloignés : propriété de la figure sphérique ; Théodose l'a démontré dans son second livre des sphériques, savoir : que quand un grand cercle de la sphère, comme l'horizon, coupe des cercles parallèles de cette sphère, sans passer par ses pôles, dans les diverses inclinaisons de la sphère oblique, alors de tous les arcs coupés dans les parallèles à l'équateur, les plus proches du pôle visible seront toujours plus grands que semblables à ceux des plus éloignés. D'après ces principes on a jugé que la figure de l'univers étoit sphérique. Et en observant toujours avec plus de soin et de continuité, on trouva que toutes les autres circonstances apparentes du mouvement des astres prouvoient la figure sphérique, et détruisoient l'opinion contraire.

Supposons, dit Ptolemée, le mouvement des astres en ligne droite... Ce mouvement dans une direction à l'infini est de l'imagination d'Épicure, et manifestement

μείζονας κύκλους ἐν τῇ περιγραφῇ ποιούντων, καὶ διὰ τοῦτο σφαιρικὸν σχῆμα ἐκτυπούντων, ἕως ἂν καὶ ἡ ἀπόςασις καὶ μέχρι τῶν ἀφανιζομένων φθάσῃ. Λοιπὸν γὰρ οἱ ἀπώτεροι τοῦ μεγίςου τῶν φανερῶν παράλληλοι κύκλοι, ἐτέμνοντο ὑπὸ τοῦ ὁρίζοντος, καὶ οἱ τούτους γράφοντες ἀςέρες, ἀνέτελλόν τε καὶ ἔδυνον. Καὶ τούτων ὁ μὲν πλησιές ερον τοῦ μεγίςου τῶν ἀεὶ φανερῶν ἀνατέλλων τε καὶ δύνων, ἐλάττονα χρόνον αὐταῖς ἐποίει ἀφανὴς γινόμενος τοῦ ἀπωτέρου, καὶ οἱ ἐξῆς ἀναλόγως, ὡς καὶ τὰ ὑπὸ γῆν τμήματα τῶν παραλλήλων κύκλων, τὰ ἔγγιον τοῦ μεγίςου τῶν αἰεὶ φανερῶν τῶν ἀπώτερον συνάγεσθαι μείζονα ἢ ὅμοια τυγχάνειν, ὅπερ τῷ σφαιρικῷ σχήματι δέδεικται ἁρμότταν, καθὰ καὶ Θεοδόσιος ἐν τῷ δευτέρῳ τῶν σφαιρικῶν ἀπέδειξεν· ὅτι ἐὰν ἐν σφαίρᾳ μέγιςος κύκλος παραλλήλους τινὰς κύκλους τῶν ἐν τῇ σφαίρᾳ μὴ διὰ τῶν πόλων τέμνῃ, ὥσπερ ὁ ὁρίζων ἐπὶ τῶν ἐγκλίσεων τοὺς παραλλήλους τῷ ἰσημερινῷ, τῶν ἀπολαμβανομένων περιφερειῶν, μείζονες ἢ ὅμοιαι ἔσονται ἀεὶ αἱ ἔγγιον τοῦ φανεροῦ πόλου τῶν ἀπώτερον. Ὡς τὴν μὲν ἀρχὴν τοῦ σφαιρικὸν εἶναι τὸ σχῆμα τοῦ παντός, ἐκ τῶν τοιούτων ἐννοιῶν αὐτοὺς λαβεῖν. Ἔτι δὲ καὶ ἐκ τῆς συνεχες έρας παρατηρήσεως περὶ τὴν θεωρίαν, καὶ τὰ λοιπὰ πάντα περὶ τὰς κινήσεις τῶν ἀς έρων φαινόμενα, σύμφωνα κατελαμβάνοντο τῷ σφαιρικῷ σχήματι, μαχόμενα δὲ τοῖς ἕτερον περὶ τοῦτο δοξάζουσι.

Φέρει γὰρ εἴ τις ὑπόθοιτο τὴν τῶν ἀς έρων φορὰν ἐπ' εὐθείας γινομένην ἐπ' ἄπειρον φέρεσθαι καθάπερ τισὶν ἔδοξεν. Αὕτη ἡ δόξα ἐπικούρειος μὲν ἐς ίν, ἐναργῶς δὲ μαχομένη

τοῖς φαινομένοις. Ἀπορήσειε γὰρ ἄν τις ἐπι-
ζητῶν, ὃν τρόπον ἐπ' εὐθείας καὶ ἐπ' ἄπειρον ἀπιόντα ἄςρα ἠδύνατο ὑποςρέφειν, καὶ
ὥσπερ ἀπ' ἄλλης ἀρχῆς ὡς ἔφαμεν καθ' ἑκάςην περιφερόμενα θεωρεῖσθαι. Πῶς γὰρ ἀνα-
κάμπτειν ἠδύνατο τὰ ἄςρα ἐπ' ἄπειρον ὁρώμενα. Ἢ γὰρ τὴν ἄπειρον οὐδόλως διεξήρ-
χοντο, εἴπερ ἀνέκαμπτον, ἢ φαίνεσθαι ἡμῖν
αὐτὰ ἦν ἀκόλουθον ἀνακάμπτοντα. Ἔτι δὲ
καὶ κατ' Εὐκλείδην ἐν τοῖς ὀπτικοῖς, ἕκαςον
τῶν ὁρωμένων, ἔχει τὶ μέγεθός διαςήματος,
οὗ γενομένου, οὐκέτι ὀφθήσεται. Καὶ πάλιν
τῶν ἴσων μεγεθῶν καὶ ἐπὶ τῆς αὐτῆς εὐθείας
ὄντων, τὰ ἐκ πλείονος διαςήματος ὁρώμενα,
ἐλάττονα φαίνεται, ὡς συμβαίνειν ἐπ' εὐθείας
τῶν ἀςέρων ἀπιόντων, τά τε μεγέθη αὐτῶν
καὶ τὰ διαςήματα τὰ πρὸς ἄλληλα μείζονα
ὄντα, ἐλάττονα φαίνεσθαι, καὶ ἐκ τῆς συνεχοῦς ἐπιπλεῖον ἀποςάσεως κατὰ μικρὸν των
μεγεθῶν ἐλαττουμένων, ἀφανῆ ἡμῖν αὐτὰ
καθίςασθαι, ἐκ τῆς οἰκείας ἑκάςου ἀποςάσεως, ὥπερ τοὐναντίον ὁρῶμεν συμπίπτειν
ἐκ τῶν φαινομένων. Ὅθεν γὰρ δοκοῦσι κατ'
αὐτοὺς ἐκ τῆς πλείονος ἀποςάσεως ἀφανῆ
γίνεσθαι, ἐκεῖθεν μᾶλλον μείζονα τὰ μεγέθη
αὐτῶν ὁρῶμεν, καὶ ἀνοικείως τῇ ἐπ' εὐθείας
φορᾷ ἀφανιζόμενα. Τὰ γὰρ ἐπ' εὐθείας ἀπιόντα μεγέθη, κατὰ μικρὸν ὡς ἔφαμεν ὁρῶμεν
μειούμενα ταῖς ὄψεσι, μέχρις ἂν καὶ τέλεον
ἀφανισθῶσι, καὶ οὐχὶ κατὰ μέρος ἐν βραχεῖ
χρόνῳ ἀποτεμνόμενά τε καὶ ἀφανιζόμενα,
ἅπερ ὁρῶμεν ἐν τοῖς ἀφανισμοῖς ἢ καταδύ-
σεσι τῶν ἀςέρων, ὡς ἂν ἐκ τῆς ἐπιπροσθή-
σεως τῆς ἐπιφανείας τῆς γῆς κατὰ μέρος αὐτὰ ἀφανῆ γίνεσθαι. Ἀλλὰ μὴν καὶ τὸ ἀνά-

contraire aux apparences. Car comment pourrait-on expliquer le retour des astres qui s'éloigneraient toujours en parcourant une ligne droite sans fin, et leur réapparition comme recommençant, après avoir circulé chaque fois, comme nous l'avons dit ? Comment ces astres pourroient-ils revenir, s'ils couroient à l'infini ? Car, ou ils ne vont pas à l'infini, s'ils reviennent; ou ils doivent nous paroitre revenir, s'ils parcourent des cercles. Or, selon Euclide, dans ses livres sur l'optique, il est pour chaque objet que l'on voit, une certaine étendue de distance, où on ne l'apperçoit plus. Et encore parmi les grandeurs égales posées sur une même ligne droite, celles qu'on voit de plus loin paroissent moindres, de sorte que si les astres alloient en ligne droit, leurs grandeurs et leurs distances quoique devenues plus étendues les unes à l'égard des autres, paroitroient moindres, et ces grandeurs diminuant toujours de plus en plus à mesure que leur éloignement augmenteroit, elles nous deviendroient enfin tout-a-fait invisibles, dans une distance propre à produire cet effet pour nous sur chacune d'elles. Mais les phénomènes célestes nous montrent tout le contraire dans les astres. Car lorsque selon eux (les Epicuriens), nous les voyons à une distance plus grande qui devroit les faire disparoître, c'est alors que nous les voyons plus grands, ce qui est contraire au mouvement continu en ligne droite. Car nous voyons les grandeurs qui s'éloignent en ligne droite diminuer peu à peu, comme nous l'avons dit, jusqu'à ce qu'enfin elles disparoissent, non par parties coupées l'une après l'autre, dans des instants qui se suivent rapidement, comme nous le voyons dans les disparitions et les couchers des astres qui ne deviennent invisibles par parties, qu'à cause de l'interposition de la surface terrestre qui avance sur eux successivement. Mais quoi de plus absurde que de dire que la terre les allume, et ensuite les éteint? Ineptie complète de la part d'Héraclite, qui ne peut s'accorder avec l'ordre immuable des étoiles, tant dans leurs grandeurs et dans leurs quantités, c'est-à-dire dans le nombre des plus apparentes qui forment les figures des constellations, que dans les distances et les configurations qu'elles forment entr'elles, dans les lieux où elles se lèvent, passent au méridien, et se couchent, et dans les temps où elles passent au-dessus de la terre et au-dessous, et dans les durées des temps qu'elles observent les unes à l'égard des autres, avant que de se lever, ou à leurs passages par le méridien, ou avant que de se coucher. Quand nous voudrions admettre que tout cela se fait par un effet du hasard, quand nous conviendrions que les parties orientales de la terre sont d'une nature propre à enflammer, et que les occidentales ont la vertu d'éteindre, il s'ensuivroit, vu la connoissance que nous ayons des antipodes, qu'un même lieu de la terre seroit tout à la fois propre à enflammer et à éteindre. Car celles de ses parties qui sont orientales pour nous, sont occidentales pour eux, et celles qui sont occidentales pour eux, sont orientales pour nous, d'où il résulteroit que les étoiles s'allumeroient ou s'éteindroient pour des lieux terrestres, et point du tout pour d'autres. Car celles qui se lèvent pour les plus orientaux, ne se lèvent point en même temps pour les plus occidentaux; et celles qui se couchent pour les plus orientaux, sont au-dessus de l'horizon des plus occidentaux. Mais enfin, supposant même cette ridicule vicissitude de s'allumer et de s'éteindre alternativement quoiqu'é-

πτεσθαί τε αὐτὰ ἀπὸ τῆς γῆς καὶ πάλιν εἰς αὐτὴν ἀποσβέννυσθαι, τῶν ἀτοπωτάτων ἂν φανείη παντελῶς. Ἔτι δὲ τὸ ἀνάπτεσθαι καὶ σβέννυσθαι τὰ ἄστρα καθ' Ἡράκλειτον, εὔηθες ἂν εἴη παντελῶς· ἵνα γὰρ συγχωρήσωμεν τὴν τοσαύτην αὐτοῖς ἀμετάπτωτον τάξιν, τῶν τε μεγεθῶν καὶ τῆς ποσότητος τουτέστι καὶ τοῦ πλήθους τῶν ἐν ταῖς μορφώσεσι καταδηλωτέρων, ἔτι τε καὶ διαστάσεων καὶ σχηματισμῶν ὧν ἔχουσι πρὸς ἀλλήλους, καὶ τῶν τόπων ἐφ' ὧν ἀνατέλλουσι καὶ μεσουρανοῦσι καὶ δύνουσι, καὶ τῶν χρόνων ὧν ποιοῦνται ὑπὲρ γῆν καὶ ὑπὸ γῆν μένοντες, καὶ τῶν προανατολῶν ἢ μεσουρανήσεων ἢ προκαταδύσεων ὧν ποιοῦνται πρὸς ἀλλήλους, οὕτως εἰκῆ καὶ ὡς ἔτυχεν ἀποτελεῖσθαι, καὶ συγχωρήσαιμεν αὐτοῖς λέγειν τὰ μὲν ἀνατολικὰ μέρη ἀναπτικῆς εἶναι φύσεως, τὰ δὲ δυτικὰ σβεστικῆς, συνάγεται ἐννοούντων ἡμῶν τὰ πρὸς τοὺς ἀντίποδας, τὸν αὐτὸν τόπον τῆς γῆς καὶ ἀναπτικὸν εἶναι καὶ σβεστικόν. Αἱ γὰρ ἡμῶν ἀνατολαὶ ἐκείνων δύσεις εἰσὶ, καὶ αἱ ἐκείνων δύσεις, ἡμῶν ἀνατολαί. Καὶ ἔτι συμβήσεται τὰ ἄστρα τοῖς μὲν ἤδη ἀνημμένα, ἢ ἐσβεσμένα τυγχάνειν, τοῖς δὲ μήπω. Τὰ γὰρ περὶ τοῖς ἀνατολικωτέροις ἀνατέλλοντα, οὐδέπω παρὰ τοῖς δυτικωτέροις ἀνατέλλει. Ὁμοίως καὶ τὰ δύνοντα τοῖς ἀνατολικωτέροις, τοῖς δυτικωτέροις ὑπὲρ γῆν ἐστιν. Εἴ τις οὖν ταῦτα πάντα συγχωρήσειεν αὐτοῖς οὕτως ὄντα γελοῖα καὶ ἐνεργῶς τῇ δόξῃ αὐτῶν μαχόμενα, τί περὶ

τῶν ἀεὶ φανερῶν ἀς έρων ἔχοιεν εἰπεῖν, τῶν
μήτε ἀνατελλόντων μήτε δυνόντων; Ἢ διὰ
ποίαν αἰτίαν ἐπὶ μὲν τῶν ἐπ' ὀρθῆς τῆς σφαίρας οἰκήσεων, ταῦτα καὶ ἀνάπτεται καὶ
σβέννυται, τουτές ι καὶ ἀνατέλλει καὶ δύνει;
Ἐπὶ δὲ τῶν κατὰ τὴν ἔγκλισιν, ὁρῶμεν τινὰ
μήτε ἀνατέλλοντα μήτε δυόμενα, ἀλλὰ εἰ
ὑπὲρ γῆν μένοντα παντάπασι. Καταδήλου
ὄντος ἐκ τῶν φαινομένων τοῦ τοὺς αὐτοὺς
ἀς έρας ἔν τισι μὲν οἰκήσεσιν ἀνατέλλειν τε
καὶ δύνειν, τουτές ιν ἀνάπτεσθαι, κατ' αὐτοὺς καὶ σβέννυσθαι, ἔν τισι δὲ μηδέποτε,
ὡς συμβαίνειν περὶ τὰ αὐτὰ ἄς ρα ἐναντία,
τὸ καὶ ἀνάπτεσθαι αὐτὰ καὶ σβέννυσθαι,
καὶ μήτε ἀνάπτεσθαι μήτε σβέννυσθαι.

Συνελόντι τε εἰπεῖν κἄν ὁποῖον τις ἕτερον σχῆμα τῆς τῶν οὐρανίων φορᾶς ὑπόθηται, πλὴν
τοῦ σφαιροειδοῦς, ἀνίσους ἀνάγκη γίνεσθαι
τὰς ἀπὸ τῆς γῆς ἐπὶ τὰ μέρη τῶν μετεώρων
ἀπος άσεις, ὅπου δ' ἂν αὐτὴ καὶ ὡς ἂν
ὑποκέηται, ὥς ε ὀφείλειν καὶ τὰ μεγέθη καὶ
τὰ πρὸς ἀλλήλους διας ήματα τῶν ἀς έρων
ἄνισα φαίνεσθαι καθ' ἑκάς ην περιφορὰν, ὡς
ἂν ποτε μὲν ἀπὸ μείζονος, ποτὲ δὲ ἀπὸ ἐλάττονος γινόμενα διας ήματος. Καὶ συλλαβό-
μενος φησὶν εἰς ἕν τι κοινὸν κατὰ μέρος
ἔς ιν εἰπεῖν, ὅτι κἄν ὁποῖον τις ἕτερον σχῆμα
τῆς φορᾶς τῶν οὐρανίων ὑπόθηται παρὰ
τὸ σφαιροειδές, τουτές ι περὶ τὸ περὶ πόλους
καὶ ἄξονα φέρεσθαι (τὴν γὰρ τοιαύτην φορὰν κυκλοφορικὴν τυγχάνουσαν γενικώτερον
σφαιροειδῆ καλεῖ). Ἀνίσους ἀνάγκη γίνεσθαι

videmment contradictoire dans l'opinion de ceux même qui la soutiennent ; comment pourroit-on expliquer le phénomène des étoiles toujours visibles, qui ne se lèvent et ne se couchent jamais, et la raison pour laquelle, dans les lieux qui ont la sphère droite, ces mêmes étoiles s'allument et s'éteignent, c'est-à-dire se lèvent et se couchent? Or, nous voyons que pour les lieux qui ont la sphère oblique, il y a des étoiles qui ne se levant et ne se couchant jamais, sont entièrement au-dessus de la terre, tandis qu'il est certain, par les phénomènes, que ces mêmes étoiles se lèvent et se couchent pour d'autres degrés d'obliquité, c'est-à-dire qu'elles s'allume-roient et s'éteindroient pour ceux-ci, mais non pour d'autres ; de sorte que les mêmes étoiles éprouveroient à la fois deux choses contraires, savoir : qu'elles s'allumeroient et s'éteindroient, et tout en même temps ; ou plutôt qu'elles ne s'allumeroient, ni ne s'éteindroient.

En un mot, quelqu'autre figure que la sphérique, que l'on suppose au mobile des corps célestes, les distances de la terre aux diverses parties des espaces qui sont au-dessus d'elle, seront nécessairement diffé-rentes, en quelque lieu et de quelque ma-nière qu'elle soit postée, de sorte qu'il faudra toujours que les grandeurs et les distances des astres à l'égard les uns des au-tres paroissent inégales en chaque révolu-tion, puisqu'elles deviennent tantôt plus petites, tantôt plus grandes. Ptolemée, pour se résumer, dit qu'en supposant pour la révolution des corps célestes toute autre espèce de mouvement que le sphéri-que, c'est-à-dire, autour des pôles et de l'axe ( car il appelle plus généralement sphérique, cette révolution qui se fait circu-lairement), les distances de la terre aux di-

vers points des espaces célestes doivent nécessairement être inégales, en quelque lieu
qu'on la suppose, et quelque figure qu'on
lui imagine. Car si le mouvement n'étoit pas
circulaire, il seroit ou de forme triangulaire, ou oblongue, autre que celui qui la
fait tourner autour des pôles et de l'axe ;
et de même que pour le mouvement en ligne
droite, les astres paroîtraient à des distances
et plus petites et plus grandes. Il s'ensuivroit
que non-seulement leurs grandeurs, comme
nous l'avons dit, mais encore leurs distances
entr'eux paroîtraient inégales en chaque révolution, c'est-à-dire, chaque jour; selon ce
que dit Euclide dans ses optiques, que les
grandeurs ou distances égales, inégalement
distantes de l'œil, lui paroissent inégales.
Si l'on dit qu'en supposant ce mouvement,
cylindrique ou conique, les distances des
astres paroîtraient égales chaque jour, parce
que par ces mouvemens, les trajets sur
des cercles sensiblement parallèles peuvent
faire paroître égales les grandeurs et les
distances, nous répondrons que ces mouvemens sont sphériques, parce qu'ils s'exécu-
tent autour des pôles fixes et de l'axe. Plusieurs sortes de diverses figures peuvent
bien tourner autour des pôles et de l'axe,
mais nous allons démontrer par les phénomènes des planètes, que toutes entraî-
nant les astres en leur faisant décrire des
cercles parallèles, ( ce qui est propre aux
mouvemens autour des pôles fixes ), le ciel
ne peut avoir d'autre figure que la sphérique, et surtout qu'il ne peut être ni cylindrique, ni conique, comme on pourroit le
croire. Et voici comment nous nous con-

τὰς ἀπὸ τῆς γῆς ἐπὶ τὰ μέρη τῶν μετεώρων
ἀποςάσεις, ὅπου δ' ἂν αὐτὰ ὑποτεθείη,
καὶ ὁποῖον ἂν σχῆμα τὶς αὐτῆς ἐπινοήσειε.
Συμβήσεται γὰρ ἕτερον παρὰ τοῦτο τῆς φορᾶς σχῆμα λαμβανούσης, ἤτοι τριγωνοειδὲς
ἢ ἑτερόμηκες ἢ ἀλλό τι παρὰ περὶ πόλους
καὶ ἄξονα μένοντας, καὶ τὸ αὐτὸ τῇ ἐπ'
εὐθείας πασχούσης, πλησιές ερον καὶ ἀπώτερον χωροῦντα φαίνεσθαι τὰ ἄς ρα, ὥς ε
παρακολουθεῖν μὴ μόνον τὰ μεγέθη αὐτῶν
ὡς ἔφαμεν ἄνισα φαίνεσθαι, ἀλλὰ καὶ τὰ
πρὸς ἀλλήλους διας ήματα, καθ' ἑκάς ην
περιφορὰν, τουτές ι καθ' ἑκάς ην ἡμέραν·
καθά φησι καὶ Εὐκλείδης ἐν τοῖς ὀπτικοῖς,
ὅτι τὰ ἴσα μεγέθη ἤτοι διας ήματα, ἄνισον
διες ηκότα ἀπὸ τοῦ ὄμματος, ἄνισα φαίνεται.
Εἰ δέ τις λέγοι καὶ ἐπὶ κυλινδροειδοῦς καὶ
κωνοειδοῦς φορᾶς δύνασθαι τὰ μεγέθη τῶν
ἀς έρων ἴσα φαίνεσθαι καθ' ἑκάς ην ἡμέραν,
διὰ τὸ καὶ ἐπὶ τῶν τοιούτων φορῶν κατὰ
παραλλήλων κύκλων πρὸς αἴσθησιν φερομένους
τοὺς ἀς έρας δύνασθαι τά τε μεγέθη καὶ τὰ
διας ήματα ἴσα ποιοῦντες φαίνεσθαι, λέξομεν
καὶ τὰς τοιαύτας φορὰς σφαιροειδεῖς ὑπάρχειν, διὰ τὸ καὶ αὐτὰς περὶ πόλους μένοντας
καὶ ἄξονα φερομένας, τὸ τοιοῦτον ἀποτελεῖν.
Καὶ ἐπεὶ πλείονα ἐς ὶ σχήματα τὰ ς ερεὰ
περὶ πόλους καὶ ἄξονα δυνάμενα φέρεσθαι,
πάντα δὲ κατὰ παραλλήλων κύκλων φέροντα
τοὺς ἀς έρας (τοῦτο γὰρ ἴδιον τῶν περὶ
πόλους μένοντας φορῶν) δείξομεν ἐκ τῶν
περὶ τοὺς πλανωμένους ἀς έρας φαινομένων,
ὅτι οὐχ' οἷόν τε ἕτερον εἶναι τὸ τοῦ οὐρανοῦ
σχῆμα, παρὰ τὸ σφαιρικόν. Καὶ μάλις α ὅτι
οὔτε κυλινδρικὸν, οὔτε κωνικὸν δύναται τυγ-
χάνειν· ὅπερ ἂν τις μᾶλλον ὡς πιθανώτερον
ἡγήσαιτο. Ὅτι μὲν οὖν κυλινδρικὸν οὐχ' οἷόν

τε εἶναι τὸ τοῦ οὐρανοῦ σχῆμα, οὕτως ἂν κατανοήσαιμεν.

Ἔςω, εἰ δυνατὸν, ὡς ὁ ΑΒΓΔ κύλινδρος, καὶ βάσεις μὲν αὐτοῦ ἔςωσαν οἱ ΑΒ, ΓΔ κύκλοι, πρὸς ἄρκτους καὶ μεσημβρίαν τετραμμένοι· ὅπερ ἄν τινες πάλιν ὡς πιθανὸν ἡγήσαιντο ὑποθέσθαι. Ἄξων δὲ ὁ ΕΖ, πλευραὶ δὲ αὐτοῦ ἔςωσαν αἱ ΑΓ, ΒΔ, ἐν τῷ διὰ τοῦ ἄξονος ἐπιπέδῳ παράλληλοι αὐτῷ γινόμεναι. Διάμετροι δὲ τῶν βάσεων, αἱ ΑΕΒ, ΓΖΔ, ὥςε τὸ ΑΕΓΖ παραλληλόγραμμον, μενούσης τῆς ΕΖ περιενεχθὲν, πεποιηκέναι τὸν κύλινδρον. Καὶ τετρήσθω ὁ ἄξων δίχα κατὰ τὸ Η, καὶ ὑποκειμένης ἐπ' αὐτοῦ τῆς γῆς, εἰλήφθω ἐπὶ τῆς ἐπιφανείας τοῦ κυλίνδρου τυχὸν σημεῖον τὸ Θ, καὶ ἀπὸ τοῦ Θ ἐπὶ τὸν ἄξονα κάθετος ἤχθω ἡ ΘΚ. Ἐὰν οὖν μένοντος τοῦ ΕΖ ἄξονος, περιφέρεται ὁ κύλινδρος περὶ τοὺς ΕΖ πόλους μένοντας, δηλονότι καὶ τὸ Θ σημεῖον φερόμενον, γράψει κύκλον ὀρθὸν πρὸς τὸν ἄξονα, οὗ κέντρον ἔςαι τὸ Κ, διὰ τὸ καὶ τὴν ΚΘ εὐθεῖαν πρὸς ὀρθὰς τῇ ΕΖ περιφερομένην τὴν αὐτὴν μένειν, καὶ καθ' ἑνὸς ἐπιπέδου φέρεσθαι, διὰ τὸ μένειν καὶ τὰ ΚΘ σημεῖα. Ἔςω οὖν ὁ γραφόμενος κύκλος ὁ ΘΛΜ περὶ διάμετρον τὴν ΘΜ· ἀπὸ δὲ τῆς γῆς, τουτέςι τοῦ Η σημείου ἐπὶ τὸν κύκλον προσπίπτουσαι εὐθεῖαι ἴσαι ἀλλήλαις ἔσονται. Ἐπεζεύχθωσαν γὰρ ἡ ΗΘ, ΗΜ. Ἐπεὶ οὖν ἴση ἐςὶν ἡ ΘΚ τῇ ΚΜ, κοινὴ δὲ καὶ πρὸς ὀρθὰς ἡ ΚΗ βάσις, ἄρα ἡ ΗΘ βάσις τῇ ΗΜ ἴση ἐςί. Διήχθω δὴ καὶ ἡ ΗΛ, καὶ ἐπεζεύχθω ἡ ΚΛ. Καὶ ἐπεὶ ἡ ΚΗ ὀρθή ἐςι πρὸς τὸ τοῦ ΘΛΜ κύκλου ἐπίπεδον, καὶ πρὸς πάσας ἄρα τὰς ἁπτομένας αὐτῆς εὐθείας καὶ οὔσας ἐν τῷ τοῦ ΘΛΜ κύκλου ἐπιπέδῳ ὀρθή ἐςιν, ὥςε καὶ πρὸς τὴν ΚΛ ὀρθή ἐςι. Καὶ ἐπεὶ ἴση

ΤΗΕΟΝ.

vaincrons que le ciel ne peut pas être de figure cylindrique :

Supposons possible qu'il soit comme le cylindre ABGD (figure 2), dont les bases soient les cercles AB et GD, et regardent l'une les ourses, l'autre le midi, comme quelques personnes l'ont encore supposé probable. Soit l'axe EZ, et les côtés AG, BD dans le plan de l'axe auquel ils sont parallèles. Soient AEB et GZD les diamètres des bases, ensorte que EZ demeurant, le parallélogramme AEZG forme un cylindre par sa révolution. L'axe étant coupé par le milieu en H, où la terre est supposée, prenons un point T sur la surface du cylindre, et de ce point abaissons sur l'axe la perpendiculaire TK. Si pendant que l'axe reste immobile, le cylindre tourne autour des pôles E, Z, il est clair que le point T emporté dans cette révolution décrira un cercle perpendiculaire sur l'axe, et dont le centre sera K, parce que la droite KT perpendiculaire sur EZ, reste la même dans cette révolution, étant emportée dans un seul plan, attendu que les points KT demeurent toujours. Soit donc décrit un cercle TLM dans ce plan sur le diamètre TM, et soient menées du point H de la terre, deux droites égales entr'elles qui tomberont sur le cercle en T et en M, et que HT et HM soient jointes. Puisque TK et KM sont égales, et la base KH commune et perpendiculaire, la base HT est égale à la base HM, menons HL, et joignons KL; puisque KH est perpendiculaire, sur le plan du cercle TLM, elle l'est donc aussi sur toutes les droites qui la touchent, et qui sont dans le plan du cercle TLM,

4

elle est donc perpendiculaire sur K L; et puisque K T est égale à K L, et que K H est commune et perpendiculaire, il s'ensuit que la base H T est égale à la base H L. Nous démontrerons de même que toutes les droites menées du point H de la terre à la circonférence du cercle TLM, seront égales entr'elles. D'où il résulte que les grandeurs des étoiles fixes paroissent égales, parce qu'elles sont généralement transportées dans des parallèles sensiblement les mêmes : effet qui ne peut pas avoir lieu pour les planètes, puisqu'elles sont emportées par un certain écart sensible, dans des parallèles plus boréaux ou plus austraux. Car si nous concevons pareillement un autre cercle parallèle décrit du point X autour du centre S, sur la circonférence duquel encore un astre soit porté, et que nous tirions le diamètre X S R, et la droite H R, il est clair que les distances de la terre à cet astre seront inégales, s'il est emporté tantôt suivant le parallèle T L M, tantôt suivant le parallèle X R, parce que les carrés de H S et de S R, c'est-à-dire le carré de H R, sont plus grands que ceux de H K et de K M, c'est-à-dire que le carré de H M, en sorte que la droite H R est plus grande que H M, et qu'il en résulte que l'astre paraît de grandeurs différentes. Ce qui est entièrement contraire aux phénomènes. Par conséquent le ciel ne sauroit être de forme cylindrique. Il en seroit de même, si l'on supposoit la terre en tout autre point que le milieu de l'axe.

Nous allons voir par la démonstration suivante, que les mêmes absurdités se rencontreroient pour les planètes, si la figure etait conique, en ce que les distances de la terre au ciel y seroient inégales, quoiqu'il y ait dans les phénomènes plusieurs choses qui s'accordent assez bien avec cette figure. Soient (fig. 3) deux cônes ABG et DGB,

ἐςὶν ἡ ΚΘ τῇ ΚΛ, κοινὴ δὲ καὶ πρὸς ὀρθὰς ἡ ΚΗ βάσις, ἄρα ἡ ΗΘ βάσις τῇ ΗΛ ἐςὶν ἴση. Ὁμοίως δὴ δείξομεν ὅτι καὶ πᾶσαι αἱ ἀπὸ τοῦ Η τῆς γῆς πρὸς τὴν τοῦ ΘΛΜ κύκλου περιφέρειαν προσπίπτουσαι εὐθεῖαι ἴσαι ἀλλήλαις ἔσανται, ὥςε συμβαίνειν τὰ μεγέθη τῶν ἀπλανῶν ἀςέρων ἴσα φαίνεσθαι, διὰ τὸ ἐπιπλεῖςον ἐπὶ τῶν αὐτῶν παραλλήλων αὐτοὺς πρὸς αἴσθησιν φέρεσθαι. Οὐκέτι δὲ καὶ ἐπὶ τῶν πλανωμένων τὸ τοιοῦτον δύνασθαι παρακολουθεῖν, αἰσθητῇ τινι παραχωρήσει κατὰ βορειοτέρων καὶ νοτιωτέρων παραλλήλων αὐτῶν φερομένων. Ἐὰν γὰρ νοήσωμεν καὶ ἀπὸ τοῦ Ξ ὁμοίως ἕτεραν παράλληλον κύκλον γραφόμενον περὶ κέντρον τὸ Σ, ἐφ' οὗ πάλιν ὁ ἀςὴρ ἐνεχθήσεται, καὶ ζεύξωμεν τὴν ΞΣΡ διάμετρον, καὶ τὴν ΗΡ, δῆλαν ὡς ἄνισοι ἔσονται αἱ ἀπὸ τῆς γῆς ἐπὶ τὸν ἀςέρα διαςάσεις, ποτὲ μὲν κατὰ τοῦ ΘΛΜ παραλλήλου αὐτοῦ φερομένου, ποτὲ δὲ κατὰ τοῦ ΞΡ, διὰ τὸ μείζονα εἶναι τὰ ἀπὸ τῶν ΗΣ, ΣΡ, τουτέςι τὸ ἀπὸ τῆς ΗΡ, τῶν ἀπὸ τῶν ΗΚ, ΚΜ, τουτέςι τοῦ ἀπὸ τῆς ΗΜ, ὥςε καὶ τὴν ΗΡ τῆς ΗΜ μείζονα γίνεσθαι, καὶ συμβαίνειν ἀνισομεγέθη φαίνεσθαι τὸν ἀςέρα, ὅπερ παντάπασιν ἀντίκειται τοῖς φαινομένοις. Οὐκ ἄρα κυλινδρικὸν ἂν εἴη τὸ τοῦ οὐρανοῦ σχῆμα. Τὰ αὐτὰ δὲ συμβήσεται κἂν μὴ κατὰ τῆς διχοτομίας τοῦ ἄξονος ἡ γῆ ὑποτεθείη.

Ὅτι δὲ κωνικὸν ἂν εἴη, πάλιν γὰρ ἂν τὰ αὐτὰ ἄτοπα συμβαίνει περὶ τοὺς πλανωμένους ἀςέρας. Τῷ καὶ ἐπὶ τούτου ἄνισα γίνεσθαι τὰ ἀπὸ τῆς γῆς ἐπὶ τὸν οὐρανὸν διαςήματα, εἰ καὶ πλείονα σύμφωνα τὸ τοιοῦτον σχῆμα φυλάττει τοῖς φαινομένοις, οὕτως ἂν νοήσαιμεν. Ἔςωσαν δύο κῶνοι ὀρθογώνιοι ἰσο-

ὑψεῖς, ἐπὶ μιᾶς βάσεως τὰς κορυφὰς ἔχοντες πρὸς τοῖς πόλοις (ὅπερ ἄν τις πάλιν ὡς
πιθανώτερον ὑπολάβοι, διὰ τὸ καὶ δύο πόλους εἶναι τῆς φορᾶς) οἱ ΑΒΓ, ΔΓΒ, περὶ
ἄξονα τὸν ΑΔ, βάσις δὲ αὐτῶν ἔςω ὁ ΒΕ
ΓΖ κύκλος, ὀρθὸς πρὸς τὸν ΑΔ ἄξονα, οὗ
κέντρον τὸ Η, καὶ ὑποκείσθω ἡ γῆ κατὰ τὸ
Η, καὶ ἴση δηλαδὴ ἡ ΒΗ ἑκατέρᾳ τῶν ΑΗ
ΗΔ, διὰ τὸ ὀρθογωνίους καὶ ἰσοϋψεῖς ὑποκεῖσθαι τοὺς κώνους. Ἵνα καὶ αἱ ἀπὸ τοῦ Η
τῆς γῆς ἐπὶ τὸν οὐρανὸν εὑρημέναι διαςάσεις ὦσι, λέγω δὴ ὅτι αἱ ἀπὸ τοῦ Η κέντρου ἐπὶ τὴν ἐπιφάνειαν τοῦ κώνου διαγόμεναι
εὐθεῖαι ἄνισοι ἔσονται. Διήχθω γὰρ ἡ ΗΘ,
ὥςε τὸ Θ σημεῖον κατὰ τῆς διχοτομίας εἶναι
τῆς ΑΒ πλευρᾶς τοῦ κώνου. Καὶ δῆλον ὡς
ὅτι ἡ ΗΘ κάθετος γινομένη ἐπὶ τὴν ΑΒ, διὰ
τὸ καὶ τὴν ΑΗ τῇ ΗΒ ἴσην ὑποκεῖσθαι, ἐλαχίςη ἔςαι πασῶν τῶν ἀπὸ τοῦ Η ἐπὶ τὴν
ΑΒ, ἐπὶ τῆς ἐπιφανείας οὖσαν τοῦ οὐρανοῦ
προσπιπτουσῶν εὐθειῶν. Καὶ ἔτι τῶν ἐφ'
ἑκάτερα αὐτῆς ἀεὶ ἡ ἔγγιον τῆς ἀπώτερον
ἐλάσσων ἐςίν. Ἐὰν οὖν νοήσωμεν, ὁμοίως
τοῖς ἐπὶ τοῦ κυλίνδρου ἀπὸ τῶν Θ καὶ Λ σημείων, ἐκ τῆς περιφορᾶς παραλλήλους γρα-
φομένους ὡς τοὺς ΘΚ, ΛΜ, πάλιν τὰ ἀπὸ
τῆς γῆς τοῦ Η ἐπὶ τὸν αὐτὸν παράλληλον
διαςήματα ἴσα ἔσονται, καὶ τὰ αὐτὰ μεγέθη ὀφθήσεται τῶν ἀπλανῶν ἀςέρων κατὰ
τῶν αὐτῶν παραλλήλων πρὸς αἴσθησιν φερομένων. Οὐκέτι δὲ διὰ τὰ εἰρημένα καὶ τὰ
ἀπὸ τῆς ὄψεως διαςήματα ἐπὶ διαφόρους
παραλλήλους ἴσα τυγχάνειν· διὸ καὶ ὁμοίως
πάλιν οἱ πλανώμενοι κατὰ βορειοτέρων καὶ
νοτιωτέρων παραλλήλων φερόμενοι, ἀνισομε-
γέθεις ὀφθήσονται, ὅπερ ὡς ἔφαμεν ἀντίκειται
τοῖς φαινομένοις. Συμβήσεται δὲ ἐπὶ τοῦ

droits et de hauteurs égales, dont les bases
soient appliquées l'une contre l'autre, et
dont les sommets soient tournés vers les pôles,
( ce que l'on admettra sans difficulté, parce
que ce sont les deux pôles du mouvement) autour de l'axe AD; que leur base commune
soit le cercle BEGZ perpendiculaire sur
l'axe AD, et dont le centre soit H. Supposons la terre en H, nous aurons BH égale à
AH, aussi bien qu'à HD, parce que les
cônes sont supposés droits et égaux en
hauteur, afin que les distances de la
terre H au ciel soient égales. Or, je dis
que les droites menées du centre H à la
surface du cône seront inégales. Car soit
menée HT de manière que le point T soit
au milieu du côté AB du cône. Il est évident que cette droite, à cause de AH supposée égale HB, sera la plus petite de toutes
celles qui tombent de H sur AB qui est sur la
surface du ciel; et qu'aussi, de celles qui tombent de chaque côté de cette droite HT,
chacune est toujours d'autant plus petite
qu'elle en est plus proche, et plus éloignée des
extrêmes. Si donc nous imaginons, comme
pour le cas du cylindre, les cercles parallèles TK, LM décrits des points T, L,
par la révolution, les distances de la
terre H au même cercle parallèle seront
encore égales, et les grandeurs des étoiles
fixes transportées sensiblement suivant les
mêmes parallèles paraîtront toujours les
mêmes. Or, d'après ce qui a déjà été dit,
les distances de l'œil à différens parallèles ne sont pas égales. C'est pourquoi
aussi pareillement les planètes transportées suivant des parallèles plus boréaux
et plus méridionaux seroient vues variant
de grandeurs, ce que nous avons déjà dit
être contraire aux apparences. Or, dans

cette figure actuelle, le cercle des bases étant le plus grand des parallèles et coupant le ciel en deux parties égales, comme fait l'équateur dans la sphère, les cercles parallèles également éloignés du plus grand, sont égaux, et celui qui est le plus proche du plus grand, est plus grand que celui qui en est plus éloigné. Ce qui a lieu aussi dans la figure sphérique. On démontrera par les mêmes raisons que le ciel ne peut avoir que la figure sphérique seule ; car dans toute autre, les distances de la terre au ciel seront inégales, en quelque lieu qu'on la suppose et quelle que soit sa situation ; ces distances n'étant égales que dans la seule figure sphérique, et les grandeurs de tous les astres y étant toujours égales conformément à ce que nous voyons. Après avoir démontré que la figure du ciel est sphérique, d'abord parce que parmi les étoiles toujours visibles, les plus proches du pôle visible sont transportées sur des cercles plus petits, et les plus éloignées en proportion sur de plus grands, et que celles qui se lèvent et se couchent le plus près de celles-ci restent moins de temps dans leur disparition, et les plus éloignées plus long-temps à proportion, ce qui ne convient qu'à la seule figure que j'ai dit être la sphérique ; et encore parce que dans cette seule figure les grandeurs des planètes paroissent toujours égales, suivant ce que nous voyons dans les apparences célestes.

Cela paroît pourtant contraire à ce qui a été dit un peu plus haut, savoir : que les astres nous paroissent plus grands au moment de leur disparition, c'est-à-dire dans l'horizon. Et afin qu'on ne croie pas que nous les voyons ainsi, parce que nous les

τοιούτου σχήματος, τὸν μὲν ἐπὶ τῶν βάσεων κύκλον μόνον μέγιςὸν εἶναι τῶν παραλλήλων, καὶ διχοτομεῖν τὸν οὐρανὸν, καθάπερ καὶ ἐπὶ τῆς σφαίρας ὁ ἰσημερινὸς, καὶ τοὺς ἴσον ἀπέχοντας τοῦ μεγίςου τῶν παραλλήλων ἴσους εἶναι, καὶ τὸν ἔγγιαν τοῦ μεγίςου, τοῦ ἀπώτερον μείζονα· ὅπερ καὶ ἐπὶ τοῦ σφαιρικοῦ σχήματος συμβαίνει. Κατὰ τὰ αὐτὰ δὲ δειχθήσεται, καὶ ὅτι οὐδ' ἕτερόν τι σχῆμα ἐνδέχεται ἔχειν τὸν οὐρανὸν, ἢ μόνον τὸ σφαιρικόν. Ἀνίσους γὰρ πάλιν ἐπὶ πάντων τῶν ἄλλων σχημάτων συμβαίνει γίνεσθαι τὰς ἀπὸ τῆς γῆς ἐπὶ τὸν οὐρανὸν διαςάσεις, ὅπου δ' ἂν αὐτὴ, καὶ ὡς ἂν ὑποθέῃ, ἴσον αὐτῶν γινομένων ἐπὶ μόνου τοῦ σφαιρικοῦ σχήματος, καὶ τὰ μεγέθη πάντων τῶν ἀςέρων ἴσα δεικνυουσῶν συμφώνως τοῖς φαινομένοις. Ἐπεὶ οὖν ἐδείξαμεν σφαιρικὸν τυγχάνον τὸ σχῆμα τοῦ οὐρανοῦ, καὶ πρῶτον μὲν, διὰ τὸ τοὺς ἔγγιον τοῦ φανεροῦ πόλου ἀεὶ φανεροὺς ἀςέρας κατὰ μικροτέρων κύκλων φέρεσθαι, τοὺς δὲ ἀπώτερον, ἀνάλογον ἐπὶ μειζόνων, καὶ τοὺς μὲν ἐγγυτέρω τούτων ἀνατέλλοντας καὶ δύνοντας, ἐλάττονα χρόνον ἐν τῷ ἀφανισμῷ μένοντας, τοὺς δὲ ἄπωθεν ἀνάλογον πλείονα, ὅπερ μόνῳ τῷ εἰρημένῳ σφαιρικῷ σχήματι ἁρμόττει. Ἔτι δὲ καὶ διὰ τὸ ἐπὶ μόνου τοῦ τοιούτου σχήματος γίνεσθαι ἀεὶ καὶ τὰ τῶν πλανωμένων ἀςέρων μεγέθη ἴσα φαίνεσθαι, ὅπερ σύμφωνόν ἐςι τοῖς φαινομένοις.

Δοκεῖ δὲ τοῦτο ἐναντίον εἶναι τοῖς μικρῷ πρόσθεν αὐτῷ εἰρημένοις, ὅτι μείζονα ἡμῖν ὁρᾶται τὰ ἄςρα πρὸς αὐτοῖς τοῖς ἀφανισμοῖς, τουτέςι τοῖς ὁρίζουσιν, ἵνα μὴ νομισθῇ ὅτι ὡς ἐξ ἐλάττονος δῆθεν διαςάσεως ὁρώμενα αὐτὰ φαίνεται, βούλεται ἐνταῦθα τὰ τοιοῦτον ἐπιλύσασθαι, καὶ δηλῶσαι, ὅτι οὐ παρὰ τὸ ἀπόςημα τὸ ἀπὸ τῆς γῆς ἐπὶ τὸν οὐρανὸν, καὶ τοιοῦτον συμβαίνει, ἀλλ' ἐκ τῆς περὶ τὴν γῆν γινομένης ὑγροτάτης ἀναθυμιάσεως τῆς ὄψεως, διὰ τοῦτο εἰς ἀχλυωδέςερον ἀέρα ἐμπιπτούσης, καὶ τῶν ἀπ' αὐτῆς ἐπὶ τὸν ἀέρα προσπιπτουσῶν ἀκτίνων, κλάσιν ὑπομενουσῶν, καὶ μείζονα ποιουσῶν τὴν πρὸς τῇ ὄψει γωνίαν, καθὰ καὶ Ἀρχιμήδης ἐν τοῖς περὶ κατοπτρικῶν ἀποδεικνύων φησίν· ὅτι καθάπερ καὶ τὰ εἰς ὕδωρ ἐμβαλλόμενα, μείζονα φαίνεται, καὶ ἔσω κάτω χωρεῖ μείζονα. Ἔςω γὰρ ἐν καθαρῷ ἀέρι ἄνισα μεγέθη τὰ ΑΒ, ΓΔ, ὑπὸ τῆς αὐτῆς γωνίας ὁρώμενα, τῆς ὑπὸ ΓΕΔ, ὄμματος δηλονότι τοῦ Ε. Φανερὸν δὴ ὅτι ἴσα ὀφθήσονται τὰ ΑΒ, ΓΔ, διὰ τὸ ὑπὸ τῆς αὐτῆς γωνίας ὁρᾶσθαι. Γεγονέτωσαν δὲ καὶ καθ' ὕδατος, ὥςε τὴν τοῦ ὕδατος ἐπιφάνειαν εἶναι τὴν ΖΗ, καὶ προσπιπτέτωσαν ἀκτῖνες ἐπὶ τῆς ἐπιφανείας τοῦ ὕδατος αἱ ΕΘ, ΕΚ, καὶ κεκλάσθωσαν ἐπὶ τὰ ΑΒ, ὡς ΕΘΑ, ΕΚΒ, καθὰ καὶ Ἀρχιμήδης ἐν τοῖς περὶ κατοπτρικῶν, ὡς ἔφαμεν. Καὶ ἐπεὶ πέφυκεν ἡ ὄψις κατ' εὐθείας γραμμὰς ὁρᾶν, ἐκβεβλήσθωσαν αἱ ΕΘ, ΕΚ ἀκτῖνες ἐπ' εὐθείας ὡς ἐπὶ τὰ ΛΜ, καὶ ἔτι ἡ ΑΒ ἐφ' ἑκάτερα κατὰ τὰ ΛΜ. Φαντασίαν ἄρα παρέξει τὸ ΑΒ μέγεθος τηλικοῦτον ὁρᾶσθαι, οἷον ἐςὶ τὸ ΛΜ ὑπὸ τῆς ὑπὸ ΛΕΜ γωνίας ὁρώμενον. Καὶ φανερὸν ὅτι μεῖζον ὀφθήσεται τὸ ΑΒ μέγεθος ἐφ' ὕδατος γενόμενον. Προσπιπτέτωσαν δὴ καὶ ἕτεραι ἀκτῖνες ὡς αἱ ΕΝ, ΕΞ, κλώμεναι πρὸς τὰς ΝΓ ΞΔ, περιλαμβανούσας τὸ ΓΔ μέγεθος. Καὶ ἐκβεβλήσθωσαν πάλιν ταῖς ΕΝ, ΕΞ ἐπ' εὐθείας αἱ ΕΝΟ, ΕΞΠ, καὶ ἔτι ἡ ΓΔ ἐφ' ἑκάτερα τὰ ΟΠ. Δόξει πάλιν διὰ ταῦτα τὸ ΓΔ μέγεθος

voyons alors d'une moindre distance, Ptolemée veut montrer par un exemple que c'est un effet, non de la distance de la terre au soleil, mais de l'exhalaison trèshumide qui environne la terre; notre vue étant plongée par là dans un air plus épais, et de la réfraction qu'y éprouvent les rayons qui entrent dans l'air et font l'angle à l'œil, plus grand, suivant ce que démontre Archimède dans ses livres de catoptrique, où, quand il dit qu'il en est de cela comme des objets plongés dans l'eau, qui y paroissent d'autant plus gros, qu'ils y sont plus profondément enfoncés. Car soient dans l'air pur les grandeurs inégales A B, G D, vues sous un même angle G E D par l'œil E. Il est clair que A B, G D seront vues égales, parce qu'elles seront vues sous le même angle. Supposons-les maintenant ( fig. 4) dans l'eau dont la surface soit Z H sur laquelle tombent les rayons solaires E T, E C qui se réfractent en A B comme E T A, E X B, suivant Archimède dans son traité de catoptrique, comme nous avons dit. Par les lois de la physique, la vue des objets s'exécutant en lignes droites, soient prolongés les rayons E T, E K en ligne droite jusques en L et en M, et menons A B par les deux points L et M. Alors la grandeur A B paroîtra vue comme si elle étoit L M, sous l'angle L E M. Ainsi il est évident que la grandeur A B sera vue plus grande étant dans l'eau. Faisons encore tomber d'autres rayons solaires E N, E X, qui se réfractent suivant N G, X D, en embrassant la grandeur G D, et prolongeons E N, E X en lignes droites E N O, E X P, puis menons la droite G D par les deux points O,

P. La grandeur G D pour les mêmes raisons paroîtra augmentée étant vue comme O P. Ainsi, les astres A, B, G, D étant inégaux et pararoissant égaux dans l'air pur, paroissent inégaux dans l'eau ou dans l'air dense, et cela d'autant plus, qu'ils y sont plus enfoncés, parce qu'ils sont vus sous des angles inégaux. Or, la terre étant plongée dans les vapeurs qui s'en élèvent de tous ses points, les astres paroissent plus grands à leurs levers et à leurs couchers, parce que conséquemment à sa sphéricité prouvée par les phénomènes, et à sa position au centre de l'univers, nous voyons les astres au travers de plus d'humidité étendue sur le plan de l'horizon devant nos yeux.

( F. 5 ). Pour rendre évident ce que nous disons, concevons la sphère AB de la terre, autour du centre G, et la sphère des corps célestes EZH. L'évaporation se faisant sur toutes les parties de la terre, concevons encore une figure sphérique comme TKD. Faisons passer par le point habité A, le plan de l'horizon qui se coupe à angle droit avec le méridien en ce point, et menons-y en A la perpendiculaire AKZ qui passe par le centre G. Il est évident que les droites TA, AD sont égales et plus grandes chacune que AK, et que de celles qui tombent sur KT la plus proche de AT, telle que celle de l'horizon, est plus grande que chacune de celles qui en sont plus éloignées. Pareillement de celles qui tombent sur KD, la plus proche de AD est plus grande que toute autre qui en est plus éloignée. Ainsi l'astre paroissant en E et en A, sera vu au travers de plus d'humide que s'il étoit plus loin et au-dessus de la terre, parce que, comme nous l'avons dit, les astres paroissent plus grands à l'horizon. Si l'on disoit que ce n'est pas à cause

ὡς τὸ ΟΠ, ὁρᾶσθαι μεῖζον γενόμενον. Τὰ ἄςρα τοίνυν τὰ Α, Β, Γ, Δ ἄνισα ὄντα καὶ ἐν καθαρῷ ἀέρι ἴσα φαινόμενα, ἐν ὕδατι ἢ ἐν παχυτέρῳ ἀέρι ἄνισα φαίνεται, καὶ τὸ κατωτέρω μεῖζον, ἐπειδήπερ ὑπὸ ἀνίσων γωνιῶν ὁρῶνται. Συμβαίνει δὲ καί περ κατὰ πάντα τὰ μέρη τῆς γῆς τῆς ἀναθυμιάσεως γινομένης, πρὸς ταῖς ἀνατολαῖς καὶ δύσεσι μείζονα τὰ μεγέθη τῶν ἀςέρων φαίνεσθαι, διὰ τὸ ἐν τοῖς ἐξῆς ἐκ τῶν περὶ αὐτὴν φαινομένων σφαιρικῆς αὐτῆς καὶ μέσης τοῦ παντὸς καταλαμβανομένης, παρακολουθεῖν ἐπιπλέον ταῖς ὄψεσιν ἡμῶν παρεκτεινομένου τῷ τοῦ ὁρίζοντος ἐπιπέδῳ διὰ πλείονος ὑγροῦ θεωρεῖσθαι τοὺς ἀςέρας.

Ἵνα δὴ κατάδηλον γένηται τὸ λεγόμενον, νενοήσθω ἡ τῆς γῆς σφαίρα ἡ ΑΒ, περὶ κέντρον τὸ Γ, ἡ δὲ τῶν οὐρανίων, ἡ ΕΖΗ. Ἔτι δὲ καὶ τῆς ἀναθυμιάσεως κατὰ πάντα τὰ μέρη τῆς γῆς ὁμοίως γινομένης, νενοήσθω πάλιν σχῆμα σφαιρικὸν ὡς τὸ ΘΚΔ. Καὶ διὰ τῆς Α οἰκήσεως διήχθω τὸ τοῦ ὁρίζοντος ἐπίπεδον, καὶ ποιείτω μετὰ τοῦ μεσημβρινοῦ κοινὴν τομὴν τὴν ΕΘΑΔΗ εὐθεῖαν. Καὶ ἤχθω αὐτῇ πρὸς ὀρθὰς ἀπὸ τῆς κατὰ τὸ Α οἰκήσεως, ἡ ΑΚΖ, καὶ διήχθω ἐπὶ τὸ Γ κέντρον, φανερὸν δὴ ὅτι ἴσαι εἰσὶν αἱ ΘΑ, ΑΔ ἀλλήλαις, καὶ ἔτι ἑκατέρα αὐτῶν τῆς ΑΚ μείζων, καὶ ἀεὶ τῶν ἐπὶ τῆς ΚΘ ἡ ἔγγιον τῆς ΑΘ οἱονεὶ τοῦ ὁρίζοντος, τῆς ἀπώτερον μείζων. Ὁμοίως δὲ καὶ τῶν ἐπὶ τῆς ΚΔ, ἡ ἔγγιον τῆς ΑΔ, τῆς ἀπώτερον μείζων· ὥςε ὅταν ὁ ἀςὴρ πρὸς τοῖς ΕΗ φαίνηται, διὰ πλείονος ὑγροῦ ὀφθήσεται, ἥπερ ὅταν ἐπὶ τῶν ἀπώτερον καὶ ὑπὲρ γῆν, διὸ πρὸς τοῖς ὁρίζουσι μείζονα, ὡς ἔφαμεν, τὰ μεγέθη τῶν ἀςέρων φαίνεται. Εἰ δέ τις λέγοι μηδόλως ἐκ τῆς ἀναθυμιάσεως πρὸς τοῖς ὁρίζουσι μείζονα τὰ μεγέθη φαίνεσθαι τῶν ἀςέρων, ἀλλὰ φακοειδὲς ὑποτιθέμενος τὸ σχῆμα τοῦ οὐρανοῦ, ἵνα αἱ μὲν ἐλάττονες διαςάσεις πρὸς τὰς ἀνατολὰς καὶ τὰς δύσεις ὦσι τετραμμέναι, αἱ δὲ μείζονες πρὸς τῷ μεσημβρινῷ, λέγοι ἑςάναι μὲν τὸ οὐράνιον σῶμα, τὰ δὲ ἄςρα φέρεσθαι, καὶ διὰ τοῦτο πρὸς μὲν τοῖς ὁρίζουσι μείζονα τὰ μεγέθη φαίνεσθαι, πρὸς δὲ τῷ μεσημβρινῷ ἐλάττονα, ψευδῆ ὑποτιθέμενος ἐλεγχθήσεται, διὰ τὸ ἐπὶ διαφόρων οἰκήσεων τῶν αὐτῶν τόπων, τοῖς μὲν πρὸς ἀνατολαῖς τυγχανόντων, τοῖς δὲ πρὸς τῷ μεσημβρινῷ παρακολουθεῖν τὸ ἀνάπαλιν· παρὰ μέν τισι πρὸς τῷ μεσημβρινῷ τὰ ἄςρα μείζονα φαίνεσθαι, πρὸς δὲ τῷ ὁρίζοντι ἐλάττονα, ὅπερ παντάπασιν ἀντίκειται τοῖς φαινομένοις. Προσάγει δ᾽ εἰς τὴν σφαιρικὴν ἔννοιαν καὶ τὰ τοιαῦτα, τὸ μὴ δύνασθαι κατὰ ἄλλην ὑπόθεσιν τὰς τῶν ὁροσκοπίων κατασκευὰς συμφωνεῖν, ἢ μόνην ταύτην. Ἄγει δ᾽ εἰς πίςιν τοῦ σφαιρικὸν εἶναι τὸν οὐρανὸν, μετὰ τῶν εἰρημένων, καὶ τοῦτο, τὸ τοὺς γνωμονικοὺς τοιαύταις ὑποθέσεσι χρωμένους· ὡς ἔτι ὁ οὐρανὸς σφαιροειδής ἐςι, καὶ ἡ γῆ σημείου καὶ κέντρου λόγον ἔχει πρὸς τὴν τοῦ ἡλίου σφαίραν, εἰ καὶ μὴ δόκει τοῦτο ἀληθὲς εἶναι, διὰ τὸ τοῦ ἡλίου ἀκτῖνας παραλλήλας καταλαμβάνεσθαι, ὡς ἐν τῷ πέμπτῳ βιβλίῳ δείκνυται. Ἔτι δὲ καὶ μικρὸν προϊόντες εἰς οἰκεῖον τινὰ τόπον ὑπόμνησιν τοῦ τοιούτου ποιησόμεθα, ὅμως οὕτω καταχρώμενοι διὰ τὸ πρὸς αἴσθησιν μηδὲν ἧττον τοῦτο σύμφωνον τοῖς φαινομένοις καταλαμβάνεσθαι, καὶ ὡς τῶν ἀπὸ τῆς ὄψεως ἡμῶν ἐπὶ τὴν τοῦ ἡλίου σφαίραν ἀποςάσεων ἴσων οὐσῶν.

des vapeurs à l'horizon, que les grandeurs des astres paroissent augmentées, et que supposant le ciel de figure lenticulaire, ces moindres distances seroient vers les levers et vers les couchers, et les plus grandes dans le méridien, ou qu'on prétendît que le corps même du ciel est en repos, mais que les astres sont transportés, et par là paroissent augmentés de grandeur à l'horizon, et diminués quand ils sont au méridien, cette supposition se trouveroit fausse, parce qu'il s'ensuivroit tout le contraire, savoir : qu'en différentes positions des mêmes lieux à l'orient pour les unes, au méridien pour les autres, les astres paroîtroient plus grands à ceux qui les auroient à leur méridien, en même temps qu'ils seroient plus petits pour ceux qui les auroient dans leur horizon : chose qui répugne aux phénomènes. L'impossibilité où seroient les horloges d'y répondre, si on les construisoit selon une autre hypothèse que la sphérique, conduit à cette idée de sphéricité. Et ce qui achève d'en convaincre, après tout ce que nous venons de dire, c'est que toutes les opérations de la gnomonique sont fondées sur les hypothèses de la sphéricité de la terre, et sur ce qu'elle n'est que comme un point au centre de la sphère du soleil, quelque peu vrai que cela paroisse, parce que les rayons du soleil tombent parallèles sur la terre, suivant ce que nous dirons dans le cinquième livre. Nous en parlerons plus au long dans leur lieu, quand nous y serons, voulant ici seulement dire par là que néanmoins tout y est conforme aux phénomènes, les distances de notre vue à la sphère du soleil, étant égales partout, et comme sur la sphère, les méridiens, les horizons, les équinoxiaux et leurs parallèles, tant mensuels que diurnes, les arcs de descension et d'ombres opposées, et toutes les autres conditions supposées dans l'analemme, suivent de la figure sphérique, les instruments construits sur ces hypothèses pour donner les heures, se trouvent d'accord avec les phénomènes. Et le mouvement des corps célestes se faisant sans obstacle et avec la plus grande facilité, parce que la figure la plus mobile de toutes est dans les plans, le cercle; et dans les solides, la sphère; c'est encore une raison pour conclure de ce que le ciel se meut librement et facilement, qu'il est sphérique.

Qu'entre toutes les figures, la circulaire dans les plans soit la plus aisée à mouvoir, aínsi que la sphérique dans les solides, c'est ce qui est prouvé par les poulies, par les rouleaux et par les moufles dont on se sert pour tirer sans peine les plus gros poids, comme Philon l'a exposé dans ses démonstrations concernant le mouvement circulaire, ces figures ne touchant le plan qu'en un seul point, et par une seule droite, et tournant uniformément et avec la même force dans tous les points de leur contour, ou de part et d'autre, par la révolution qui entraîne le mouvement depuis le point où il commence, et le continue dans le même sens, jusqu'à ce que la cause qui a fait naître ce mouvement ait cessé d'agir. C'est pourquoi il est naturel de donner au corps entier du ciel le plus mobile de tous, la figure la plus mobile de toutes, d'où il suit que le ciel doit être de forme sphérique.

Καὶ ὡς ἐν σφαίρᾳ μεγίϛων κύκλων γραφομένων μεσημβρινῶν καὶ ὁριζόντων καὶ ἰσημερινῶν καὶ τῶν τοιούτων παραλλήλων, μηνιαίων τε καὶ ἡμερησίων, καὶ γωνιῶν καταβατικῶν τε καὶ ἀντισκίων, καὶ πάντων τῶν λοιπῶν τῶν ἐν τῷ ἀναλήμματι ὑποτιθεμένων ἀκολούθως τῷ σφαιρικῷ σχήματι, συμφώνους τὰς ἐκ τῶν τοιούτων ὑποθέσεων κατασκευὰς τῶν ὁροσκοπίων καταλαμβάνεσθαι τοῖς φαινομένοις. Καὶ ὅτι τῆς τῶν οὐρανίων φορᾶς ἀκωλύτου τε καὶ εὐκινητοτάτης ἁπασῶν οὔσης, καὶ τῶν σχημάτων εὐκινητότατον ὑπάρχει, τῶν μὲν ἐπιπέδων τὸ κυκλικὸν, τῶν δὲ ϛερεῶν τὸ σφαιρικὸν. Ἔτι δὲ καὶ ἑτέραν πίϛιν εἰσάγει τοῦ σφαιρικὸν εἶναι τὸν οὐρανὸν, ἐκ τοῦ τὴν τοιαύτην κίνησιν εὐκινητοτάτην καὶ ἀκώλυτον ὑπάρχειν.

Εἶναι δὲ καὶ ἐπὶ τῶν σχημάτων, τὸ μὲν κυκλικὸν ἐν τοῖς ἐπιπέδοις εὐκινητότατον, τό δὲ σφαιρικὸν ἐν τοῖς ϛερεοῖς, ἐκ τοῦ καὶ τὰ ὑπερμεγέθη τῶν βαρῶν, διὰ τροχαλῶν ἢ μοχλικῶν ἢ πολυσπάϛων εὐλύτως ἕλκεσθαι, καθὰ καὶ φίλων τὰς ἐπιδείξεις εἰς τὸ κυκλικὸν ἤγαγεν. Ἐπεὶ καὶ καθ' ἓν σημεῖον καὶ μίαν εὐθεῖαν τὰ τοιαῦτα σχήματα ἁπτόμενα τοῦ ἐπιπέδου, καὶ ἐπιῤῥέποντα ὁμοίως καὶ ἰσοσθενῶς εἰς τὰ πέριξ ἢ παρ' ἑκάτερα μέρη, ὅπῃ ἂν λάβῃ τὴν ἀρχὴν τοῦ κινεῖσθαι, ἡ ἐπέκεινα ἐπιῤῥοπὴ ἐπὶ τὰ αὐτὰ ἐφέλκει τὴν κίνησιν, ἕως οὗ τὸ αἴτιον τῆς ἀρχῆς τῆς κινήσεως ἐξασθενήσει. Διὸ καὶ οἰκειότατον ἂν εἴη τῷ οὕτως εὐκινητοτάτῳ οὐρανίῳ σώματι, τὸ εὐκινητότατον τῶν σχημάτων ἀπονεῖμαι, ὥϛε ἀκόλουθον ἂν εἴη ἡγεῖσθαι τὸν οὐρανὸν σφαιρικὸν ἔχειν τὸ σχῆμα.

Ὡσαύτως ὅτι τῶν ἴσην περίμετρον ἐχόντων σχημάτων διαφόρων, ἐπειδὴ μείζονά
ἐστι τὰ πολυγωνιώτερα, τῶν μὲν ἐπιπέδων
ὁ κύκλος γίνεται μείζων, τῶν δὲ στερεῶν ἡ
σφαῖρα. Ποιησόμεθα δὴ τὴν τούτων ἀπόδειξιν
ἐν ἐπιτομῇ, ἐκ τῶν Ζηνοδώρῳ δεδειγμένων
ἐν τῷ περὶ ἰσομέτρων σχημάτων, λέγοντι
οὕτως· τῶν ἴσην περίμετρον ἐχόντων τεταγμένων εὐθυγράμμων σχημάτων, λέγω δὴ
ἰσοπλεύρων τε καὶ ἰσογωνίων, τὸ πολυγωνιώτερον μεῖζον ἐστίν. Ἔστωσαν γὰρ ἰσοπερίμετρα ἰσόπλευρά τε καὶ ἰσογώνια τὰ ΑΒΓ,
ΔΕΖ, πολυγωνιώτερον δὲ ἔστω τὸ ΑΒΓ, λέγω
ὅτι μεῖζον ἐστί τὸ ΑΒΓ. Εἰλήφθω γὰρ τὰ
κέντρα τῶν περὶ τὰ ΑΒΓ, ΔΕΖ πολύγωνα
περιγραφομένων κύκλων τὰ ΗΘ, καὶ ἐπεζεύχθωσαν αἱ ΗΒ, ΗΓ, ΘΕ, ΘΖ. Καὶ ἔτι ἀπὸ τῶν
ΗΘ ἐπὶ τὰς ΒΓ, ΕΖ κάθετοι ἤχθωσαν αἱ
ΗΚ, ΘΛ. Ἐπεὶ οὖν πολυγωνιώτερόν ἐστι τὸ
ΑΒΓ τοῦ ΔΕΖ, πλεονάκις ἄρα ἡ ΒΓ τὴν
τοῦ ΑΒΓ περίμετρον καταμετρεῖ, ἤπερ ἡ
ΕΖ τὴν τοῦ ΔΕΖ· καὶ εἰσὶν ἴσαι αἱ περί-
μετροι. Μείζων ἄρα ἡ ΕΖ τῆς ΒΓ, ὥστε καὶ
ἡ ΕΛ τῆς ΒΚ. Κείσθω τῇ ΒΚ ἴση ἡ ΛΜ,
καὶ ἐπεζεύχθω ἡ ΘΜ. Καὶ ἐπεὶ ἐστὶν ὡς ἡ
ΕΖ εὐθεῖα πρὸς τὴν τοῦ ΔΕΖ πολυγώνου
περίμετρον, οὕτως ἡ ὑπὸ ΕΘΖ πρὸς δ' ὀρθὰς, διὰ τὸ ἰσόπλευρον εἶναι τὸ πολύγωνον,
καὶ ἴσας ἀπολαμβάνειν τὰς τοῦ περιγραφομένου κύκλου περιφερείας, καὶ τὰς πρὸς τῷ
κέντρῳ γωνίας, τὸν αὐτὸν ἔχειν λόγον ταῖς
περιφερείαις· ὡς καὶ ἡ τοῦ ΔΕΖ περίμετρος,
τουτέστιν ἡ ΑΒΓ, πρὸς τὴν ΒΓ, οὕτως αἱ δ'
ὀρθαὶ πρὸς τὴν ὑπὸ ΒΗΓ· δι' ἴσου ἄρα, ὡς
ἡ ΕΖ πρὸς ΒΓ, τουτέστιν ἡ ΕΛ πρὸς ΛΜ,
οὕτω καὶ ἡ ὑπὸ ΕΘΖ γωνία πρὸς τὴν ὑπὸ
ΒΗΓ, τουτέστιν ἡ ὑπὸ ΕΘΛ πρὸς τὴν ὑπὸ



De même, puisque les plus grandes des
figures différentes qui ont leurs contours
égaux ( isopérimètres ), sont celles qui ont
un plus grand nombre d'angles, le cercle
est le plus grand des plans, et la sphère est
le plus grand des solides. Nous allons le
prouver d'une manière abrégée, tirée des
démonstrations de Zénodore dans son traité
des figures isopérimètres. Voici comme il
s'exprime : étant proposées des figures rectilignes isopérimètres (fig. 6 et 7), je veux
dire des figures dont les côtés soient égaux
et les angles égaux, celle qui a le plus d'angles est la plus grande. Car soient les figures isopérimètres, équiangles et équila-
térales ABG, DEZ, et soit ABG celle
qui a le plus d'angles; je dis que ABG est
la plus grande. Car soient les points H, T
centres des cercles circonscrits aux polygones ABG, DEZ et soient menées HB, HG,
TE, TZ; et des points H, T, les perpendiculaires HK, TL, sur BG, EZ; ABG ayant
plus d'angles que DEZ, BG s'applique sur
le contour de ABG plus souvent que EZ sur
le contour de DEZ, or les contours sont
égaux, donc EZ est plus grande que BG, et
par conséquent EL plus que BK. Supposons
LM égale à BK, et joignons TM. Puisque
l'angle ETZ est à quatre angles droits,
comme la droite EZ est au contour du polygone DEZ, ce polygone étant équilatéral et soutendant des arcs égaux du cercle
circonscrit, et les angles au centre étant
en même rapport que les arcs : et puis
qu'aussi quatre angles droits sont à l'angle
BHG, comme le périmètre ou contour du
polygone DEZ, c'est-à-dire ABG, est
à BG, et que l'angle ETZ est à l'angle
BHG, c'est-à-dire l'angle ETL à l'angle BHK, comme la droite EZ est à la
droite BG, c'est-à-dire comme EL est à
LM; la droite EL étant à la droite LM

en plus grande raison que l'angle ETL à l'angle M T L, comme nous le prouverons tout à l'heure, EL étant à LM, comme l'angle E T L à l'angle B H K, et l'angle E T L étant en plus grande raison à l'angle B H K, qu'à l'angle M T L, il s'ensuit que l'angle M T L est plus grand que l'angle B H K. Mais l'angle droit en L est égal à l'angle droit en K. Donc l'angle restant H B K sera plus grand que l'angle T M L. Soit l'angle H B K égal à l'angle N M L, et prolongeons L T jusqu'en N ; puisque l'angle H B K est égal à l'angle N M L, et l'angle en K à l'angle en L, et le côté B K, l'angle H B K est égal à l'angle N M L et l'angle en K égal à l'angle en L, et le côté B K égal au côté M L, H K est donc égal à N L, et N K est plus grande que T L. Donc le produit du périmètre A B G par la droite H K est plus grand que le produit du périmètre D E Z par la droite T L. Or, le produit du périmètre A B G par H K est double du polygone A B G, parce que le produit de B G par H K est double du triangle H B G. Et le produit du périmètre D E Z par T L est double du polygone D E Z, donc le polygone A B G est plus grand que le polygone D E Z. (*Voyez ci-après la note de M. Delambre.*)

( Fig. 8. ) Nous allons démontrer que la droite E L est à L M en plus grande raison que l'angle E T L à l'angle M T L : supposons le triangle T E L à part, menons la droite T M. Du centre T et de l'intervalle T M, décrivons l'arc de cercle N M X, et prolongeons T L en X. Puisque le triangle T E M est au secteur T M N en plus grande raison que le triangle T M L au secteur T M X, donc réciproquement et par composition, le triangle T E L est au triangle

BHK. Καὶ ἐπεὶ ἡ ΕΛ πρὸς τὴν ΛΜ μείζονα λόγον ἔχει ἥπερ ἡ ὑπὸ ΕΘΛ γωνία πρὸς τὴν ὑπὸ ΜΘΛ, ὡς ἐξῆς δείξομεν. Ὡς δὲ ἡ ΕΛ πρὸς τὴν ΛΜ, οὕτως ἡ ὑπὸ ΕΘΛ γωνία πρὸς τὴν ὑπὸ ΒΗΚ, καὶ ἡ ὑπὸ ΕΘΛ πρὸς τὴν ὑπὸ ΒΗΚ, μείζονα λόγον ἔχει ἥπερ πρὸς τὴν ὑπὸ ΜΘΛ · μείζων ἄρα ἡ ὑπὸ ΜΘΛ γωνία τῆς ὑπὸ ΒΗΚ. Ἔστι δὲ καὶ ὀρθὴ ἡ πρὸς τῷ Λ ὀρθὴ τῇ πρὸς τῷ Κ ἴση. Λοιπὴ ἄρα ἡ ὑπὸ ΗΒΚ μείζων ἔσται τῆς ὑπὸ ΘΜΛ. Κείσθω τῇ ὑπὸ ΗΒΚ ἴση ἡ ὑπὸ ΝΜΛ, καὶ διήχθω ἡ ΛΘ ἐπὶ τὸ Ν. Καὶ ἐπεὶ ἴση ἐστὶν ἡ ὑπὸ ΗΒΚ τῇ ὑπὸ ΝΜΛ, ἀλλὰ καὶ ἡ πρὸς τῷ Κ τῇ πρὸς τῷ Λ, ἔστι δὲ καὶ ἡ ΒΚ πλευρὰ τῇ ΜΛ ἴση· ἴση ἄρα καὶ ἡ ΗΚ τῇ ΝΛ. Μείζων ἄρα ἡ ΗΚ τῆς ΘΛ. Μεῖζον ἄρα καὶ τὸ ὑπὸ τῆς ΑΒΓ περιμέτρου καὶ τῆς ΗΚ, τοῦ ὑπὸ τῆς ΔΕΖ περιμέτρου καὶ τῆς ΘΛ. Καὶ ἔστι τὸ μὲν ὑπὸ τῆς ΑΒΓ περιμέτρου καὶ τῆς ΗΚ, διπλάσιον τοῦ ΑΒΓ πολυγώνου, ἐπεὶ καὶ τὸ ὑπὸ τῆς ΒΓ καὶ τῆς ΗΚ διπλάσιον ἐστὶ τοῦ ΗΒΓ τριγώνου. Τὸ δὲ ὑπὸ τῆς ΔΕΖ περιμέτρου καὶ τῆς ΘΛ, διπλάσιον τοῦ ΔΕΖ πολυγώνου, μεῖζον ἄρα τὸ ΑΒΓ πολύγωνον τοῦ ΖΕΔ.

Ὅτι δὲ ἡ ΕΛ πρὸς τὴν ΛΜ μείζονα λόγον ἔχει ἥπερ ἡ ὑπὸ ΕΘΛ πρὸς τὴν ὑπὸ ΝΘΛ, δείξομεν οὕτως. Ἐκκείσθω γὰρ χωρὶς τὸ ΘΕΛ τρίγωνον, καὶ ἡ ΘΜ διαχθεῖσα. Καὶ κέντρῳ τῷ Θ, διαστήματι δὲ τῷ ΘΜ, κύκλου περιφέρεια γεγράφθω ἡ ΝΜΞ, καὶ διήχθω ἡ ΘΛ ἐπὶ τὸ Ξ. Ἐπεὶ οὖν τὸ ΘΕΜ τρίγωνον πρὸς τὸν ΘΜΝ τομέα μείζονα λόγον ἔχει ἥπερ τὸ ΘΜΛ τρίγωνον πρὸς τὸν ΘΜΞ τομέα, ἐναλλὰξ ἄρα καὶ συνθέντι, τὸ ΘΕΛ τρίγωνον πρὸς τὸ ΘΜΛ,

μείζονα λόγον ἔχει, ἤπερ ὁ ΘΜΞ τομεὺς
πρὸς τὸν ΘΝΞ τομέα. Ἀλλ' ὡς μὲν τὸ τρίγωνον πρὸς τὸ τρίγωνον, ἡ ΕΛ εὐθεῖα πρὸς
τὴν ΛΜ, ὡς δ' ὁ τομεὺς πρὸς τὸν τομέα,
ἡ ὑπὸ ΕΘΛ γωνία πρὸς τὴν ὑπὸ ΜΘΛ,
ἡ ἄρα ΕΛ εὐθεῖα πρὸς τὴν ΛΜ μείζονα
λόγον ἔχει, ἤπερ ἡ ὑπὸ ΕΘΛ γωνία πρὸς
τὴν ΜΘΛ. Τούτου δεδειγμένου, λέγω ὅτι
ἐὰν κύκλος εὐθυγράμμῳ ἰσοπλεύρῳ τε καὶ
ἰσογωνίῳ ἰσοπερίμετρος ᾖ, μείζων ἔσται ὁ
κύκλος. Κύκλος γὰρ ὁ ΑΒΓ ἰσοπλεύρῳ τε
καὶ ἰσογωνίῳ τῷ ΔΕΖ ἰσοπερίμετρος ἔσω,
λέγω ὅτι μείζων ἐστὶν ὁ κύκλος.

Εἰλήφθω τοῦ μὲν ΑΒΓ κύκλου κέντρον
τὸ Η, τοῦ δὲ περὶ τὸ ΔΕΖ πολύγωνον περιγραφομένου κύκλου τὸ Θ, καὶ περιγράφθω
περὶ τὸν ΑΒΓ κύκλον, πολύγωνον ὅμοιον
τῷ ΔΕΖ, τὸ ΚΛΜ, καὶ ἐπεζεύχθω ἡ ΗΒ,
καὶ κάθετος ἀπὸ τοῦ Θ ἐπὶ τὴν ΕΖ ἤχθω
ἡ ΘΝ, καὶ ἐπεζεύχθωσαν αἱ ΗΛ ΘΕ. Ἐπεὶ
οὖν ἡ τοῦ ΚΛΜ πολυγώνου περίμετρος μείζων ἐστὶ τῆς τοῦ ΑΒΓ κύκλου περιμέτρου,
ὡς ἐν τῷ περὶ σφαίρας καὶ κυλίνδρου Ἀρχιμήδης λαμβάνει, ἴση δὲ ἡ τοῦ ΑΒΓ κύκλου περίμετρος τῇ τοῦ ΔΕΖ πολυγώνου περιμέτρῳ. Μείζων ἄρα καὶ ἡ τοῦ ΚΛΜ πολυγώνου περίμετρος τῆς τοῦ ΔΕΖ πολυγώνου
περιμέτρου. Καὶ εἰσὶν ὅμοια τὰ πολύγωνα,
μείζων ἄρα ἡ ΒΛ τῆς ΝΕ. Καὶ ὅμοιον τὸ
ΗΛΒ τρίγωνον τῷ ΘΕΝ τριγώνῳ, ἐπεὶ καὶ
τὰ ὅλα πολύγωνα. Μείζων ἄρα καὶ ἡ ΗΒ
τῆς ΘΝ. Καὶ ἔστιν ἴση ἡ τοῦ ΑΒΓ κύκλου περίμετρος τῆς τοῦ ΔΕΖ πολυγώνου
περιμέτρῳ. Τὸ ἄρα ὑπὸ τῆς περιμέτρου τοῦ
ΑΒΓ κύκλου καὶ τῆς ΗΒ μεῖζον ἐστὶ τοῦ
ὑπὸ τῆς περιμέτρου τοῦ ΔΕΖ πολυγώνου καὶ
τῆς ΘΝ. Ἀλλὰ τὸ μὲν ὑπὸ τῆς περιμέτρου

TML, en plus grande raison que le secteur TNX au secteur TMX : mais comme
un de ces deux triangles est à l'autre, ainsi
EL est à LM ; et comme un de ces secteurs
est à l'autre, ainsi l'angle ETL est à l'angle
MTL ; donc la droite EL est à la droite
LM en plus grande raison que l'angle
ETL à l'angle MTL. Cela démontré, je
dis que si un cercle est isopérimètre à un
polygone rectiligne, équilatéral et équiangle, le plus grand des deux sera le cercle.
Car soit le cercle ABG isopérimètre au polygone DEZ équilatéral et équiangle, je dis
que le cercle est plus grand.

(Fig. 9 et 10. ) Prenons le centre H du
cercle ABG, et T celui du cercle circonscrit au polygone DEZ ; circonscrivons au
cercle ABG un polygone KLM semblable
au polygone DEZ, joignons HB, et abaissons la perpendiculaire TN de T sur EZ,
puis joignons HL, TE. Puisque le contour du polygone KLM est plus grand
que le contour du cercle ABG, comme
Archimède le dit dans son traité de la
sphère et du cylindre, et que la circonférence du cercle ABG est égale au contour
du polygone DEZ, le contour du polygone KLM est donc plus grand que le
contour du polygone DEZ. Or ces polygones sont semblables, donc BL est plus
grand que NE. Et aussi le triangle HLB
est semblable au triangle TEN, puisque
les polygones entiers sont égaux ; donc HB
est plus grande que TN. Mais la circonférence du cercle ABG est égale au contour du polygone DEZ. Donc le produit
de la circonférence du cercle ABG par
HB, est plus grand que le produit du
contour du polygone DEZ par TN. Mais
le produit de la circonférence du cercle
ABG par HB est double de l'aire du cer-

5 *

cle, comme l'a prouvé Archimède dont nous donnerons ensuite la démonstration. Et le produit du contour du polygone DEZ par TN est double du polygone DEZ, donc le cercle ABG est plus grand que le polygone DEZ.

Voici comment il démontre que le produit de la circonférence par la droite menée du centre, est double du cercle : soit d'abord le cercle ABGD inscrit au carré EZHT et la droite AB coupée par le milieu en K. Menons par ce point la tangente LKM au cercle, je dis que le triangle EML est plus grand que la moitié de la figure comprise entre AE, EB et l'arc AKB. Car joignons AB, KB, EK, et prolongeons EK en N. Puisque AE est égale à EB, et que EK est commune, et qu'aussi la base AK est égale à la base BK, les angles en E sont donc égaux. AN est parfaitement égale à NB, ainsi que les angles en N égaux entr'eux. De sorte que la droite KN coupe AB en deux parties égales et à angles droits. Donc KN tombera au centre, et par conséquent les angles EKL, EKM sont droits. Donc EL est plus grande que LK. Et puisque LA est égale à LK, car ces deux tangentes au cercle partent du même point L, EL est donc plus grande que LA. Par conséquent le triangle EKL est plus grand que le triangle LKA. Pour les mêmes raisons, le triangle EKM est plus grand que le triangle KBM. Donc tout le triangle LEM est plus grand que la somme des deux triangles ALK, KMB. Donc le triangle LEM est beaucoup plus grand que les espaces

τοῦ ΑΒΓ κύκλου καὶ τῆς ΗΒ, διπλάσιον ἔςι τοῦ ἐμβαδοῦ τοῦ κύκλου, ὡς Ἀρχιμήδης ἔδειξεν, οὗ καὶ τὴν δεῖξιν ἑξῆς ἐκθησόμεθα. Τὸ δὲ ὑπὸ τῆς περιμέτρου τοῦ ΔΕΖ πολυγώνου καὶ τῆς ΘΝ, διπλάσιον ἐςὶ τοῦ ΘΕΖ πολυγώνου, μείζων ἄρα ὁ ΑΒΓ κύκλος τοῦ ΔΕΖ πολυγώνου.

Ὅτι δὲ τὸ ὑπὸ τῆς περιμέτρου καὶ τῆς ἐκ τοῦ κέντρου διπλάσιον ἐςὶ τοῦ κύκλου δείκνυσιν οὕτως· ἔςω πρῶτον κύκλος ὁ ΑΒΓΔ, καὶ περιγράφθω περὶ αὐτὸν τετράγωνον τὸ ΕΖΗΘ, καὶ τμηθείσης τῆς ΑΒ δίχα κατὰ τὸ Κ, ἤχθω δι' αὐτοῦ ἐφαπτομένη τοῦ κύκλου ἡ ΛΚΜ, λέγω ὅτι τὸ ΕΜΑ τρίγωνον μεῖζον ἐςὶν ἢ τὸ ἥμισυ τοῦ ὑπὸ τῶν ΑΕ ΕΒ, καὶ τῆς ΑΚΒ περιφερείας περιεχομένου σχήματος. Ἐπεζεύχθωσαν γὰρ αἱ ΑΒ, ΚΒ, ΕΚ, καὶ ἐκβεβλήσθω ἡ ΕΚ ἐπὶ τὸ Ν· καὶ ἐπεὶ ἴση ἐςὶν ἡ ΑΕ τῇ ΕΒ, κοινὴ δὲ ἡ ΕΚ, καὶ βάσις ἡ ΑΚ βάσει τῇ ΒΚ ἴση, ἴσαι ἄρα αἱ πρὸς τῷ Ε γωνίαι. Πάλιν ἐπεὶ ἴση ἐςὶν ἡ ΕΛ τῇ ΕΒ, κοινὴ δὲ ἡ ΕΝ, καὶ γωνίαι αἱ πρὸς τῷ Ε ἴσαι, καὶ πάντα πᾶσιν, ἴση ἄρα ἡ ΑΝ τῇ ΝΒ. Καὶ ἔτι αἱ πρὸς τὸ Ν γωνίαι, ὥςε ἡ ΚΝ τὴν ΑΒ δίχα καὶ πρὸς ὀρθὰς τέμνει. Ἡ ΚΝ ἄρα ἐπὶ τὸ κέντρον πεσεῖται· ὀρθαὶ ἄρα εἰσὶν αἱ ὑπὸ ΕΚΛ, ΕΚΜ. Μείζων ἄρα ἡ ΕΛ τῆς ΛΚ. Καὶ ἐπεὶ ἴση ἐςὶν ἡ ΛΑ τῇ ΛΚ, ἀπὸ γὰρ τοῦ αὐτοῦ σημείου τοῦ Λ ἐφάπτονται τοῦ κύκλου, μείζων ἄρα ἡ ΕΛ καὶ τῆς ΛΑ, ὥςε καὶ τὸ ΕΚΛ τρίγωνον τοῦ ΛΚΛ μεῖζον ἐςί. Διὰ τὰ αὐτὰ δὴ καὶ τὸ ΕΚΜ τρίγωνον τοῦ ΚΒΜ μεῖζον ἐςίν. Ὅλον ἄρα τὸ ΛΕΜ τρίγωνον μεῖζον ἐςὶ συναμφοτέρων τῶν ΑΛΚ, ΚΜΒ τριγώνων. Πολλῷ ἄρα μεῖζον ἐςὶ τὸ ΛΕΜ τρίγωνον τῶν περιεχομένων ἀποτμημάτων ὑπό τε τῶν ΑΛ, ΛΚ, ΚΜ, ΜΒ εὐθειῶν, καὶ τῶν ΑΚ, ΚΒ περιφερειῶν, ὥςε τὸ ΕΜΛ τρίγωνον μεῖζον ἐςὶν ἢ τὸ ἥμισυ τοῦ περιεχομένου σχήματος ὑπό τε τῶν ΑΕ, ΕΒ εὐθειῶν καὶ τῆς ΑΚΒ περιφερείας. Τούτου προληφθέντος ἐξῆς ἂν εἴη τὸ προκείμενον δεῖξαι, ὅτι τὸ ὑπὸ τῆς περιμέτρου τοῦ κύκλου καὶ τῆς ἐκ τοῦ κέντρου διπλάσιόν ἐςι τοῦ αὐτοῦ κύκλου. Ἔςω γὰρ κύκλος ὁ ΑΒΓ, καὶ τοῦ ὑπὸ τῆς περιμέτρου τοῦ κύκλου καὶ τῆς ἐκ τοῦ κέντρου ἥμισυ ἔςω τὸ Δ χωρίον, λέγω ὅτι ἴσον ἐςὶ τὸ Δ χωρίον τῷ ΑΒΓ κύκλῳ. Εἰ γὰρ μὴ, ἤτοι ἔλασσόν ἐςιν αὐτοῦ ἢ μεῖζον. Ἔςω πρότερον ἔλασσον. Δυνατὸν ἄρα ἐςὶν ἀκολούθως τῇ ἐν τῷ δωδεκάτῳ τῶν ςοιχείων ἀγωγῇ ἐγγράψαι εἰς τὸν ΑΒΓ κύκλον πολύγωνον, ὥςε μεῖζον αὐτὸ γίνεσθαι τοῦ Δ χωρίου.

Ἐγγεγράφθω καὶ ἔςω τὸ ΑΒΓΕΖΗ, καὶ ἀπὸ τοῦ Θ κέντρου ἐπὶ μίαν τῶν πλευρῶν τὴν ΑΒ κάθετος ἤχθω ἡ ΘΚ. Ἐπεὶ οὖν ἡ περίμετρος τοῦ κύκλου μείζων ἐςὶ τῆς περιμέτρου τοῦ πολυγώνου (ἐπεὶ καὶ ἑκάςη περιφέρεια τῆς ὑπ' αὐτὴν εὐθείας), ἡ δὲ ἐκ τοῦ κέντρου τοῦ κύκλου μείζων τῆς ΘΚ καθέτου, μεῖζον ἄρα καὶ τὸ ὑπὸ τῆς περιμέτρου τοῦ κύκλου καὶ τῆς ἐκ τοῦ κέντρου αὐτοῦ τοῦ ὑπὸ τῆς περιμέτρου τοῦ πολυγώνου, καὶ τῆς ΘΚ. Καὶ ἔτι τὸ μὲν ὑπὸ τῆς περιμέτρου τοῦ κύκλου καὶ τῆς ἐκ τοῦ κέντρου αὐτοῦ διπλάσιον τοῦ Δ χωρίου· τὸ δὲ ὑπὸ τῆς περιμέτρου τοῦ πολυγώνου καὶ τῆς ΘΚ διπλάσιον τοῦ πολυγώνου, ὥςε καὶ τὰ ἡμίση· μεῖζον ἄρα τὸ Δ χωρίον τοῦ ΑΒΓΕΖΗ πολυγώνου. Ἀλλὰ καὶ ἔλαττον, ὅπερ ἀδύνατον. Οὐκ ἄρα τὸ Δ χωρίον ἔλαττόν ἐςι τοῦ ΑΒΓ κύκλου, λέγω δὴ ὅτι οὐδὲ

compris entre les droites A L , L K , K M , M B, et les arcs A K , K B. C'est pourquoi le triangle E M L est plus grand que la moitié de la figure comprise entre les droites A E , E B et l'arc A K B. Cela posé il faudroit actuellement démontrer que le produit de la circonférence du cercle par le rayon est double du cercle même. Pour cela, soit ( fig. 10 ) le cercle A B G l'espace D égal à la moitié du produit de la circonférence du cercle par le rayon , je dis que cet espace D est égal au cercle A B G. Car s'il ne lui étoit pas égal , il seroit ou plus petit, ou plus grand. Supposons-le d'abord plus petit, il sera donc alors possible , conséquemment à ce qui est dit dans le douzième des élémens, d'inscrire dans le cercle A B G un polygone plus grand que l'espace D.

Soit A B G E Z H ce polygone inscrit. Soit ( fig. 11 ) menée du centre T la perpendiculaire T K sur un des côtés A B. Puisque le contour du cercle est plus grand que le contour du polygone, ( chaque arc étant plus grand que la droite qui le soutend ), et que le rayon du cercle est plus grand que la perpendiculaire T K , le produit du contour du cercle par son rayon est plus grand que le produit du contour du polygone par la perpendiculaire T K ; le produit du contour du cercle par le rayon est double de l'espace D. Et le produit du contour du polygone par la perpendiculaire T K, est double de ce polygone, il en est de même des moitiés. Donc l'espace D est moins grand que le polygone A B G E Z H, mais aussi en même temps plus petit, ce qui est impossible. Donc l'espace D n'est pas plus petit que le cercle A B G. Je dis aussi qu'il n'est pas plus grand. Car supposons possible que D soit plus grand que le cercle A B G. Il est possible dans cette supposition, conséquemment à ce qui a déjà été exposé dans le théorême précédent, qu'en décrivant un polygone autour du cercle, en coupant par moitié les arcs qu'il comprendra, et en retranchant des segmens, des portions plus grandes que les moitiés, nous circonscrivions au cercle un polygone tel qu'il soit plus petit que l'espace D, les restes des segmens dans le cercle étant laissés moindres que l'excès dont l'aire D surpasse le cercle A B G.

( Fig. 12 , 13. ) Soit L M N X O P ce cercle circonscrit, et joignons T B. Puisque le périmètre du polygone circonscrit est plus grand que la circonférence du cercle, le produit du périmètre du polygone par T B est plus grand que le produit de la circonférence du cercle par T B, et les moitiés sont dans le même rapport. Donc le polygone est plus grand que l'espace D, mais aussi en même temps plus petit, ce qui est absurde. Donc l'espace D n'est pas plus grand que le cercle A B G. Mais il a été démontré qu'il n'est pas plus petit. Donc il lui est égal. Ainsi le produit de la circonférence du cercle par le rayon, étant double de l'espace D, est double aussi du cercle même. Or je dis que parmi les figures isopérimètres et qui ont un égal nombre de côtés, la plus grande est celle qui est équilatérale et équiangle. Car soit le premier triangle A B G non isoscèle dont le côté A B est plus grand que B G, et soit construit sur A G un autre triangle, mais isoscèle, tel que la somme de ses deux côtés soit égale à la somme des deux A B, B G; il s'agit de prouver que l'isoscèle est plus grand que A B G non isoscèle.

( Fig. 14. ) Soit A G coupée par moitié

μεῖζον. Εἰ γὰρ δυνατὸν, ἔςω μεῖζον τὸ Δ χωρίον τοῦ Α Β Γ κύκλου. Δυνατὸν ἄρα ἐςὶν ἀκολούθως τῇ ἐπὶ τοῦ προτεθέντος ἡμῖν θεωρήματος ἀγωγῇ, περιγράφοντας περὶ τὸν κύκλον πολύγωνον, καὶ τέμνοντας δίχα τὰς ἀπολαμβανομένας περιφερείας , καὶ ἀφαιροῦντας ἀπὸ τῶν τμημάτων μείζονα ἢ τὰ ἡμίση, περιγράψαι περὶ τὸν κύκλον πολύγωνον, ὥςε ἔλασσον αὐτὸ γίνεσθαι τοῦ Δ χωρίου, καταλειπομένων τῶν ἐντὸς τοῦ κύκλου ἀπὸ τμημάτων ἐλασσόνων τῆς ὑπεροχῆς, ᾗ ὑπερέχει τὸ Δ χωρίον τοῦ Α Β Γ κύκλου.

Περιγεγράφθω, καὶ ἔςω τὸ Λ Μ Ν Ξ Ο Π, καὶ ἐπεζεύχθω ἡ Θ Β. Καὶ ἐπεὶ ἡ περίμετρος τοῦ περιγεγραμμένου πολυγώνου μείζων ἐςὶ τῆς τοῦ κύκλου περιμέτρου, τὸ ἄρα ὑπὸ τῆς περιμέτρου τοῦ πολυγώνου καὶ τῆς Θ Β, μεῖζον ἐςὶ τοῦ ὑπὸ τῆς περιμέτρου τοῦ κύκλου καὶ τῆς Θ Β, ὥςε καὶ τὰ ἡμίση. Τὸ ἄρα πολύγωνον μεῖζον ἐςὶ τοῦ Δ χωρίου. Ἀλλὰ ἔλαττον, ὅπερ ἄτοπον. Οὐκ ἄρα τὸ Δ χωρίον μεῖζον ἐςὶ τοῦ Α Β Γ κύκλου, ἐδείχθη δὲ ὅτι οὐδὲ ἔλαττον· ἴσον ἄρα, ὥςε τὸ ὑπὸ τῆς περιμέτρου τοῦ κύκλου καὶ τῆς ἐκ τοῦ κέντρου αὐτοῦ, διπλάσιον ὂν τοῦ Δ χωρίου, διπλάσιον ἐςὶ καὶ τοῦ αὐτοῦ κύκλου. Λέγω δὴ ὅτι καὶ τῶν ἰσοπεριμέτρων σχημάτων, καὶ τὰς πλευρὰς ἰσοπληθεῖς ἐχόντων, τὸ μέγιςον ἰσόπλευρόν τέ ἐςι καὶ ἰσογώνιον. Ἔςω γὰρ πρῶτον τρίγωνον ἀνισοσκελὲς τὸ Α Β Γ, μείζονα ἔχον τὴν Α Β τῆς Β Γ. Καὶ ἔςω ἐπὶ τῆς Α Γ ἕτερον τρίγωνον ἰσοσκελὲς συςήσασθαι, ὥςε συναμφοτέρας τὰς πλευρὰς συναμφοτέραις ταῖς Α Β, Β Γ ἴσας εἶναι, καὶ δεῖξαι ὅτι τὸ ἰσοσκελὲς μεῖζον ἐςὶ τοῦ Α Β Γ ἀνισοσκελοῦς.

Τετμήσθω ἡ Α Γ δίχα κατὰ τὸ Δ, καὶ

ἀνεστάτω ἀπὸ τοῦ Δ σημείου τῇ ΑΓ πρὸς
ὀρθὰς ἡ ΔΕ, καὶ ἔστω συναμφοτέρων τῶν
ΑΒ, ΒΓ ἡμίσεια ἡ ΑΖ. Φανερὸν δὴ ὅτι
μείζων ἐστὶν ἡ ΑΖ τῆς ΑΔ, ᾧ δὴ μεῖζον
ἐστὶ τὸ ἀπὸ τῆς ΑΖ τοῦ ἀπὸ τῆς ΑΔ, ἐκεί-
νῳ ἴσον ἔστω τὸ ἀπὸ τῆς ΔΕ, καὶ ἐπεζεύχθωσαν αἱ ΕΑ, ΕΓ ἰσοσκελὲς ἄρα ἐστὶ τὸ
ΑΕΓ τρίγωνον. Καὶ ἐπεὶ τὰ ἀπὸ τῶν ΑΔ
ΔΕ ἴσα ἐστὶ τῷ ἀπὸ τῆς ΑΕ, ἔστι δὲ καὶ
τῷ ἀπὸ τῆς ΑΖ ἴσα. Ὑπόκειται γὰρ, καὶ τὸ
ἀπὸ τῆς ΑΕ ἄρα ἴσον ἐστὶ τῷ ἀπὸ τῆς ΑΖ,
ὥστε καὶ ἡ ΑΕ ἴση ἐστὶ τῇ ΑΖ, καὶ τὰ
διπλάσια. Καὶ αἱ ΑΕ ΕΓ, ἄρα ἴσαι εἰσὶ
ταῖς ΑΒ, ΒΓ. Ἰσοσκελὲς ἄρα τρίγωνον συ-
νέσταται ἐπὶ τῆς ΑΓ τὸ ΑΕΓ ἴσας ἔχων τὰς
ΑΕ, ΕΓ, ταῖς ΑΒ, ΒΓ τοῦ ἀνισοσκελοῦς,
λέγω δὴ ὅτι καὶ μεῖζον ἐστὶ τὸ ΑΕΓ τρίγωνον τοῦ ΑΒΓ. Ἐκβεβλήσθω γὰρ ἡ ΑΕ ἐπὶ τὸ
Η σημεῖον, καὶ κείσθω τῇ ΕΓ ἴση ἡ ΕΗ,
καὶ ἐπεζεύχθωσαν αἱ ΕΒ, ΗΒ. Ἐπεὶ οὖν αἱ
ΗΒ, ΒΑ, μείζονες εἰσὶ τῆς ΗΑ, τουτέστι τῶν
ΑΕ, ΕΓ, τουτέστι τῶν ΑΒ, ΒΓ, κοινῆς ἀφαιρεθείσης τῆς ΑΒ, λοιπὴ ἡ ΒΗ λοιπῆς τῆς
ΒΓ μείζων ἐστί. Καὶ ἐπεὶ ἡ ΗΕ τῇ ΕΓ ἐστὶν
ἴση, καὶ κοινὴ ἡ ΕΒ, καὶ βάσις ἡ ΗΒ βάσεως τῆς ΒΓ μείζων. Γωνία ἄρα ἡ ὑπὸ
ΗΕΒ γωνίας τῆς ὑπὸ ΒΕΓ μείζων ἐστίν,
ὥστε ἡ ὑπὸ ΗΕΒ τῆς ὑπὸ ΗΕΓ μείζων ἐστίν,
ἢ ἡμίσεια. Ἔστι δὲ καὶ ἡ ὑπὸ ΑΓΕ τῆς αὐτῆς ἡμίσεια ἐκτὸς οὔσης τοῦ ΑΓΕ ἰσοσκε-
λοῦς τριγώνου· μείζων ἄρα ἡ ὑπὸ ΗΕΒ τῆς
ὑπὸ ΑΓΕ. Κείσθω αὐτῇ ἴση ἡ ὑπὸ ΗΕΘ·
παράλληλος ἄρα ἐστὶν ἡ ΕΘ τῇ ΑΓ. Διήχθω ἡ ΑΒ καὶ συμπιπτέτω τῇ ΕΘ κατὰ τὸ

en D, élevons de D la perpendiculaire
DE, et soit AZ la moitié de la somme des
côtés AB, BG. Il est évident que AZ est
plus grande que AD. Soit le carré de DE
égal à la quantité dont le carré de AZ est
plus grand que le carré de AD, et joignons EA, EG, le triangle AEG est donc
isoscèle. Et puisque les carrés faits sur
AD et DE sont égaux ensemble au carré de
AE, ils le sont aussi au carré de AZ, car
c'est la supposition ; donc le carré de AE
est égal au carré de AZ, et par conséquent
AE est égale à AZ, et leurs doubles
sont égaux aussi. On a donc établi sur AG
un triangle isoscèle AEG dont les côtés
AE, EG sont égaux ensemble aux côtés
AB, BG du triangle non isoscèle. Or, je
dis que ce triangle AEG est plus grand
que le triangle ABG. Car soit prolongée
AE jusqu'au point H, et soit faite EG
égale à EH. Joignons EB, HB. Puisque les droites HB, BA sont plus grandes que AH, c'est-à-dire que AE +
EG, c'est-à-dire que AB + BG, retranchant AB commune, reste BH plus
grande que BG. Or HE est égale à EG,
et EB est commune, en même temps que
la base HB est plus grande que la base
BG. Donc l'angle HEB est plus grand que
l'angle BEG. Par conséquent l'angle
HEB est plus grand que la moitié de l'angle HEG ; mais l'angle AGE est la moitié
de cet angle HEG qui est extérieur au
triangle isoscèle AGE. Donc l'angle HEB
est plus grand que l'angle AGE. Supposons l'angle HET égal à l'angle AGE. ET
est donc parallèle à AG. Menons AB qui
rencontrera ET en T, et joignons TG. Le

triangle AEG est égal au triangle ATG. Mais le triangle ATG est plus grand que le triangle ABG, donc le triangle AEG est plus grand que le triangle ABG.

( Fig. 15, 16.) Soient encore sur les bases inégales AB, GD, les triangles isoscèles AEB, GZD tels que AE, EB et GZ, ZD soient égaux, et que AB soit plus grand que GD. Puisque les deux côtés AE, EB sont égaux aux deux GZ, ZD, mais la base AB étant plus grande que la base GD, l'angle E est plus grand que l'angle Z. Les triangles ne sont donc pas semblables, parce que la base AB est à chacun des côtés AE, EB, en plus grande raison, que EZ à chacun des côtés GZ, ZD. Or, il faut construire des triangles isoscèles semblables sur les bases AB, GD, en sorte que les quatre côtés soient ensemble égaux aux côtés AE, EB, GZ, ZD. Tirons la droite HT égale à AE, EB, GZ, ZD, et coupons-la en K de manière que HK soit à KT comme AB est à GD. Or, AB est plus grand que GD, donc HK est plus grand que KT. Coupons chaque partie HK, KT en deux portions égales en L et en M. Puisque HT est plus grande que les deux bases AB, GD, étant composée des droites AE, EB, GZ, ZD, et que HK est à TK comme AB est à GD, donc HK est plus grande que AB, et KT plus que GD. Or, chacune des deux parties HK, KT est coupée en deux portions égales aux points L et M. Donc deux des droites AB, HL, LK sont plus grandes que l'autre de ces trois. Il en est de même des droites GD, KM, MT. Faisons maintenant des trois lignes AB, HL, LK, le triangle ANB, il est clair que ses côtés tomberont en dehors de AE, EB, parce que AE, EB sont la moitié de HT, et que HL,

Θ, καὶ ἐπεζεύχθω ἡ ΘΓ· ἴσον δή ἐςι τὸ ΑΕΓ τρίγωνον τῷ ΑΘΓ τριγώνῳ, ἀλλὰ τὸ ΑΘΓ τοῦ ΑΒΓ μεῖζόν ἐςι, καὶ τὸ ΑΕΓ ἄρα μεῖζον ἐςὶ τοῦ ΑΒΓ.

Ἔςω πάλιν ἐπὶ ἀνίσων βάσεων τῶν ΑΒ, ΓΔ ἰσοσκελῆ τρίγωνα τὰ ΑΕΓ, ΓΖΔ, ὥςε τὰς ΑΕ, ΕΒ, ΓΖ, ΖΔ, ἴσας εἶναι ἀλλήλαις, μείζων. δὲ ἔςω ἡ ΑΒ τῆς ΓΔ. Καὶ ἐπεὶ δύο αἱ ΑΕ, ΕΒ, δυσὶ ταῖς ΓΖ, ΖΔ ἴσαι εἰσὶν, ἀλλὰ καὶ βάσις ἡ ΑΒ βάσεως τῆς ΓΔ μείζων ἐςὶ, γωνία ἄρα ἡ πρὸς τῷ Ε γωνίας τῆς πρὸς τῷ Ζ μείζων ἐςὶν, ὥςε ἀνόμοια ἔςαι τὰ τρίγωνα, ἢ καὶ ὅτι ἡ ΑΒ πρὸς ἑκατέραν τῶν ΑΕ, ΕΒ μείζονα λόγον ἔχει, ἤπερ ἡ ΓΔ πρὸς ἑκατέραν τῶν ΓΖ; ΖΔ. Δεῖ δὴ ἐπὶ τῶν ΑΒ ΓΔ, ὅμοια ἰσοσκελῆ τρίγωνα συςήσασθαι, ὥςε τὰς δ' πλευρὰς ἅμα ἴσας εἶναι ταῖς ΑΕ, ΕΒ, ΓΖ, ΖΔ τέτρασι πλευραῖς. Ἐκκείσθω γὰρ ἡ ΗΘ εὐθεῖα ἴση οὖσα ταῖς ΑΕ ΕΒ ΓΖ ΖΔ, καὶ τετμήσθω κατὰ τὸ Κ ὥςε εἶναι ὡς τὴν ΑΒ πρὸς τὴν ΓΔ, οὕτω τὴν ΗΚ πρὸς τὴν ΚΘ, μείζων δὲ ἡ ΑΒ τῆς ΓΔ · μείζων ἄρα καὶ ἡ ΗΚ τῆς ΚΘ. Τετμήσθω δὲ καὶ ἑκατέρα τῶν ΗΚ ΚΘ δίχα κατὰ τὰ Λ Μ. Καὶ ἐπεὶ μείζων ἐςὶν ἡ ΗΘ συναμφοτέρων τῶν ΑΒ ΓΔ, ἐπεὶ καὶ αἱ ΑΕ ΕΒ ΓΖ ΖΔ, καὶ ἔςιν ὡς ἡ ΑΒ πρὸς τὴν ΓΔ, οὕτως ἡ ΗΚ πρὸς τὴν ΘΚ, μείζων ἄρα καὶ ἡ μὲν ΗΚ τῆς ΑΒ, ἡ δὲ ΚΘ τῆς ΓΔ, καὶ τέτμηται ἑκατέρα τῶν ΗΚ ΚΘ δίχα κατὰ τὰ ΛΜ σημεῖα. Τῶν ἄρα ΑΒ ΗΛ ΛΚ, δύο ὁποιοῦν τῆς λοιπῆς μείζονες εἰσίν. Ὁμοίως δὴ καὶ τῶν ΓΔ ΚΜ ΜΘ. Συνεςάτω οὖν ἐκ τῶν ΑΒ ΗΛ ΛΚ τρίγωνον τὸ ΑΝΒ, δῆλον γὰρ ὅτι ἔξω πίπτουσι τῶν ΑΕ ΕΒ, ἐπειδήπερ αἱ μὲν ΑΕ ΕΒ ἡμίσειαι εἰσὶ τῆς ΗΘ, αἱ δὲ ΗΛ ΛΚ, τουτέςιν αἱ ΑΝ ΝΒ μείζονες ἡμισείας τῆς ΗΘ,

ἐκ δὲ τῶν ΓΔ, ΚΜ, ΜΘ, τρίγωνον συνεϛάτω τὸ ΓΕΔ. Φανερὸν γὰρ πάλιν ὅτι αἱ
ἴσαι ταῖς ΚΜ, ΜΘ, ἐντὸς πεσοῦνται τοῦ ΖΓΔ,
ἐπειδήπερ πάλιν αἱ μὲν ΓΖ, ΖΔ ἡμίσειαι εἰσὶ
τῆς ΗΘ, αἱ δὲ ΚΜ, ΜΘ ἐλάττονες ἡμισείας·
καὶ φανερὸν ὅτι ὅμοια ἔϛαι τὰ τρίγωνα. Ἐπειδήπερ ἐϛὶν ὡς ἡ ΑΒ πρὸς ΓΔ, ἡ ΗΚ πρὸς
ΚΘ, καὶ αἱ ἡμίσειαι, ἥ τε ΗΛ πρὸς ΚΜ,
καὶ ἡ ΛΚ πρὸς ΜΘ, καὶ αἱ ἴσαι συνεϛα-
μέναι, ἥ τε ΑΝ πρὸς ΓΞ, καὶ ἡ ΝΒ πρὸς
ΞΔ.

Ἐὰν ᾖ δύο ὅμοια ὀρθογώνια τρίγωνα, τὸ
ἀπὸ τῶν ὑποτεινουσῶν τὰς ὀρθὰς γωνίας ὡς
ἀπὸ μιᾶς, ἴσον ἐϛὶ τοῖς ἀπὸ τῶν λοιπῶν
ὁμολόγων πλευρῶν ὡς ἀπὸ μιᾶς κατὰ δύο.
Ἔϛω δύο ὅμοια ὀρθογώνια τρίγωνα τὰ ΑΒΓ,
ΔΕΖ, ὀρθὰς ἔχοντα τὰς πρὸς τοῖς Β, Ε
γωνίας, καὶ ἴσην τὴν μὲν πρὸς τῷ Α τῇ
πρὸς τῷ Δ, τὴν δὲ πρὸς τῷ Γ τῇ πρὸς τῷ
Ζ. Λέγω ὅτι τὸ ἀπὸ τῶν ΑΓ, ΔΖ ὡς ἀπὸ
μιᾶς, ἴσον ἐϛὶ τῷ τε ἀπὸ τῶν ΑΒ, ΔΕ ὡς
ἀπὸ μιᾶς, καὶ τῷ ἀπὸ τῶν ΒΓ, ΕΖ ὡς ἀπὸ
μιᾶς. Διήχθω γὰρ ἡ ΔΕ ἐπὶ τὸ Η, καὶ κείσθω
τῇ ΑΒ ἴση ἡ ΕΗ, καὶ διὰ τοῦ Η τῇ ΕΖ παράλληλος ἤχθω ἡ ΗΘ, καὶ συμπιπτέτω τῇ
ΔΖ ἐκβληθείσῃ κατὰ τὸ Θ. Διὰ δὲ τοῦ Ζ τῇ
ΕΗ παράλληλος ἤχθω ἡ ΖΚ· παραλληλόγραμμον ἄρα ἐϛὶ τὸ ΕΚ. Καὶ ἐπεὶ ἴση ἐϛὶν
ἡ ὑπὸ ΚΖΘ τῇ πρὸς τῷ Δ, ἤτοι τῇ πρὸς
τῷ Α, ἀλλὰ καὶ ὀρθαὶ αἱ πρὸς τοῖς Β, Κ,
καὶ ἔϛιν ἡ ΑΒ ἴση τῇ ΖΚ, ἐπεὶ καὶ τῇ ΕΗ,
ἴσον ἄρα ἐϛὶ καὶ ὅμοιον τῷ ΑΒΓ τριγώνῳ
τὸ ΖΚΘ. Καὶ ἐπεὶ τὸ ἀπὸ τῆς ΘΔ ἴσον ἐϛὶ
τοῖς ἀπὸ τῶν ΔΗ, ΗΘ, καὶ ἔϛι τὸ μὲν ἀπὸ
τῆς ΔΘ τὸ ἀπὸ τῆς ΑΓ, ΔΖ, ὡς μιᾶς, ἴση
γὰρ ἡ ΑΓ τῇ ΖΘ· τὸ δὲ ἀπὸ τῆς ΔΗ τὸ
ἀπὸ τῆς ΑΒ, ΔΕ, ὡς μιᾶς. Ἴση γὰρ ἡ ΒΓ τῇ



LK, c'est-à-dire AN, NB sont plus grandes que la moitié de HT; et des droites
GD, KM, MT, faisons le triangle GED.
Il est clair, encore que les droites égales à
KM, MT tombent en dedans de ZGD,
parce que GZ, ZD sont les moitiés de HT,
et KM, MT moindres que la moitié, il est
donc évident que ces triangles seront semblables, attendu que de même que AB est
à GD, ainsi HK est à KT, ainsi que les
lignes HL à KM, et LK à MT, et les droites
faites égales, AN à GX, et NB à XD.

Si l'on a deux triangles rectangles semblables, le carré des hypoténuses qui soutendent les angles droits, est, comme si ces
deux hypoténuses n'en faisoient qu'une
seule, égal à la somme des carrés des deux
autres côtés homologues des deux triangles,
comme s'ils n'en faisoient qu'un seul. Soient
(Fig. 17, 18) les deux triangles rectangles
semblables ABG, DEZ dont les angles
droits sont en B et en E, et qui aient l'angle
en A égal à l'angle en D, et l'angle en E
égal à l'angle en Z. Je dis que le carré des
hypoténuses AG, DZ est comme s'il étoit
fait sur une seule, égal au carré des côtés
AB, DE, comme fait sur un seul côté, et au
carré des côtés BG, EZ comme fait sur un
seul. Car prolongeons DE en H, faisons EH
égale à AB, par H menons HT parallèle à
EZ, et faisons-la rencontrer en T par la
droite DZ prolongée. Enfin par le point Z
menons ZK parallèle à EH, et nous aurons
un parallélogramme EK, et puisque l'angle
KZT est égal à l'angle D, et encore à l'angle
A, et que les angles B, K sont droits, et que
AB est égale à CZ, parce qu'elle l'est à EH,
le triangle KZT est donc égal et semblable
au triangle ABG. Et puisque le carré de
DT est égal aux carrés de DH et de HT, et
que le carré de DT est celui de AG, DZ,
comme fait sur une seule hypoténuse, car
AG est égale à ZT, et que le carré de DH
est celui de AB, DE, comme fait sur un

6

seul côté, car BG est égal à CT, et HC à EZ, donc le carré de AG, DZ regardées comme une seule ligne, est égal au carré fait sur AB, DE comme seule, et sur BG, EZ, comme seule aussi.

La somme de deux triangles isoscèles semblables entr'eux, qui ont des bases inégales, est plus grande que la somme de deux triangles isoscèles, non semblables entre eux; mais isopérimètres aux deux triangles semblables. (Fig. 19.) Soient sur les bases inégales AG, GE, les triangles isoscèles AZG, GDE; et soient sur les mêmes bases, les triangles isoscèles ABG, GHE isopérimètres aux triangles AZG, GDE, mais non semblables; je dis que les triangles AZG, GDE sont plus grands ensemble que les deux ABG, GHE. Car AG et GE étant mises en ligne droite, faisons GE plus grande que AG, joignons B, Z, D, H, et prologeons-les jusqu'aux bases. Elles les couperont perpendiculairement chacune en deux parties égales, parce que les triangles sont isoscèles. Soient T, K les points où ces bases sont coupées, menons BT prolongée en L, de manière que TL soit égale à BT, et joignons LG. L'angle BGT sera égal à l'angle LGT, parce que BT est égale à TL, et que BL est perpendiculaire sur TG. Mais l'angle BGT est plus grand que l'angle DGK, puisque l'angle ZAG, c'est-à-dire ZGT, est égal à l'angle DGE, à cause de la similitude des triangles ZAG, DGE. Donc l'angle LGT est plus grand que l'angle DGK, et beaucoup plus encore que l'angle HGK. C'est pourquoi la droite LH coupe GK, parce que la droite DN tombe en dehors de GH, les angles TGL, KCN opposés au sommet étant égaux. Car elle ne coupe pas KE pour ne pas couper AK prolongée en aboutissant

ΚΘ, ἡ δὲ ΗΚ τῇ ΕΖ, τὸ ἄρα ἀπὸ τῆς ΑΓ, ΔΖ ὡς μιᾶς, ἴσον ἐϛί τῷ τε ἀπὸ τῆς ΑΒ, ΔΕ, ὡς μιᾶς, καὶ ἔτι τῷ ἀπὸ τῆς ΒΓ, ΕΖ ὡς μιᾶς.

Τὰ ἐπὶ ἀνίσων βάσεων ὅμοια ἰσοσκελῆ τρίγωνα, συναμφότερα τῶν ἐπὶ τῶν αὐτῶν βάσεων συναμφοτέρων ἰσοσκελῶν τριγώνων ἀνομοίων μὲν ἀλλήλοις καὶ τοῖς ὁμοίοις, ἰσοπεριμέτρων δὲ αὐτοῖς, μείζονά ἐϛι. Ἔϛω ἐπὶ ἀνίσων βάσεων τῶν ΑΓ, ΓΕ ὅμοια ἰσοσκελῆ τρίγωνα τὰ ΑΖΓ, ΓΔΕ, καὶ ἐπὶ τῶν αὐτῶν βάσεων, ἄλλα ἔϛω ἰσοσκελῆ τὰ ΑΒΓ, ΓΗΕ, ἰσοπερίμετρα μὲν τοῖς ΑΖΓ, ΓΔΕ, ἀνόμοια δὲ, λέγω ὅτι τὰ ΑΖΓ, ΓΔΕ, συναμφότερα συναμφοτέρων τῶν ΑΒΓ, ΓΗΕ, μείζονά ἐϛί. Κείσθω γὰρ ὥϛε ἐπ' εὐθείας εἶναι τὴν ΑΓ τῇ ΓΕ, καὶ μείζονα τὴν ΓΕ τῆς ΑΓ καὶ ἐπεζεύχθωσαν αἱ ΒΖ, ΔΗ, καὶ ἐκβεβλήσθωσαν ἐπὶ τὰς βάσεις. Τέμνουσιν ἄρα αὐτὰς δίχα καὶ πρὸς ὀρθὰς, διὰ τὸ ἰσοσκελῆ εἶναι τὰ τρίγωνα. Τεμνέτωσαν κατὰ τὰ Θ, Κ σημεῖα, καὶ διήχθω ἡ ΒΘ, καὶ κείσθω αὐτῇ ἴση ἡ ΘΛ, καὶ ἐπεζεύχθω ἡ ΛΓ. Ἔϛαι δὴ ἴση ἡ ὑπὸ ΒΓΘ γωνία τῇ ὑπὸ ΛΓΘ, διὰ τὸ ἴσην εἶναι τὴν ΒΘ τῇ ΘΛ, καὶ πρὸς ὀρθὰς τὴν ΒΛ τῇ ΘΓ. Ἀλλ' ἡ ὑπο ΒΓΘ μείζων ἐϛὶ τῆς ὑπο ΔΓΚ, ἐπεὶ καὶ ἡ ὑπο ΖΑΓ τουτέϛιν ἡ ὑπο ΖΓΘ, ἴση ἐϛὶ τῇ ὑπο ΔΓΕ, διὰ τὴν ὁμοιότητα τῶν ΖΑΓ, ΔΓΕ τριγώνων, καὶ ἡ ὑπο ΑΓΘ ἄρα μείζων ἐϛὶ τῆς ὑπο ΔΓΚ, καὶ πολλῷ τῆς ὑπο ΗΓΚ, καὶ διὰ τοῦτο ἡ ΔΗ ἐπιζευγνυμένη τεμεῖ τὴν ΓΚ τῆς ΛΝ εὐθείας, ἐκτος τῆς ΓΗ πιπτούσης, τῶν κατὰ κορυφὴν τῶν ὑπο ΘΓΛ, ΚΓΝ γωνιῶν ἴσων γινομένων. Οὐ γὰρ τὴν ΚΕ τεμεῖ, ἵνα μὴ τὴν ΑΚ ἐκβαλλομένην τέμῃ, καὶ κατ᾽ ἄλλο σημεῖον ἢ τὸ Η. Τεμνέτω οὖν, ὡς ἔφαμεν, ἡ ΛΗ τὴν ΓΚ κατὰ τὸ Μ. Ἐπεὶ οὖν αἱ ΑΒ ΒΓ ΓΗ ΗΕ ταῖς ΑΖ ΖΓ ΓΔ ΔΕ, ἴσαι εἰσὶν, ὑπόκεινται γὰρ ἰσοπερίμετροι, καὶ αἱ ἡμίσειαι αἱ ΒΓ ΓΗ, τουτέστιν αἱ ΛΓ ΓΗ ταῖς ἡμισείαις ΖΓ ΓΔ ἴσαι εἰσίν. Αἱ δὲ ΛΓ ΓΗ τῆς ΛΗ μείζονές εἰσι· καὶ αἱ ΖΓ ΓΔ ἄρα τῆς ΛΗ μείζονές εἰσι· καὶ τὸ ἀπὸ συναμφότερον ἄρα τῆς ΖΓ ΓΔ ὡς μιᾶς, μεῖζον ἐστὶ τοῦ ἀπὸ τῆς ΛΗ. Ἀλλὰ τῷ μὲν ἀπὸ συναμφότερον τῆς ΖΓ ΓΔ ὡς μιᾶς, ἴσα ἐστὶ τὰ ἀπὸ συναμφότερον τῆς ΖΘ ΔΚ ὡς μιᾶς μετὰ τῶν ἀπὸ συναμφότερον τῆς ΘΓ ΓΚ ὡς μιᾶς, διὰ τὴν τῶν ΘΖΓ ΓΔΚ τριγώνων ὀρθογωνίων ὁμοιότητα, ὡς ἐν τῷ πρὸ τούτου ἐδείχθη. Τῷ δὲ ἀπὸ τῆς ΛΗ ἴσον τῷ ἀπὸ συναμφότερον τῆς ΗΚ ΛΘ ὡς μιᾶς, τουτέστι τῷ ἀπὸ τῆς ΗΚ ΒΘ ὡς μιᾶς μετὰ τοῦ ἀπὸ συναμφότερον τῆς ΚΜ ΜΘ ὡς μιᾶς, τουτέστι τοῦ ἀπὸ τῆς ΘΚ, διὰ τὸ πρὸ τούτου πάλιν. Τὸ ἄρα ἀπὸ συναμφότερον τῆς ΔΚ ΖΘ ὡς μιᾶς μετὰ τοῦ ἀπὸ τῆς ΘΚ, μεῖζον ἐστὶ τοῦ ἀπὸ συναμφότερον τῆς ΗΚ ΒΘ ὡς μιᾶς μετὰ τοῦ ἀπὸ τῆς ΘΚ. Καὶ κοινοῦ ἀφαιρεθέντος τοῦ ἀπὸ τῆς ΘΚ, λοιπὸν ἄρα τὸ ἀπὸ συναμφότερον τῆς ΖΘ ΔΚ ὡς μιᾶς, μεῖζον ἐστὶ τοῦ ἀπὸ συναμφότερον τῆς ΒΘ ΗΚ ὡς μιᾶς. Καὶ μήκει ἄρα μείζων ἡ ΖΘ ΔΚ τῆς ΒΘ ΗΚ. Κοιναὶ ἀφῃρήσθωσαν αἱ ΖΘ ΗΚ. Λοιπὴ ἄρα ἡ ΔΗ μείζων ἐστὶ τῆς ΖΒ· καὶ ἐπεὶ μείζων ἐστὶν ἡ ΓΕ τῆς ΑΓ καὶ αἱ ἡμίσειαι, μείζων ἄρα καὶ ἡ ΓΚ τῆς ΓΘ, καὶ τοῦ ὑπὸ τῶν ΔΗ ΚΓ ἥμισυ τὸ ΔΕΓ τρίγωνον, τοῦ δὲ ὑπὸ τῶν ΒΖ ΘΓ ἥμισυ τὸ ΒΖΓ τρίγωνον. Μεῖζον ἄρα τὸ ΔΗΓ τρίγωνον τοῦ ΒΖΓ τριγώνου. Διὰ τὰ αὐτὰ δὴ καὶ τὸ ΔΗΕ τρίγωνον μεῖζον ἐστὶ τοῦ ΒΖΑ τριγώνου· καὶ ὅλον ἄρα τὸ ΓΔΗΕ κοιλογώνιον, μεῖζον ἐστὶ

à quelqu'autre point que H. Que LH coupe donc GK en M, comme nous l'avons dit. Puisque les droites AB, BG, GH, HE, sont égales aux droites AZ, ZG, GD, DE, car elles sont supposées isopérimètres, les moitiés BG, GH, c'est-à-dire LG, GH, sont égales aux moitiés ZG, GD. Mais les droites LG, GH sont plus grandes que LH. Donc les droites ZG, GD sont plus grandes que LH. Donc aussi le carré fait sur les deux ZG, GD, comme sur une ligne unique, est plus grand que le carré fait sur LH, mais égal au carré fait sur les deux ZG, GK, comme sur un seul côté, à cause de la similitude des triangles rectangles TZG, GDK, comme il vient d'être démontré. Mais le carré fait sur LH est égal au carré fait sur HK, BT comme unique, avec le carré fait sur les deux droites HK, LT comme unique, c'est-à-dire avec le carré de KT, d'après encore ce qui a été dit précédemment. Donc le carré fait sur les deux droites DK, ZT, comme sur une seule, avec celui de TK, est plus grand que le carré fait sur les deux HK, BT, comme si elles n'étaient qu'une, avec le carré de TK. Otant le carré de TK commun, reste le carré fait sur les deux ZT, DK comme seule droite plus grand que le carré fait sur les deux BT, HC, comme seule droite, Donc ZT, DK a plus de longueur que BT, HK. Retranchant ZT, HK, reste DH plus grande que ZB. Et puisque GE est plus grande que AG, et qu'ainsi sont leurs moitiés; il s'ensuit que GK est plus grande que GT, que le triangle DHG est la moitié du rectangle de DH par HG, et que le triangle BZG est la moitié du rectangle BZ, TG. Donc le triangle DHG est plus grand que le triangle BZG. Pour les mêmes raisons, le triangle DHE est plus grand que le triangle BZA. Donc le polygone creux total DGHE est plus grand que le polygone creux BAZG. Ajoutons-y les triangles AZG, GHE communs, alors la somme des triangles AZG, DGE est plus grande que la somme des triangles HGE, ABG.

De toutes les figures rectilignes isopérimètres qui ont un égal nombre de côtés, la plus grande est celle qui a ses côtés égaux et ses angles égaux. (Fig. 20 et 21.) Car soit ABGDEZ la plus grande de ces figures, je dis que c'est celle qui a ses côtés égaux, et ses angles égaux; d'abord qu'elle a ses côtés égaux, car supposé que cela n'est pas, soit AB non égal à BG, joignons AG, faisons sur AG le triangle isoscèle AHG qui a ses deux côtés AH, HG égaux aux deux AB, BG, le triangle AHG est donc plus grand que le triangle ABG. Ajoutons-y le quinquilatère commun AGDEZ, l'exagone AHGDEZ sera plus grand que l'exagone ABGDEZ, qui est suivant la supposition la plus grande figure, ce qui est absurde. Donc AB n'est pas inégal à BG. Nous démontrerons de même qu'aucun autre côté n'est inégal à tout autre. Donc l'exagone ABGDEZ est équilatéral. Je dis qu'il est équiangle. Car supposé que cela n'est pas, mais qu'il soit possible que l'angle A soit plus grand que l'angle B, dans la figure (21) et joignons ZB, BD. Donc les triangles ZAB, BGD sont isoscèles, comme cela a été démontré. Donc ZB est plus grand que BD, à cause de l'angle en A plus grand que l'angle en G. Construisons sur ZB, BD les triangles isoscèles ZHB, DBT, comme cela a été démontré, ayant la somme des côtés ZHB, BTD, égale à la somme des côtés ZHB, BTD sont plus grands que les triangles ZAB, BGD, car cela a été démontré. Étant ajouté le quadrilatère ZBDE commun, le polygone ZHBTDE sera plus grand que le plus

τοῦ ΒΑΖΓ κοιλογωνίου. Κοινὰ προσκείσθωσαν τὰ ΑΖΓ ΓΗΕ τρίγωνα, ὥϛε συναμφότερον τὰ ΑΖΓ ΔΓΕ τρίγωνα, μείζονα ἐϛὶ συναμφοτέρων τῶν ΗΓΕ ΑΒΓ τριγώνων.

Τῶν ἰσοπεριμέτρων εὐθυγράμμων σχημάτων, καὶ τὰς πλευρὰς ἰσοπληθεῖς ἐχόντων, τὸ μέγιϛον ἰσόπλευρόν τέ ἐϛι καὶ ἰσαγώνιον. Ἔϛω γὰρ μέγιϛον τῶν εἰρημένων σχημάτων τὸ ΑΒΓΔΕΖ, λέγω ὅτι ἰσόπλευρόν τέ ἐϛι καὶ ἰσογώνιον, καὶ πρῶτον ὅτι ἰσόπλευρον. Μὴ γὰρ, ἀλλ' ἔϛω ἄνισος ἡ ΑΒ τῇ ΒΓ, καὶ ἐπεζεύχθω ἡ ΑΓ, καὶ συνεϛάτω ἐπὶ τῆς ΑΓ τρίγωνον ἰσοσκελὲς τὸ ΑΗΓ, ἴσας ἔχον συναμφοτέρας τὰς ΑΗ ΗΓ, συναμφοτέραις ταῖς ΑΒ ΒΓ· μεῖζον ἄρα τὸ ΑΗΓ τρίγωνον τοῦ ΑΒΓ τριγώνου. Καὶ κοινοῦ προϛεθέντος τοῦ ΑΓΔΕΖ πενταπλεύρου, ἔϛαι τὸ ΑΗΓΔΕΖ ἐξάγωνον, μεῖζον τοῦ ΑΒΓΔΕΖ μεγίϛου, ὅπερ ἄτοπον. Οὐκ ἄρα ἄνισός ἐϛιν ἡ ΑΒ τῇ ΒΓ. Ὁμοίως δὴ δείξομεν ὅτι οὐδὲ ἄλλη τὶς ἑτέρα τινί. Ἰσόπλευρον ἄρα ἐϛὶ τὸ ΑΒΓΔΕΖ ἐξάγωνον, λέγω δὴ ὅτι καὶ ἰσογώνιον. Μὴ γὰρ, ἀλλ' εἰ δυνατὸν μείζων ἔϛω τῆς Β γωνίας ἡ πρὸς τῷ Α γωνία, ὡς ἔχει ἐπὶ τῆς ἑξῆς καταγραφῆς. Καὶ ἐπεζεύχθωσαν αἱ ΖΒ ΒΔ, τὰ ΖΑΒ ΒΓΔ ἄρα τρίγωνα ἰσοσκελῆ εἰσὶν, ὡς προεδείχθη. Μείζων ἄρα ἡ ΖΒ τῆς ΒΔ, διὰ τὸ τὴν πρὸς τῷ Α γωνίαν μείζονα εἶναι τῆς πρὸς τῷ Γ. Συνεϛάτω ἐπὶ τῶν ΖΒ ΒΔ ἰσοσκελῆ τρίγωνα, ὡς προεδείχθη τὰ ΖΗΒ ΒΘΔ, συναμφοτέρας τὰς ΖΗΒ ΒΘΔ συναμφοτέραις ταῖς ΖΑΒ ΒΓΔ ἴσας ἔχοντα. Μείζονα ἄρα ἐϛὶ τὰ ΖΗΒ ΒΘΔ τῶν ΖΑΒ ΒΓΔ, δέδεικται γάρ. Καὶ κοινοῦ προϛεθέντος τοῦ ΖΒ ΔΕ τετραπλεύρου, ἔϛαι τὸ ΖΗΒΘΔΕ τοῦ

ΑΒΓΔΕΖ μέγιστον μεῖζον, ὅπερ ἄτοπον. Οὐκ
ἄρα ἄνισος ἐστὶν ἡ πρὸς τῷ Α γωνία τῇ πρὸς
τῷ Β. Ὁμοίως δὴ δείξομεν ὅτι οὐδὲ ἄλλη τινί.
Ἰσογώνιον ἄρα ἐστὶ τὸ ΑΒΓΔΕΖ. Ἐδείχθη δὲ
καὶ ἰσόπλευρον. Τῶν ἄρα ἰσοπεριμέτρων εὐθυγράμμων σχημάτων, καὶ τὰς πλευρὰς ἰσοπληθεῖς ἐχόντων, τὸ μέγιστον, ἰσόπλευρόν τέ
ἐστι καὶ ἰσογώνιον, τοῦ δὲ ἰσοπλεύρου καὶ ἰσο-
γωνίου, μείζων ἐδείχθη ὁ κύκλος ὁ ἰσοπερίμε-
τρός αὐτῷ. Πάντων ἄρα τῶν ἰσοπεριμέτρων
ἐπιπέδων σχημάτων, μείζων ἐστὶν ὁ κύκλος.

Λέγω δὴ ὅτι καὶ ἡ σφαῖρα μείζων ἐστὶ πάντων τῶν ἴσην ἐπιφάνειαν ἐχόντων στερεῶν σχημάτων, τοῖς ὑπὸ Ἀρχιμήδους δεδειγμένοις
προσχρησάμενος, ἐν τῷ περὶ σφαίρας καὶ κυλίνδρου. Ἔστω γὰρ ἐν σφαίρᾳ μέγιστος κύκλος
ὁ ΑΒΓΔ, καὶ περιγεγράφθω περὶ αὐτὸν πολύ-
πλευρον ἰσόπλευρόν τε καὶ ἰσογώνιον, οὗ τὸ
πλῆθος τῶν πλευρῶν μετρείσθω ὑπὸ τετράδος·
καὶ ἔστω τὸ ΕΖΗΘ ΚΛΜΝ, καὶ διήχθω ἡ ΕΚ
διὰ τοῦ κέντρου. Ἐὰν οὖν μενούσης τῆς ΕΚ
περιενεχθὲν τὸ ἐπίπεδον ἐν ᾧ τὸ πολύγωνον
καὶ ὁ κύκλος εἰς τὸ αὐτὸ πάλιν ἀποκατασταῇ
ὅθεν ἤρξατο φέρεσθαι, ἡ μὲν περιφέρεια τοῦ
κύκλου κατὰ τῆς ἐπιφανείας τῆς σφαίρας οἰ-
σθήσεται, αἱ δὲ πλευραὶ τοῦ πολυγώνου κατὰ
κωνικῶν ἐπιφανειῶν. Ἐπεὶ αἱ ΗΖ ΜΝ ἐκβαλ-
λόμεναι καὶ συμπίπτουσαι, τρίγωνον ποιοῦσι
μετὰ τῆς ΗΜ ἐπιζευγνυμένης, καθάπερ καὶ αἱ
ΖΕ ΕΝ μετὰ τῆς ΖΝ. Ὁμοίως δὲ καὶ αἱ ΗΘ
ΜΛ, μετὰ τῆς ΗΜ ἐπιζευγνυμένης, καθάπερ
καὶ αἱ ΘΚ ΛΚ μετὰ τῆς ΘΛ ἐπιζευγνυμένης,
ἃ καὶ κατ᾽ ἄλλων τινῶν αἱ εἰρημέναι πλευραὶ
αἰσθήσονται, ὅταν τὸ πλῆθος τῶν εἰρημένων
πλευρῶν μὴ μετρῆται ὑπὸ τετράδος, καὶ ἔσται
στερεὸν σχῆμα περιεχόμενον ὑπὸ κωνικῶν ἐπι-

grand ABGDEZ. Ce qui est absurde. Donc
l'angle A n'est pas inégal à l'angle B. Nous
démontrerons pareillement qu'aucun autre
angle n'est inégal à aucun autre. Donc le polygone ABGDEZ est équiangle. Or il vient
d'être démontré équilatéral. Donc des fi-
fiures isopérimètres rectilignes qui ont un
égal nombre de côtés, la plus grande est
celle qui est équilatérale et équiangle. Mais
il a été démontré que le cercle est plus
grand qu'une figure équilatérale et équiangle qui lui est isopérimètre. Donc de toutes
les figures planes isopérimètres, la plus
grande est le cercle.

Or, en me servant des démonstrations
d'Archimède dans son traité de la sphère
et du cylindre, je dis que la sphère est
plus grande que tous les solides qui ont
une surface égale. Soit ABGD un grand
cercle de la sphère, à laquelle est circonscrit un polygone EZHTKLM équilatéral
et équiangle dont le nombre des côtés soit
divisible par quatre. Menons EK par le
centre. Si autour de EK qui demeure immobile, le plan dans lequel le cercle et le
polygone sont décrits, fait une révolution
entière jusqu'à ce qu'il se rétablisse au
point d'où il aura commencé à tourner, la
circonférence du cercle sera censée avoir
fait la surface de la sphère, et les côtés du
polygone seront censés avoir engendré des
surfaces coniques. Les droites HZ, MN
étant des tangentes, et par leur rencontre
si on les prolongeoit formant un triangle
avec la droite HM qui les joint, comme
ZE, NE avec ZN. Pareillement les droites
HT, ML avec la droite HM qui les joint,
et TK, LK avec la droite TL, ou tous les
côtés que l'on concevra à tout autre polygone. Si leur nombre des côtés n'étoit pas
divisible par quatre, la figure de ces solides consistera dans des surfaces coniques

ou autres, et sa surface sera plus grande que celle de la sphère. Car c'est ce qu'il a démontré.

Cela prouvé, je dis que la sphère qui a sa surface égale à celle du solide compris sous des surfaces coniques ou autres, est plus grande que cette surface du solide. Car soit la sphère A qui ait sa surface égale à celle du solide en question, je dis que la sphère A est plus grande que ce solide. En effet, puisque la surface du solide compris sur les surfaces coniques est plus grande que la surface comprise sous la sphère, et que la surface de ce solide est égale à la surface de la sphère, donc la surface de la sphère est plus grande que celle de la sphère inscrite dans le solide. Et comme il a démontré que la surface de toute sphère est quadruple de celle de son grand cercle, en prenant les quarts, le grand cercle de la première sphère sera plus grand que le grand cercle de la sphère inscrite au solide, de même que le rayon de l'une est plus grand que le rayon de l'autre.

(Fig. 22.) Supposons le cercle BGD égal à la surface de la sphère A, autour du centre E; et un autre cercle ZHT égal à la surface du solide compris sous les surfaces coniques autour du centre K le cercle BGD est égal au cercle ZHT, puisque leurs surfaces sons égales. Elevons sur le cercle BGD un cône qui ait pour hauteur EL égale au rayon de la sphère A, et sur le cercle ZHT un autre cône dont la hauteur soit égale au rayon KM de la sphère inscrite au solide, la hauteur EL sera donc plus grande que la hauteur KM. Comme il est démontré que les cônes qui ont des bases égales, sont comme

φανειῶν, ἢ καὶ ἄλλων τινῶν· καὶ μείζων ἔςαι ἐπιφάνεια αὐτοῦ τῆς ἐπιφανείας τῆς σφαίρας. Δέδεικται γὰρ αὐτῷ καὶ τοῦτο.

Τούτου δεδειγμένου, λέγω ὅτι καὶ ἡ σφαῖρα ἡ τὴν ἴσην ἐπιφάνειαν ἔχουσα τῷ ςερεῷ τῷ ὑπὸ τῶν κωνικῶν ἐπιφανειῶν περιεχομένῳ, ἢ καὶ ἑτέρων τινῶν, μείζων ἐςὶ τοῦ αὐτοῦ ςερεοῦ. Ἔςω γὰρ σφαῖρα ἡ Α, ἴσην ἔχουσα τὴν ἐπιφάνειαν τῷ εἰρημένῳ ςερεῷ, λέγω ὅτι μείζων ἐςὶν ἡ Α σφαῖρα τοῦ ςερεοῦ. Ἐπεὶ γὰρ μείζων ἐςὶν ἡ τοῦ ςερεοῦ ἐπιφάνεια τοῦ ὑπὸ τῶν κωνικῶν ἐπιφανειῶν περιεχομένου, τῆς ἐπιφανείας τῆς περιλαμβανομένης ὑπ' αὐτῆς σφαίρας, ἡ δὲ τοῦ ςερεοῦ ἐπιφάνεια, ἴση ἐςὶ τῇ τῆς Α σφαίρας ἐπιφανείᾳ, καὶ ἡ τῆς Α ἄρα σφαίρας ἐπιφάνεια μείζων ἐςὶ τῆς τῆς ἐν τῷ ςερεῷ ἐγγραφείσης σφαίρας ἐπιφανείας. Καὶ ἐπεὶ δέδεικται αὐτῷ ὅτι πάσης σφαίρας ἡ ἐπιφάνεια τετραπλασία ἐςὶ τοῦ μεγίςου κύκλου τοῦ ἐν αὐτῇ, καὶ τὰ τέταρτα, καὶ ὁ ἐν τῇ πρώτῃ ἄρα σφαίρᾳ μέγιςος κύκλος, μείζων ἐςὶ τοῦ τῆς ἐν τῷ ςερεῷ γραφείσης σφαίρας μεγίςου κύκλου, ὥςε καὶ ἡ ἐκ τοῦ κέντρου μείζων τῆς ἐκ τοῦ κέντρου.

Ἐκκείσθω δὴ κύκλος ὁ ΒΓΔ ἴσος τῇ ἐπιφανείᾳ τῆς Α σφαίρας, περὶ κέντρον τὸ Ε· καὶ ἕτερος ὁ ΖΗΘ, ἴσος τῇ ἐπιφανείᾳ τοῦ ςερεοῦ τοῦ περιεχομένου ὑπὸ τῶν κωνικῶν ἐπιφανειῶν περὶ κέντρον τὸ Κ, ἴσος δὴ ἐςὶν ὁ ΒΓΔ κύκλος τῷ ΖΗΘ κύκλῳ. Ἐπεὶ καὶ ἡ ἐπιφάνεια τῇ ἐπιφανείᾳ. Ἀνεςάτω δὴ ἀπὸ μὲν τοῦ ΒΓΔ κύκλου κῶνος, ὕψος ἔχων ἴσον τῇ ἐκ τοῦ κέντρου τῆς Α σφαίρας τὸ ΕΛ, ἀπὸ δὲ τοῦ ΖΗΘ κύκλου ἕτερος κῶνος, ὕψος ἔχων τῇ ἐκ τοῦ κέντρου τῆς ἐν τῷ ςερεῷ ἐγγραφείσης σφαίρας τὸ ΚΜ· μείζον ἄρα ἔςαι τὸ ΕΛ ὕψος τοῦ ΚΜ ὕψους. Καὶ ἐπεὶ ἐδείχθη ὅτι οἱ κῶνοι οἱ ἴσας ἔχοντες βάσεις τὸν αὐτὸν ἔχουσι λόγον τοῖς ὕψεσι, καὶ εἰσὶν αἱ μὲν βάσεις τῶν κώνων ἴσαι, μεῖζον δὲ τὸ ΕΛ ὕψος, τοῦ ΚΜ ὕψους, μείζων ἄρα καὶ ὁ ΒΓΔ κῶνος τοῦ ΖΗΘΜ κώνου. Ἐπεὶ καὶ ἡ Α σφαῖρα τετραπλασία ἐςὶ κώνου τοῦ βάσιν μὲν ἔχοντος ἴσην τῷ μεγίςῳ κύκλῳ τῶν ἐν αὐτῇ, ὕψος δὲ ἴσον τῇ ἐκ τοῦ κέντρου. Δέδεικται γὰρ αὐτῷ καὶ τοῦτο, ἔςι δὲ καὶ ὁ ΒΓΔΛ κῶνος τετραπλάσιον τοῦ αὐτοῦ κώνου, διὰ τὸ καὶ τὴν ΒΓΔ βάσιν τετραπλασίαν εἶναι τοῦ μεγίςου κύκλου, τὸ δὲ ὕψος ἴσον, καὶ ἡ Α ἄρα σφαῖρα ἴση ἐςὶ τῷ ΒΓΔΛ κώνῳ. Ἔςι δὲ καὶ τὸ ςερεὸν τὸ περιεχόμενον ὑπὸ τῶν κώνων ἐπιφανειῶν ἴσον τῷ ΖΗΘΜ κώνῳ. Διὰ τὸ πάλιν δεδεῖχθαι αὐτῷ ἔτι ἐν τῷ περιγραφομένῳ σχήματι περὶ τὴν σφαίραν, ἴσος ἐςὶ κῶνος ὁ βάσιν μὲν ἔχων κύκλον ἴσον τῇ ἐπιφανείᾳ τοῦ σχήματος, ὕψος δὲ ἴσον τῇ ἐκ τοῦ κέντρου τῆς ἐγγραφείσης ἐν αὐτῷ σφαίρας, ὥςε καὶ ἡ Α σφαῖρα, μείζων ἐςὶ τοῦ εἰρημένου ςερεοῦ.

Ὡσαύτως δὲ καὶ ἐπὶ τῶν παρὰ Πλάτωνι ε΄ πολυέδρων τεταγμένων σχημάτων τὸ αὐτὸ δειχθήσεται. Ἐκκείσθω γὰρ ἡ Α σφαῖρα, καὶ ἕν τι τῶν εἰρημένων ε΄ σχημάτων, ἴσην ἔχον τὴν ἐπιφάνειαν τῇ Α σφαίρᾳ, λέγω ὅτι μείζων ἐςὶν ἡ σφαῖρα τοῦ πολυέδρου. Νενοήσθω γὰρ εἰς τὸ πολύεδρον ἐγγεγραμμένη σφαῖρα, μείζων ἄρα ἡ τοῦ πολυέδρου ἐπιφάνεια τῆς τῆς ἐγγεγραμμένης ἐν αὐτῷ σφαίρας ἐπιφανείας. Περιέχει γὰρ ἡ τοῦ πολυέδρου ἐπιφάνεια, ἴση οὖσα τῇ τῆς Α σφαίρας ἐπιφανείᾳ τὴν τῆς ἐγγραφείσης ἐν αὐτῷ σφαίρας ἐπιφάνειαν, ὥςε καὶ ἡ τῆς Α σφαίρας ἐπιφάνεια, μείζων ἐςὶ τῆς τῆς ἐν τῷ πολυέδρῳ ἐγγραφείσης σφαίρας ἐπιφανείας. Καὶ ἡ ἐκ τοῦ κέντρου ἄρα τῆς Α σφαίρας μείζων ἐςὶ τῆς ἐκ τοῦ κέντρου τῆς ἐν τῷ πο-

leurs hauteurs, les bases de ces cônes étant égales, tandis que la hauteur EL est plus grande que la hauteur KM, il s'ensuit que le cône BGDL est plus grand que le cône ZHTM. Et puisque la sphère A est quadruple du cône qui a pour base un grand cercle de cette sphère, et pour hauteur le rayon de cette même sphère, car il l'a démontré, le cône BGDL est quadruple de ce cône, parce que la base B GD est quadruple du grand cercle, mais la hauteur égale, donc la sphère A est égale au cône BGDL, mais le solide compris sous les surfaces coniques est égale au cône ZHTM, parce qu'il a démontré aussi qu'à la figure circonscrite à la sphère, est égal le cône qui a pour base un cercle égal à la surface de cette figure, et une hauteur égale au rayon de cette sphère inscrite. Par conséquent la sphère A est plus grande que le solide en question.

On démontrera pareillement la même chose par les figures des cinq polyèdres de Platon. Car soit la sphère A, et qu'une de ces cinq figures ait sa surface égale à celle de la sphère A, je dis que la sphère est plus grande que le polyèdre. Car concevons la sphère inscrite dans le polyèdre. La surface du polyèdre sera donc plus grande que celle de la sphère inscrite. Car la surface de ce polyèdre laquelle est égale à la surface de la sphère A embrasse la surface de la sphère inscrite. Ainsi la surface de la sphère A est plus grande que la surface de la sphère inscrite au polyèdre. Par conséquent le rayon de la sphère A est plus grand que le rayon de la sphère inscrite, parce que la surface de la sphère A est égale à la surface du polyèdre. Donc le cône qui a pour base un cercle égal à la surface de la sphère A, et une hauteur égale au rayon de cette sphère, est plus grand qu'une pyramide qui a sa base rectiligne égale à la surface du polyèdre, et sa hauteur égale au rayon de la sphère inscrite. Or comme tout cône est le tiers du cylindre qui a même base et même hauteur que ce cône, et que toute pyramide est le tiers du solide qui a même base et même hauteur que ce solide, que d'ailleurs le cylindre est le produit de sa base par sa hauteur, et le solide, le produit de sa base par sa hauteur. La hauteur du cylindre étant plus grande que la hauteur du solide, il s'ensuit qu'en prenant leurs tiers, le cône en question se trouve plus grand que la pyramide; mais le cône est égal à la sphère A. Car Archimède a aussi démontré que toute sphère est quadruple du cône qui a sa base égale au grand cercle de cette sphère, et sa hauteur égale au rayon mené du centre; et la surface de la sphère est quadruple de son grand cercle. Donc le cône en question qui a sa base égale à la surface de la sphère, et pour hauteur le rayon de cette sphère, est quadruple du cône qui a sa base égale au grand cercle de la sphère, et pour hauteur le rayon. Mais on a démontré que la sphère A est quadruple de ce cône même. Donc le cône qui a pour base un cercle égal à la surface de la sphère, et pour hauteur le rayon de cette sphère, est égal à cette sphère. Ainsi la sphère A est plus grande que la pyramide en question. Mais cette pyramide est égale au polyèdre dont il s'agit, parce que le rayon de la sphère inscrite à ce polyèdre, est perpendiculaire à chaque

λυέδρῳ ἐγγεγραμμένης σφαίρας. Ἐπεὶ καὶ ἡ τῆς Α σφαίρας ἐπιφάνεια ἴση ἐςὶ τῇ τοῦ πολυέδρου ἐπιφανείᾳ. Ὁ ἄρα κῶνος, ὁ βάσιν μὲν ἔχων κύκλον ἴσον τῇ ἐπιφανείᾳ τῆς Α σφαίρας, ὕψος δὲ ἴσον τῇ ἐκ τοῦ κέντρου αὐτῆς, μείζων ἐςὶ πυραμίδος, τῆς βάσιν μὲν ἐχούσης εὐθύγραμμον ἴσον τῇ ἐπιφανείᾳ τοῦ πολυέδρου, ὕψος δὲ ἴσον τῇ ἐκ τοῦ κέντρου τῆς ἐγγεγραμμένης σφαίρας. Ἐπειδήπερ πᾶς μὲν κῶνος κυλίνδρου τρίτον μέρος ἐςὶ τοῦ τὴν αὐτὴν βάσιν ἔχοντος αὐτῷ καὶ ὕψος ἴσον. Πᾶσα δὲ πυραμὶς τρίτον μέρος ἐςὶ ςερεοῦ, τοῦ τὴν αὐτὴν βάσιν ἔχοντος αὐτῇ καὶ ὕψος ἴσον. Καὶ ἔςιν ὁ μὲν κύλινδρος ἡ βάσις ἐπὶ τὸ ὕψος, τὸ δὲ ςερεὸν, ἡ βάσις ἐπὶ τὸ ὕψος. Καὶ ἔςι μεῖζον τὸ τοῦ κυλίνδρου ὕψος τοῦ τοῦ ςερεοῦ ὕψους. Καὶ τῶν τρίτων ἄρα ληφθέντων, γίνεται μείζων ὁ εἰρημένος κῶνος, τῆς πυραμίδος. Ἀλλ' ὁ μὲν κῶνος ἴσος ἐςὶ τῇ Α σφαίρᾳ. Ἐπειδήπερ ἐδείχθη πάλιν Ἀρχιμήδει, ὅτι πᾶσα σφαῖρα τετραπλασία ἐςὶ κώνου, τοῦ βάσιν μὲν ἔχοντος ἴσην τῷ μεγίςῳ κύκλῳ τῶν ἐν αὐτῇ, ὕψος δὲ ἴσον τῇ ἐκ τοῦ κέντρου. Καὶ ἔτι ἡ τῆς σφαίρας ἐπιφάνεια τετραπλασία ἐςὶ τοῦ μεγίςου κύκλου τῶν ἐν αὐτῇ, ὥςε ὁ εἰρημένος κῶνος, ὁ βάσιν μὲν ἔχων κύκλον ἴσον τῇ ἐπιφανείᾳ τῆς σφαίρας, ὕψος δὲ τὴν ἐκ τοῦ κέντρου αὐτῆς, τετραπλασία ἐςὶ κώνου, τοῦ βάσιν μὲν ἔχοντος ἴσην τῷ ἐν τῇ σφαίρᾳ μεγίςῳ κύκλῳ, ὕψος δὲ τὴν ἐκ τοῦ κέντρου. Ἐδείχθη δὲ καὶ ἡ Α σφαῖρα τετραπλασία τοῦ αὐτοῦ κώνου. Ἴσος ἄρα ὁ κῶνος, ὁ βάσιν μὲν ἔχων κύκλον ἴσον τῇ ἐπιφανείᾳ τῆς σφαίρας, ὕψος δὲ τὴν ἐκ τοῦ κέντρου αὐτῆς, ὥςε καὶ ἡ Α σφαῖρα μείζων ἐςὶ τῆς εἰρημένης πυραμίδος. Ἡ δὲ πυραμὶς ἴση ἐςὶ τῷ εἰρημένῳ πολυέδρῳ· ὅτι καὶ ἡ ἀπὸ τοῦ κέντρου τῆς ἐγγεγραμμένης ἐν τῷ πολυέδρῳ σφαίρας, ἐφ’ ἑκάςην ἕδραν αὐτοῦ πρὸς ὀρθὰς ἀγομένη, καὶ πολλαπλασιαζομένη ἐπ’ αὐτὴν, τοσαῦτα ςερεὰ ποιεῖ, ὅσον ἐςὶ τὸ πλῆθος τῶν περιεχόντων τὸ πολύεδρον ἐπιπέδων, ἅτινα ςερεὰ συντιθέμενα, τριπλάσια ποιεῖ τὸ ςερεὸν τοῦ πολυέδρου, διὰ τὸ καὶ ἕκαςον τῆς κατ’ αὐτὸ πυραμίδος ἐξ ὧν σύγκειται τὸ πολύεδρον. Ἀλλὰ καὶ τῆς ἐκκειμένης πυραμίδος, τριπλάσιον ἐςὶ τὸ αὐτὸ ςερεὸν, διὰ τὸ καὶ τὴν βάσιν αὐτοῦ ἴσην εἶναι τῇ ἐπιφανείᾳ τοῦ πολυέδρου, τῶν κατὰ μέρος βάσεων τῶν πυραμίδων, ἐξ ὧν τὸ πολύεδρον σύγκειται. Τὸ δὲ ὕψος ἴσον τῇ ἐκ τοῦ κέντρου τῆς ἐγγραφείσης σφαίρας, ὥςε καὶ ἡ Α σφαῖρα μείζων ἐςὶ τοῦ ὑποκειμένου πολυέδρου.

Ὅτι δὲ καὶ ἀπὸ φυσικῶν ἐπιχειρεῖ καὶ πρὸς τὴν τοιαύτην ἐπίςασιν, καὶ φησὶν ὅτι τῶν σωμάτων πάντων λεπτομερεςέρου καὶ ὁμοιομερεςέρου τοῦ αἰθέρος τυγχάνοντος, ἀκόλουθον ἂν εἴη πάλιν τὸ ὁμοιομερὲς σχῆμα αὐτῷ οἰκειῶσαι. Ὁμοιομερὲς δὲ τό τε κυκλικὸν ἐν τοῖς ἐπιπέδοις, διὰ τὸ ὑπὸ μιᾶς γραμμῆς ὁμοιοσχήμονος περιέχεσθαι, τὸ δὲ σφαιρικὸν ἐν τοῖς ςερεοῖς, διὰ τὸ καὶ τοῦτο ὑπὸ μιᾶς ἐπιφανείας ὁμοιοσχήμονος περιέχεσθαι. Τοῦ δὲ αἰθέρος μὴ ὄντος ἐπιπέδου ἀλλὰ ςερεοῦ, καταλείπεται αὐτὸν εἶναι σφαιροειδῆ, ἢ καὶ οὕτως αἰθὴρ σῶμα ἐςὶ φυσικὸν ὁμοιομερές. Πᾶν δὲ σῶμα φυσικὸν ὁμοιομερὲς ὁμοιομερεῖ ςερεῷ ἐσχημάτιςαι, σχήματι δὲ ὁμοιομερεῖ ἐσχηματισμένον σχῆμά τι, σφαιρικόν ἐςιν, ὁ αἰθὴρ ἄρα σφαιρικὸς ἂν εἴη. Οὐ μόνον δὲ τὸν οὐρανὸν βούλεται σφαιροειδῆ τε εἶναι καὶ σφαιροειδῶς φέρεσθαι, ἀλλὰ καὶ τοὺς ἀςέρας πάντας. Καὶ φησὶν ὅτι ἡ φύσις πάντα δημιουργοῦσα καὶ συςατικὴ τῶν ὅλων

THEON.

face de ce même polyèdre, et multiplié par elle produit autant de solides qu’il y a de plans qui forment ce polyèdre. La somme de ces solides fait un solide triple du polyèdre même, parce que chacun est triple de la pyramide qui lui appartient, entre celles dont la somme compose le polyèdre. Mais ce solide est lui-même triple de la pyramide, parce que la base de ce solide est égale à la surface du polyèdre, laquelle est une des bases particulières des pyramides dont le polyèdre est composé, et que la hauteur est égale au rayon de la sphère inscrite. Ainsi la sphère A est plus grande que le polyèdre supposé.

Ptolemée prouve aussi par des raisons physiques ce qu’il avance, en disant que l’air étant de tous les corps le plus raréfié, et celui dont les parties sont les plus semblables entr’elles, il s’ensuit qu’il doit avoir une figure semblable à celle de ses parties. Mais la figure circulaire dans les plans est composée de parties semblables, parce qu’elle est contenue dans une seule ligne de même forme; et la sphérique dans les solides, parce qu’elle est contenue sous une surface de même forme. Or, l’air étant, non pas plan, mais solide, il ne lui reste que d’être sphérique. Ou encore : l’air est un corps physique composé de parties semblables. Or, tout corps physique composé de parties semblables est configuré en solide de figure semblable. Mais la figure conforme à la configuration de ses parties semblables est la sphérique, donc l’air est sphérique. Non-seulement il veut que le ciel soit sphérique et se meuve sphériquement, mais encore tous les astres. Et il dit

7

que la nature qui a tout fait et tout arrangé, a composé les corps naturels terrestres et corruptibles de contours et de figures non semblables, telles que la tête, le cou, les bras, le ventre et le reste. Puis donc que la nature aime à produire de préférence des figures circulaires, et qu'elle a donné aux substances terrestres et périssables qui ont un mouvement irrégulier et dissemblable, une figure dissemblable de celles qui sont circulaires, il s'ensuivra qu'elle a attribué aux corps célestes et incorruptibles qui ont un mouvement réglé et éternel, la figure semblable à la circulaire, c'est-à-dire la sphérique. En effet, si elles étoient planes ou en forme de disques, comme quelques personnes le croient parce qu'elles se montrent ainsi à la vue, la figure sphérique n'y paroîtroit pas également à toutes les personnes qui les voient en même temps de différents points de la terre, suivant ce qui est démontré dans les traités d'optique. Savoir : que les roues des chars paroissent tantôt rondes, tantôt écrasées. C'est pourquoi il conclut qu'il est raisonnable, mais il ne dit pas qu'il est de toute nécessité, parce qu'il se fonde sur des raisons physiques, que l'air qui entoure ces corps, et qui est partout de nature semblable, soit de forme sphérique, et qu'il doit se mouvoir uniformément, et circulairement en conséquence de la similitude de ses parties.

## CHAPITRE III.

### LA TERRE EST DE FORME SPHÉRIQUE.

APRÈS avoir dit que le ciel est de forme sphérique, et se meut à la manière des

τυγχάνουσα, τὰ φυσικὰ σώματα ἐπίγειά τε καὶ φθαρτὰ ἐκ περιφερῶν καὶ ἀνομοιομερῶν σχημάτων συνεςήσατο· οἷον ὥσπερ κεφαλὴν καὶ τράχηλον, καὶ βραχίονας, καὶ κοιλίαν καὶ τὰ ἄλλα μέρη. Ἐπεὶ οὖν ἡ φύσις μᾶλλον περιφερῶν σχημάτων ἐςὶ ποιητικὴ, καὶ τοῖς μὲν ἐπιγείοις καὶ φθαρτοῖς ἄτακτον καὶ ἀνόμαιον ἔχουσι κίνησιν τὸ ἀνομοιομερὲς τῶν περιφερῶν σχημάτων ἀπέδωκεν, ἀκόλουθον ἂν εἴη τοῖς θείοις καὶ ἀφθάρτοις, καὶ τεταγμένην καὶ ἀίδιον ἔχουσι κίνησιν, τὸ ὁμοιομερὲς τοῦ περιφεροῦς σχήματος ἀπονεῖμαι, ὅπερ ἐςὶ σφαιρικόν. Ἐπείπερ ἐπίπεδα ὄντα ἢ δισκοειδῆ, καθὼς δοκεῖ τισιν, ἐπεὶ καὶ τῇ ὄψει οὕτως ὑποπίπτει, οὐκ ἂν τοῖς ἀπὸ διαφόρων τῆς γῆς τόπων κατὰ τὸν αὐτὸν χρόνον ὁρῶσι, κυκλικὸν ἐφαίνετο σχῆμα, καθάπερ ἐν τοῖς ὀπτικοῖς ἐδείχθη, ὅτι τῶν ἁρμάτων οἱ τροχοί ποτέ μὲν περιφερεῖς ποτὲ δὲ διεσπάμμένοι φαίνονται καὶ διὰ τοῦτο φησὶν εὔλογον εἶναι, καὶ οὐκ εἶπεν ἀναγκαῖον, ἐπεὶ ἀπὸ φυσικῶν τὴν ἐπιβολὴν πεποίηται, καὶ τὸν ἐμπεριέχοντα αὐτὰ αἰθέρα τῆς ὁμοίας ὄντα φύσεως, σφαιροειδῆ τε εἶναι καὶ διὰ τὴν ὁμοιομέρειαν τοῦ σχήματος ἐγκυκλίως τε φέρεσθαι καὶ ὁμαλῶς.

## ΚΕΦΑΛΑΙΟΝ Γ΄.

### ΟΤΙ ΚΑΙ Η ΓΗ ΣΦΑΙΡΟΕΙΔΗΣ ΕΣΤΙ.

ΠΕΡΙ τοῦ σφαιροειδῆ τε εἶναι καὶ σφαιροειδῶς φέρεσθαι τὸν οὐρανὸν τὴν ὑπόμνησιν

ποιησάμενος, ἑξῆς καὶ περὶ τῆς γῆς διαλαμβάνει τὸν αὐτὸν τρόπον ἀπὸ κοινῶν ἐννοιῶν,
εἶτα καὶ κατασκευαστικώτερον ἀνατρέπων τὰς
δόξας τῶν περὶ τὸ σφαιρικὸν σχῆμα ὑπάρχειν
αὐτὴν ἐννοούντων. Τὸ δὲ σχῆμα τῆς γῆς
σφαιροειδὲς καταλαμβάνεται, πρῶτον μὲν ἐκ
τοῦ τοῖς ἀνατολικωτέροις πάντοτε πρότερον
ἀνατέλλειν τε καὶ δύνειν τὰ ἄστρα, τοῖς δὲ
δυτικωτέροις ὕστερον, καὶ τοῦτο μηδ' ἂν
συμβαίνειν, εἰ μὴ κυρτότης κατὰ τὴν ἐπιφάνειαν τῆς γῆς ἀναλόγως αὐτοῖς ἐπιπροσθῇ.
Καταλαμβάνονται δὲ τὰ ἄστρα μὴ ἅμα ἀνατέλλοντα καὶ δυόμενα, ἐκ τοῦ τὰς αὐτὰς
ἐκλείψεις, καὶ μάλιστα τὰς σεληνιακὰς ἐφ'
ἕνα τινὰ καὶ τὸν αὐτὸν χρόνον ἀποτελουμένας, καὶ πᾶσιν ἅμα οἷς ἐνδέχεται ὁρωμέ-
νας, διαφόρως κατὰ τὰς ὥρας καθ' ἕκαστον
ὁρίζοντα παρὰ τῶν τηρησάντων ἀναγεγράφθαι.
Καὶ ἀεὶ τοῖς μὲν ἀνατολικωτέροις ἐν πλείοσι,
τοῖς δὲ δυτικωτέροις ἐν ἐλάττοσι, διὰ τὴν
τῆς γῆς, ὡς ἔφαμεν, νῦν κυρτότητα, καὶ
τῆς διαφορᾶς δὲ τῶν ὁρῶν ἀναλόγως τοῖς
διαστήμασι τῶν χωρῶν εὑρισκομένης, ἀνάλογος ἂν εἴη καὶ ἡ κυρτότης τῆς ἐπιφανείας
τῆς γῆς, τουτέστι σφαιροειδής. Διὰ τοῦτο δὲ
εἶπε καὶ μάλιστα τὰς σεληνιακάς, διὰ τὸ κατὰ τὰς τοιαύτας τηρήσεις μὴ ὑπομένειν ἀπάτην τινὰ ἐκ τῶν παραλλάξεων τὴν ὄψιν, καθάπερ ἐπὶ τῶν ἡλιακῶν. Ἐπειδήπερ ἐπὶ μὲν
τῶν ἡλιακῶν ἐκλείψεων τῇ ὄψει τὴν σελήνην
παραλαμβάνοντες, διὰ τὸ αὐτὴν φαίνεσθαι
ἐπιπροσθοῦσαν τῷ ἡλίῳ, διαμαρτάνομεν τῆς

sphères, Ptolemée fait à la terre l'application des mêmes notions communes ; il réfute ensuite par des raisonnemens ceux qui
s'imaginent qu'elle n'a pas tout à fait la figure sphérique. La sphéroïdité de la terre
se conclut premièrement de ce que les astres
se lèvent et se couchent plus tôt, pour les
pays qui sont plus orientaux, et plus tard
pour ceux qui sont plus à l'occident, et de
ce que cela seroit impossible si la surface
de la terre n'avoit pas une courbure ap-
propriée à cet effet. On juge que les astres ne se lèvent et ne se couchent pas tous
ensemble, sur ce que les mêmes éclipses,
et surtout celles de lune se faisant et
s'achevant dans un seul et même temps,
sont rapportées à différentes heures par
ceux qui les observent, suivant la différence des horizons des lieux, d'où ils
les voient. Les heures sont plus avan-
cées pour les plus orientaux, et moins
pour les plus occidentaux, à cause de cette
courbure de la terre, dont nous parlons
maintenant. Or, la différence entre ces heures se trouvant proportionnelle aux distances des lieux, il s'ensuit que la courbure de la surface terrestre doit y être
aussi proportionnée, c'est-à-dire sphérique. C'est pourquoi Ptolemée a dit : surtout les éclipses de lune, parce que dans ces
éclipses, il n'est pas possible que nos yeux
soient trompés comme dans celles du soleil
par les parallaxes. En effet, dans les
éclipses de soleil, nous voyons bien la
lune, parce qu'elle paroît avancer sur le
soleil, mais nous nous trompons sur son
lieu vrai, la terre n'étant plus comme un
point relativement à la distance de la lune.

7*

Mais dans les éclipses de lune, il n'y a pas d'erreur sur son vrai lieu, parce qu'elle se trouve alors dans un lieu diamétralement opposé à celui du soleil, comme nous le démontrerons dans la suite aux endroits convenables.

Il suit de ce que les différences des heures se trouvent proportionnelles aux distances des lieux, que la terre est de forme sphérique. Ce qui est évident, autrement sa forme seroit celle de quelque polyédre. Car il démontre dans la suite qu'elle n'est ni creuse ni plane, parce qu'alors un seul horizon pour plusieurs lieux terrestres situés sur un même côté ou surface du polyédre, feroit qu'ils n'auroient entr'eux aucune différence dans les heures, quoiqu'il fût plan. Par conséquent la figure de la terre n'est pas celle de quelque polyédre, elle est donc un sphéroïde, c'est-à-dire ou cylindrique, ou conique, ou sphérique. Mais il démontre dans la suite qu'elle n'est ni cylindrique, ni conique, donc elle est sphérique. Or, je dis que réciproquement la terre étant sphérique conformément aux phénomènes, les distances des lieux sont proportionnelles aux différences des heures, et que cela n'arrive que sur cette seule figure de la terre qui se trouve concentrique au monde, et encore parce que les orientaux comptent dans le même temps que les occidentanx plus d'heures que ceux-ci depuis le lever ou l'instant de midi.

Car concevons d'abord sur la sphère droite le méridien DTH sur lequel on

ἀκριβοῦς· αὐτῆς ἐποχῆς, τῆς γῆς μηκέτι σημείου λόγον ἐχούσης, καὶ πρὸς τὸ τῆς σελήνης ἀπόςημα, ἐπὶ δὲ τῶν σεληνιακῶν ἐκλείψεων μηδεμίαν ἀπάτην γίνεσθαι περὶ τὴν ἐπο-
χὴν αὐτῆς ἐκ τῆς κατὰ διάμετρον τοῦ ἡλίου
ςάσεως αὐτῆς καταλαμβανομένης, ὡς ἑξῆς
ἐν τοῖς οἰκείοις τόποις ἀποδείκνυται.

Ὅτι δὲ διὰ τὸ ἀναλόγως τοῖς διαςήμασι
τῶν τόπων τὰς τῶν ὡρῶν διαφορὰς καταλαμβάνεσθαι, ἀκολουθεῖ σφαιροειδῆ ὑπάρχειν
τὴν γῆν, οὕτως ἂν γένοιτα δῆλαν. Εἰ γὰρ
μὴ, ἔςαι σχῆμά τι ἔχουσα πολύεδρον. Δείκνυται γὰρ ἑξῆς μήτε κοίλη μήτε ἐπίπεδος
τυγχάνουσα, καὶ ἔςαι πλείοσιν οἰκήσεσι ταῖς
ἐπὶ τῆς αὐτῆς πλευρᾶς, ἤτοι ἐπιφανείας τοῦ
πολυέδρου εἷς ὁρίζων δι' αὐτῆς ἐκβαλλόμενος,
μηδεμίαν ποιῶν περὶ τὰς ὥρας διαφοράν,
καθάπερ εἰ καὶ ἐπίπεδος ἐτύγχανεν. Οὐκ ἄρα
τὶ τῶν πολυέδρων σχημάτων ἔςαι τὸ τῆς
γῆς σχῆμα. Σφαιροειδὲς ἄρα, τουτέςιν ἤτοι
κυλινδρικὸν ἢ κωνικόν, ἢ σφαιρικόν. Ἀλλ'
ἐπιδείκνυται ἑξῆς, ὅτι οὐδὲ κυλινδρικὸν οὐδὲ
κωνικόν· σφαιρικὸν ἄρα. Λέγω δὴ ὅτι καὶ
τὸ ἀνάπαλιν, σφαιρικῆς αὐτῆς τυγχανούσης
συμφώνως τοῖς φαινομένοις αὐτῶν τόπων
διαςάσεις ἀναλόγως ἔχουσι ταῖς τῶν ὡρῶν
διαφοραῖς, καὶ ὅτι ἐπὶ μόνου τοῦ τοιούτου
τῆς γῆς σχήματος τοῦτο συμβαίνει, ὁμοκέν-
τρου τῷ κόσμῳ αὐτῆς καταλαμβανομένης,
καὶ ἔτι τοῖς ἀνατολικωτέροις πλείους εἰσὶν
αἱ ἀπὸ ἀνατολῆς ἢ μεσημβρίας ὥραι, κατὰ
τὸν αὐτὸν χρόνον τῶν παρὰ τοῖς δυτικωτέροις.

Νενοήσθω γὰρ πρῶτον ὡς ἐπὶ τῆς ὀρθῆς
σφαίρας, ἰσημερινὸς μὲν κύκλος ὁ ΗΔΘ, ἐφ'

ᾧ μάλιϛα λαμβάνονται οἱ ὡριαῖοι χρόνοι, καὶ τῆς γῆς σφαιρικῆς ὑποκειμένης καὶ μέσης τοῦ παντὸς, ἔϛω ἐν αὐτῇ μέγιϛος κύκλος ἐν τῷ τοῦ ἰσημερινοῦ ἐπιπέδῳ ὁ ΑΒΓ, καὶ κέντρον ἀμφοτέρων τῶν κύκλων τὸ Ν, καὶ ἀνατολικὰ μὲν τὰ Η, Ε, Δ, δυτικὰ δὲ τὰ Ο, Ζ, Θ. Καὶ διὰ μὲν τῆς πρώτης οἰκήσεως, ὁρίζων κύκλος νοείσθω περὶ διάμετρον τὴν ΔΑΟ, ὀρθὸς πρὸς τὸν ἰσημερινὸν, διὰ δὲ τῆς δευτέρου οἰκήσεως ὁμοίως ἕτερος ὁρίζων περὶ διάμετρον τὴν ΕΒΖ, καὶ ἔτι διὰ τῆς τρίτης, ὁ περὶ διάμετρον τὴν ΗΓΘ. Καὶ ὁ μὲν τῆς ΔΕ χρόνος ὥρας ἰσημερινῆς α ϛ″, ὁ δὲ τῆς ΕΗ ὥρας α, λέγω ὅτι αἱ τῶν ὡρῶν διαφοραὶ ἀναλόγως ἔχουσι τοῖς διαϛήμασι τῶν τόπων, τουτέϛιν ἔϛιν ὡς ἡ ΔΕ πρὸς τὴν ΕΗ, οὕτως ἡ ΑΒ πρὸς τὴν ΒΓ: Εἰλήφθω γὰρ ἐπὶ τοῦ μεσημβρινοῦ τὸ διὰ τοῦ ΔΑΟ ὁρίζοντος κατὰ κορυφὴν σημεῖον τὸ Κ. Δῆλον γὰρ ὅτι ἐπὶ τοῦ ἰσημερινοῦ πίπτει, διὰ τὸ ὀρθὴν ὑποκεῖσθαι τὴν σφαῖραν. Καὶ ἐπεζεύχθωσαν ἀπὸ τῶν κατὰ κορυφὴν ἐπὶ τὰ τῶν οἰκήσεων σημεῖα αἱ ΚΑ, ΛΒ, ΜΓ, κάθετοι δηλονότι γινόμεναι πρὸς τὰς ΔΟ, ΕΖ, ΗΘ. Καὶ διήχθωσαν. Συμπεσοῦνται δὴ κατὰ τὸ Ν κέντρον. Συμπιπτέτωσαν. Καὶ ἐπεὶ ἴση ἐϛὶν ἡ ΔΟ εὐθεῖα τῇ ΕΖ, ἴσον γὰρ ἀπέχουσιν ἀπὸ τοῦ κέντρου, ἴση ἐϛὶ καὶ ἡ ΔΗΟ περιφερεία τῇ ΕΛΖ. Καὶ αἱ ἡμίσειαι ἄρα, ἴση ἡ ΔΚ τῇ ΕΛ. Καὶ κοινῆς ἀφαιρεθείσης τῆς ΚΕ, λοιπὴ ἡ ΔΕ, λοιπῇ τῇ ΚΛ ἐϛὶν ἴση. Διὰ τὰ αὐτὰ δὲ δειχθήσεται καὶ ἡ ΕΗ ἴση τῇ ΛΜ: Ἀλλὰ ἡ ΔΕ τῆς ΕΗ ἡμιολία ἐϛὶ, καὶ ἡ ΚΛ ἄρα τῆς ΛΜ ἡμι-

marque les heures de préférence. La terre étant supposée sphérique et au centre de l'univers, soit son grand cercle ABG dans le plan du méridien, N le centre commun de ces deux cercles, et les points orientaux H, E, D, les occidentaux O, Z, T. Par le premier parallèle habité le cercle horizon autour de son diamètre DAO, mais perpendiculaire au méridien; pareillement par le second parallèle habité un autre horizon autour de son diamètre EBZ, et par le troisième l'horizon décrit autour de son diamètre HGT. Le temps de l'heure de midi pour DE, est une heure et demie, et celui pour EH est une heure. Je dis que les différences des heures sont proportionnelles aux distances des lieux, c'est-à-dire que comme DE est à ED, ainsi AB est à BG. Car prenons sur le méridien le point K vertical pour l'horizon DAO. Il est évident qu'il est dans le méridien, parce que la sphère est supposée droite. Menons des points verticaux aux parties habitées, les droites KA, LB, MG, elles seront perpendiculaires DO, ZE, HT; étant prolongées elles coïncideront au centre N. Faisons-les-y coïncider. Puisque la droite DO est égale EZ, car elles sont également éloignées du centre, l'arc ELZ, par conséquent leurs moitiés sont égales, DK à EL. Retranchant l'arc commun KE, reste l'arc égal à KL. On prouvera par les mêmes raisons que EH est égal à LM. Mais DE est égal à une fois et demie l'arc LM. C'est pourquoi l'angle KNL est égal à trois demies de l'angle LNM. Donc l'arc AB vaut trois moitiés de l'arc BG. Par conséquent comme KL est à LM, ainsi DE est à EH. Donc aussi comme DE est à EH, ainsi AB est à BG ; DE, EH sont les différences des heures. Parce que si nous supposons le soleil en X, le temps de l'arc de DX, diffère du temps de l'arc EX, de la quantité ED ; et le temps de l'arc EX, du temps de l'arc HX, de la quantité EH. Or les distances AB, BG des lieux diffèrent aussi entr'elles des mêmes quantités. Donc les différences des heures sont proportionnelles aux distances dés lieux, et il est évident que cette démonstration ne peut avoir lieu que dans le cas de la figure sphérique de la terre, un seul horizon pouvant être mené par chacun des points de la terre, puisqu'en chaque horizon, on remarque des différences soit dans les heures, soit dans les étoiles toujours visibles et dans celles qui sont toujours invisibles, comme la suite le fait voir.

Il est évident aussi que si nous supposons une éclipse en X, du côté de l'occident on comptera plus d'heures au point K qui est sur le méridien, qu'en un point plus occidental, et semblablement pour le point L plus que pour le point M. Ou du côté de l'orient, on comptera plus d'heures en D plus oriental qu'en E plus occidental, et semblablement plus en E qu'en H. D'après cela, dit-il, on peut soupçonner avec raison que la surface de la terre est sphérique, appelant ici sphérique la courbure analogue à l'uniforme. Car il ne conclut pas encore de ce qu'il a déjà dit, qu'elle soit sphérique, attendu que sa démonstration tirée de la différence des heures, c'est-à-dire du mouvement d'orient en occident, peut également convenir au cône et au cy-

ολία ἐςὶν, ὥςε καὶ ἡ ὑπὸ ΚΝΛ γωνία, ἡμιολία ἐςὶ τῆς ὑπὸ ΛΝΜ. Καὶ ἡ ΑΒ ἄρα περιφέρεια τῆς ΒΓ ἡμιολία ἐςίν. Ἔςιν ἄρα ὡς ἡ ΗΛ πρὸς τὴν ΛΜ, οὕτως ἡ ΔΕ πρὸς τὴν ΕΗ. Καὶ ὡς ἄρα ἡ ΔΕ πρὸς τὴν ΕΗ, οὕτως ἡ ΑΒ πρὸς τὴν ΒΓ. Καὶ εἰσὶν αἱ μὲν ΔΕ, ΕΗ, αἱ τῶν ὡρῶν διαφοραί. Ἐπειδήπερ ἐὰν τὸν ἥλιον ὑποθώμεθα κατὰ τὸ Ξ, ὁ μὲν τοῦ τῆς ΔΞ χρόνος, διαφέρει τοῦ τῆς ΕΞ, τῇ ΔΕ, ὁ δὲ τοῦ τῆς ΕΞ, τοῦ τῆς ΗΞ, τῇ ΕΗ, αἱ δὲ ΑΒ, ΒΓ διαςάσεις τῶν τόπων πάλιν διαφέρουσι ταῖς αὐταῖς, ὥςε αἱ διαφοραὶ τῶν ὡρῶν, ἀναλόγως ἔχουσι πρὸς τὰς τῶν τόπων διαςάσεις. Καὶ φανερὸν ὅτι ἐπὶ μόνου τοῦ τῆς γῆς σφαιρικοῦ σχήματος ἡ τοιαύτη ἀπόδειξις προχωρεῖν δυνήσεται, καθ' ἓν σημεῖον, τῶν ἐπὶ τῆς γῆς ἑνὸς ὁρίζοντος διεκβαλλομένου. Ἐπεὶ καὶ καθ' ἕκαςον ὁρίζοντα, ἤτοι παρὰ τὰς ὥρας γίνονται διαφοραὶ, ἢ παρὰ τὰ ἀεὶ φανερὰ, καὶ ἀεὶ ἀφανῆ τῶν ἀςέρων, ὡς ἡ ἑξῆς δείκνυσι.

Δῆλον δὲ ὅτι καὶ ἐὰν ἔκλειψιν ὑποθώμεθα κατὰ τὸ Ξ, πλείονας ἀφέξει ὥρας ὡς ἐπὶ τὰ προηγούμενα τοῦ Κ σημείου, ὃ ἐςὶν ἐπὶ τοῦ μεσημβρινοῦ, τοῦ δυτικωτέρου ὁρίζοντος. Καὶ ὁμοίως τοῦ Λ πλείους ἤπερ τοῦ Μ, ἢ καὶ ἀπὸ ἀνατολῆς πλείονας ἀφέξει ὥρας τοῦ πρὸς τῷ Δ ἀνατολικωτέρου. Καὶ ὁμοίως ἤπερ τοῦ πρὸς Ε δυτικωτέρου. Καὶ ὁμοίως τοῦ πρὸς τῷ Ε, ἤπερ τοῦ πρὸς τῷ Η. Διὰ γοῦν τὰ τοιαῦτα φησὶν σφαιρικὴν ἄν τις εἰκότως τὴν τῆς γῆς ἐπιφάνειαν ὑπολάβοι. Σφαιρικὴν ἐνταῦθα καλῶν τὴν ἀνάλογον κυρτότητα, οἷον τὴν ὁμαλήν. Οὐ γὰρ ἤδη καὶ σφαῖραν ἐκ τῶν εἰρημένων συνάγηται, διὰ τὸ ἐπὶ κώνου καὶ κυλίνδρου τὰ εἰρημένα δύνασθαι συμβαίνειν, τῷ ἐκ τῆς τῶν ὡρῶν μόνης διαφορᾶς

τὴν δεῖξιν γεγενῆσθαι, τουτέςιν ἐκ τῆς ἀπὸ
ἀνατολῆς ἐπὶ δύσιν παρόδου. Διὸ ἐν τοῖς ἑξῆς
δεικνύων καὶ ἀπὸ τῶν πρὸς ἄρκτους καὶ πρὸς
μεσημβρίαν, καὶ ὑφ' οἰασδήποτε παρόδου τὴν
ἀνάλογον τῆς γῆς ἐπιπρόσθησιν, φησὶν ὡς
δῆλον γίνεσθαι ὅτι καὶ ἐνταῦθα ἡ κυρτότης
τῆς γῆς, καὶ τὰς ἐπὶ τὰ πλάγια μέρη ἐπιπρο-
σθήσεις ἀναλόγως ποιουμένη, πανταχόθεν τὸ
σχῆμα σφαιροειδὲς ἀποδείκνυσιν, ὅπερ λοιπὸν
ἀποτελεῖ τὴν σφαῖραν, σφαιροειδῆ δηλονότι
καλῶν, ὡς ἔφαμεν, τὴν ἀνάλογον κυρτότητα,
ὡς τὴν κυλινδρικὴν ἢ τὴν κωνικήν, τουτέςι
τῶν ἀπὸ ἀνατολῆς ἐπὶ δύσιν, ὅταν δὴ ὡς
ἐπὶ τῶν ἐγκλίσεων καὶ κατὰ μῆκος. Διὸ ἐνταῦθα τὸ πανταχόθεν σφαιροειδὲς προσέθηκε.
Πάλιν διαφορῶν ἐπί τινος τῶν τοῦ ἰσημερινοῦ
παραλλήλων τυγχάνη τὰ κατὰ κορυφὴν, χρὴ
λαμβάνειν τὰς ὑπ' αὐτὸς οἰκήσεις, καὶ τὰς
τῶν ὡρῶν διαφορὰς, ἀνάλογον τοῖς διαςήμασι τῶν τόπων συνιςαμένας οὕτως.

Ἔςω γὰρ ἀνατολικώτερος ὁρίζων ὁ ΑΒΓ,
τούτου δὲ δυτικώτερος ὁ ΔΒΓ, καὶ ἔτι τούτου δυτικώτερος ὁ ΕΒΓ, καὶ ἀνατολικὰ δηλονότι τὰ πρὸς τοῖς Α, Δ, Ε μέρη. Καὶ νοήσθω
ὁ διὰ τῶν κατὰ κορυφὴν παράλληλος ὡς ὁ
ΑΔΕΖ, ἐφ' οὗ τὸν ἥλιον συμβαίνει φέρεσθαι,
ἢ καί τινα τῶν ἀπλανῶν. Καὶ γὰρ ἀπὸ τῶν
περιφορῶν τῶν ἀπλανῶν, αἱ νυκτεριναὶ ὧραι
λαμβάνονται, ἐφ' ὧν καὶ αἱ τῆς σελήνης ἐκλείψεις θεωροῦνται. Καὶ εἰλήφθω τὸ τῆς γῆς
κέντρον, καὶ ἔςω τὸ Η, καὶ ἐπεζεύχθω ἡ
ΑΗ, καὶ συμβαλλέτω τῇ τῆς γῆς ἐπιφανείᾳ
κατὰ τὸ Θ. Δῆλον οὖν ὡς ἡ Α φερομένη
κατὰ κωνικῆς ἐπιφανείας ὀφθήσεται, διὰ τὸ
τοῦ Η μένοντος τὸ Α φέρεσθαι κατὰ τοῦ
ΑΔΕΖ παραλλήλου τῷ ἰσημερινῷ, καὶ μὴ
εἶναι τὸν παράλληλον διὰ τοῦ κέντρου τῆς

lindre. Aussi en démontrant dans la suite
la succession proportionnelle de l'obscuration d'après les diverses positions boréales,
australes et autres, il dit qu'il résulte de
cette succession proportionelle sur les parties déclives, causée par la courbure de la
terre, que celle-ci est partout de forme
sphéroïde, et par conséquent qu'elle est
une sphère. Car il appelle sphéroïde,
comme nous l'avons déjà dit, toute courbure, comme celle du cylindre et du cône,
c'est-à-dire du levant au couchant, et dans
la même proportion encore en latitude
qu'en longitude. C'est pourquoi il a ajouté
ici qu'elle est sphéroïde de toutes parts. Et
comme il se trouve des différences entre un
quelconque des parallèles à l'équateur, et
ceux que l'on a au-dessus de la tête, il faut
prendre celles des lieux terrestres, et celles
des heures toujours proportionnelles aux
distances des lieux, ainsi qu'on va le voir.

(Fig. 25.) Soient un horizon oriental
ABG, un horizon plus occidental DBG, et
un autre plus occidental encore EBG, les
points orientaux ADE, et imaginons le parallèle ADEZ passant au-dessus de la tête,
sur lequel est alors le soleil ou quelqu'une
des étoiles fixes, car c'est par les révolutions des étoiles fixes que se comptent les
heures de nuit dans lesquelles on voit les
éclipses de lune. Prenons H pour le centre
de la terre, et joignons AH qui rencontre
la surface de la terre en T. Il est clair que
A sera regardé comme porté sur une surface conique, parce que H demeurant fixe,
A parcourt le parallèle ADEZ à l'équateur,
et que ce parallèle ne passe pas par le centre de la terre. Mais si nous concevons à
la surface de la terre un parallèle TLK
dans le même plan que ADEZ, et dans ce:

parallèle ADEZ les points verticaux M, N, X, si nous joignons HM, HN, IIX, ces lignes marquent les lieux terrestres L, O, P qui répondent à ces points verticaux, et puisque les segmens des mêmes parallèles au-dessus de la terre sont égaux entr'eux, parce qu'on suppose que les lieux terrestres L, O, P, ne diffèrent qu'en longitude, et que leur latitude est la même ; leurs moitiés sont aussi égales, c'est-à-dire MA, ND ; retranchant la quantité commune MD, les restes NM, AX seront égaux. Pour les mêmes raisons NX sera égal à DE. Et puisque HTA est supposé parcourir en même temps les parallèles ADEZ et TOK, l'arc MN est semblable à LO, et l'arc NX à PO. Donc comme MN est à NX, ainsi LO est à OP. Mais MN est égal à AD, et NX à DE; donc comme AD est à DE, ainsi LO est à OP. Or, AD, DE sont les différences des heures, et LO, OP les distances des lieux, et de même pour les autres. Ainsi généralement les distances des heures sont proportionnelles aux distances des lieux sur la terre sphérique et placée au centre de l'univers.

Après avoir montré sur quelles conceptions et quelles observations il convient d'estimer que la terre est sphérique, il passe à des preuves plus rigides, en réfutant les opinions de ceux qui s'imaginent qu'elle n'a pas cette forme ; et il dit que si elle étoit creuse, ses parties occidentales verroient avant les orientales les astres se lever, comme les parties occidentales de la concavité des hémisphères creux, éclairées les

γῆς. Ἐὰν δὴ νοήσωμεν ἐπὶ τῆς ἐπιφανείας τῆς γῆς, παράλληλον ἐν τῷ αὐτῷ ἐπιπέδῳ τοῦ ΑΔΕΖ, ὡς τὸν ΘΛΚ, καὶ ἐπὶ τοῦ διὰ τῶν κατὰ κορυφὴν, τουτέςι τοῦ ΑΔΕΖ τὰ κατὰ κορυφὴν σημεῖα τὰ Μ, Ν, Ξ, καὶ ἐπιζεύξωμεν τὰς ΗΜ, ΗΝ, ΠΞ, ἔσονται αὐτῶν αἱ οἰκήσεις πρὸς τοῖς Α, Ο, Π. Καὶ ἐπεὶ τὰ ὑπὲρ γῆν τμήματα τῶν αὐτῶν παραλλήλων ἴσα ἀλλήλοις ἐςὶ, διὰ τὸ κατὰ μῆκος μόνον ὑποκεῖσθαι διαφέρειν τὰς οἰκήσεις τὰς πρὸς τοῖς Α, Ο, Π, καὶ τὸ αὐτὸ τυγχάνειν ἔξαρμα, ἴσαι ἄρα εἰσὶ καὶ αἱ ἡμίσειαι αὐτῶν, τουτέςιν αἱ ΜΑ, ΝΔ. Καὶ κοινῆς ἀφαιρεθείσης τῆς ΜΔ, λοιπὴ τῇ ΜΝ ἐςὶν ἴση. Διὰ τὰ αὐτὰ δὴ καὶ ἡ ΔΕ τῇ ΝΞ ἐςὶν ἴση. Καὶ ἐπεὶ ἡ ΗΘΑ, ἰσοχρονίως ἀποκατέςη, τόν τε ΑΔΕΖ παράλληλον, καὶ τὸν ΘΟΚ, ὁμοία ἐςὶν ἡ μὲν ΜΝ τῇ ΛΟ, ἡ δὲ ΝΞ τῇ ΟΠ. Ἔςιν ἄρα ὡς ἡ ΜΝ πρὸς τὴν ΝΞ, ἡ ΛΟ πρὸς τὴν ΟΠ. Ἴση δὲ ἡ μὲν ΜΝ τῇ ΑΔ, ἡ δὲ ΝΞ τῇ ΔΕ. Ἔςιν ἄρα ὡς ἡ ΑΔ πρὸς τὴν ΔΕ, οὕτως ἡ ΑΟ πρὸς τὴν ΟΠ. Καὶ εἰσὶν αἱ μὲν ΑΔ, ΔΕ, τῶν ὡρῶν διαφοραὶ, αἱ δὲ ΛΟ, ΟΠ, τῶν τόπων αἱ διαςάσεις. Ὡσαύτως δὲ καὶ ἐπὶ τῶν λοιπῶν, ὥςε καὶ καθόλου αἱ τῶν ὡρῶν διαφοραὶ ἀνάλογον ἔχουσι πρὸς τὰς τῶν τόπων διαςάσεις τῆς γῆς, σφαιρικῆς καὶ μέσης τοῦ παντὸς τυγχανούσης.

Δηλώσας οὖν ἀπὸ ποίων ἐννοιῶν καὶ παρατηρήσεων προσῆκον ἐςὶ σφαιρικὴν ἡγεῖσθαι τὴν γῆν, μεταβαίνει ἐπὶ τὸ κατασκευαςικώτερον, ἀντιλέγων ταῖς δόξαις τῶν περὶ τοῦτο τὸ σχῆμα μὴ ὑπάρχειν αὐτὴν ἐννοούντων, καὶ φησὶν ὅτι κοίλης μὲν γὰρ αὐτῆς ὑπαρχούσης, προτέροις ἂν ἐφαίνετο ἀνατέλλοντα τὰ ἄςρα τοῖς δυτικωτέροις, καθάπερ ἐν τοῖς κοίλοις ἡμισφαιρίοις ὁρῶμεν, τοῦ ἡλίου ἀνατέλλοντος,

πρῶτα τὰ πρὸς δυσμὰς φωτιζόμενα, ἐπιπέδου
δὲ πᾶσιν ἅμα, διὰ τὸ καὶ ἕνα μόνον ὁρίζοντα
νοεῖσθαι διὰ τοῦ ἐπιπέδου χωρίζοντα τό τε
ὑπὲρ γῆν καὶ τὸ ὑπὸ γῆν ἡμισφαίριον. Ἑτέρου δέ τινος σχήματος ϛερεοῦ τυγχανούσης
αὐτῆς, οἱονεὶ τριγώνου ὡς πυραμίδος, ἢ
τετραγώνου ὡς κύβου, ὥσπερ ἐπὶ τῆς ἐπιπέδου
πᾶσιν ἅμα ἀνατέλλοντα ἐφαίνετο τὰ ἄϛρα
τοῖς ἐπὶ τῆς αὐτῆς πλευρᾶς τοῦ ϛερεοῦ οἰκοῦσι. Κατεχρήσατο δὲ τὸ εἰρηκέναι ἐπὶ τῆς
αὐτῆς εὐθείας, διὰ τὸ καὶ τὴν ἐπίπεδον ἐπιφάνειαν ἐξ ἴσου ταῖς ἐφ' ἑαυτῆς εὐθείαις κεῖ-
σθαι· ἅπερ ταῦτα πάντα ἀντίκειται τοῖς φαινομένοις, καὶ ἐκ τῶν ἐκλείψεων καταλημ-
μένοις.

Ἐπεὶ οὖν, ὡς ἐδηλοῦμεν, ἡ κατὰ τὰς ὥρας
διαφορὰ ἀπὸ ἀνατολῶν ἐπὶ δυσμὰς ἀναλόγως γινομένη τῇ τῶν τόπων διαϛάσει, καὶ
κυλινδρικὸν ἐφαίνετο σχῆμα τῇ γῇ προσνέ-
μουσα, διὰ τοῦτο φησὶν, ὅτι οὐδὲ κυλιν-
δροειδὴς ἂν εἴη, ἵνα ἡ μὲν περιφερὴς ἐπιφάνεια, πρὸς τὰς ἀνατολὰς καὶ τὰς δύσεις ᾖ
τετραμμένη· τῶν δὲ ἐπιπέδων βάσεων αἱ πλευ-
ραί, τουτέϛιν οἱ κύκλοι, πρὸς τοὺς κόσμου
πόλους. Καθάπερ γὰρ ἐν τοῖς ἐπιπέδοις πλευρὰς καλοῦμεν τὰς εὐθείας τὰς περιεχούσας
τὸ σχῆμα, οὕτω καὶ ἐπὶ τοῦ ϛερεοῦ πλευρὰς
ἐκάλεσε τὰς ἐπιφανείας τὰς ἐπιπέδους, ὡς νῦν
τὰς κυκλικὰς καὶ συμπερατούσας τὸ σχῆμα.
Ἐάν τε οὖν φησὶν αὗται ὡς πρὸς ἄρκτους
καὶ μεσημβρίαν ὦσι τετραμμέναι, ὅπερ ἄν
τις ὡς ἀκόλουθον μᾶλλον ἡγήσαιτο, συμβήσεται καὶ οὕτως ἤτοι πάσαις ταῖς οἰκήσεσι
πάντα τὰ ἄϛρα ἀνατέλλειν καὶ δύνειν, καὶ
μηδεμίαν διαφορὰν περὶ τὰς ὥρας γίνεσθαι,
ἢ τισὶ πάλιν ἔνια καὶ τὰ αὐτὰ καὶ ἀνατέλλειν
καὶ δύνειν, καὶ ἕτερα καὶ τὰ αὐτὰ καὶ ἴσον



premières par les rayons du soleil levant,
seroient les premières à le voir, au lieu que
toutes les parties d'un plan le voient toutes
à la fois, parce qu'on ne conçoit qu'un
seul horizon qui fasse distinguer par son
plan l'hémisphère supérieur d'avec l'inférieur. Supposons toute autre figure à une
face de solide, comme la triangulaire qui
est celle des côtés de la pyramide, ou la
quadrangulaire comme celle du côté du
cube, les astres paroîtroient à tous les habitans d'une même face d'un tel solide,
se lever dans le même temps au-dessus
du plan. Ptolémée s'est permis de dire :
au-dessus de la même droite, parce qu'une
surface plane est de niveau avec les droites
qui sont dans son plan ), mais toutes ces
suppositions sont contraires aux phénomènes, et à ce que l'on voit par les éclipses.

Comme, suivant ce que nous avons dit, la
différence des heures d'orient en occident,
est partout proportionnelle à la distance
des lieux, et que la figure cylindrique sembloit en conséquence donnée à la terre,
Ptolémée dit qu'elle ne peut pas être cylindrique de manière à avoir sa surface convexe, regardant l'orient et l'occident, et
ses bases planes, c'est-à-dire les cercles,
tournés vers les pôles du monde. Car de
même que dans les plans nous appellons
côtés les droites qui embrassent la figure,
ainsi il a appellé côtés du solide les surfaces planes circulaires qui terminent la figure. Si donc, dit-il, elles sont tournées
vers les ourses et vers le midi, comme toute
personne jugera que cela doit être, alors
il arrivera ou que toutes les étoiles se leveront et se coucheront pour tous les parallèles de la terre, sans aucune différence
entre les heures; ou que quelques-unes et
toujours les mêmes se leveront et se coucheront pour des parallèles, ou que pour
d'autres quelques-unes aussi toujours les

8

mêmes et également éloignées des pôles seront toujours invisibles ; et que pour certains parallèles encore, aucune ne se lèvera ni ne se couchera, mais que les mêmes leur seront toujours partout visibles.

Pour mettre sous les yeux tout ce qui vient d'être dit, concevons la sphère de l'univers, (fig. 26) ses pôles E, Z, son centre H, son axe EZ, autour de cet axe le cylindre de la terre TKLM, dont les bases soient les cercles TK, LM. Imaginons le plan de l'horizon NTMX passant par un des parallèles de la surface convexe de la terre, c'est-à-dire du cylindre, si comparativement à la distance, nous supposons que le cylindre est une ligne droite, de sorte que l'horizon mené par la surface de la terre, c'est-à-dire du cylindre, coupe sensiblement la sphère du ciel en deux parties égales, la droite NX sera égale à la droite EZ, et les étoiles se lèveront et se coucheront absolument pour toutes les parties habitées du cylindre, l'horizon passant par les pôles de la sphère. Mais si ces parties avoient une grandeur sensible, il est clair que les horizons couperoient l'espace céleste en deux segmens inégaux, l'un supérieur, l'autre inférieur à la terre, en faisant le segment supérieur plus petit que l'inférieur de même que l'horizon NX coupe la sphère ABGD en deux segmens inégaux, puisque H est le centre pour eux ; les astres situés dans le segment NADX supérieur à la terre, se lèveront et se coucheront pour tous les parallèles de la surface convexe de la terre, et les astres du segment OBPG seront toujours invisibles, ainsi que les astres également éloignés de chacun des pôles, c'est-à-dire qui sont compris dans les segmens NO et PX. Maintenant nous imaginons des plans menés par les bases, comme des

ἀφες ῶτα τῶν πόλων ἀφανῆ ἀεὶ καθίς ασθαι, καὶ ἔν τισι πάλιν οἰκήσεσιν, οὐδὲν οὔτε δύνεσθαι, οὔτε ἀνατέλλειν, ἀλλὰ πάντοτε τὰ αὐτὰ φανερὰ τυγχάνειν αὐτοῖς ἀεί.

Ἵνα δὲ πάλιν ὑπ' ὄψιν γένηται τὰ λεγόμενα, νενοήσθω ἡ τοῦ παντὸς σφαῖρα, πόλοι δὲ αὐτῆς τὰ Ε, Ζ σημεῖα, κέντρον δὲ τὸ Η, καὶ ἄξων ὁ ΕΖ, καὶ ἔξω περὶ τὸν αὐτὸν ἄξονα κείμενος ὁ τῆς γῆς κύλινδρος ὁ ΘΚΛΜ, οὗ βάσεις οἱ ΘΚ ΛΜ κύκλοι. Ἐὰν οὖν νοήσωμεν διὰ μιᾶς τῶν ἐπὶ τῆς κυρτῆς ἐπιφανείας οἰκήσεων ἐκβαλλόμενον τὸ τοῦ ὁρίζοντος ἐπίπεδον, ὡς τὸ ΝΘΜΞ. Εἰ μὲν ὡς πρὸς τὸν τοῦ ἀπος ήματος λόγον εὐθεῖαν πρὸς αἴσθησιν ὑποτίθαιντο τὸν κύλινδρον, ὥς ε τὸν ἠγμένον διὰ τῆς ἐπιφανείας τῆς γῆς, τουτές ι τοῦ κυλίνδρου, ὁρίζοντα διχοτομεῖν πρὸς αἴσθησιν τὴν σφαῖραν τοῦ οὐρανοῦ, ἔς αι ἡ ΝΞ ἡ αὐτὴ τῇ ΕΖ, καὶ παντάπασι καὶ ἀνατελεῖ καὶ δύσεται τὰ ἄς ρὰ τοῖς ἐπὶ τοῦ κυλίνδρου οἰκοῦσι, τοῦ ὁρίζοντος διὰ τῶν πόλων τῆς σφαίρας τυγχάνοντος. Εἰ δὲ μέγεθος αἰσθητὸν ἔχοντα, δῆλον ὡς ὅτι οἱ ὁρίζοντες εἰς ἄνισα πάντοτε διαιρήσουσι τό τε ὑπὲρ γῆν καὶ τὸ ὑπὸ γῆν τοῦ οὐρανοῦ, ἔλαττον τὸ ὑπὲρ γῆν τοῦ ὑπὸ γῆν ποιοῦντες, καθάπερ καὶ ὁ διὰ τῆς ΝΞ εἰς ἄνισα τέμνει τὴν ΑΒΓΔ σφαῖραν, τοῦ Η κέντρου αὐτοῖς ὄντος καὶ πᾶσι τοῖς ἐπὶ τῆς κυρτῆς ἐπιφανείας οἰκοῦσιν ἀεὶ καὶ ἀνατέλλει καὶ δύνει, τά τε ἐπὶ τοῦ ΝΑΔΞ τμήματος τῆς σφαίρας. Καὶ τοῦ ΟΒΠΓ ἄς ρα, ἀεὶ δὲ ἀφανῆ καθίς αται, τά τε ἴσον ἀπέχοντα ἑκατέρου τῶν πόλων, τουτές ι τὰ περιλαμβανόμενα ὑπὸ τοῦ ΝΟ τμήματος καὶ τοῦ ΞΠ. Ἐὰν δὲ καὶ τὰ διὰ τῶν βάσεων ἐπίπεδα νοήσωμεν ἐκβαλλόμενα ὡς ὁρίζοντας, ὡς τοὺς ΑΘΚΒ, ΔΜΛΓ, τοῖς μὲν ἐπὶ τῆς ΘΚ βάσε ὡς οἰκοῦσι πάντα ἀεὶ φανερὰ γίνεται τὰ ἐπὶ τῶν ΑΝΕΟΒ τμήματος ἄϛρα, ἀεὶ δὲ ἀφανῆ πάντα τὰ λοιπά. Καὶ δῆλον ὅτι οὐδὲν τῶν ἀπλανῶν ἀϛέρων οὔτε ἀνατέλλον οὔτε καταδυόμενον φαίνεται. Κοινὰ δὲ φαινόμενα ἐγίνετο τῶν τε ἐπὶ τῆς κυρτῆς ἐπιφανείας οἰκούντων καὶ τῶν ἐπὶ τῆς βάσεως τὰ ἐπὶ τῶν ΑΝ ΟΒ τμημάτων ἄϛρα, τοῖς μὲν ἐπὶ τῆς κυρτῆς ἐπιφανείας οἴκοτσιν ἀνατέλλοντα καὶ δύνοντα, τοῖς δὲ ἐπὶ τῆς βάσεως μηδ᾽ ὁπότερον. Ὁμοίως δὲ τὰ αὐτὰ συμβήσεται καὶ τοῖς ἐπὶ τῆς ΜΛ βάσεως οἰκοῦσιν, ὥϛε συμβαίνειν ἐπὶ τῆς κυρτῆς ἐπιφανείας ἡμῶν παροδευόντων, ἤτοι ἀπὸ τῶν βορείων ἐπὶ τὰ νότια, ἢ ἀπὸ τῶν νοτίων ἐπὶ τὰ βόρεια, τὰ αὐτὰ πάντοτε καὶ ἀνατέλλειν καὶ δύνειν, καὶ μηδὲν ἀεὶ φανερὸν μήτε τῶν πόλων μήτε τῶν ἀϛέρων γίνεσθαι, μηδενὸς μέρους τῆς γῆς ἐγκλισθῆναι δυναμένου ἐν κυλινδρικῷ σχήματι, ἵνα οἱ ὁρίζοντες τέμνωσιν αὐτό, ἐπεὶ καὶ διὰ τῆς ἐπιφανείας τῆς γῆς ἐφαπτόμενοι οἱ ὁρίζοντες ἐπινοοῦνται, καὶ οὐχὶ τέμνοντες αὐτήν. Νῦν δὲ ὅσῳ πρὸς τὰς ἄρκτους πυροδεύομεν, τοσούτῳ ἕτερα μὲν ἀναφαίνεται ἡμῖν ἀεὶ φανερὰ μετὰ τοῦ βορείου πόλου, ἕτερα δὲ ἀναλόγως ἀποκρύπτεται ἀεὶ ἀφανῆ μετὰ τοῦ νοτίου πόλου, ὡς δῆλον γίνεσθαι ὅτι καὶ ἐνταῦθα ἡ κυρτότης τῆς γῆς, οὐ μόνον τὴν ἀπὸ ἀνατολῆς ἐπὶ δύσιν ἀνάλογον ἐπιπρόσθησιν ποιεῖται, ὅπερ ἀπὸ τῆς διαφορᾶς τῶν ὡρῶν κατελαμβάνετο, ἀλλὰ καὶ ἀπὸ τῶν πλαγίων, καὶ ἀπὸ οἱουδήποτε τόπου, ἐφ᾽ οἱουδήποτε, ὅπερ οὔτε τὸ κυλινδρικὸν οὔτε τὸ κωνικὸν, οὔτε ἕτερον ὁτιοῦν σχῆμα δύναται συντηρεῖν, ἢ μόνον τὸ σφαιρικόν. Δείκνυται γὰρ πάλιν καὶ τοῦτο διὰ τοῦ ὁμοίου θεωρήματος, δι᾽ οὗ ἀναλόγως ταῖς κατὰ τὰς ὥ-

horizons, telle que ATKB, DMLG, tous les astres situés dans le segment ANEOB deviennent visibles en tout temps aux habitans de la base TK, mais tous les autres leur sont perpétuellement invisibles; car on voit bien qu'aucune des étoiles ne leur paroît ni se lever ni se coucher. Il n'y auroit que les étoiles situées dans les segmens AN, OB, qui paroissant communes aux habitans de la surface convexe, et à ceux de la base, TK se leveraient et se coucheroient pour les habitans de la surface convexe, mais non pour ceux de la base. La même chose auroit lieu pour les habitans de la base LM, de sorte qu'en allant sur la surface convexe du septentrion au midi, ou du midi au septentrion, nous verrions toujours les mêmes étoiles se lever et se coucher en tout temps, et il ne nous paroîtroit rien ni des pôles ni de leurs étoiles, nulle partie de la terre dans le cas de la figure cylindrique ne pouvant être inclinée de manière qu'elle fût coupée par les horizons, attendu que l'on conçoit les horizons tangens à la surface de la terre, et non sécants. Cependant, plus nous avançons vers les ourses, plus nous découvrons d'autres étoiles du côté du pôle boréal, et plus aussi d'autres disparoissent en même proportion du côté du pôle austral. Ainsi il est encore évident ici que la convexité de la terre fait qu'elle est interposée proportionnellement entre notre vue et les étoiles dans la direction d'orient en occident, comme on le voit bien par la différence des heures, mais encore dans le sens des côtés, et de tout lieu quelconque vers quelqu'autre point que ce soit, ce qui est incompatible avec toute autre figure soit cylindrique, ou conique, que la sphérique seule. Cela se démontre encore par un théorême semblable qui prouve que les distances des lieux sont propor-

8 *

tionnelles aux différences des heures (fig. 27.)

En effet, si l'on imagine encore les trois points A, B, G, terrestres, pris arbitrairement, soit du midi vers les ourses, soit dans d'autres directions, sur le plan d'un des grands cercles de l'univers, perpendiculaire aux horizons qui passent par les points A, B, G, et si de ces points on mène au centre les droites PA, BP, GP, on verra que le plan mené suivant ces droites, produit dans la sphère de l'univers le grand cercle EZHT; prolongeant jusqu'à sa circonférence les droites PAM, PBN, PGX, élevons sur elles les perpendiculaires EAT, ZBK, HGL, sections communes du cercle EZHT et des horizons, les points M, N, X, seront verticaux. Et puisque les circonférences EMT, ZNR sont égales entr'elles, car les espaces célestes au-dessus de la terre paroissent égaux, de quelque point qu'on les voie, six signes du zodiaque pris depuis un point à volonté étant toujours visibles au-dessus de la terre, et les six autres étant toujours au-dessous, retranchant l'arc commun ZT, reste l'arc EZ égal à l'autre arc TK. Par les mêmes raisons l'arc ZH est égal à l'arc KL. Et puisque EHT appartient au point A au-dessus de l'horizon, et ZTK à B, ensorte que l'espace de A en B cachera les astres du segment EZ, ceux du segment TK deviendront visibles dans la même proportion, tant les uns et les autres dans des segmens égaux. Par les mêmes raisons, l'espace de B en G cachera les astres qui sont en ZH, et de même ceux qui sont en KL deviendront visibles dans la même proportion, parce que KTL appartient au point G qui est au-dessus de l'horizon. Il dit donc maintenant d'après les observations, que nous découvrirons d'autant plus d'é-

ρας διαφοραῖς, τὰ διαςήματα τῶν τόπων ἐπεδείκνυμεν.

Ἐὰν γὰρ πάλιν νοήσωμεν ἀφ' οἱωνδήποτε τῆς γῆς τόπων, τῶν ἀπὸ μεσημβρίας πρὸς ἄρκτους, ἢ καὶ πλαγίων, τριῶν οἰκήσεων σημεῖα τὰ Α Β Γ, ἐν ἑνὶ τῶν ἐν τῷ παντὶ μεγίςων κύκλων ἐπιπέδῳ ὀρθῷ πρὸς τοὺς διὰ τῶν Α Β Γ ὁρίζοντας, καὶ ἀπ' αὐτῶν ἐπὶ τὸ τοῦ παντὸς κέντρον τὸ Π, ἐπιζεύξαντες τὰς ΠΑ, ΠΒ, ΠΓ, νοήσωμεν τὸ δι' αὐτῶν ἐπίπεδον ποιοῦν ἐν τῇ τοῦ παντὸς σφαίρᾳ μέγιςον κύκλον τὸν ΕΖΗΘ, καὶ ἐκβάλλοντες ἐπ' αὐτὸν τὰς ΠΑΜ, ΠΒΝ, ΠΓΞ, πρὸς ὀρθὰς αὐταῖς ἐπάγωμεν τὰς ΕΑΘ, ΖΒΚ, ΗΓΛ κοινὰς τομὰς γενομένας τοῦ τε ΕΖΗΘ κύκλου καὶ τῶν ὁριζόντων, ἔςαι τὰ Μ Ν Ξ σημεῖα κατὰ κορυφήν. Καὶ ἐπεὶ αἱ ΕΜΘ, ΖΝΚ περιφέρειαι ἴσαι ἀλλήλαις εἰσὶν, ἴσα γὰρ τὰ ὑπὲρ γῆν φαίνεται πανταχοῦ, ἓξ μὲν ζωδίων ἀφ' οἱουδήποτε τμήματος ὑπὲρ γῆς ἀεὶ φαινομένων, ἓξ δὲ τῶν λοιπῶν ὑπὸ γῆν, καὶ κοινῆς ἀφαιρεθείσης τῆς ΖΘ, λοιπὴ ἡ ΕΖ λοιπῇ τῇ ΘΚ ἐςὶν ἴση. Διὰ τὰ αὐτὰ δὴ καὶ ἡ ΖΗ τῇ ΚΛ ἐςὶν ἴση. Καὶ ἐπεὶ τῆς μὲν Α οἰκήσεως ὑπὲρ γῆν ἐςὶ τὸ ΕΗΘ, τῆς δὲ Β τὸ ΖΘΚ, ὥςε ἡ ἀπὸ τοῦ Α ἐπὶ τὸ Β πάροδος ἀποκρύψει μὲν τὰ ἐπὶ τοῦ ΕΖ τμήματος ἄςρα, ἀναφανεῖ δὲ τὰ ἐπὶ τοῦ ΘΚ ἀναλόγως ἐν ἴσοις ὄντα τμήμασι. Διὰ τὰ αὐτὰ δὴ καὶ ἡ ἀπὸ τοῦ Β ἐπὶ τὸ Γ πάροδος ἀποκρύψει μὲν τὰ ἐπὶ τοῦ ΖΗ, ἀναφανεῖ δὲ ἀναλόγως τὰ ἐν τῷ ΚΛ, ἐπεὶ καὶ τῆς Γ οἰκήσεως ὑπὲρ γῆν ἐςὶ τὸ ΗΘΛ. Φησὶν οὖν ὡς ἐκ τῶν φαινομένων, νῦν δ' ὅσω πρὸς τὰς ἄρκτους παροδεύομεν, τοσούτω, τουτέςιν ἀναλόγως, τῶν μὲν βορειοτέρων ἀναφαίνεται πλείονα, τῶν δὲ νοτιωτέρων ἀποκρύπτεται. Καὶ δῆλον ὡς ἔϛαι ἡ ΑΒ πρὸς ΒΓ, οὕτως ἡ ΕΖ πρὸς ΖΗ, καὶ ἡ ΘΚ πρὸς ΚΛ, καὶ διὰ τοῦτο καθ’ ἑκάϛην τῶν ἐπὶ γῆς διαϛάσεων τῆς διαφορᾶς τῶν φαινομένων ἀναλόγως γινομένης, ἀκολουθεῖν, ὡς ἔμπροσθεν ἐδηλοῦμεν, μηδ’ ὁτιοῦν ἕτερον εἶναι τὸ τῆς γῆς σχῆμα, ἢ μόνον τὸ σφαιρικὸν, ἐπὶ τοῦ τοιούτου μόνου σχήματος τῶν ἐπιπέδων τῶν ὁριζόντων καθ’ ἓν σημεῖον αὐτῆς ἁπτομένων, καὶ καθ’ ἕκαϛον τὴν εἰρημένην ἐπὶ τῶν φαινομένων διαφορὰν ἐμποιούντων.

Ἔϛι δὲ καὶ ἄλλως σφαιρικὴν ἅμα καὶ ὁμόκεντρον δηλαδὴ καὶ μέσην τοῦ παντὸς δεῖξαι τὴν γῆν οὕτως. Εἰλήφθωσαν ἐπὶ τῆς ἐπιφανείας τῆς γῆς, τριῶν οἰκήσεων σημεῖα τὰ Α Β, Γ, καὶ ἔϛω τῆς μὲν Α οἰκήσεως ἐν τῇ τοῦ παντὸς σφαίρᾳ μεσημβρινὸς ὁ ΔΕΖ, τῆς δὲ Β ὁ ΗΘΚ, καὶ ἔτι τῆς Γ ὁ ΛΜΝ. Καὶ εἰλήφθωσαν αἱ κοιναὶ τομαὶ τῶν ὁριζόντων καὶ τῶν μεσημβρινῶν αἱ ΔΖ, ΗΚ, ΛΝ, καὶ πρὸς ὀρθὰς αὐταῖς ἐν τοῖς τῶν μεσημβρινῶν ἐπιπέδοις αἱ ΑΕ, ΘΒ, ΓΜ. Τὰ Ε Θ Μ ἄρα σημεῖα κατὰ κορυφὴν εἰσὶ τῶν οἰκήσεων, τουτέϛι πόλοι τῶν ὁριζόντων εἰσίν. Ἴση ἄρα ἡ ἀπὸ τοῦ Ε ἐπὶ τὸ Δ τῇ ἀπὸ τοῦ Ε ἐπὶ τὸ Ζ, καὶ κάθετος ἡ ΕΑ ἐπὶ τὴν ΔΖ. Ἴση ἄρα καὶ ἡ ΔΑ τῇ ΑΖ. Ἐπεὶ οὖν ἐν κύκλῳ εὐθεῖα ἡ ΕΑ τὴν ΔΖ δίχα καὶ πρὸς ὀρθὰς τέμνει, ἐπὶ τῆς ΕΑ ἄρα ἐϛι τὸ κέντρον τοῦ ΔΕΖ μεσημβρινοῦ, τουτέϛι τῆς σφαίρας. Διὰ τὰ αὐτὰ δὴ καὶ ἐφ’ ἑκατέρας τῶν ΒΘ, ΓΜ, τὸ κέντρον ἐϛὶ τῆς σφαίρας. Ἐκβεβλήσθωσαν καὶ συμπιπτέτωσαν κατὰ τὸ Ξ· τὸ Ξ ἄρα κέντρον ἐϛὶ τῆς σφαίρας. Καὶ ἐπεὶ τὰ ὑπὲρ γῆν ἴσα φαίνεται πανταχοῦ, ὥϛε πάντοτε

toiles boréales, c’est-à-dire en proportion, que nous avancerons davantage vers les ourses, et que nous perdrons de vue, plus d’étoiles australes. Or, il est clair que AB sera à BG, comme EZ à ZH, et TK à KL. C’est pourquoi la différence de ces phénomènes étant en raison des distances sur la terre, il s’ensuit, comme nous l’avons montré plus haut, que la terre ne peut avoir d’autre figure que la sphérique, les plans des horizons touchant la surface terrestre en un seul point dans cette figure seule, et produisant pour chacun dans ces apparences célestes, la différence que nous avons exposée.

On peut encore donner une autre démonstration de la figure sphérique de la terre, et prouver en même temps qu’elle est concentrique au monde, c’est-à-dire au centre même de l’univers. ( Fig. 28. ) soient pris sur la surface de la terre les points A, B, G, de trois lieux terrestres, et soit dans la sphère de l’univers, DEZ le méridien du lieu A, HTK celui du lieu B, et LMN celui du lieu G. Prenons les communes sections des horizons et des méridiens D, Z, HK, LN, et menons-y les perpendiculaires AE, TB, GM, dans les plans des méridiens. Les points E, T, M, seront donc verticaux sur les lieux en question, c’est-à-dire qu’ils sont les pôles des horizons. Donc la droite menée de E en D est égale à la droite menée de E en Z, et EA est perpendiculaire sur DZ. Donc DA est égale à AZ. Or puisque, dans le cercle, la droite EA coupe la droite DZ perpendiculairement et en deux parties égales, il s’ensuit que le centre du méridien DEZ, c’est-à-dire de la sphère, est dans la droite EA. Par les mêmes raisons le centre de la sphère est dans chacune des droites BT, GM. Prolongeons ces droites, jusqu’à ce qu’elles se rencontreront en X. X est le centre de la sphère. Et puisque les espaces paroissent égaux de toutes parts, de sorte que de quelque point que ce soit, il paroît toujours six signes du zodiaque au-dessus de la terre, les segmens DEZ, HTK, LMN, sont égaux, de sorte que les perpendiculaires EA, TB, MG qui les coupent chacun par moitiés, sont égales. Or ces droites XE, XT, XM sont égales, car elles sont menées du centre à la circonférence de la sphère. Donc les restes de ces droites XA, XB, XG sont égaux. Nous démontrerons pareillement que toutes les droites menées du centre de la sphère à sa surface sont égales. Donc la terre est sphérique et concentrique à la sphère du monde, et par conséquent elle est au milieu de l'univers.

En disant que la terre est sensiblement de forme sphérique, nous avons avancé que les montagnes ne faisant que de très-petites hauteurs relativement à la grandeur totale de la terre, la maintenoient sensiblement dans sa figure sphérique immuable. C'est ce qu'il est facile de conclure des grandeurs déterminées de la terre entière, et des montagnes en particulier, comme nous allons l'exposer.

La grandeur totale de la terre, mesurée sur son grand cercle, est de dix-huit myriades de stades ( 180000 stades ), comme Ptolemée l'a portée dans sa géographie. Or, Archimède par la rectification de la circonférence du cercle, prouve qu'elle est plus grande que le triple du diamètre, joint à sa septième partie. Ainsi tout le diamètre de la terre seroit de 57273. Car la circonférence de dix-huit myriades est plus grande que le triple et le septième de cette quantité, à très-peu près. Mais Eratosthène montre par les dioptres qui servent à mesu-

ἀφ' οἱουδήποτε τμήματος, τοῦ ζωδιακοῦ ἓξ ζώδια ὑπὲρ γῆν φαίνεσθαι, ἴσα ἂν εἴη τὰ ΔΕΖ, ΗΘΚ, ΛΜΝ τμήματα, ὥϛε καὶ αἱ ἀπὸ τῶν διχοτομιῶν αὐτῶν κάθετοι αἱ ΕΑ, ΘΒ, ΜΓ ἴσαι εἰσίν. Εἰσὶ δὲ καὶ αἱ ΞΕ, ΞΘ, ΞΜ ἴσαι, ἐκ τοῦ κέντρου γὰρ ἐπὶ τὴν ἐπιφάνειαν τῆς σφαίρας. Καὶ λοιπαὶ ἄρα αἱ ΞΑ, ΞΒ, ΞΓ ἴσαι εἰσίν. ὁμοίως δὴ δείξομεν ὅτι καὶ πᾶσαι αἱ ἀπὸ τοῦ κέντρου τῆς σφαίρας ἐπὶ τὴν ἐπιφάνειαν τῆς γῆς ἴσαι ἂν εἶεν· ὥϛε ἡ γῆ σφαιρική ἐϛι, καὶ ὁμόκεντρος τῇ τῶν ὅλων σφαίρᾳ· διὰ δὴ τοῦτο καὶ μέση.

Περὶ δὲ τοῦ πρὸς αἴσθησιν σφαιροειδῆ εἶναι τὴν γῆν, εἴρηται μὲν ἡμῖν καὶ μικρῷ πρόσθεν, ὅτι τὰ ὄρη ἐλαχίϛας ποιοῦντα ἐπαναϛάσεις ὡς πρὸς τὸ ὅλον τῆς γῆς μέγεθος, ἀναλλοίωτον αὐτῆς τὸ σφαιρικὸν σχῆμα συντηροῦσι πρὸς αἴσθησιν. Ἔϛι δὲ καὶ ἀπὸ τῶν καταληφθέντων μεγεθῶν τῆς τε ὅλης γῆς, καὶ τῶν ὀρῶν τὸ τοιοῦτον ἐπιγνῶναι.

Τὸ γὰρ ὅλον τῆς γῆς μέγεθος κατὰ τὸν μέγιϛον αὐτῆς κύκλον μετρούμενον, ϛαδίων μύρια ἐϛὶ ιη, καθάπερ αὐτὸς ὁ Πτολεμαῖος ἐν τῇ γεωγραφίᾳ συνήγαγεν. Ἀρχιμήδης δὲ τοῦ κύκλου τὴν περίμετρον εἰς εὐθεῖαν ἐκτεινομένην δείκνυσι τῆς διαμέτρου τριπλασίῳ καὶ ἔτι ζ μέρει μείζονα, ὥϛε εἴη ἂν ἡ πᾶσα τῆς γῆς διάμετρος ϛάδια μύρια ε καὶ ͵ζσογ· Τούτῳ γὰρ τριπλασίων καὶ ζ μέρει μείζων ἔγγιϛα ἐϛὶν ἡ τῶν ιη μυρίων περίμετρος. Τῆς δὲ ἀπὸ τῶν ὑψηλοτάτων ὀρῶν ἐπὶ τὰ χθαμαλώτερα πίπτουσαν κάθετον δείκνυσιν

Ἐρατοσθένης διὰ τῶν ἐξ ἀποςημάτων με-
τρουσῶν διοπτρῶν, ςαδίων ῑ. Ἐπεὶ οὖν ἀπεδείχθη πάλιν Ἀρχιμήδει ὅτι τὸ ὑποκείμενον
τῆς διαμέτρου καὶ τῆς τοῦ κύκλου περιφερείας
εἰς εὐθεῖαν ἐξαπλουμένης, περιεχόμενον ὀρθογωνίῳ, τετραπλάσιον ἐςὶ τοῦ ἐμβαδοῦ τοῦ
κύκλου, τὸ ἄρα ὑπὸ τῆς διαμέτρου καὶ τοῦ
δʹʹ μέρους τῆς περιφερείας ἴσον ἐςὶ τῷ ἐμ-
βαδῷ τοῦ κύκλου. Διόπερ εὑρίσκεται τὸ ἀπὸ
τῆς διαμέτρου τετράγωνον πρὸς τὸ ἐμβαδὸν
τοῦ κύκλου λόγον ἔχον, ὃν τὰ ιδ πρὸς ιᾱ,
οὕτως. Ἐπεὶ γὰρ ἡ περιφέρεια τῆς διαμέτρου
τριπλασίων ἐςὶ καὶ ἔτι ζʹʹ μέρει μείζων, οἵων
ἄρα ἐςὶν ἡ διάμετρος ζ, τοιούτων ἡ μὲν
περιφέρεια γίνεται κϐ, τὸ δὲ δʹʹ αὐτῆς ε ϛʹʹ,
ὥςε καὶ οἵων τὸ τετράγωνον μθ, τοιούτων
ὁ κύκλος λη ϛʹʹ. Καὶ διὰ τὸ ἐπιτρέχον ϛʹʹ διπλασιάσαντες αὐτὰ, ἕξομεν οἵων τὸ τετράγωνον ϙη, τοιούτων τὸν κύκλον οζ. Τούτων
δὲ ὁ λόγος ἐν ἐλαχίςοις ἀριθμοῖς ἐςιν ὁ τῶν
ιδ πρὸς ιᾱ. Μέγιςον γὰρ κοινὸν μέτρον αὐτῶν ἐςὶν οζ, καὶ μετρεῖ τὸν ϙη κατὰ τὸν
ιδ, τὸν δὲ οζ κατὰ τὸν ιᾱ. Καὶ ἐπεὶ ἐςὶν
ὡς τὸ ἀπὸ τῆς διαμέτρου τοῦ κύκλου τετράγωνον
πρὸς τὸν κύκλον, οὕτως ὁ κύβος πρὸς τὸν
ἰσούψη κύλινδρον, ὡς ἑξῆς δείξομεν· ἕξει
ἄρα καὶ ὁ κύβος πρὸς τὸν κύλινδρον τὸν
τῶν ιδ πρὸς τὸν ιᾱ λόγον. Καὶ ἐπεὶ ἐδείχθη
πάλιν Ἀρχιμήδει ἐν τῷ περὶ σφαίρας καὶ
κυλίνδρου, ὅτι ὁ ἰσούψης τῇ σφαίρᾳ κύλινδρος, καὶ ἔχων βάσιν τὸν μέγιςον ἐν αὐτῇ
κύκλον, ἡμιόλιος ἐςὶ τῆς σφαίρας, ἔςαι καὶ
οἵων ὁ κύλινδρος ιᾱ, τοιούτων ἡ σφαῖρα ζ
γʹʹ, ἀλλὰ καὶ οἵων ὁ κύβος ιδ, τοιούτων ὁ
κύλινδρος ιᾱ, καὶ οἵων ἄρα ὁ κύβος ιδ, ἡ
σφαῖρα ζ γʹʹ. Ἔςαι ἄρα ἡ σφαῖρα τοῦ κύκλου ζ ιδʹ καὶ γʹʹ ιδ. Καὶ ἐπεὶ τὴν διάμετρον

rer de loin, que la perpendiculaire tombant
du sommet des plus hautes montagnes jusqu'à leur point le plus bas, est de dix stades. Et comme Archimède a démontré
aussi que le rectangle formé du diamètre
multiplié par la circonférence réduite en
ligne droite, est quadruple de l'aire du
cercle, il s'ensuit que le produit du diamètre par le quart de la circonférence du
cercle, est égale à l'aire de ce cercle. Et l'on
trouve en conséquence que le carré du diamètre est à l'aire du cercle comme 14 est à
11. En effet, la circonférence étant plus
grande que le triple et le septième du diamètre, le diamètre étant supposé de sept
parties, la circonférence en aura vingt-
deux, et son quart cinq et demi. Ainsi le
carré du diamètre en ayant quarante-neuf,
le cercle en aura trente-huit et demie. Doublant ces nombres à cause de la fraction
une demie, nous aurons la surface du
cercle de 77 des parties dont le carré de
son diamètre en aura 98. Or le rapport de
ces nombres réduits à une plus simple expression, est le même que celui de 11 à 14.
Car leur plus grand commun diviseur est
7, qui divisant 77, donne 11 au quotient,
et divisant 98, donne 14. Mais comme nous
le démontrerons dans la suite, le cube étant
au cylindre de même hauteur, dans le rapport carré du diamètre au cercle, ce cube
sera par conséquent à ce cylindre dans la
raison de 14 à 11. Archimède a demontré
dans son traité de la sphère et du cylindre,
que dans un cylindre de même hauteur que
la sphère, et qui a pour base un grand cercle de cette sphère, cette même sphère est
les deux tiers du cylindre. Donc ce cylindre
étant comme 11, la sphère sera comme 7
un tiers. Mais des parties dont le cube en
contient 14, le cylindre en contenant 11, la
sphère contiendra 7 ⅓ de ces 14 du cube.

Elle sera donc égale à $\frac{7}{14}$ des $14 + \frac{1}{3}$ d'une des 14 du cube. Et puisque nous avons démontré le diamètre de la terre = 57273 stades, le carré du diamètre est 32 myriades du second ordre, 8019 myriades du premier, et 6529 unités ; le cube = 187 myriades du troisième ordre, 8666 myriades du second, 9580 myriades du premier, et 5417, dont la quatorzième partie est 13 myriades du troisième ordre, 4190 myriades du second, et 4970 myriades du premier, et 386. Ce nombre pris sept fois est 93 myriades du troisième ordre, 9333 myriades du second, 4790 myriades du premier, et 2702. A ce produit j'ajoute le tiers de la quatorzième partie, lequel est 4 myriades du troisième ordre, 4730 myriades du second, 1656 myriades du premier, et 6795. La somme est 98 myriades du troisième ordre, 4063 myriades du second, 6446 myriades du premier, et 9497. Telle sera donc la grandeur de la terre. Mais la perpendiculaire de la plus haute montagne est de 10 stades. Donc si nous concevons que sur la terre si prodigieusement grande, il se fasse une élévation de 10 stades, nous verrons bien que cette élévation ne détruit pas la figure sensiblement sphérique de la terre *.

Je dis donc que le cube est au cylindre de même hauteur, comme le carré du diamètre est au cercle. Car traçons un cercle autour du diamètre GD, et décrivons un carré EZ avec ce même diamètre. Faisons de ce carré un cube, et du cercle un cylindre de même hauteur que le cube. Je dis que ce cube est au cylindre, comme le carré

τῆς γῆς ἀπεδείκνυμεν ϛαδίων μυρίων ε καὶ ζσογ, ἔϛαι τὸ ἀπὸ τῆς διαμέτρου τετράγωνον μυριονταδικῶν διπλῶν μυριάδες λϛ, μυριάδες ἁπλαὶ ͵ηιθ, καὶ ͵ϛφκθ. Ὁ δὲ κύϐος μυριονταδικῶν τριπλῶν ρπζ, μυριονταδικῶν διπλῶν ͵ηχξϛ, μυριάδες ἁπλαὶ ͵θφπ, καὶ ͵ευιζ. Τούτων τὸ ιδ´ μυριονταδικῶν τριπλῶν ιγ, μυριονταδικῶν διπλῶν ͵δρϟ, μυριάδες ἁπλαὶ ͵δϡ καὶ τπϛ. Ταῦτα ἑπτάκις γίνεται μυριονταδικῶν τριπλῶν ϟγ, μυριονταδικῶν διπλῶν ͵θτλγ, μυριάδες ἁπλαὶ ͵δψϟ, καὶ ͵βψϛ. Τούτοις προϛίθημι τοῦ ιδ´´ τὸ γ´´, ὅ ἐϛι μυριονταδικῶν τριπλῶν δ, μυριονταδικῶν διπλῶν ͵δψλ, μυριάδες ἁπλαὶ ͵αχνϛ, καὶ ͵ϛψϟζ. Καὶ γίνεται ὁμοῦ μυριονταδικῶν τριπλῶν ϟη, μυριονταδικῶν διπλῶν ͵δξγ, μυριάδες ἁπλαὶ ͵ϛυμϛ, καὶ ͵θυϟζ. Τοσοῦτον ἄρα ἔϛαι τὸ τῆς γῆς σφαιρικὸν μέγεθος. Ἔϛι δὲ καὶ ἡ τοῦ μεγίϛου ὄρους κάθετος ϛαδίων ι. Ἐὰν ἄρα ἐπὶ τοῦ τηλικούτου τῆς γῆς μεγέθους ἐπινοήσωμεν ἐπανάϛασιν τινὰ γενομένην ϛαδίων ι, διὰ τὴν τοσαύτην τοῦ μεγέθους τῆς γῆς ὑπερϐολὴν, ἀναλϐίωτος αὐτῆς πρὸς αἴσθησιν τὸ σφαιρικὸν σχῆμα διαμενεῖ.

Λέγω δὴ ὅτι ἔϛιν ὡς τὸ ἀπὸ τῆς διαμέτρου τετράγωνον πρὸς τὸν κύκλον, οὕτως ὁ κύϐος πρὸς τὸν ἰσοϋψῆ κύλινδρον. Ἐκκείσθω γὰρ ὁ ΑΒ κύκλος περὶ διάμετρον τὴν ΓΔ, καὶ ἀναγεγράφθω ἀπὸ τῆς ΓΔ τετράγωνον τὸ ΕΖ, καὶ ἀνεϛάτω ἀπὸ μὲν τοῦ τετραγώνου, κύϐος, ἀπὸ δὲ τοῦ κύκλου κύλινδρος

* Voyez l'Arénaire d'Archimède, et son Traité de la sphère et du cylindre, dans la belle édition grecque et latine de Torelli, à Oxford, in-fol. 1792.

ἰσούψὴς τῷ κύβῳ, λέγω ὅτι ἔςιν ὡς τὸ EZ
τετράγωνον πρὸς τὸν AB κύκλον, οὕτως ὁ
κύβος πρὸς τὸν κύλινδρον. Ἐκκείσθω γὰρ κύκλος ἴσος τῷ AB ὁ HΘ, περὶ διάμετρον τὴν
KΛ, καὶ τὸ περὶ αὐτὴν τετράγωνον τὸ MN
ἴσον δηλονότι τῷ EZ. Ἐπεὶ οὖν ἐςὶν ὡς τὸ EZ
τετράγωνον πρὸς τὸ MN, οὕτως ὁ AB κύκλος
πρὸς τὸν HΘ κύκλον, καὶ ὁ ἀπὸ τοῦ EZ τετραγώνου κύβος πρὸς τὸν ἀπὸ τοῦ MN κύ-
βον, καὶ ἔτι ὁ ἀπὸ τοῦ AB κύκλου κύλινδρος
πρὸς τὸν ἀπὸ τοῦ ΘH κύλινδρον· καὶ ἐναλλὰξ
ὡς τὸ EZ τετράγωνον πρὸς τὸν AB κύκλον,
οὕτω τὸ MN τετράγωνον, πρὸς τὸν HΘ κύκλου, καὶ ἔτι ὁ ἀπὸ τοῦ EZ κύβος πρὸς τὸν
ἀπὸ τοῦ AB κύλινδρον, καὶ ὁ ἀπὸ τοῦ NM
κύβος πρὸς τὸν ἀπὸ τοῦ HΘ κύλινδρον· ἴσα
δὲ πάντα τὰ ἐν τῷ MN τοῖς ἐν τῷ EZ. Ἔςιν
ἄρα ὡς τὸ EZ τετράγωνον πρὸς τὸν AB
κύκλον, οὕτως ὁ ἀπὸ τοῦ EZ κύβος πρὸς τὸν
AB κύλινδρον.

Ἐπεὶ δὴ εἴρηκεν ὡς καθ' ὅλα μέρη λαμβανομένη, βούλεται καὶ τὴν τῆς θαλάττης
ἐπιφάνειαν, καὶ παντὸς ὕδατος ἠρεμιοῦντος
σφαιρικὴν ἀποδεῖξαι. Καὶ φησὶν ὅτι μετὰ τοῦ,
κᾶν προσπλέωμεν ὄρεσιν, ἢ τισὶν ὑψηλοῖς
χωρίοις ἀφ' ἡςδήποτε γωνίας καὶ πρὸς ἡν-
δήποτε, τουτέςιν ἀφ' οἰουδήποτε τόπου καὶ
πρὸς ὀνδήποτε, κατὰ μικρὸν αὐτῶν αὐξό-
μενα τὰ μεγέθη θεωρεῖσθαι, καθάπερ ἐξ αὐτῆς τῆς θαλάττης ἀνακυπτόντων. Πρότερον
δὲ καταδεδυκότων διὰ τὴν κυρτότητα τῆς τοῦ
ὕδατος ἐπιφανείας. Ἔςι δὲ τοῦτο καὶ ἄνευ
τοῦ πλεῖν οὕτως ἐπιγνῶναι. Ἐὰν γὰρ ἐςὼς
τὶς ἐπί τινος αἰγιαλοῦ θεάσηται μετὰ τὴν
θάλατταν ὄρος ἢ πλοῖον, καὶ ἐπινεύσας ὡς
ἐπὶ τὴν ἐπιφάνειαν τοῦ ὕδατος τὸ ὄμμα καθάπερ διοπτεύων ἐκπέμπει, οὐδὲν ὅλως τὸ

THÉON.

EZ est au cercle AB. Car soient décrits autour du diamètre KL le cercle TH égal au
cercle AB, et sur ce même diamètre le carré
MN égal au carré EZ. Puisque le cercle AB
est au cercle HT, comme le carré EZ est
au carré MN, et que de même que le cube
formé du carré EZ est au cube formé du
carré MN, ainsi le cylindre formé du cercle AB est au cylindre formé du cercle TH;
et que réciproquement comme le carré EZ
est au cercle AB, ainsi le carré MN est au
cercle HT, de même aussi le cube formé
sur EZ est au cylindre formé sur AB, et le
cube fait sur MN, au cylindre fait sur HT,
et que d'ailleurs toutes choses sont égales
dans le cube MN et dans le cube EZ, il
s'ensuit que comme le carré EZ est au cercle
AB, ainsi le cube EZ est au cylindre AB.

Ptolemée en disant : la terre prise dans
l'ensemble de toutes ses parties, veut montrer par là que la surface de la mer, et de
toute eau isolée, est de figure sphérique ;
et il dit que si nous voguons vers des montagnes ou d'autres lieux élevés sous quelque
angle et en quelque direction que ce soit,
c'est-à-dire de quelque point que nous
partions et vers quelques lieux que nous al-
lions, nous voyons les grandeurs de ces lieux
augmenter peu à peu, comme s'ils sortoient
de la mer, étant d'abord plus bas qu'elle à
cause de la convexité de la surface de l'eau.
C'est ce qu'on reconnoîtra aisément par ce
qui suit, sans avoir besoin pour cela de
naviguer. Si, en se tenant debout sur un ri-
vage, on regarde par dessus la mer une
montagne ou un navire, on n'en verra plus
rien dès qu'on se sera baissé au niveau de

l'eau, ou on verra beaucoup moins de l'objet qu'on découvroit quand on étoit debout et qu'on regardoit alors de plus haut, parce que la surface de la mer interpose sa convexité entre l'objet et les yeux. C'est ce qu'on éprouve aussi quand on navigue. Car souvent on ne voit ni terre, ni navire, et pour chercher à en appercevoir, on monte au mât, d'où on peut alors appercevoir, parce que delà on domine sur la convexité de la mer qui auparavant interceptoit la vue. A cette raison physique donnée pour faire entendre ce fait, nous allons ajouter la preuve mathématique que la surface de toute eau stagnante est naturellement de forme sphérique : Le propre de l'eau est naturellement de couler des endroits les plus élevés vers les plus bas. Or je dis que les plus élevés sont les plus éloignés du centre de la terre, et que les plus bas en sont les plus proches.

Si donc (fig. 3o) nous supposons la surface de l'eau, plane, et si du centre de la terre, comme de K, nous menons la perpendiculaire KB sur la droite AB G tracée en dedans de la surface de la mer, et si nous tirons les droites KA, KG, ces droites seront chacune plus grandes que KB. Donc chacun des points A, G, sera plus éloigné du centre K de la terre, que le point B. Donc l'eau s'écoulera des points A, G, vers l'endroit creux B, jusqu'à ce que rempli par l'eau cet endroit devienne aussi distant du centre C que chacun des points A, G, et ainsi tous les points de la surface de l'eau deviendront également distants du centre K : il est donc clair qu'elle deviendra sphérique.

αὐτὸ θεαθήσεται, ἢ πολλῷ ἔλαττον ὄψηται τοῦ ὑφ' ὡς ἐξῶτος αὐτοῦ ὁρωμένου, διὰ τὸ τὴν κυρτότητα τῆς ἐπιφανείας τῆς θαλάττης ἐπιπροσθεῖν ταῖς ὄψεσιν. Ἔτι δὲ καὶ ἐν τῷ πλεῖν τὸ τοιοῦτον συμβαῖνον εὑρίσκεται. Πολλάκις γὰρ μὴ ὁρῶντες μήτε γῆν μήτε πλοῖον, καὶ ἐπιζητοῦντες θεάσασθαι, ἀνελθόντες εἰς τὸν ἰξὸν ἑωράκασιν ὑπερβαλόντες τὴν ἐπιπροσθείσασαν αὐτῶν ταῖς ὄψεσι τῆς θαλάττης κυρτότητα. Καὶ φυσικώτερον δὲ προλαβόντες, μαθηματικώτερον δείξομεν ὅτι παντὸς ὕδατος ἠρεμοῦντος ἡ ἐπιφάνεια σφαιρικὴ πέφυκεν ὑπάρχειν. Φύσιν ἔχει τὸ ὕδωρ ἀπὸ τῶν ὑψηλοτέρων ἐπὶ τὰ χθαμαλώτερα συρῥεῖν. Ὑψηλότερα δὲ λέγω τὰ ἀπώτερον τοῦ κέντρου τῆς γῆς, χθαμαλώτερα δὲ τὰ πλησιέξερον.

Ἐὰν οὖν ὑποθώμεθα τὴν τοῦ ὕδατος ἐπιφάνειαν ἐπίπεδον, καὶ ἀπὸ τοῦ κέντρου τῆς γῆς, οἷον τοῦ Κ ἐπ' αὐτὴν κάθετον ἀγάγωμεν, ποιοῦντες ἐν τῇ τῆς θαλάττης ἐπιφανείᾳ εὐθεῖαν τὴν ΑΒΓ, καὶ ἐπιζεύξωμεν τὰς ΚΑ, ΚΓ, μείζονες ἔσονται τῆς ΚΒ. Καὶ ἑκάτερον ἄρα τῶν Α, Γ σημείων ἀπώτερον ἔξαι τοῦ Κ κέντρου τῆς γῆς, ἤπερ τὸ Β, ὥξε ὑψηλότερα ἔξαι τὰ Α, Γ σημεῖα τοῦ Β. Συρῥυήσεται ἄρα τὸ ὕδωρ ἀπὸ τῶν Α, Γ σημείων ἐπὶ τὸ Β κοιλότερον, μέχρι τοσούτου ἕως ἂν καὶ τὸ Β ἀναπληρούμενον ἴσον ἀπέχῃ τοῦ Κ, ἑκατέρου τῶν Α Γ. Καὶ ὁμοίως πάντα τὰ ἐπὶ τῆς ἐπιφανείας τοῦ ὕδατος σημεῖα τοῦ Κ ἴσον ἀφέξει, καὶ δῆλον ὡς αὐτὴ γενήσεται σφαιρική.

## ΚΕΦΑΛΑΙΟΝ Δ΄.

### ΟΤΙ ΜΕΣΗ ΤΟΥ ΟΥΡΑΝΟΥ ΕΣΤΙΝ Η ΓΗ

Τοῦ τῆς γῆς σχήματος ἐκ τῶν εἰρημένων σφαιρικοῦ κατειλημμένου, ἑξῆς καὶ περὶ τῆς θέσεως αὐτῆς διαλαμβάνει, ὡς ὅτι ἄλλως οὐκ ἂν ἁρμόζοι τὰ φαινόμενα ἡμῖν περὶ αὐτὴν, εἰ μὴ μέσην τοῦ οὐρανοῦ καθάπερ κέντρου θέσιν ἔχουσαν αὐτὴν ὑποςησόμεθα. Εἶτα βουλόμενος δεῖξαι τὰ συμπίπτοντα ἄτοπα, εἰ περὶ τὸ μέσον ὑποτεθείη, ὁρίζεται τρεῖς τόπους περιεκτικωτέρους τῶν ἄλλων ἁπάντων παρὰ τὸ μέσον, καὶ φησὶ· τούτου γὰρ μὴ οὕτως ἔχοντος, τουτέςι μὴ μέσης καθάπερ κέντρου αὐτῆς ὑπαρχούσης, ἔδει ἤτοι τοῦ μὲν ἄξονος ἐκτὸς εἶναι αὐτὴν, ἑκατέρου δὲ τῶν πόλων ἴσον ἀπέχειν, ἢ ἐπὶ τοῦ ἄξονος οὖσαν πρὸς ἕτερον τῶν πόλων παρακεχωρηκέναι, ἢ μήτε ἐπὶ τοῦ ἄξονος εἶναι, μήτε ἑκατέρου τῶν πόλων ἴσον ἀπέχειν. Καὶ φανερὸν ὅτι παρὰ ταύτας τὰς θέσεις ἑτέρας περὶ τὸ μέσον οὐκ ἔςιν ἐπινοήσεσθαι. Καὶ πρὸς μὲν τὴν πρώτην τῶν τριῶν καθ' ἣν ἐκτὸς οὖσαν ἴσον ἀπέχειν ἑκατέρου τῶν πόλων ὑπετίθετο, ἐνίςαται τὰ φαινόμενα τὸν τρόπον τοῦτον. Ἐπεὶ γὰρ ἡ τοιαύτη θέσις κατὰ τέσσαρας τρόπους, ὡς πρὸς ἡμᾶς, ἐπινοεῖται. Δύναται γὰρ, ἐκτὸς τοῦ ἄξονος οὖσα, ἢ ἀνωτέρω, ἢ κατωτέρω, ἢ πρὸς ἀνατολὰς, ἢ πρὸς δυσμὰς αὐτοῦ τυγχάνουσα, ἴσον ἀπέχειν ἑκατέρου τῶν πόλων. Καὶ εἰ μὲν εἰς τὸ ἄνω ἢ τὸ κάτω τινῶν οἰκήσεων ὑποτεθείη, τὸ δὲ ἄνω ἢ κάτω, ὡς ἔφαμεν, ὡς πρὸς ἡμᾶς εἴρηται, πρὸς γάρ τινας ἄνω τυγχάνουσα, πρὸς τοὺς ἀντίχθονας κάτω

## CHAPITRE IV.

### LA TERRE EST AU CENTRE DU CIEL.

Après avoir prouvé par ce qui précéde, que la figure de la terre est sphérique, il cherche quelle est sa situation, et il prouve par les phénomènes qui se passent autour d'elle, qu'ils ne s'accorderoient pas avec ce que nous voyons, si nous ne la supposions pas au milieu du ciel, comme placée au centre. Voulant donc démontrer toutes les absurdités qui suivroient de la supposition de la terre hors du centre, il prend trois positions entre toutes celles qui différent du milieu, et il dit qu'aucune n'est possible, c'est-à-dire que si la terre n'étoit pas au milieu comme un centre, il faudroit qu'elle fût ou hors de l'axe, mais à égale distance de l'un et de l'autre pôle, ou dans l'axe, plus avancée vers un des deux pôles, ou ni dans l'axe ni a égales distances des pôles. Car il est clair qu'on ne peut pas imaginer d'autres positions que celles-là qui soient autour du centre. Or, dans la première où l'on suppose qu'elle est hors de l'axe à égales distances des deux pôles, voici quelles sont les phénomènes qui résulteroient de cette situation, car la terre peut se trouver à égales distances des deux pôles, dans quatre positions relativement à nous, savoir : ou plus haut ou plus bas, ou bien à l'orient ou à l'occident de l'axe. Si on la suppose au-dessus ou au-dessous de certains lieux, le dessus et le dessous étant relatif à nous, comme nous l'avons dit, car ce qui est au-dessus pour quelques parties de la terre, est au-dessous pour d'autres, ja-

9*

mais ils n'auroient d'équinoxes dans la sphère droite, parce que la sphère seroit coupée en deux parties inégales, l'une au-dessus de la terre, l'autre au-dessous.

(Fig. 31.) Car soient le méridien ABGD, son centre E, l'axe BED, et les pôles de la sphère B, D. Soit menée du centre E de la sphère une perpendiculaire à l'axe BED dans le plan du méridien en Z, de manière que, selon la supposition, étant menées les deux droites ZB, ZD, il soit également éloigné des pôles B, D. Si dans la sphère droite nous concevons l'horizon HZT parallèle à l'axe, de sorte que l'équateur soit perpendiculaire à l'horizon HZT, la sphère étant supposée droite, le point A se trouvant dans l'équateur et vertical sur le lieu terrestre, il est évident que l'horizon coupera le méridien ABGD en deux parties inégales, ainsi que la sphère et l'équateur, et ses parallèles, et il n'y aura point d'équinoxes dans la sphère droite, même aux jours équinoxiaux.

Supposons cette même position de la terre, dans la sphère oblique, et soient KL, MN les diamètres des tropiques, et XOZP, RZD les sections communes du méridien et de l'horizon. Traçons par O le parallèle SOT au diamètre de l'équateur, il est évident encore qu'ici les horizons XP, RD, coupent la sphère inégalement, parce que son centre est en E. Or, il n'y aura pas non plus d'équinoxes sur la position RD de l'horizon, parce qu'il ne coupe aucun parallèle en deux parties éga-

ἐϛὶ, τούτοις ἂν συμβαίνοι, ἐπὶ μὲν ὀρθῆς τῆς σφαίρας, τὸ μηδέποτε ἰσημερίαν γίνεσθαι εἰς ἄνισα πάντοτε διαιρουμένων ὑπὸ τοῦ ὁρίζοντος τοῦ τε ὑπὲρ γῆν καὶ τοῦ ὑπὸ γῆν.

Ἔϛω γὰρ μεσημβρινὸς κύκλος ὁ ΑΒΓΔ, κέντρον δὲ αὐτοῦ τὸ Ε, ἄξων δὲ ὁ ΒΕΔ, πόλοι δὲ τῆς σφαίρας τὰ Β, Δ σημεῖα. Καὶ ἀπὸ τοῦ Ε κέντρου τῆς σφαίρας πρὸς ὀρθὰς ἤχθω τῷ ΒΕΔ ἄξονι ἐν τῷ τοῦ μεσημβρινοῦ κατὰ τὸ Ζ, ἵνα ἐπεζευχθεισῶν τῶν ΖΒ, ΖΔ, ἴσον ἀπέχῃ δηλονότι τῶν Β, Δ πόλων κατὰ τὴν ὑπόθεσιν. Ἐὰν οὖν ἐπ' ὀρθῆς τῆς σφαίρας νοήσωμεν τὸν διὰ τῆς ΗΖΘ ὁρίζοντα, παράλληλον δηλονότι ποιοῦντα τὴν ΗΖΘ τῷ ἄξονι, ἵνα καὶ ὁ ἰσημερινὸς ὀρθὸς ᾖ πρὸς τὸν διὰ τῆς ΗΖΘ ὁρίζοντα, ὀρθῆς ὑποκειμένης τῆς σφαίρας, ἔϛαι τὸ Α ἐπὶ τοῦ ἰσημερινοῦ τυγχάνον, καὶ κατὰ κορυφὴν τῆς οἰκήσεως, καὶ δῆλον ὡς ὁ ὁρίζων εἰς ἄνισα τεμεῖ τὸν ΑΒΓΔ μεσημβρινόν, ὥϛε καὶ τὴν σφαῖραν δηλαδὴ καὶ τὸν ἰσημερινὸν καὶ τοὺς τούτου παραλλήλους. Καὶ οὐκ ἔϛαι ἐπ' ὀρθῆς σφαίρας τὰ ἰσημερινά, καίτοι καθ' ἑκάϛην ἡμέραν ἰσημερινὴν ἐκεῖσε γινομένης.

Νενοήσθωσαν δὴ ἐπὶ τῆς τοιαύτης θέσεως τῆς γῆς καὶ ἐγκλίσεις τῆς σφαίρας, καὶ ἔϛωσαν τροπικῶν διάμετροι αἱ ΚΛ, ΜΝ, κοιναὶ δὲ τομαὶ μεσημβρινοῦ καὶ ὁρίζοντος ἥ τε ΞΟΖΠ καὶ ἡ ΡΖΔ. Καὶ διὰ τοῦ Ο γεγράφθω παράλληλος τῇ τοῦ ἰσημερινοῦ διαμέτρῳ ἡ ΣΤΟ, δῆλον δὴ πάλιν ὅτι καὶ ἐνταῦθα οἱ διὰ τῶν ΞΠ καὶ ΡΔ ὁρίζοντες εἰς ἄνισα τέμνουσι τὴν σφαῖραν, διὰ τὸ τὸ κέντρον αὐτῆς πρὸς τῷ Ε τυγχάνειν. Καὶ ἐπὶ μὲν τῆς διὰ τῆς ΡΔ θέσεως τοῦ ὁρίζοντος οὐκ ἔϛαι πάλιν ὁμοίως ἰσημερία, διὰ τὸ μηδένα τῶν παραλλήλων διχοτομεῖσθαι ὑπ’ αὐτοῦ· ἐπὶ δὲ τῆς διὰ τῆς ΞΠ ἔσται, ὅταν ὁ ἥλιος κατὰ τοῦ περὶ διάμετρον τὴν ΣΟΤ παραλλήλου φέρηται, διὰ τὸ τὴν ΒΕΔ διὰ τοῦ κέντρου πρὸς ὀρθὰς τέμνειν, καὶ δίχα κατὰ τὸ Ο, ὥστε καὶ ἡ ΞΠ τὴν ΣΤ δίχα τεμεῖ, καὶ ὁ δι’ αὐτῆς ἄρα ὁρίζων τὸν παράλληλον, ἐπεὶ καὶ διὰ τοῦ κέντρου αὐτοῦ τοῦ Ε ἔρχεται τὸ τοῦ ὁρίζοντος ἐπίπεδον, καὶ ποιήσει ἰσημερίαν ἐπὶ τοῦ τούτου παραλλήλου τυγχάνων ὁ ἥλιος.

Οὐκέτι δὲ καὶ συμφώνως τοῖς φαινομένοις, διὰ τὸ μὴ ἐν τῷ μεταξὺ, καθάπερ εἴρηται, τῆς τε θερινῆς τροπῆς καὶ τῆς χειμερινῆς, τουτέστι κατὰ τοῦ μεγίστου τῶν παραλλήλων τὴν ἰσημερίαν γεγενῆσθαι, ὁμολογουμένου ὑπὸ πάντων τοῦ τὰ διαστήματα τὰ ἀπὸ τῶν τροπικῶν ἐπὶ τὸν ἰσημερινὸν ἴσα τυγχάνειν πανταχοῦ, τῷ καὶ τὴν πρὸς τῷ θερινῷ τροπικῷ γινομένην μεγίστην ἡμέραν τοσούτῳ παραύξεσθαι τῆς ἰσημερινῆς, ὅσῳ καὶ ἡ ἐλαχίστη ἡμέρα πρὸς τῷ χειμερινῷ τροπικῷ μειοῦται τῆς ἰσημερινῆς. Ὅσῳ δὲ μειοῦται ἡ ἡμέρα τῆς χειμερινῆς τροπῆς, τοσούτῳ αὔξεται ἡ νύξ· ὥστε τῷ ἴσῳ παρακολουθεῖν παρηυξῆσθαι τῆς ἰσημερινῆς τήν τε πρὸς τῷ θερινῷ τροπικῷ μεγίστην ἡμέραν, καὶ τὴν πρὸς τῷ χειμερινῷ τροπικῷ νύκτα· καὶ διὰ τοῦτο τὰ ἐναλλὰξ αὐτῶν τμήματα ἴσα τυγχάνειν, ὅπερ συμβαίνει ἐπὶ τῶν ἴσων παραλλήλων, καὶ ἴσον δηλονότι διεστώτων τοῦ μεγίστου τῶν παραλλήλων. Οὐ μόνου δὲ οὗ αὔξεται ἡ μεγίστη ἡμέρα, τούτῳ μειοῦται ἡ ἐλαχίστη, ἀλλὰ καὶ ἐπὶ τῶν κατὰ μέρος καὶ ἐφ’ ἑκατέρου τοῦ ἰσημερινοῦ ἐπὶ τοῦ διὰ μέσων ἴσων τοῦ ἡλίου ἀποχῶν. Λέγω δὴ ὡς ἐπὶ τῆς τε πρώτης μοίρας τοῦ κριοῦ, καὶ τῆς κθ τῶν ἰχθύων, τὸ αὐτὸ τοῦτο συμ-

les, mais il y en aura sur l'horizon XP, quand le soleil parcourra le parallèle SOT, parce que le diamètre BED est coupé au centre perpendiculairement et en deux parties égales, dans le point O, ensorte que PX coupe ST en deux parties égales, et par conséquent l'horizon qui est dans cette ligne coupe ce parallèle en deux parties égales, puisque le plan de l'horizon passe par le centre E, et le soleil étant dans ce parallèle fera l'équinoxe.

Mais cela ne s'accorde pas avec les phénomènes, parce que, comme il a été dit, l'équinoxe n'arrive pas dans le point juste entre le solstice d'été et celui d'hiver, c'est-à-dire dans le plus grand des parallèles, tous les astronomes convenant que les distances des tropiques à l'équateur sont égales partout, en ce que le plus long jour qui a lieu dans le solstice d'été est d'autant plus grand que le jour équinoxial, que le plus court au solstice d'hiver est plus petit. Mais autant le jour du solstice d'hiver est diminué, autant sa nuit est augmentée, de sorte que l'augmentation est la même pour le plus long jour du solstice d'été, et pour la nuit du solstice d'hiver. C'est pourquoi leurs segmens sont réciproquement égaux, sur des parallèles égaux, et également distants du plus grand parallèle. Et non seulement le plus long jour est augmenté autant que le plus court est diminué, le soleil étant dans les tropiques, mais encore à toutes les distances égal de cet astre dans l'écliptique, de chaque côté de l'équateur. Je dis donc que dans le premier degré du bélier, et dans le vingt-neuvième des poissons, il se fait un même virement. Car autant le jour, au 29ᵉ degré des poissons, est diminué, autant est augmenté celui du premier degré du bélier ; et autant est diminuée la nuit du premier degré du bélier, autant est augmentée celle du 29ᵉ degré des poissons. C'est pourquoi aussi sur des parallèles égaux et également distants du plus grand de tous, le même effet a lieu. Ainsi, l'on voit que depuis l'équinoxe l'addition successive qui se fait jusqu'au plus grand jour du solstice d'été, est égale à la soustraction qui se fait de jour en jour jusqu'au plus court du solstice d'hiver, il est évident que l'équinoxe arrive dans un certain milieu entre ces deux extrêmes. Or, au milieu entre les tropiques est le plus grand des parallèles, c'est donc sur celui-ci qu'est l'équinoxe. Ainsi les distances des cercles parallèles que le soleil parcourt sensiblement depuis l'équinoxe jusqu'aux solstices seront égales. Ptolémée n'a pas dit que les temps sont égaux. Car, ces temps sont inégaux, comme il le démontre dans le troisième livre, puisque le soleil paroît parcourir d'un mouvement inégal les arcs égaux de l'écliptique. Après avoir parlé de deux des quatre lieux dans la position énoncée, où la terre hors de l'axe a été supposée à égale distance des deux poles, savoir : au-dessus ou au-dessous de l'axe, il nous reste à parler des deux autres où la terre seroit à l'orient ou à l'occident, encore supposée également distante de chacun des poles.

( Fig. 32.) Supposons-la donc plus orientale ou plus occidentale que l'axe pour quelques-unes de ses parties. Il est clair qu'alors, étant orientale pour les unes, elle sera occidentale pour les autres, le même lieu ne pouvant être oriental pour

βαίνειν. Ὡς γὰρ μειοῦται ἡ ἐπὶ τῆς κθ τῶν ἰχθύων μοίρας ἡμέρα, τούτῳ αὔξεται ἡ ἐπὶ τῆς πρώτης μοίρας τοῦ κριοῦ, καὶ ᾧ μειοῦται ἡ νὺξ ἐπὶ τῆς πρώτης μοίρας τοῦ κριοῦ, τούτῳ αὔξεται ἡ νὺξ ἐπὶ τῆς κθ μοίρας τῶν ἰχθύων. Καὶ διὰ τοῦτο πάλιν ἐπὶ ἴσων παραλλήλων καὶ ἴσων διεϛώτων. τοῦ μεγίϛου τῶν παραλλήλων τὸ τοιοῦτον συμβαίνειν. Ἐπεὶ οὖν ἀπὸ τῆς ἰσημερίας ἴση καταλαμβάνεται κατὰ μέρος ἡ γινομένη πρόσθεσις τῆς πρὸς τῷ θερινῷ τροπικῷ μεγίϛης ἡμέρας τῇ μειώσει τῆς πρὸς τῷ χειμερινῷ τροπικῷ ἐλαχίϛης ἡμέρας, δῆλον ὡς ἐπὶ μέσου τινὸς ἡ ἰσημερία γίνεται. Μέσος δὲ τῶν τροπικῶν ὁ μέγιϛος τῶν παραλλήλων, ἐπὶ τούτου ἄρα ἡ ἰσημερία, ὥϛε ἴσα ἔϛαι τὰ διαϛήματα τῶν παραλλήλων κύκλων καθ' ὧν πρὸς αἴσθησιν φέρεται ὁ ἥλιος ἀπὸ ἰσημερίας ἐπὶ τὰς τροπάς. Οὐ γὰρ τοὺς χρόνους ἴσους λέγει· ἄνισοι γὰρ οὗτοι, ὡς δείκνυσιν ἐν τῷ τρίτῳ βιβλίῳ, ἐπεὶ καὶ ἀνωμάλως ὁ ἥλιος τὰς ἴσας τοῦ διὰ μέσων περιφερείας φαίνεται παροδεύων. Ἐπεὶ οὖν ἀπὸ τῶν κατὰ τὴν εἰρημένην θέσιν τεσσάρων τόπων, καθ' ἣν ἐκτὸς τοῦ ἄξονος οὖσα ἡ γῆ ἴσον ἀπέχειν ἑκατέρου τῶν πόλων ὑπετίθετο, περὶ δύο τῶν ὡς ἄνω ἢ κάτω τοῦ ἄξονος αὐτῆς ὑπαρχούσης τὸν λόγον ἐποιησάμεθα, ἑξῆς καὶ περὶ τῶν λοιπῶν δύο τὸν λόγον παιησόμεθα; καθ' ἣν πρὸς ἀνατολὰς ἢ δυσμὰς τυγχάνουσα, ἴσον. πάλιν ἀπέχειν ἑκατέρου τῶν πόλων ὑπετίθετο.

Ἔϛω οὖν πρὸς ἀνατολὰς ἢ δυσμὰς τινῶν παρακεχωρηκυῖα. Δῆλον γὰρ ὅτι πρὸς ἀνατολὰς τινῶν οὖσα, ἑτέρων πρὸς δυσμάς ἐϛι, διὰ τὸ καὶ τὸν αὐτὸν τόπον τινῶν μὲν δύνασθαι εἶναι πρὸς ἀνατολάς, τῶν δὲ τούτων ἀντιχθόνων πρὸς δυσμάς. Λέγω δὴ ὅτι οὔτε τὰ μεγέθη, οὔτε τὰ διαςήματα τῶν ἀςέρων ἴσα φανήσεται, κατά τε τὸν ἑῶον καὶ τὸν ἑσπέριον ὁρίζοντα, οὔτε ὁ ἀπὸ ἀνατολῆς μέχρι μεσουρανήσεως χρόνος ἴσος ἔςαι τῷ ἀπὸ μεσουρανήσεως ἐπὶ δυσμὰς, ἅπερ πάλιν ἐναργῶς ἀντίκειται τοῖς φαινομένοις.

Ἔςω γὰρ πάλιν ὡς ἐπ' ὀρθῆς τῆς σφαίρας πρὸς ἀνατολὰς τινῶν ὑπάρχουσα ἡ γῆ, καὶ δι' αὐτῆς καὶ τοῦ ἄξονος ὁρίζων μὲν ἔςω ὁ ΑΒΓΔ, ἄξων δὲ ὁ ΒΔ, κοινὴ δὲ τομὴ τοῦ ΑΒΓΔ καὶ τοῦ ἰσημερινοῦ ἡ ΑΕΓ, καὶ ἀνατολικὰ μὲν μέρη ἔςω τὰ πρὸς τῷ Α, δυτικὰ δὲ τὰ πρὸς τῷ Γ. καὶ ὑποκείσθω ἡ γῆ κατὰ τὸ Ζ, ἵνα ἐπεζευχθεισῶν τῶν ΖΒ, ΖΔ, ἴσον ἀπέχῃ δηλονότι τῶν Β, Δ πόλων, κατὰ τὴν ὑπόθεσιν. Καὶ ἤχθω διὰ τοῦ Ζ παράλληλος τῇ ΒΔ ἡ ΗΘ ἐν τῷ ὑποκειμένῳ ἐπιπέδῳ, καὶ ἐκβεβλήσθω δι' αὐτῆς ἐπίπεδον ὀρθὸν πρὸς τὸν ὁρίζοντα. Ποιήσει δὴ ἐν τῇ ἐπιφανείᾳ τῆς σφαίρας κύκλον, ὃς ἔςαι μεσημβρινὸς τῆς οἰκήσεως τῆς γῆς ὑποκειμένης κατὰ τὸ Ζ. Ποιείτω τὸν ΗΚΘ, καὶ γεγράφθω ὁ ΑΛΓ ἰσημερινὸς, δῆλον δὴ ὅτι ὁ ΗΚΘ μεσημβρινὸς εἰς ἄνισα τέμνει τὸν ΑΛΓ ἰσημερινὸν, διὰ τὸ τὸν ΗΘΚ μὴ εἶναι μέγιςον, ἐπεὶ οὐδὲ διὰ τοῦ κέντρου ἐςὶ τῆς σφαίρας. Καὶ ἐλάττων ἔςαι ἡ ΑΛ περιφέρεια τῆς ΛΓ. Καὶ ἔςιν ὁ μὲν ἀπὸ τοῦ Α ἐπὶ τὸ Λ χρόνος, ἀπὸ ἀνατολῆς ἐπὶ μεσημβρίαν, ὁ δὲ ἀπὸ τοῦ Λ ἐπὶ τὸ Γ ὁ ἀπὸ μεσημβρίας ἐπὶ τὴν δύσιν, ὥςε ἄνισοι ἔσονται οἱ τοιοῦτοι χρόνοι, καὶ ἔτι καὶ τὰ μεγέθη τῶν ἀςέρων, καὶ τὰ πρὸς ἄλληλα διαςήματα ἄνισα ὀφθήσεται, διὰ τὸ ἀνίσους εἶναι τὰς ΖΑ, ΖΓ, ἀπὸ τῆς

certaines, et occidental pour leurs opposées, je dis que ni les grandeurs ni les distances des astres ne paroîtront les mêmes à l'horizon oriental et à l'horizon occidental. Et le temps depuis le lever jusqu'à la culmination au milieu du ciel, ne sera pas égal au temps depuis la culmination jusqu'au coucher. Chose qui est encore absolument contraire aux phénomènes.

Car soit encore dans la supposition de la sphère droite, la terre à l'orient pour quelques-unes de ses parties, et l'horizon A BGD traversant la terre, l'axe BD, la section commune de l'horizon A B G D et de l'équateur AEG. Les parties orientales seront vers A , mais les occidentales vers G. Supposons la terre en Z, de manière qu'ayant joint ZB, ZD, elle soit à égale distance des deux pôles B, D, suivant la supposition. Menons par le point Z la parallèle HT à BD dans le plan supposé, et faisons passer par ce parallèle un plan perpendiculaire à l'horizon. Ce plan produira sur la surface de la sphère un cercle qui sera le méridien du lieu terrestre supposé en Z. Traçons donc HKT, et décrivons l'équateur ALG, il est évident que le méridien HKT coupe l'équateur ALG en deux inégalement, parce que HTK n'est pas un grand cercle, puisqu'il ne passe pas par le centre de la sphère, et l'arc AL sera plus petit que l'arc LG. Mais le temps depuis le lever jusqu'à midi est l'intervalle de A à L, et celui de L à G est le temps du midi au coucher. Ces temps seront donc inégaux, et les grandeurs des astres paroîtront inégales, ainsi que leurs distances à l'égard les unes des autres, parce que les rayons visuels menés jusqu'au ciel ZA, ZG, sont inégales, ainsi que toutes les droites en particulier menées du point Z de la terre.

Dans la deuxième position, celle où la terre étant dans l'axe, on la suppose plus avancée vers l'un des pôles, il arriveroit qu'en toute obliquité ou inclinaison de la sphère, la partie du ciel supérieure à la terre, et celle qui lui est inférieure seroient inégales ; par exemple, la partie du troisième climat supérieure à la terre seroit plus petite que la partie inférieure du même climat ; et en outre, la partie supérieure du troisième climat seroit plus grande que la partie supérieure du quatrième climat, et l'inférieure plus petite. C'est ce qu'il veut dire par les mots relativement à eux-mêmes et entr'eux. En effet, alors l'écliptique seroit coupée inégalement par l'horizon, et il n'y auroit pour un endroit que cinq signes au-dessus de la terre, et pour d'autres quatre ou même trois, quoiqu'on en voie cependant partout six au-dessus de la terre, tandis que les six autres sont au-dessous, l'horizon ne pouvant couper la sphère céleste et le zodiaque en deux parties égales, que dans la sphère droite.

Car si nous concevons dans la sphère de l'univers ( fig. 33 ) le méridien ABGD, les pôles B, D, le centre E, et que nous supposions la terre dans l'axe en Z, plus avancée vers l'un des pôles, tel que le pôle boréal D, il est clair que dans la sphère droite l'horizon coïncidant avec l'axe, coupera la sphère et le zodiaque en deux parties égales. Imaginons maintenant dans la sphère oblique le diamètre HT de l'horizon, et au-dessus de la terre le pôle D, supposez-le boréal et le plus proche de la terre. Il est évident que l'horizon dont le diamètre est

ὄψεως ἐπὶ τὸν οὐρανὸν, καὶ ἔτι τὰς κατὰ μέρος πάσας ἀπὸ τοῦ Z σημείου δηλονότι τῆς γῆς.

Ἐπὶ δὲ τῆς δευτέρας θέσεως καθ' ἣν ἐπὶ τοῦ ἄξονος οὖσα πρὸς τὸν ἕτερον τῶν πόλων παρακεχωρηκυῖα ὑπετίθετο, συμβήσεται καθ' ἑκάςην τῶν ἐγκλίσεων ἄνισα γίνεσθαι τό τε ὑπὲρ γῆν καὶ τὸ ὑπὸ γῆν τοῦ οὐρανοῦ διαφόρως, ὥςε τὸ ὑπὲρ γῆν λόγου ἕνεκεν τοῦ τρίτου κλίματος ἔλαττον εἶναι τοῦ ὑπὸ γῆν τοῦ αὐτοῦ κλίματος, καὶ ἔτι τὸ ὑπὲρ γῆν τοῦ τρίτου κλίματος, μεῖζον εἶναι τοῦ ὑπὲρ γῆν τοῦ τετάρτου κλίματος, καὶ τὸ ὑπὸ γῆν τοῦ ὑπὸ γῆν ἔλαττον. Τοῦτο γὰρ ἐςὶν ὃ λέγει καὶ πρὸς ἑαυτὰ καὶ πρὸς ἄλληλα, ὡς συμβαίνειν καὶ τὸν διὰ μέσων τῶν ζωδίων κύκλον μέγιςον ὄντα εἰς ἄνισα διαφόρως τέμνεσθαι ὑπὸ τοῦ ὁρίζοντος, καὶ ὅπου μὲν ε̄ ζώδια ἔχειν ὑπὲρ γῆς, ὅπου δὲ δ̄ ἢ καὶ γ̄ πανταχοῦ 𝟝 μὲν ἀεὶ ὑπὲρ γῆς θεωρουμένων, 𝟝 δὲ τῶν λοιπῶν ὑπὸ γῆν, μόνου τοῦ ἐπ' ὀρθῆς τῆς σφαίρας ὁρίζοντος διχοτομεῖν δυναμένου τὴν τοῦ οὐρανοῦ σφαῖραν, καὶ τὸν ζωδιακόν.

Ἐὰν γὰρ νοήσωμεν, ἐν τῇ τοῦ παντὸς σφαίρᾳ, μεσημβρινὸν μὲν κύκλον τὸν ΑΒΓΔ, πόλους δὲ τῆς σφαίρας τὰ Β, Δ, ἄξονα δὲ τὸν ΒΔ, καὶ κέντρον τὸ Ε, ὑποθώμεθα δὲ καὶ τὴν γῆν ἐπὶ τοῦ ἄξονος πρὸς τὸν ἕτερον τῶν πόλων, ἔςω πρὸς τὸν Δ βόρειον παρακεχωρηκυῖαν, ὡς κατὰ τὸ Z, δηλονότι ἐπ' ὀρθῆς τῆς σφαίρας διὰ τοῦ ΒΔ ἄξονος τυγχάνων ὁ ὁρίζων τεμεῖ δίχα τὴν σφαῖραν καὶ τὸν ζωδιακόν. Νενοήσθω οὖν καὶ ἐπὶ τῆς ἐγκλίσεως ὁρίζοντος διάμετρος ἡ ΗΘ, καὶ ὑπὲρ

γῆν ὁ Δ πόλος βόρειος ὑποκείμενος καὶ ἐγγυτέρω τῆς γῆς. Δῆλον οὖν ὡς ὁ περὶ τὴν
ΗΘ διάμετρον ὁρίζων ἐλάττων ἔςαι τοῦ μεγίςου κύκλου, καὶ ἔλαττον ὑπὲρ γῆς ἀπο-
λήψεται ἡμισφαιρίου.

Νενοήσθω δὴ καὶ ἑτέρας ἐγκλίσεως ὁρίζοντος
διάμετρος ἡ ΚΛ. Φανερὸν οὖν ὅτι καὶ ὁ περὶ αὐτὴν ὁρίζων εἰς ἄνισα διαιρεῖ τὴν σφαῖραν, καὶ
ἔλαττον τὸ ὑπὲρ γῆν ποιεῖ τοῦ ὑπὸ γῆν. Λέγω
δὴ ὅτι καὶ πρὸς ἀλλήλας αἱ ἐγκλίσεις τῶν ὁριζόντων ἄνισα, ποιοῦσιν τό τε ὑπὲρ γῆν τῷ ὑπὸ
γῆν, καὶ τὸ ὑπὸ γῆν τῷ ὑπὲρ γῆν. Ἐπεζεύχθω
γὰρ ἡ ΚΘ, καὶ ἐπεὶ μείζων ἐςὶν ἡ ΚΖ τῆς ΖΘ,
μείζων ἐςὶ καὶ γωνία ἡ ὑπὸ ΖΘΚ τῆς ὑπὸ ΖΚΘ,
ὥςε καὶ περιφέρεια ἡ ΚΗ περιφερείας τῆς
ΛΘ μείζων ἐςί. Κοινὴ προσκείσθω ἡ ΚΑΘ,
ὅλη ἄρα ἡ ΚΑΘ περιφέρεια ὅλης τῆς ΚΑΛ
μείζων ἐςίν· ὥςε καὶ ἡ ΗΘ εὐθεῖα τῆς ΚΛ
μείζων ἐςίν, ἢ καὶ ὅτι ἡ ἀπὸ τοῦ Ε κέντρου
ἐπὶ τὴν ΗΛ κάθετος μείζων ἐςὶ τῆς ἀπὸ τοῦ
αὐτοῦ ἐπὶ τὴν ΗΘ καθέτου. Καὶ ὁ ὁρίζων
ἄρα ὁ περὶ διάμετρον τὴν ΗΘ, μείζων ἐςὶ
τοῦ ὁρίζοντος τοῦ περὶ διάμετρον τὴν ΚΛ.
Ἄνισα ἄρα ἀπολήψονται οἱ ὁρίζοντες τὸ μὲν
ὑπὲρ γῆν τῷ ὑπὲρ γῆν, τὸ δὲ ὑπὸ γῆν τῷ
ὑπὸ γῆν. Καὶ ἀεὶ ὁμοίως ὅσῳ ὑπὲρ γῆν γίνεται
ὁ ἀεὶ φανερὸς πόλος, ἔλαττον γίνεται τὸ ὑπὲρ
γῆν τοῦ ὑπὲρ γῆν. Τὸ δὲ ὑπὸ γῆν μεῖζον τοῦ
ὑπὸ γῆν, μέχρις οὗ ὁ πόλος κατὰ κορυφὴν
γένηται. Ἐὰν γὰρ πάλιν νοήσωμεν τὸν ΑΓ
ἑτέρας οἰκήσεως ὁρίζοντα ὑπὲρ γῆς ἔτι ποιοῦντα τὸν Δ πόλον, διὰ τὰ αὐτὰ ἐλάττων
ἔςαι ἡ ΑΓ τῆς ΚΛ, ὥςε καὶ ὁ περὶ τὴν ΑΓ
ὁρίζων τοῦ περὶ τὴν ΚΛ ἐλάττων ἔςαι. Διὰ



HT, sera plus petit qu'un grand cercle, et
coupera au-dessus de la terre une partie de
la sphère qui sera moindre que l'hémisphère.

Soit KL le diamètre de l'horizon pour
une autre inclinaison de la sphère oblique,
il est clair que cet horizon coupera aussi la
sphère en deux parties inégales, et que celle
qui sera au-dessus de la terre sera plus
petite. Or, je dis que les inclinaisons des
horizons entr'elles rendent la partie au-
dessous de la terre inégale à celle qui est
au-dessous, et les parties inférieures inégales aux supérieures. Car joignons TK;
puisque KZ est plus grande que ZT,
l'angle ZTK est plus grand que l'angle
ZKT. Donc l'arc HK est plus grand que
l'arc LT. Ajoutons à l'un et à l'autre l'arc
commun KAT, l'arc entier HKAT sera
plus grand que l'arc entier LTAK. Par conséquent la droite HT est plus grande que
la droite KL. Et la droite menée du centre
E perpendiculairement sur KL, est plus
grande que la perpendiculaire menée du
même centre sur HT. Donc l'horizon qui
a pour diamètre HT est plus grand que
l'horizon qui a pour diamètre KL. Donc
ces horizons couperont la sphère en parties
telles que celles qui seront au-dessus de la
terre ne seront pas égales entr'elles, non
plus que celles de dessous; et semblablement, en proportion de l'élévation du pôle
toujours visible au-dessus de la terre, les
parties au-dessus seront plus petites l'une
que l'autre, et les parties au-dessous plus
grandes l'une que l'autre, jusqu'au point où
le pôle devient vertical. Car si nous concevons encore l'horizon AG d'un autre lieu
terrestre, en élevant encore le pôle D au-
dessus de la terre, nous trouverons par les
mêmes raisons que AG est plus petit que
KL. C'est pourquoi l'horizon qui a AG
pour diamètre est plus petit que l'horizon

dont KL est le diamètre. Donc la partie
ADG supérieure à la terre sera moindre
que la partie supérieure KDL. Et la partie
inférieure ABG plus grande que l'inférieure KBL. Et je dis que si nous supposons
une grandeur à la terre, et que nous con-
cevions les horizons coupant sa surface, la
partie qui est au-dessus de la terre, et celle
qui est au-dessous, seront différemment
coupées en parties inégales.

( Fig. 34. ) Car soit encore le méridien
ABGD décrit autour du centre E, l'axe
BD pareillement, et à la surface de la
terre le grand cercle HKΘ dans le plan
ABGD, autour du centre Z qui est dans
l'axe. Menons la droite ML parallèle à la
droite BD et tangente au cercle HKΘ par
le point K. Donc comme dans la sphère
droite LM sera le diamètre de l'horizon du
lieu terrestre H , et NX celui de l'horizon
du lieu terrestre T qui a son point vertical
au pôle D , je dis que des droites qui sont
menées entre les points H, T, la plus grande
sera LM , la plus petite NX, et toujours
celle qui est plus proche du lieu H plus
grande que celle qui en est plus éloignée.
Car concevons par le lieu K , un autre horizon dont le diamètre soit AO, et menons
la perpendiculaire ZK sur AO, et du centre E les perpendiculaires EP, ER, sur
LM, AO, et par le point Z tirons ZS parallèle à AO. Puisque EP est plus petite que
ER , étant moindre que ET , il s'ensuit
que LM est plus grande que AO ; et puisque l'angle ZSE est droit, la droite EZ
est plus grande que ES. Mais SR est égale
à ZK , c'est-à-dire à ZT , donc EΘ sera
plus grande que ER , et AO plus grande
que NX. Donc les horizons dont les diamètres sont LM , AO , NX , coupent en
parties inégales les espaces célestes au-des-

τοῦτο καὶ τὸ ΑΔΓ ὑπὲρ γῆν ἔλαττον ἔςαι
τοῦ ΚΔΛ ὑπὲρ γῆν· τὸ δὲ ΑΒΓ ὑπὸ γῆν
μεῖζον τοῦ ΚΒΛ ὑπὸ γῆν. Λέγω δὴ ὅτι κἂν
ἐν μεγέθει τὴν γῆν ὑποθώμεθα, καὶ διὰ τῆς
ἐπιφανείας αὐτῆς νοήσωμεν τοὺς ὁρίζοντας,
ὁμοίως εἰς ἄνισα διαφόρως τμηθήσεται τό τε
ὑπὲρ γῆν καὶ τὸ ὑπὸ γῆν τοῦ οὐρανοῦ.

Ἔςω γὰρ πάλιν μεσημβρινὸς μὲν κύκλος
ὁ ΑΒΓΔ περὶ κέντρον τὸ Ε, ἄξων δὲ ὁμοίως ὁ ΒΔ, ἐν δὲ τῇ τῆς γῆς ἐπιφανείᾳ μέγ-
ςος κύκλος ὁ ΗΚΘ, ἐν τῷ τοῦ ΑΒΓΔ ἐπιπέδῳ, περὶ κέντρον ἐπὶ τοῦ ἄξονος τὸ Ζ,
καὶ διήχθω ἡ ΜΛ παράλληλος τῇ ΒΔ, καὶ
ἐφαπτομένη τοῦ ΗΚΘ κατὰ τὸ Κ. Ἔςαι ἄρα
τοῦ τῆς μὲν πρὸς τῷ Η οἰκήσεως ὡς ἐπ' ὀρθῆς τῆς σφαίρας ὁρίζοντος διάμετρος ἡ ΛΜ,
τῆς δὲ κατὰ τὸ Θ ποιούσης τὸν Δ βόρειον
πόλον κατὰ κορυφὴν ἡ ΝΞ, λέγω ὅτι τῶν
μεταξὺ τῶν Η, Θ οἰκήσεων, μεγίςη μὲν ἔςαι
ἡ ΛΜ, ἐλαχίςη δὲ ἡ ΝΞ· ἀεὶ δὲ ἡ ἔγγιον
τῆς Η οἰκήσεως μείζων τῆς ἀποτέρω. Νοείσθω
γὰρ καὶ ἕτερος ὁρίζων διὰ τῆς κατὰ τὸ Κ
οἰκήσεως, οὗ διάμετρος ἡ ΑΟ, καὶ ἐπεζεύχθω ἡ ΖΚ κάθετος γινομένη ἐπὶ τὴν ΑΟ,
καὶ ἄχθωσαν ἀπὸ τοῦ Ε κέντρου ἐπὶ τὰς ΛΜ,
ΑΟ κάθετοι αἱ ΕΠ, ΕΡ, καὶ διὰ τοῦ Ζ τῆ
ΑΟ παράλληλος ἤχθω ἡ ΖΣ· καὶ ἐπεὶ ἐλάττων
ἐςὶ ἡ ΕΠ τῆς ΕΡ, ἐπεὶ καὶ τῆς ΕΤ, μείζων
ἐςὶν ἡ ΛΜ τῆς ΑΟ· καὶ ἐπεὶ ὀρθή ἐςιν ἡ
ὑπὸ ΖΣΕ γωνία μείζων ἐςὶν ἡ ΕΖ τῆς ΕΣ,
ἴση δὲ ἡ ΣΡ τῇ ΖΚ, τουτέςι τῇ ΖΘ· μείζων
ἄρα ἡ ΕΘ τῆς ΕΡ ἔςαι, καὶ ἡ ΑΟ τῆς ΝΞ.
Καὶ οἱ περὶ διαμέτρους ἄρα τὰς ΛΜ, ΑΟ,
ΝΞ ὁρίζοντες εἰς ἄνισα τεμοῦσι τό τε ὑπὲρ

γῆν καὶ τὸ ὑπὸ γῆν τοῦ οὐρανοῦ, τὰ ὑπὲρ γῆν ἐλάττονα ποιοῦντες. Ὁμοίως δὲ καὶ ἐπὶ τῶν λοιπῶν οἰκήσεων τῶν μεταξὺ τῶν Η, Θ, ὥστε καὶ ὁ διὰ μέσων τῶν ζωδίων μέγιστος κύκλος εἰς ἄνισα διαφόρως τμηθήσεται ὑπὸ τοῦ ὁρίζοντος, ὅπερ οὐδαμοῦ τὸ τοιοῦτον εὑρίσκεται συμβαῖνον. Ἐξ μὲν ἀεὶ καὶ πᾶσιν ὑπὲρ γῆς φαινομένων δωδεκατημορίων, Τὸ δὲ καὶ πᾶσιν, ὅτι ϛ μὲν ἅπασι τῷ πλήθει φαίνονται δωδεκατημόρια, οὐ μέν τοι τὰ αὐτὰ, καὶ μάλιϛα παρ' οἷς μήκει διαφέρουσιν οἱ ὁρίζοντες, ϛ δὲ τῶν λοιπῶν ὑπὸ γῆν μὴ φαινομένων. Εἶτ' αὖ πάλιν αὐτῶν μὲν τούτων τῶν ὑπὲρ γῆς ἅμα ὑπὸ γῆν γινομένων, τῶν δὲ ὑπὸ γῆν, ὑπὲρ γῆς. Ὡς ἐκ τούτων δῆλόν εἶναι ὅτι καὶ τὰ τμήματα τοῦ ζωδιακοῦ τὰ ὑπὸ τοῦ ὁρίζοντος ἀπολαμβανόμενα ἡμικύκλιον ἐϛι τὰ ἀφ' οἱουδήποτε, ὡς ἔφαμεν, ὁρίζοντος, ἢ καὶ οἱουδήποτε τμήματος τοῦ διὰ μέσων, ποτὲ μὲν ὑπὲρ γῆς, ποτὲ δὲ ὑπὸ γῆν ἀπολαμβάνεσθαι.

Εἰ δέ τις λέγοι εἰς πλείονα τῶν ιϛ ζωδίων διηρεῖσθαι τὸν ζωδιακὸν, ὥϛε ϛ μὲν πάντοτε φαίνεσθαι ὑπὲρ γῆς, τὰ δὲ λοιπὰ πλείονα τῶν ϛ ὑπὸ γῆν, διὰ τὸ καὶ τὴν εἰρημένην δευτέραν θέσιν μείζονα ποιεῖν τὰ ὑπὸ γῆν τῶν ὑπὲρ γῆν, ἀκόλουθον ἂν εἴη ἕτερόν τι παρὰ τὰ φαινόμενα ιϛ ζώδια ὀφθῆναι, ὅπερ οὐδαμοῦ θεωρεῖται οὕτως ἔχον, πάλιν ἐκείνων μὲν ὅλων τῶν ὑπὸ γῆν ἅμα φαινομένων, τῶν δὲ λοιπῶν καὶ ὑπὲρ γῆς ἅμα μὴ φαινομένων.

Καὶ καθόλου δ' ἂν συνέβαινεν, εἴπερ μὴ ἐν τῷ τοῦ ἰσημερινοῦ ἐπιπέδῳ εἶχε τὴν θέσιν ἡ γᾶ, πρὸς ἄρκτους δὲ ἢ πρὸς μεσημβρίαν

sus et au-dessous de la terre en faisant les espaces supérieurs moindres que les inférieurs, et de même pour les autres lieux entre H et Θ. De sorte que le grand cercle mitoyen du zodiaque sera coupé différemment en parties inégales par l'horizon ; ce qui pourtant ne se trouve arriver nulle part. Car il paroît toujours à tous les lieux, que six des dodécatémories sont au-dessus de la terre, non les mêmes, surtout pour les lieux qui diffèrent le plus en longitude, les six autres qui sont au-dessous de la terre, ne paroissant pas. Ensuite, à leur tour celles qui sont supérieures à la terre, deviennent inférieures, et en même temps celles qui étoient au-dessous, sont au-dessus. Par là il est évident que les segmens du zodiaque sont chacun un demi cercle formé par quelqu'horizon que ce soit, comme nous l'avons dit, ou bien en quelques points que soient les sections, chaque demi-cercle qu'elles comprennent est tantôt au-dessus et tantôt au-dessous de la terre.

Si quelqu'un soutenoit que le zodiaque est coupé en plus de douze signes, en sorte qu'il en paroît toujours six au-dessus de la terre, et que les autres qui sont plus de six sont au-dessous, parce que cette seconde position comprend des espaces plus grands au-dessous qu'au-dessus de la terre, il s'ensuivroit que l'on verroit quelqu'autre signe que les douze qui paroissent, ce qui pourtant ne se voit nulle part, ces signes qui sont au-dessous de la terre reparoissant tous au-dessus, en même temps que les autres qui étoient au-dessus disparoissent.

En général, si la terre n'étoit pas dans le plan de l'équateur, elle seroit inclinée vers les ourses ou vers le midi, du côté de l'un ou de l'autre pôle, de sorte que sensiblement dans les équinoxes les ombres orientales des gnomons ne seroient pas en lignes droites avec les occidentales, sur des plans parallèles à l'horizon ; or, le contraire se voit constamment partout. Puisque le soleil étant dans l'équateur, et la terre au centre, le point orient, et un point à l'occident, qui est le point vertical du gnomon, sont en ligne droite, car ils sont dans la section commune de la terre et du plan de l'équateur, et c'est ce qui fait que la chose arrive comme on la voit. Car si la terre n'étoit pas dans le plan de l'équateur, mais dehors, l'ombre orientale ne feroit plus une ligne droite avec l'occidentale. En effet ( fig. 35 ), si nous concevons que le cercle ABDG est l'horizon, le demi-cercle AEG la moitié de l'équateur, ZH le gnomon, H dans le plan de l'horizon, Z la pointe du gnomon, le côté A l'orient, le côté G l'occident, le rayon solaire oriental sera AZT, et HT l'ombre dans le plan de l'horizon, GZK et étant le rayon solaire occidental, HT ne sera pas en ligne droite avec HK.

Quant à la situation de la terre, dans laquelle il suppose les deux contrariétés de la première et de la seconde situation, c'est-à-dire qu'elle ne soit ni dans l'axe, ni également distante de l'un et de l'autre pôle, il est évident que les absurdités qu'on a démontrées dans chacune de ces deux suppositions, se rencontreront ensemble dans cette troisième. On y trouvera que les distances depuis notre vue jusqu'au ciel seroient inégales, et que les temps depuis le lever jusqu'à midi ne seroient pas

ἀπέκλινε πρὸς τὸν ἕτερον τῶν πόλων, τὸ μηκέτι μηδὲ πρὸς αἴσθησιν ἐν ταῖς ἰσημεριναῖς τὰς ἀνατολικὰς τῶν γνωμόνων σκιὰς, καὶ ταῖς δυτικαῖς ἐπ' εὐθείας γίνεσθαι κατὰ τῶν παραλλήλων τῷ ὁρίζοντι ἐπιπέδων, ὅπερ ἄντικρυς πανταχοῦ θεωρεῖται παρακολουθοῦν. Ἐπειδήπερ τοῦ ἡλίου ἐπὶ τοῦ ἰσημερινοῦ τυγχάνοντος, καὶ τῆς γῆς ἐν τῷ μέσῳ κειμένης, τό, τε ἀνατολικὸν καὶ τὸ δυτικὸν σημεῖον, τουτέςιν ἡ τοῦ γνώμονος κορυφὴ ἐπ' εὐθείας εἰσίν. Ἐπὶ γὰρ τῆς κοινῆς εἰσὶ τομῆς τοῦ τε ἰσημερινοῦ καὶ τοῦ ὁρίζοντος, τοῦτο οὕτως συμβαίνει γίνεσθαι. Μὴ γὰρ οὔσης τῆς γῆς ἐν τῷ τοῦ ἰσημερινοῦ ἐπιπέδῳ, ἀλλ' ἐκτὸς, οὐκέτι ἐν τῇ ἰσημερίᾳ ἡ ἀνατολικὴ σκιὰ ἐπ' εὐθείας ἔςαι τῇ δυτικῇ. Ἐὰν γὰρ νοήσωμεν ὁρίζοντα μὲν κύκλον τὸν ΑΒΓΔ, ἰσημερινοῦ δὲ ἡμικύκλιον τὸ ΑΕΓ, γνώμονα δὲ τὸν ΖΗ, καὶ ἐν μὲν τῷ παρὰ τὸν ὁρίζοντα ἐπιπέδῳ τὸ Η, τὸ δὲ Ζ ἄκρον, καὶ τοῦ ΑΒΓΔ ἐπιπέδου ἀνατολικὰ μὲν τὰ πρὸς τῷ Α, δυτικὰ δὲ τὰ πρὸς τῷ Γ, ἔςαι ἄρα ἀνατολικὴ μὲν ἀκτὶς ἡ ΑΖΘ, σκιὰ δὲ ἐν τῷ περὶ τὸν ὁρίζοντα ἐπιπέδῳ ἡ ΗΘ. Καὶ πάλιν δυτικὴ μὲν ἀκτὶς ἡ ΓΖΚ, καὶ οὐκ ἔςαι ἐπ' εὐθείας ἡ ΗΘ τῆς ΗΚ.

Ἐπὶ δὲ τῆς γῆς θέσεως, καθ' ἣν ἀμφοτέρας τὰς ἐναντιώσεις τῆς τε πρώτης καὶ δευτέρας θέσεως ὑποτίθηται, τουτέςι μήτε ἐπὶ τοῦ ἄξονος αὐτὴν οὖσαν, μήτε ἑκατέρου τῶν πόλων ἴσον ἀπέχουσαν, δῆλον ὡς τὰ ἐπὶ τῶν ϛ΄ θέσεων δεδειγμένα ἄτοπα ἐπὶ ταύτης ἅμα συμβήσεται. Πάλιν γὰρ καὶ τὰ διαςήματα τὰ ἀπὸ τῆς ὄψεως ἐπὶ τὸν οὐρανὸν ἄνισα εὑρεθήσεται, καὶ οἱ ἀπὸ ἀνατο-

λῆς ἐπὶ μεσημβρίαν χρόνοι ἄνισοι τῆς ἀπὸ
μεσημβρίας ἐπὶ δύσιν. Καὶ εἰς ἄνισα οἱ ὁρίζοντες διαφόρως διελοῦσι τὴν τοῦ παντὸς
σφαῖραν, καὶ τὸν ζωδιακὸν, καὶ ἰσημερία οὐ
γενήσεται κατὰ τοῦ μεγίστου τῶν παραλλήλων, καὶ αἱ αὐξομειώσεις τῶν νυχθημέρων
ἐπὶ τῶν παραλλήλων οὐκ ἀναλόγως ἀπὸ τῆς
ἰσημερίας ἀποτελεσθήσονται, καὶ συμβαλλό-
μενον δὲ εἰς ἕν τι κοινὸν τὰ κατὰ μέρος,
ἔστιν εἰπεῖν, ὡς πᾶσα ἂν συνεχύθη τέλεον ἡ
τάξις, ἡ περὶ τὰς αὐξομειώσεις τῶν νυχθημέρων θεωρουμένη, μὴ μέσης καὶ ὑπ' αὐτὸν
τὸν ἰσημερινὸν καὶ μέγιστον τῶν παραλλήλων
τῆς γῆς τὴν θέσιν ἐχούσης. Μέσης γὰρ αὐτῆς τυγχανούσης, καὶ ὑπ' αὐτὸν τὸν ἰσημερινὸν, οἱ τούτου παρ' ἑκάτερα παράλληλοι
ἴσον ἀπέχοντες ἴσοι εἰσὶ, καὶ τὰ ἐναλλὰξ
τμήματα ἴσα ποιοῦσι, καὶ τὰς τοῦ ὁρίζοντος
καὶ τοῦ μεσημβρινοῦ ἐπὶ τοῦ ζωδιακοῦ περιφερείας ἴσας ἑκατέραν ἑκατέρᾳ ἐφ' ἑκάτερα
τοῦ ἰσημερινοῦ ἀπολαμβάνοντες, τὴν τάξιν
τῆς αὐξομειώσεως τῶν νυχθημέρων φυλάττουσιν ἀπ' αὐτῆς τῆς ἐπὶ τοῦ ἰσημερινοῦ τοῦ
ἡλίου περιφορᾶς· ἐπὶ δὲ ἑτέρας τῆς τρίτης
θέσεως οὐκέτι.

Ὅτι δὲ πρὸς τοῖς εἰρημένοις ἀτόποις καὶ
ἕτερόν τι συμβήσεται, τὸ τὰς ἐκλείψεις τῆς
σελήνης κατὰ πάντα τὰ μέρη τοῦ οὐρανοῦ
κατὰ τὴν κατὰ διάμετρον ἀντικειμένην τῷ
ἡλίῳ στάσιν θεωρουμένας, μηκέτι οὕτω πάντοτε καταλαμβάνεσθαι, πολλάκις μὴ ἐν ταῖς
διαμετρούσαις παρόδοις ἐπισκοτουμένης αὐτῆς
ὑπὸ τῆς ἀποτελουμένης ἀπὸ τῆς γῆς κωνοειδοῦς σκιᾶς, ἐκ τοῦ ἡλίου προσλάμψεως, ἀλλ'
ἐν ταῖς ἐλάττοσιν ἡμικυκλίου διαστάσεσιν,
ὅπερ πάλιν ἀντίκειται ταῖς φαινομένοις. Ὁμο-

égaux à ceux de midi au coucher. Les horizons couperoient différemment en parties inégales la sphère du monde et le
zodiaque ; l'équinoxe n'y arriveroit pas
dans le plus grand des cercles parallèles,
et les variations des nychthémères ne se fe-
roient pas par des degrés proportionnels
depuis l'équinoxe ; enfin pour généraliser
toutes les particularités, je dirai que tout
l'ordre qu'on remarque dans les vicissitu-
des des nychthémères seroit confondu, si
la terre n'étoit pas au milieu et dans l'équateur qui est le plus grand des cercles parallèles. Car c'est parce qu'elle est au centre
et dans cet équateur, que les cercles parallèles à celui-ci, et également éloignés de
lui de part et d'autre, sont égaux, et font
leurs segmens réciproquement égaux ; et les
arcs de l'horizon et du méridien sur le
zodiaque étant égaux chacun à chacun de
chaque côté de l'équateur, les augmenta-
tions et diminutions alternatives des jours
et des nuits arrivent constamment dans
l'ordre périodique qu'elles suivent par l'effet de la révolution dans l'équateur solaire. Mais tout cela ne pourroit plus avoir
lieu dans la troisième position.

Outre toutes les absurdités qui viennent
d'être exposées, il y en auroit encore une
qui seroit que les éclipses de lune, observées en tous lieux du ciel, lorsqu'elle est
diamétralement opposée au soleil, ne se
verroient plus ainsi, attendu que souvent
elle ne seroit pas obscurcie dans ses oppositions par le cône d'ombre qui vient de la
terre par l'effet de la lumière du soleil,
mais dans des distances moindres que le
demi-cercle, ce qui est contraire encore à
ce que nous voyons. Car il est reconnu par

tous ceux qui ont observé des éclipses de lune en différents climats, qu'elles se font dans les oppositions diamétrales de la lune au soleil, la terre étant alors éclairée par le soleil, et jettant son ombre en forme de cône à l'opposite le long de leur axe commun prolongé. Car il est démontré, que si une sphère est éclairée par un corps sphérique plus grand qu'elle, l'ombre qu'elle envoie est conique, et tourne avec le corps lumineux en ne faisant toujours qu'une ligne droite avec lui. Par conséquent, le soleil étant un corps de forme sphérique, et plus grand que celui de la terre, comme nous l'avons prouvé dans le cinquième livre, chose d'ailleurs évidente par la grandeur sensible que le soleil nous paroît avoir dans un si grand éloignement, je veux dire celui de la terre au soleil, tandis que la terre ne se conçoit que comme un point relativement au soleil; il s'ensuit nécessairement que l'ombre qui part de la terre est de forme conique, et en ligne droite avec le soleil, comme nous l'avons dit. Ainsi donc, puisque la lune ne reçoit la lumière que du soleil, il s'ensuit que quand elle tombe dans l'ombre conique de la terre, celle-ci interceptant la lumière du soleil par son interposition en ligne droite, la lune reste sans lumière. Or comme on observe ces obscurations quand la lune est diamétralement opposée au soleil dans le zodiaque, il faut absolument que la terre soit au milieu de l'univers. Car si elle n'y étoit pas, ce que nous venons d'exposer n'arriveroit pas constamment dans l'opposition diamétrale de la lune au soleil.

Pour faire entendre clairement tout ce qui vient d'être dit, concevons ( fig. 36 ) une sphère dont le centre soit L, le zodiaque

λόγηται γὰρ πᾶσι τοῖς ἐν διαφόροις κλίμασι τηρήσασι τὰς σεληνιακὰς ἐκλείψεις, ὅτι ἐν ταῖς κατὰ διάμετρον τοῦ ἡλίου ϛάσεσιν ἀποτελοῦνται· τῆς γὰρ γῆς καταυγαζομένης ἀπὸ τοῦ ἡλίου, καὶ ἀποϛελλούσης σκιὰν κωνοειδῆ κατὰ τὴν κατὰ διάμετρον αὐτῶν ϛάσιν. Δέδεικται γὰρ ὅτι ἐὰν σφαῖρα καταυγάζηται ὑπὸ μείζονος ἑαυτῆς σφαιρικοῦ σώματος, ἡ ἐκπεμπομένη σκιὰ κωνοειδὴς ἔϛαι, καὶ ἐπ' εὐθείας τῷ φωτίζοντι συμπεριαχθήσεται. Τοῦ οὖν ἡλιακοῦ σώματος σφαιροειδοῦς ὄντος, καὶ μείζονος τοῦ τῆς γῆς, καθάπερ δείκνυται μὲν ἡμῖν καὶ ἐν τῷ πέμπτῳ βιβλίῳ, ἔϛι δὲ καὶ ἐντεῦθεν κατάδηλον τὸ τοιοῦτον, ἐκ τοῦ πρὸς μὲν τοσοῦτον διάϛημα, λέγω δὴ τὸ ἀπὸ τῆς γῆς ἐπὶ τὸν ἥλιον, σημείου λόγον ἔχουσαν τὴν γῆν καταλαμβάνεσθαι, τὸ δὲ τοῦ ἡλίου μέγεθος αἰσθητὸν ἡμῖν καταφαίνεσθαι, διὸ ἀνάγκη τὴν ἀπὸ τῆς γῆς ἀποϛελλομένην σκιὰν κωνοειδῆ τε εἶναι, καὶ ἐπ' εὐθείας, ὡς ἔφαμεν, τῷ ἡλίῳ. Ἐπεὶ οὖν πέφυκεν ἡ σελήνη παρὰ τοῦ ἡλίου δέχεσθαι τὸ φῶς, συμβαίνει ἐμπιπτούσης αὐτῆς εἰς τὴν ἀπὸ τῆς γῆς κωνοειδῆ σκιὰν, καὶ ἐπ' εὐθείας τῷ ἡλίῳ ἐπιπροσθούσης τῆς γῆς ταῖς τοῦ ἡλίου προσλάμψεσιν, ἀφώτιϛον αὐτὴν γίνεσθαι. Ἀλλ' ἐπεὶ αὗται αἱ ἐπισκοτήσεις ἐν ταῖς ἐπὶ τοῦ ζωδιακοῦ κατὰ διάμετρον τοῦ ἡλίου ϛάσεσι καταλαμβάνονται, ἀναγκαῖον ἂν εἴη τὴν γῆν ἐν μέσῳ τοῦ παντὸς ὑποκεῖσθαι. Μὴ μέσης γὰρ αὐτῆς ὑπαρχούσης, οὐ πάντοτε συμβήσεται κατὰ τὴν κατὰ διάμετρον ἀντικειμένην τῷ ἡλίῳ ϛάσιν, αὐτὴν ἐπισκοτεῖσθαι.

Ἵνα δὲ φανερὸν ἡμῖν γένηται τὸ λεγόμενον, νενοήσθω σφαῖρα, κέντρον δὲ αὐτῆς τὸ Λ, ζωδιακὸς δὲ ὁ ΒΓΔΕ, ὁ δὲ τῆς σελήνης κύκλος περὶ τὸ αὐτὸ κέντρον τῆς σφαίρας περιγειότερος αὐτοῦ τυγχάνων ὁ ΖΗΘΚ. Καὶ ὑποκείσθωσαν λόγου ἕνεκεν ἐν τῷ αὐτῷ ἐπιπέδῳ ὄντες, καὶ ἔτι ὁ ἥλιος ἐπ' αὐτοῦ τοῦ ζωδιακοῦ τὴν κίνησιν ποιούμενος, ἡ δὲ γῆ μὴ ἔσω ἐπὶ τοῦ μέσου, ἀλλ' ὡς κατὰ τὸ Α τὸ κέντρον ἔχουσα ἐν τῷ τοῦ ζωδιακοῦ πάλιν ἐπιπέδῳ, καὶ ἔσω διὰ τοῦ κέντρου τῆς σφαίρας καὶ τῆς γῆς διάμετρος ἡ ΒΖΛΑΔ. Ὅταν ἄρα τοῦ ἡλίου γενομένου κατὰ τὸ Δ ἡ σελήνη γένηται κατὰ τὸ Ζ, καταυγαζομένη ἡ γῆ ὑπὸ τῆς τοῦ ἡλίου προσλάμψεως πέμψη κωνοειδῆ σκιὰν ὡς τὴν ΛΜ, καὶ ἐπισκοτήσῃ τὴν σελήνην, καὶ ἀφώτιστον ποιήσῃ ἐπιπροσθοῦσα ταῖς τοῦ ἡλίου ἀκτῖσι, καὶ συμβήσεται κατὰ τὴν κατὰ διάμετρον τῷ ἡλίῳ στάσιν τὴν ἔκλειψιν γίνεσθαι, διὰ τὸ τὴν ΒΔ διάμετρον ὑποκεῖσθαι τοῦ ζωδιακοῦ. Ὁμοίως δὲ πάλιν ὅταν τοῦ ἡλίου γενομένου κατὰ τὸ Β, ἡ σελήνη κατὰ τὸ Θ γένηται, πάλιν συμβήσεται ἐν τῇ κατὰ διάμετρον στάσει τὴν ἔκλειψιν ἀποτελεῖσθαι· Ὅταν δὲ κατ' ἄλλου τινὸς τμήματος ὄντος τοῦ ἡλίου, ἡ σελήνη ἐμπέσῃ εἰς τὸ σημεῖον, οὐδαμῶς εὑρεθήσεται ἐν τῇ κατὰ διάμετρον στάσει τοῦ ἡλίου τυγχάνουσα, διὸ προσέθηκε τὸ πολλάκις μὴ ἐν ταῖς διαμετρούσαις παρόδοις ἐπιπροσθούσης αὐτῆς, ὡς ἐνδεχομένου καὶ ἐν τῇ κατὰ διάμετρον στάσει τὴν ἐπισκότησιν γίνεσθαι, καὶ ἐν τῇ μὴ κατὰ διάμετρον. Ἐὰν γὰρ, λόγου ἕνεκεν, ἐπὶ τοῦ Γ τυγχάνοντος τοῦ ἡλίου ἡ σκιὰ ἐπ' εὐθείας αὐτῷ πεμπομένη γένηται κατὰ τὸ Κ, δῆλον ὡς τότε τῆς σελήνης ἐκεῖ γενομένης, οὐκ ἔσται κατὰ τὴν κατὰ διάμετρον στάσιν ἔκλειψις, διὰ τὸ τὴν γῆν ἐκτὸς εἶναι τοῦ Α κέντρου, καὶ μὴ εἶναι τὴν ΓΚ διάμετρον τοῦ ζωδιακοῦ, ὥστε ἀναγκαῖον ἂν εἴη τῶν σεληνιακῶν ἐκ-

BGDE, ZHTK l'orbite de la lune autour du même centre, et plus voisine de la terre. Supposons-les, par exemple, dans le même plan, le soleil faisant sa révolution dans le zodiaque, et la terre étant au milieu, mais au point A comme centre, et aussi dans le plan du zodiaque. Menons le diamètre BZLAD par le centre de la sphère et celui de la terre. Le soleil étant en D, et la lune en Z, la terre éclairée par la lumière du soleil, jettera une ombre conique telle que LM, qui obscurcira la lune, et la privera de lumière à mesure que la terre avancera dans les rayons du soleil. L'éclipse se fera donc dans l'opposition diamétrale au soleil, BD étant supposée le diamètre du zodiaque. Pareillement, le soleil étant en B, et la lune en T, l'éclipse se fera encore dans l'opposition diamétrale au soleil. Mais le soleil étant dans un autre point, si la lune s'y rencontre avec lui, elle ne sera point dans une situation diamétralement opposée au soleil. C'est pourquoi Ptolémée a ajouté, que souvent la terre ne seroit pas interposée entre les points où ces astres sont diamétralement opposés, il faudroit admettre que l'éclipse arrive dans l'opposition diamétrale, et dans la situation non diamétralement opposée. Car si, par exemple, le soleil étant en G, l'ombre qu'il produit en ligne droite tomboit en K, la lune étant alors en ce dernier point, il est évident que l'éclipse ne se feroit pas dans la position diamétrale, parce que la lune est hors du centre A, et que GK n'est pas le diamètre du zodiaque. Il faut donc absolument, puisque les éclipses de lune doivent toujours arriver dans des points où la lune est diamétralement opposée au soleil, que la terre occupe le centre de l'univers.

## CHAPITRE V.

### LA TERRE N'EST QU'UN POINT RELATIVEMENT AUX ESPACES CÉLESTES.

Après avoir montré par les phénomènes, et les notions communes, que la terre est sensiblement de forme sphérique et au centre de l'univers, Ptolémée s'étend dans le chapitre qui précède celui-ci, sur ces principes, dont il faut bien se pénétrer pour ce qui suit, et il dit que la terre est comme un point à l'égard des espaces célestes. Ce n'est pas à dire pour cela qu'elle ne soit qu'un point sans grandeur. Car le moyen qu'une aussi grosse masse n'ait pas de parties ? Il faut entendre par là seulement que comparée à la distance où elle est de là sphère des étoiles fixes, elle n'occupe qu'un point dans cet espace. En effet, le soleil qui est 170 fois plus gros que la terre entière, ne nous paroît guères avoir qu'un pied de grandeur, à cause de sa distance dont la grandeur surpasse de beaucoup la grandeur de la terre. De sorte que si nous nous supposions voir la terre dans un aussi grand éloignement que celui où le soleil est de la terre, nous la verrions comme n'ayant que la 170ᵉ partie de la grandeur que le soleil nous paroît avoir. Mais si nous nous supposons la voir dans une distance égale à celle des étoiles fixes, elle nous paroîtra infiniment petite ou comme un point absolument insensible. Bien plus, toutes les distances des astres entr'eux, ainsi que leurs grandeurs, paroissent toujours les

## ΚΕΦΑΛΑΙΟΝ Ε΄.

### ΟΤΙ ΣΗΜΕΙΟΥ ΛΟΓΟΝ ΕΧΕΙ ΠΡΟΣ ΤΑ ΟΥΡΑΝΙΑ Η ΓΗ.

Ὑπομνήσας ἐκ τῶν φαινομένων καὶ κοινῶν ἐννοιῶν ὅτι σφαιροειδὴς πρὸς αἴσθησίν ἐςιν ἡ γᾶ καὶ μέση τοῦ παντός, ἔτι καὶ περὶ τοῦ προκειμένου κεφαλαίου διαλαμβάνει διὰ τῶν αὐτῶν ὡς καὶ τούτου ἑνὸς ὄντος, τῶν καθόλου ἀρχοειδῶς ὀφειλόντων προληφθῆναι, καὶ φησὶν ὅτι σημείου λόγον ἔχει πρὸς τὰ οὐράνια ἡ γῆ. Τὸ μὲν οὖν σημείου λόγον ἔχειν, οὐχ ὅτι αὐτὸ καθάπερ σημεῖον ἀμεγέθης ἐςὶ. Πῶς γὰρ ἄν τις εἴποι τὸ τηλικοῦτον μέγεθος ἀμερές ; Ἀλλ' ὅτι πρὸς τὴν σύγκρισιν τοῦ ἀποςήματος τοῦ μέχρι τῆς τῶν ἀπλανῶν σφαίρας σημείου σχέσιν ἐπέχει, ἐπεὶ καὶ ὁ ἥλιος ἑκατονταεβδομηκονταπλασίων τυγχάνων τῆς ὅλης γῆς, ποδιαῖον ἔγγιςα μέγεθος φαίνεται ἡμῖν ἔχων, διὰ τὸ ὑπερμέγεθες τοῦ ἀποςήματος· ὥςε εἰ καὶ τὴν γῆν ἀπὸ τηλικούτου ἀποςήματος ἐπινοήσαιμεν ὁρωμένην, ἡλίκον ἐςὶ καὶ τὸ ἀπὸ τῆς γῆς ἐπὶ τὸν ἥλιον, ἑκατοςοεβδομηκοςὸν μέρος τοῦ φαινομένου μεγέθους τοῦ ἡλίου ἔχουσαν ὀψόμεθα ταύτην. Ἐὰν δὲ καὶ ἀπὸ τηλικούτου διαςήματος αὐτὴν ἐπινοήσωμεν ὁρωμένην, ἡλίκον ἐςὶ καὶ τὸ μέχρι τῶν ἀπλανῶν, ἐλαχιςοτάτη ὀφθήσεται, ἢ ὥσπερ σημεῖον ἐκφεύξεται τὴν αἴσθησιν. Ἔτι δὲ καὶ ἐκ τοῦ πάντα τὰ διαςήματα πρὸς ἄλληλα τῶν ἀςέρων, καὶ τὰ

μεγέθη τοῖς ἀπὸ διαφόρων οἰκήσεων τηροῦσι
τοὺς αὐτοὺς ἀςέρας, ἴσα καὶ ὅμοια καταλαμβάνεσθαι, ὡς ἂν πάντων πρὸς ἑνὶ σημείῳ
καὶ τῷ αὐτῷ τῆς σφαίρας κέντρῳ ἑςώτων,
καὶ τὸ αὐτὸ διάςημα φυλαττόντων, πρός τε
τὰς ἀνατολὰς καὶ δυσμὰς, καὶ πάντα τὰ
μέρη τοῦ οὐρανοῦ, ὅπερ οὐκ ἂν οὕτως ἔχον
ἐφαίνετο εἰ τὸ μέγεθος τῆς γῆς αἰσθητὸν ἦν.

Νενοήσθω γὰρ ἐν τῇ τοῦ παντὸς σφαίρᾳ
μεσημβρινὸς κύκλος ὁ ΑΒΓΔ, ἐν δὲ τῇ γῇ
ὡς ἐν μεγέθει ὑποπιπτούσῃ ὁ ΕΖ ἐν τῷ
αὐτῷ ἐπιπέδῳ τοῦ ΑΒΓΔ, κέντρον δὲ κοινὸν
αὐτῶν τὸ Η, οἴκησις δὲ κατὰ τό Ε. Καὶ
διὰ τοῦ Η κέντρου ἡ ΒΗΔ διάμετρος τῆς σφαίρας, ὁρίζων δὲ τῆς οἰκήσεως ὁ διὰ τῆς ΘΕΚ,
κοινὴ δὲ αὐτοῦ τομὴ καὶ τοῦ ΑΒΓΔ ἡ ΘΚ
ἐφαπτομένη δηλαδὴ τοῦ ΕΖ, κατὰ κορυφὴν
δὲ τὸ Α. Ἐὰν δὴ τὴν ΕΑ ἐπιζεύξωμεν καὶ
διαγάγωμεν ὡς τὴν ΕΗΓ, δῆλον ὡς ὅτι ἐπὶ
τὸ κέντρον πεσεῖται τῆς γῆς, καὶ ἐλαχίςη
μὲν ἔςαι ἡ ΕΑ πασῶν τῶν ἀπὸ τοῦ Ε τῆς
ὄψεως τῶν ἐρόντων ἐπὶ τὸ ΘΑΚ τμῆμα προσπιπτουσῶν εὐθειῶν. Καὶ ἀεὶ αἱ ἔγγιον τῶν
ΕΘ, ΕΚ τῶν ἀπώτερον μείζους, μέχρι τοῦ
πρὸς τῷ Α. Καὶ διὰ τοῦτο μηκέτι συμβαίνειν
τά τε μεγέθη καὶ τὰ διαςήματα τῶν ἀςέρων
ἴσα καὶ ὅμοια φαίνεσθαι. Ὅμοια δὲ εἶπε τὰ
διαςήματα, διὰ τὸ μένειν πάντοτε τὰ σχήματα ἃ φυλάττουσι πρὸς ἀλλήλους εἴτε τρίγωνα εἴτε τετράγωνα εἴτε τραπέζια ἢ ἄλλα
τινά.

Ἔτι δὲ καὶ ἑτέραν πίςιν εἰσάγει τοῦ σημείου λόγον ἔχειν τὴν γῆν πρὸς τὸ οὐράνιον
ἀπόςημα, τῷ τὰς διὰ τῶν κέντρων των
κρικωτῶν σφαιρικῶν διοπτεύσεις τὸ αὐτὸ δύνασθαι δεικνύναι, ὡς ἂν εἰ ὁμόκεντροι τῷ

THÉON.

mêmes aux personnes qui les observent de différens lieux de la terre, comme si toutes ces personnes les observoient du centre seul de la sphère, et étoient toutes à même distance de l'orient et de l'occident et de toutes les parties du ciel. Il s'en faut bien cependant que ces grandeurs parussent ainsi constamment les mêmes, si la grandeur de la terre avoit quelque rapport sensible avec elles.

(Fig. 36.) Car concevons dans la sphère de l'univers, le cercle méridien ABGD, et dans la terre comme ayant une grandeur déterminée la ligne EZ dans le plan de ABGD, le centre commun H, le lieu terrestre E, le diamètre BHD de la sphère mené par le centre H, l'horizon TEK du lieu et à l'extrémité de EZ, la tangente TK, section commune de cet horizon et de ABGD et le point vertical A. Si nous joignons et prolongeons AE, pour faire comme la droite EHG, il est évident qu'elle passera par le centre de la terre, et EA sera la plus petite de toutes les droites qui de E d'où regardent ceux qui observent, tombent sur le segment TAK. Et depuis le point A, les autres droites seront d'autant plus grandes, qu'elles seront plus proches de ET, EC. C'est pourquoi les grandeurs et les distances des astres n'y paroîtront plus égales et pareilles. Or, il a dit que les distances étoient toujours pareilles, parce que les configurations soit en triangles, en carrés, en trapèzes, ou autres, que les observateurs voyoient formées par les étoiles, demeurent toujours les mêmes.

Un autre motif qui porte à croire que la terre est comme un point relativement à l'espace céleste, c'est qu'en regardant par les centres des armilles sphériques, on peut voir de même que si ces instrumens avoient

11

une position concentrique à l'univers, je parle des armilles sphériques, du météoroscope, et de l'astrolabe dont il parle aussi dans le cinquième livre. Car en plaçant ces instrumens sur la surface de la terre, et en disposant leurs anneaux dans la direction des cercles du monde desquels ils portent les noms, le méridien de l'instrument dans le plan de celui que l'on conçoit être celui du lieu terrestre, et le zodiaque suivant la position de celui du ciel, l'horizon parallélement à l'horizon naturel, et les autres cercles de même, puis en regardant par les centres de ces instrumens sphériques, en quelqu'endroit de la terre qu'ils soient placés, nous trouvons les angles et les arcs de ces grands cercles comme autour du même centre, et il y a autant de justesse entr'eux et ceux que le ciel nous montre, que si ces mesures avoient été prises en visant du centre même de la terre. Or il est clair que cela n'est ainsi que parce que les bornoiemens faits par les centres de ces instrumens s'accordent parfaitement avec ceux qu'on feroit du centre même de la terre. Il est donc évident, comme nous l'avons dit, qu'il résulte de ce qu'en regardant par les centres des instrumens sphériques, on peut voir de même que si on regardoit du centre même de la terre, que non‑seulement la terre est au centre du ciel, mais encore qu'elle n'y est que comme un point.

Les constructeurs d'horloges gnomoniques supposant que la pointe du gnomon est le centre de la sphère du soleil, de l'univers et de la terre, trouvent ainsi les circonvolutions des ombres qui se font sur leurs horloges solaires dans les parallèles de même dénomination que ceux que l'on conçoit être dans l'univers, comme si les points

παντὶ τὴν θέσιν ἔχουσαι ἐτύγχανον, κρικωτῶν δὲ λέγει σφαιρικῶν, τοῦ τε μετεωροσκοπίου καὶ τοῦ ἐκτιθεμένου αὐτῷ ἐν τῷ ε΄ βιβλίῳ ἀστρολάβου. Ταῦτα γὰρ τὰ ὄργανα τιθέντες ἐπὶ τῆς ἐπιφανείας τῆς γῆς, καὶ τοὺς ὁμωνύμους ἐν τῷ ὀργάνῳ κρίκους τοῖς ἐν τῷ παντὶ κύκλοις ὁμοταγεῖς καθιστάντες, τὸν μὲν μεσημβρινὸν τοῦ ὀργάνου ἐν τῷ αὐτῷ ἐπιπέδῳ τοῦ νοουμένου τῆς οἰκήσεως μεσημβρινοῦ, τὸν δὲ ζωδιακὸν τὴν τοῦ φύσει ζωδιακοῦ θέσιν λαμβάνοντα, καὶ τὸν ὁρίζοντα τὴν τοῦ φύσει ὁρίζοντος, καὶ τοὺς λοιποὺς τοῖς λοιποῖς, διοπτεύοντες διὰ τῶν κέντρων τῶν σφαιρικῶν ὀργάνων, ἐν οἱῳδήποτε μέρει τῆς γῆς αὐτῶν τιθεμένων, καταλαμβανόμεθα καὶ τὰς γωνίας καὶ τὰς ἀπολαμβανομένας τῶν περὶ τὸ αὐτὸ κέντρον μεγίστων κύκλων περιφερείας, οὕτω συμφώνους τοῖς φαινομένοις, ὡς ἂν εἰ δι' αὐτοῦ τοῦ τῆς γῆς κέντρου αἱ διοπτεύσεις γινόμεναι ἐτύγχανον. Φανερὸν δὲ τοῦτο οὕτως ἔχειν ἐκ τοῦ τὰς διὰ τῶν κέντρων τῶν ὀργάνων διοπτεύσεις, οὕτω συμφώνους γίνεσθαι τοῖς φαινομένοις. Φανερὸν δὴ ὅτι οὐ μόνον ἡ γῆ μέση τοῦ παντὸς οὐρανοῦ κεῖται, ἀλλὰ καὶ σημείου λόγον ἔχει ἐκ τοῦ, ὡς ἔφαμεν, τὰς διὰ τῶν κέντρων τῶν εἰρημένων σφαιρικῶν ὀργάνων διοπτεύσεις τὸ αὐτὸ δύνασθαι, ὡς ἂν εἰ διὰ τοῦ κέντρου τῆς γῆς γινόμεναι ἐτύγχανον.

Πάλιν δὲ καὶ οἱ γνωμονικοὶ τὸ ἄκρον τῆς τοῦ γνώμονος κορυφῆς κέντρον τοῦ ἡλίου σφαίρας ὑποτιθέμενοι καὶ αὐτοῦ τοῦ παντὸς καὶ τῆς γῆς, οὕτως εὑρίσκουσι τὰς περιαγωγὰς τῶν σκιῶν ἐν ταῖς καταγραφαῖς τῶν ὡροσκοπίων γινομένας, κατὰ τῶν ὁμωνύμων τῶν ἐν τῷ παντὶ νοουμένων παραλλήλων, ὡς ἂν εἰ πρὸς αὐτῷ τῷ τῆς γῆς κέντρῳ αἱ κορυφαὶ τῶν γνωμόνων ἐτύγχανον. Ἔστι δὲ καὶ ἐκ ταύτης ὡς καταδηλοτέρας πίστεως πιστοῦσθαι τὰ εἰρημένα, τοῦ πανταχοῦ τὰ διὰ τῆς ὄψεως ἡμῶν ἐκβαλλόμενα ἐπίπεδα, ἃ ἔστι δηλαδὴ διὰ τῆς ἐπιφανείας τῆς γῆς. Καλοῦμεν δὲ αὐτὰ ὁρίζοντας, διχοτομεῖν πάντοτε τὴν σφαῖραν τοῦ οὐρανοῦ, ὅπερ οὐκ ἂν συνέβαινεν, εἰ τὸ μέγεθος τῆς γῆς αἰσθητὸν ἦν. Ἀλλὰ μόνον ἂν τὸ διὰ τοῦ κέντρου τῆς γῆς ἐκβαλλόμενον ἐπίπεδον διχοτομεῖν ἐδύνατο τὴν σφαῖραν, τὸ δὲ οἱουδήποτε τόπου τῆς ἐπιφανείας αὐτῆς εἰς ἄνισα διῄρει τὴν σφαῖραν, μηκέτι μεγίστου γινομένου τοῦ ὁρίζοντος, ἀλλὰ πάντοτε τὸ ὑπὲρ γῆν τμῆμα τῆς σφαίρας, ἔλαττον ποιοῦντος τοῦ ὑπὸ γῆν.

## ΚΕΦΑΛΑΙΟΝ Ϛʹ.

### ΟΤΙ ΟΥΔΕ ΚΙΝΗΣΙΝ ΤΙΝΑ ΜΕΤΑΒΑΤΙΚΗΝ ΠΟΙΕΙΤΑΙ Η ΓΗ.

Τὰ αὐτὰ δὲ πάλιν παρακολουθεῖ ἄτοπα, εἰ κίνησιν τινὰ μεταβατικὴν ἐποιεῖτο ἡ γῆ, ἅπερ καὶ ἐπὶ τῶν τριῶν θέσεων ἐλέγομεν, ἡνίκα ἐκτὸς μὲν τοῦ ἄξονος αὐτὴν ὑπετιθέμεθα, ἑκατέρου δὲ τῶν πόλων ἴσον ἀπέχειν, ἢ ἐπὶ τοῦ ἄξονος οὖσαν πρὸς τὸν ἕτερον τῶν πόλων παρακεχωρηκέναι, ἢ μήτε ἐπὶ τοῦ ἄξονος οὖσαν, μήτε ἑκατέρου τῶν πόλων ἴσον ἀπέχειν, ἢ ὅλως μεθίστασθαι αὐτὴν τοῦ μέσου, ὥστε οὐ ποιήσει τὴν ἀπὸ τόπου εἰς τόπον μεταβατικὴν κίνησιν ἡ γῆ. Ἔτι δὲ καὶ ἐκ τῶν τοιούτων κατάδηλον γίνεται τὸ μένειν αὐτὴν ἐπὶ τοῦ μέσου τόπου. Φύσιν γὰρ αὐτῆς ἐχούσης

verticaux des gnomons étoient au centre même de la terre. Cette expérience confirme pleinement ce que nous avons dit, que tous les plans qui, en tous lieux, passent par nos yeux, savoir ceux qui rasent la surface de la terre, et que nous appellons horizons, coupent partout la sphère céleste en deux parties égales. Chose qui ne seroit point, si la grandeur de la terre avoit un rapport sensible avec celle du ciel. Autrement, le seul plan qui traverse la terre par son centre, pourroit couper la sphère en deux parties égales ; tous les plans tangens à la surface terrestre en tous lieux quelconques, couperoient la sphère céleste en deux parties inégales ; car dès lors l'horizon ne seroit plus un grand cercle, et partout il feroit le segment de la sphère au-dessus de lui, plus grand que l'inférieur.

## CHAPITRE VI.

### LA TERRE NE FAIT AUCUN MOUVEMENT DE TRANSLATION.

Si la terre avoit quelque mouvement qui la déplaçât, il en résulteroit toujours les mêmes absurdités que nous avons exposées en parlant des trois positions de la terre, ou hors de l'axe, mais également distante des deux pôles ; ou dans l'axe, mais plus avancée vers un des pôles, ou ni dans l'axe ni plus vers un pôle que vers l'autre, mais transportée tout-à-fait loin du milieu. La terre ne fait donc aucun mouvement local. Il est évident, d'après ces preuves, qu'elle demeure au milieu du monde. Car sollicitée par sa nature à se porter en bas, et le centre d'une sphère en étant comme le point

11 *

le plus bas, suivant Aristote qui appelle descente la chute vers le milieu, la terre ayant pris ce lieu qui est sa place, y reste constamment. C'est pourquoi il me paroît superflu de chercher des causes de la chute de la terre vers le milieu, dès qu'il est certain qu'elle y est par l'effet de la pesanteur qui fait naturellement tomber les corps graves. Car ils paroissent ainsi visiblement portés vers la terre. Par conséquent la terre est au milieu du monde. Et il suffit, pour prouver qu'elle n'a aucun mouvement qui la transporte ailleurs, qu'elle ait été démontrée de forme sphérique, puisque les chutes que nous voyons dans toutes ses parties, et les tendances des corps pesans à tomber, je dis celles qui leur sont propres et qui ne leur viennent pas d'une cause extérieure, se font toujours et en tous lieux perpendiculairement au plan tangent, sans inclinaison sur le point d'incidence. C'est ainsi que les architectes pour asseoir les murs perpendiculairement aux horizons, attachent un plomb à une corde, et l'abandonnant à sa pesanteur, s'assurent que les murs sont perpendiculaires, si cette corde par la descente du plomb, en vertu de sa pesanteur, les touche dans toute sa hauteur, attendu qu'il est lui-même dans une direction perpendiculaire. Et nous établissons aussi par ce moyen nos instrumens perpendiculairement à l'horizon. Or, il est évident que s'ils n'étoient pas retenus par la surface de la terre, ils tomberoient tous, et ils se rencontreroient dans son centre, parce que la droite menée du point d'incidence au centre, est perpendiculaire sur le plan

ἐπὶ τὸ κάτω φέρεσθαι, καὶ ὡς ἐν σφαίρᾳ τοῦ μέσου κάτω τυγχάνοντος, καθὰ καὶ ὁ Ἀριςοτέλης τὴν ἐπὶ τὸ μέσον φορὰν κάτω λέγει, αὕτη τὸν οἰκεῖον καταληφυῖα τόπον, μένει ἐν αὐτῷ· ὥςε ἔμοι γε δοκεῖ, περιττῶς ἄν τις καὶ τῆς ἐπὶ τὸ μέσον φορᾶς τῆς γῆς τὰς αἰτίας ἐπιζητήσειεν, ἅπαξ γε τοῦ ὅτι ἡ γῆ τὸν μέσον ἔχει τόπον δήλου ὄντος ἐκ τοῦ καὶ τὰ βάρη φύσιν ἔχειν ἐπὶ τὸ κάτω φέρεσθαι. Φαίνηται γὰρ ἐναργῶς οὕτως ἐπὶ τὴν γῆν φερόμενα. Ἡ γῆ ἄρα ἐν τῷ μέσῳ ἐςί. Καὶ κεῖνο δὲ μόνον προχειρότατον γένοιτο εἰς ἀπόδειξιν τοῦ μηδ' ἡντιναοῦν κίνησιν ἐπὶ τὰ πλάγια μέρη ποιεῖσθαι τὴν γῆν, τὸ σφαιροειδοῦς καὶ μέσης τοῦ παντὸς ἀποδεδειγμένης αὐτῆς, ἐν πᾶσιν ἁπλῶς τοῖς μέρεσιν αὐτῆς τάς τε ἡμῶν προσνεύσεις καὶ τὰς τῶν βάρος ἐχόντων σωμάτων φορὰς (λέγω δὴ τὰς ἰδίας αὐτῶν καὶ μὴ ἀπό τινος βίας) πρὸς ὀρθὰς γωνίας γίνεσθαι πάντοτε καὶ πανταχῆ, τῷ διὰ τῆς κατὰ τὴν πτῶσιν ἐπαφῆς διεκβαλλομένην ἀκλινεῖ ἐπιπέδῳ, καθάπερ καὶ οἱ οἰκοδόμοι τὰς θέσεις τῶν τοίχων πρὸς ὀρθὰς τοῖς ὁρίζουσι βουλόμενοι κατασκευάζειν, μόλιβδον εἰς σπάρτον ἀποδεσμοῦντες, καὶ ἐῶντες τῷ ἰδίῳ βάρει φέρεσθαι τὴν πρὸς ὀρθὰς θέσιν τῶν τοίχων δοκιμάζουσι, τοῦ μολιβδίνου βάρους καταφερομένου, καὶ πάντοτε αὐτῶν ἐπιψαύοντος δηλονότι, ὡς πρὸς ὀρθὰς αὐτοῦ κατιόντος. Ὁμοίως δὲ καὶ ἡμεῖς τὰς θέσεις τῶν ὀργάνων τὰς πρὸς ὀρθὰς τοῖς ὁρίζουσι διὰ τῶν τοιούτων ἐξετάζομεν. Καὶ φανερὸν ὅτι εἰ μὴ ἀντιπ..θοῦντο ὑπὸ τῆς ἐπιφανείας τῆς γῆς, πάντως ἂν ἐπ' αὐτὸ τὸ κέντρον αὐτῆς κατήντων. Επεὶ καὶ ἡ ἀπὸ τοῦ κατὰ τὴν πτῶσιν σημείου ἐπὶ τὸ κέντρον ἄγουσα εὐθεῖα πρὸς ὀρθὰς γίνεται τῷ διὰ τοῦ ἐκβαλλομένου ἀκλινεῖ πρὸς τὴν ὑπὸ τῆς φορᾶς τοῦ βάρους εὐθεῖαν.

Ἵνα δὲ κατάδηλον γένηται τὸ λεγόμενον, νενοήσθω ἡ τῆς γῆς σφαῖρα, καὶ ἐνεχθὲν βάρος ἐπ' αὐτὴν τῇ ἰδίᾳ φορᾷ ἀκλινῶς, ποιείτω ἐν μὲν τῷ μετεώρῳ εὐθεῖαν τὴν ΑΒ, ἐπὶ δὲ τῆς ἐπιφανείας τῆς σφαίρας σημεῖον τὸ Β, καὶ νενοήσθω διὰ τοῦ Β ἀκλινὲς ἐπίπεδον πρὸς τὴν ΑΒ εὐθείαν ἐφαπτόμενον τῆς σφαίρας, καὶ εἰλήφθω τὸ κέντρον τῆς σφαίρας τὸ Γ. Καὶ ἐπεζεύχθω ἡ ΒΓ, καὶ διήχθω διὰ τῆς ΒΓ ἐπίπεδον. Ποιήσει δὴ τομὴν ἐν μὲν τῇ ἐπιφανείᾳ τῆς σφαίρας κύκλον, ἐν δὲ τῷ ἀκλινεῖ πρὸς τὴν ΑΒ ἐπιπέδῳ εὐθεῖαν. Ποιείτω ἐν μὲν τῇ σφαίρᾳ τὸν ΒΖΗ κύκλον, ἐν δὲ τῷ ἐπιπέδῳ τὴν ΔΒ εὐθεῖαν. Καὶ ἐπεὶ τὸ ἐπίπεδον οὐ τέμνει τὴν σφαῖραν, οὐδ' ἄρα ἡ εὐθεῖα τέμνει τὸν κύκλον. Ἐφάπτεται ἄρα ἡ ΔΒΕ εὐθεῖα τοῦ ΒΖΗ κύκλου· ὀρθὴ ἄρα ἐϛὶν ἡ ΓΒ πρὸς τὴν ΔΕ. Πάλιν δὲ διήχθω διὰ τῆς ΒΓ ἕτερον ἐπίπεδον, καὶ ποιείτω ἐν μὲν τῇ ἐπιφανείᾳ τῆς σφαίρας τὸν ΒΗΘ κύκλον, ἐν δὲ τῷ ἀκλινεῖ πρὸς τὴν ΑΒ ἐπιπέδῳ τὴν ΚΒΛ εὐθεῖαν. Διὰ τὰ αὐτὰ δὴ ἡ ΓΒ ὀρθή ἐϛι πρὸς τὴν ΚΒΛ. Ἐπεὶ οὖν εὐθεῖα ἡ ΓΒ δύο εὐθείας τεμνούσας ἀλλήλας πρὸς ὀρθὰς ἐπὶ τῆς κοινῆς τομῆς ἐφέϛηκε, καὶ τῷ δι' αὐτῶν ἄρα ἐπιπέδῳ ὀρθή ἐϛι. Τὸ δὲ δι' αὐτῶν ἐπίπεδον ἐϛὶ τὸ ἀκλινὲς πρὸς τὴν ΑΒ· ὀρθὴ ἄρα ἐϛὶν ἡ ΓΒ πρὸς τὸ εἰρημένον ἐπίπεδον, ἀλλὰ καὶ ἡ ΑΒ. Ἀπὸ τοῦ αὐτοῦ ἄρα σημείου τοῦ Β ἐφ' ἑκάτερα τὰ μέρη τῷ αὐτῷ ἐπιπέδῳ πρὸς ὀρθὰς ἀνεϛαμέναι εἰσὶν αἱ ΑΒ, ΒΓ. Διὰ δὴ τοῦτο εὐθεῖα ἐϛὶν ἡ ΑΒΓ· ὥϛε

tangent au point où passe la droite de la direction de la pesanteur.

( Fg. 38. ) Pour éclaircir ce que je dis, concevons le globe terrestre, et un poids qui tombant directement sur lui par sa seule pesanteur, décrive en l'air la ligne droite AB, et marque sur la surface de ce globe le point B, et en ce point le plan sans inclinaison tangent à cette surface à l'extrémité de la droite AB, et prenons pour centre du globe le point G. Joignons BG, et faisons passer un plan par BG ; il fera dans la surface de la sphère une section qui sera un cercle, et qui sera une droite dans un plan perpendiculaire à AB. Suposons qu'il fasse dans la sphère le cercle BZH, et dans le plan la droite BD. Puisque le plan ne coupe pas la sphère, et que la droite ne coupe pas le cercle; il s'ensuit que la droite DBE touche le cercle BZH. Donc la droite GB est perpendiculaire sur DE. Menons encore par BG, un autre plan qui fasse dans la surface de la sphère le cercle BHT, et dans le plan perpendiculaire à AB la droite KBL. Par les mêmes raisons la droite GB est perpendiculaire à la droite KBL. Ainsi, puisque la droite GB est dans le point d'intersection de deux droites perpendiculaire à ces deux droites qui s'entrecoupent, elle est donc aussi perpendiculaire au plan de ces deux droites, et ce plan est perpendiculaire à AB. Donc GB est perpendiculaire à ce plan, ainsi que AB. Donc les droites menées du même point B de part et d'autre sont perpendiculaires au même plan, et par conséquent ABG est une ligne droite; de sorte que si la pesanteur ne rencontroit pas en B la surface de la terre, elle se rassembleroit au même centre en allant vers son lieu de repos. Chose si claire, qu'il

n'est personne qui n'estime bien inutile de
chercher quelles sont les causes de la ten-
dance vers le point du milieu ; et de ce qu'il
est démontré que l'univers est de forme
sphérique, on en conclut que la terre se
tient au milieu de l'univers, car la terre
est portée au point le plus bas de l'univers ;
or ce point le plus bas est celui du milieu,
donc la terre est au milieu du monde.

Ceux qui regardent comme un paradoxe
qu'une masse telle que celle de la terre ne
soit pas en mouvement et ne tombe pas,
mais demeure constamment immobile dans
l'espace, ne font certainement aucun usage
de leur raison dans le jugement qu'ils devroient porter d'après ce qu'ils voient autour d'eux. Car voyant que de tous les corps
pris chacun à part, il n'en est aucun, quelque petit qu'il soit, qui par-là même qu'il a
quelque pesanteur, puisse demeurer en l'air
sans tomber dès qu'il est abandonné à lui-
même, ils concluent qu'il est impossible de
croire qu'il en soit autrement pour l'universalité des corps qui est le monde entier. A mon avis, il n'est pas raisonnable
de s'émerveiller de cet effet qu'ils trouve-
roient fort simple, s'ils faisoient réflexion
que cette grandeur de la terre extrêmement
petite en comparaison de celle de l'univers
qui est partout si prodigieusement grand
et composé de parties semblables, peut en
être maîtrisée au point de garder toujours
la même distance relativement à toutes les
parties du monde, étant poussée de toutes
parts par des forces égales qui la maintiennent en équilibre. Car on ne peut concevoir

εἰ μὴ ἀντωθεῖτο τὸ κατὰ τὸ Β βάρος ὑπὸ
τῆς ἐπιφανείας τῆς γῆς, πάντως ἂν ἐπ' αὐτὸ τὸ κέντρον κατήντα τὸν οἰκεῖον τόπον ἐπι-
διῶκον· ὥςε τοῦ τοιούτου προφανοῦς ὄντος,
περιττὸν ἄν τις ἡγήσαιτο καὶ τῆς ἐπὶ τὸ
μέσον φορᾶς τὰς αἰτίας ἐπιζητεῖν. Ἔτι δὲ
τοῦ παντὸς σφαιροειδοῦς ἀποδειχθέντος, συνάγηται καὶ οὕτως, ὅτι ἡ γῆ ἐπὶ τὸ μέσον
φέρεται. Ἡ γὰρ γῆ ἐπὶ τὸ κάτω τοῦ παντὸς
φέρεται· κάτω δὲ τοῦ παντὸς ἐςὶ τὸ μέσον·
ἡ γῆ ἄρα ἐπὶ τὸ μέσον φέρεται.

Ὅσοι δὲ παράδοξον οἴονται τὸ μὴ βεβη-
κέναι πού μήτε καταφέρεσθαι τηλικοῦτον βάρος τῆς γῆς, ἀλλὰ ἑςάναι οὕτως ἀκίνητον
μετέωρον μένον, δῆλον ὡς ὅτι οὐ λόγῳ ἀκο-
λουθοῦντες παράδοξον τὸ τοιοῦτον ἡγοῦνται,
ἀλλὰ ἀπὸ τῶν περὶ αὐτοὺς συμβαινόντων
ἀδυνάτων ἀποδοκιμάζοντες. Ὁρῶντες γὰρ τὸ
τοιοῦτον ἐπὶ τῶν κατὰ μέρος ἀδύνατον ὂν
αἰσθήσει πιςώσασθαι, διὰ τὸ μηδὲν τῶν
τοιούτων βαρῶν κἂν ἐλάχιςον τυγχάνῃ δύνασθαι φαίνεσθαι μετέωρον μένον, καὶ ἐπὶ
τῶν καθόλου τὸ αὐτὸ παραλαμβάνουσιν. Οὐ
γὰρ οἶμαι λόγῳ αὐτοὺς ἀκολουθοῦντας, θαυ-
μαςὸν ἡγεῖσθαι τὸ τοιοῦτον, εἰ κατανοήσειαν
ὅτι τοῦτο τὸ κατὰ λόγον ἐλάχιςον τῆς γῆς
μέγεθος ὑπὸ τοῦ παντελῶς μεγίςου καὶ ὁμοιομεροῦς δυνατὸν ἐςὶ διακρατεῖσθαι, ἴσα διαςήματα φυλάττον ἀπ' αὐτοῦ, καὶ ἰσοσθενῶς
πανταχόθεν ἀντωθούμενον, ἢ ἀντερειδόμενον.
Καὶ μηδενὸς ἐπινοουμένου ἐν τῷ τοῦ παντὸς
σφαιρικῷ σχήματι ἄνω ἢ κάτω. Καὶ κατὰ
μηδὲν μέρος ἐλαττουμένης τῆς ἀντερήσεως,

καθάπερ ἐπὶ τῆς αἰσθήσεως ὁρῶμεν, τὰ ὑπὸ τῶν ἴσων δυνάμεων ἀντωθούμενα ἢ ἀνθελκόμενα, μένοντα ἀκίνητα. Οὐ μὲν ἄνω ἢ κάτω μηδενὸς ὄντος ἐν τῷ κόσμῳ πρὸς αὐτὴν, καθάπερ οὐδὲ ἐν σφαίρᾳ τις τὸ τοιοῦτον ἐπινοήσειεν.

Διὰ τοῦτο δὲ ἀντερήσεις ὁμοιομερεῖς γίνονται, διὰ τὸ μηδὲν δύνασθαι ἐπὶ τοῦ τοιούτου σχήματος ἄνω ἢ κάτω. Τὸ γὰρ ἡμῖν ἀνατέλλόν καὶ δοκοῦν κάτω εἶναι, τοῖς ἀνατολικωτέροις ὑπὲρ γῆς ἐστι, καὶ ὡς πρὸς τὸ ἄνω, καὶ πάλιν τὸ ἡμῖν ἄνω καὶ ὡς πρὸς τὸν μεσημβρινὸν, τοῖς δυτικωτέροις πρὸς τοῦ μεσημβρινοῦ ἐστὶ, καὶ ὡς πρὸς τὸ κάτω. Ὁμοίως καὶ ἐπὶ τῶν πρὸς ἄρκτους καὶ μεσημβρίαν παραχωρήσεων, εἷς καὶ ὁ αὐτὸς ὢν ὁ βόρειος πόλος τῆς σφαίρας, τοῖς μὲν μετεωρότερος φαίνεται, τοῖς δὲ ταπεινότερος. Ἔτι δὲ καὶ ὁ ἥλιος ἢ καὶ ἄλλος τὶς τῶν ἀστέρων εἷς καὶ ὁ αὐτὸς ὑπάρχων, ἀπὸ διαφόρων οἰκήσεων ὁρώμενος κατὰ τὸν αὐτὸν χρόνον, τοῖς μὲν ἄνω καὶ ὡς πρὸς τῇ κεφαλῇ, τοῖς δὲ κάτω καὶ ὡς πρὸς τὸν ὁρίζοντα φαίνεται, ὡς ἐπὶ τῶν ἐκλείψεων μικρῷ πρόσθεν ἐδηλοῦμεν· ὥστε τῶν αὐτῶν τόπων καὶ ἄνω καὶ κάτω ὡς πρὸς ἡμᾶς τυγχανόντων, ἀκόλουθον ἂν εἴη λέγειν ἐπὶ τοῦ τοιούτου σχήματος καθ' ἑαυτὸ μηδὲν ἄνω εἶναι ἢ κάτω.

Τῶν δὲ ἐν αὐτῇ συγκριμάτων ὅσον ἐπὶ τῇ ἰδίᾳ καὶ κατὰ φύσιν αὐτῶν διαφορᾷ καὶ τὰ ἑξῆς. Τῶν συγκριμάτων λέγει τῶν φυσικῶν, τουτέστι τῶν στοιχείων, πυρὸς, ἀέρος, καὶ ὕδατος καὶ γῆς. Καὶ γὰρ πάντα πως συγκρίματα εἶναι δοκεῖ, εἴ γε ἐξ ὕλης καὶ

ni dessus ni dessous dans la forme sphérique du monde, l'opposition n'y étant pas plus foible dans un point que dans un autre, comme nous voyons que les corps poussés ou tirés par des forces égales, restent en repos; par la même raison, il n'y a ni dessus ni dessous relativement à la terre, car il est impossible d'en imaginer dans une sphère.

C'est parce que les oppositions en sens contraires, sont semblables, qu'il ne peut y avoir ni dessus ni dessous dans une figure sphérique. Car l'astre qui nous paroît se lever et être en bas, relativement à nous, est pour des peuples plus orientaux que nous, au-dessus de la terre et comme en haut. Et aussi ce qui est pour nous en haut et comme au méridien est pour les peuples plus occidentaux que nous et avant leur méridien, et comme en bas. De même pour les climats plus avancés vers les ourses et vers le midi, un même pôle, le boréal, paroît plus élevé aux uns, et plus bas aux autres; ainsi encore le soleil, ou tout autre astre, mais le même, vu en même temps de différents climats, paroît aux uns au-dessus de la tête, et aux autres à l'horizon, comme nous l'avons montré tout à l'heure en parlant des éclipses. De sorte que les mêmes lieux étant par rapport à nous, tantôt en haut et tantôt en bas, il s'ensuit qu'il n'y a dans cette figure sphérique ni haut ni bas par soi-même.

Par les matières qui naturellement se sont disposées suivant leur différence spécifique il entend les élémens du feu, de l'air, de l'eau et de la terre, puisque tout paroît résulter de la matière et de la forme qui se réunissent, ou des substances qui en sont composées; tels sont les aggrégats qui ont des pieds, qui volent, qui sont aquatiques, et toutes les formes de ces corps et de tous ceux qui sont inanimés. Les uns participant davantage du feu et de l'air, ont une aptitude physique à être portés au dehors et vers l'enveloppe, que nous regardons comme en haut par rapport à nous, parce qu'il n'y a ni haut ni bas dans la sphère, comme nous l'avons dit, mais que tout cela se prend relativement à nous. Puisque chacun appelle *haut* l'espace au-dessus de sa tête, et *bas* celui qui est à ses pieds. Les substances qui participent plus de la terre et de l'eau, sont naturellement portées en bas, et comme étant dans une sphère, au centre de cette sphère, en agissant les unes contre les autres, et opposant dans une distance égale depuis ce centre, une résistance égale et semblable aux corps qui ont pris leur place au milieu. De là vient que la pression vers le centre l'emporte par l'effet de la réaction semblable en toutes ses parties de toutes parts, et qu'il y a repos et immobilité. C'est pourquoi il n'est pas douteux que la terre étant fixe, les corps graves ne l'entourent sans qu'elle se ressente de leur poids. Si elle ne demeuroit pas au lieu où elle est fixée, mais qu'elle eût un mouvement de transport pareil à celui des autres corps graves, la même raison qui fait que les corps pesans vont avec le plus de vitesse, lui feroit précéder tous les autres corps par l'excès de sa grandeur sur eux, et suivant leur pesanteur tous les corps graves, tant ceux qui sont animés, que tous les corps en particulier qui ne lui sont pas fortement adhérens, resteroient en l'air, tandis qu'elle s'en iroit hors du ciel. Tout cela seroit absurde même à imaginer.

εἴδους ἔχει τὴν γένεσιν πρὸς ἄλληλα συνελθόντων, ἢ τῶν ἐκ τούτων γενομένων, τοιαῦτα δὲ ἐςὶ τά τε πεζὰ καὶ τὰ πτηνὰ, καὶ τὰ ἔνυδρα καὶ τὰ τούτων εἴδη πάντα, καὶ ἔτι τὰ ἄψυχα σύμπαντα σώματα· ὧν τὰ μὲν πυρὸς καὶ ἀέρος πλείονος μετέχοντα, ἐπιτηδειότητα φυσικὴν ἔχει εἰς τὸ ἔξω καὶ πρὸς τὸ περιέχον φέρεσθαι. Ἄνω δὲ νοούμενον πρὸς ἡμᾶς, διὰ τὸ ἐν σφαίρᾳ, καθάπερ εἴπομεν, καθ' αὐτὸ μηδὲν εἶναι ἄνω ἢ κάτω. Ὡς δὲ πρὸς ἡμᾶς τὸ τοιοῦτον λαμβάνεσθαι, ἐπεὶ καὶ ἕκαςος τὸ πρὸς τῇ κεφαλῇ αὐτοῦ ἄνω καλεῖ, τὸ δὲ πρὸς τοὺς πόδας κάτω. Τὰ δὲ γῆς καὶ ὕδατος πλείονος μετέχοντα, ὁμοίως φύσιν ἔχει πρὸς τὸ κάτω καὶ ὡς ἐν σφαίρᾳ ἐπὶ τὸ μέσον φέρεσθαι, καὶ ἀντερείδειν πρὸς ἄλληλα καὶ ἀντικόπτειν ἴσως καὶ ὁμοίως ἐξ ἴσης ἀπὸ τοῦ μέσου διαςάσεως, πρὸς τὰ κατειληφότα τὸν μέσον καὶ οἰκεῖον χῶρον. Ὅθεν πίεσις ἐπὶ τὸ μέσον γίνεσθαι, καὶ ἐκ τῆς πανταχόθεν ὁμοιομεροῦς ἀντωθήσεως διακρατεῖ τε καὶ μένει ἀκίνητος. Τοιγάρτοι εἰκότως διὰ τὸ ἑςάναι αὐτὴν, καὶ παντάπασιν ἐλάχιςα τῶν βαρῶν ἐκδέχεται ὡς καὶ καταλαμβάνεσθαι ὑπ' αὐτῶν. Εἰ δέ γε μὴ τὸν οἰκεῖον τόπον καταλαβοῦσα ἔμενεν, ἀλλ' ἦν τις καὶ αὐτῆς φορὰ μία καὶ ἡ αὐτὴ τοῖς ἄλλοις βάρεσι, διὰ τὸ φύσιν ἔχειν τὰ βαρύτερα τάχιον καταφέρεσθαι, ὑπὸ τοῦ οἰκείου βάρους αὐτὴ, διὰ τὴν τοῦ μεγέθους ὑπερβολὴν, προελάμβανεν ἂν πάντα καταφερομένη, καὶ ἔμενε τὰ κατὰ μέρος τῶν βαρῶν, λέγω δὴ τά τε ζῶα καὶ τὰ κατὰ μέρος τῶν βαρῶν, ὅσα αὐτὴ οὐ συνήνωται, ὀχούμενα μετέωρα, αὐτὴ δὲ ἐξέπεσεν ἂν αὐτοῦ τοῦ οὐρανοῦ, τὰ δὲ τοιαῦτα καὶ ἐπινοεῖν μόνον, εὐηθέςατον ἂν φανείη.

Ἤδη δέ τινες ὡς οἴονται πιθανώτερον τού-τοις μὲν οὐκ ἔχοντες ὅ τι ἀντίποιεν, συγ-κατατίθενται, δοκοῦσι δὲ οὐδὲν αὐτοῖς ἀν-τιμαρτυρήσειν, εἰ τὸν οὐρανὸν ἀκίνητον μὲν ὑποςήσαιεν, τὴν δὲ γῆν πρὸς τὸν ἄξονα ςρεφομένην, καὶ τὰ ἑξῆς. Ἤδη δέ τινές, φησι, συναγόμενοι ἐκ τῶν εἰρημένων, καὶ ἀδυνάτως ἔχοντες ἐν ςάσεις κομίζειν, τῷ μὴ μεθίςα-σθαι τοῦ μέσην τὴν γῆν συγκατατίθενται, ὑπολαμβάνουσι δὲ μηδὲν ἐναντιοῦσθαι τὰ φαινόμενα, εἰ τὸν μὲν οὐρανὸν ἀκίνητον ὑπο-ςήσαιντο, τὴν δὲ γῆν περὶ τὸν αὐτὸν τῆς σφαίρας ἄξονα φερομένην ἀπὸ δυσμῶν ἐπὶ ἀνατολὰς ἔγγιςα περὶ ςροφὴν ἑκάςης ἡμέρας. Ὁ δὲ λέγει τοιοῦτόν ἐςι.

Νενοήσθω γὰρ μένων ὁ οὐρανός· πόλοι δὲ αὐτοῦ τὰ Β, Δ σημεῖα. Καὶ δι᾽ αὐτῶν μένων ὢν κύκλος ὁ ΑΒΓΔ, κέντρον δὲ τῆς σφαίρας τὸ Ε. Καὶ γεγράφθω ἰσημερινὸς ὁ ΑΖΓΜ, καὶ ἐπεζεύχθω ἡ ΑΕΓ, κοινὴ τομὴ τοῦ τε ἰσημερινοῦ καὶ τοῦ διὰ τῶν πόλων αὐτοῦ. Ἔςω δὲ καὶ τῆς γῆς μέγιςος κύκλος ἐν τῷ τοῦ ΑΒΓΔ ἐπιπέδῳ ὁ ΘΚΛΗ, καὶ ἐκβεβλή-σθω διὰ τοῦ ΑΖΓΜ ἰσημερινοῦ ἐπίπεδον, καὶ ποιείτω τομὴν ἐπὶ τῆς ἐπιφανείας τῆς γῆς τὴν ΘΕΛ. Ποιείτω δὲ καὶ τὸν ΘΝΛΞ κύ-κλον ὀρθὸν δηλονότι πρὸς τὸν ΘΚΛΗ, καὶ ἔςω ὁ ἥλιος κατὰ τὸ Α σημεῖον τοῦ ἰση-μερινοῦ, καὶ ἡ μὲν ΑΟ χρόνων ἔςω λ̄, ἡ δὲ ΑΠ, ξ̄, ἡ δὲ ΑΖ, ϙ̄, ἡ δὲ ΑΡ, ρκ̄, ἡ δὲ ΑΣ, ρν̄, ἡ δὲ ΑΓ δηλονότι τῶν τοῦ ἡμι-κυκλίου χρόνων ρπ̄. Καὶ γεγράφθωσαν διὰ τοῦ Β καὶ ἑκάςου τῶν Ο Π Ρ Σ μέγιςοι κύκλοι οἱ ΒΟΔ, ΒΠΔ, ΒΖΔ, ΒΡΔ, ΒΣΔ. Καὶ διήχθω τὰ δι᾽ αὐτῶν ἐπίπεδα, καὶ ποιεί-τωσαν ἐν τῇ ἐπιφανείᾳ τῆς γῆς κύκλους,



Quelques personnes cependant, tout en se rendant à ces raisons, parce qu'elles n'ont rien à y opposer, soutiennent qu'il seroit plus vraisemblable de supposer le soleil immobile, et la terre tournant autour de son axe, et le reste, c'est-à-dire, selon Ptolemée, que persuadées par ces raisons, et ne pouvant nier que la terre occupe le centre, par là même qu'elle n'est point transportée, elles disent que les apparences célestes seroient toujours les mêmes, si l'on supposoit le ciel sans mouvement, et la terre tournant sur l'axe même de la sphère cé-leste d'occident en orient, de manière qu'elle fît à peu près une révolution par jour. Voici ce que dit Ptolemée:

(Fig. 39). Concevons le ciel immobile, et ses pôles B, D, le cercle ABGD passant par ces points, et E le centre de la sphère. Dé-crivons l'équateur AZGM, et joignons AEG, section commune de l'équateur et du cercle qui passe par ses pôles, soit TKLH un grand cercle de la terre dans le plan de ABGD, faisons passer par l'équateur AZ GM un plan qui fasse sur la surface de la terre la section TEL qui est un cercle perpendiculaire sur le cercle TKLH. Supposons le soleil au point A de l'équa-teur, l'arc AO de 30 temps, l'arc AP de 60, l'arc AZ de 90, l'arc AR de 120, l'arc AS de 150, et l'arc AG du demi-cercle de 180; décrivons par le point B et par chacun des points O, P, R, S, les grands cercles BOD, BPD, BZD, BRD, BSD, de sorte que leurs plans en passant par la terre tracent des cercles à sa surface, savoir le plan BOD, le cercle KGH;

le plan de BPD, le cercle KFXH; le plan de BZD, le cercle KNXH; le plan de BRD, le cercle KΨOH; et le plan de BSD, le cercle KAB. Soit l'orient du côté de A, l'occident du côté de G, et concevons que ABGD est un horizon perpendiculaire sur le demi-cercle AZG de l'équateur, comme dans la sphère droite. Supposons enfin que, le ciel étant immobile, et la terre tournant d'occident en orient, l'œil de l'observateur est en T, et que le soleil dans l'horizon ABGD, paroît en A, parce qu'il est dans le même plan que TKLH et que ABGD; par conséquent, quand le point T, c'est-à-dire l'œil sera en t, ( par la rotation de la terre ) à cause du plan de l'horizon O qui sera devenu celui de l'œil, en faisant le cercle KtGH et le cercle BOD, le soleil lui paroîtra élevé au-dessus de la terre, d'un arc OA de 3o temps, c'est-à-dire de 2 heures équinoxiales; quand l'œil sera en F, le plan de l'œil passera, pour les mêmes raisons, par le point P, et le soleil lui paroîtra élevé de l'arc AP de 6o temps équinoxiaux ou 4 heures; et quand l'œil sera en K, il sera dans le plan de Z, et le soleil lui paroîtra de 9o temps ou 6 heures équinoxiales éloigné de A, et au méridien. Les mêmes apparences arriveront dans le quart de cercle suivant. Il est évident que quand T sera en L, le plan de l'œil passera par G, le soleil étant alors éloigné de A des temps du demi-cercle, et paroissant dans l'occident. Le temps de la nuit suivra la même marche; une révolution entière de la terre fera à très-peu près un nychthémère ( un jour et une nuit consécutifs, un jour naturel), et cette hypothèse ne paroîtra en rien contraire aux phénomènes. Ptolemée a dit à très-peu près, parce que le soleil parcourt environ un

τὸ μὲν διὰ τοῦ ΒΟΔ τὸν ΚΤΝΗ, τὸ δὲ διὰ τοῦ ΒΠΔ τὸν ΚΦΧΗ, τὸ δὲ διὰ τοῦ ΒΖΔ τὸν ΚΝΞΗ, τὸ δὲ διὰ τοῦ ΒΡΔ τὸν ΚΨΩΗ, καὶ ἔτι τὸ διὰ τοῦ ΒΣΔ τὸν ΚΑΒΗ. Ἔστωσαν δὲ ἀνατολικὰ μὲν τὰ πρὸς τῷ Α, δυτικὰ δὲ τὰ πρὸς τῷ Γ, καὶ νενοήσθω τοῦ ΑΒΓΔ ὡς ἐπὶ τῆς ὀρθῆς σφαίρας ὑποκειμένου ὁρίζοντος ὑπὲρ γῆν τὸ ΑΖΓ ἡμικύκλιαν τοῦ ἰσημερινοῦ, καὶ ὑποκείσθω μένοντος τοῦ οὐρανοῦ, καὶ τῆς γῆς στρεφομένης πρὸς ἀνατολὰς, τὸ μὲν ὄμμα κατὰ τὸ Θ, ὁ δὲ ἥλιος ἐπὶ τοῦ ΑΒΓΔ ὁρίζοντος, φαινόμενος κατὰ τὸ Α, διὰ τὸ καὶ ἐν τῷ αὐτῷ ἐπιπέδῳ εἶναι τόν τε ΘΚΛΗ, καὶ τὸν ΑΒΓΔ· καὶ ὅταν ἄρα τὸ Θ, τουτέςιν ἡ ὄψις γένηται κατὰ τὸ Τ, διὰ τοῦ Ο ἔςαι τὸ διὰ τῆς ὄψεως ἐπίπεδον τοῦ ὁρίζοντος, ποιοῦν τόν τε ΚΤΝΗ κύκλον καὶ τὸν ΒΟΔ, καὶ φανήσεται ὁ ἥλιος ὑπὲρ γῆς τὴν ΟΑ περιφέρειαν χρόνων οὖσαν λ, ὡρῶν δὲ ἰσημερινῶν δηλονότι ϛ. Ὅταν δὲ ἐπὶ τοῦ Φ γένηται ἡ ὄψις, ἔςαι διὰ τὰ αὐτὰ τὸ διὰ τῆς ὄψεως ἐπίπεδον διὰ τοῦ Π, καὶ ἔςαι ὁ ἥλιος τοὺς τῆς ΑΠ περιφερείας χρόνους ἰσημερινοὺς ξ ὑπὲρ γῆς φαινόμενος, ὥρας δὲ πάλιν δ. Ὅταν δὲ διὰ τοῦ Κ γένηται ἡ ὄψις, ἔςαι πάλιν κατὰ τὸ Ζ, καὶ φανήσεται ὁ ἥλιος τοὺς 4 χρόνους, ὥρας δὲ ϛ ἀπέχων τοῦ Α, καὶ μεσουρανῶν. Τὰ δὲ αὐτὰ καὶ ἐπὶ τοῦ ἑτέρου τεταρτημορίου συμβήσεται. Καὶ φανερὸν ὅτι ὅταν τὸ Θ κατὰ τοῦ Λ γένηται, ἔςαι τὸ διὰ τῆς ὄψεως ἐπίπεδον διὰ τοῦ Γ, ἀπέχοντος δηλονότι τοῦ ἡλίου τοὺς τοῦ ἡμικυκλίου χρόνους, καὶ πρὸς δυσμὰς φαινομένου. Ἀκολούθως δὲ καὶ ὁ τῆς νυκτὸς χρόνος ὀφθήσεται, καὶ ἐν τῇ μιᾷ περιςροφῇ ἔγγιςα τὸ νυχθήμερον ἔςαι γεγενημένον, καὶ δόξει μηδὲν μάχεσθαι ἡ τοιαύτη ὑπόθεσις τοῖς φαι νομένοις. Ἔγγιςα δὲ εἶπε, διὰ τὸ καὶ τὸν ἥλιον κινεῖσθαι μοῖραν ā ἔγγιςα. Ἔγγιςα δ᾽ ἦν καὶ τὴν τοσαύτην κίνησιν ἐπικινεῖσθαι τὴν σφαῖραν τῆς γῆς μετὰ τὴν πρώτην πε- ριςροφὴν, ἵνα πάλιν ὁ ἥλιος ὀφθῇ ἀνατέλλων. Οὕτω γὰρ ἔτι σύμφωνα ἐδόκει φαίνεσθαι τὰ φαινόμενα κατὰ διαφόρων τοῦ ζωδιακοῦ τμημάτων τοῦ ἡλίου γινομένου. Ἐπειδήπερ οὐδὲ οἱ αὐτοὶ ἀςέρες πάντοτε ὑπὲρ γῆν θεω- ροῦνται.

Εἰ δὲ ὑποτεθείη ἀμφότερα κινεῖσθαι καὶ τὴν γῆν καὶ τὸν οὐρανὸν, οὕτως ὡς ἐν τῇ μιᾷ ἡμέρᾳ τοὺς τξ ἔγγιςα χρόνους τοῦ ἰση- μερινοῦ ἀμφοτέρας τὰς κινήσεις κινεῖσθαι περὶ τὸν ἄξονα, εἰ μὲν ἐπὶ τὰ αὐτὰ καὶ ἰσοταχῶς, οὐδεμία φανήσεται τοῦ ἡλίου ἀπὸ ἀνατολῶν ἐπὶ δυσμὰς περιφορὰ, εἰ δὲ εἰς τὰ ἐναντία, σωθήσεται πάλιν τὰ περὶ τὰς δύσεις καὶ τὰς ἀνατολάς. Συμβήσεται δὲ ἐκ τῆς μιᾶς περι- ςροφῆς καὶ τοῦ οὐρανοῦ, δύο νυχθήμερα γίνεσθαι. Ὑποκείσθω γὰρ πάλιν μὴ ἐπιλογι- ζομένων ἡμῶν ἐνταῦθα τὴν τοῦ ἡλίου ἐπι- κίνησιν τοῦ σαφοῦς ἕνεκα, ἡ μὲν γῆ ἀπὸ δυσμῶν πρὸς ἀνατολὰς φερομένη, ὁ δὲ οὐρα- νὸς ἀπὸ ἀνατολῶν ἐπὶ δυσμὰς ἰσοταχῶς, καὶ ἔςω τὰ μὲν Θ, Α πρὸς ἀνατολὰς, τὰ δὲ Λ, Γ πρὸς δυσμάς. Ἕως ἄρα τῆς γῆς ςρεφομένης τεταρτημόριον, τὸ Θ ἀνατολικὸν ἐπὶ τὸ Κ παραγίνεται, ἐν τοσούτῳ καὶ ὁ οὐ- ρανὸς ςραφεὶς τεταρτημόριον, τὸ Α ἐπὶ τοῦ ἰσημερινοῦ ὂν ἐπὶ τὸ Μ ἐνεχθήσεται. Καὶ προσαποςήσονται ἀλλήλων τὰ Θ, Α σημεῖα χρόνους ρπ, καὶ διὰ τοῦτο δύσεται ὁ ἥλιος τῇ κατὰ τὸ Θ οἰκήσει κατὰ τὸ Κ γεγενημένη, καὶ ποιήσει ἐν τῇ τοῦ ἑνὸς τεταρτημορίου κινήσει, ἡμέραν μίαν ὡρῶν ιβ. Ὁμοίως πά- λιν ἕως τὸ Θ κατὰ τοῦ Κ τυγχάνον, τὴν

dcgré par jour. Le globe terrestre n'au- roit donc qu'à tourner d'un mouvement tel qu'après la première révolution, le so- leil parût se lever de nouveau. Par ce moyen les phénomènes paroîtroient s'ac- corder avec les différens points auxquels le soleil répond dans le zodiaque, car on ne voit pas toujours les mêmes étoiles au- dessus de la terre.

Mais si l'on suppose que le ciel et la terre se meuvent tous deux, de telle sorte qu'en un seul jour l'un et l'autre par leurs mouvemens autour de l'axe, fassent à peu près les 360 temps de l'équateur en un jour, s'ils tournent dans le même sens et avec la même vîtesse, le soleil ne paroî- tra pas faire de révolution d'orient en oc- cident; et si on les fait aller en sens con- traires, on conservera bien les apparences des mouvemens vers l'occident et vers l'o- rient; mais il se fera deux nycthémères en une seule révolution de la terre et du ciel. Car supposons encore, abstraction faite du mouvement du soleil, la terre tour- nant d'occident en orient, et le ciel d'orient en occident, avec la même vîtesse, et soient les points T, A, à l'orient, et L, G, à l'oc- cident. Quand la terre a fait le quart de sa révolution, le point T qui étoit à l'orient est arrivé en K, pendant que le ciel qui a tourné de la même quantité, aura porté le point A de l'équateur sur le point M. Ainsi les points T, A, seront éloignés l'un de l'autre, de 180 temps. C'est pourquoi le soleil se couchera pour le climat qui est en K, et il fera pendant la révolution d'un seul quart, un jour de 12 heures. De même, pendant que le point T qui est en K parcourt K L, pour arriver en

L, le point A qui est en M, parcourra
MG, pour arriver en G en même temps.
A, T, seront donc rétablis de manière à
répondre au même point du ciel, et par
conséquent le soleil se retrouvant comme
en A, se levera pour T, quand les points
A, T, se trouveront en G, L. Ainsi dans
la révolution du demi-cercle, il y aura
un jour et une nuit consécutifs. Il y aura
de même un nycthémère pour l'autre demi-cercle. Par conséquent une seule révolution produiroit deux nychthémères.
Mais si le mouvement de l'un et celui de
l'autre ne se faisoient pas avec la même
vitesse, et que cependant les deux fissent
chacun par jour, la révolution complète
des 360 temps, on verroit encore les mêmes choses pour les levers et les couchers.
Car si nous supposons par exemple que
pendant que la terre fait tourner 45 temps,
le ciel en tournant 135 en sens contraire,
tandis qu'un lieu terrestre vient en G, le
soleil qui est en A vienne en D et se couche
pour le lieu T qui est en G, parce qu'ils
sont à 180 temps l'un de l'autre; et tandis
que la terre tourne des 45 autres temps, le
ciel tournant encore de 135 temps portera
le soleil en Z où cet astre se levera pour le
même lieu en K qui alors répond à Z. Par
l'effet de ces deux mouvemens qui achè-
vent ensemble 360 temps, il se feroit dans
une seule révolution de la terre, trois révolutions de la sphère et quatre nychthémères. Car nous avons montré que la terre
tourne d'un quart dans un nycthémère,
lequel quart est le quart d'une révolution;
et la sphère tourne de 270 temps, qui sont

ΚΛ διεξελθὸν ἐπὶ τὸ Λ παραγένηται, ἐν
τοσούτῳ καὶ τὸ Α ἐπὶ τὸ Μ τυγχάνον, τὴν
ΜΓ διεξελθὸν ἐπὶ τὸ Γ παρέξαι. Καὶ ἔςαι
πάλιν τὰ Α, Θ ἀποκαταςαθέντα, καὶ ὁ ἥ-
λιος δηλαδὴ πάλιν κατὰ τὸ Α τυγχάνων τοῖς
ἐπὶ τοῦ Θ ἀνατελεῖ, τῶν Α, Θ κατὰ τῶν
ΓΛ τυγχανόντων· καὶ ἔςαι ἐν τῇ τοῦ ἡμικυκλίου περιςροφῇ, χρόνος νυκτὸς καὶ ἡμέρας γεγενημένος. Ὁμοίως δὲ καὶ ἐν τῷ ἑτέρῳ
ἡμικυκλίῳ ἑτέρου νυχθημέρου χρόνος γενήσεται. Καὶ ἔςαι ἐν τῇ μιᾷ περιςροφῇ τῆς
γῆς καὶ τοῦ οὐρανοῦ, δύο νυχθήμερα γεγενη-
μένα. Ἐὰν δὲ καὶ μὴ ἰσοταχεῖς ὦσιν αἱ κινήσεις, ὅμως δὲ ἀμφότερα ἐν τῇ μιᾷ ἡμέρᾳ
τῶν τξ χρόνων τὴν μίαν ἀποκατάςασιν
ποιῶνται, τὰ αὐτὰ πάλιν ὀφθήσεται περὶ
τῆς τὰς ἀνατολὰς καὶ τὰς δύσεις γινόμενα.
Ἐὰν γὰρ λόγου χάριν ὑποθώμεθα ἕως ἡ γῆ
φέρεται χρόνους με, τὸν οὐρανὸν φέρεσθαι
χρόνους ρλε, συμβήσεται ἕως ἡ Θ οἴκησις
γένηται ἐπὶ τοῦ Γ, τὸν ἥλιον κατὰ τοῦ Α
ὄντα, γίνεσθαι κατὰ τοῦ Δ, καὶ δύνειν τῇ
κατὰ τὸ Θ οἰκήσει πρὸς τῷ Γ οὔσῃ, ἀπο-
ςάντα αὐτῆς χρόνους ρπ. Πάλιν ἕως ἡ γῆ
ςρέφηται ἑτέρους χρόνους με, καὶ γίνεται
τὸ Θ ἐπὶ τοῦ Γ τυγχάνον κατὰ τοῦ Κ, ἐν
τοσούτῳ καὶ ὁ οὐρανὸς πάλιν ςραφεὶς χρόνους ρλε, ἐνέγκοι τὸν ἥλιον ἐπὶ τοῦ Ζ, καὶ
ἀνατολὴ ἔςαι τῇ πρὸς τῷ Θ οἰκήσει οὔσῃ
κατὰ τὸ Κ, τῶν συναμφατέρων κινήσεων
τοὺς τξ χρόνους κινηθεισῶν, καὶ συμβήσεται
ἐν μιᾷ περιςροφῇ τῆς γῆς, τρεῖς περιςροφὰς
τῆς σφαίρας γίνεσθαι, νυχθήμερα δὲ δ, ἐπεὶ
καὶ ἐν τῷ ἑνὶ νυχθημέρῳ ἐδείξαμεν τὴν γῆν
τεταρτημόριον ςραφεῖσαν, ὅ ἐςι τέταρτον
τῆς μιᾶς περιςροφῆς, τὴν δὲ σφαῖραν χρόνους
σο, ὅ ἐςι πάλιν τέταρτον τῶν ἐπιβαλλόν-

τῶν ταῖς τρισὶ περιστροφαῖς χρόνων δηλονότι ͵απ.

Λέληθε δὲ αὐτοὺς ὅτι τῶν μὲν περὶ τὰ ἄστρα φαινομένων, οὐδὲν ἂν ἴσως κωλύοι κατά γε τὴν ἁπλουστέραν ἐπιβολὴν τοῦτο οὕτως ἔχειν. Παρήγαγε δὲ αὐτοὺς ὅτι τὸ μὲν ἑστάναι τὰ οὐράνια καὶ τὴν γῆν κινεῖσθαι, οὐδὲν ἂν ἴσως καταβλάπτοι τὰ φαινόμενα, κατά γε τὴν ἁπλουστέραν ἐπιβολὴν, τουτέστι τὴν ἄνευ τῆς κατανοήσεως τῶν κινήσεων ἡλίου καὶ σελήνης, καὶ τῶν ε̄ πλανωμένων, ἐπειδήπερ οὗτοι ποικίλας ποιοῦνται μεταβάσεις κατά τε μήκους καὶ πλάτους καὶ βάθος. Ἀπὸ δὲ τῶν περὶ ἡμᾶς αὐτοὺς συμβαινόντων καὶ τῶν ἀέρα, πάνυ ἂν εὔηθες φανείη τὸ τοιοῦτον, ἵνα γὰρ συγχωρήσωμεν αὐτοῖς τὸ παρὰ φύσιν οὕτως, τὰ μὲν λεπτομερέστατα καὶ κουφότατα, οἷον ὡς τὸ αἰθέριον σῶμα καὶ τὰ ἐν αὐτῷ ἄστρα, ἢ μηδόλως κινεῖσθαι, ἢ ἀδιαφόρως τοῖς γηΐνοις καὶ βαρέσιν, ἐναντίας αὐτοῖς φύσεως τυγχάνουσιν, ἐναργῶς καταδήλου ὄντος τοῦ τὰ περὶ τὸν ἀέρα καὶ ἧττον λεπτομερῆ τάχιον κινεῖσθαι τῶν παχυμερῶν καὶ γεωδῶν. Τὰ δὲ παχυμερέστατα καὶ βαρύτατα, κίνησιν οὕτως ὀξεῖαν καὶ τεταγμένην ποιεῖσθαι, τῶν βαρέων καὶ γεωδῶν πάλιν μηδὲ πρὸς τὸ ὑπ' ἄλλων κινεῖσθαι ἐνίοτε ἐπιτηδείως ἐχόντων, εἴτε ὑπὸ τροχηλῶν, εἴτε ὑπὸ πολυσπάστων, εἴτε ὑπὸ μοχλικῶν αὐτῶν κινουμένων, ἢ ὑπὸ βίας πλήθους ἀνδρῶν, πρὸς ταχεῖαν καὶ ὁμαλὴν κίνησιν. Ἀλλ' οὖν γε δοίημεν ἂν τὴν σύμπασαν γῆν ὁμαλὴν καὶ ὀξυτάτην ποιεῖσθαι κίνησιν ἁπάντων τῶν περὶ αὐτὴν, εἴτε ζώων ἢ βαλλομένων, ἢ ἱπταμένων ἢ καὶ διαπτόντων ἀστέρων, καὶ τῶν λοιπῶν φαινομένων κινήσεων, ὡς ἂν ἐν ἑνὶ νυχθημέρῳ χρόνῳ τὴν ἀποκατάστασιν

le quart de la somme des temps, c'est-à-dire de trois révolutions.

Il est vrai que quant aux phénomènes célestes, rien n'empêcheroit que cela ne fût ainsi pour la plus grande simplicité du système. Mais on est dans l'erreur, si l'on croit que les phénomènes ne seroient pas troublés, si les corps célestes étoient en repos, et la terre en mouvement, pour faire un système plus simple sans faire mouvoir le soleil, la lune et les cinq planètes. Car ces astres sont diversement transportés en longitude, en latitude, et en profondeur dans le ciel. Or d'après tout ce qui se passe dans l'air et autour de nous, il paroîtroit absurde de leur accorder une chose aussi contraire à la nature, savoir: que les choses les plus légères et composées des parties les plus subtiles, telles que le corps de l'air et les substances qu'il contient, n'ont aucun mouvement ou n'ont qu'un mouvement semblable à celui des corps terrestres et pesans qui sont d'une nature toute contraire. Il est bien évident pourtant que les corps raréfiés ont un mouvement plus rapide que les corps plus denses et terrestres, il faudroit accorder que les choses les plus compactes et les plus pesantes ont un mouvement rapide et régulier, quoiqu'il soit bien vrai que les corps pesans et terrestres n'ont pas même une grande aptitude à recevoir le mouvement prompt et uniforme qu'on cherche à leur imprimer par des machines, des cordages ou à force de bras. Mais supposons que toute la terre soit dans un mouvement uniforme et plus rapide qu'aucun des corps qui l'entourent, soit animaux ou projectiles, soit volatiles, ou astres traversant les airs, ou faisant d'autres mouvemens apparens quelconques, ou

une révolution entière en chaque nychthémère, tous les corps qui ne seroient
pas appuyés sur elle, mais qui seroient
dans l'air en mouvement, soit que ce fussent des oiseaux, des nuages, ou des projectiles lancés, soit les astres qui vont vers
l'occident, ou enfin les parties qu'elle lais-
seroit après elle, paroîtroient toujours
être en retard; on ne verroit ni les nuées
ni aucun des oiseaux volans ou des corps
lancés ; aller vers l'orient, puisque la
terre les précéderoit toujours par l'excès
de sa vîtesse vers l'orient et les parties
orientales du ciel, effets bien contraires pourtant à tout ce que nous voyons.
Si l'on suppose maintenant que le ciel
et la terre se meuvent, comme je l'ai dit,
en sens contraires, de sorte que la différence des mouvemens, soit de 360 temps,
et que la terre soit la plus lente, il s'ensuivra ou que le mouvement de la terre pré-
cédera vers l'orient les corps qui ne sont
point portés sur elle, ou qu'ils la précéde-
ront. Si elle les précédoit, ils nous paroîtroient aller moins vîte vers l'orient que
vers l'occident, parce qu'il nous semble-
roit aller nous-mêmes avec la terre vers
l'orient, et que ces corps nous paroîtroient,
relativement à notre mouvement, aller
moins vîte que nous.

Si l'on insistoit en disant que l'air est
emporté avec la terre, de la même vîtesse,
et vers le même côté du ciel, c'est-à-dire
vers l'orient, de manière à emmener vers
l'orient les corps qui ne seroient point appuyés sur la terre, il n'en seroit pas moins
vrai que les corps qui se forment dans l'air,
tels que les comètes, les astres errans, les
nuages qui sont tous plus compactes que
l'air qu'ils traversent, devroient toujours
être en retard sur chacun de deux mouvemens, puisqu'ils paroîtroient avancer moins

ποιουμένην, συνέβαινεν ἂν πάντα τὰ μὴ βεβηκότα ἐπ' αὐτῆς ἀλλ' ἐν τῷ ἀέρι κινούμενα,
εἴτε ὄρνεα εἴτε νέφη, εἴτε βολαὶ, εἴτε καὶ διά-
πτοντες ἀςέρες εἰς τὰ πρὸς δυσμὰς, καὶ
ὑπολειπόμενα μέρη φαίνεσθαι ποιούμενα τὴν
παραχώρησιν, καὶ οὕτως οὐκ ἄν ποτε νέφος
ἐδείκνυτο παροδεύων πρὸς ἀνατολὰς, ἀλλ'
οὐδέ τι τῶν βαλλομένων ἢ ἱπταμένων, φθα-
νούσης πάντοτε τῆς γῆς διὰ τὴν τῆς ὀξύ-
τητος ὑπερβολὴν εἰς τὰ πρὸς ἀνατολὰς καὶ
ἑπόμενα μέρη, ἅπερ παντάπασιν ἐναντιοῦται
τοῖς φαινομένοις. Εἰ δὲ καὶ τὸν οὐρανὸν καὶ
τὴν γῆν, ὡς ἔφαμεν, ὑποθώμεθα κινεῖσθαι
ἐπὶ τὰ ἐναντία, ἵνα τῆς συναμφότερον κινήσεως τῶν τξ χρόνων ἀπόςασιν ποιουμένης,
καὶ ἡ τῆς γῆς κίνησις ἐλαττοιτο, παρακο-
λουθήσει ἤτοι προλαμβάνειν πάλιν τὴν τῆς
γῆς κίνησιν εἰς τὰ πρὸς ἀνατολὰς τὰ μὴ
βεβηκότα ἐπ' αὐτῆς, ἀλλ' ἐν τῷ ἀέρι κινούμενα, ἢ καὶ προλαμβάνεσθαι ὑπ' αὐτῶν.
Ὅμως εἰ καὶ προλαμβάνοιτο, ἐλάττονα ἐφαίνετο ποιούμενα τὴν πρὸς ἀνατολὰς παραχώρησιν τῆς πρὸς δυσμὰς, διὰ τὸ καὶ ἡμᾶς
σὺν τῇ γῇ πρὸς ἀνατολὰς παραχωροῦντας
δοκεῖν, καὶ τῆς τοσαύτης κινήσεως αὐτὰ
ὑπολείπεσθαι.

Εἰ γὰρ καὶ τὸν ἀέρα φήσαιεν αὐτῇ συμπεριάγεσθαι ἰσοταχῶς καὶ ἐπὶ αὐτὰ τουτές-
πρὸς ἀνατολὰς, ἵνα ὠθῶν τὰ μὴ βεβηκότα
ἐπὶ τῆς γῆς φέρῃ πρὸς ἀνατολὰς, οὐδὲν ἧττον τὰ κατ' αὐτὸν γινόμενα συγκρίματα,
λέγω δὴ τῶν τε κομήτων καὶ διαττόντων καὶ
νεφῶν παχυμερέςερα ὄντα τοῦ ἀέρος τέμνον-
τα αὐτὸν, ὑςερεῖν ἔμελλον τῆς συναμφότερον
κινήσεως, ὡς πάλιν πρὸς μὲν τὰς ἀνατολὰς
βράδιον αὐτὰ φαίνεσθαι παραχωροῦντα, πρὸς

δὲ τὰς δυσμὰς τάχιον. Εἰ δέ τις λέγοι καὶ αὐτὰ ὥσπερ γινωμένα τῷ ἀέρι συμπεριάγεσθαι, ἵνα μὴ διὰ τὴν ταχύτητα ὑς͂ερίζῃ, οὐκέτι ἂν οὔτε ἀναχωροῦντα ἀπ᾽ ἀλλήλων ἢ ἕτερον ἑτέρου προηγούμενον ἢ ὑπολειπόμενον, ἢ πρὸς ἀνατολὰς ἢ πρὸς δυσμὰς παραχωροῦντα ἐφαίνετο, μένοντα δὲ ἀεὶ ἰσοταχῶς τῇ γῇ τοῦ ἀέρος περιαγομένου. Καὶ μήτε ἐν ταῖς πτήσεσι ποιούμενα ἀπ᾽ ἀλλήλων ἀναχώρησιν, μήτε ἐν ταῖς βολαῖς ἀφανισμόν. Ὁρῶμεν δὲ ἐναργῶς οὕτως ἀποτελουμένας ταύτας τὰς κινήσεις, ὡς μήτε βραδυτῆτα ἢ ταχυτῆτα αὐταῖς προσγίνεσθαι ἀπὸ τοῦ τὴν γῆν μὴ ἑς͂άναι, ἀλλὰ ὁμοίως καὶ πρὸς ἀνατολὰς καὶ πρὸς δυσμὰς καὶ πρὸς ἄρκτους καὶ πρὸς μεσημβρίαν καὶ πρὸς πάντα τὰ μέρη τοῦ οὐρανοῦ αὐτὰς ἀποτελουμένας, ὡς ἀκινήτου τῆς γῆς μενούσης.

Εἶτα ποιησάμενος τὴν ὑπόμνησιν τῶν καθόλου ὀφειλόντων ὡς ἐν ἀρχῆς λόγῳ τῆς ἀς͂ρονομικῆς θεωρίας προλαμβάνεσθαι, λέγω δὴ τοῦ σφαιροειδῆ τε εἶναι τὸν οὐρανὸν, καὶ σφαιροειδῶς φέρεσθαι, καὶ ἔτι τὴν γῆν σφαιροειδῆ τε εἶναι, καὶ τὸν μέσον ἐπέχειν τοῦ παντὸς τόπον, σημείου καὶ κέντρου λόγον ἔχουσαν πρὸς τὸ ἀπός͂ημα τὸ οὐράνιον, καὶ τῆς ἐπὶ τὸ μέσον αὐτῆς ἀκινησίας, φησί. Ταύτας μὲν δὴ τὰς ὑποθέσεις ἀναγκαίως προλαμβανομένας εἰς τὰς κατὰ μέρος παραδόσεις, καὶ τὰς ταύταις ἀκολουθούσας, ἐξαρκούσας εὑρίσκομεν. Καὶ μέχρι τῶν τοσούτων εἰς τὰς κατὰ μέρος ἀποδείξεις τῶν κινήσεων, ὡς ἐν ὑπογραφῇ αὐτὰς παραλαμβάνοντες, βεβαιωθησομένας γε καὶ ἐπιμαρτυρηθησομένας ἡμῖν ἔτι μᾶλλον ἐκ τῆς δι᾽ αὐτῶν ἀποδεικνυμένης πρὸς τὰ φαινόμενα συμφωνίας.

vîte vers l'orient, et plus vîte vers l'occident. Si l'on ajoutoit encore que ces corps comme adhérens à l'air sont emportés avec lui, de sorte qu'ils participent à sa vîtesse, je répondrois qu'alors on ne les verroit plus s'éloigner l'un de l'autre, ni l'un précéder l'autre, ou s'arrêter vers l'orient ou vers l'occident. Mais ils conserveroient toujours la même vîtesse, parce que l'air enveloppe la terre de tous les côtés; les volatiles ne s'écarteroient plus les uns des autres, et les corps jettés en l'air n'y disparoîtroient plus. Toutefois, nous voyons clairement que ces corps font tous ces mouvemens, comme n'éprouvant ni retard ni accélération, par l'effet du mouvement de la terre, mais qu'ils vont également vers l'occident, vers les ourses, vers le midi, et vers toutes les parties du ciel, de même que si la terre étoit sans mouvement.

Ptolemée après avoir exposé ces hypothèses nécessaires pour l'intelligence des propositions particulières qu'il doit établir ensuite concernant la forme sphérique du ciel, et prouvé que son mouvement est comme celui d'une sphère, la figure sphérique de la terre, et sa place au milieu du monde où elle n'est qu'un point comparativement à l'espace céleste, et enfin son immobilité dans ce centre, il dit : nous pensons qu'il suffira d'avoir ainsi exposé sommairement ces hypothèses, comme un préliminaire nécessaire pour l'intelligence des détails où nous allons entrer, et des conséquences que nous en déduirons. C'en est assez pour les démonstrations particulières de ces mouvemens, que nous confirmerons et prouverons encore plus par la démonstration de leur accord avec les phénomènes, dans ce qui va suivre.

<table>
<tr><td>

## CHAPITRE VII.

### IL Y A DANS LE CIEL DEUX PREMIERS MOUVEMENS OPPOSÉS.

PTOLEMÉE après avoir parcouru les premiers élémens de la science, dans les chapitres qu'il a annoncés dès le commencement de son traité, après nous avoir appris de quelles notions, de quelles observations ils se sont formés, continue dans celui-ci ces instructions préliminaires en suivant toujours la voie des raisonnemens et des expériences qui les ont produites, etil ajoute: *On jugera qu'il convient avant tout de poser en principe qu'il y a dans le ciel deux premiers mouvemens bien différens.* Le mot *premiers* est mis ici pour distinguer ces mouvemens, de ceux qui se font en latitude et en profondeur dans le ciel. L'un de ces premiers mouvemens est celui de la sphère non constellée, qui embrasse toutes les autres, et transporte tout avec elle d'orient en occident, en faisant sa révolution autour des poles de l'équateur toujours de la même manière, et avec une vîtesse toujours égale, puisque toutes les étoiles fixes sont emportées par elle dans le même temps au-dessus de la terre en décrivant autour d'elle des cercles parallèles entr'eux. Le plus grand de ces parallèles se nomme l'équinoxial (équateur), parce qu'il est le seul d'entr'eux qui soit coupé en deux parties égales par le grand cercle de l'horizon, et que le soleil, quand il le parcourt, fait sensiblement le jour égal à la nuit pour tous les climats, et cela sensiblement par son mouvement propre. L'horizon est aussi un grand cercle, puisque son plan passe par le centre de la terre,

</td><td>

## ΚΕΦΑΛΑΙΟΝ Z΄.

### ΟΤΙ ΔΥΟ ΔΙΑΦΟΡΑΙ ΤΩΝ ΠΡΩΤΩΝ ΚΙΝΗΣΕΩΝ ΕΙΣΙΝ ΕΝ ΤΩ ΟΥΡΑΝΩ

ΔΙΕΞΕΛΘΩΝ περὶ τῶν εἰρημένων καὶ ἐν ἀρχῇ ἀπαριθμηθέντων αὐτῷ κεφαλαίων, καὶ διδάξας ἐκ ποίων ἐννοιῶν καὶ παρατηρήσεων ὡς ἀρχὰς τὰ τοιαῦτα παρείληφεν, ἔτι καὶ περὶ τοῦ τοιούτου κεφαλαίου ἀκόλουθον ἡγεῖται προλαβεῖν τῶν κατὰ μέρος ἀποδείξεων, καὶ δεῖξαι ἐκ ποίων πάλιν ἐννοιῶν καὶ παρατηρήσεων καὶ τοῦτο αὐτῷ ὡς ἐν ἀρχῆς λόγῳ παραλαμβάνεται, καὶ φησί· «Πρὸς δὲ τούτοις ἔτι κἀκεῖνο τῶν καθόλου τὶς ἂν ἡγήσαιτο δικαίως προλαβεῖν, ὅτι δύο διαφοραὶ τῶν πρώτων κινήσεων εἰσὶν ἐν τῷ οὐρανῷ». Πρώτων δὲ εἶπεν ἐπεὶ καὶ ἕτεραί εἰσιν αἵ τε κατὰ πλάτος καὶ βάθος, μία μὲν ἡ τῆς ἀνάςρου σφαίρας περιληπτικὴ τῶν πάντων τυγχάνουσα, καὶ φέρουσα τὰ πάντα σὺν αὐτῇ ἀπ' ἀνατολῶν ἐπὶ δυσμὰς, περὶ τοὺς τοῦ ἰσημερινοῦ πόλους ἀεὶ ὡσαύτως καὶ ἰσοταχῶς ποιουμένη τὴν περιαγωγὴν, ἐπεὶ καὶ ἕκαςος τῶν ἀπλανῶν κατὰ παράλληλον κύκλον ὑπὸ ταύτης φερόμενος, τὸν αὐτὸν χρόνον ποιεῖται πρὸς αἴσθησιν ὑπὲρ γῆν. Ὧν μέγιςος κύκλος ὁ ἰσημερινὸς καλεῖται, διὰ τοῦ μόνον αὐτὸν τῶν παραλλήλων κύκλων ὑπὸ μεγίςου κύκλου τοῦ ὁρίζοντος δίχα τέμνεσθαι, καὶ τὸν ἥλιον κατὰ τούτου φερόμενον ἴσην ποιεῖν πρὸς αἴσθησιν τὴν ἡμέραν τῇ νυκτὶ κατὰ πᾶσαν οἴκησιν. Τὸ δὲ πρὸς αἴσθησιν διὰ τὴν αὐτοῦ τοῦ ἡλίου ἰδίαν κίνησιν. Μέγιςος δὲ ἐςὶν ὁ ὁρίζων, ἐπεὶ διὰ τῆς γῆς τυγχάνει, τουτέςι τοῦ κέντρου τῆς σφαίρας.

</td></tr>
</table>

Εἰπὼν οὖν περὶ τῆς τοιαύτης ἐναργοῦς πρώτης φορᾶς γινομένης περὶ τοὺς τοῦ ἰσημερινοῦ πόλους, ἑξῆς καὶ περὶ τῆς δευτέρας διαλαμβάνει, καὶ φησίν· ἡ δὲ δευτέρα καθ᾽ ἣν αἱ τῶν ἀστέρων σφαῖραι, λέγω δὴ ἡλίου καὶ σελήνης καὶ τῶν ε̅ πλανωμένων, καὶ ἔτι τῶν ἀπλανῶν κατὰ τὰ ἐναντία τῇ πρώτῃ φορᾷ, ὡς ἀπὸ δύσεως ἐπὶ ἀνατολὰς, ἃ καὶ καλεῖ ἑπόμενα, ποιοῦνται τινὰς διαφόρους μετακινήσεις περὶ πόλους ἑτέρους, καὶ ὅτι αὐτοὺς τῇ πρώτῃ φορᾷ, τουτέστι τῇ ἀπὸ ἀνατολῶν ἐπὶ δυσμάς. Περὶ ἑτέρους πόλους λέγει κινεῖσθαι ταύτην τὴν δευτέραν φορὰν, ὅτι τινὲς εἰσὶ τοῦ διὰ μέσων τῶν ζωδίων, ἀπέχοντες τῶν τῆς πρώτης φορᾶς, τουτέστι τοῦ ἰσημερινοῦ πόλων, ὡς ἑξῆς δειχθήσεται, μοίραις κ̅γ̅ να᾽ κ᾽᾽, ὡς ἐπὶ τοῦ διὰ τῶν πόλων αὐτῶν γραφομένου μεγίστου κύκλου, οἵων ὁ τοιοῦτος κύκλος τ̅ξ̅, ἥτις καὶ τῆς κλίσεως ἐστὶ τοῦ ζωδιακοῦ πρὸς τὸν ἰσημερινόν. Καὶ περὶ τοῦτον τὸν ζωδιακὸν κύκλον ὁ ἥλιος καὶ ἡ σελήνη καὶ οἱ ε̅ πλάνητες κινοῦνται διαφόρους κινήσεις. Καὶ ὁ μὲν ἥλιός κινεῖται πάντοτε τὸ κέντρον ἔχων ἐπ᾽ αὐτοῦ τοῦ ἐπιπέδου τοῦ διὰ μέσων τῶν ζωδίων νοουμένου κύκλου, ἡ δὲ σελήνη καὶ οἱ ε̅ πλάνητες ἐν ταῖς σφαίραις αὐτῶν κινοῦνται ἐπὶ κύκλων κεκλιμένων πρὸς τὸν διὰ μέσων τῶν ζωδίων. Καὶ ὁ μὲν τῆς σελήνης κύκλος κλίσιν ἔχει πρὸς αὐτὸν μοιρῶν ε̅ ἐπὶ τοῦ διὰ τῶν πόλων αὐτῶν γραφομένου μεγίστου κύκλου· ὅσην καὶ ποιεῖται μεγίστην παραχώρησιν ἀπὸ τοῦ διὰ μέσων ἐπὶ τὰ βόρεια αὐτοῦ καὶ τὰ νότια. Ὁ δὲ τοῦ Ἑρμαῦ ὁμοίως μοιρῶν δ̅ λϛ᾽, ὁ δὲ τῆς Ἀφροδίτης θ̅, ὁ δὲ τοῦ Ἄρεως ζ̅ ϛ᾽, ὁ δὲ τοῦ Ζηνὸς

THÉON.

Ptolemée passe de ce premier mouvement général qui se fait autour des pôles de l'équateur, au second dont il dit : *Le second mouvement par lequel les sphères des astres, je veux dire celles du soleil, de la lune et des cinq planètes, ainsi que des étoiles, tournent en sens contraire du premier, savoir d'occident en orient,* ce qu'il exprime en disant *vers les points conséquens,* qui le rendent différent du premier, en ce qu'il s'exécute autour d'autres pôles que ceux de ce premier mouvement qui est d'orient en occident. Ce qu'il dit de ce second mouvement autour d'autres pôles, est fondé sur ce que le cercle mitoyen du zodiaque a des pôles qui sont éloignés de ceux de premier mouvement, c'est-à-dire des pôles de l'équateur, d'une quantité qui sera démontrée dans la suite être de 23ᵈ 51' 20'' des 360 du grand cercle qui passe par ces mêmes pôles, distance qui est égale à l'inclinaison du zodiaque sur l'équateur. Or le soleil, la lune et les cinq planètes circulent autour du zodiaque, de sorte que chacun de ces astres a son mouvement qui ne ressemble à aucun de ceux des autres. En effet, le mouvement du soleil se fait autour du centre toujours dans le même plan du cercle que l'on conçoit ceindre le zodiaque par le milieu de sa largeur; et la lune, ainsi que les cinq planètes, se meuvent dans leurs sphères en décrivant des cercles inclinés au cercle mitoyen du zodiaque. L'orbite de la lune a une inclinaison sur lui, de cinq degrés comptés sur le grand cercle qui passe par ces mêmes pôles. Tel est le nombre de degrés dont elle s'écarte le plus du cercle mitoyen du zodiaque, vers le côté boréal, et ensuite vers le côté austral du ciel.

13

Pareillement, l'orbite de Mercure est inclinée de 4ᵈ 32′; celle de Vénus, de 9ᵈ;
celle de Mars, de 7ᵈ 6′; celle de Jupiter;
de 2ᵈ 8′; celle de Saturne, de 3ᵈ 4′. Il
suppose que tout cela est réel, parce que
chaque jour, la simple observation montre
dans le ciel tous les astres, sans exception, se levant, parvenant au méridien,
et se couchant, en décrivant des cercles
conformes par leur figure, à l'équateur, et
conservant toujours leurs lieux respectifs
par rapport à lui. Il dit lieux et non cercles, parce qu'on voit bien les lieux où
sont les astres, mais on ne voit pas de
cercles; et c'est une conséquence du parallélisme de leur transport, que les astres
gardent sensiblement les mêmes lieux de
leurs levers, de leurs culminations et de
leurs couchers. Mais en observant ensuite
avec plus d'attention et d'assiduité, on re-
connut que les autres astres, savoir les
étoiles qui paroissent fixes aux observateurs, conservent bien leurs distances relatives, les mêmes configurations récipro-
ques, et en gros tout ce qui leur est particulier quant à leurs lieux rapportés au
premier mouvement qui les transporte d'o-
rient en occident, suivant des cercles parallèles. Il dit *en gros tout ce qui leur*
*appartient,* parce qu'on s'est apperçu
que les étoiles ont un mouvement commun
d'un degré en cent ans, en décrivant des
cercles obliques à l'équateur; mais que,
à parler plus exactement, elles décrivent
par conséquent des spirales, puisque véritablement elles ne se lèvent, ni ne culmi-
nent, ni ne se couchent aux mêmes points
où elles se sont levées, où elles ont cul-
miné, où elles se sont couchées auparavant.
Mais à cause de la quantité insensible
ajoutée d'un jour au suivant, à la lon-

ϛ η′, ὁ δὲ τοῦ Κρόνου γ δ″. Καὶ ταῦτα δὲ
οὕτως ἔχειν ὑποτίθηται, διὰ τὸ ἐκ τῆς καθ'
ἑκάϛην ἡμέραν ἁπλουϛέρας παρατηρήσεως,
πάντα ἁπαξαπλῶς τὰ ἐν τῷ οὐρανῷ ἄϛρα
ὁρᾶσθαι κατὰ τῶν ὁμοειδῶν καὶ παραλλήλων τῷ ἰσημερινῷ τόπων ποιούμενα τάς τε
ἀνατολὰς καὶ τὰς μεσουρανήσεις καὶ τὰς
δύσεις. Τόπων δὲ εἶπε καὶ οὐχὶ κύκλων, διὰ
τὸ τῇ αἰσθήσει τοὺς τόπους καταλαμβάνεσθαι καὶ μὴ τοὺς κύκλους, καὶ ἴδιον εἶναι
τῆς κατὰ παραλλήλων φορᾶς τοὺς αὐτοὺς
τῶν ἀνατολῶν καὶ μεσουρανήσεων καὶ δύ-
σεων τόπους, τοὺς ἀϛέρας φυλάττειν πρὸς
αἴσθησιν. Ἐκ δὲ τῆς ἐφεξῆς συνεχεϛέρας παρατηρήσεως κατελαμβάνετο ὅτι τὰ μὲν ἄλλα
πάντα τῶν ἄϛρων, τουτέϛι τὰ ἀπλανῆ δια-
τηροῦντα φαίνεται, καὶ τὰ πρὸς ἄλληλα διαϛήματα δηλαδὴ, καὶ τοὺς σχηματισμοὺς
οὓς ἔχουσι πρὸς ἀλλήλους, καὶ τὰ πρὸς
τοὺς οἰκείους τῇ πρώτῃ φορᾷ τῇ ἀπὸ ἀνατολῶν ἐπὶ δυσμὰς κατὰ παραλλήλων κύκλων
φερούσῃ τόπους, ἐπὶ πλεῖϛον ἰδιώματα. Ἐπὶ
πλεῖϛον δὲ ἰδιώματα, διὰ τὸ καὶ αὐτοὺς
παραλαμβάνεσθαι κατὰ ρ̄ ἔτη κινουμένους
μοῖραν ᾱ, καὶ λοξουμένους πρὸς τὸν ἰσημερινόν. Καὶ κατὰ μὲν τὸν ἀκριβέϛερον λόγον
διὰ τοῦτο ἕλικας γράφοντας, καὶ μὴ κατὰ
τῶν αὐτῶν τόπων ὧν καὶ πρότερον ἀνατέλ-
λοντάς τε καὶ μεσουρανοῦντας καὶ δύνοντας·
Διὰ δὲ τὸ ἀνεπαίσθητον τοῦ κατὰ μίαν ἑκάϛην ἡμέραν ἐπιβάλλοντος τῷ μήκει, ἐπὶ πλεῖϛον φαίνονται τὰ ἰδιώματα τοῦ κατὰ παρ-

ἀλλήλων κύκλων φέρεσθαι φυλάττοντες, τουτέστι τὸ κατὰ τῶν αὐτῶν τόπων ἀνατέλλειν
τε καὶ μεσουρανεῖν καὶ δύνειν.

Τὸν δὲ ἥλιον καὶ τὴν σελήνην καὶ τοὺς
πλανωμένους ἀστέρας μεταβάσεις τινὰς ποιεῖσθαι, ποικίλας μὲν καὶ ἀνίσους ἀλλήλας,
πάσας δὲ ὡς πρὸς τὴν καθόλου κίνησιν,
καὶ τὰ ἑξῆς. Ὁ γὰρ ἥλιος καὶ ἡ σελήνη καὶ
οἱ πλάνητες κινοῦνται ἐν ταῖς ἰδίαις σφαίραις κατὰ μῆκος ἀπὸ δυσμῶν ἐπ' ἀνατολὰς
παραχωροῦντες, σιωπωμένων τὰ νῦν τῶν κατὰ βάθος καὶ πλάτος, καὶ ἔτι τῶν στηριγ-
μῶν καὶ προποδισμῶν τῶν ε̄ πλανωμένων,
διὰ τὸ καὶ περὶ τῶν δύο πρώτων κινήσεων
προκεῖσθαι αὐτῷ ποιεῖσθαι τὸν λόγον. Ὑπο-
λειπόμενοι τῶν ἀπλανῶν ἀστέρων καὶ μὴ συντηροῦντες τὰ πρὸς ἄλληλα διαστήματα, ἀλλ'
ἄλλοτ' ἄλλοις συνοδεύοντες. Καὶ ὁ μὲν ἥλιος
κινεῖται ἑκάστης ἡμέρας κατὰ μῆκος μοῖραν
ᾱ ἔγγιστα, ἡ δὲ σελήνη ῑγ, ὁ δὲ Κρόνος ō
ϛ, ὁ δὲ Ζεὺς ō ε', ὁ δὲ Ἄρης ō λα', ἡ δὲ
Ἀφροδίτη καὶ ὁ Ἑρμῆς μοῖραν ᾱ ἔγγιστα.
Κινοῦνται δὲ κατὰ πλάτος καὶ βάθος, ὡς
ἐν τοῖς ἑξῆς δειχθήσεται, εἰς τὰ πρὸς ἀνατολὰς, ὡς ἔφαμεν, τῶν ἀπλανῶν ὑπολειπό-
μενοι, τῶν καὶ συντηρούντων τὰ πρὸς ἄλληλα διαστήματα. Τὸ δὲ ὡς ὑπὸ μιᾶς σφαίρας περιειλημμένων τῶν ἄστρων, πάλιν τῶν
ἀπλανῶν λέγει, ἐπειδήπερ, ὡς ἐδείκνυμεν ἐν
τοῖς ἔμπροσθεν, ἐκ τῆς ἀντιπεριαγωγῆς τῶν
δύο ὑπεναντίων κινήσεων, πάντες μὲν οἱ
ἀστέρες ἕλικας γράφουσιν, οὗτοι δὲ διὰ τὴν
βραχύτητα τῆς πρὸς ἀνατολὰς μεταβάσεως,
ἐπὶ πλεῖστον κατὰ παραλλήλων κύκλων ὑπὸ

gitude, elles paroissent en gros parcourir
chacune respectivement des cercles parallèles toujours les mêmes, c'est-à-dire,
garder constamment les mêmes lieux de
leurs levers, de leurs culminations, et de
leurs couchers.

*Quant aux mouvemens divers, variés et
inégaux du soleil, de la lune, et des planètes, tous en sens contraire au mouvement
général de l'univers, et le reste...* Le soleil,
la lune et les planètes se meuvent dans leurs
sphères propres, en avançant en longitude,
d'occident en orient; il ne parle pas ici de
leurs mouvemens en latitude et dans la profondeur du ciel, ni des stations et des
anticipations des planètes, parce qu'il se
propose de ne parler d'abord que des deux
premiers mouvemens. Les astres laissés
en arrière par les fixes, et qui ne conservent
pas toujours entr'eux les mêmes distances,
mais se rencontrent quelquefois les uns ou
les autres, sont le soleil qui avance chaque
jour en longitude, d'environ un degré;
la lune, de 13; Saturne, de 0ᵈ 2'; Jupiter, de 0ᵈ 5'; Mars, de 0ᵈ 31'; Vénus et
Mercure de 1ᵈ à peu près. Ces astres se
meuvent aussi en latitude et en profondeur dans le ciel, comme il sera démontré dans la suite, en même temps qu'ils
sont, je le répète, laissés en arrière vers
l'orient par les étoiles fixes qui gardent
toujours leurs mêmes distances entr'elles.
Les astres qui sont contenus dans une
seule sphère, sont, selon lui, les étoiles
fixes, attendu que, d'après ce qui a été
dit, la révolution circulaire de ces deux
mouvemens opposés, fait décrire des spirales par tous les astres, mais par suite
de la lenteur du mouvement vers l'orient,
les planètes semblent à la première vue
décrire sensiblement des cercles parallèles

par l'effet du premier mouvement, effet que produit l'unique mouvement de la sphère qui tourne autour des pôles de l'équateur. Or si l'on voyoit les astres errans ou planètes faire leurs mouvemens vers l'orient dans des cercles parallèles, cela donneroit lieu à une conjecture qui feroit croire que leurs sphères font aussi leurs révolutions autour des pôles de l'équateur, et il y auroit de la vraisemblance à admettre pour tous le seul mouvement d'orient en occident. Car leur diverses progressions vers l'orient en s'éloignant des étoiles avec des retards différens dans une direction qui n'est pas opposée à celle du premier mouvement, nous donnent lieu de supçonner que le soleil fait chaque jour vers les parties antécédentes du ciel, c'est-à-dire d'orient en occident, environ 359 degrés, tandis que la sphère de l'univers en fait 360 dans le même sens. De sorte que par là le soleil retournant pendant le même temps d'orient en orient, est en retard d'un degré sur les étoiles fixes; et que la lune pareillement n'avance vers l'occident que de 347 degrés, tandis que la sphère de l'univers parcourt les 360 degrés, et qu'ainsi la lune est en retard de 13 degrés chaque jour sur les étoiles fixes. Il en est de même pour les cinq planètes, et cette manière d'expliquer leur mouvement paroîtroit assez répondre aux phénomènes.

Supposons par exemple le soleil et la lune au commencement du bélier, en mouvement depuis l'orient sur l'orbite solaire mitoyenne du zodiaque, dans laquelle ces astres parcourent les nombres de degrés que nous venons de marquer, et encore le mouvement de l'univers s'exécutant par lui-

τῆς πρώτης φορᾶς γραφομένων πρὸς αἴσθησιν φαίνονται φερόμενοι, ὅπερ μόνη ποιεῖται ἡ τῆς μιᾶς καὶ περὶ τοὺς τοῦ ἰσημερινοῦ πόλους φερομένης σφαίρας. Εἰ μὲν οὖν καὶ ἡ τοιαύτη μετάβασις τῶν πλανωμένων ἐπὶ τὰς πρὸς ἀνατολὰς μεταβάσεις κατὰ παραλλήλων κύκλων τοῦ ἰσημερινοῦ κατελαμβάνετο γινομένη, ὑπόνοιαν ἂν παρέσχον νομίζεσθαι καὶ τὴν τῶν σφαιρῶν αὐτῶν μετάβασιν περὶ τοὺς πόλους τοῦ ἰσημερινοῦ ἀποτελεῖσθαι. Καὶ πιθανὸν ἦν μίαν ἡγεῖσθαι πάντων φορὰν τὴν ἀπ' ἀνατολῶν ἐπὶ δυσμάς. Ἔχει γάρ τινα λόγον τὸ τὰς γινομένας αὐτῶν ἀπὸ τῶν ἀπλανῶν πρὸς τὰς ἀνατολὰς ποικίλας παραχωρήσεις, καθ' ὑστερήσεις διαφόρους ἔγ γίνεσθαι, καὶ μὴ κατὰ τὴν ἐναντίαν τῇ πρώτῃ φορᾷ κίνησιν, ὡς ὑπολαμβάνειν ἡμᾶς τὸν μὲν ἥλιον ἑκάστης ἡμέρας εἰς τὰ προηγούμενα κινεῖσθαι, τουτέστιν ἀπὸ ἀνατολῶν ἐπὶ δυσμὰς μοίρας τνθ´ ἔγγιστα, τὴν δὲ τοῦ παντὸς φορὰν, μοίρας τξ. Ἵνα ἐν τοσούτῳ ἀπὸ ἀνατολῆς ἐπὶ ἀνατολὴν παραγινόμενος ὁ ἥλιος διὰ τοῦτο ὑστερίζῃ τῶν ἀπλανῶν μοῖραν ᾱ, καὶ τὴν σελήνην ὁμοίως κινεῖσθαι μοίρας τμζ, τὴν δὲ τοῦ παντὸς μοίρας τξ, καὶ ὑστερίζειν ἐντεῦθεν τὴν σελήνην τῶν ἀπλανῶν μοίρας ιγ. Ὁμοίως δὲ καὶ ἐπὶ τῶν ε̄ πλανωμένων, καὶ οὕτως ἂν ἐδόκει ἡ κίνησις αὐτῶν σύμφωνος γίνεσθαι ταῖς φαινομένοις.

Ἔστωσαν γὰρ λόγου ἕνεκεν ἀπὸ ἀνατολῶν ἐπὶ τῆς ἀρχῆς τοῦ κριοῦ κινούμενοι, ὅ, τε ἥλιος καὶ ἡ σελήνη τὰς εἰρημένας μοίρας ἐπὶ τοῦ διὰ μέσων τῶν ζωδίων ἡλιακοῦ κύκλου, καὶ ἔτι καθ' ἑαυτὴν ἡ τοῦ παντὸς φορά. Ὁ οὖν ἥλιος κινηθεὶς τὰς τνθ´ μοίρας εὑρεθήσεται, εἰς τὴν ἑξῆς ἡμέραν ἀνατέλλων κατὰ τῆς πρώτης μοίρας τοῦ κριοῦ, καὶ ἑξῆς κατὰ τῆς δευτέρας, καὶ ὁμοίως κατὰ τῆς τρίτης ἀκολούθως τοῖς φαινομένοις. Ὡσαύτως δὲ καὶ οἱ πλάνητες εἰ περὶ τοὺς πόλους τῆς πρώτης φορᾶς, καὶ ἐπὶ τὰ αὐτὰ μέρη τὴν μετάβασιν ἐποιοῦντο καθυσερήσεις διαφόρους εἰς τὰ πρὸς ἀνατολὰς μέρη ποιοῦντες, εἰκὸς ἦν κατὰ παραλλήλων αὐτοὺς φερομένους τῷ ἰσημερινῷ, ἢ καὶ τοῖς ἀπλανέσι τὰς ὑσερήσεις ποιεῖσθαι, ἐπεὶ καὶ περὶ τοὺς αὐτοὺς πόλους ἐφέροντο. Νῦν δὲ ἅμα ταῖς πρὸς ἀνατολὰς μεταβάσεσι παραχωροῦντες φαίνονται τοῦ κατὰ παραλλήλων κύκλων φέρεσθαι πρὸς ἄρκτους καὶ μεσημβρίαν αἰσθητῇ τινι παραχωρήσει, καὶ ταύτῃ μήτε ὁμαλῇ μήτε τεταγμένῃ· ὥςε δόξαι τισὶ δι ἐξωθήσεων τινῶν τοῦτο τὸ σύμπτωμα γίνεσθαι περὶ αὐτούς. Διὸ φησὶν ἀλλ' ἀνωμάλου μὲν ὡς πρὸς τὴν τοιαύτην ὑπόνοιαν τεταγμένης δέ· ἡ γὰρ ἐξώθησις ὑπὸ βίας τινὸς ἀλόγου γινομένη ἄτακτον ἐποίει καὶ τὴν τοιαύτην παραχώρησιν. Τεταγμένη δέ φησιν ὡς ὑπὸ λοξοῦ κύκλου πρὸς τὸν ἰσημερινὸν ἀποτελουμένης· ἐπεὶ καὶ ἴδιον τῶν τοῦ λοξοῦ κύκλου τμημάτων, μὴ ἀναλόγους ποιεῖσθαι τὰς ἀπὸ τοῦ ἰσημερινοῦ ἀποςάσεις, ἀλλὰ μείζονας τὰς πλησιέςερον τῆς κοινῆς αὐτῶν τομῆς, ἐλάσσονας δὲ τὰς ἀπώτερον, ἀνωμάλω τινὶ διαφορᾷ, ὡς ἑξῆς ἐν τούτω τῷ βιβλίω δείξομεν περὶ τῆς λοξώσεως τοῦ ἡλίου διαλαμβάνοντες. Διὸ καὶ πάντοτε πρὸς τοῖς ἰσημερινοῖς μείζονα τὴν κατὰ μέρος τοῦ ἡλίου παραχώρησιν εὑρίσκομεν γινομένην ἀπὸ τοῦ ἰσημερινοῦ, ἐάν τε πρὸς ἄρκτους ἐάν τε πρὸς μεσημβρίαν αὐτοῦ παραχωρῇ· ἐλάσσονα δὲ τὴν πρὸς τοῖς τροπικοῖς. Ἕκαςον μέν τοι τμῆμα τοῦ λοξοῦ καὶ διὰ μέσων τῶν ζω-



même : le soleil faisant donc 359 degrés, se trouvera, le jour suivant, se lever dans le premier degré du bélier, ensuite dans le second, puis dans le troisième, conformément aux phénomènes ; de même si les planètes faisoient leurs mouvemens autour des pôles du premier, et vers les mêmes parties du ciel, avec des retards différens relativement aux parties orientales, elles parcourroient des cercles parallèles à l'équateur, ou elles seroient en retard relativement aux fixes, attendu qu'elles séroient transportées par leur mouvement autour des mêmes pôles. Or elles paroissent vers l'orient, s'écarter du mouvement dans des cercles parallèles, par un écart sensible vers les ourses et vers le midi, lequel n'est ni uniforme ni régulier, chose que quelques-uns attribuent à dès impulsions particulières. Aussi Ptolemée dit-il que cet effet est très-régulier, quelqu'irrégulier qu'on le croie. Car une impulsion qui viendroit de quelque force qui ne suivroit aucune règle, produiroit un écart désordonné. Mais Ptolemée dit que cet écart est réglé en ce qu'il est causé par le cercle oblique relativement à l'équateur. Car les points du cercle oblique ont cette propriété, que les distances de chacun à l'équateur ne sont pasproportionnelles, mais que celles des points les plus proches de l'intersection de ces deux cercles sont plus grandes, et celles des plus éloignés plus petites d'une différence qui ne suit pas une proportion constante, comme nous le montrerons ci-après dans ce livre, quand nous parlerons de l'obliquité de l'orbite solaire. C'est pour cela que, près des points équinoxiaux, nous trouverons toujours les distances journalières du soleil à l'équateur, soit vers les ourses, soit vers le midi, plus grandes ; et vers les points solstitiaux, plus petites. Car chaque point du cercle oblique mitoyen du zodiaque est éloigné du soleil d'une distance qui lui est propre, vu qu'ils gardent tous leur inclinaison qui demeure toujours la même. L'on voit par-là que ce cercle est unique, et le même pour toutes les planètes. C'est pourquoi chacune des sphères du soleil, de la lune et des cinq planètes est censée avoir son centre dans le plan de ce cercle, et le même que le sien; et nous jugeons ce cercle exactement formé et comme décrit par le mouvement du soleil; exactement formé, parce que le centre du soleil marche dans le plan du zodiaque; et comme décrit, parce que nous concevons le zodiaque dans la sphère des fixés, et la sphère du soleil plus voisine qu'elles de la terre. Or le soleil en mouvement sur la sphère décrit un cercle dans le même plan, comme nous l'avons dit, que le cercle mitoyen du zodiaque, en nous paroissant comme s'il étoit dans la sphère même des fixes, et comme s'il décrivoit le cercle oblique même qui ceint le zodiaque par le milieu de la largeur de celui - ci, mais autour duquel la lune et les cinq planètes circulent. Car elles tournent toujours autour de lui, tantôt plus boréales, tantôt plus australes, et elles s'en éloignent vers le nord et vers le midi sans s'écarter le moins du monde, de leurs distances données ci-dessus en latitude. De même que parce qu'on ne voit jamais le soleil aller au-delà des tropiques, termes extrêmes où il parvient dans ses digressions en latitude depuis l'équateur, on juge que son orbite est un grand cercle, ses digressions boréales en latitude, étant égales aux australes. Or je dis que si un astre qui parcourt un cercle, y devient alternativement plus boréal

δίων κύκλου τὴν οἰκείαν ἔχει ἀπὸ τοῦ ἰσημερινοῦ παραχώρησιν, ἐπεὶ καὶ τὴν κλίσιν πάντοτε τὴν αὐτὴν μένουσαν φυλάττουσιν. Ὅθεν καὶ ὁ τοιοῦτος κύκλος εἷς τε καὶ ὁ αὐτὸς καὶ τῶν πλανωμένων ἴδιος καταλαμβάνεται. Διὸ καὶ ἑκάστη τῶν ζ σφαιρῶν ἡλίου καὶ σελήνης καὶ τῶν ε πλανωμένων ἐν τῷ ἐπιπέδῳ αὐτοῦ ὁμόκεντρον αὐτῷ παραλαμβάνομεν, ἀκριβούμενον μὲν καὶ ὥσπερ γραφόμενον ὑπὸ τῆς τοῦ ἡλίου κινήσεως. Τὸ μὲν οὖν ἀκριβούμενον διὰ τὸ τὸ κέντρον τοῦ ἡλίου κατὰ τοῦ ἐπιπέδου φέρεσθαι τοῦ διὰ μέσων τῶν ζωδίων, τὸ δὲ ὥσπερ γραφόμενον, ἐπεὶ ὁ μὲν ζωδιακὸς ἐν τῇ τῶν ἀπλανῶν σφαίρᾳ νοεῖται, ἡ δὲ τοῦ ἡλίου σφαῖρα, περιγειοτέρα. Καὶ κινούμενος ὁ ἥλιος ἐπὶ ταύτης, γράφει κύκλον ἐν τῷ αὐτῷ ἐπιπέδῳ, ὡς ἔφαμεν, τῷ διὰ μέσων, φαινόμενος ἡμῖν ὥσπερ ἐν αὐτῇ τῇ τῶν ἀπλανῶν σφαίρᾳ τυγχάνων, καὶ αὐτὸν τὸν λοξὸν καὶ διὰ μέσων τῶν ζωδίων γράφων, περιοδευόμενος δὲ καὶ ὑπὸ τῆς σελήνης καὶ τῶν ε πλανωμένων. Πάντοτε γὰρ περὶ αὐτὸν ἀναστρέφονται, βορειότεροι καὶ νοτιώτεροι καὶ κατ' αὐτὸν γινόμενοι. Ἀφίστανται δὲ αὐτοῦ πρὸς βορρᾶν καὶ νότον, καὶ οὐδὲ τὸ τυχὸν παρεκπίπτουσι τῆς ἔμπροσθεν εἰρημένης ἑκάστου μεγίστης κατὰ πλάτος παραχωρήσεως, ὥσπερ καὶ ὁ ἥλιος οὐδέποτε παρεκπίπτων καταλαμβάνεται τῶν τροπικῶν. Αὕτη γὰρ καὶ τούτου ἐστὶν ἡ μεγίστη κατὰ πλάτος ἀπὸ τοῦ ἰσημερινοῦ παραχώρησις. Ἔτι δὲ καὶ μέγιστος ὁ αὐτὸς κύκλος θεωρεῖται, διὰ τὸ τῷ ἴσῳ βορειότερος καὶ νοτιώτερος τοῦ ἰσημερινοῦ γίνεσθαι τὸν ἥλιον. Λέγω οὖν ὅτι ἐὰν ἀστὴρ κατὰ κύκλου τινὸς φερόμενος τῷ ἴσῳ βορειότερος καὶ νοτιώτερος μεγίστου τινὸς

κύκλου γίνεται, καὶ αὐτὸς καθ' οὗ φέρεται
ὁ ἀστὴρ, μέγιστος ἐστίν.

Ἔστω γὰρ ὁ ἰσημερινὸς καὶ μέγιστος κύκλος ὁ ΑΒΓΔ, ὁ δὲ λοξὸς καὶ διὰ μέσων
τῶν ζωδίων καθ' οὗ ὁ ἥλιος φέρεται, ὁ ΑΕΓΖ,
τῷ ἴσῳ βορειότερος καὶ νοτιώτερος τυγχάνων
τοῦ ΑΒΓΔ ἰσημερινοῦ ἐπὶ τοῦ διὰ τῶν πόλων
αὐτῶν. Καὶ ἔστω ὁ διὰ τῶν πόλων αὐτῶν,
ὁ ΒΕΔΖ. Ἔστω δὲ βόρεια μὲν τὰ πρὸς τῷ Ζ,
νότια δὲ τὰ πρὸς τῷ Ε. Καὶ βορειότατος
γινόμενος ὁ ἥλιος ἢ καὶ ὁ ἀστὴρ ἔστω κατὰ
τὸ Ζ, νοτιώτατος δὲ κατὰ τὸ Ε, ἴση δὲ
ἔστω ἡ ΖΔ τῇ ΕΒ, λέγω ὅτι μέγιστος ἐστὶν
ὁ ΑΕΓΖ ζωδιακός. Ἐπεὶ γὰρ ἴση ἐστὶν ἡ ΒΕ
τῇ ΔΖ, κοινὴ δὲ ἡ ΕΔ, ὅλη ἄρα ἡ ΒΕΔ
ὅλῃ τῇ ΕΔΖ ἐστὶν ἴση. Ἡμικύκλιον δὲ μεγίστου κύκλου ἡ ΒΕΔ, ἡμικύκλιον ἄρα τοῦ
αὐτοῦ κύκλου καὶ ἡ ΕΔΖ. Καὶ ἐπεὶ ὁ ΑΕΓΖ
ζωδιακὸς κύκλος τὸν ΒΕΔΖ κύκλον μέγιστον
ὄντα δίχα τέμνει, καὶ αὐτὸς μέγιστος ἐστί.
Δέδεικται γὰρ τοῦτο ἐν τῷ τρίτῳ τῶν Θεο-
δοσίου σφαιρικῶν· καὶ περὶ τοῦτον πάντοτε,
ὡς ἔφαμεν, αἱ τῶν πλανωμένων εἰς τὰ ἑπόμενα μεταβάσεις ἀποτελοῦνται.

Δευτέραν ταύτην διαφορὰν τῆς καθόλου
κινήσεως ἀναγκαῖον ἦν ὑποστήσασθαι. Ὑπομνήσας ἐκ ποίων ἐννοιῶν καὶ παρατηρήσεων
καταλαμβάνονται οἱ ἀστέρες οὐχὶ περὶ τοὺς
αὐτοὺς πόλους τοῦ ἰσημερινοῦ, περὶ οὓς καὶ
ἡ πρώτη φορὰ ἀποτελεῖται ἡ ἀπὸ ἀνατολῶν
ἐπὶ δυσμὰς, τὴν εἰρημένην εἰς τὰ πρὸς ἀνατολὰς καὶ ἑπόμενα μετάθεσιν ποιούμενοι,
διὰ τὸ ὑπολειπομένους αὐτοὺς ὁρᾶσθαι καὶ
βορειοτέρους καὶ νοτιωτέρους τοῦ ἰσημερινοῦ
γινομένους, φησὶ δευτέραν ταύτην διαφορὰν
τῆς καθόλου πρώτης κινήσεως ἀναγκαῖον

que l'équateur d'une quantité égale à celle
dont il devient plus austral que ce cercle,
ce cercle qu'il parcourt est un grand cercle.
(F. 45). Car soit le grand cercle ABGD
l'équateur, et AEGZ le cercle oblique, parcouru par le soleil, et plus boréal que l'é-
quateur d'une quantité égale à celle dont il
est plus austral, prise l'une et l'autre sur le
cercle qui passe par leurs pôles. Soit BEDZ,
ce cercle qui passe par leurs pôles. Soient
vers Z, les parties boréales du ciel, et les
parties australes vers E. Le soleil ou tout
autre astre en Z plus boréal, et en E plus
austral que l'équateur, et ZD égal à EB.
Je dis que le zodiaque AEGZ est un grand
cercle. En effet, puisque BE est égal à ZD,
et que ED est commun, l'arc entier BED
est égal à l'arc entier EDZ; mais BED est
une moitié de grand cercle, donc EDZ est
aussi une moitié du même grand cercle. Et
puisque le cercle zodiaque AEGZ coupe en
deux parties égales le grand cercle, il est lui-
même un grand cercle. Car cela a été démontré dans le troisième livre des sphériques de Théodose; et les révolutions des
planètes se font, comme nous l'avons dit,
vers les points conséquens autour de ce
cercle.

Il étoit nécessaire de supposer ce second mouvement qui diffère du mouvement général de l'univers, dit Ptolemée,
après avoir rappellé le raisonnemens et les
observations qui ont conduit à croire que
ces astres ne font pas leurs révolutions autour des pôles de l'équateur, qui sont ceux
autour desquels se fait le premier mouvement d'orient en occident, puisque c'est
par une conséquence de ce qu'ils vont vers
l'orient et les points conséquens, qu'ils
sont apperçus tantôt plus boréaux, tantôt
plus austraux, dans les lieux laissés en arrière
par le premier mouvement, vers les points

suivans. Ptolémée dit qu'il est nécessaire de distinguer ce second mouvement, du premier qui est celui du monde, parce qu'il se fait autour des pôles du cercle qui ceint le zodiaque par le milieu de la largeur de celui-ci, et qui est oblique à l'équateur, car on voit les planètes circuler autour de ce cercle oblique. Mais si quelqu'un disoit que ce second mouvement se faisant autour de ces pôles, le transport de ces planètes se fait dans le même sens que le premier mouvement, et que c'est parce que ces astres sont en retard sur ce premier mouvement, qu'ils paroissent s'avancer vers l'orient, il faudroit donc que le soleil parcourant, comme nous l'avons dit, 359 degrés par jour sur le cercle oblique, parût pour cette raison tantôt plus boréal, tantôt plus austral que l'équateur ; comme paroissent aussi la lune et les cinq planètes en circulant autour de ce même cercle ; et que, par exemple, le soleil se levât dans les parties boréales du ciel, et se couchât dans les australes ; chose pourtant qui ne se voit point.

*Mais si nous concevons le grand cercle qui passe par les pôles de ces deux cercles, et le reste.* Si nous concevons les deux grands cercles de l'équateur et de l'oblique qui s'entrecoupent diamétralement chacun en deux parties égales, et un grand cercle passant par leurs pôles, il est évident qu'il les coupe en deux parties égales et perpendiculairement, il y aura quatre points qui seront à la distance d'un quart de cercle les uns des autres, deux dans l'équateur, et les deux autres sur le cercle qui passe par les pôles des deux premiers, parce que celui qui passe par ces pôles, coupe les demi-cercles du mitoyen et de l'équateur, chacun en deux arcs égaux. Appellons équinoxiaux les deux points qui sont dans l'intersection de l'équateur et du cercle mi-

εἶναι ὑποςήσασθαι, τὴν περὶ πόλους τοῦ διὰ μέσων τῶν ζωδίων καὶ λοξοῦ πρὸς τὸν ἰσημερινὸν ἀποτελουμένην, ἐπεὶ περὶ τὸν τοιοῦτον κύκλον τὰς κινήσεις ποιούμενοι καταλαμβάνονται. Εἰ δέ τις φαίη καὶ περὶ τούτους τοὺς πόλους τῆς δευτέρας φορᾶς ἀποτελουμένης, ἐπὶ τὰ αὐτὰ τῇ πρώτῃ φορᾷ γίνεσθα τὴν μετάβασιν, καὶ καθ' ὑπόλειψιν φαίνεσθα τὰς πρὸς ἀνατολὰς τῶν ἀςέρων παραχωρήσεις, συμβήσεται τοῦ μὲν ἡλίου, ὡς ἔφαμεν φερομένου τὰς τνθ μοίρας ἐπὶ τοῦ λοξοῦ κύκλου καθ' ἑκάςην ἡμέραν, καὶ βορειότερον καὶ νοτιώτερον κατ' αὐτοῦ τοῦ ἰσημερινοῦ φαίνεσθαι τὸν ἥλιον. Ὡσαύτως δὲ καὶ τὴν σελήνην, καὶ τοὺς ε πλανωμένους, καὶ βορειοτέρους καὶ νοτιωτέρους, καὶ κατ' αὐτὸν τὸν διὰ μέσων. Καὶ ἔτι, λόγου ἕνεκεν, τὸν ἥλιον ἐπὶ τὰ βόρεια ἀνατέλλοντα, ἐπὶ τὰ νότια δύνειν, ὅπερ οὐχ' ὁρᾶται συμβαῖνον.

Ἐὰν δὴ νοήσωμεν τὸν διὰ τῶν πόλων ἀμφοτέρων προειρημένων κύκλων γραφόμενον μέγιςον κύκλον, καὶ τὰ ἑξῆς. Ἐὰν οὖν νοήσωμεν τὸν ἰσημερινὸν, καὶ τὸν διὰ μέσων τῶν ζωδίων μεγίςους ὄντας, τέμνοντας ἀλλήλους δίχα, καὶ κατὰ διάμετρον, καὶ ἔτι διὰ τῶν πόλων αὐτῶν γραφόμενον μέγιςον κύκλον, δῆλον ὡς δίχα αὐτοὺς τεμεῖ, καὶ πρὸς ὀρθὰς, καὶ γενήσονται πρὸς τὸν διὰ μέσων τῶν ζωδίων τομῶν σημεῖα δ· β μὲν τὰ ὑπὸ τοῦ ἰσημερινοῦ, καὶ ἕτερα β τὰ ὑπὸ τοῦ δι' ἀμφοτέρων τῶν πόλων, τεταρτημοριαίας διαςάσεις ἀλλήλων ἀπέχοντα διὰ τὸ τὸν διὰ τῶν πόλων δίχα τέμνειν τὰ ἀπολαμβανόμενα ἡμικύκλια τοῦ τε διὰ μέσων καὶ τοῦ ἰσημερινοῦ. Καὶ τὰ μὲν β τὰ

ὑπὸ τοῦ ἰσημερινοῦ πρὸς τὸν διὰ μέσων γινόμενα, καλείσθω ἰσημερινά, ὧν τὸ μὲν
ἀπὸ μεσημβρίας πρὸς ἄρκτους, οἱονεὶ ἀπὸ
νοτίων ἐπὶ βόρεια εἰς τὰ ἑπόμενα, τουτέςι
πρὸς ἀνατολὰς ἔχον τὴν πάροδον, ἐαρινὸν
καλείσθω· τοῦτο δέ ἐςι τὸ κατὰ τὴν ἀρχὴν
τοῦ κριοῦ λαμβανόμενον· Τὸ δὲ ἐναντίον,
τουτέςι κατὰ διάμετρον, ἤτοι ἀπ᾽ ἄρκτων
ἐπὶ μεσημβρίαν ἔχον τὴν τοῦ ἡλίου πάροδον,
μετοπωρινόν. Ἔςι δὲ καὶ τοῦτο κατὰ τῆς
ἀρχῆς τῶν ἰχθύων· τὰ δὲ λοιπὰ β τὰ γινόμενα ὑπὸ τοῦ δι᾽ ἀμφοτέρων τῶν πόλων τοῦ
ἰσημερινοῦ καὶ τοῦ ζωδιακοῦ, καλείσθω τροπικά,
καὶ αὐτὰ πάλιν κατὰ διάμετρον ἀλλήλων, ὧν
τὸ μὲν ἀπὸ μεσημβρίας τοῦ ἰσημερινοῦ,
χειμερινὸν λέγεται, ὅ ἐςι κατὰ τῆς ἀρχῆς
τοῦ αἰγόκερω, τὸ δὲ ἀπ᾽ ἄρκτων, θερινὸν,
ὅπερ πάλιν ἐςὶ κατὰ τῆς ἀρχῆς τοῦ καρκίνου.

Ἵνα δὲ καὶ διὰ τῶν γραμμῶν φανερὰ
ἡμῖν γένηται ἡ ἐπὶ τῶν τοιούτων παρόδων
τῶν εἰρημένων σημείων ὀνομασία, ἔςω ἰσημερινὸς μὲν κύκλος ὁ ΑΒΓΔ, ζωδιακὸς δὲ
ὁ ΑΕΓΖ, διὰ δὲ τῶν πόλων αὐτῶν γεγράφθω μέγιςος κύκλος ὁ ΒΕΔΖ. Καὶ ἔςω ἄρ-
κτῶα μὲν τὰ πρὸς τῷ Ζ, μεσημβρινὰ δὲ
τὰ πρὸς τῷ Ε, ἀνατολικὰ δὲ, τὰ πρὸς τῷ
Γ, ὥςε τὰ ἀπὸ τοῦ Α ὡς ἐπὶ τὸ Ε καὶ
τὸ Γ ἑπόμενα τυγχάνειν. Ἔςαι δὲ ἐπὶ τοῦ
ζωδιακοῦ σημεῖα τομῶν δ τὰ Α Ε Γ Ζ,
ὧν β μὲν τὰ ὑπὸ τοῦ ΑΒΓΔ ἰσημερινοῦ καὶ
τοῦ ΑΕΓΖ ζωδιακοῦ κατὰ διάμετρον ἀλλήλοις τὰ Α, Γ, καλούμενα δὲ ἰσημερινά. Καὶ
τὸ μὲν ἀπὸ τοῦ Ε ὡς ἀπὸ μεσημβρίας,
ἤτοι ἀπὸ νοτιωτέρων ἐπὶ τὰ πρὸς ἄρκτους,
εἰς τὰ ἑπόμενα ἔχον τὴν πάροδον, ἐαρινὸν
καλείσθω, οἱονεὶ τὸ Γ· τὸ δὲ ἐναντίον, τουτ-

THÉON.

toyen; celui que l'on rencontre en allant
du midi vers les ourses, ou, ce qui est la
même chose, des parties australes aux boréales, suivant la marche du soleil vers les
points conséquens du ciel, c'est-à-dire vers
l'orient, sera le point équinoxial du printemps. C'est celui qu'on prend pour le
commencement du bélier. Le point qui lui
est diamétralement opposé, en suivant la
marche du soleil, des ourses au midi, sera
le point équinoxial d'automne, au commencement des poissons. Les deux autres qui
sont dans le cercle qui passe par les poles
de l'équateur et du zodiaque, se nomment
points tropiques; ils sont diamétralement
opposés l'un à l'autre; celui qui est au midi
de l'équateur est celui d'hiver, au commencement du capricorne; et celui qui est
plus boréal que l'équateur, est celui d'été
au commencement du cancer.

Pour faire entendre clairement la raison
des dénominations données à ces points
des révolutions, soit (même figure) ABGD
l'équateur, AEGZ le zodiaque, BEDZ le
grand cercle passant par leurs poles; soient
les parties boréales du ciel du côté de Z,
les méridionales du côté de E, les orientales du côté de G, ensorte que les points
conséquens se prennent de A vers E et G.
Soient sur le zodiaque les points des quatre sections A, E, G, Z, A et G sont
les deux intersections de l'équateur et du
zodiaque, diamétralement opposées, et ap-
pellées points équinoxiaux. Nous nommons
équinoxe du printemps le point G pris en
allant de E ou des parties australes vers les
ourses, suivant la suite des signes, et équinoxe d'automne le point A diamétralement
opposé, toujours en allant suivant l'ordre
des signes. Les deux points nommés tro-

piques, diamétralement opposés l'un à l'autre, sont dans le zodiaque AEGZ et dans le cercle BEDZ qui passe par les poles : l'un est ici le point E au midi de l'équateur, c'est le solstice d'hiver; l'autre est le point Z diamétralement opposé, et du côté des ourses, c'est le solstice d'été. (*Les points tropiques ou de conversion, des Grecs, sont les solstices des modernes*).

On concevra donc le seul et premier mouvement de la sphère non constellée qui embrasse tout l'univers, comme maîtrisant et emportant en tournant les sphères des astres d'orient en occident, en même temps que le cercle, qu'on imagine passant par les poles de ces deux cercles, est emporté par ce même premier mouvement, qu'il décrit et limite, en emportant avec lui tout le reste en tournant sur les poles de l'équateur. Ces poles sont appuyés sur un cercle perpendiculaire à l'horizon, savoir sur le méridien immobile du monde, les autres méridiens ne différant de lui qu'en ce qu'ils ne passent pas comme lui par les poles du cercle oblique du zodiaque, si ce n'est celui qui passe par les points tropiques au milieu du ciel, parce que celui-ci se confond avec le méridien immobile qui passe par ces poles, qu'il ne fait qu'un avec lui, et qu'il est perpendiculaire au zodiaque, attendu que tous deux passent par les poles de l'équateur, et par le point de contact de chaque cercle tropique avec l'oblique. Or ce cercle ainsi perpendiculaire à l'horizon, se nomme aussi méridien, parce que cette position

ἔϛι τὸ κατὰ διάμετρον, ἤτοι ἀπ' ἄρκτων ἐπὶ μεσημβρίαν, ὃ ἐϛὶν ἀπὸ τοῦ Ζ, ὡς ἐπὶ τὰ ἑπόμενα· πάλιν μετοπωρινὸν, τουτέϛι τὸ Α. Δύο δὲ τὰ γινόμενα ὑπὸ τοῦ ΑΕΓΖ ζωδιακοῦ, καὶ τοῦ ΒΕΔΖ διὰ τῶν πόλων, καὶ αὐτὰ κατὰ διάμετρον ἀλλήλοις, καλούμενα δὲ τροπικὰ, ὧν τὸ μὲν ἀπὸ μεσημβρίας τοῦ ἰσημερινοῦ, οἱονεὶ τὸ Ε, χειμερινὸν καλείσθω· τὸ δὲ ἀπ' ἄρκτων κατὰ διάμετρον, τουτέϛι τὸ Ζ, θερινόν.

Νοηθήσεται δὲ ἡ μὲν μία καὶ πρώτη φορὰ τῆς ἀνάϛρου καὶ περιεχούσης τὰ πάντα σφαίρας, κατακρατοῦσα καὶ συμπεριάγουσα τὰς τῶν ἄϛρων σφαίρας ἀπὸ ἀνατολῶν ἐπὶ δυσμὰς, τοῦ νοουμένου δι' ἀμφοτέρων τῶν εἰρημένων πόλων κύκλου περιαγομένου, καὶ περιγράφοντος, καὶ ἀφορίζοντος τὴν πρώτην φορὰν, καὶ τὰ λοιπὰ πάντα συμπεριάγοντος περὶ τοὺς τοῦ ἰσημερινοῦ πόλους· οἵ τινες τοῦ ἰσημερινοῦ πόλοι βεβηκότες εἰσὶν ἐπί τινος ἑϛῶτος καὶ μένοντος πρὸς ὀρθὰς τῷ ὁρίζοντι κύκλῳ, ὡς τοῦ καθ' ἑκάϛην οἴκησιν μεσημβρινοῦ, ὃς τούτῳ μόνῳ διαφέρει τοῦ δι' ἀμφοτέρων τῶν πόλων περιαγομένου κύκλου, τὸ μὴ πάντοτε διὰ τῶν τοῦ λοξοῦ καὶ ζωδιακοῦ κύκλου πόλων γράφεσθαι, ἀλλὰ μόνον ὅταν τὰ τροπικὰ σημεῖα μεσουρανῇ, διὰ τὸ τότε ἐφαρμόζειν τὸν ἑϛῶτα μεσημβρινὸν τῷ περιφερομένῳ καὶ διὰ τῶν πόλων ἀμφοτέρων ὄντι, καὶ τὸν αὐτὸν αὐτῷ γενέσθαι δηλαδὴ, καὶ πρὸς ὀρθὰς τῷ ζωδιακῷ· ἐπεὶ καὶ ἀμφότεροι τότε διὰ τῶν πόλων ὄντες τοῦ ἰσημερινοῦ καὶ διὰ τῆς ἁφῆς τοῦ τροπικοῦ εἰσίν. Ἔτι δὲ οὗτος ὁ ἑϛὼς πρὸς ὀρθὰς ἀεὶ τῷ ὁρίζοντι κύκλος καλεῖται μεσημβρινὸς, ἐπεὶ ἡ τοῦ μεγίϛου κύκλου τοιαύτη πρὸς τὸν ὁρίζοντα θέσις τό τε ὑπὸ γῆν καὶ ὑπὲρ γῆν ἡμισφαίριον, καὶ ἔτι τὰ τῶν παραλλήλων κύκλων τμήματα δίχα τέμνει, καὶ τῶν νυχθημέρων τοὺς μέσους χρόνους περιέχει, τουτέςι τὰς ἕκτας ὥρας τῆς ἡμέρας καὶ τῆς νυκτός. Ἡ δὲ δευτέρα φορὰ καὶ πολυμερὴς, ἡ εἰς τὰ πρὸς ἀνατολὰς καὶ εἰς τὰ ἐπόμενα γινομένη, καὶ ποικίλας κινήσεις περιέχουσα ἡλίου καὶ σελήνης καὶ τῶν ε πλανωμένων, καὶ ἔτι τῶν ἀπλανῶν, διὰ τὸ, ὡς ἔφαμεν, καὶ τούτους καταλαμβάνεσθαι κατὰ ρ ἔτη εἰς τὰ ἐπόμενα περὶ τοὺς τοῦ ζωδιακοῦ πόλους κινουμένους μοῖραν α, περιεχομένη μὲν καὶ περιφερομένη ὑπὸ τῆς εἰρημένης πρώτης φορᾶς ἀπὸ ἀνατολῶν ἐπὶ δυσμὰς, ἀντιπεριαγομένη δὲ καὶ συμπεριάγουσα τὰς τῶν ἀςέρων σφαίρας ἐπὶ τὰ ἐναντία, ὡς ἀπὸ δυσμῶν ἐπὶ ἀνατολὰς, περὶ τοὺς τοῦ ζωδιακοῦ πόλους, οἵ τινες πάντοτε μένουσιν ἐπὶ τοῦ τὴν πρώτην φορὰν περιφέροντος κύκλου, τουτέςι τοῦ δι' ἀμφοτέρων τῶν πόλων περιαγομένου. Καὶ περιάγονταί τε εἰκότως σὺν αὐτῷ ἐπ' αὐτοῦ μένοντες, καὶ τῇ κατὰ τὰ ἐναντία δευτέρᾳ κινήσει τὴν αὐτὴν θέσιν συντηροῦσι τοῦ γραφομένου ἐκ τῆς περὶ αὐτοὺς γινομένης δευτέρας φορᾶς μεγίςου καὶ λοξοῦ κύκλου πρὸς τὸν ἰσημερινὸν, ἐπεὶ καὶ πάντοτε τὴν αὐτὴν κλίσιν, ἤτοι λόξωσιν καταλαμβάνονται συντηροῦντες μοιρῶν τυγχάνουσαν κγ, να' κ'', ὅσον καὶ οἱ πόλοι τοῦ ἰσημερινοῦ ἀπὸ τῶν τοῦ ζωδιακοῦ ἀφεςήκασιν. Εἴρηκε δὲ τὰς σφαίρας ἡλίου καὶ σελήνης καὶ τῶν ε πλανωμένων περιάγεσθαι εἰς τὰ ἐναντία τῆς πρώτης φορᾶς, περὶ τοὺς τοῦ διὰ μέσων τῶν ζωδίων πόλους, καὶ περ ἐν ὅλῃ τῇ πραγματείᾳ αὐτῶν παραλαμβανομένων, καὶ οὐ τῶν σφαιρῶν αὐτῶν, ἀπλού-

de grand cercle sur l'horizon, coupe l'hémisphère supérieur et l'inférieur chacun en deux parties égales, ainsi que les segmens des cercles parallèles, et détermine le milieu des temps nychthémères, c'est-à-dire les sixièmes heures du jour et de la nuit. Mais le second mouvement, composé de plusieurs autres, celui qui se dirige vers l'orient et les points conséquens, et qui contient les divers mouvemens du soleil, de la lune et des cinq planètes ainsi que des étoiles fixes, par la raison que ces astres avancent comme nous l'avons dit, d'un degré en cent ans, vers les points conséquens, en tournant autour des poles du zodiaque, mais emporté et emportant les sphères des astres en sens contraire, savoir d'occident en orient, autour des poles du zodiaque qui demeurent toujours dans le cercle qui fait aller en rond le premier mouvement, c'est-à-dire dans le cercle qui passe par les uns et les autres poles susdits ; et avec lui sont emportés circulairement les astres qui sont sur ce mobile, et qui dans ce second mouvement en sens contraire, maintiennent dans la même position le grand cercle décrit obliquement à l'équateur, par ce second mouvement qui se fait sur le cercle oblique ou autour de ses poles. Car les observations montrent toujours entre ces deux cercles la même inclinaison ou obliquité de 23° 51' 20'', distance des poles de l'équateur à ceux du zodiaque. Ptolemée a dit que les sphères du soleil, de la lune, et des cinq planètes, tournent en sens contraire du premier mouvement, autour des poles du cercle mitoyen du zodiaque, pour faire entendre ses explications par des termes plus simples, ces sphères n'existant nullement, quoiqu'il les ait admises dans tout son traité. Car il est indifférent pour démontrer l'accord parfait des phénomènes entr'eux, de dire que les astres sont eux-mêmes en mouvement, ou que ce sont des sphères qui se meuvent.

## CHAPITRE VIII.

### DES CONNOISSANCES PARTICULIÈRES ET PRÉALABLES.

Ptolemée prélude ainsi à son traité par des connoissances générales et communes et par des courtes explications conformes aux phénomènes, se réservant de confirmer en détail dans la suite par des démonstrations particulières, tout ce qu'il avance, et il dit : telle est l'exposition sommaire des principes généraux. Il présente cette exposition préliminaire sommairement d'après les plus simples observations. Quant aux démonstrations des connoissances particulières, il croit que la première doit être celle par laquelle on trouve la valeur de l'arc du grand cercle qui passe par les poles de l'équinoxial, autour duquel se fait le premier mouvement, et du zodiaque, autour duquel se fait le second; lequel arc est compris entre ces poles ; c'est-à-dire, de chercher combien il a de degrés de ceux dont le grand cercle qui passe par ces poles, en a 360. Et il ajoute : nous voyons que cette démonstration doit être précédée de celle de la méthode qui donne la manière de trouver les droites inscrites dans le cercle, c'est-à-dire qui enseigne comment un arc étant donné de grandeur, sa soutendante est aussi donnée. Il commence par ce problême, parce que sa solution servira beaucoup pour toutes les démonstrations qu'il

ϛερον ποιούμενος τὸν λόγον. Οὐδὲν γὰρ διαφέρει πρὸς τὴν τῶν φαινομένων συμφωνίαν, εἴτε αὐτοὺς εἴτε τὰς σφαίρας αὐτῶν ὑπόθοιτό τις κινεῖσθαι.

## ΚΕΦΑΛΑΙΟΝ Η΄.

### ΠΕΡΙ ΤΩΝ ΚΑΤΑ ΜΕΡΟΣ ΚΑΤΑΛΗΨΕΩΝ.

Προδιαλαβὼν ὁλοσχερέϛερον ἀπό τε τῶν κοινῶν ἐννοιῶν, καὶ τῶν πρὸς τὰ φαινόμενα συμφωνιῶν τὰ ὡς ἐν ἀρχῆς λόγῳ τῆς μαθηματικῆς θεωρίας ὀφείλοντα κεφαλαιωδῶς προληφθῆναι, διὸ καὶ εἴρηκε βεβαιωθησομένας γε καὶ ἐπιμαρτυρηθησομένας τέλεον ἐκ τῶν ἐφεξῆς κατὰ μέρος ἀποδείξεων, ἀρχόμενός τῶν κατὰ μέρος, καὶ συγκεφαλαιούμενος τὰ προρρηθέντα, φησίν· ἡ μὲν οὖν ὁλοσχερὴς προδιάληψις καὶ τὰ ἑξῆς. Ἡ μὲν οὖν καθόλου καὶ ἀρχοειδὴς προδιάληψις, ὡς ἐν κεφαλαίοις ἐξ ἁπλουϛέρων παρατηρήσεων αὐτῷ ληφθεῖσα, τοῦτον τὸν τρόπον αὐτῷ προτετύπωται. Ἐπὶ δὲ τῶν κατὰ μέρος ἀποδείξεων, πρώτην ἡγεῖται ὑπάρξειν ἀπόδειξιν, δι᾽ ἧς ἡ μεταξὺ τῶν δύο πόλων τοῦ τε ἰσημερινοῦ, περὶ ὃν ἡ πρώτη φορὰ γίνεται, καὶ τοῦ ζωδιακοῦ, περὶ ὃν ἡ δευτέρα, πηλίκη τίς οὖσα τυγχάνει, τουτέϛι πόσων ἐϛὶ τμημάτων, ὡς ἐπὶ τοῦ δι᾽ ἀμφοτέρων τῶν εἰρημένων πόλων γραφομένου μεγίϛου κύκλου, οἵων αὐτὸς ὁ κύκλος τξ. Ἔτι δέ φησι πρὸ ταύτης τῆς ἀποδείξεως, ἀναγκαῖον ὁρῶμεν προεκθέσθαι τὴν πραγματείαν τῶν ἐν κύκλῳ εὐθειῶν. Τουτέϛι πῶς δοθείσης τινὸς περιφερείας τῷ μεγέθει, καὶ ἡ ὑποτείνουσα εὐθεῖα δέδοται. Προτάττει δὲ ταύτην ὡς πλεῖϛον μέρος συμ-

βαλλομένην πρὸς τὰς γραμμικὰς ἀποδείξεις·
τὰ γὰρ πλείονα τῶν ἐν τῇ συντάξει θεωρημάτων δι᾽ αὐτῆς ἀποδείκνυσι.

## ΚΕΦΑΛΑΙΟΝ Θ´.

### ΠΕΡΙ ΤΗΣ ΠΗΛΙΚΟΤΗΤΟΣ ΤΩΝ ΕΝ ΚΥΚΛΩ ΕΥΘΕΙΩΝ.

Μετὰ μὲν οὖν τὴν κατάληψιν τῆς τοιαύτης πραγματείας, καὶ διὰ κανονοποιίας
αὐτὴν ἐκτίθεται, ἵνα, εἴ ποτε ἐπιζητοίημεν
εἰς τὰς κατὰ μέρος ἐπισκέψεις, ἤτοι ἀπὸ
περιφερειῶν εὐθείας λαμβάνειν, ἢ ἀπὸ εὐθειῶν
περιφερείας, ἐκ προχείρου αὐτὰς ἔχωμεν ἐπι-
λογίζεσθαι, καὶ μὴ πάντοτε διὰ τῶν γραμμῶν τοῦτο ποιοῦντες ἐγχρονίζωμεν. Ἐπεὶ δὲ
ἐχρῆν τὰ μεγέθη τῶν εὐθειῶν καὶ τῶν περιφερειῶν ὡρισμένα τινὰ τυγχάνειν, ὑποτίθηται
τὸν μὲν κύκλον διαιρεῖσθαι εἰς ἴσα τμήματα
τξ, καὶ καλεῖ ἕκαστον διάστημα μοιριαῖον,
τὴν δὲ διάμετρον εἰς ἴσα τμήματα ρκ, καὶ
καλεῖ καὶ ταῦτα ὁμοίως μοιριαῖα, ὡς τῶν
μὲν περιφερειῶν εἶναι τὰ μεγέθη οἵων ὁ κύκλος τξ, τῶν δὲ εὐθειῶν οἵων ἡ διάμετρος
ρκ. Χρῆται δὲ εἰς τὴν ἔκθεσιν τοῦ κανόνος,
τῇ καθ᾽ ἡμικύκλιον τῶν περιφερειῶν παραυξήσει. Παρατιθεὶς αὐταῖς τὰς ἐπιβαλλούσας
τῶν ὑποτεινουσῶν αὐτὰς εὐθειῶν πηλικότητας,
τοιούτων οἵων, ὡς ἔφαμεν, ἡ διαμέτρου ρκ.
Διεῖλον δὲ, φησὶ, τὴν διάμετρον εἰς ρκ, διὰ
τὸ ἐξ αὐτῶν τῶν ἐπιλογισμῶν φανησόμενον
ἐν τοῖς ἀριθμοῖς εὔχρηστον. Εἰκὸς δὲ αὐτὸν
μᾶλλον χρήσασθαι τῇ τοιαύτῃ διαιρέσει, διὰ
τὸ εἰς πολλὰς ἀποδείξεις συντελεῖν αὐτῷ τὴν

donne par des figures linéaires, et qu'elle
sera le fondement de sa composition.

## CHAPITRE IX.

### DE LA VALEUR DES DROITES INSCRITES DANS LE CERCLE.

A ces préliminaires, Ptolemée fait succéder des tables qui mettent sous nos
yeux pour tous les cas où nous en avons
besoin, les droites que nous chercherions
par les arcs, ou les arcs par les droites,
afin que nous ne perdions pas continuélle-
ment notre temps à faire cette recherche par
des constructions linéaires. Mais comme
il falloit circonscrire dans des limites
fixes les grandeurs des droites et celles
des arcs, il pose en principe que le cercle
est divisé en 360 parties égales qu'il appelle chacune degré; et que le diamètre
est partagé en 120 portions qu'il appelle
parties ; en sorte que les grandeurs des
arcs étant d'un certain nombre de degrés
dont la circonférence en contient 360,
leurs cordes sont chacune d'un certain
nombre des 120 parties du diamètre. Et
pour construire sa table, il fait croître les
arcs dans le demi-cercle en degrés, en leur
adjoignant les valeurs des cordes en parties des 120 du diamètre, suivant leur
augmentation pour chacune des cordes
ou droites qui soutendent ces arcs. Il
dit qu'on a divisé le diamètre en 120
parties, parce que, comme on l'éprou-
vera, ce nombre est le plus commode
pour les calculs. Et il lui convenoit de le
préférer, parce que la valeur du rayon ou
droite menée du centre, lui servant pour

plusieurs démonstrations, le nombre 60 étoit celui qui lui offroit le plus d'avantages, sous le rapport de sa divisibilité en parties égales qui, étant plus nombreuses que celles de tout autre nombre, le rendent plus facile à employer. C'est pourquoi il a partagé le diamètre en 120 parties, pour avoir le rayon de 60.

D'abord, dit-il, nous montrerons comment on procéde, etc. Hipparque avoit déjà donné en 12 livres la méthode pour trouver les droites inscrites dans le cercle. Ménélas a traité aussi cette manière en six livres. Mais on ne peut s'empêcher d'admirer la facilité avec laquelle Ptolemée, par le moyen de quelques théorêmes simples et en petit nombre, parvient à trouver ces valeurs. Après avoir démontré, à l'aide de quelques lemmes très courts, les propositions très peu nombreuses, mais les plus propres à faire connoître ces valeurs, il rend compte de l'ordre qu'il a observé dans cette table, afin que non seulement nous ayons sans aucune peine ces valeurs toutes prêtes, tirées de ces listes de nombres, mais encore afin que nous puissions les chercher nous-mêmes en nous servant des figures graphiques, afin que s'il s'est glissé quelque faute de copie dans les nombres dont cette table est composée, les lignes mêmes nous donnent le moyen de la corriger.

Nous procéderons généralement par les mêmes méthodes de calcul, continue-t-il. Ici encore il veut, pour plus de facilité, que nous partagions les degrés et parties en soixantièmes, de sorte que le premier degré soit divisé en 60 portions primes égales. Dans les multiplications, par exemple, au lieu de multiplier $\frac{1}{2}$ $\frac{1}{4}$ $\frac{1}{20}$ par ces fractions mêmes, ce qui ne fait pas une petite difficulté, afin que nous puissions multiplier

πηλικότητα τῆς ἐκ τοῦ κέντρου. Εὐχρησ-ότερον δὲ πάντων τῶν ἀριθμῶν εἶναι τὸν ξ, διὰ τὸ, τῶν ἄλλων ἁπάντων τῶν δυναμένων πλείονα μέρη ἔχειν, ἐλάττονα ὄντα, εὐμετα-χειριςότερον εἶναι. Διὰ τοῦτο καὶ τὴν διά-μετρον εἰς ρκ διεῖλεν, ἵνα σχῇ τὴν ἐκ τοῦ κέντρου ξ.

Πρῶτον δὲ δείξομεν πῶς ἂν ὡς ἔνι μάλι-ςα καὶ τὰ ἑξῆς. Δέδεικται μὲν οὖν καὶ Ἱπ-πάρχῳ ἡ πραγματεία τῶν ἐν κύκλῳ εὐθειῶν, ἐν ιϛ βιβλίοις. Ἔτι τε καὶ Μενελάῳ ἐν ϛ. Θαυμάσαι δ' ἐςὶ τὸν ἄνδρα πῶς εὐμετα-χειρίςως δι' ὀλίγων καὶ εὐχερῶν Θεωρημάτων τὴν εὕρεσιν τῆς ποικιλότητος αὐτῶν πεποί-ηνται. Καὶ μετὰ τὸ διὰ τινῶν βραχέων λημ-ματίων δεῖξαι ὀλίγα, τὰ μάλιςα χρήσιμα τῶν Θεωρημάτων πρὸς τὴν κατάληψιν τῆς πηλικότητος τῶν εὐθειῶν, ἑξῆς καὶ διὰ τῶ αὐτῶν δείκνυσι, τὴν ἐξέτασιν τοῦ κανόνος γινομένην, ὅπως μὴ μόνον ἐκ τῶν ἀντιγραφῶν ἀνεξετάςως ἔχωμεν τὰ μεγέθη ἐκτεθειμένα, ἀλλὰ καὶ διὰ τῆς γραμμικῆς δείξεως τὴν ἐξέτασιν αὐτῶν ποιώμεθα. Ἵνα κἂν περί τινα τῶν ἐν τῷ κανόνι περιεχομένων ἀριθμῶν γρα-φική τις ἐγγένηται ἁμαρτία, ἐξ εὐχεροῦς διὰ τῶν γραμμῶν τὴν ἐπανόρθωσιν αὐτῶν ποι-ώμεθα.

Καθόλου μέν τοι χρησόμεθα ταῖς τῶν ἀριθμῶν ἐφόδοις. Ἐνταῦθα πάλιν τοῦ εὐμε-ταχειρίςου προνοούμενος, βούλεται ἡμᾶς τὰ μέρη τῶν μοιρῶν εἰς ἑξηκοςὰ λαμβάνειν, ἵνα τὴν πρώτην μοῖραν ἀναλύοντες εἰς ξ, ἐν τοῖς πολλαπλασιασμοῖς, λόγου χάριν, ἀντὶ τοῦ πολλαπλασιάσαι ἡμᾶς ϛ" δ" κ" ἐφ' ἑαυτὸ, ὅπερ οὐ τὴν τυχοῦσαν δυσχέρειαν περιέχει, μῆ ἑξηκοςὰ πολλαπλασιάζωμεν, οὐ μόνον

δὲ τὰς μοίρας ἀναλύειν εἰς πρῶτα ἑξηκοςὰ,
ἀλλὰ καὶ τὰ πρῶτα εἰς δεύτερα, καὶ τὰ
δεύτερα εἰς τρίτα, καὶ τὰ τρίτα εἰς τέταρτα, καὶ ἑξῆς ἀκολούθως ἐφ᾽ ὅσον αὐτῷ χρήσιμον καταφαίνεται· ἐπί τε τοῖς πολλαπλασιασμοῖς καὶ μερισμοῖς ἀκολουθήσομεν. Δι-
δασκαλικοῦ ὄντος τρόπου προδιαλαβεῖν ἡμᾶς
ὀλίγα περί τε τῶν πολλαπλασιασμῶν καὶ μερισμῶν, ὧν καταδηλοτέραν τὴν ἐξέτασιν ἐν
τοῖς οἰκείοις τόποις ἐπ᾽ αὐτῶν τῶν ἐν τῇ
συντάξει ἀριθμῶν ποιησόμεθα, ὑπ᾽ ὄψιν μᾶλλον ἄγοντες τὰ λεγόμενα, ἀκόλουθον ἂν εἴη
καὶ ἐνταῦθα προδηλῶσαι τίνα εἴδη ἐςὶ τὰ
γινόμενα τῶν μοιρῶν πολλαπλασιαζομένων
ἐπὶ τὰς μοίρας, καὶ ἐπὶ τὰ πρῶτα ἑξηκοςὰ,
καὶ ἐπὶ τὰ δεύτερα, καὶ τρίτα καὶ τέταρτα,
καὶ ἑξῆς ἀκολούθως. Ἡ μὲν οὖν μοῖρα, ἐν
τοῖς κατ᾽ εἶδος πολλαπλασιασμοῖς μονάδος
τάξιν ἐπέχουσα, ἀμετάθετός ἐςι, ὅν περ γὰρ
τρόπον ἡ μονὰς ἐπὶ τὸν τρία ἀριθμὸν (λόγου
χάρυ) πολλαπλασιασθεῖσα αὐτὸν, τὸν τρίτον
ἀριθμὸν φυλάττει, καὶ ἐπὶ τὸν τέταρτον αὐτὸν τὸν δ, καὶ ἐπὶ τὸν η̄ αὐτὸν τὸν η̄, καθὰ
καὶ Διόφαντος φησὶν ὅτι τῆς μονάδος ἀμε-
ταθέτου οὔσης καὶ ἑςώσης πάντοτε, τὸ πολλαπλασιαζόμενον εἶδος ἐπ᾽ αὐτὸν αὐτὸ τὸ
εἶδος ἔςαι. Τὸν αὐτὸν τρόπον καὶ ἡ μοῖρα
ἐφ᾽ ὃ ἂν εἶδος πολλαπλασιασθῇ, αὐτὸ τὸ
εἶδος φυλάττει· ὥςε μοῖρα μὲν ἐπὶ μοῖραν
πολλαπλασιασθεῖσα μοῖραν ποιήσει· ἐπὶ δὲ
πρῶτα ἑξηκοςὰ, ἑξηκοςὰ πρῶτα· ἐπὶ δὲ
δεύτερα, δεύτερα· ἐπὶ δὲ τρίτα, τρίτα, καὶ
ἑξῆς ἀκολούθως. Ἐπὶ δὲ τῶν μερῶν τῆς
μοίρας οὐκέτι τὸ τοιοῦτον εὑρίσκομεν, ὡς
ἑξῆς ἀποδείξομεν. Ὅν περ γὰρ πάλιν τρόπον,
κατὰ Διόφαντον, ἐν τοῖς πολλαπλασιασμοῖς
τῶν μερῶν τῆς μονάδος, ἑτεροιοῦται τὰ

d'une manière plus expéditive par elles-
mêmes les 48 soixantièmes indiquées par
ces fractions. Non seulement il a divisé
chaque unité de nombre entier en 60 primes, mais encore chaque prime en 60 secondes, chaque seconde en 60 tierces,
chaque tierce en 60 quartes, suivant le
besoin; et la même subdivision se pousse
aussi loin qu'il est nécessaire, et c'est ce
que nous ferons pour multiplier et diviser.
Il est bon pour instruire d'avance par des
exemples mis sous les yeux, de dire ici quelque chose des multiplications et des divisions dont nous ferons une application plus
précise aux nombres mêmes en leurs lieux
propres dans la suite de ce traité. Nous
donnerons donc ici un apperçu des divers
ordres que prennent les unités multipliées
par des unités entières, puis par des primes,
par des secondes, par des tierces, par des
quartes et ainsi de suite. Le degré entier
faisant la fonction d'unité dans les multiplications de toute sorte de nombres
ne change point la valeur de ces nombres.
Ainsi (par exemple) l'unité multipliant 3,
donne le même nombre 3, multipliant 4,
le nombre 4; multipliant 8, le nombre 8;
selon ce que Diophante dit : que l'unité
demeurant toujours elle-même et invariable,
le nombre qu'elle multiplie restera toujours
le même. Ainsi le degré ne change pas
l'espèce des nombres qu'il multiplie. Par
conséquent, la multiplication d'un degré
par un degré, donnera un degré; par
60 primes (minutes), 60 primes; par des
secondes, des secondes; par des tierces,
des tierces; et ainsi de suite. Mais il n'en
est pas de même pour les parties du degré,
comme nous le démontrerons dans la suite.
Car de même que, selon Diophante encore,
par les multiplications des fractions d'une

unité, les espèces changent, puisqu'un tiers multiplié par lui-même donne la puissance 9 qui est d'une autre forme, de même ici les fractions du degré changent les formes des quantités qu'elles multiplient, parce qu'il est évident que le degré est proprement comme l'unité composée de fractions. Cela est clair par le simple raisonnement.

Mais pour prouver géométriquement quelles formes prennent les degrés multipliés par des primes, des secondes, des tierces, etc.; celles des primes soixantièmes par elles-mêmes, par des secondes, par des tierces, etc. et le reste, ( F. 41 ) menons les droites AB, BG, perpendiculaires l'une sur l'autre. Que chacune soit d'une unité dans sa longueur. Complettons le carré AG. Ce carré sera donc une unité. Coupons BG en 60 portions égales, et soit AD la première soixantième. Menons la parallèle DE. Puisque comme GB est à BD, ainsi AG est à DA, GB étant soixante fois aussi grand que BD, GA est aussi soixante fois aussi grand que AD. Or AG est une unité, donc DA est une prime soixantième. Mais elle est contenue dans AB qui est d'une unité, et dans BD qui est d'une prime soixantième ; donc une unité multipliée par des primes soixantièmes donne des primes soixantièmes. De même si nous prenons BZ qui est la soixantième partie de BD, et que par Z nous menions la parallèle ZH, ZA sera une seconde soixantième comprise entre BA qui est une unité, et BZ qui est de soixante secondes, donc une unité multipliée par des secondes soixantièmes, donne des secondes. Et de même, par une tierce, une tierce ; par une quarte, une quarte ; et ainsi de suite.

εἴδη. Τὸ γὰρ τρίτον ἐφ' ἑαυτὸ πολλαπλασιαζόμενον, δυναμος-ὸν τὸ θ´ ποιεῖ καὶ τὸ εἴδος ἀλλοιοῖ, τὸν αὐτὸν τρόπον καὶ ἐνταῦθα τὰ μέρη τῆς μοίρας ἑτεροιοῖ τὰ εἴδη, ὡς καὶ ἐντεῦθεν δῆλον γίνεσθαι, ὅτι ἡ μοῖρα τὸ οἰκειότατον πρὸς τὴν μονάδα καὶ κατὰ τὰ μέρη συντηρεῖ. Καὶ λογικώτερον μὲν οὕτω·

Ἵνα δὲ καὶ διὰ τῶν γραμμῶν δείξωμεν τίνα εἴδη ἐς-ὶ τὰ γινόμενα τῶν μοιρῶν πολλαπλασιαζομένων ἐπὶ τὰ πρῶτα καὶ δεύτερα καὶ τρίτα ἑξηκος-ὰ, καὶ ἑξῆς· καὶ τῶν πρώτων ἑξηκος-ῶν ἐφ' ἑαυτὰ, καὶ ἐπὶ τὰ δεύτερα καὶ τρίτα καὶ ἑξῆς, καὶ ἔτι τῶν λοιπῶν, ἐκκείσθωσαν β´ εὐθεῖαι πρὸς ὀρθὰς ἀλλήλαις αἱ ΑΒ, ΒΓ· καὶ ἔς-ω ἑκατέρα αὐτῶν μοῖρα ᾱ· καὶ συμπεπληρώσθω τὸ ΑΓ τετράγωνον. Ἔς-αι ἄρα καὶ αὐτὸ μοῖρα ᾱ. Καὶ τετμήσθω ἡ ΒΓ εἰς ἴσα ξ´, καὶ ἔς-ω ἡ ΒΔ πρώτου ἑξηκος-οῦ ᾱ· καὶ ἤχθω παράλληλος ἡ ΔΕ. Ἐπεὶ οὖν ἐς-ὶν ὡς ἡ ΓΒ πρὸς ΒΔ, οὕτω τὸ ΑΓ πρὸς τὸ ΔΑ· ἑξηκονταπλασίων δὲ ΓΒ τῆς ΒΔ, ἑξηκονταπλάσιον ἄρα καὶ τὸ ΓΑ τοῦ ΑΔ. Καὶ ἔς-ι τὸ ΓΑ μοῖρα ᾱ· τὸ ἄρα ΔΑ ἔς-αι πρῶτον ἑξηκος-ὸν ἕν, καὶ περιέχεται ὑπὸ τῆς ΑΒ μοίρας ᾱ τυγχανούσης, καὶ τῆς ΒΔ πρώτου ἑξηκος-οῦ. Μοῖρα ἄρα ἐπὶ πρῶτα ἑξηκος-ὰ ποιεῖ. Ὁμοίως κἂν τὸ ΒΖ ἀπολάβωμεν, ἑξηκος-ὸν μέρος τῆς ΒΔ, καὶ διὰ τοῦ Ζ παράλληλον ἀγάγωμεν τὴν ΖΗ, ἔς-αι τὸ ΖΑ δευτέρου ἑξηκος-οῦ ἕν, περιεχόμενον ὑπὸ τῆς ΒΑ μοίρας, καὶ τῆς ΒΖ β´ ἑξηκος-ῶν. Μοῖρα ἄρα ἐπὶ ἑξηκος-ὰ δεύτερα, ἑξηκος-ὰ δεύτερα ποιεῖ. Καὶ ὁμοίως ἐπὶ τρίτον, τρίτον· καὶ ἐπὶ τέταρτον, τέταρτον· καὶ ἑξῆς.

Λέγω δὴ ὅτι καὶ πρῶτα ἑξηκοςὰ, ἐπὶ πρῶτα ἑξηκοςὰ, δεύτερα ποιεῖ. Διηρείσθω καὶ ἡ
ΑΒ εἰς ἴσα ξ΄, καὶ ἔςω αὐτῆς ἑνὸς ἑξηκοςοῦ
ἡ ΒΘ, καὶ ἤχθω διὰ τοῦ Θ τῇ ΒΔ παράλληλος ἡ ΘΚ. Ἔςαι ἄρα καὶ τὸ ΒΚ ἑξηκοςὸν μέρος τοῦ ΔΑ. Καὶ ἔςι τὸ ΔΑ πρῶτον
ἑξηκοςόν. Τὸ ἄρα ΒΚ ἔςαι δεύτερον ἑξηκοςὸν, καὶ περιέχεται ὑπό τε τῆς ΘΒ καὶ
τῆς ΒΔ ἑκατέρας πρώτου ἑξηκοςοῦ τυγχανούσης, ὥςε πρῶτα ἑξηκοςὰ ἐπὶ πρῶτα,
δεύτερα ποιεῖ.

Πάλιν δὴ δεικτέον ὅτι καὶ πρῶτα ἑξηκοςὰ
ἐπὶ δεύτερα, τρίτα ποιεῖ. Ἐπεὶ γὰρ τὸ ΑΖ δευτέρου ἐςὶν ἑξηκοςοῦ, καὶ ἔςιν αὐτοῦ ἑξηκοςὸν μέρος τὸ ΖΘ, τὸ ἄρα ΘΖ τρίτου ἐςὶν ἑξηκοςοῦ, καὶ περιέχεται ὑπό τε τῆς ΘΒ οὔσης
πρώτου ἑξηκοςοῦ, καὶ τῆς ΒΖ, δευτέρου, ὥςε
πρῶτα ἑξηκοςὰ ἐπὶ δεύτερα, τρίτα ποιεῖ.

Ἔτι δὲ δεικτέον ὅτι δεύτερα ἑξηκοςὰ, ἐπὶ
δεύτερα, τέταρτα ποιεῖ. Εἰλήφθω τῆς ΒΘ ἑ-
ξηκοςὸν μέρος ἡ ΒΛ· ἔςαι ἄρα δεύτερα
ἑξηκοςά. Καὶ διὰ τοῦ Λ τῆς ΒΖ παράλληλος ἤχθω ἡ ΛΜ. Καὶ ἐπεὶ τὸ ΖΘ ἐδείχθη
τρίτου ἑξηκοςοῦ, καὶ ἔςιν αὐτοῦ ἑξηκοςὸν
μέρος τὸ ΒΜ· τὸ ΒΜ ἄρα τέταρτον ἐςὶν
ἑξηκοςὸν, καὶ περιέχεται ὑπὸ τῶν ΛΒ, ΒΖ,
ἑκατέρας οὔσης δευτέρου ἑξηκοςοῦ· ὥςε δεύτερα ἑξηκοςὰ, ἐπὶ δεύτερα, τέταρτα ποιεῖ.
Καὶ ἑξῆς ὁμοίως τῇ κατατομῇ τῶν εὐθειῶν
χρώμενοι, εὑρήσομεν καὶ τὰ ἐπὶ τῶν λοιπῶν
ἑξηκοςῶν εἴδη.

Δεδειγμένου ἡμῖν ὅτι ἡ μοῖρα ἐφ’ ὃ ἂν
εἶδος πολλαπλασιασθῇ, αὐτὸ τὸ εἶδος φυλάττει, τουτέςιν εἴτε ἐπὶ πρῶτα ἑξηκοςὰ,

THÉON.

Je dis maintenant, que des primes multipliées par des primes donnent des secondes au produit. Partageons aussi AB en 60
portions égales, soit BT une de ces soixantièmes, et menons par T, TK paralléle à
BD, AK sera donc une soixantième partie
de DA. Or DA est une prime soixantième, donc BK est une seconde soixantième; mais elle est comprise entre la droite
TB et la droite BD qui sont chacune une
prime soixantième, par conséquent les
primes soixantièmes multipliées par les primes donnent des secondes.

Il faut encore démontrer que les primes
soixantièmes multipliées par les secondes,
donnent des tierces. En effet (F. 42), puisque AZ est une seconde, et que ZT en est
une soixantième, il s'ensuit que TZ est
d'une tierce soixantième, mais TZ est compris entre TB qui est une prime soixantième, et BZ qui est une seconde; donc
les primes soixantièmes multipliées par les
secondes, produisent des tierces.

Il faut aussi démontrer que les secondes
soixantièmes multipliées par des secondes,
produisent des quartes; prenons sur BT sa
soixantième partie BL, ce sera encore une
seconde; et par L menons à BZ la paralléle LM. Puisqu'il vient d'être démontré que ZT est une tierce soixantième, et que BM en est le soixantième,
il s'ensuit que BM est une quarte soixantième. Mais elle est comprise entre LB et
BZ qui sont chacune une seconde soixantième; donc les secondes multipliées par
les secondes, donnent des quartes au produit. En subdivisant toujours les droites
d'une manière semblable, nous trouverons
les soixantièmes suivantes des ordres suc-
cessifs.

Ayant démontré que l'unité qui multiplie un nombre, ne change pas l'espèce de
ce nombre; c'est-à-dire que si elle mul-

15

tiplie des primes , elle donne des primes ;
si des secondes , des secondes ; si des tierces , des tierces , nous démontrerons de
même par des analogies , les espèces qui
proviennent de la multiplication des soixantièmes , en faisant cette démonstration par
des nombres ; puisque Ptolémée dit : par
les multiplications nous aurons le nombre
produit , soient donc marquées comme
ici , les grandeurs tant de l'unité que des
soixantièmes. Puisque ces nombres pris
trois à trois sont en proportion , l'unité est
à la prime comme la prime est à la seconde.
Car ces espèces sont en raison sexagési-
male entr'elles. Par conséquent , le produit du premier et du troisième termes
est égal au carré du second ; c'est-à-dire
le produit de l'unité et de la seconde
soixantième , est égal au carré de la prime
soixantième. Mais le produit de l'unité et
de la seconde soixantième donne des secondes soixantièmes , parce que , comme
nous l'avons démontré , l'unité par laquelle
une espèce est multipliée , donne cette
espèce au produit. Donc les primes soixantièmes par des primes soixantièmes produisent des secondes soixantièmes.

Il faut maintenant démontrer que les
primes soixantièmes par des secondes ,
produisent des tierces ; effet, l'unité est aux
primes soixantièmes , comme ainsi les secondes sont aux tierces. Donc le produit du
premier et du quatrième termes est égal au
produit du deuxième et du troisième. Par
conséquent le produit de l'unité et des tierces soixantièmes donne des tierces ; et le produit des primes par des secondes donne des
tierces. De même aussi les primes par les
tierces produisent les quartes. Car puisque
comme l'unité est aux primes soixantièmes,
ainsi les tierces sont aux quartes, le pro-

πρῶτα ἑξηκοϛά· εἴτε ἐπὶ δεύτερα, δεύτερα·
εἴτε ἐπὶ τρίτα, τρίτα· καὶ ἑξῆς δείξομεν δι'
ἀναλογίας τὰ ἐκ τοῦ πολλαπλασιασμοῦ τῶν
ἑξηκοϛῶν γινόμενα εἴδη, δι' ἀριθμῶν ποιούμενοι τὴν ἀπόδειξιν. Ἐπεὶ καὶ ὁ Πτολεμαῖος
ἐν τοῖς πολλαπλασιασμοῖς αὐτόν φησι τὸν γινόμενον ἀριθμὸν διεκβαλλοῦμεν, καὶ ἐκκείσθω
ὡς ὑπογέγραπται κατὰ τὸ ἑξῆς, τότε μοιριαῖον μέγεθος, καὶ τὰ τῶν ἑξηκοϛῶν. Ἐπεὶ
οὖν τρίτοι ἀριθμοὶ ἀνάλογοι εἰσὶν, ὡς μοῖρα
πρὸς ἓν ἑξηκοϛὸν, οὕτως πρῶτον πρὸς δεύτερον, ἕκαϛον γὰρ εἶδος ἑκάϛου ἑξηκονταπλάσιον ἐϛί· τὸ ἄρα ὑπὸ πρώτου καὶ τρίτου
ἴσον ἐϛὶ τῷ ἀπὸ τοῦ δευτέρου, τουτέϛι τὸ
ὑπὸ μοίρας καὶ δευτέρου ἑξηκοϛοῦ ἴσον ἐϛὶ
τῷ ἀπὸ πρώτου ἑξηκοϛοῦ. Ἀλλὰ τὸ ὑπὸ μοίρας καὶ δευτέρου ἑξηκοϛῶν δεύτερα ἑξηκοϛά ποιεῖ, ἐπειδήπερ, ὡς ἐδείκνυμεν, ἡ μοῖρα
ἐφ' ὃ ἂν εἶδος πολλαπλασιασθῇ, αὐτὸ τὸ εἶδος
ποιεῖ. Καὶ πρῶτα ἄρα ἑξηκοϛά, ἐπὶ πρῶτα
ἑξηκοϛά, δεύτερα ἑξηκοϛά ποιεῖ.

Δεικτέον ὅτι καὶ πρῶτα ἑξηκοϛά ἐπὶ δεύτερα, τρίτα ποιεῖ. Πάλιν γὰρ ἐπεὶ ὡς μοῖρα
πρὸς πρῶτα ἑξηκοϛά, οὕτως δεύτερα πρὸς
τρίτα· τὸ ἄρα ὑπὸ πρώτου καὶ τετάρτου, ἴσον
ἐϛὶ τῷ ὑπὸ δευτέρου καὶ τρίτου· τὸ ἄρα
ὑπὸ μοίρας καὶ τρίτων ἑξηκοϛῶν, ἴσον ἐϛὶ
τῷ ὑπὸ πρώτων καὶ δευτέρων ἑξηκοϛῶν·
ἀλλὰ τὸ ὑπὸ μοίρας καὶ τρίτων ἑξηκοϛῶν,
τρίτα ποιεῖ. Καὶ τὸ ὑπὸ πρώτων ἄρα καὶ
δευτέρων ἑξηκοϛῶν, τρίτα ποιεῖ. Ἔτι δὲ
πρῶτα ἐπὶ τρίτα τέταρτα ποιεῖ τόν δε τὸν
τρόπον. Ἐπεὶ γὰρ ἐϛὶν ὡς μοῖρα πρὸς πρῶτα

ἑξηκοϛὰ, οὕτως τρίτα πρὸς τέταρτα. Τὸ
ἄρα ὑπὸ μοίρας καὶ τετάρτων ἑξηκοϛῶν,
ἴσον ἐϛὶ τῷ ὑπὸ πρώτου καὶ τρίτου ἑξηκοϛοῦ,
ἀλλὰ τὸ ὑπὸ μοίρας καὶ τετάρτου ἑξηκοϛοῦ,
τέταρτα ἑξηκοϛὰ ποιεῖ· καὶ πρῶτα ἄρα ἑξηκοϛὰ ἐπὶ τρίτα, τέταρτα ποιεῖ. Ὡσαύτως δὲ
τὰ πρῶτα ἐπὶ μὲν τὰ τέταρτα, πέμπτα ποιεῖ,
ἐπὶ δὲ τὰ ε̅, ϛ′ καὶ ἑξῆς.

Πάλιν δὲ δεικτέον ὅτι δεύτερα ἐπὶ δεύτερα,
τέταρτα ποιεῖ. Ἐπεὶ γὰρ ἐϛὶν ὡς πρῶτα ἑξηκοϛὰ πρὸς δεύτερα, οὕτως δεύτερα πρὸς τρίτα·
τὸ ἄρα ὑπὸ πρώτων καὶ τρίτων, ἴσον ἐϛὶ τῷ
ἀπὸ δευτέρων. Ἀλλὰ τὸ ὑπὸ πρώτων καὶ τρίτων, ἐδείξαμεν ὅτι τέταρτον ποιεῖ· καὶ δεύτερα
ἄρα ἐπὶ δεύτερα, τέταρτον ποιεῖ.

Δεικτέον δὴ ὅτι καὶ δεύτερον ἐπὶ τρίτον,
πέμπτον ποιεῖ. Ἐπεὶ γὰρ ἐϛὶν ὡς πρῶτα ἑξηκοϛὰ πρὸς δεύτερα, οὕτω τρίτον πρὸς τέταρτον,
τὸ ἄρα ὑπὸ πρώτων καὶ τετάρτων ἴσον ἐϛὶ
τῷ ὑπὸ δευτέρων καὶ τρίτων. Ἀλλὰ τὸ ὑπὸ
πρώτων καὶ τετάρτων ἐδείχθη ἑξηκοϛὰ πέμπτα, καὶ δεύτερα ἄρα ἑξηκοϛὰ ἐπὶ τρίτα, ε′ ἑξηκοϛὰ ποιεῖ. Ὁμοίως δὲ καὶ τὰ δεύτερα ἑξηκοϛὰ, ἐπὶ μὲν τέταρτον, ἕκτον ποιεῖ, ἐπὶ
δὲ ε′, ϛ′, καὶ ἑξῆς ἀκολούθως. Ἔτι γεμὴν
τρίτα ἐπὶ τρίτα πολλαπλασιαζόμενα, ἕκτα
ποιήσει ἑξηκοϛά. Ἐπεὶ γὰρ πάλιν ἐϛὶν ὡς
δεύτερα ἑξηκοϛὰ πρὸς τρίτα, οὕτως τρίτα
πρὸς τέταρτα· τὰ ἄρα ὑπὸ δευτέρων καὶ τετάρτων γινόμενα ἴσα ἐϛὶ τὰ ἀπὸ τῶν τρίτων, τὰ δὲ ὑπὸ δεύτερα καὶ τέταρτα, ἀπεδείξαμεν ἕκτα ὄντα ἑξηκοϛά· καὶ τὰ τρίτα
ἄρα ἑξηκοϛὰ ἐφ' ἑαυτὰ πολλαπλασιαζόμενα,

duit de l'unité par les quartes soixantièmes,
est égal au produit de la prime par la tierce
soixantième. Mais le produit de l'unité par
la quarte soixantième donne des quartes
soixantièmes, par conséquent les primes
soixantièmes par des tierces, produisent
des quartes. De même les primes par les
quartes, produisent des quintes; par les
quintes, des sixtes; et ainsi de suite.

Il faut maintenant démontrer que les secondes produisent des quartes, comme les
primes soixantièmes sont aux secondes,
ainsi les secondes sont aux tierces. Donc le
produit des primes par les tierces est égal
au carré des secondes. Mais le produit des
primes par les tierces a été prouvé être des
quartes soixantièmes, donc les secondes
par des secondes produisent des quartes.

Prouvons actuellement que la seconde
par la tierce produit la quinte : puisque
comme les primes sont aux secondes, ainsi
la tierce est à la quarte, le produit des primes par des quartes est égal à celui des
secondes par les tierces, or celui ci a été
démontré être des quintes, donc les secondes par les tierces donnent des quintes.
Pareillement les secondes soixantièmes par
des quartes, produisent des sixtes; par des
quintes, des septimes; et ainsi de suite. De
même aussi les tierces multipliées par les
tierces produiront des sixtes soixantièmes.
Car on a encore, comme les secondes
soixantièmes aux tierces, semblablement
les tierces aux quartes. Donc les nombres
produits des secondes et des quartes sont
égaux au carré des tierces. Or, nous avons
démontré que le produit des secondes par
les quartes sont des sixtes soixantièmes,
donc aussi les tierces multipliées par elles-

mêmes donnent des sixtes soixantièmes; et les tierces par les quartes, des septimes; et ainsi de suite.

Cette explication des multiplications, nous mène aux divisions de ces espèces, (ou fractions). En effet, les primes distribuées sur les unités entières par lesquelles on les divise, donneront pour chacune, des primes soixantièmes; divisées par des primes, elles donnent des parties entières; les secondes soixantièmes divisées par des unités, font des secondes, divisées par des primes, elles donneront des primes. Les tierces divisées par des unités entières, feront des tierces; par des primes, des secondes; par des secondes, des primes; et ainsi des autres. Soit donc (Fig. 43) AD l'aire ou espace d'une soixantième par une unité entière AB. Il est clair que si l'espace AD est divisé par AB, il donnera la ligne AG, puisqu'une unité multipliée par des primes, donne des primes. Mais s'il est divisé par AG qui est une prime, il donnera AB qui est une unité. Soit actuellement AD l'espace d'une seconde, il est clair encore que si nous le divisons par AB qui est une unité, il donnera une seconde AG, puisque l'unité multipliée par des secondes, donne des secondes. Mais si nous le divisons par AG qui est une seconde, il donnera AB qui est une unité. Mais si AB étant une soixantième, nous divisons l'espace AD par AB, il donnera AG d'une prime, parce qu'une prime multipliée par une prime donne une seconde. Soit derechef l'espace AD d'une tierce; si AB étant d'une unité, nous le divisons par AB, nous aurons AG d'une tierce. Mais si nous le divisons par AG d'une tierce, nous trouverons AB d'une unité. Et si AB est

ἕκτα ποιήσει ἑξηκοςά. Καὶ ἔτι τὰ τρίτα ἑξηκοςὰ ἐπὶ τὰ τέταρτα, ἕϐδομα, καὶ ἑξῆς ἀκολούθως.

Καὶ τῶν πολλαπλασιασμῶν ἡμῖν σαφηνισθέντων, φανεροὶ εἰσὶν οἱ μερισμοὶ τῶν προκειμένων εἰδῶν. Τὰ γὰρ πρῶτα ἑξηκοςὰ περὶ μὲν μοίρας μεριζόμενα, ἤτοι παραϐαλλόμενα, πρῶτα ἑξηκοςὰ ποιήσει, περὶ δὲ ᾱ ἑξηκοςὰ, μοῖραν· τὰ δὲ β̄ ἑξηκοςὰ περὶ μὲν μοῖραν παραϐαλλόμενα, β̄ ἑξηκοςὰ ποιήσει, περὶ δὲ ᾱ ἑξηκοςὰ, ᾱ. Τὰ δὲ γ̄ ἑξηκοςὰ περὶ μὲν μοῖραν παραϐαλλόμενα, γ̄ ἑξηκοςὰ ποιήσει, παρὰ δὲ ᾱ ἑξηκοςὸν, ἑξηκοςὰ β̄, παρὰ δὲ β̄, ᾱ, καὶ ἐπὶ τῶν λοιπῶν. Οἷον ἔςω τὸ ΑΔ χωρίον ἑξηκοςὸν ᾱ, ἡ δὲ ΑΒ, μοῖρα. Δῆλον οὖν ὅτι ἐὰν τὸ ΑΔ χωρίον παραϐάλωμεν περὶ τὴν ΑΒ, τὴν ΑΓ ποιήσει ἑξηκοςὸν ᾱ, ἐπεὶ καὶ μοῖρα ἐπὶ ᾱ ἑξηκοςὸν πολλαπλασιασθεῖσα, ᾱ ποιεῖ. Ἐὰν δὲ παρὰ τὴν ΑΓ ᾱ ἑξηκοςὸν οὖσαν, τὴν ΑΒ ποιήσει, μοῖραν τυγχάνουσαν. Πάλιν ἔςω τὸ μὲν ΑΔ χωρίον β̄ ἑξηκοςά· δῆλον οὖν πάλιν ὡς ἐὰν περὶ τὴν ΑΒ μοῖραν ὑπάρχουσαν παραϐληθῇ τὸ ΑΔ χωρίον, τὴν ΑΓ ποιήσει β̄ ἑξηκοςὰ, ἐπεὶ καὶ μοίρας ἐπὶ β̄ ἑξηκοςὰ β̄ ποιοῦσιν. Ἐὰν δὲ περὶ τὴν ΑΓ ἑξηκοςὰ οὔσης β̄, τὴν ΑΒ ποιήσει μοῖραν. Ἐὰν δὲ τῆς ΑΒ ᾱ οὔσης ἑξηκοςὸν παραϐληθῇ τὸ ΑΔ χωρίον παρὰ τὴν ΑΒ, τὴν ΑΓ ποιήσει ᾱ πάλιν ἑξηκοςὸν, ἐπεὶ καὶ ᾱ ἑξηκοςὸν ἐπὶ ᾱ, ποιεῖ β̄. Πάλιν ἔςω τὸ ΑΔ χωρίον τρίτον ἑξηκοςόν· ἐὰν μὲν οὖν πάλιν τῆς ΑΒ μοίρας τυγχανούσης, παραϐάλωμεν τὸ ΑΔ περὶ τὴν ΑΒ, ἔςαι ἡ ΑΓ τρίτον ἑξηκοςὸν. Ἐὰν δὲ παρὰ τὴν ΑΓ τρίτον ἑξηκοςὸν τυγχάνουσαν, εὑρεθήσεται ἡ ΑΒ μοῖρα. Ἐὰν δὲ

ἡ AB α̅ τυγχάνῃ ἑξηκοςὸν, εὑρεθήσεται ἡ
AΓ β′, καὶ ὁμοίως ἐπὶ τῶν λοιπῶν.

Ἔτι δὲ δείξομεν καὶ πῶς ἂν τριῶν εἰδῶν
δοθέντων, τουτέςι μοίρας καὶ α̅ ἑξηκοςοῦ
καὶ β′, ἐκ τοῦ πολλαπλασιασμοῦ αὐτῶν συν-
αγόμενος ἀριθμὸς λαμβάνηται, καὶ τὸ ἀνάπαλιν, πῶς ἂν δοθέντος τινὸς ἀριθμοῦ τῶν
αὐτῶν τριῶν εἰδῶν ἢ καὶ πλειόνων, ὁ μερισμὸς, ἤτοι ἡ παραβολὴ αὐτοῦ γίνεται παρὰ τὰ εἰρημένα εἴδη. Καὶ δέον ἔςω ἐπὶ τῶν
ἐν τῇ συντάξει ἀριθμῶν τὸ τοιοῦτον ἐφοδεῦσαι, ἔςω δὴ λαβόντας ἡμᾶς τὴν τοῦ δεκαγώνου πλευρὰν, ὡς δειχθήσεται, τυγχάνουσαν μοῖραν λζ̅ δ′ νέ″, ἐφ’ ἑαυτὴν ποιῆσαι.
Ἐκτίθεμαι αὐτὴν, καὶ πάλιν αὐτὴν ὑφ’ ἑαυτὴν, ὡς ὑπογέγραπται, καὶ πρότερον πολ-
λαπλασίσας τὰς λζ̅ μοίρας ἐφ’ ἑαυτὰς, καὶ
ἐπὶ τὰ πρῶτα καὶ δεύτερα ἑξηκοςὰ, ἔπειτα
τὰ δ′ α̅ ἑξηκοςὰ, ἐπί τε τὰς λζ̅ μοίρας, καὶ
ἐφ’ ἑαυτὰ, καὶ ἐπὶ τὰ β̅ ἑξηκοςά. Καὶ ἔτι τὰ
β̅ ἑξηκοςὰ ἐπί τε τὰς μοίρας καὶ τὰ α̅ ἑξηκοςὰ, καὶ ἐφ’ ἑαυτὰ, οὕτως ἔχω τὸν πολλα-
πλασιασμὸν αὐτῶν προχειρότερον εἰλημμένον.

```
λζ̅      δ′      νέ″
λζ̅      δ′      νέ″
─────────────────────────────────
ατξθ    ρμη    βλε
        ρμη    ιϛ     σκ
        βλ     ε      σκ      γκέ‴
```

Αἱ μὲν λζ̅ μοῖραι ἐφ’ ἑαυτὰς πολλαπλασιασθεῖσαι συνάγουσι μοίρας ‚ατξθ̅, ἐπὶ δὲ τὰ
δ′ α̅ ἑξηκοςὰ, α̅ ἑξηκοςὰ ρμη′, καὶ ἔτι
ἐπὶ τὰ νέ″ β̅ ποιοῦσι ‚βλ″ε. Καὶ ἔτι τὰ δ′
ἐπὶ μὲν τὰς λζ̅ μοίρας ποιοῦσι ρμ′η· ἐφ’ ἑ-
αυτὰ δὲ ιϛ″ καὶ ἐπὶ τὰ νέ″ ἑξηκοςὰ ποιοῦσι

---

d’une prime, AG se trouvera être d’une
seconde. Et de même pour les autres fractions.

Nous allons montrer encore comment
trois nombres de différentes espèces chacun, étant donnés, c’est-à-dire un entier
(unité), une prime et une seconde, on
trouve la quantité qui provient de leur multiplication; et réciproquement, comment
étant donné un multiple de trois espèces
de nombres, et même de plus encore, on
en fait la division ou on le partage en chacun de ces nombres. Comme il est nécessaire de savoir faire ces calculs sur les nombres qu’on rencontre dans la syntaxe, prenons pour exemple le carré du côté du
décagone, tel qu’il sera démontré, de 37°
4′ 55″. Je pose ce nombre une fois sous lui-
même, comme il est écrit ici : d’abord,
multipliant les 37 unités par elles-mêmes,
puis par les primes et les secondes, ensuite
les 4 primes par les 37°, puis par elles-
mêmes, et encore par les secondes; enfin
multipliant les secondes par les unités qui
sont les degrés, par les primes, et par elles-
mêmes, nous aurons ainsi d’une manière
plus facile le produit de la multiplication.

```
 37°     4′      55″
 37      4       55
──────────────────────────────────────────
1369    148    2035
        148     16    220‴
                2035   220    3025⁗
──────────────────────────────────────────
1375°    4′     14″    10‴    25⁗
```

Or 37 unités par elles-mêmes, donnent
1369; par 4 primes, 148 primes; et par
55 secondes, 2035 secondes. Puis 4 primes
multipliées par 37 unités, donnent 148
primes; par elles-mêmes 16 secondes; et
par 55 secondes 220 tierces. Enfin 55 se-

condes multipliées par 37 unités donnent
2035 secondes , ou par 4 primes , 220
tierces , et par elles - mêmes 3025 quartes ;
on dispose ces nombres comme les voilà exposés ici, et voici comment on en fait la
somme : on divise dabord les 3025 quartes
par 60, et l'on trouve 50 tierces, plus 25
quartes. Ensuite joignant les tierces avec
les 50 provenant de la division des quartes,
elles font ensemble 490 tierces qui donnent 8 secondes et 10 tierces. De même
les 4094 tierces ensemble font 68 primes
et 14 secondes. Et les 364 primes rassem-
blées font 6 unités et 4 primes : en tout,
1375 unités, 4 primes, 14 secondes, 10
tierces, et 25 quartes. C'est pourquoi Ptolemée, ne sommant, dans les calculs suivans,
que jusqu'aux secondes inclusivement, a
mis 1375° 4' 14″ à peu près, en négligeant
les tierces et les quartes. C'est ainsi que se
multiplient tous les nombres les uns par
les autres, quoique différens entr'eux.


Supposons maintenant que l'on ait à
diviser un nombre donné, en ses unités entières en primes et secondes. Et soit ce nombre 1515° 20' 15″ à diviser par 25 12' 10″,
c'est-à-dire qu'il s'agisse de trouver combien
25 12' 10″ est contenu dans 1515 20' 15″ ;
nous mettons 60 pour quotient ( en divisant par 25 seulement ), car il ne va pas
jusqu'à 61 ; et nous ôtons 60 fois 25, 12″
et 10″. D'abord, 60 fois 25 font 1500 ; ensuite réduisant les 15 unités restantes en
900 primes, auxquelles nous ajoutons les

τρίτα ἑξηκοςὰ σκ. Πάλιν τὰ νε″ β ἑξηκος-ὰ
ἐπὶ μὲν τὰς λζ μοίρας συνάγουσι δεύτερα ἑξηκοςὰ βλε, ἐπὶ δὲ τὰ δ πρῶτα, ποιοῦσι τρίτα
σκ, καὶ ἔτι ἐφ' ἑαυτὰ συνάγουσι τέταρτα ἑξηκοςὰ ‚γκε″″, καὶ ἔςιν ἡ τῶν ἀριθμῶν τάξις,
ὡς ὑπογέγραπται. Συνάγονται δὲ τοῦτον τὸν
τρόπον· πρότερον τὰ ‚γκε δ ἑξηκοςὰ,
μερίσαντες περὶ τὸν ξ, ποιοῦμεν ἑξηκος-ὰ
τρίτα μὲν ν, δ δὲ κε. Ἔπειτα τὰ τρίτα
ἑξηκοςὰ μετὰ τῶν ἀπὸ τοῦ μερισμοῦ τῶν
δ συναχθέντων ν, γινόμενα ἅπαντα υι,
ποιεῖ δεύτερα μὲν η, γ δὲ ι. Καὶ ἀκολούθως τὰ δεύτερα συναγόμενα ‚διδ, ποιεῖ α
ἑξηκοςὰ ξη, καὶ δεύτερα ιδ. Καὶ ἔτι τὰ
πρῶτα ἑξηκοςὰ συναγόμενα τξδ ποιεῖ μοίρας ς, καὶ πρῶτα ἑξηκοςὰ τέταρτα, καὶ
γίνονται ἅπαντες μοῖραι ‚ατοε, καὶ ἑξηκος-ὰ
μὲν πρῶτα δ, δεύτερα δὲ ιδ″, γ, ι, δ,
κε. Διὸ καὶ παρατιθεὶς αὐτὰ ὁ Πτολεμαῖος
ἐν τοῖς ἑξῆς καὶ μέχρι δεύτερα ἑξηκοςὰ
ποιαύμενος τὴν παράθεσιν, ἐξέθετο ‚ατοε δ
ιδ″ ἔγγιςα, τὰ τρίτα καὶ δ καταλιπών.
Ὡσαύτως δὲ κἂν διάφοροι τυγχάνωσιν οἱ
ἀριθμοὶ πολλαπλασιάζονται.

Ἔςω καὶ ἀνάπαλιν δοθέντα ἀριθμὸν μερίσαι παρά τε μοίρας καὶ πρῶτα καὶ δεύτερα ἑξηκοςά. Ἔςω ὁ δοθεὶς ἀριθμὸς αφιε
κ' ιε″, καὶ δέον ἔςω μερίσαι αὐτὸν ἐπὶ τὸν
κε ιβ' ι″, τουτέςιν εὑρεῖν ποσάκις ἐςὶν ὁ
κε ιβ' ι″ ἐν τῷ ‚αφιε κ' ιε″. Μερίζομεν αὐτὸν πρῶτον παρὰ τὸν ξ, ἐπειδήπερ ὁ περὶ
τὸν ξα ὑπερπίπτει. Καὶ ἀφαιροῦμεν ἑξηκοντάκις τὸν κε καὶ τὸν ιβ, καὶ ἔτι τὸν ι.
Καὶ πρότερον τὸν κε, καὶ γίνονται ‚αφ
εἶτα τὰς λοιπούσας μοίρας ιε ἀναλύσαντες
εἰς πρῶτα ἑξηκοςὰ ‚ω, καὶ τούτοις προσ-

θέντες καὶ τὰ κ′ α. Καὶ ἀπὸ τῶν γενομένων ὁμοῦ ͵βκ″ ᾱ ἑξηκος-ῶν ἀφαιροῦντες ἑξηκοντάκις τὰ ιϐ, τουτές-ι ψκ· καὶ ἔτι ἀπὸ τῶν λοιπῶν α ἑξηκος-ὰ σ′ καὶ β ιε′, ἀφαιροῦμεν ἑξηκοντάκις πάλιν τὰ ι″, β, γίνονται β ἑξηκος-ὰ χ″, ἤτοι ᾱ ι, ὑπολειπομένων πρώτων τε ἑξηκος-ῶν ρζ′, καὶ β ιε″. Ταῦτα πάλιν ἀρχόμενοι μερίζομεν περὶ τὸν κε, καὶ γίνεται ὁ μερισμὸς περὶ τὸν ζ, ὑπερπίπτει γὰρ περὶ τὸν η. Καὶ τὰ γενόμενα ἐκ τῆς παραϐολῆς ἑξηκος-ὰ α ρ′ οε′, ἀφαιροῦμεν ἀπὸ τῶν ρζ′ α ἑξηκος-ὰ, ἔπειτα τὰ λοιπὰ ιε′ α ἑξηκος-ὰ ἀναλύσαντες εἰς β ͵λ″, καὶ προσθέντες αὐτοῖς τὰ ιε″, τῶν γενομένων ἀφαιροῦμεν ἑπτάκις τὰ ιϐ′ α ἑξηκος-ὰ, τουτές-ιν πδ β ἑξηκος-ὰ, διὰ τὸ καὶ τὰ ζ α εἶναι ἑξηκος-ὰ, καὶ λείπονται β ἑξηκος-ὰ ωλα. Καὶ ἔτι ἀφαιροῦμεν ὁμοίως ἑπτάκις καὶ τὰ ι″ β ἑξηκος-ὰ, ἃ γίνονται γ ἑξηκος-ὰ ο‴, τουτές-ι β α καὶ γ ι, καὶ καταλείπονται β ἑξηκος-ὰ ωκθ, καὶ γ ν‴. Ταῦτα πάλιν περὶ τὸν κε· καὶ γίνεται ὁ μὲν μερισμὸς περὶ τὸν λγ, ἐκ δὲ τῆς παραϐολῆς β ἑξηκος-ὰ ωκε, καὶ λοιπὰ ὑπελείφθη β ἑξηκος-ὰ δ, γ′ δὲ ν‴· ὁμοῦ δὲ γ ͵σ″ϛ. Ἔπειτα πάλιν ἀφαιροῦμεν τρισκαιτριακοντάκις τὰ ιϐ′ α ἑξηκος-ὰ, καὶ γίνονται γ ͵τϟϛ‴. Ὡς ποιεῖν ἔγγιςα τὸν μερισμὸν τῶν ͵αφιε κ′ ιε″, παρὰ τὸν κε ιϐ′ ι″, ξ ζ λγ″. Ἐπεὶ καὶ ἀνάπαλιν ἐὰν ταῦτα πολλαπλασιάσωμεν ἐπὶ τὰ κε ιϐ′ ι″, συνάγονται ὁμοίως τὰ ͵αφιε κ′ ιε″ ἔγγιςα.

Διαλαϐόντες οὖν περὶ τῶν ὀφειλόντων προληφθῆναι, τουτές-ι τῶν τε πολλαπλασιασμῶν τῶν μοιρῶν καὶ ἑξηκος-ῶν, καὶ ἔτι τῶν μερισμῶν αὐτῶν, ἑξῆς περὶ τῆς εἰρημένης αὐτῷ ἀναγκαίως προεκτίθεται πραγμα-

20 primes proposées, nous avons pour somme 920 primes soixantièmes, d'où nous ôtons 60 fois 12 primes qui font 720; et des 200 primes restantes réunies aux 15 secondes, nous ôtons 60 fois 10 secondes qui font 600 secondes, ou 10 primes. Restent 190 primes et 15 secondes. Nous recommençons la division pour ces nombres: par 25, le quotient est 7, car il ne va pas jusqu'à 8; et nous ôtons de 190 primes les 175 primes provenant de la multiplication (de 25 par 7). Puis réduisant les 15 primes restantes en 900 secondes, et y ajoutant les 15 secondes, nous en ôtons 7 fois les 12 primes, c'est-à-dire 84 secondes, parce que les 7 sont des primes, et il reste 831 secondes. Nous en ôtons pareillement les 10 secondes 7 fois, qui deviennent 70 tierces, c'est-à-dire 1 seconde et 10 tierces, et il reste 829 secondes et 50 tierces. Nous reprenons encore 25 pour diviser celles-ci. Le quotient est 33 environ, et par la multiplication 825; après la soustraction, il reste 4 secondes et 50 tierces, qui font 290 tierces. Après quoi nous en ôtons 33 fois les 12 primes, qui font 396 tierces. Ainsi le quotient de 1515° 20′ 15″ divisées par 25 12′ 10″, est à peu près 60° 7′ 33″. Car si nous multiplions ce quotient par 25° 12′ 10″, nous retrouverons 1515° 20′ 15″ à très-peu près.

Il était nécessaire de donner ainsi d'abord les multiplications et les divisions des quantités complexes, avant d'exposer la méthode par laquelle on trouve les valeurs des droites inscrites dans le cercle. Vient nécessairement ensuite la pre-

mière théorie qu'il a annoncée : je veux
dire celle des droites inscrites au cercle, et
pour commencer cette première démonstration, il met en avant le premier théorême où il démontre de combien de parties (du diamètre du cercle) est le côté
du décagone, qui soutend un arc de 36
degrés ; et de combien de parties est le
côté du pentagone qui soutend un arc de
72 degrés; celui de l'hexagone qui soutend
60 degrés; ensuite celui du carré qui soutend un arc de 90 degrés ; puis celui du
triangle qui soutend 120 degrés des 360
de la circonférence du cercle ; et leurs
soutendantes en parties des 120 du diamètre. Voici comment il procède (Fig. 44):

Il décrit sur le diamètre AG, le demi
cercle ABG dont le centre est D. Et de D il
élève la perpendiculaire, DB, et coupant
DG en deux également en E, et joignant
BE, puis prenant EZ égale à BE, je dis,
poursuit-il, que DZ est le côté du décagone, et BZ celui du pentagone. Car
puisque DG est coupée en deux parties
égales dans le point E, et que cette
droite est prolongée par la droite DZ, le
rectangle fait sur la droite entière avec
l'ajoutée, et sur cette ajoutée, plus le
carré fait sur la moitié du rayon, est égal
au carré de cette moitié est de l'ajoutée,
c'est-à-dire le rectangle de GZ. ZD, avec
le carré de DE, est égal au carré de ZE,
c'est-à-dire au carré de EB, lequel est égal
aux carrés de BD et DE. Donc le rectangle fait sur GZ et ZD avec le carré de
DE, est égal aux carrés de BD et DE.
Retranchant le carré commun de DE,
reste le rectangle GZ, DZ, égal au carré de
DB, c'est-à-dire au carré de DG. Donc ces
trois droites sont en proportion entr'elles,

τείας, λέγω δὴ τῆς τῶν ἐν κύκλῳ εὐθειῶν
τὸν λόγον ποιησόμεθα. Ἀρχόμενος οὖν τῆς
τοιαύτης ἀποδείξεως, ἐκτίθηται ᾱ θεώρημα,
ἐν ᾧ ἀποδεικνύει πόσων ἐςὶ τμημάτων ἥ τε
τοῦ δεκαγώνου πλευρὰ ὑποτείνουσα περιφέρειαν μοιρῶν λς, καὶ ἡ τοῦ πενταγώνου ὑποτείνουσα περιφέρειαν μοιρῶν οβ, καὶ ἔτι ἡ τοῦ
ἑξαγώνου ὑποτείνουσα περιφέρειαν μοιρῶν ξ,
καὶ ἑξῆς ἡ τοῦ τετραγώνου ὑποτείνουσα περιφέρειαν μοιρῶν ς, καὶ ἔτι ἡ τοῦ τριγώνου
ὑποτείνουσα περιφέρειαν μοιρῶν ρκ, οἵων ἡ
τοῦ κύκλου περίμετρος τξ· ἐπὶ δὲ τῶν ὑποτεινουσῶν αὐτὰς εὐθειῶν, οἵων ἡ διάμετρος
ρκ. Χρῆται δὲ τῇ ἀποδείξει οὕτως.

Ἐκθέμενος ἡμικύκλιον τὸ ΑΒΓ, περὶ διάμετρον τὴν ΑΓ, οὗ κέντρον τὸ Δ, καὶ ἀπὸ τοῦ Δ
τῇ ΑΓ πρὸς ὀρθὰς ἀγαγὼν τὴν ΔΒ, καὶ τεμὼν
τὴν ΔΓ δίχα κατὰ τὸ Ε, καὶ ἐπιζεύξας τὴν
ΒΕ, καὶ ἴσην τῇ ΒΕ ἀπειληφὼς τὴν ΕΖ, καὶ
ἐπιζεύξας πάλιν τὴν ΕΖ, λέγω, φησὶν, ὅτι
ἡ μὲν ΔΖ δεκαγώνου ἐςὶ πλευρὰ, ἡ δὲ ΒΖ
πενταγώνου. Ἐπεὶ γὰρ ἡ ΔΓ τέτμηται δίχα
κατὰ τὸ Ε, πρόσκειται δέ τις αὐτῇ εὐθεία
ἐπ' εὐθείας ἡ ΔΖ, τὸ ὑπὸ τῆς ὅλης σὺν τῇ
προσκειμένῃ, καὶ τῆς προσκειμένης περιεχόμενον ὀρθογώνιον μετὰ τοῦ ἀπὸ τῆς ἡμισείας
τετραγώνου ἴσον ἐςὶ τῷ ἀπὸ τῆς συγκειμένης
ἔκ τε τῆς ἡμισείας καὶ τῆς προσκειμένης,
τουτέςι τὸ ὑπὸ τῶν ΓΖ ΖΔ μετὰ τοῦ ἀπὸ τῆς
ΔΕ, ἴσον ἐςὶ τῷ ἀπὸ τῆς ΖΕ, τουτέςι τῷ
ἀπὸ τῆς ΕΒ, ὅπερ ἐςὶν ἴσον τοῖς ἀπὸ τῶν
ΒΔ ΔΕ, ὥςε τὸ ὑπὸ τῶν ΓΖ ΖΔ μετὰ τοῦ
ἀπὸ τῆς ΔΕ, ἴσον ἐςὶ τοῖς ἀπὸ τῶν ΒΔ ΔΕ.
Κοινὸν ἀφῃρήσθω τὸ ἀπὸ τῆς ΔΕ, λοιπὸν
ἄρα τὸ ὑπὸ τῶν ΓΖ ΖΔ ἴσον ἐςὶ τῷ ἀπὸ
τῆς ΔΒ, τουτέςι τῷ ἀπὸ τῆς ΔΓ· αἱ γ ἄρα
εὐθεῖαι ἀνάλογον ἐςὶν, ὡς ἡ ΖΓ πρὸς τὴν

ΓΔ, ἡ ΓΔ πρὸς τὴν ΔΖ. Καὶ ἐπεὶ ἡ ΓΖ τέτμηται εἰς ἄνισα κατὰ τὸ Δ, καὶ ἔςιν ὡς ὅλη ἡ ΓΖ πρὸς τὸ μεῖζον τμῆμα τὸ ΓΔ, οὕτως αὐτὸ τὸ μεῖζον τὸ ΓΔ πρὸς τὸ ἔλαττον τὸ ΔΖ, ἡ ΓΖ ἄρα ἄκρον καὶ μέσον λόγον τέτμηται κατὰ τὸ Δ, καὶ ἔςι τὸ μεῖζον τμῆμα τὸ ΓΔ, ἴσον τῇ τοῦ ἑξαγώνου πλευρᾷ· ἡ ἄρα ΔΖ δεκαγώνου ἐςὶ πλευρά· ἐπεὶ ἐν τοῖς ςοιχείοις ὅτι ἐὰν ἡ τοῦ ἑξαγώνου καὶ ἡ τοῦ δεκαγώνου τῶν εἰς τὸν αὐτὸν κύκλον συντεθῶσιν, ἡ ὅλη εὐθεῖα ἄκρον καὶ μέσον λόγον τέτμηται. Αὐτὸς δὲ ἀντιςρόφως λαμβάνει.

Δεικτέον δὲ καὶ οὕτως, ὅτι ἡ ΔΖ ἴση ἐςὶ τῇ τοῦ δεκαγώνου πλευρᾷ. Εἰ γὰρ μὴ, ἤτοι μείζων ἐςὶ τῆς τοῦ δεκαγώνου πλευρᾶς, ἢ ἐλάττων. Ἔςω πρότερον μείζων, καὶ κείσθω τῇ τοῦ δεκαγώνου πλευρᾷ ἴση ἡ ΔΗ. Ἡ ἄρα ΗΓ ἄκρον καὶ μέσον λόγον τέτμηται κατὰ τὸ Δ, καὶ ἔςιν ὡς ἡ ΗΓ πρὸς τὴν ΓΔ, ἡ ΓΔ πρὸς τὴν ΔΗ. Καὶ ἐπεὶ μείζων ἐςὶν ἡ ΖΓ τῆς ΗΓ, ἡ ΖΓ πρὸς τὴν ΓΔ μείζονα λόγον ἔχει, ἤπερ ἡ ΗΓ πρὸς ΓΔ, ἀλλ' ὡς μὲν ἡ ΖΓ πρὸς ΓΔ, ἡ ΓΔ πρὸς ΔΖ, ὡς δὲ ἡ ΗΓ πρὸς ΓΔ, ἡ ΓΔ πρὸς ΔΗ· ἡ ΓΔ ἄρα πρὸς ΔΖ μείζονα λόγον ἔχει ἤπερ πρὸς τὴν ΔΗ. Πρὸς ὃ δὲ τὸ αὐτὸ μείζονα λόγον ἔχει, ἐκεῖνο ἔλαττον ἐςὶν, ἐλάττων ἄρα ἡ ΔΖ τῆς ΔΗ, ὅπερ ἄτοπον· οὐκ ἄρα ἡ ΔΖ μείζων ἐςὶ τῆς τοῦ δεκαγώνου πλευρᾶς. Ὁμοίως δὴ δείξομεν ὅτι οὐδὲ ἐλάττων, ἡ ἄρα ΔΖ δεκαγώνου ἐςὶ πλευρὰ, ἢ καὶ οὕτως. Εἰ γὰρ ἡ ΔΗ δεκαγώνου ἐςὶ, καὶ διὰ τοῦτο ἡ ΓΖ ἄκρον καὶ μέσον λόγον τέτμηται, καὶ διὰ τοῦτο ἔςιν ἴσον τῷ ὑπὸ τῶν ΓΖ ΖΔ, ἴσον τῷ ἀπὸ τῆς ΔΓ. Ὁμοίως δὲ καὶ τὸ ὑπὸ τῶν ΓΗ ΗΔ ἴσον τῷ αὐτῷ ἀπὸ τῆς ΔΓ· τὸ ἄρα ὑπὸ τῶν ΓΖ, ΖΔ ἴσον ἐςὶ τῷ ὑπὸ



savoir GZ à GD, et GD à DZ. Et puisque GZ est coupée en deux inégalement au point D, et que la droite GZ entière est au plus grand segment GD, comme ce plus grand segment GD est au plus petit DZ, la droite GZ est coupée en extrême et moyenne raison au point D. Mais le plus grand segment GD est égal au côté de l'hexagone, donc DZ est le côté du décagone; puisqu'il est démontré dans les élémens, que si le côté de l'hexagone et celui du décagone sont inscrits dans le même cercle, la droite entière qu'ils font ensemble est coupée en extrême et moyenne raison. Ptolemée prend la proposition converse.

Ainsi, démontrons que DZ est égale au côté du décagone. Si elle ne l'étoit pas, elle seroit ou plus grande ou plus petite. Supposons-la d'abord plus grande, et DH égale au côté du décagone. Donc alors HG seroit coupée en moyenne et extrême raison en D, et l'on auroit HG à GD, comme GD à DH. Et puisque ZG est plus grande que HG, ZG est à GD, en plus grande raison que HG à GD. Mais comme ZG est à GD, et GD à DZ, ainsi HG à GD, et GD à DH. Donc GD seroit en plus grande raison relativement à DZ que relativement à DH. Or la quantité relativement à laquelle une grandeur est en plus grande raison, est plus petite, donc DZ est plus petite que DH, ce qui est absurde. Donc DZ n'est pas plus grande que le côté du décagone. Nous démontrerons de même que DZ n'étant pas plus petite, est par conséquent le côté du décagone; car si DH est ce côté, GZ est, en ce point, coupée en moyenne et extrême raison, c'est pourquoi, de même que le carré de DG est égal au rectangle de GZ par ZD, pareillement le carré de DG est égal au rectangle de GH par HD. Donc le rectangle GZ ZD est égal au rectangle GH HD,

16

ce qui est absurde. Donc le côté du décagone n'est pas plus petit que DZ; nous avons démontré aussi qu'il n'est pas plus grand; donc il lui est égal. Il a été démontré dans le treizième des élémens d'Euclide, que la puissance ( carrée ) du pentagone est égale à celles de l'hexagone et du décagone inscrits dans le même cercle, or cette puissance de ZB est égale à celles de BD et DZ, et BD est égale au côté de l'hexagone, DZ et au côté du décagone ; donc BZ est le côté du pentagone.

Après avoir trouvé graphiquement le côté du décagone et celui du pentagone, il faut trouver leurs valeurs en nombre des parties dont le diamètre en contient 120. Car, comme il dit, le diamètre du cercle étant partagé en 120 parties, DG en aura 60, et la moitié DE en aura 30 , et le carré de celle-ci 900. Mais BD est aussi de 60, et son carré de 3600. Donc les carrés de ED et de DB, c'est-à-dire le carré de BE est de 4500, et par conséquent BE, c'est-à-dire EZ est en longueur, à peu près, de 67ᴾ 4′ 55″, comme nous le démontrerons après ce théorème, quand nous parlerons de la manière de trouver le côté du carré. Or DE est de 30, donc le reste DZ sera de 37 ᴾ 4′ 55″, à peu près. Par conséquent le côté du décagone, soutendant l'arc de 36 des degrés dont le cercle en a 360, ( car 36 degrés sont la dixième partie du cercle entier ) est de 37 ᴾ 4′ 55″ des parties dont le diamètre en contient 120. Or, comme nous avons démontré que DZ est de 37ᴾ 4′ 55″, son carré sera de 1375ᴾ 4′ 15″, par la méthode que nous avons donnée un peu plus haut pour les multiplications. Mais le carré de BD est de 3600 ᴾ, qui ajoutées au nombre précédent, font en somme le carré de ZB de 4975ᴾ 4′ 15″. Donc BZ aura en lon

τῶν ΓΗ ΗΔ, ὅπερ ἄτοπον· οὐκ ἄρα ἡ τοῦ δεκαγώνου ἐλάττων ἐςὶ τῆς ΔΖ. Ὁμοίως δὴ δείξομεν ὅτι οὐδὲ μείζων, ἴση ἄρα. Πάλιν ἐπεὶ δέδεικται ἐν τῷ τρισκαιδεκάτῳ τῶν ςοιχείων ὅτι ἡ τοῦ πενταγώνου πλευρὰ δύναται τήν τε τοῦ ἑξαγώνου καὶ τὴν τοῦ δεκαγώνου τῶν εἰς τὸν αὐτὸν κύκλον ἐγγραφομένων, δύναται δὲ ἡ ΖΒ τὰς ΒΔ, ΔΖ, καὶ ἔςιν ἡ μὲν ΒΔ ἴση τῇ τοῦ ἑξαγώνου πλευρᾷ, ἡ δὲ ΔΖ τῇ τοῦ δεκαγώνου· ἡ ΒΖ ἄρα πενταγώνου ἐςὶ πλευρά.

Ἐπεὶ οὖν διὰ τῆς γραμμικῆς δείξεως δέδεικται ἡμῖν ἥ τε τοῦ δεκαγώνου καὶ τοῦ πενταγώνου, ἑξῆς· καὶ τῆς πηλικότητος αὐτῶν τὴν εὕρεσιν ποιησόμεθα, οἵων ἐςὶν ἡ διάμετρος ρκ. Ἐπεὶ γὰρ, ὡς ἔφην, ὑπόκειται ἡ τοῦ κύκλου διάμετρος ρκ τμημάτων, εἴη ἂν ἡ μὲν ΔΓ ξ, ἡ δὲ ΔΕ ἡμίσεια οὖσα αὐτῆς λ, καὶ τὸ ἀπ' αὐτῆς ϡ. Ἔςι δὲ καὶ ἡ ΒΔ ξ, καὶ τὸ ἀπ' αὐτῆς ͵γχ· τὰ ἄρα ἀπὸ τῶν ΕΔ ΔΒ, τουτέςι τὸ ἀπὸ τῆς ΒΕ τῶν ἐπὶ τὸ αὐτὸ συναγομένων ἐςὶ ͵δφ. Καὶ μήκει ἄρα ἔςαι ἡ ΒΕ, τουτέςιν ἡ ΕΖ, ξζ δ΄ νε″ ἔγγιςα, ὡς ἑξῆς τοῦ θεωρήματος ἀποδείξομεν, περὶ τῆς εὑρέσεως τῆς τοῦ τετραγώνου πλευρᾶς τὸν λόγον ποιούμενοι. Ἔςι δὲ ἡ ΔΕ λ, καὶ λοιπὴ ἄρα ἡ ΔΖ ἔςαι λζ δ΄ νε″ ἔγγιςα. Ἡ ἄρα τοῦ δεκαγώνου πλευρὰ ὑποτείνουσα περιφέρειαν μοιρῶν λϛ, οἵων ἐςὶν ὁ κύκλος τξ (αἱ γὰρ λϛ μοῖραι δέκατόν ἐςι τῶν τξ τοῦ ὅλου κύκλου), τοιούτων ἐςὶ λζ δ΄ νε″, οἵων ἡ διάμετρος ρκ. Ἐπεὶ οὖν τὴν ΔΖ ἀπεδείξαμεν τμημάτων οὖσαν λζ δ΄ νε″, ἔςαι καὶ τὸ ἀπ' αὐτῆς ͵ατοε δ΄ ιε″, ὡς μικρῷ πρόσθεν ἐν τοῖς πολλαπλασιασμοῖς ἀπεδείξαμεν. Ἔςι δὲ καὶ τὸ ἀπὸ τῆς ΒΔ ͵γχ, ἃ ἐπὶ τὸ αὐτὸ συντεθέντα ποιεῖ τὸ ἀπὸ

τῆς ZB τετράγωνον ͵δροε δ΄ ιε΄΄. Καὶ μήκει
ἄρα ἔςαι ἡ BZ, ō λϛ΄ γ΄΄, καὶ ἡ τοῦ πενταγώνου πλευρὰ ὑποτείνουσα διὰ τὰ αὐτὰ
μοίρας ο β, οἵων ἐςὶν ὁ κύκλος τξ, τοιούτων
ἔςαι ō λϛ΄ γ΄΄, οἵων ἡ διάμετρος ρκ. Δῆλον
δὲ ὅτι καὶ ἡ τοῦ ἐξαγώνου πλευρὰ ὑποτείνουσα μοίρας ξ, οἵων ἐςὶν ὁ κύκλος τξ,
καὶ ἴση οὖσα τῇ ἐκ τοῦ κέντρου τοῦ κύκλου, ἔςαι καὶ αὐτὴ τμημάτων ξ, οἵων ἡ
διάμετρος ρκ.

Πάλιν ἐπεὶ τοῦ τετραγώνου πλευρὰ δυνάμει διπλασίων ἐςὶ τῆς ἐκ τοῦ κέντρου, ἴσον
γὰρ δύναται δυσὶ ταῖς ἐκ τοῦ κέντρου πε-
ριεχούσαις ἣν ὑποτείνει ὀρθὴν γωνίαν. Ἐδείχθη δὲ καὶ ἐν τῷ τρισκαιδεκάτῳ τῶν ςοιχείων ὅτι ἡ τοῦ τριγώνου πλευρὰ δυνάμει
τῆς αὐτῆς ἐςὶ τριπλασίων, καὶ ἔςι τὸ ἀπὸ
τῆς ἐκ τοῦ κέντρου ͵γχ· τὸ μὲν ἄρα ἀπὸ
τῆς τοῦ τετραγώνου πλευρᾶς ἔςαι ζσ, τὸ
δὲ ἀπὸ τῆς τοῦ τριγώνου μυριάδος ā καὶ ω.
Καὶ μήκει ἄρα ἔςαι ἡ μὲν τοῦ τετραγώνου
πλευρὰ ὑποτείνουσα μοιρῶν ϟ, οἵων ἐςὶν ὁ
κύκλος τξ τμημάτων πδ να ι΄΄, οἵων διάμετρος ρκ, ἡ δὲ τοῦ τετραγώνου ὑποτείνουσα,
καὶ αὐτὴ περιφερείας ρκ μοιρῶν, τῶν αὐτῶν ργ νε κγ΄΄.
Αἱ δὲ μὲν οὖν οὕτως ἡμῖν ἐξ ἑτοίμου καὶ καθ'
ἑαυτὰς ἐκ τῶν παρὰ τῷ ςοιχείῳ θεωρημάτων
δεδόσθωσαν. Καθ' ἑαυτὰς δὲ λέγει, ἐπεὶ ἑκάςη
μὲν τούτων ἐξ οἰκείας καὶ μιᾶς προτάσεως δέδεικται, ἑξῆς δὲ μέλλει ἐκ μιᾶς προτάσεως
πλείονας πορίζεσθαι. Διὰ τοῦτο φησὶν, καὶ ἔςι
φανερὸν ἐντεῦθεν ὅτι πασῶν τῶν διδομένων εὐθειῶν, ἐξ εὐχεροῦς δίδονται καὶ αἱ ὑπὸ τὰς
λειπούσας εἰς τὸ ἡμικύκλιον ὑποτείνουσαι εὐθεῖαι, διὰ τὸ τὰ ἀπ' αὐτῶν συντιθέμενα
ποιεῖν τὸ ἀπὸ τῆς διαμέτρου τετράγωνον.

gueur 70ᵖ 32′ 3″; et le côté du pentagone
qui soutend, par les mêmes raisons, 72 des
degrés dont le cercle en contient 360, sera
de 70 32′ 3″ des parties dont le diamètre en contient 120. Or il est clair que le
côté de l'hexagone soutend 60 des 360 degrés du cercle, et puisqu'il est égal à la
droite (rayon) menée du centre du cercle
à la circonférence, ce côté est aussi de 60
des 120 parties du diamètre.

Actuellement, puisque la puissance (carrée) du côté du carré est double de celle
du rayon, car le carré de ce côté est égal
à la somme des carrés des deux rayons qui
comprennent le côté qui soutend l'angle
droit; et qu'il a été démontré dans le treizième des élémens (prop. XII), que le
côté du triangle (équilatéral) a sa puissance triple de celle de la droite menée du
centre, le carré de celle-ci étant 3600, la
puissance du côté du carré sera de 7200; et
la puissance du côté du triangle de 10800.
Donc le côté du carré qui soutend 90 des 360
degrés du cercle, a en longueur 84ᵖ, 51′ 10″
des 120 parties du diamètre; et le côté du
triangle, qui soutend 120 degrés, aura en
longueur 103ᵖ 55′ 23″.

Soient donc ces droites ainsi toutes données par elles-mêmes d'après les théorèmes
tirés des élémens, dit Ptolémée : par elles-
mêmes, puisque chacune est démontrée
par sa proposition propre, mais dans la
suite il en tirera plusieurs d'une seule.
C'est pourquoi, il ajoute que toutes ces
droites étant données, toutes les autres qui
soutendent le reste de la demi-circonférence
sont aussi données, attendu que la somme
des carrés construits sur toutes ces cordes

deux à deux est toujours égale au carré du diamètre. Car si nous décrivons le demi-cercle ABG sur le diamètre, (F. 45.) AG que nous y prenions l'arc AB de 36 degrés, et que nous joignions AB, BG, nous aurons, comme il a été démontré, la droite AB, de 37ᴾ 4′ 55″ ; et son carré, de 1375. 4′ 15″. Or celui du diamètre est 14400, et l'angle en B est droit, donc le carré de AG est égal aux carrés de AB et de BG. Si donc du carré de AG, c'est-à-dire de 14400, nous retranchons celui de AB, c'est-à-dire 1375. 4′ 15″, il nous restera le carré de BG, de 13024. 55′ 45″, et la droite BG de 114. 7′ 37″, de sorte que la droite BG, qui soutend les 104 degrés qui restent pour compléter le demi-cercle avec 36, sera de 114ᴾ. 7′ 37″ des 120 partics du diamètre. Par une semblable application de ce théorème, supposons l'arc AB de 72 degrés, avec sa soutendante donnée, nous trouverons la soutendante du reste du demi-cercle, de 97ᴾ 4′ 56″, et de même, par celle de 60, nous trouverons celle de 120ᴾ, de 103ᴾ 55′ 23″ des 120 du diamètre.

Après avoir démontré ces valeurs théoriquement, on cherchera comment, étant donnée, l'aire d'un carré dont le côté n'est pas d'une longueur déterminée, nous calculerons ce côté approximativement. Suivant le quatrième théorème du second livre des élémens, le carré d'unc droite entière, quelle qu'elle soit, est égal à la somme des carrés des segmens de cette droite, et au double du rectangle de ces segmens. En effet, ayant un nombre carré donné, tel que 144, dont le côté rationcl

Ἐὰν γὰρ γράψωμεν ἡμικύκλιον τὸ ΑΒΓ ἐπὶ διαμέτρου τῆς ΑΓ, καὶ ἀπολάβωμεν τὴν ΑΒ περιφέρειαν μοιρῶν λϚ, καὶ ἐπιζεύξωμεν τὰς ΑΒ ΒΓ, ἔϛαι ὡς ἀπεδείχθη ἡ ΑΒ εὐθεῖα τμημάτων λζ δ΄ νε″, καὶ τὸ ἀπ᾽ αὐτῆς ,ατοϛ δ΄ ιε″· τὸ δὲ ἀπὸ τῆς διαμέτρου μυριάδος α καὶ ͵δυ, καὶ ἔϛιν ὀρθὴ ἡ πρὸς τῷ Β γωνία. Τὸ ἄρα ἀπὸ τῆς ΑΓ ἴσον ἐϛὶ τοῖς ἀπὸ τῶν ΑΒ ΒΓ. Ἐὰν οὖν ἀπὸ τοῦ τῆς ΑΓ, τουτέϛι μυριάδος α καὶ ͵δυ ἀφέλωμεν τὸ ἀπὸ τῆς ΑΒ, τουτέϛι τὰ ατοϛ δ΄ ιε″, καταλειφθήσεται ἡμῖν τὸ ἀπὸ τῆς ΒΓ μυριάδος α ͵γκδ νε΄ με″. Αὐτὴ δὲ ἡ ΒΓ εὐθεῖα ριδ ζ΄ λζ″, ὥϛε ἡ ΒΓ ὑποτείνουσα, καὶ αὐτὴ τὰς λειπούσας ταῖς λϚ μοίραις εἰς τὸ ἡμικύκλιον μοίρας ρμδ, ἔϛαι τμημάτων ριδ ζ΄ λζ″, οἵων ἡ διάμετρος ρκ. Ἀκολούθως δὲ πάλιν ἐπὶ τοῦ αὐτοῦ θεωρήματος τῇ αὐτῇ ἀποδείξει προσχρησάμενοι, ὑποτιθέμενοι τὴν ΑΒ περιφέρειαν μοιρῶν οβ, καὶ ἔχοντες τὴν ὑπ᾽ αὐτῆς εὐθεῖαν, εὑρήσομεν καὶ τὴν ὑποτείνουσαν τὰς λειπούσας εἰς τὸ ἡμικύκλιον μοίρας ρη, τμημάτων Ϟζ δ΄ νϛ″. Καὶ ὁμοίως ἀπὸ τῆς ὑπὸ τὰς ξ εὑρήσομεν τὴν ὑπὸ τὰς ρκ, ργ νε΄ κγ″, οἵων ἡ διάμετρος ρκ.

Τούτων θεωρηθέντων ἑξῆς ἂν εἴη διαλαβεῖν πῶς ἂν δοθέντος χωρίου τινὸς τετραγώνου μὴ ἔχοντος πλευρὰν μήκει ῥητὴν, τὴν σύνεγγυς αὐτοῦ τετραγωνικὴν πλευρὰν ἐπιλογισώμεθα. Καὶ ἔϛι τὸ τοιοῦτον δῆλον ἐπὶ ῥητὴν ἔχοντος πλευρὰν, ἐκ τοῦ δ΄ θεωρήματος τοῦ β βιβλίου τῶν ϛοιχείων, οὗ ἡ πρότασις ἔϛι τοιαύτη· ἐὰν εὐθεῖα γραμμὴ τμηθῇ, ὡς ἔτυχε, τὸ ἀπὸ τῆς ὅλης τετράγωνον ἴσον ἐϛὶ τοῖς τε ἀπὸ τῶν τμημάτων τετραγώνοις, καὶ τῷ δὶς ὑπὸ τῶν τμημάτων περιεχομένῳ ὀρθογωνίῳ. Ἐὰν γὰρ ἔχοντες δο-

θέντα ἀριθμὸν τετράγωνον ὡς τὸν ρμδ´, ῥητὴν ἔχοντα πλευρὰν ὡς τὴν AB εὐθεῖαν,
καὶ λαβόντες αὐτοῦ ἐλάσσονα τετράγωνον
τὸν ρ̄, οὗ ἐςὶν ἡ πλευρὰ ῑ, καὶ ὑποθέμενοι
τὴν AΓ ῑ, διπλασιάσαντες αὐτὴν, διὰ τὸ
δὶς εἶναι τὸ ὑπὸ τῶν τμημάτων, τὰ γινόμενα κ̄ παραβάλωμεν περὶ τὰ λοιπὰ μδ´, τῶν
ὑπολειπομένων δ´ ἔςαι τὸ ἀπὸ τῆς ΓΒ, αὕτη
δὲ μήκει β̄. Ἦν δὲ καὶ ἡ AΓ ῑ, καὶ ὅλη
ἄρα ἡ AB ἔςι μοιρῶν ιβ´, ὅπερ ἔδει δεῖξαι.

Ἵνα δὲ καὶ ἐπί τινος τῶν ἐν τῇ συντάξει
περιεχομένων ἀριθμῶν ὑπ᾽ ὄψιν ἡμῖν γένηται
ἡ τῶν κατὰ μέρος ἀφαιρέσεων διάκρισις,
ποιησάμεθα τὴν ἀπόδειξιν ἐπὶ τοῦ ͵δφ ἀριθμοῦ, οὗ τὴν πλευρὰν ἐξέθετο μοιρῶν ξζ δ´
νε´´. Ἐκκείσθω χωρίον τετραγωνικὸν τὸ ABΓΔ,
δυνάμει μόνον ῥητὸν, οὗ τὸ ἐμβαδὸν ἔςω
μοιρῶν ͵δφ̄, καὶ δέον ἔςω τὴν σύνεγγυς
αὐτοῦ τετραγωνικὴν πλευρὰν ἐπιλογίσασθαι.
Ἐπεὶ οὖν ὁ σύνεγγυς τοῦ ͵δφ̄ τετράγωνος
ῥητὴν ἔχων πλευρὰν, ὅλων μοιρῶν ἐςὶν ὁ
͵δυπθ̄ ἀπὸ πλευρᾶς τοῦ ξζ̄, ἀφῃρήσθω ἀπὸ
τοῦ ABΓΔ τετραγώνου τὸ AZ τετράγωνον
μοιρῶν ͵δυπθ̄, οὗ ἡ πλευρὰ μοιρῶν ἐςιν ξζ̄.
Λοιπῶν ἄρα ὁ BZΔ γνώμων ἔςαι μοιρῶν ιᾱ,
ἃς ἀναλύσαντες εἰς ᾱ ἑξηκοςὰ χξ´, ἐκθησόμεθα. Ἔπειτα διπλασιάσαντες τὴν EZ διὰ
τὸ δὶς ὑπὸ EZ, ὥσπερ ἐπ᾽ εὐθείας τῇ EZ
τὴν ZH λαμβάνοντες, παρὰ τὰ γενόμενα
ρλδ´ παραβαλοῦμεν τὰ χξ´ ᾱ ἑξηκοςὰ, καὶ
τῶν γενομένων ἐκ τῆς παραβολῆς δ´ ᾱ ἑξηκοςῶν, ἕξομεν ἑκατέραν τῶν EΘ HK. Καὶ
ἀναπληρώσαντες τὰ ΘZ, ZK παραλληλόγραμμα, ἕξομεν καὶ αὐτὰ φλς´ ᾱ ἑξηκοςῶν, ἤτοι ἑ-
κάτερον τούτων σξη̄. Εἶτα πάλιν τὰ ὑπο-
λειφθέντα ρκδ´ ᾱ ἑξηκοςὰ, ἀναλύσαντες εἰς
β̄ ἑξηκοςὰ ͵ζυμ̄, ἀφελοῦμεν καὶ τὸ ZΛ πα-

soit la droite AB, prenant 100 qui est le
plus grand carré inférieur contenu dans ce
nombre, et dont le côté est 10, et faisant
AG égale à 10, doublons ce nombre ci,
parce que le rectangle des segmens est pris
deux fois; divisons le reste 44 par le produit 20, reste 4 qui est le carré de GB,
dont la longueur est 2. Or AG étoit 10, donc
la droite entière est longue de 12. C'est ce
qu'il s'agissoit de démontrer ( fig. 45 ).

Mais, pour rendre cette démonstration de
la distinction des parties d'un tout, plus
sensible, par son application à quelque
nombre contenu dans la composition ( de
Ptolemée ), nous l'avons appliquée au nombre 4500 dont il a fait le côté de 67 4′ 55′′.
Supposons ABGD l'aire du carré, seule ra-
tionnelle, et qu'il s'agisse d'en calculer le
côté approximativement. Puisque le carré
le plus proche 4500, ayant un côté ration-
nel, est 4489, carré du côté 67, ôtons le
carré AZ, ou 4489, dont le côté est 67, du
carré ABGD, le gnomon BZD vaudra donc
les 11 parties restantes. Réduisons-les en
primes, nous en aurons 660. Ensuite doublons EZ=67), parce que EZ est multiplié
deux fois prenons ZH comme prolongeant
EZ, et divisons les 660 primes par 134.
Cette division donne 4 primes, et nous avons
ainsi chacune des droites ET, HK. En complétant les parallélogrammes TZ, ZK, nous
aurons 536 pour les deux, ou 268 pour chacun. Puis réduisant les 124 primes restantes
en 7440 secondes, nous en retranchons le
parallélogramme de complément ZL = 16

secondes, de manière qu'en ajoutant le gnomon au premier carré AZ, nous ayons le carré AL fait sur le côté 67. 4', de 4497 ᵖ 56' 16''. Enfin le gnomon restant, BL LD est de 2ᵖ 3' 44'', c'est-à-dire de 7424 secondes. Doublant donc encore TL, comme étant prolongée par LK, et divisant ces 7424 secondes par 134ᵖ 8', il viendra 55 secondes à peu près au quotient, pour la valeur de chacune des droites TB et KD. Complétant les parallélogrammes BL, LD, nous les aurons de 7377 secondes et 20 tierces, et chacun de 3688'' 40'''; mais il reste encore 46'' 40''' qui font à peu près le carré LG, dont le côté est 55''. Ainsi, le côté du carré ABGD, 4500, se trouve être à peu près de 67ᵖ 4' 55''.

En général, si nous cherchons le côté du carré (la racine carrée) de quelque nombre, nous prenons d'abord le côté (racine) du nombre carré le plus approchant. Ensuite le doublant, et divisant par ce double, le reste du nombre donné réduit en primes, nous ôtons du quotient, le carré; puis réduisant encore le reste en secondes, et le divisant par le double des unités et des primes, nous aurons à peu près le nombre cherché, qui exprime le côté de l'espace carré.

Ptolémée, après avoir démontré les valeurs des droites qui soutendent les arcs

ραπλήρωμα γινόμενον ἑξηκοστῶν β, ις, ἵνα γνώμονα περιθέντες τῷ ἐξ ἀρχῆς τετραγώνῳ τῷ ΑΖ, ἔχωμεν τὸ ΑΛ τετράγωνον ἀπὸ πλευρᾶς ξζ δ συναγόμενον μοιρῶν δυίζ νς ις. Καὶ λοιπὸν πάλιν τὸν ΒΛ ΛΔ γνώμονα μοιρῶν ὄντα β γ μδ, τουτέστι β ἑξηκοστῶν ζυκδ. Ἔτι οὖν πάλιν διπλασιάσαντες τὴν ΘΛ ὡς ἐπ' εὐθείας τῇ ΘΛ τῆς ΛΚ, καὶ παρὰ τὰ γινόμενα ρλδ η μερίσαντες τὰ ζυκδ β ἑξηκοστὰ, τῶν ἐκ τῆς παραβολῆς γενομένων νε ἔγγιστα β ἑξηκοστῶν, ἔχομεν ἔγγιστα ἑκατέραν τῶν ΘΒ ΚΔ. Καὶ συμπληρώσαντες τὰ ΒΛ ΛΔ παραλληλόγραμμα, ἕξομεν καὶ αὐτὰ ἑξηκοστὰ δεύτερα μὲν ζτο καὶ τρίτα κ, ἑκάτερον δὲ β γχπη καὶ γ μ. Ὑπελίπει δὲ καὶ β ἑξηκοστὰ μς, καὶ γ μ, ἅπερ ἔγγιστα ποιεῖ τὸ ΛΓ τετράγωνον, ἀπὸ πλευρᾶς τυγχάνον νε δεύτερα ἑξηκοστὰ, καὶ ἔχομεν τὴν πλευρὰν τοῦ ΑΒΓΔ τετραγώνου μοιρῶν τυγχάνοντος ϑφ ξζ δ νε ἔγγιστα.

Καὶ καθόλου ἐὰν ζητῶμεν ἀριθμοῦ τινος τὴν τετραγωνικὴν πλευρὰν, λαμβάνομέν πρῶτον τοῦ σύνεγγυς τετραγώνου ἀριθμοῦ τὴν πλευρὰν, εἶτα ταύτην διπλασιάζοντες, καὶ περὶ τὸν γενόμενον ἀριθμὸν, μερίζοντες τὸν λοιπὸν ἀριθμὸν ἀναλυθέντα εἰς πρῶτα ἑξηκοστὰ, ἀπὸ τοῦ ἐκ τῆς παραβολῆς γινομένου ἀφαιροῦμεν τετράγωνον, καὶ ἀναλύοντες πάλιν τὰ ὑπολειπόμενα εἰς δεύτερα ἑξηκοστὰ, καὶ μερίζοντες παρὰ τὸν διπλασίονα τῶν μοιρῶν καὶ ἑξηκοστὰ, ἕξομεν ἔγγιστα τὸν ἐπιζητούμενον τῆς πλευρᾶς τοῦ τετραγωνικοῦ χωρίου ἀριθμόν.

Προαποδείξας οὖν τὰς τῶν ὑποτεινουσῶν τὰς εἰρημένας περιφερείας εὐθειῶν πηλικότητας, τουτέςι τῆς τε ὑπὸ τὰς λϛ, καὶ τῆς ὑπὸ τὰς οϛ, καὶ τῆς ὑπὸ τὰς ξ, καὶ ϛ, καὶ ρκ, καὶ ρμδ, καὶ ἔτι τῆς ὑπὸ τὰς ρη, ἐκτίθεται λημμάτιον εὔχρηςον πάνυ πρὸς τὸ ἀπὸ τούτων τὴν τῶν λοιπῶν κατάληψιν προχειρότερον ἐφοδεύειν, οὗ ἡ πρότασις ἔςι τοιαύτη· ἐὰν εἰς κύκλον τετράπλευρον ἐγγραφῇ, τὸ ὑπὸ τῶν διαγωνιῶν αὐτοῦ περιεχόμενον ὀρθογώνιον ἴσον ἐςὶ συναμφοτέροις τοῖς ὑπὸ τῶν ἀπεναντίων τοῦ τετραπλεύρου πλευρῶν περιεχομένοις ὀρθογωνίοις. Καὶ ἐπεὶ σαφής ἐςιν ἡ εἰς τοῦτο αὐτῷ ἐκτιθεμένη ἀπόδειξις, ἔχει δέ τινα ψιλὴν ἔνςασιν, διὰ τὸ τὴν δεῖξιν αὐτὸν πεποιῆσθαι, ὡς ἀνίσων οὐσῶν τῶν γωνιῶν τῶν ὑπὸ τῆς τομῆς τῆς διαγωνίου γεγενημένων, ἵνα μηδὲ τὸ τοιοῦτον θεώρημα παραλείψωμεν, ἡμεῖς ὡς ἴσων αὐτῶν οὐσῶν τὴν ἀπόδειξιν ποιησόμεθα.

Ἔςω γὰρ κύκλος ἐγγεγραμμένον ἔχων τετράπλευρον τὸ ΑΒΓΔ, ἐπεζεύχθωσαν αὐτῶν διαγώνιοι αἱ ΑΓ, ΒΔ, καὶ ἴςη ἔςω ἡ ὑπὸ ΑΒΔ γωνία τῇ ὑπὸ ΓΒΔ, λέγω ὅτι τὸ ὑπὸ τῶν ΑΓ ΒΔ περιεχόμενον ὀρθογώνιον ἴσον ἐςὶ συναμφοτέροις τοῖς ὑπὸ τῶν ΑΒ ΓΔ, καὶ ΔΑ, ΒΓ, περιεχομένοις ὀρθογωνίοις. Ἐπεὶ γὰρ ἴση ἐςὶν ἡ ὑπὸ ΑΒΔ γωνία τῇ ὑπὸ ΓΒΔ, ἔςι δὲ καὶ ἡ ὑπὸ ΒΔΑ τῇ ὑπὸ ΒΓΑ ἴση (ἐπὶ γὰρ τῆς αὐτῆς περιφερείας τῆς ΑΒ βεβήκασι), λοιπὴ ἄρα ἡ ὑπὸ ΒΑΔ λοιπῇ τῇ ὑπὸ ΒΖΓ ἐςὶν ἴση. Ἰσογώνιον ἄρα ἐςὶ τὸ ΑΒΔ τρίγωνον τῷ ΒΓΖ τριγώνῳ. Ἔςιν ἄρα ὡς ἡ ΒΔ πρὸς τὴν ΔΑ, οὕτως ἡ ΒΓ πρὸς τὴν ΓΖ. Τὸ ἄρα ὑπὸ τῶν ΒΔ ΓΖ περιεχόμενον ὀρθογώνιον ἴσον ἐςὶ τῷ ὑπὸ τῶν ΔΑ ΒΓ περιεχομένῳ ὀρθογωνίῳ. Πάλιν ἐπεὶ ἴση ἐςὶν ἡ ὑπὸ ΑΒΔ τῇ ὑπὸ ΓΒΔ, ἔςι δὲ καὶ ἡ ὑπὸ ΒΑΖ ἴση τῇ ὑπὸ ΒΔΓ· δῆλον ἄρα ὅτι ἡ ὑπὸ ΒΖΑ ἴση ἐςὶ τῇ ὑπὸ ΒΓΔ. Ἔςιν ἄρα ὡς ἡ ΒΔ πρὸς τὴν ΔΓ, οὕτως ἡ

énoncés, c'est-à-dire de la soutendante de 36 degrés, et de celles de 72, de celles de 60, de 90, de 120 et de 144, et enfin de celle de 108, il expose un lemme très-commode pour trouver les autres soutendantes, d'une manière plus expéditive. En voici l'énoncé : Si l'on inscrit un quadrilatère dans un cercle, le rectangle formé des diagonales est égal aux deux rectangles des côtés opposés du quadrilatère. La démonstration qu'il en donne est bien évidente. Il y a seulement une petite circonstance que nous ne voulons point passer sous silence; c'est qu'il a supposé dans sa démonstration, que les deux angles provenant de la section de l'angle par chaque diagonale, sont inégaux. Pour ne rien laisser à désirer dans ce théorème, nous allons le démontrer pour le cas où ces angles seroient égaux.

( F. 46. ) Soit donc ABGD le cercle où ce quadrilatère est inscrit. Joignons-y les diagonales AG, BD, et soit l'angle ABD égal à l'angle GBD. Je dis que le rectangle construit sur AG et BD, est égal aux deux rectangles construits sur AB et GD, et sur LA et BG. En effet, puisque l'angle ABD est égal à l'angle GBD, et que l'angle BDA est égal à l'angle BGA (car ils sont appuyés sur le même arc AB), il s'ensuit que l'angle BAD est égal à l'autre angle BZG, et par conséquent, que le triangle ABD est équiangle au triangle BGZ. Donc, comme BD est à DA, ainsi BG est à GZ. C'est pourquoi, le rectangle contenu dans BD, GZ est égal au rectangle contenu dans DA, BG. De plus, puisque l'angle ABD est égal à l'angle GBD, et que l'angle BAZ est égal BDG, il est évident que l'angle BZA est égal l'angle BGD. Donc, comme BD est à

DG, ainsi BA est à AZ. Par conséquent, le rectangle de BD par AZ est égal au rectangle de DG par BA. Or il a été démontré auparavant, que le rectangle de BD par GZ est égal au rectangle de DA par BG. Donc le rectangle AG BD, est égal à la somme des deux rectangles AB, DG, et AD, BG.

Après la démonstration de ce lemme, Ptolemée passe à l'évaluation des autres soutendantes; car, reprenant le demi-cercle ABGD décrit sur le diamètre AD, (Fig. 47.) et menant per les extrémités du diamètre les deux droites données AB, AG, puis joignant BG, il dit que cette dernière droite est donnée par ce moyen. Ce qui est vrai; car, joignant encore BD et GD, il dit que ABGD est un quadrilatère inscrit au cercle. Donc le rectangle de AG par BD est égal aux deux rectangles de AB par GD, et de AD par BG. Et puisque AB et AG sont données, BD et GD sont aussi données, parce qu'elles soutendent les restes du demi-cercle. Or le diamètre AD est donné, donc les cinq droites AB, AG, BD, GD, AD, sont aussi données. Et puisque le rectangle de AG par BD est égal à la somme des deux rectangles AB par GD, et AD par BG, si du rectangle donné AG BD, nous retranchons le rectangle donné AB GD, restera le rectangle AD BG, dont on connoît AD, par conséquent la droite BG deviendra connue.

Nous voyons ainsi clairement que, si deux arcs sont donnés, ainsi que leurs soutendantes, la droite qui soutend la différence des deux arcs, sera aussi donnée. Il est évident que, par ce théorème, nous inscrirons encore bien d'autres droites, et particulièrement la soutendante de l'arc de 12 degrés, puisque nous avons celle de 60 et celle de 72 degrés.

ΒΑ πρὸς τὴν ΑΖ. Τὸ ἄρα ὑπὸ τῶν ΒΔ ΑΖ ἴσον ἐςὶ τῷ ὑπὸ τῶν ΔΓ ΒΑ. Ἐδείχθη δ καὶ τὸ ὑπὸ τοῦ ΒΔ, ΓΖ, ἴσον τῷ ὑπὸ τῶ ΔΑ ΒΓ· τὸ ἄρα ὑπὸ τῶν ΑΓ ΒΔ, ἴσον ἐς συναμφοτέροις τῷ τε ὑπὸ τῶν ΑΒ ΔΓ καὶ τῷ ὑπὸ τῶν ΑΔ ΒΓ.

Ἀποδείξας οὖν τὸ τοιοῦτον λημμάτιον ἑξῆς προσχρῆται αὐτῷ εἰς ἑτέρων εὐθειῶ κατάληψιν. Καὶ ἐκθέμενος πάλιν ἡμικύκλιο τὸ ΑΒΓΔ, περὶ διάμετρον τὴν ΑΔ, καὶ δια γαγὼν ἀπ' ἄκρας τῆς διαμέτρου δύο δεδ μένας εὐθείας τὰς ΑΒ ΑΓ, καὶ ἐπιζεύξα τὴν ΒΓ, φησὶν, λέγω ὅτι καὶ αὐτὴ δέδοτα Ἐπιζεύξας γὰρ πάλιν τήν τε ΒΔ καὶ τὴν ΓΔ ἐρεῖ ὅτι ἐν κύκλῳ τετράπλευρον ἐςὶ τὸ ΑΒΓΔ τὸ ἄρα ὑπὸ τῶν ΑΓ ΒΔ ἴσον ἐςὶ συναμ φοτέροις τῷ τε ὑπὸ τῶν ΑΒ ΓΔ, καὶ τῷ ὑπ τῶν ΑΔ ΒΓ. Καὶ ἐπεὶ δέδονται ἥ τε ΑΒ κ ἡ ΑΓ, δέδονται, ἄρα καὶ αἱ ΒΔ, ΓΔ, δ τὸ λειπεῖν αὐτὰς εἰς τὸ ἡμικύκλιον. Δέδοτ δὲ καὶ ἡ ΑΔ διάμετρος, δέδονται ἄρα αἱ αἱ ΑΒ, ΑΓ, ΒΔ, ΓΔ, ΑΔ. Καὶ ἐπεὶ τὸ ὑ τῶν ΑΓ ΒΔ ἴσον ἐςὶ συναμφοτέροις τῷ ὑπὸ τῶν ΑΒ ΓΔ, καὶ τῷ ὑπὸ τῶν ΑΔ Β κἂν ἀπὸ τοῦ ὑπὸ τῶν ΑΓ ΒΔ δεδομένου ἕλωμεν τὸ ὑπὸ τῶν ΑΒ ΓΔ δεδομένο καταλειφθήσεται καὶ λοιπὸν τὸ ὑπὸ τῶν Α ΒΓ δεδομένον, καὶ δέδοται ἡ ΑΔ· δέδοτ ἄρα καὶ ἡ ΒΓ εὐθεῖα.

Καὶ φανερὸν ἡμῖν γέγονε ὅτι ἐὰν δοθῶ δύο περιφέρειαι, καὶ αἱ ὑπ' αὐτὰς εὐθεῖα καὶ ἡ τὴν ὑπεροχὴν τῶν δύο περιφερει ὑποτείνουσα εὐθεῖά δοθήσεται. Δῆλον δὲ δ διὰ τούτου τοῦ θεωρήματος ἄλλας τε ο ὀλίγας εὐθείας ἐγγράψομεν, καὶ δὴ καὶ τ ὑπὸ τὰς ιϛ μοίρας, ἐπειδήπερ ἔχομεν τ ὑπὸ τὰς ξ, καὶ τὴν ὑπὸ τὰς οϛ,

Φανερὸν δέ φησιν ὅτι διὰ τούτου τοῦ
λημματίου ἄλλας τε οὐκ ὀλίγας εὐθείας εἰς
τὸν κανόνα ἐγγράψομεν, καὶ δὴ καὶ τὰς
ὑπὸ τὰς τῶν δεδομένων περιφερειῶν, ὧν αἱ
ὑπ' αὐτὰς εὐθεῖαι δέδονται, ὑπεροχὰς ὑποτεινούσας εὐθείας. Διαγαγόντες γὰρ πάλιν ἀπ'
ἄκρας τῆς διαμέτρου τὴν ὑποτείνουσαν τὰς
λς μοίρας τῆς περιφερείας, καὶ τὴν τὰς ξ,
εὑρήσομεν καὶ τὴν ὑποτείνουσαν τὴν ὑπεροχὴν αὐτῶν, τουτέςι τὰς κδ. Καὶ πάλιν
διαγαγόντες τὴν ὑποτείνουσαν τὰς κδ καὶ
τὰς οβ, εὑρήσομεν καὶ τὴν ὑποτείνουσαν
τὴν ὑπεροχὴν αὐτῶν τὰς μη. Καὶ πάλιν
διαγαγόντες τὴν ὑπὸ τὰς μη, καὶ τὴν ὑπὸ
τὰς ϟ, εὑρήσομεν καὶ τὴν ὑποτείνουσαν τὰς
μβ, καὶ ὁμοίως πλείςας εὑρήσομεν. Καὶ δὴ,
ὡς ἔφη, καὶ τὴν ὑπὸ τὰς ιβ μοίρας τῆς
περιφερείας ὑποτείνουσαν εὐθεῖαν, ἐπειδήπερ
ἔχομεν τὴν ὑπὸ τὰς ξ, καὶ τὴν ὑπὸ τὰς
οβ. Ἐπὶ γὰρ τῆς αὐτῆς καταγραφῆς ὑπο-
θέμενος τήν τε ΑΒ τοῦ ἐξαγώνου πλευρὰν,
τμημάτων οὖσαν ξ, οἵων ἡ διάμετρος ρκ,
ὑποτείνουσαν δὲ περιφέρειαν μοιρῶν ξ, οἵων
ὁ κύκλος τξ, καὶ τὴν ΑΓ τοῦ πενταγώνου
πλευρὰν, τμημάτων οὖσαν ō λβ γ'', ὑποτείνουσαν δὲ τὴν ΑΒΓ περιφέρειαν μοιρῶν
οβ, λέγω, φησίν, ὅτι καὶ ἡ ΒΓ εὐθεῖα δέδοται, ἥτις ὑποτείνει περιφέρειαν μοιρῶν ιβ,
ὑπεροχὴν οὖσαν τῶν οβ πρὸς τὰς ξ. Ἐπεὶ
γὰρ ἐν κύκλῳ τετράπλευρόν ἐςι τὸ ΑΒΓΔ,
τὸ ἄρα ὑπὸ τῶν ΑΓ, ΒΔ διαγωνίων, ἴσον
ἐςὶ συναμφοτέροις τῷ τε ὑπὸ τῶν ΑΒ ΓΔ,
καὶ τῷ ὑπὸ τῶν ΑΔ ΒΓ, τουτέςι τῆς ἀπεναντίον. Καὶ ἔςι τὸ μὲν ὑπὸ τῶν ΑΓ, ΒΔ
διαγωνίων ζτλ ζ λδ''. Ἐπειδήπερ ἡ μὲν
ΑΓ εὐθεῖα τμημάτων ἐςὶν ō λβ γ'', ὑπο-



Il est clair, continue-t-il, que nous pourrons insérer dans la table des soutendantes, d'autres droites qui ne sont pas en petit nombre, savoir celles qui soutendent les différences des arcs donnés dont les soutendantes sont données; car, menant encore depuis l'extrémité du diamètre la soutendante de l'arc de 36 degrés, et celle de 60, nous trouverons la soutendante de leur différence, c'est-à-dire celle de 24 degrés. Et menant encore les soutendantes de 24 et de 72 degrés, nous aurons la soutendante de 48 degrés, qui est celle de leur différence. Puis menant les soutendantes de 48 et de 90, nous obtiendrons celle de 42. Nous trouverons de cette manière la plupart des soutendantes, et particulièrement, dit-il, celle de l'arc de 12 degrés, puisque nous avons celles de 60 et de 72. Car dans cette figure, supposant que AB est le côté de l'hexagone, de 60 des 120 parties du diamètre, et qui soutend l'arc de 60 des 360 parties du cercle, et que AG est le côté du pentagone, de 70 P 32' 3", qui soutend l'arc ABG de 72 degrés, je dis, continue-t-il, toujours, que la droite BG, soutendante de l'arc de 12 degrés, différence de 72 à 60, est donnée. Car, puisque ABGD est un quadrilatère inscrit dans le cercle, le rectangle des diagonales AG, BD, est égal aux deux rectangles AB, GD, et AD, BG, c'est-à-dire aux rectangles faits sur les côtés opposés. Or le rectangle des diagonales est de 7330P 7' 34", puisque la droite AG est de 70 d 32' 3", car elle soutend l'arc de 72 degrés, et que la droite BD est de 103 ᵖ 55' 23" et soutend l'arc de 120 degrés qui, avec 60, complète le demi-cercle; ainsi, le produit de 70 ᵖ 32' 3" par 103 ᵖ 55' 23" fait le nombre ci-dessus 7330 ᵖ 7' 34". Or le rectangle de AB par GD est de 5824 ᵖ 56, parce que AB est de 60 ᵖ, et que GD, soutendante de l'arc GD de 108 degrés de l'arc AG, qui complète le demi-cercle, est de 97 ᵖ 4' 56". (Théon met ici 1" pour les 30''' comme Ptolémée dans sa table des cordes). Le produit de 60 par 97 ᵖ 4' 56", est 5824 ᵖ 4' 56'. Si donc de 7330 ᵖ 7' 34", c'est-à-dire du rectangle AGBD, nous ôtons 5824 ᵖ 56', c'est-à-dire le rectangle ABGD, restera le rectangle ADBG de 1505 ᵖ 11' 34". Mais le diamètre AD est de 120 ᵖ, donc la droite qui soutend l'arc de 12 degrés, sera de 12 ᵖ 32' 36", comme elle est marquée dans la table.

Tout cela étant prouvé, il expose un autre théorème dans lequel il montre comment un arc étant donné, avec la droite qui le soutend, la soutendante de la moitié de cet arc est donnée (F.48). Il décrit encore le demi-cercle ABG sur le diamètre AG, et prenant l'arc BG donné, et la soutendante donnée de cet arc, puis coupant en deux également l'arc BG au point D, et joignant DG, il démontre que cette droite qui soutend la moitié de l'arc donné BG est aussi donnée. En effet, joignant les droites AB, AD, BD, et abaissant de D sur AG, la perpendiculaire DZ, il fait AE égale à AB, et joignant DE, je dis (c'est lui qui parle) que ZG est la moitié de la différence entre AG et AB, cela servant beaucoup à abré-

τείνει γὰρ περιφέρειαν μοιρῶν οβ, ἡ δὲ ΒΔ μοιρῶν ργ νε κγ´´ · ὑποτείνει γὰρ τὰς λειπούσας τῶν ξ εἰς τὸ ἡμικύκλιον ρκ, καὶ γίνεται τὸ ὑπὸ ō λδ´ γ´ , καὶ ργ νε κγ ⌐ τῶν εἰρημένων ζτλ ζ λδ´´. Ἔστι δὲ καὶ τὸ ὑπὸ τῶν ΑΒ ΓΔ, εωκδ νς, διὰ τὸ τὴν μὲν ΑΒ εὐθεῖαν εἶναι ξ, τὴν δὲ ΓΔ ὑποτείνουσαν τὴν ΓΔ περιφέρειαν λείπουσαν τῇ ΑΓ εἰς τὸ ἡμικύκλιον μοιρῶν ρη, τμημάτων εἶναι ϙζ δ´ νς´´. Καὶ γίνεται πάλιν τὸ ὑπὸ ξ καὶ ϙζ δ´ νς´´, εωκδ νς´. Ἐὰν οὖν ἀπὸ τῶν ζτλ ζ λδ´, τουτέστι τοῦ ὑπὸ τῶν ΑΓ ΒΔ ἀφέλωμεν τὰ εωκδ νς´, τουτέστι τὸ ὑπὸ τῶν ΑΒ ΓΔ, καταλειφθήσεται τὸ ὑπὸ τῶν ΑΔ ΒΓ, αφε ια´ λδ´´. Ἀλλ' ἡ ΑΔ διάμετρος ἐστὶν ρκ, καὶ λοιπὴ ἡ ΒΓ εὐθεῖα ὑποτείνουσα περιφέρειαν μοιρῶν ιβ, ἔσται τμημάτων ιβ λβ´ λς´´ ἀκολούθως τῇ τοῦ κανόνος ἐκδόσει.

Τούτου προδειχθέντος, ἑξῆς ἐκτίθεται ἕτερον θεώρημα, ἐν ᾧ ἀποδείκνυσι πῶς ἂν δοθείσης τινὸς περιφερείας, καὶ τῆς ὑπ' αὐτὴν εὐθείας, ἡ τὴν ἡμίσειαν τῆς αὐτῆς περιφερείας ὑποτείνουσα δοθῇ. Καὶ ἐκθέμενος πάλιν ἡμικύκλιον τὸ ΑΒΓ, ἐπὶ διαμέτρου τῆς ΑΓ, καὶ ἀπειληφὼς τὴν ΒΓ περιφέρειαν δοθεῖσαν, καὶ τὴν ὑπ' αὐτὴν περιφέρειαν εὐθεῖαν δοθεῖσαν, καὶ τεμὼν δίχα τὴν ΒΓ περιφέρειαν κατὰ τὸ Δ, καὶ ἐπιζεύξας τὴν ΔΓ, δείκνυσι καὶ ταύτην δεδομένην ὑποτείνουσαν τὴν ἡμίσειαν τῆς δοθείσης περιφερείας τῆς ΒΓ. Ἐπιζεύξας γὰρ τὰς ΑΒ ΑΔ ΒΔ, καὶ κάθετον ἀπὸ τοῦ Δ ἀγαγὼν ἐπὶ τὴν ΑΓ τὴν ΔΖ, ὑποθέμενός τε ἴσην τῇ ΑΒ τὴν ΑΕ, καὶ ἐπι-

ζεύξας τὴν ΔΕ, λέγω φησὶν ὅτι ἡ ΖΓ ἡμίσεια ἐςὶ τῆς ὑπεροχῆς τῆς ΑΓ πρὸς τὴν ΑΒ,
ὡς συντελοῦντος ἐν αὐτῷ τούτου εἰς τὸ πρό-
χειρον τῆς προκειμένης ἀποδείξεως. Ἐπεὶ γὰρ
ἴση ἐςὶν ἡ ΑΒ τῇ ΑΕ, κοινὴ δὲ ἡ ΑΔ, ἀλλὰ
καὶ γωνία ἡ ὑπὸ ΒΑΔ γωνίᾳ τῇ ὑπὸ ΔΑΓ
ἴση, ἐπεὶ καὶ ἡ ΓΔ περιφέρεια τῇ ΔΒ· βάσις
ἄρα ἡ ΒΔ εὐθεῖα, βάσει τῇ ΔΕ ἐςὶν ἴση.
Ἀλλὰ ἡ ΒΔ τῇ ΔΓ ἐςὶν ἴση· καὶ ἡ ΕΔ ἄρα
τῇ ΔΓ ἐςὶν ἴση. Ἰσοσκελὲς ἄρα ἐςὶ τὸ ΔΕΓ
τρίγωνον, καὶ ἐπεὶ ἐν ἰσοσκελεῖ τριγώνῳ ἀπὸ
τῆς κορυφῆς ἐπὶ τὴν βάσιν κάθετος ἦκται
ἡ ΔΖ, ἴση ἐςὶν ἡ ΕΖ τῇ ΖΓ, ἡμίσεια ἄρα
ἡ ΖΓ τῆς ΕΓ. Ἀλλὰ ἡ ΕΓ ὑπεροχή ἐςι τῆς
ΑΓ πρὸς τὴν ΑΒ, καὶ ἡ ΖΓ ἄρα ἡμίσεια
ἐςὶ τῆς τῶν αὐτῶν ὑπεροχῆς. Καὶ ἐπεὶ ὑπόκειται δοθεῖσα ἡ ΒΓ εὐθεῖα, δέδοται δὲ καὶ
ἡ ΒΑ λείπουσα αὐτῇ εἰς τὸ ἡμικύκλιον, τουτ-
ἐςιν ἡ ΑΕ. Δοθείσης δὲ καὶ τῆς διαμέτρου
τῆς ΑΓ, καὶ λοιπὴ ἡ ΕΓ δέδοται, ὥςε καὶ
ἡ ἡμίσεια αὐτῆς ἡ ΖΓ ἔςαι δεδομένη. Καὶ
ἐπεὶ ὀρθή ἐςιν ἡ ὑπὸ ΑΔΓ ἐν ἡμικυκλίῳ οὖσα, ὀρθὴ δὲ καὶ ἡ ὑπὸ ΔΖΓ, καὶ κοινὴ ἡ
ὑπὸ ΑΓΔ τοῦ τε ΑΔΓ ὀρθογωνίου, καὶ τοῦ
ΔΖΓ· καὶ λοιπὴ ἄρα ἡ ὑπὸ ΔΑΓ, λοιπῇ τῇ
ὑπὸ ΓΔΖ ἴση ἐςίν. Ἰσογώνια ἄρα ἐςὶ τὰ
ΑΔΓ, ΔΖΓ τρίγωνα. Ἔςιν ἄρα ὡς ἡ ΑΓ
πρὸς τὴν ΓΔ, οὕτως ἡ ΔΓ πρὸς τὴν ΓΖ·
αἱ τρεῖς ἄρα εὐθεῖαι, αἱ ΑΓ, ΓΔ, ΓΖ,
ἀνάλογόν εἰσι. Τὸ ἄρα ὑπὸ τῶν ΑΓ ΓΖ,
ἴσον ἐςὶ τῷ ἀπὸ τῆς ΔΓ. Καὶ ἐπεὶ δέδοται
ἡ ΑΓ, δέδοται δὲ καὶ ἡ ΓΖ· δέδοται ἄρα
τὸ ὑπὸ τῶν ΑΓ ΓΖ, ὥςε καὶ τὸ ἀπὸ τῆς
ΓΔ δέδοται, καὶ αὐτὴ ἡ ΓΔ ἔςαι δεδομένη
μήκει, ἥτις ὑποτείνει τὴν ἡμίσειαν τῆς ΒΓ
περιφερείας δοθείσης, καὶ φησί.

Καὶ διὰ τούτου δὴ πάλιν τοῦ θεωρήματος,

ger la démonstration. Car puisque AB est
égale à AE, et que AD est commune, l'angle BAD étant égal à l'angle DAG, par la
raison que l'arc GD est égal à l'arc DB, il
s'ensuit que la base qui est la droite BD est
égale à la base DE: Mais BD est égale à
DG, donc ED est égale à DG. Par conséquent le triangle DEG est isoscèle; et
comme par la perpendiculaire DZ abaissée du sommet du triangle isoscèle, EZ
est égal à ZG, il s'ensuit que ZG est la
moitié de EG. Mais EG est la différence
entre AG et AB, donc ZG est la moitié de
cette différence, et puisque la droite BG
est supposée donnée, la droite BA qui est
la soutendante du supplément de son arc
au demi-cercle, c'est-à-dire la droite AE
est aussi donnée. Mais le diamètre AG étant
donné, sa portion EG qui est l'autre droite
est aussi donnée, donc ZG qui en est la
moitié sera donnée. Et puisque l'angle
ADG dans le demi-cercle est droit, et que
l'angle DZG est droit aussi, l'angle AGD
étant commun aux triangles rectangles ADG
et DZG, il s'ensuit que l'angle DAG est
égal à l'angle GDZ. Donc les triangles
ADG, DZG sont équiangles. Par conséquent, comme AG est à GD, ainsi DG est
à GZ. Les trois droites AG, GD, GZ sont
donc en proportion. C'est pourquoi le rectangle ADGZ est égal au carré de DG. Et
puisque AG est donné, et que GD est aussi
donné, on aura donc le rectangle de AG
et GZ, et par conséquent le carré de GD,
et GD qui soutend la moitié de l'arc BG
donné, sera donné de longueur.

Ptolemée dit ensuite que ce théorème

servira à prendre nombre d'autres soutendantes, et le reste. Mais voici comme
nous démontrons que AZ est plus grande
que AB, c'est-à-dire que AE étant
prise depuis A égale à AB, le point Z est
entre E et G. Joignons ZB. Puisque GD
est plus grande que DZ, et que GD est
égale à DB, la droite BD est donc plus
grande que la droite DZ. Par conséquent
l'angle BZD est plus grand que l'angle
DBZ, et puisque l'angle ABD compris
dans moins que le demi-cercle, est plus
grand que l'angle droit DZA, de la quantité dont l'angle DBZ est plus petit que
l'angle BZD, il s'ensuit que l'autre angle
ABZ est beaucoup plus grand que l'angle
AZB, ainsi le côté AZ est plus grand que
le côté AB, c'est-à-dire que AE. Or on
trouve de la manière suivante, par le calcul, que la soutendante de 1 ½ degré, est
d'environ 1 ᵖ 34′ 15″ des 120 parties du
diamètre, et celle de ½ ¼ de 0 ᵖ 47′ 8″ des
mêmes parties, à très-peu près.

(Fig. 48). Car supposons que, d'après ce
même théorème, on ait trouvé par la soutendante de 12 degrés, celle de 6 et celle
de 3; que celle de 3 degrés soit, comme
elle est marquée dans la table, de 3 ᵖ 8′ 28″,
et qu'il s'agisse de trouver par le calcul la
soutendante de 1 ᵈ ½, telle qu'elle est marquée de 1ᵖ 34′ 15″, dans la table. Supposons donc l'arc BDG de 3 degrés; et la
soutendante = 3 ᵖ 8′ 28″. La droite AB
qui soutend les 177 degrés restants du
demi-cercle sera, comme dans la table, de
119 ᵖ 57′ 32″, valeur de AE, la portion
restante EG sera de 2′ 28″, et sa moitié
sera 1′ 14″. Or le diamètre AG est de
120 ᵖ, donc le rectangle AG GZ, c'est-à-
dire le carré de DG, sera de 2 ᵖ 28′, par

καὶ ἄλλαι τε πλεῖςαι ληφθήσονται, καὶ τὰ
ἑξῆς. Ὅτι δὲ μείζων ἐςὶν ἡ ΑΖ τῆς ΑΒ,
τουτέςιν ὅτι ἀπὸ τοῦ Α τῇ ΑΒ ἴσης τιθεμένης
τῆς ΑΕ, τὸ Ζ μεταξὺ τῶν Ε Γ πίπτει, δείξομεν οὕτως. Ἐπεζεύχθω ἡ ΖΒ· καὶ ἐπεὶ μείζων ἐςὶν ἡ ΓΔ τῆς ΔΖ, ἴση δὲ ἡ ΓΔ τῇ
ΔΒ· μείζων ἄρα καὶ ἡ ΒΔ τῆς ΔΖ, ὥςε
καὶ γωνία ἡ ὑπὸ ΒΖΔ μείζων ἐςὶ τῆς ὑπὸ
ΔΒΖ. Καὶ ἐπεὶ ἡ ὑπὸ ΑΒΔ γωνία ἐν ἐλάσσονι
οὖσα ἡμικυκλίου, μείζων ἐςὶ τῆς ὑπὸ ΔΖΑ
ὀρθῆς, ὧν ἡ ὑπὸ ΔΒΖ ἐλάττων ἐςὶ τῆς
ὑπὸ ΒΖΔ, λοιπὴ ἄρα ἡ ὑπὸ ΑΒΖ πολλῷ μείζων
ἐςὶ τῆς ὑπὸ ΑΖΒ, ὥςε καὶ πλευρὰ ἡ ΑΖ
πλευρᾶς τῆς ΑΒ, τουτέςι τῆς ΑΕ μείζων
ἐςίν. Εὑρίσκεται δὲ ἐκ τῶν ἐπιλογισμῶν ἡ μὲν
τὴν ᾱ ϛ″ μοῖραν ὑποτείνουσα εὐθεῖα τοιούτων ᾱ λδ′ ιε″ ἔγγιςα, οἵων ἐςὶν ἡ διάμετρος
ρκ̄, ἡ δὲ ὑπὸ τὴν ϛ″ δ′ τῶν αὐτῶν ο̄ μδ′
η″ ἔγγιςα τὸν τρόπον τοῦτον.

Ἔςω γὰρ διὰ τοῦ αὐτοῦ θεωρήματος
ἐκ τῆς ὑπὸ τὰς ιβ̄ μοίρας εὑρεθεῖσα, ὡς
ἔφαμεν, ἥ τε ὑπὸ τὰς ϛ καὶ ἡ ὑπὸ τὰς γ·
Καὶ ἔςω ἡ ὑπὸ τὰς γ̄ μοίρας ὑποτείνουσα εὐθεῖα, καθὼς ἐν τῷ κανόνι ἔγκειται,
τμημάτων γ̄ η′ κη″, καὶ δέον ἔςω εὑρεῖν
ἡμᾶς διὰ τῶν ἐπιλογισμῶν τὴν ὑπὸ τὴν ᾱ
ϛ″, καθάπερ αὐτὸς ἐξέθετο τμημάτων οὖσαν
ᾱ λδ′ ιε″. Ὑποκείσθω οὖν ἡ ΒΓΔ περιφέρεια
μοιρῶν γ, καὶ ἡ ὑπ' αὐτὴν εὐθεῖα γ η′ κη″,
ἔςαι ἄρα καὶ ἡ ΑΒ εὐθεῖα ὑποτείνουσα τὰς
λειπούσας εἰς τὸ ἡμικύκλιον μοίρας ροζ,
διὰ τῶν αὐτῶν κατειλημμένη, καθὼς καὶ ἡ
τοῦ κανόνος ἔκθεσις περιέχει ριθ νζ′ λβ″, τουτέςιν ἡ ΑΕ, καὶ λοιπὴ πάλιν ἡ ΕΓ ἔςαι ο̄
β′ κη″, ἡ δὲ ΖΓ ἡμίσεια αὐτῆς οὖσα ο̄ α′
ιδ″. Ἔςι δὲ καὶ ἡ ΑΓ διάμετρος ρκ· τὸ ἄρα
ὑπὸ τῶν ΑΓ, ΓΖ, τουτέςι τὸ ἀπὸ τῆς ΔΓ,

συναχθήσεται μοιρῶν β κη΄. Καὶ μήκει ἄρα ἡ ΔΓ ἔςαι ā λδ΄ ιε΄΄ εὑρημένη κατὰ τὴν προεκτεθειμένην ἡμῖν μέθοδον.

Οὕτως διαγράψας τετράγωνον χωρίον, ἀφαιρῶ ἐξ αὐτοῦ ἔλασσον τετράγωνον, οὗ ἡ πλευρὰ μοίρας ἐςὶ ā, καὶ τὸ ἐμβαδὸν ὁμοίως μοίρας α· οὗτος γὰρ ὁ ἀριθμὸς ἐςὶν ἔγγιςα ἐλάσσων τετράγωνος τοῦ ἀριθμοῦ, οὗ ἡ τετραγωνικὴ ζητεῖται πλευρά. Καὶ ἀφαιρῶ τὴν μοῖραν ἐκ τῶν β κη, τὴν λοιπὴν μοῖραν ā ἀναλύω εἰς ἑξηκοςὰ πρῶτα ξ. Τούτοις προςίθημι καὶ τὰ κη· γίνονται ὁμοῦ πη΄. Ταῦτα μερίζω περὶ τὸν διπλασίονα τῆς ā μοίρας, τουτέςι τὸν β, καὶ γίνεται ὁ μερισμὸς περὶ τὸν λδ΄. Δὶς δὲ τὰ λδ΄, γίνονται ξη, ὧν ἀφαιρουμένων ἐκ τῶν πη, καταλείπονται ἑξηκοςὰ πρῶτα κ΄, καὶ ἀναλύων αὐτὰ εἰς δεύτερα, τὰ γινόμενα ἑξηκοςὰ δεύτερα ας, ἀφαιρῶ ἀπὸ τούτων τὸν ἀπὸ τῶν λδ΄ πρώτων ἑξηκοςῶν τετράγωνον γινόμενον β ἑξηκοςῶν αρνς΄΄, καὶ καταλείπονταί μοι β ἑξηκοςὰ μδ΄΄. Καὶ πάλιν μερίζω ταῦτα περὶ τὸν διπλασίονα τῆς ā μοίρας, καὶ τῶν λδ΄ πρώτων ἑξηκοςῶν, τουτέςι περὶ μοίρας γ̄ ἑξηκοςὰ πρῶτα η΄, καὶ γίνεται ὁ μερισμὸς περὶ τὸν ιε΄ ἔγγιςα, καὶ εὕρηταί μοι ἡ τὴν ā ς΄΄ μοῖραν τῆς περιφερείας ὑποτείνουσα εὐθεῖα τμημάτων ā λδ΄ ιε΄΄ ἔγγιςα. Καὶ ὁμοίως τοῖς αὐτοῖς ἐπιλογισμοῖς καταχρώμενοι, εὑρήσομεν καὶ τὴν ὑπὸ ς΄΄ δ· τῆς περιφερείας ὑπατείνουσαν εὐθεῖαν, ō μζ΄ η΄΄ ἔγγιςα οὕτως. Ἀπειλήφθω γὰρ πάλιν ἡ ΒΓΔ περιφέρεια μοίρας ā ς΄΄, καὶ ἐπεζεύχθω ἡ ΒΓ δεδειγμένη τμημάτων ā λδ΄ ιε΄΄. Ἐὰν ἄρα ἀπὸ τῶν μυρίων αδυ τοῦ ἀπὸ τῆς διαμέτρου ἀφέλω τὸ ἀπὸ τῆς ΒΓ συναγόμενον β κη΄ γ΄΄, τῶν λοιπῶν μυρίων ā δτ ςζ΄ λα΄

conséquent la droite DG vaudra 1 ᵖ 34′ 15″, suivant la méthode exposée ci-dessus.

Traçant donc un espace carré (Fig. 49), j'en retranche le carré contenu dans ce nombre. Le côté en est 1, et la surface 1 également. Car c'est-là le carré le plus voisin et moindre que le nombre dont nous cherchons le côté radical (la racine carrée). Je retranche 1ᵖ de 2ᵖ 28′; je réduis l'unité restante en 60 primes auxquelles j'ajoute les 28′, la somme est 88′ que je divise par le double de 1 ᵖ, c'est-à-dire par 2; le quotient étant 34′, deux fois 34′ donnent 68′ qui, retranchés de 88″, laissent 20 primes. Je réduis ces 20′ en 1200 secondes, j'en retranche le carré 1156″ de 34′, et il me reste 44″. Je divise encore ce dernier nombre par le double de 1ᵖ 34′, c'est-à-dire par 3ᵖ 8′. Le quotient est à peu près 15 (par le diviseur 3 seulement), et je trouve par ce moyen que la droite qui soutend 1 ½ degré de la circonférence du cercle est de 1 ᵖ 34′ 15″ à très-peu près. Nous trouverons aussi, par les mêmes calculs, que la soutendante de l'arc de ½ ¼ de degré est à peu près de 47′ 8″, car faisons actuellement l'arc BDG de 1 ½ degré, et joignons BG qui vient d'être démontrée valoir 1 ᵖ 34′ 15″. Si du carré 14400 des parties du diamètre, je retranche le carré 2ᵖ 28′ 3″, des parties de BG, restent 14397 ᵖ 31′ 57″, carré de la soutendante BA, c'est-à-dire de AE, dont la longueur est, par conséquent, de 119 ᵖ 59′ 22″ 59‴, la portion restante EG vaudra donc 0 ᵖ 0′

37″ 1‴; et sa moitié ZG, 18″ 3o‴ 3o⁗. Mais le rectangle de AG par GZ, c'est-à-dire le carré de DG est de (il y a ici une faute dans le grec qui met 2071, ainsi que Viviani) 2221′, par conséquent la longueur de cette droite est de 47′ 7″ 39‴, que Ptolemée exprime d'une manière approximative par 47′ 8″.

Il donne ensuite un autre théorème qui lui sert pour la composition des nombres de sa table. Il l'appelle le théorème de l'opération par composition, et il y démontre que si deux arcs sont donnés avec leurs soutendantes, la droite qui soutend leur somme sera aussi donnée. C'est en quelque sorte l'inverse du théorème précédent, pas en tout cependant; car dans l'un prenant l'arc donné et sa soutendante, et coupant l'arc en deux portions égales, il a montré la valeur de la soutendante de la moitié de l'arc entier. Mais ici en prenant les arcs particuliers leurs soutendantes, il donne la valeur de la soutendante de l'arc entier. Ce théorème-ci et l'inverse de l'autre ont donc cela de différent, que celui-ci opère sur des arcs inégaux et des soutendantes inégales.

Prenant donc le cercle ABGD décrit sur le diamètre et autour du centre Z (Fig. 5o), et prenant depuis l'extrémité A du diamètre deux arcs quelconques AB, BG données, moindres que la demi-circonférence et dont les soutendantes sont données, je dis, ce sont les paroles de Ptolemée, que la soutendante de la somme des deux arcs, c'est-à-dire la droite AG est donnée. Car tirant du point B le diamètre BZE, et joignant BD, DE, GE, GD, de ce que AB est donnée, il suit que BD l'est aussi. Mais la droite BG

νζ″, ἔςαι τὸ ἀπὸ τῆς ΒΑ, τουτέςι τὸ ἀπὸ τῆς ΑΕ, αὐτὴ δὲ μήκει ἔςαι ριθ νθ′ κϛ″ νθ‴, καὶ λοιπὴ ἡ ΕΓ, ō ō λζ′ α″, ἡ δὲ ἡμίσεια αὐτῆς ἡ ΖΓ ō ō ιη″ λ‴ λ⁗. Τὸ δὲ ὑπὸ τῶν ΑΓ, ΓΖ, τουτέςι τὸ ἀπὸ τῆς ΔΓ, ἑξηκος ᾱ β βο″ α‴, καὶ μήκει αὐτὴν τὴν ΔΓ τῶν εἰρημένων ō μζ ϛ′ λθ″, ἃ φησὶν αὐτὸς ō μζ′ η″ ἔγγιςα.

Ἑξῆς δὲ πάλιν ἐκτίθεται θεώρημα ἕτερον, συντελοῦν αὐτῷ πρὸς τὴν σύνθεσιν τῶν ἐν τῷ κανόνι, ὃ καλεῖται κατὰ σύνθεσιν, ἐν ᾧ ἀποδεικνύει ὅτι ἐὰν δοθῶσι β περιφέρειαι, καὶ αἱ ὑπ' αὐτὰς εὐθεῖαι, καὶ ἡ συναμφοτέρας τὰς περιφερείας ὑποτείνουσα δοθήσεται· ἔχον μὲν οἰκειότητα τινὰ ἀντιςροφῆς πρὸς τὸ πρὸς ἑαυτοῦ, οὐ καθόλου δέ. Ἐκεῖ μὲν γὰρ λαμβάνων τὴν περιφέρειαν δεδομένην, καὶ τὴν ὑπ' αὐτὴν εὐθεῖαν, τέμνων τὴν περιφέρειαν δίχα, ἐδείκνυε τὴν ὑποτείνουσαν τὸ ϛ τῆς ὅλης περιφερείας. Ἐνθάδε δὲ λαμβάνων τὰς κατὰ μέρος περιφερείας καὶ τὰς ὑπ' αὐτὰς εὐθείας, δείκνυσι τὴν ὑποτείνουσαν τὴν ὅλην περιφέρειαν. Παραλλάττει οὖν πρὸς τὴν ἀντιςροφὴν, τῷ καὶ ἀνίσους τὰς περιφερείας δηλαδὴ καὶ τὰς εὐθείας ἐπὶ τούτου λαμβάνεσθαι.

Ἐκθέμενος οὖν πάλιν κύκλον τὸν ΑΒΓΔ, περὶ διάμετρον τὴν ΑΔ, οὗ κέντρον τὸ Ζ, καὶ ἀπειληφὼς ἀπ' ἄκρας τῆς διαμέτρου κατὰ τὸ Α δύο τυγχανούσας περιφερείας τὰς ΑΒ ΒΓ, δοθείσας συναμφοτέρας ἐλάσσονας ἡμικυκλίου, ὧν καὶ αἱ ὑποτείνουσαι εὐθεῖαι δοθεῖσαι εἰσί. Λέγω δὴ φησὶ ὅτι καὶ ἡ συναμφοτέρας τὰς περιφερείας ὑποτείνουσα, τουτέςιν ἡ ΑΓ εὐθεῖα δέδοται. Διαγαγὼν γὰρ ἀπὸ τοῦ Β διάμετρον τὴν ΒΖΕ, καὶ ἐπιζεύξας τὰς ΒΔ, ΔΕ, ΓΕ, ΓΔ, ἑξῆς ἐρεῖ, δέδοται ἡ ΑΒ, καὶ λοιπὴ ἡ ΒΔ δέδοται. Δέδοται δὲ καὶ ἡ ΒΓ εὐθεῖα· δέδοται ἄρα καὶ ἡ ΓΕ, διὰ τὸ λείπειν εἰς τὸ περὶ τὴν ΒΕ, καὶ διάμετρον ἡμικύκλιον. Καὶ ἐπεὶ ἐν κύκλῳ τετράπλευρόν ἐςι τὸ ΓΒΔΕ, καὶ διηγμέναι εἰσὶν ἐν αὐτῷ δύο διαγώνιοι αἱ ΒΔ, ΓΕ δεδομέναι, δέδοται τὸ ὑπὸ τῶν ΒΔ, ΓΕ, δέδοται δὲ καὶ τὸ ὑπὸ τῶν ΒΓ, ΔΕ, καὶ λοιπὸν ἄρα τὸ ὑπὸ τῶν ΒΕ, ΓΔ δέδοται. Καὶ δέδοται ἡ ΒΕ διάμετρος, καὶ λοιπὴ ἡ ΓΔ. Δέδοται δὲ καὶ ἡ ΑΔ διάμετρος· καὶ ἡ ΑΓ ἄρα δέδοται, διὰ τὸ λείπειν αὐτοῦ εἰς τὸ ἡμικύκλιον

Λέγω δὴ ὅτι κἂν συναμφότερος ἥ τε ΑΒ περιφέρεια καὶ ἡ ΒΓ μείζων ᾖ ἡμικυκλίου, δοθήσεται ἡ ΑΓ εὐθεῖα. Ὡς γὰρ ἐπὶ τῆς ἐνταῦθα καταγραφῆς διαχθείσης τῆς ΒΖΔ διαμέτρου, καὶ ἐπιζευχθεισῶν τῶν ΑΔ ΔΓ, ἐπεὶ δέδοται ἡ ΒΓ, δέδοται καὶ ἡ ΓΔ. Καὶ ὁμοίως δεδομένης τῆς ΒΑ, δέδοται καὶ ἡ ΑΔ. Καὶ ἐπεὶ ἐν κύκλῳ τετράπλευρόν ἐςι τὸ ΒΑΔΓ, δέδοται ἄρα καὶ τὸ ὑπὸ τῶν ΒΔ ΑΓ, καὶ δέδοται ἡ ΒΔ διάμετρος, δέδοται ἄρα καὶ ἡ ΔΓ. Ὥςε καὶ καθόλου, ἐὰν δοθῶσι τινὲς οὕτω περιφέρειαι καὶ αἱ ὑπ᾽ αὐτὰς εὐθεῖαι, καὶ ἡ συναμφοτέρας τὰς περιφερείας ὑποτείνουσα δοθήσεται, διὰ τοῦ τοιούτου θεωρήματος.

Φανερὸν δὴ ὅτι συντιθέντες ἀεὶ μετὰ τῶν προεκτεθειμένων πασῶν, καὶ τὸ ἑξῆς. Καὶ φανερὸν, φησὶν, ὡς ὅτι ἔχοντες ἐκ τοῦ τῆς διχοτομίας θεωρήματός τὴν ὑπὸ τὴν ᾱ ϛ" μοῖραν καὶ τὴν ὑπὸ τὰς γ̄, ἐὰν ἑξῆς τῆς ὑπὸ τὰς γ̄ ἐγγράψωμεν τὴν ὑπὸ τὴν ᾱ ϛ", ἀκολούθως τῷ προκειμένῳ θεωρήματι ἐπιλογιζόμενοι, τὴν τὰς συντεθειμένας ὑφ᾽ ἓν

est donnée, donc l'arc GE l'est aussi, parce que c'est la soutendante du reste du demi-cercle appuyé sur le diamètre BD. Puisque BGDE est un quadrilatère inscrit au cercle, dont les diagonales sont BD et GE, et que le rectangle BG, DE est donné, il s'ensuit que le rectangle BE, GD, est aussi donné; mais le diamètre BE est donné, ainsi que GD, et le diamètre AD est donné, donc la soutendante AG est aussi donnée, puisqu'elle est la corde de l'arc qui complète le demi-cercle.

Or je dis que si la somme de l'arc AB et de l'arc BG est plus grande que le demi-cercle, la droite AG sera donnée. En effet menant, comme dans la présente figure 51, le diamètre BZD, et joignant les droites AD, DG, puisque BG est donnée, GD est aussi donnée, et pareillement étant donnée BA, AD est aussi donnée. Et puisque BA × DG est un quadrilatère inscrit dans le cercle, il s'ensuit que le rectangle de BD par AG est donné. Or le diamètre BD est donné, donc la droite DG est aussi donnée. Ainsi généralement, quand de tels arcs sont donnés avec leurs soutendantes, la soutendante de la somme de ces deux arcs sera aussi donnée par une suite de ce théorème.

« Il est évident qu'en ajoutant toujours à toutes les soutendantes précédentes, celle de 1 ½ degré », c'est-à-dire qu'ayant, par le théorème de division, la soutendante de 1 ½ degré, et celle de 3, si à la suite de celle de 3 nous inscrivons celle de 1 ½, en calculant d'après le théorème précédent, nous trouverons la droite qui soutend la somme de ces arcs, et nous n'en aurons fait qu'une, c'est-à-dire la soutendante de 4 ½, et celle de 175 ½ degrés. Mais ayant déjà celle de 6 par la division de celle de 12; et avec celle de 6, celle de 174, nous aurons encore par composition celle qui les soutend, c'est-à-dire celle de 7 ½, et celle de 172 ½; pareillement, ayant celle de 72 ½, et la combinant avec celle de 1 ½, nous trouverons celle de 9, et de même celle de 171. Puis ajoutant toujours à la suite les unes des autres, celle de 1 ½ à celles qui déjà sont prises, nous trouverons les soutendantes des arcs qui croissent par 1 ½ degré.

« Nous inscrirons sans peine toutes celles qui, rendues doubles, seront divisibles par 3 ». Ptolemée a voulu dire par là, que nous inscrirons ces arcs, non dans le cercle, mais dans la table. Cela est clair d'après les connoissances que nous avons de ces droites; car ce ne sont pas celles-ci qui, devenues doubles, sont divisibles par 3, mais les arcs qui se sont accrus par l'addition de l'arc de 1 ½ degré. Il les a inscrits dans la table avec leurs soutendantes respectives. Il a voulu désigner par l'expression générale, *divisibles par 3*, tous les arcs accrus de 1 ½ degré, desquels il a pris les cordes, de la manière qui a été expliquée; il a dit ceux qui ont un tiers. En effet, tous ces arcs sont les seuls qui, pris deux fois, soient divisibles par 3 sans fraction. Comme 6, double de 3, a pour tiers 2, de même 9, double de 4 ½, a pour tiers 3 ; et par conséquent aussi ceux que nous avons trouvés les premiers, et que nous avons dit être dans le demi-cercle, du nombre de ceux qui croissent par addition de 1 ½. Car, prenant l'arc de 1 ½ degré et le doublant, nous avons un produit dont le tiers est un

περιφερείας ὑποτείνουσαν εὐθεῖαν, τουτέστι τὴν ὑπὸ τὰς δ̅ ϛ″ εὑρήσομεν· καὶ ἔτι τὴν ὑπὸ τὰς ρ̅οε ϛ″. Ἔχοντες δὲ καὶ τὴν ὑπὸ τὰς ϛ̅ ἐκ τῆς διχοτομίας τῶν ιϐ̅, προεκτεθειμένην. Διὰ δὲ ταύτην, καὶ τὴν ὑπὸ τὰς ρ̅οδ, ἕξομεν πάλιν καὶ τὴν ὑποτείνουσαν αὐτὰς κατὰ σύνθεσιν, τουτέστι τὴν ὑπὸ τὰς ζ̅ ϛ″, καὶ ἔτι πάλιν τὴν ὑπὸ τὰς ρ̅οϐ ϛ″, Καὶ ὁμοίως ἔχοντες τὴν ὑπὸ τὰς ζ ϛ″, καὶ συντιθέντες τὴν ὑπὸ τὴν ᾱ ϛ″, εὑρήσομεν τὴν ὑπὸ τὰς θ̅, καὶ ὁμοίως τὴν ὑπὸ τὰς ρ̅οα καὶ ἑξῆς ἀκολούθως συντιθέντες ἀεὶ ταῖς προκαταλημμέναις τὴν ὑπὸ τὴν ᾱ ϛ″, εὑρήσομεν τὰς κατὰ παραύξησιν τῆς ᾱ ϛ″.

Πάσας ἁπλῶς ἐγγράψομεν, ὅσαι δὶς γενόμεναι, τρίτον μέρος ἕξουσι. Τὸ μὲν ἐγγράψομεν, οὐκ εἰς τὸν κύκλον εἴρηκε τὰς εὐθείας, ἀλλ' εἰς τὸν κανόνα τὰς περιφερείας. Δῆλον δὲ καὶ ἐκ τῆς τῶν εὐθειῶν καταλήψεως· οὐ γὰρ αὗται διπλασιαζόμεναι, τρίτον μέρος ἔχουσιν, ἀλλ' αἱ περιφέρειαι αἱ κατὰ παραύξησιν τῆς ᾱ ϛ″ μοίρας. Ἐνέγραφε δὲ αὐτὰς εἰς τὸν κανόνα μετὰ καὶ τῶν ὑπ' αὐτὰς εὐθειῶν. Τὸ δὲ ὅσαι δὶς γενόμεναι τρίτον μέρος ἕξουσι, κοινῇ τινι καὶ μιᾷ ὀνομασίᾳ βουλόμενος δηλῶσαι πάσας τὰς περιφερείας τὰς κατὰ παραύξησιν τῆς ᾱ ϛ″ μοίρας, ὧν καὶ τὰς εὐθείας τὸν εἰρημένον τρόπον κατείληφε, ταύτῃ κατεχρήσατο. Αὗται γὰρ μόναι πᾶσαι δὶς γενόμεναι τρίτον μέρος ἔχουσι, μὴ διαιρουμένης τῆς μονάδος, οἷον αἱ τρεῖς διπλασιασθεῖσαι καὶ γενόμεναι ϛ̅, τρίτον μέρος ἔχουσι τὰς β̅, καὶ ὁμοίως αἱ δ̅ ϛ″ διπλασιασθεῖσαι καὶ γενόμεναι θ̅, τρίτον μέρος ἔχουσι τὰς γ̅, καὶ ἑξῆς ἀκολούθως, καὶ αἱ ἐξ ἀρχῆς εὑρεθεῖσαι καὶ εἰρημέναι ἡμῖν ἐνοῦσαι εἰς τὸ ἡμικύκλιον τῶν κατὰ παραύξησιν εἰσὶ τῆς ᾱ ϛ" μοίρας. Προσλαμβάνουσαι γὰρ τὴν ᾱ ϛ", καὶ διπλασιαζόμεναι, τρίτον μέρος ἔχουσιν. Ὡς αἱ λϛ̄, καὶ ξ, καὶ ο̄β, καὶ ϟ, καὶ ρη̄, καὶ ρκ̄, καὶ ρμδ, καὶ ἔτι αἱ ἐκ τῆς διχοτομίας, καὶ αἱ λοιπαί· διὸ καὶ φησί· Συντιθέντες ἀεὶ μετὰ τῶν προεκτεθειμένων πασῶν, τὴν ὑπὸ τὴν ᾱ ϛ" μοῖραν, καὶ τὰς συναπτομένας ἐπιλογιζόμενοι, πάσας ἁπλῶς ἐγγράψομεν, ὅσαι δὶς γενόμεναι τρίτον μέρος ἕξουσι, καὶ μόναι ἔτι περιληφθήσονται, αἱ μεταξὺ τῶν ἀνὰ ᾱ ϛ" μοίρας διαϛημάτων, δύο καθ' ἕκαϛον ἐσόμεναι, ἐπειδήπερ καθ' ἡμιμοίριον ποιούμεθα τὴν ἐγγραφήν.

Δοκεῖ μὲν μετὰ τὴν τοῦ δεκαγώνου καὶ τὴν τοῦ ἐξαγώνου καὶ ἔτι τὴν τοῦ πενταγώνου ἐκ τούτων δειχθεῖσαν, παρελκόντως δεδειχέναι τήν τε τοῦ τετραγώνου καὶ τὴν τοῦ τριγώνου καὶ τὰς λειπούσας εἰς τὸ ἡμικύκλιον, ἢ καὶ ἐκ τῆς ὑπεροχῆς, ἢ καὶ τῆς διχοτομίας, οὐκ ὀλίγας οὔσας, ὡς αὐτὸς φησίν. Ἤρκει γὰρ ἐκ τῆς ὑπεροχῆς τοῦ πενταγώνου καὶ τοῦ ἐξαγώνου εὑρόντα τὴν ὑπὸ τὰς ιβ, καὶ ἐκ τῆς διχοτομίας τὴν ὑπὸ τὴν ᾱ ϛ", τῇ συνθέσει ταύτης πάσας τὰς κατὰ παραύξησιν αὐτῆς μέχρι τῶν ρπ̄ μεταχειρίσασθαι. Ἀπέδειξε δὲ καὶ ταύτας τὸν ὑποδεδειγμένον τρόπον, φιλοσύντομος ὢν διὰ τὸ προχειρότερον αὐτὰς αὐτῇ λαμβάνεσθαι, ἅπερ ἐκ τοῦ κατὰ σύνθεσιν θεωρήματος.

Ἐπεὶ οὖν πᾶσαι αὐτῷ ἐπραγματεύθησαν αἱ κατὰ παραύξησιν τῆς ᾱ ϛ" μοίρας ὑποτείνουσαι εὐθεῖαι, βούλεται δὲ ἐν τῷ κανόνι παραθεῖναι, καθὼς καὶ ἀνωτέρω ἐδήλου τὰς κατὰ παραύξησιν τοῦ ἡμιμοιρίου, ἀναγκαίως



nombre entier. Il en est de même de 36, de 60, de 72, de 90, de 108, de 120, de 144, de leurs moitiés et de leurs supplémens. C'est pourquoi Ptolemée a dit : Ajoutant toujours à tous les arcs, à mesure qu'on les a pris, celui de 1 ½ degré, et calculant pour leurs sommes, nous inscrirons simplement les cordes de tous ceux qui, devenus doubles, auront un tiers entier; et il n'y aura d'omises que les deux qui seront dans chaque intervalle des interpolations faites par l'addition de 1 ½, attendu que nous inscrivons par demi-degré d'accroissement.

Ptolemée paroît, après avoir donné ces valeurs des côtés du décagone, de l'hexagone, et du pentagone, en avoir déduit sans nécessité celle des côtés du carré, et du triangle, et de leurs supplémens au demi-cercle, soit par différence, soit par division en moitiés, et elles ne sont pas en petit nombre, ajoute-t-il; car il suffisoit, pour avoir toutes les cordes, après avoir trouvé par la différence du côté du pentagone et de celui de l'hexagone, la corde de 12 degrés, et par la division en moitiés, celle de 1 ½ degré, de prendre, par addition de celle-ci, toutes les soutendantes qui en ont été formées en suivant cet accroissement, jusqu'à 180. Il les a bien démontrées de la manière qu'il expose ensuite, mais avec briéveté, parce qu'il étoit plus facile de les déterminer ainsi, que par le théorème de composition.

Comme il a traité toutes les cordes par l'addition successive de celle de 1 ½ degré, et qu'il veut aussi faire entrer dans sa table, suivant ce qu'il a annoncé auparavant, les cordes croissantes par demi-degré, il faut nécessairement qu'il cherche les deux qui sont en chacun des intervalles laissés par l'addition continuelle de 1 ½. Ainsi après après avoir trouvé la corde de ½ degré, et celle de 3, il lui reste à chercher celles de 2 et de 2 ½, et de même après avoir trouvé celle de 3 et celle de 4 ½, il a encore à chercher celles des intermédiaires 3 ½ et 4, et ainsi de suite pour les autres.

« Ainsi, quand nous aurons trouvé la soutendante d'un demi-degré, cette soutendante par addition et par soustraction avec les droites qui embrassent ces intervalles, nous complétera toutes les autres soutendantes intermédiaires ». Il dit donc qu'après que nous aurons trouvé la soutendante d'un demi-degré, nous aurons par elle et par celle de 1 ½ degré, celle de 2 degrés par le théorème de composition; et d'autre part, en nous servant du théorème de différence, pour avoir celle d'entre ½ et 3 degré, nous trouverons la soutendante de 2 ½ degrés, qui est leur différence. Et prenant de la même manière ensuite les cordes données en chacun des intervalles dont nous cherchons les intermédiaires, comme ici nous avons pris celle de ½ et de celle de 3 degrés, pour démontrer quelles sont celles de 2 et de 2 ½, nous compléterons toute la table.

« Mais parce qu'une soutendante, telle que celle de l'arc de 1 ½ étant donnée, celle qui soutend le tiers de cet arc n'est pas pour cela donnée par les lignes, car si elle l'étoit, nous aurions la soutendante de ½ degré ». Il dit qu'avec la soutendante de 1 ½ degré, il n'a pas trouvé par la figure, la soutendante du tiers de cet arc, comme il

ἐπιζητεῖ μεταξὺ τῶν ἀνὰ ᾱ ϛ″ μοῖραν διαϛημάτων καθ' ἕκαϛον διαϛήματα β. Οἷον ἐπεὶ εὗρε τὴν ὑπὸ τὴν ᾱ ϛ″, καὶ ἔτι τὴν ὑπὸ τὰς γ̄, ζητεῖται λοιπὸν αὐτῷ ἡ ὑπὸ τὰς β̄, καὶ ἡ ὑπὸ τὰς β̄ ϛ″. Καὶ πάλιν ὁμοίως ἐπεὶ εὗρε τὴν ὑπὸ τὰς γ̄ καὶ τὴν ὑπὸ τὰς δ ϛ″, ζητεῖται πάλιν αὐτῷ μεταξὺ διαϛήματα, τουτέϛιν ἥ τε ὑπὸ τὰς γ̄ ϛ″, καὶ ἡ ὑπὸ τὰς δ̄, καὶ ἐξῆς πάλιν ἀκολούθως.

Ὥϛε ἐὰν τὴν ὑπὸ τὸ ἡμιμοίριον εὐθεῖαν εὕρωμεν, αὕτη κατά τε τὴν σύνθεσιν καὶ τὴν ὑπεροχὴν τὴν πρὸς τὰς τὰ διαϛήματα περιεχούσας καὶ δεδομένας εὐθείας, καὶ τὰς λοιπὰς μεταξὺ πάσας ἡμῖν συναναπληρώσει. Φησὶν ὅτι ἐὰν τὴν ὑπὸ τὸ ἡμιμοίριον εὐθεῖαν εὕρωμεν ταύτην πῆ μὲν μετὰ τῆς ᾱ ϛ″ μοίρας παραλαμβάνοντες, διὰ τοῦ κατὰ σύνθεσιν θεωρήματος, εὑρήσομεν τὴν ὑπὸ τὰς β̄ μοίρας ὑποτείνουσαν εὐθεῖαν. Πῆ δὲ πάλιν τῷ τῆς ὑπεροχῆς θεωρήματι, ὡς ἐπὶ τοῦ ἡμιμοιρίου πρὸς τὰς γ, εὑρήσομεν τὴν ὑπὸ τὰς β̄ ϛ″ μοίρας ὑποτείνουσαν, αὐτὴ γὰρ αὐτῶν ἐϛιν ἡ ὑπεροχή. Καὶ ἐξῆς ἀκολούθως τὰς ἐφ' ἑκάτερα τῶν ἐπιζητουμένων διαϛημάτων δοθείσας παραλαμβάνοντες, ὡς ἐνταῦθα τὴν ὑπὸ τὴν ᾱ ϛ″ μοῖραν καὶ τὴν ὑπὸ τὰς γ̄ παραλήφειμεν πρὸς τὴν δεῖξιν τῶν τε β̄ μοιρῶν καὶ τῶν β̄ ϛ″, ἀναπληρώσομεν ἅπαντα τὸν κανόνα.

Ἐπεὶ δὲ δοθείσης τινὸς εὐθείας ὡς τῆς ὑπὸ τὴν ᾱ ϛ″ μοῖραν, ἢ τὸ Γ τῆς αὐτῆς περιφερείας ὑποτείνουσα εὐθεῖα οὐ δέδοταί πως διὰ τῶν γραμμῶν. Εἰ δέ γε δυνατὸν ἦν, εἴχομεν ἂν καὶ τὴν ὑπὸ τὸ ἡμιμοίριον. Ἐπεὶ, φησὶ, δοθείσης τῆς ὑπὸ τὴν ᾱ ϛ″ μοῖραν οὐχ' εὑρισκέ πως, διὰ γραμμικῆς ἀπο-

δείξεως τὴν ὑποτείνουσαν τὸ Γ τῆς αὐτῆς
περιφερείας, καθάπερ ἐλάμβανε τὴν ὑποτείνουσαν τὸ ϛ" τῆς δοθείσης περιφερείας. Εἰ
γὰρ δυνατὸν ἦν τὸ τοιοῦτον ἐφοδεῦσαι, αὐτόθεν ἂν εἶχε καὶ τὴν ὑποτείνουσαν τὸ ἡμιμοίριον, καὶ ἐξ ἑτοίμου διὰ τῆς εἰρημένης
συνθέσεως ἢ καὶ ὑπεροχῆς, ἀνεπλήρωσεν ἂν
τὸν κανόνα. Τούτου οὖν ἀδυνάτου τυγχάνοντος, δείκνυσιν ἔγγιϛα ἀπό τε τῆς ὑπὸ
τὴν ᾱ ϛ", καὶ ἀπὸ τῆς ὑπὸ τὸ ϛ" δ, τὴν
ὑποτείνουσαν τὴν ᾱ μοῖραν, ἵνα ἑξῆς τῷ
τῆς διχοτομίας θεωρήματι καταχρησάμενος,
ἔχῃ καὶ τὴν ὑπὸ τὸ ἡμιμοίριον. Ἀλλ' ἐπεὶ ἡ
γενομένη αὐτῷ ἀπόδειξις οὐ καθόλου ἀπαράλλακτον φυλάττει τὴν κατάληψιν, ὅμως
φησὶν, ἐπὶ τῶν οὕτως ἐλαχίϛων πρὸς τὴν
εὕρεσιν τῆς ᾱ μοίρας παραλαμβανόμενον ὡς
τῆς ὑπὸ τὸ ϛ" δ καὶ τῆς ὑπὸ τὴν ᾱ ϛ"
μοῖραν, ἀπαράλλακτον σχεδὸν φυλάττει τὴν
ἀπόδειξιν.

Ἀρχόμενος οὖν τῆς ἀποδείξεως, προεκτίθεται λημμάτιον συντελοῦν αὐτῷ πρὸς τὴν
εἰρημένην ἀπόδειξιν, οὗ ἡ πρότασις ἔϛι τοιαύτη. Ἐὰν ἐν κύκλῳ διαχθῶσι β ἄνισοι εὐθεῖαι ἡ μείζων πρὸς τὴν ἐλάσσονα, ἐλάσσονα
λόγον ἔχει, ἤπερ ἡ ἐπὶ τῆς μείζονος εὐθείας
περιφέρεια πρὸς τὴν ἐπὶ τῆς ἐλαχίϛης. Καὶ
ἐκθέμενος κύκλον τὸν ΑΒΓΔ, καὶ διαγαγὼν
ἐν αὐτῷ β ἀνίσους εὐθείας ἐλάσσονα τὴν
ΑΒ, μείζονα δὲ τὴν ΒΓ. Τεμὼν τε δίχα
τὴν ὑπὸ ΑΒΓ γωνίαν τῇ ΒΔ εὐθείᾳ καὶ ἐπιζεύξας τήν τε ΑΕΓ, καὶ τὰς ΑΔ καὶ ΔΓ,
ἑξῆς ἐρεῖ. Ἐπεὶ ἡ ὑπὸ ΑΒΓ δίχα τέτμηται
ὑπὸ τῆς ΒΔ, ἴση μὲν ἐϛὶν ἡ ΑΔ τῇ ΔΓ,
διὰ τὸ τὰς πρὸς τῷ Β γωνίας ἴσας εἶναι.
Μείζων δὲ ἡ ΓΕ τῆς ΕΑ, διὰ τὸ πάλιν
ἴσην εἶναι τὴν μὲν ΑΔ τῇ ΔΓ, καὶ κοινὴν

a pris celle de la moitié de l'arc donné;
car s'il étoit possible de procéder ainsi, il
auroit par cela même la soutendante d'un
demi-degré, et de proche en proche par
la somme ou la différence susdite, il auroit
complété sa table. Mais cela n'étant pas
possible, il démontre par le moyen de la
soutendante de 1 ½ degré, et de celle de
½ + ¼, quelle est à très-peu près la valeur de
la soutendante de 1 degré, afin d'obtenir
ensuite par l'application du théorème de
division par moitiés, la soutendante d'un
demi-degré. Mais comme la démonstration
qu'il a donnée, n'est pas absolument rigou-
reuse et applicable à tous les cas, il ajoute
qu'elle l'est au moins dans des quantités
aussi petites que ½ + ¼ et ½ degré, employées
pour trouver la valeur de 1 degré.


D'abord pour commencer cette démonstration, il met en avant un lemme dont
l'énoncé est que si on mène dans le cercle
deux droites inégales, la plus grande est à
la plus petite en moindre raison que l'arc
soutendu par la plus grande à l'arc soutendu
par la plus petite, (la plus grande est moindre relativement à la plus petite, que l'arc
soutendu par la plus grande, n'est relativement à l'arc soutendu par la plus petite).
Posant donc le cercle ABGD (Fig. 52), et
y menant les deux droites inégales AB qui
est la plus petite, et BG qui est la plus
grande, puis coupant en deux également
l'angle ABG par la droite BD, et joignant AG ainsi que AD et DG, il continue ainsi : Puisque l'angle ABG a été
coupé en deux également par BD, la
droite AD est égale à la droite DG l'arc

AD étant égal à l'arc DG, à cause des angles égaux en B. Mais GE est plus grande que EA, attendu que AD est égale à DG, que DE est un côté commun, et que l'angle BDG est plus grand que l'angle BDA, l'arc BG étant plus grand que l'arc BA. Ensorte que la base EG est plus grande que la base EA. De D, il abaisse la perpendiculaire DZ sur AG; et il est évident qu'elle tombera sur EG, à cause de AD égale à DG, et de GE plus grande que EA. Or puisque AD est plus grande que DE (car elle soutend le plus grand angle), pour la même raison, DE est plus grande que EZ, donc le cercle tracé du point D et de l'intervalle (*rayon*) DE, coupe AD, et passe au-delà de DZ en décrivant un arc tel que HET, il prolonge DZ jusqu'en T. Alors, le triangle DEZ étant plus petit que le secteur DET, et le triangle DEA plus grand que le secteur DEH, il s'ensuit que le triangle DEZ est au secteur DET en moindre raison que le triangle DEA au secteur DEH. Donc *convertendo*, le triangle DEZ est au triangle DEA, en moindre raison que le secteur DET au secteur DEH. Mais comme le triangle DEZ est en triangle DEA, ainsi la droite EZ est à la droite EA; et comme le secteur DET est au secteur DEH, ainsi l'angle ZDE est à l'angle EDA; donc la droite ZE est à la droite EA en moindre raison que l'angle ZDE à l'angle EDA; donc, *componendo*, ZA est à EA, en moindre raison que l'angle GDA à l'angle ADE. Puis, *dividendo*, la droite GE est à la droite EA, en moindre raison que l'angle GDE à l'angle EDA. Mais comme GE est à EA, ainsi la droite GB est à la droite BA, car il a été démon-

τὴν ΔΕ, καὶ γωνίαν τὴν ὑπὸ ΒΔΓ τῆς ὑπὸ ΒΔΑ μείζονα· ἐπεὶ καὶ περιφέρεια ἡ ΒΓ περιφερείας τῆς ΒΑ μείζων· ὥστε καὶ βάσιν τὴν ΓΕ βάσεως τῆς ΕΑ γίνεσθαι μείζονα. Ἄγει δὴ πάλιν ἀπὸ τοῦ Δ κάθετον ἐπὶ τὴν ΑΓ τὴν ΔΖ, καὶ δῆλον ὅτι ἐπὶ τῆς ΕΓ πεσεῖται, διὰ τὸ ἴσον εἶναι τὴν ΑΔ τῇ ΔΓ, τὴν δὲ ΓΕ μείζονα τῆς ΕΑ. Καὶ ἐπεὶ μείζων ἐστὶν ἡ ΑΔ τῆς ΔΕ (τὴν γὰρ μείζονα γωνίαν ὑποτείνει). Διὰ τὰ αὐτὰ δὴ καὶ ἡ ΔΕ τῆς ΕΖ. Ὁ ἄρα κέντρῳ τῷ Δ, διαστήματι δὲ τῷ ΔΕ κύκλος γραφόμενος, τὴν μὲν ΑΔ τεμεῖ, ὑπερπεσεῖται δὲ τὴν ΔΖ, καὶ γράφει ὡς τὴν ΗΕΘ, καὶ ἐκβάλλει τὴν ΔΖ ἐπὶ τὸ Θ. Ἐπεὶ οὖν τὸ μὲν ΔΕΖ τρίγωνον ἔλαττόν ἐστι τοῦ ΔΕΘ τομέως, τὸ δὲ ΔΕΑ τρίγωνον μεῖζον τοῦ ΔΕΗ τομέως· τὸ ΔΕΖ ἄρα τρίγωνον πρὸς τὸν ΔΕΘ τομέα ἐλάσσονα λόγον ἔχει, ἤπερ τὸ ΔΕΑ τρίγωνον, πρὸς τὸν ΔΕΗ τομέα. Ἐναλλὰξ ἄρα τὸ ΔΕΖ τρίγωνον πρὸς τὸ ΔΕΑ τρίγωνον, ἐλάσσονα λόγον ἔχει ἤπερ ὁ ΔΕΘ τομεὺς, πρὸς τὸν ΔΕΗ τομέα. Ἀλλ᾽ ὡς μὲν τὸ ΔΕΖ τρίγωνον πρὸς τὸ ΔΕΑ τρίγωνον, οὕτως ἡ ΖΕ εὐθεῖα πρὸς τὴν ΕΑ, ὡς δὲ ὁ ΔΕΘ τομεὺς πρὸς τὴν ΔΕΗ τομέα, οὕτως ἡ ὑπὸ ΖΔΕ γωνία πρὸς τὴν ὑπὸ ΕΔΑ γωνίαν. Ἡ ἄρα ΖΕ εὐθεῖα πρὸς τὴν ΕΑ εὐθεῖαν, ἐλάσσονα λόγον ἔχει, ἤπερ ἡ ὑπὸ ΖΔΕ πρὸς τὴν ὑπὸ ΕΔΑ. Καὶ συνθέντι ἄρα, ἡ ΖΑ εὐθεῖα πρὸς τὴν ΑΕ, ἐλάσσονα λόγον ἔχει ἤπερ ἡ ὑπὸ ΖΔΑ γωνία πρὸς τὴν ὑπὸ ΑΔΕ. Καὶ τῶν ἡγουμένων τὰ διπλάσια, ἡ ΓΑ εὐθεῖα πρὸς τὴν ΑΕ, ἐλάσσονα λόγον ἔχει, ἤπερ ἡ ὑπὸ ΓΔΑ γωνία πρὸς τὴν ὑπὸ ΑΔΕ. Καὶ διελόντι, ἡ ΓΕ εὐθεῖα πρὸς τὴν ΑΕ, ἐλάσσονα λόγον ἔχει ἤπερ ἡ ὑπὸ ΓΔΕ πρὸς τὴν ὑπὸ ΕΔΑ. Ἀλλ᾽ ὡς μὲν ἡ ΓΕ πρὸς τὴν

ΕΑ, οὕτως ἡ ΓΒ ιεὐθεῖα πρὸς τὴν ΒΑ, ὡς ἐδείχθη ἐν τῷ τρίτῳ τοῦ ἕκτου τῶν ςοιχείων ὅτι, ἂν τριγώνου ἡ γωνία δίχα τμηθῇ, τὰ τῆς βάσεως τμήματα τὸν αὐτὸν ἔχει λόγον ταῖς τοῦ τριγώνου πλευραῖς. Ὡς δὲ ἡ ὑπὸ ΓΔΒ γωνία πρὸς τὴν ὑπὸ ΒΔΑ, οὕτως ἡ ΒΓ περιφέρεια πρὸς τὴν ΒΑ, ἡ ΓΒ ἄρα εὐθεῖα πρὸς τὴν ΒΑ, ἐλάσσονα λόγον ἔχει, ἤπερ ἡ ΓΒ περιφέρεια πρὸς τὴν ΒΑ.

Ὅτι δὲ οἱ ἐπὶ ἴσων κύκλων τομεῖς πρὸς ἀλλήλους εἰσὶν, ὡς αἱ γωνίαι ἐφ' ὧν βεβήκασι, δέδεικται ἡμῖν ἐν τῇ ἐκδόσει τῶν ςοιχείων, πρὸς τῷ τέλει τοῦ ἕκτου βιβλίου. Τοῦ τοιούτου οὖν λημματίου αὐτῷ προεκτεθέντος, ἔρχεται ἐπὶ τὴν εὕρεσιν τῆς ὑποτεινούσης τὴν ᾱ μοῖραν τῆς περιφερείας. Καὶ ἐκθέμενος κύκλον καὶ διαγαγὼν εἰς αὐτὸν δύο ἀνίσους εὐθείας, τήν τε ΑΒ ὑπότείνουσαν περιφέρειαν μοίρας ςʺ δʹ, καὶ τὴν ΑΓ μοῖραν ᾱ, προσχρῆται τῷ προληφθέντι λημματίῳ, καὶ φησίν· ἐπεὶ ἡ ΑΓ εὐθεῖα πρὸς τὴν ΑΒ ἐλάσσανα λόγον ἔχει, ἤπερ ἡ ΑΓ περιφέρεια πρὸς τὴν ΑΒ, ἡ δὲ ΑΓ περιφέρεια ἐπίτριτός ἐςι τῆς ΑΒ. Ἡ γὰρ μία μοῖρα ἔχει τὸ ςʺ δʹ, καὶ τὸ Γ αὐτῶν· ἡ ΑΓ ἄρα εὐθεῖα τῆς ΑΒ ἐλάσσων ἐςιν ἢ ἐπίτριτος. Ἀλλὰ ἡ ΑΒ εὐθεῖα ὑποτείνουσα περιφέρειαν μοίρας ςʺ δʹ, ἐδείχθη ἡμῖν ἐν τοῖς ἐπάνω ō μζʹ ηʺ, οἵων ἡ διάμετρος ρκ, ἡ ἄρα ΓΑ εὐθεῖα ἐλάσσων ἐςὶ τῶν αὐτῶν ᾱ βʹ νʺ. Ταῦτα γὰρ ἐπίτριτά ἐςιν ἔγγιςα τῶν ō μζʹ ηʺ· ὥςε ἐδείχθη κατὰ ταύτην τὴν σύγκρισιν τοῦ λόγου, ἡ τὴν μίαν μοῖραν τῆς περιφερείας ὑποτείνουσα εὐθεῖα ἐλάττων οὖσα ᾱ βʹ νʺ, οἵων ἡ διάμετρος ρκ. Πάλιν ἐπὶ τῆς αὐτῆς καταγραφῆς, ἡ μὲν ΑΒ εὐθεῖα ὑποκείσθω περιφέρεια μοίρας ᾱ, ἡ δὲ ΑΓ μοίρας ᾱ ςʺ. Κατὰ τὰ αὐτὰ δὴ

tré dans la troisième proposision du sixième livre des Elémens, que si l'un des angles d'un triangle est partagé en deux également, les segmens de la base sont entr'eux en même raison que les côtés de cet angle. Ainsi, comme l'angle GDB est à l'angle BDA, l'arc BG est à l'arc BA, donc la droite GB est à la droite BA en moindre raison que l'arc GB à l'arc BA.

Or, que les secteurs de cercles égaux soient entr'eux comme les angles sur lesquels ils sont appuyés, c'est ce que nous avons démontré dans notre édition des élémens, à la fin du sixième livre. De ce lemme, Ptolémée passe à la recherche de la corde de l'arc de 1 degré. Il décrit un cercle (Fig. 53), et y menant deux droites inégales, AB soutendante de l'arc de $\frac{1}{2}+\frac{1}{4}$, et AG soutendante de 1 degré, il y applique ce lemme en disant : Puisque la droite AG est à la droite AB en moindre raison que l'arc AG à l'arc AB, et que l'arc AG est d'un tiers de AB plus grand que AB, car l'unité contient $\frac{1}{2}+\frac{1}{4}$ et leur tiers, il s'ensuit que AG a moins que le tiers de AB de plus que AB. Mais nous avons démontré plus haut que la droite AB soutendante de $\frac{1}{2}+\frac{1}{4}$ de degré, est de 0 P 47' 8" des parties dont le diamètre en contient 120, donc la droite AG est moindre que 1 P 2' 50" de ces mêmes parties. Car ce nombre a environ un tiers de 47' 8" de plus que ce dernier. Ce calcul prouve donc que la soutendante de l'arc d'un degré est moindre que 1 P 2' 50" des 120 parties du diamètre. Supposons maintenant, dans la même figure, la droite AB soutendante de l'arc de 1 degré, et la droite AG corde de l'arc de 1 $\frac{1}{2}$ degré. Par les mêmes raisons, puisque l'arc AG a une demie de l'arc AB de plus que ce dernier, car 1 $\frac{1}{2}$ degré contient un degré et un demi-degré, il s'ensuit que la droite GA a moins que la moitié de la droite BA de plus que celle-ci. Mais nous avons démontré un peu plus haut par le calcul, que la corde AG de l'arc de $1\frac12$ degré, est de $1^{\text{p}}\ 34'\ 15''$ des 120 parties du diamètre. Donc la droite AG est plus grande que $1^{\text{p}}\ 2'\ 50''$. Or comme la droite AG étant de $1^{\text{p}}\ 34'\ 15''$, contient $1^{\text{p}}\ 2'\ 50''$ et la moitié de cette dernière quantité, et qu'il a été démontré que son rapport à la droite AB est moindre que celui de $1\frac12$ à 1, il faut donc que AB croisse et devienne plus grande que $1^{\text{p}}\ 2'\ 50''$. Ainsi puisqu'on la démontre plus grande et plus petite que cette même quantité, il s'ensuit que ces calculs comparés nous autorisent à fixer à très-peu près la valeur de la soutendante de 1 degré à $1^{\text{p}}\ 2'\ 50''$ des 120 parties du diamètre. Mais cette démonstration d'une même grandeur, tout à la fois plus grande et plus petite, pouvant sembler étrange à qui prétendroit par conséquent que cela est absurde, nous montrerons qu'il n'y a rien qui doive empêcher de l'admettre.

Car soit encore dans la même figure, l'arc AB de $\frac12+\frac14$, et l'arc AG de 1 degré. Puisque la droite AG est à la droite AB, en moindre raison que l'arc AG, qui contient l'arc AB avec le tiers en sus, il s'ensuit que la droite AG est à AB en moindre raison que quatre tiers de AB à AB (c'est-à-dire, à moins qu'un tiers de AB, de plus que AB). Mais la droite AB a été démontrée être de $47'\ 8''$ des 120 parties du diamètre. Donc la droite AG qui soutend l'arc de 1 degré est moindre que $1^{\text{p}}\ 2'\ 50''\ 40'''$, car cette quantité contient exactement $47'\ 8''$ avec le tiers en sus. Faisons encore la droite AB soutendante de l'arc de 1 degré, et la

ἐπεὶ ἡ ΑΓ περιφέρεια τῆς ΑΒ ἐςὶν ἡμιόλιος, ἡ γὰρ α̅ ς" μοῖρα ἔχει τὴν α̅ καὶ τὸ ς αὐτῆς· ἡ ΓΑ ἄρα εὐθεῖα τῆς ΒΑ ἐλάσσων ἐςὶν ἢ ἡμιόλιος. Ἀλλὰ τὴν ΓΑ ὑποτείνουσαν περιφέρειαν μοίρας α̅ ς" μικρῷ πρόσθεν ἐπιλογιζόμενοι, ἀπεδείξαμεν τμημάτων α̅ λδ' ιε", οἵων ἡ διάμετρος ρκ̅. Ἡ ἄρα ΑΓ εὐθεῖα μείζων ἐςὶ τῶν α̅ β' ν", διὰ τὸ τὴν ΑΓ α̅ λδ' ιε" τυγχάνουσαν ἡμιόλιον εἶναι τῶν α̅ β' ν". Τὸν δὲ λόγον αὐτῆς τὸν πρὸς τὴν ΑΒ εὐθεῖαν, ἐλάττονα ἡμιολίου ἀποδειχθῆναι. Ἵνα οὖν τοσούτων οὖσα ἐλάττονα ἡμιολίου λόγον σχῇ πρὸς τὴν ΑΒ, ἀναγκαῖον ἐςὶν αὔξεσθαι τὴν ΑΒ, καὶ γίνεσθαι μείζονα τῶν α̅ β' ν"· ὥςε ἐπεὶ τῶν αὐτῶν ἐδείχθη καὶ μείζων καὶ ἐλάττων, ἔςαι ἄρα ἡ τὴν α̅ μοῖραν ὑποτείνουσα ἐκ τῶν τοιούτων ἐπιλογισμῶν ἡμῖν εὑρεθεῖσα α̅ β' ν" ἔγγιςα, οἵων ἡ διάμετρος ρκ̅. Καὶ ἐπεὶ θορυβεῖ πως ἡ τοιαύτη ἀπόδειξις τὸ αὐτὸ μέγεθος μεῖζον καὶ ἔλασσον δεικνύουσα, ἥπερ ἄν τις ἀκολούθως ἐπαγαγὼν εἴποι, ὅπερ ἄτοπον, δείξομεν μὴ δὴ ταύτην θορυβώδη τυγχάνουσαν.

Ἔςω γὰρ πάλιν ἐπὶ τῆς αὐτῆς καταγραφῆς ἡ ΑΒ περιφέρεια μοίρας ς" δ, ἡ δὲ ΑΓ μοίρας α̅. Ἐπεὶ οὖν πάλιν ἡ ΑΓ εὐθεῖα πρὸς τὴν ΑΒ ἐλάσσονα λόγον ἔχει, ἥπερ ἡ ΑΓ περιφέρεια ἐπίτριτός ἐςι τῆς ΑΒ. Ἡ ΑΓ ἄρα εὐθεῖα τῆς ΒΑ ἐλάσσων ἐςὶν ἢ ἐπίτριτος. Ἀλλὰ ἡ ΑΒ εὐθεῖα ἐδείχθη ο̅ μζ' η", οἵων ἡ διάμετρος ρκ̅· ἡ ΓΑ ἄρα εὐθεῖα ὑποτείνουσα περιφέρειαν μοίρας α̅, ἐλάσσων ἐςὶν α̅ β' ν" μ'", ταῦτα γὰρ ἀκριβῶς ἐπίτριτά ἐςι τῶν ο̅ μζ' η". Πάλιν ἡ ΑΒ εὐθεῖα ὑποτεινέτω περιφέρειαν μοίρας α̅, ἡ δὲ ΑΓ α̅ ς". Καὶ ὁμοίως ἐπεὶ ἡ ΑΓ εὐθεῖα πρὸς τὴν ΑΒ ἐλάσσονα λόγον ἥπερ ἡ ΑΓ περιφέρεια πρὸς τὴν ΑΒ. Ἡμιόλιος δέ ἐςιν ἡ ΑΓ περιφέρεια τῆς ΑΒ· ἡ ΑΓ ἄρα εὐθεῖα τῆς ΑΒ ἐλάσσων ἐςὶν ἢ ἡμιόλιος. Ἀλλ᾽ ἐπεὶ ἐδείκνυτο ἡ ΑΓ $\bar{α}$ λδ´ ιε˝, ἡ ΑΓ ἄρα εὐθεῖα ὑποτείνουσα πάλιν περιφέρειαν μοίρας $\bar{α}$, μείζων ἐςὶ τῶν $\bar{α}$ β´ ν˝. Τούτων γὰρ ἡμιόλια ἐςὶ τὰ $\bar{α}$ λδ´ ιε˝. Ὥςε ἡ ΑΓ εὐθεῖα ὑποτείνουσα, ὡς ἔφαμεν, περιφέρειαν μοίρας $\bar{α}$, ἐλάσσων μὲν ἐδείχθη ἢ $\bar{α}$ β´ ν˝ μ‴, μείζων δὲ ἢ $\bar{α}$ β´ ν˝. Καὶ δηλαδὴ ἐλάσσονος μὲν μείζων ἐςὶ, μείζονος δὲ ἐλάσσων, καὶ οὐχὶ τῆς αὐτῆς, καὶ φαίνεται μηδὲν ἄτοπον ἔχον τὸ εἰρημένον, ἀλλ᾽ ἐπεὶ ἐλάσσων μὲν τῶν $\bar{α}$ β´ ν˝ μ‴, μείζων δὲ τῶν $\bar{α}$ β´ ν˝, δύναται δὲ εἶναι $\bar{α}$ β´ ν˝ καὶ λ´ τρίτων ἑξηκοςῶν, ὡς ἔγγιςα μᾶλλον αὐτὴν εἶναι τῶν $\bar{α}$ β´ ν˝ μ‴, καὶ μὴ, ὡς αὐτὸς ἔφη, $\bar{α}$ β´ ν˝.

Δείξομεν ἀκριβέςερον ἐπιλογισάμενοι, ὅτι τὰ $\bar{γ}$ ἑξηκοςὰ καὶ πολλῷ ἐλάσσων τῶν λ ἐςί. Καὶ ὀρθῶς ἔχει τὸ εἰρημένον ὅτι $\bar{α}$ β´ ν˝ ἐςὶν ἔγγιςα. Ἐπεὶ γὰρ ἐν τοῖς ἔμπροσθεν ἀπεδείξαμεν τὴν ὑποτείνουσαν τὸ ς˝ δ´ τῆς $\bar{α}$ μοίρας εὐθεῖαν $\bar{ο}$ μζ´ ζ˝ λθ‴, καὶ ἔςι τούτων ἐπίτριτα τὰ $\bar{α}$ β´ ν˝ ιϛ˝. Ἔςαι ἄρα διὰ τὰ εἰρημένα ἡ τὴν $\bar{α}$ μοῖραν ὑποτείνουσα εὐθεῖα ἐλάσσων $\bar{α}$ β´ ν˝ ιϛ˝, ἐδείχθη δὲ καὶ μείζων τῶν $\bar{α}$ β´ ν˝, καὶ ἔςαι τὸ διάφορον περὶ ιϛ $\bar{γ}$ ἑξηκοςὰ, ἃ πολλῷ ἐλάσσονά ἐςι τῶν λ, καὶ οὐδὲν ἄτοπον τῇ τοιαύτῃ ἀποδείξει παρακολουθεῖ.

Δείξας οὖν ἐκ παχυμερεςέρων λογισμῶν, διὰ τὸ μὴ καὶ ἐπὶ μειζόνων προχωρεῖν τὴν δεῖξιν, ὡς καὶ αὐτός φησιν ἐπὶ τοῦ λημματίου, ἃ κἂν μὴ καθόλου δύναται τὰς πηλικότητας ὁρίζειν, καθὼς καὶ ἑξῆς τὸ τοιοῦτον

droite AG soutendante de 1 ¼ degré, la droite AG étant à la droite AB pareillement en moindre raison que l'arc AG à l'arc AB, et l'arc AG ayant le tiers en sus de l'arc AB, il s'ensuit que la droite AG a moins que le tiers en sus de la droite AB. Mais il a été démontré que la droite AG est de 1ᵖ 2′ 50˝, car les quatre tiers de cette quantité sont 1ᵖ 34′ 15˝. Ainsi la droite AG soutendant, comme nous l'avons dit, l'arc de 1 degré, est démontrée plus petite que 1ᵖ 2′ 50˝ 40‴, et plus grande que 1ᵖ 2′ 50˝, c'est-à-dire plus grande que la plus petite, et plus petite que la plus grande, mais non pas que la même valeur. Il n'y a donc rien d'absurde dans ce que nous disons. Mais étant plus petite que 1ᵖ 2′ 50˝ 40‴, et plus grande que 1ᵖ 2′ 50˝, cette droite peut être de 1ᵖ 2′ 50˝ 30‴, valeur plus approchée de 1ᵖ 2′ 50˝ 40‴, que des 1ᵖ 2′ 50˝ marquées par Ptolemée.

Nous allons démontrer par un calcul plus rigoureux qu'il faut ajouter à 1ᵖ 2′ 50˝ beaucoup moins que 30 tierces. Il a donc parlé juste en disant 1ᵖ 2′ 50˝ à très-peu près. En effet, puisque nous avons démontré ci-dessus que la droite qui soutend ¼ + ⅛ d'un degré, est de 47′ 7˝ 39‴, et que 1ᵖ 2′ 50′ 12˝ contient le tiers de ce nombre, il s'ensuit, par les raisons que j'ai détaillées, que la droite soutendante de 1 degré sera moindre que 1ᵖ 2′ 50˝ 12‴. Or elle a été démontrée plus grande que 1ᵖ 2′ 50˝. La différence est donc de 12‴ beaucoup moindre que 30‴. Il n'y a donc aucune absurdité dans cette démonstration.

La démonstration qu'il a donnée est en nombres ronds, pour ne pas entrer dans de trop grands détails, comme il le dit dans son lemme. Quoiqu'elle ne puisse pas généralement servir à déterminer toutes les valeurs, comme celle de la droite qui soutend un.

degré, laquelle nous prouvons en conséquence être effectivement de 1ᵖ 2′ 50″ à très-
peu près, en se servant du théorème de division par moitié, c'est-à-dire en prenant
l'arc de 1 degré, et en inscrivant la droite
qui le soutend, suivant la démonstration
du théorème, il a trouvé la corde de la moitié de cet arc, laquelle est la soutendante
d'un demi-degré, dont il donne la valeur
approchée oᵖ 31′ 25″, d'après la corde de 1
degré trouvée, comme nous l'avons déjà
dit, par un usage abusif de l'à peu près.
Ayant donc trouvé par la division en moitié, faite de la manière que je viens de
dire, la soutendante d'un demi-degré,
il a, conformément à ce qu'il a dit un peu
plus haut, savoir : que si nous avions la
corde d'un demi-degré, cette corde combinée par addition et soustraction, avec les
cordes qui embrassent les intervalles, nous
compléteroit toutes les autres cordes intermédiaires ; il a, dis-je, complété par
l'interpolation de cette corde de $\frac{1}{2}$ᵈ, toutes
les autres qui sont dans les intervalles des
accroissemens par 1 $\frac{1}{2}$ ; comme, par exemple,
dans le premier intervalle qui est celui de
la première moitié d'un degré à 3 degrés, en
suivant les théorèmes de somme et de différence. Car, prenant sur la demi-circonférence deux arcs consécutifs, l'un de 1 $\frac{1}{2}$ degré, et l'autre d'un demi-degré ; et traçant
leurs soutendantes qui sont des droites
données, il trouva, par le moyen du théorème de composition, la soutendante de
la somme des deux arcs ensemble, c'est-
à-dire celle de deux degrés. Ensuite, prenant depuis l'extrémité du diamètre, l'arc
d'un demi-degré, et celui de 3 degrés,
et menant encore leurs soutendantes don-

δείκνυμεν, τὴν ὑπὸ τὴν $\bar{α}$ μοῖραν εὐθεῖαν $\bar{α}$
β′ ν″ ἔγγιϛα, ἑξῆς τῷ προδεδειγμένῳ θεωρή-
ματι τῆς διχοτομίας καταχρησάμενος, τουτέϛιν ἀπολαβὼν τὴν τῆς $\bar{α}$ μοίρας περιφέρειαν, καὶ ἐγγράψας τὴν ὑποτείνουσαν αὐτὴν
εὐθεῖαν, ἀκολουθήσας τῇ ἀποδείξει τοῦ θεωρήματος, εὗρε τὴν ὑπὸ τὸ ϛ τῆς αὐτῆς
περιφερείας ὑποτείνουσαν εὐθεῖαν, τουτέϛι
τὴν ὑπὸ τὸ ἡμιμοίριον, παχυμερέϛερον δηλαδὴ τῇ ὑπὸ τὴν $\bar{α}$ μοῖραν καταχρησάμενος,
ἐκ παχυμερεϛέρων, ὡς ἔφαμεν, ἐπιλογισμῶν
εἰλημμένη, τῶν ἐκτιθεμένων αὐτῷ $\bar{o}$ λα′ κε′
ἔγγιϛα. Εὑρὼν οὖν ἐκ τῆς διχοτομίας τὸν
εἰρημένον τρόπον, τὴν ὑπὸ τὸ ἡμιμοίριον,
ἀκολούθως τοῖς εἰρημένοις αὐτῷ μικρῷ πρόσθεν,
ὅτι εἰ εἴχομεν τὴν ὑπὸ τὸ ἡμιμοίριον, αὕτη
κατά τε τὴν σύνθεσιν καὶ τὴν ὑπεροχὴν τὴν
πρὸς τὰς τὰ διαϛήματα περιεχούσας καὶ
δεδομένας εὐθείας, καὶ τὰς λειπούσας τὰς
μεταξὺ πάσας ἡμῖν συναναπληρώσει, ἑξῆς
διὰ τοῦ ἡμιμοιρίου τὰ λοιπὰ τῶν διαϛημάτων
ἀνεπλήρωσε, τῶν κατὰ παραύξησιν τῆς $\bar{α}$
καὶ ϛ″ μοίρας, καθάπερ ἐπὶ τοῦ πρώτου
διαϛήματος, λόγου ἕνεκεν, τῆς πρώτης ϛ
μοίρας πρὸς τὰς $\bar{γ}$, ἀκολουθήσας τῷ τε κατὰ
σύνθεσιν καὶ καθ' ὑπεροχὴν θεωρήματι. Ἐκθέμενος γὰρ ἡμικύκλιον, καὶ ἀπειληφὼς ἑξῆς
$\bar{β}$ περιφερείας τήν τε τῆς $\bar{α}$ ϛ″ μοίρας καὶ
τῆς ϛ″, καὶ ἐπιζεύξας τὰς ὑποτεινούσας αὐτὰς
καὶ δοθείσας εὐθείας, καταχρώμενος τῷ κατὰ σύνθεσιν θεωρήματι, εὗρε τὴν συναμφοτέρας τὰς περιφερείας ὑφ' ἓν ὑποτείνουσαν
εὐθεῖαν, τουτέϛι τὴν ὑπὸ τὰς $\bar{β}$ μοίρας.
Εἶτα καὶ ἀπ' ἄκρας τῆς διαμέτρου ἀπειληφὼς
τὴν τοῦ ἡμιμοιρίου περιφέρειαν, καὶ τὴν τῶν
$\bar{γ}$ μοιρῶν, ἐπιζεύξας πάλιν τὰς δοθείσας

ὑπ' αὐτὰς εὐθείας τῷ τῆς ὑπεροχῆς θεωρήματι καταχρώμενος, εὗρε τὴν ὑποτείνουσαν
τὴν τῶν β̄ ϛ″ μοιρῶν περιφέρειαν· αὕτη γὰρ
ἐϛιν αὐτῶν ἡ ὑπεροχή. Καὶ ἔϛαι ἀναπλη-
ρωθέντα τὰ β̄ μεταξὺ διαϛήματα, τῆς τε
ᾱ ϛ″, καὶ τῶν γ̄, ἀκολούθως δὲ καὶ τὰς
ἑξῆς τῶν ἀνὰ ᾱ ϛ″ μοίρας διαϛημάτων εὐθείας ἐπελογίσατο, καταχρώμενος τοῖς β̄
τούτοις λημματίοις τῷ τε κατὰ σύνθεσιν καὶ
τῷ καθ' ὑπεροχὴν, μέχρι τῶν τοῦ τεταρτημορίου μοιρῶν ϟ, διὰ τὸ καὶ ἐκ προχείρου
δίδοσθαι τὰς λειπούσας εἰς τὸ ἡμικύκλιον.
Καὶ ἔϛαι ἡμῖν ἡ ἔκθεσις τῶν ἐν κύκλῳ εὐθειῶν ἀναπεπληρωμένη τὸν τρόπον τοῦτον.

Τούτων οὕτως ἐχόντων, ζητήσειεν ἄν τις
διὰ τί πῆ μὲν τῷ κατὰ σύνθεσιν θεωρήματι
προσχρησάμενος, πῆ δὲ τῷ τῆς ὑπεροχῆς,
τὴν εὕρεσιν τῶν ἐπιζητουμένων β̄ εὐθειῶν
καθ' ἕκαϛον διάϛημα πεποίηται, καὶ οὐχὶ
τὰ πάντα τῷ τῆς συνθέσεως ἢ τῷ τῆς ὑπεροχῆς; δυνατὸν γὰρ ἦν ὁποτέρῳ τούτων αὐτὸν
χρησάμενον, ἀναπληρῶσαι τὴν ἔκθεσιν τοῦ
κανόνος. Φαμὲν οὖν ὅτι βουλόμενος τὰς κατὰ παραύξησιν τῆς ᾱ ϛ″ μοίρας παρ' ἑκάτερα
τυγχανούσας, τῶν ἐπιζητουμένων β̄ διαϛημάτων ἀκριβῶς αὐτῷ διὰ τῶν γραμμῶν προ-
εκτεθειμένας εὐθείας παραλαμβάνειν πρὸς τοὺς
ἐπιλογισμοὺς τῶν μεταξὺ δύο διαϛημάτων,
τοῖς δυσὶ τούτοις θεωρήματι συνεχρήσατο.
Διὸ καὶ ἔλεγεν· ἐὰν εὕρωμεν τὴν ὑπὸ τὸ ἡμιμοίριον, αὕτη κατά τε τὴν σύνθεσιν καὶ τὴν
ὑπεροχὴν τὴν πρὸς τὰ διαϛήματα περιεχούσας καὶ δεδομένας εὐθείας, καὶ τὰς λοιπὰς
τὰς μεταξὺ πάσας συναναπληρώσει. Μόνῳ
γὰρ τῷ τῆς συνθέσεως καταχρώμενος, εὕρισκε
τὸ δεύτερον τῶν διαϛημάτων τῶν μεταξὺ β̄,
ἔνθα τὸ τῆς ὑπεροχῆς παρείληφε διὰ δύο

THÉON.

---

nées, il trouva par le théorème de division
la soutendante de 2 ½ degrés, laquelle est
celle de leur différence. Ainsi seront com-
plétés les deux arcs intermédiaires de l'intervalle de 1 ½ à 3 degrés. Il calcula de la même
manière les soutendantes suivantes des arcs
compris dans les intervalles croissant par
1 ½ degré, en se servant de ces deux lemmes,
de composition et de division, jusqu'aux
90 degrés du quart de cercle, parce qu'on
supplée aisément les arcs du reste de la
demi-circonférence du cercle. Ainsi sera
remplie la table des droites inscrites dans
le cercle.

Cela posé, si quelqu'un demandoit ce qui
fait qu'en employant d'abord le théorème
de composition, ensuite celui de division,
il a trouvé en chaque intervalle les deux
soutendantes qu'il cherchoit, et pourquoi
il ne se sert pas pour toutes, ou de celui
qui donne la somme ou de celui qui donne
la différence? car il pouvoit construire sa
table, en n'employant que l'un ou l'autre,
nous répondrons que voulant prendre exactement les droites marquées dans la figure
pour les deux termes cherchés, il a appliqué ces deux théorèmes aux calculs qu'il
faisoit pour ces intermédiaires. Aussi dit-
il: Si nous trouvions la corde d'un demi-
degré, cette corde combinée par addition et
par soustraction, avec les cordes données
qui embrassent ces intervalles, serviroit
à compléter toutes les intermédiaires. En
effet, il n'emploie que le théorème de composition pour trouver le second des deux
intermédiaires, et il en trouve la valeur par

19

l'application de celui de division à deux cordes trouvées par un calcul approximatif.

[Fig. 54.] Pour prouver clairement ce que je dis, soit le demi-cercle ABGD, autour du diamètre AD, et prenons sur sa circonférence les deux arcs AB et AG. Soit AB de 1½ degré, et AG de 3 degrés. Joignons les droites AG, qui sont données d'après les démonstrations linéaires. Soit EZ le tiers de l'intervalle entre ces deux termes. Si nous inscrivons une droite comme BE, soutendante d'un demi-degré, et que nous joignions AE, en calculant conformément au théorème de composition, nous trouverons par un calcul grossier la droite AE, parce que nous nous sommes servi, pour ce calcul, de la droite BE prise à peu près. Or AE soutend l'arc ABE qui est de 2 degrés. Il est donc évident que, pour la trouver, nous avons employé la droite AB prise rigoureusement d'après les démonstrations linéaires. Si de même nous joignons EZ, en nous servant encore du théorème de composition pour trouver la soutendante de l'arc AEZ qui est de 2 ¼ degrés, telle que AZ, notre calcul se fera sur les droites AE, EZ, dont aucune n'est rigoureusement exacte, d'après les démonstrations géométriques, chacune étant au contraire prise assez grossièrement. Voilà pourquoi, comme nous l'avons dit, à chaque corde qu'il trouve, afin de l'avoir d'une exactitude géométrique, il s'est servi du théorème de différence de deux intermédiaires, qu'il a mis dans ce livre; car, après avoir inscrit la soutendante AH d'un demi-degré, et joint la droite HG, il trouve la soutendante de l'arc HBG, de 2½ parties, en se servant

παχυμερες-έρων αὐτῷ εὑρεθεισῶν εὐθειῶν τὴν εὕρεσιν τῆς πηλικότητος ποιούμενος.

Ἵνα δὲ φανερὸν ἡμῖν γένηται τὸ λεγόμενον, ἐκκείσθω ἡμικύκλιον τὸ ΑΒΓΔ, περὶ διάμετρον τὴν ΑΔ, καὶ ἀπειλήφθωσαν β̅ πριφέρειαι ἥ τε ΑΒ καὶ ἡ ΑΓ. Καὶ ἔς-ω ἡ μὲν ΑΒ μοίρας α̅ ς΄΄, ἡ δὲ ΑΓ μοιρῶν γ̅. Καὶ ἐπεζεύχθωσαν αἱ ΑΒ, ΑΓ εὐθεῖαι, αἵ τινες δεδομέναι εἰσὶν ἐκ τῶν γραμμικῶν ἀποδείξεων. Ἔς-ω δὲ τῶν μεταξὺ τῶν β̅, τρίτα διας-ή- ματα κατὰ τὰ Ε Ζ. Ἐὰν οὖν ἐγγράψαντες τὴν ὑπὸ τὸ ἡμιμοίριον, ὡς τὴν ΒΕ εὐθεῖαν ἐπιζεύξαντές τε τὴν ΑΕ, ἐπιλογισώμεθα ἀκολούθως τῷ τῆς συνθέσεως Θεωρήματι, εὑρήσομεν παχυμερές-ερόν πως τὴν ΑΕ εὐθεῖαν, ἐπειδήπερ τῇ ΒΕ παχυμερές-ερον εἰλημμένῃ κατεχρησάμεθα, ὑποτείνουσαν τὴν ΑΒΕ περιφέρειαν μοιρῶν οὖσαν β̅. Καὶ δῆλον ὅτι εἰς τὴν ταύτης εὕρεσιν παραλήφειμεν καὶ τὴν ΑΒ ἐκ τῶν γραμμικῶν δείξεων ἀκριβῶς εἰλημμένην. Ἐὰν ἀκολούθως ἐπιζεύξαντες τὴν ΕΖ, τῷ τῆς συνθέσεως Θεωρήματι πάλιν κατεχρησάμεθα πρὸς τὴν εὕρεσιν τῆς ὑποτεινούσης τὴν ΑΕΖ περιφέρειαν, μοιρῶν οὖσαν β̅ ς΄΄, ὡς τὴν ΑΖ εὐθεῖαν, ἔς-αι ἡμῖν ὁ ἐπιλογισμὸς ἐκ τῶν ΑΕ, ΕΖ εὐθειῶν, μηδεμιᾶς αὐτῶν ἀκριβῶς διὰ τῶν γραμμῶν ἀποδειχθείσης, ἀλλ᾽ ἑκατέρας ἐκ τῶν παχυμερες-έ- ρων ἐπιλογισμῶν. Διὰ τοῦτο οὖν, ὡς ἔφαμεν, ἵνα καθ᾽ ἑκάς-ην εὕρεσιν παραλαμβάνῃ τὴν διὰ τῶν γραμμῶν αὐτῷ ἀκριβῶς ληφθεῖσαν, τῷ τῆς ὑπεροχῆς ἐν τούτῳ τῷ βιβλίῳ τῶν μεταξὺ δύο διας-ημάτων κατεχρήσατο. Ἐγ- γράψας γὰρ τὴν ΑΗ ὑποτείνουσαν τὸ ἡμι- μοίριον, καὶ ἐπιζεύξας τὴν ΗΓ εὐθεῖαν, εὑ- ρίσκει τὴν ὑποτείνουσαν τὴν ΑΒΓ περιφέρειαν

μοιρῶν οὖσαν β̄ ϛ″, καταχρησάμενος δηλονότι πρὸς τὴν τοιαύτην εὕρεσιν τῇ ΑΓ εὐθείᾳ
δοθείσῃ ἀκριβῶς, διὰ τῶν γραμμῶν· ὥϛε
διὰ τοῦτο τοῖς δυσὶ τούτοις θεωρήμασι κατεχρήσατο εἰς τὴν εὕρεσιν τῶν ἐπιζητουμένων
μεταξὺ τῶν ἀνὰ ᾱ ϛ″ μοιρῶν καθ' ἕκαϛον
τῶν δύο διαϛημάτων πρὸς τὴν ἀναπλήρωσιν
τοῦ κανόνος.

Ὅτι δὲ οὐδὲ ἐκ μόνου τῶν τῆς ὑπεροχῆς
θεωρήματος ἐδύνατο τὰ μεταξὺ δύο διαϛήματα ἀναπληρῶσαι παραλαμβάνων τὰς
διὰ τῶν γραμμῶν δεδομένας εὐθείας, ἀλλὰ
καὶ ἔτι πρὸς τούτῳ ἄτακτος αὐτῷ ἐγίνετο ἡ
λεῖψις τῶν εὐθειῶν, ἐκ τοῦ, τὰ τελευταῖα
τῶν ἐπιζητουμένων διαϛημάτων ἀνάγκη
πρῶτα λαμβάνεσθαι, οὕτως ἂν κατανοήσαιμεν. Ἔϛω γὰρ πάλιν ἡμικύκλιον τὸ ΑΒΓΔ,
καὶ ὑποτεινέτω ἡ μὲν ΑΒ εὐθεῖα δεδομένη
διὰ τῶν γραμμῶν τὴν ΑΒ περιφέρειαν μοίρας
οὖσαν ᾱ ϛ″, ἡ δὲ ΑΓ εὐθεῖα δοθεῖσα καὶ
αὕτη διὰ τῶν γραμμῶν, ὑποτεινέτω τὴν
ΑΒΓ περιφέρειαν μοιρῶν γ̄, καὶ ἔϛω τὰ μεταξὺ β̄ ἐπιζητούμενα διαϛήματα ἀπὸ τοῦ
Β κατὰ τὰ Ε Ζ· τὸ μὲν Ε κατὰ τὰς β̄
μοίρας, τὸ δὲ Ζ κατὰ τὰς β̄ ϛ″. Ὅτι μὲν
οὖν ἐὰν ἀπὸ τοῦ Α ἀπολάβωμεν τὴν ὑπὸ τὸ
ἡμιμοίριον ὡς τὴν ΑΠ. Ἡ τὴν ΗΒΖ περιφέρειαν, μοιρῶν οὖσαν β̄, ὑποτείνουσα οὐ δέδοται, διὰ τὸ μηδὲ τὴν ΑΖ εὐθεῖαν, ὑποτείνουσαν μοιρῶν β̄ ϛ″ δεδόσθαι, δῆλον. Ὅτι
δὲ ἡ ὑποτείνουσα τὴν ΗΒΕΓ μοιρῶν οὖσαν
β̄ ϛ″ δέδοται, τουτέϛιν ἡ ΗΓ, τουτέϛιν ἡ
ΑΖ, τῆς ΑΓ διὰ τῶν γραμμῶν δοθείσης,
φανερόν. Ἔτι δὲ πάλιν ἔχοντες τὴν ὑπὸ τὸ
ἡμιμοίριον τὴν ΑΗ, καὶ τὴν ὑπὸ τὰς β̄ ϛ″
τὴν ΑΖ· εὑρήσομεν καὶ τὴν ὑπὸ τὰς β̄ μοίρας
τὴν ΗΖ τῷ αὐτῷ θεωρήματι καταχρώμενοι.

pour cela bien certainement de la droite AG donnée exactement par les lignes. C'est ce qui lui a fait employer ces deux théorèmes à trouver les deux intermédiaires de chaque espace des 1½ degrés consécutifs, pour rendre sa table complète.

On va voir qu'il ne pouvoit pas, par le seul théorème de différence, remplir les intervalles de 1½ degré, en prenant les droites données exactement par le calcul géométrique; mais que ces droites mêmes ne pourroient pas être prises par ce moyen avec précision, parce qu'il faudroit auparavant prendre les extrémités justes des intervalles cherchés. (F. 55.) Soit encore le demi-cercle ABGD; supposons la droite AB donnée géométriquement, et soutendante de l'arc de 1½ degré, et de la droite AG donnée aussi par le calcul géométrique des lignes, soutendante de l'arc de 3 degrés. Soit aussi les deux intervalles moyens cherchés, depuis B, vers EZ, le point E de 2 degrés, et le point Z de 2½. Si nous prenons depuis le point A la corde d'un demi-degré, telle que AH, la corde soutendante de l'arc HBZ de 2 degrés n'est pas donnée; cela est clair, puisque la droite AZ soutendante de 2½ degrés n'est pas donnée. Mais que la corde de l'arc HBEG de 2½ degrés, c'est-à-dire HG ou AZ, soit donnée, cela est encore clair, puisque AG est donnée par la géométrie. Ayant AH soutendante d'un demi-degré et AZ soutendante de 2½ degrés, nous trouverons, par le même théorème, HZ soutendante de 2 degrés; ce qui est évident, parce qu'ici nous avons pris pour la démonstration les droites AH et AZ, dont aucune n'est donnée dans toute la rigueur géométrique, mais que l'une et l'autre sont

19*

208 ΘΕΩΝΟΣ ΥΠΟΜΝΗΜΑ.

prises seulement par des calculs grossiers. Il est donc clair que ces droites ne sont pas exactement connues, savoir : la première qui est la soutendante de $2\frac{1}{2}$, et ensuite celle de 2 degrés. Ptolemée n'a donc pas voulu faire les accroissemens par $\frac{1}{2}$ et $\frac{1}{4}$ de l'arc, dans sa table, soit parce que les valeurs des cordes des plus petits arcs n'ont pas la justesse que leur donneroit un calcul rigoureux, soit peut-être aussi parce qu'il lui a paru trop difficile de les obtenir par un tel calcul.

Telle est la méthode expéditive qu'il a suivie pour trouver les droites inscrites dans le cercle. « Mais afin qu'on ait sous la main, comme il l'a annoncé un peu auparavant, les grandeurs des cordes et des arcs toutes prêtes pour toutes les occasions, on les a mises en table ». Pour que nous ayons ces valeurs toutes calculées, et que nous ne passions pas le temps à les chercher par les procédés géométriques, il a disposé chacune de ces tables en 45 lignes, pour l'utilité de ce qu'on verra dans la suite concernant les anomalies du soleil, de la lune et des autres astres, et sur trois colonnes. Dans la première il a placé les arcs accrus par demi-degrés des 360 du cercle ; dans la seconde, les valeurs des cordes de ces arcs en parties des 120 du diamètre ; et dans la troisième, la trentième partie de la différence des cordes qui soutendent les accroissemens par demi-degré. Il a pris le trentième de la différence des droites, non que ce trentième soutende le trentième du demi-degré (car les différences des droites étant inégales,

Καὶ δῆλον ὅτι ἐνταῦθα τὴν ΗΑ εὐθεῖαν καὶ τὴν ΑΖ παρειλήφαμεν εἰς τὴν ἀπόδειξιν, μηδεμιᾶς διὰ τῶν γραμμῶν ἀποδειχθείσης, ἀλλ' ἑκατέρας διὰ τῶν παχυμερεϛέρων ἐπιλογισμῶν. Καὶ φανερὸν ὅτι ἄτακτος ἡμῖν γεγένηται ἡ κατάληψις τῶν εὐθειῶν, διὰ τὸ τὴν πρώτην τὴν ὑπὸ τὰς β̄ ϛ'' δεδεῖχθαι, εἶτ' αὖθις τὴν ὑπὸ τὰς β̄. Οὐκ ἠβουλήθη οὖν οὐδὲ τῷ ϛ'' καὶ δ̄ τῆς περιφερείας τὴν παραύξησιν τοῦ κανόνος ποιήσασθαι, ἤτοι διὰ τὸ μηκέτι καὶ τὰς τῶν ἐλαττόνων εὐθειῶν πηλικότητας ἐξακολουθεῖν τῇ ἐξ ἀναλόγου λήψει, ἢ καὶ διὰ τὸ δυσεπιλόγιϛον αὐτῷ καταφαίνεσθαι τὸ τοιοῦτον.

Ἡ μὲν οὖν πραγματεία τῶν ἐν τῷ κύκλῳ εὐθειῶν, οὕτως αὐτῷ ἐξ ἑτοίμου μετακεχείρισται. Ἵνα δὲ, καθὼς μικρῷ πρόσθεν ἐπαγγείλατα, ἐκ προχείρου τὰ τοιαῦτα μεγέθη τῶν εὐθειῶν καὶ περιφερειῶν πρὸς τὴν καθ' ἕκαϛα χρείαν ἔχωμεν παραλαμβάνειν, καὶ κανονοποιΐαν τούτων ἐξέθετο, ἵνα ἐξ ἑτοίμου τὰς πηλικότητας αὐτῶν ἔχωμεν ἐπιλογισμένας, καὶ μὴ ἐν ταῖς γραμμικαῖς δείξεσιν ἀπασχολώμεθα. Πεποίηται δὲ τὴν ἔκθεσιν τοῦ κανόνος ἐπὶ ϛίχους μὲν μ̄ε̄, διὰ τὸ ἑξῆς καὶ ἐν τοῖς τῶν ἀνομαλιῶν τοῦ τε ἡλίου καὶ τῆς σελήνης καὶ τῶν ἀϛέρων φανησόμενον εὔχρηϛον, σελίδια δὲ τρία. Καὶ ἐπὶ μὲν τῶν πρώτων τὰς περιφερείας παρέθηκε καθ' ἡμιμοίριον παρηυξημένας, οἵων ἐϛὶν ὁ κύκλος τξ̄· ἐπὶ δὲ τῶν β̄ τὰς ἐπιβαλλούσας αὐταῖς τῶν εὐθειῶν πηλικότητας, οἵων ἐϛὶν ἡ διάμετρος ρκ̄· ἐπὶ δὲ τῶν γ̄ τὸ λ̄ μέρος τῆς ὑπεροχῆς τῶν ὑποτεινουσῶν τὰς καθ' ἡμιμοίριον παραυξήσεις. Ἔλαβε δὲ τὸ λ̄ τῆς ὑπεροχῆς τῶν εὐθειῶν, οὐχ' ὡς τοῦ λ̄ αὐτῆς, τὸ λ̄ τοῦ ἡμιμοιρίου ὑποτείνοντος (οὐδὲ γὰρ αἱ ὑπερο χαὶ τῶν εὐθειῶν ἄνισοι οὖσαι τὰ ἡμιμοίρια ἴσα ὄντα ὑποτείνουσιν ), ἀλλ' ὡς ἐξ ἀναλόγου τῇ παραυξήσει τῆς περιφερείας καὶ τῆς εὐθείας παραυξανομένης.

Ἵνα δὲ ἐπὶ καταγραφῆς φανερὸν γένηται τὸ λεγόμενον, ἐκκείσθω τὸ ΑΒΓΔ ἡμικύκλιον ἐπὶ διαμέτρου τῆς ΑΔ, καὶ διήχθωσαν ἀπ' ἄκρας τῆς διαμέτρου δύο τυχοῦσαι εὐθεῖαι, αἱ ΑΒ, ΑΓ, ὥστε μέντοι τὴν ΒΓ εἶναι ἡμι-μοιρίου. Καὶ κείσθω τῇ ΑΒ ἴση ἡ ΑΕ· οὐ τοῦτο οὖν λαμβάνει, ὅτι ἡ ΕΓ τὴν ΒΓ ὑπο-τείνει. Ἀλλ' ἐπεὶ ἐν ᾧ ἡ ΑΒ περιφέρεια τῇ ΒΓ παραύξηται, καὶ ἡ ΑΒ τουτέστιν ἡ ΑΕ τῇ ΕΓ, λαμβάνει ὅτι καὶ ἐν ᾧ ἡ ΑΒ περιφέρεια, λόγου ἕνεκεν, τῷ γ μέρει τῆς ΒΓ παρηύξηται, καὶ ἡ ΑΕ τῷ τρίτῳ μέρει τῆς ΕΓ. Ὁμοίως καὶ ἐν ᾧ ἡ ΑΒ περιφέρεια τῷ λ τῆς ΒΓ, καὶ ἡ ΑΕ τῷ λ τῆς ΕΓ, διὸ καὶ φησίν· ἵνα καὶ τοῦ πρώτου ἑξηκοστοῦ μέσην ἐπι-βολὴν ἔχοντες ἀδιαφοροῦσαν πρὸς αἴσθησιν τῆς ἀκριβοῦς. Ἐξέθετο δὲ τὸ γ σελίδιον τῶν ἑξηκοστῶν πρὸς τὸ λαμβάνειν ἡμᾶς ἐξ εὐχε-ροῦς τὰς ὑποτεινούσας εὐθείας, καὶ τὰς με-ταξὺ τῶν καθ' ἡμιμοίριον παραυξήσεις, οἷον τὰς μεταξὺ τῶν ε μοιρῶν καὶ ε ς", ὡς τὰς ε, λόγου ἕνεκεν, καὶ τὰ ι ἑξηκοστά. Δεκάκις γὰρ ποιοῦντες τὰ παρακείμενα ταῖς ε κατὰ τὸ γ σελίδιον, καὶ προστιθέντες τῇ παρακειμένῃ πηλικότητι τῆς εὐθείας κατὰ τὸ δεύτερον σελίδιον, ἕξομεν τὴν εὐθεῖαν τὴν ὑποτείνουσαν τὰς ε μοίρας καὶ ι ἑξηκοστά. Ὡσαύτως δὲ καὶ ἐπὶ τῶν λοιπῶν καὶ μεταξὺ τῶν καθ' ἡμιμοίριον παραυξήσεων, ὧν τὴν ἐξέτασιν ἑξῆς ἐπ' αὐτῶν τῶν ἐν τῇ συν-τάξει περιεχομένων ἀριθμῶν ποιησόμεθα.

ne soutendent pas les demi-degrés qui sont égaux); mais parce que l'arc et la corde croissant ensemble, leur accroisse-ment se fait concurremment.

Pour rendre cela plus clair par une fi-gure, soit (Fig. 56) le demi cercle ABGD sur le diamètre AD, et soient menées d'une des extrêmités de ce diamètre deux droites quelconques AB, AG, mais de manière que BG soit l'arc d'un demi degré, et faisons AD égale à AB. Il ne prétend pas que EG soutende BG. Mais parce qu'en même temps que l'arc AB s'est accru de BG, la droite AB, c'est-à-dire AE s'est accrue de EG, il dit que l'arc AB s'étant accru, par exemple, d'un tiers de BG, AE a simultanément crû d'un tiers de EG; et que parcillement, pendant que l'arc AB a crû d'un trentième de BG, la droite AE a crû aussi d'un trentième de EG. C'est pourquoi il dit que nous avons l'augmen-tation moyenne pour une soixantième (mi-nute) sensiblement égale à l'augmentation juste. Et son but en nous donnant cette troisième colonne, a été que nous puissions prendre sur-le-champ non seulement les cordes des arcs exprimés dans la table, mais encore celles des intermédiaires aux accrois-semens par demi-degrés. Nous aurons ainsi celles des arcs entre 5 degrés et 5½ degrés, par exemple celle de 5 degrés 10 soixantiè-mes. Car multipliant par 10 les parties frac-tionnaires qui sont dans la ligne de 5ᵈ, et ajoutant le produit à la valeur de la corde de cet arc marquée à côté dans la seconde colonne, nous aurons la droite qui sou-tend 5 degrés 10 minutes. Il en est de même pour toutes les autres cordes des arcs compris dans les intervalles des ac-croissemens par demi-degré. Nous les re-présenterons conformément aux nombres mêmes par lesquels ils sont exprimés dans la composition.

« Il est aisé de voir que dans le doute de quelque faute de copie pour quelqu'une de ces soutendantes », et toujours ainsi de suite. Il est évident, dit-il, que si nous doutons de l'exactitude de quelqu'une des droites comprises dans cette table, comme si elle n'étoit pas exprimée convenablement, nous en ferons bientôt l'épreuve et la correction, soit en prenant celle de l'arc double; soit en doublant l'arc donné, et en comparant ceux qui ont la même différence ; soit aussi en prenant celle du supplément au demi-cercle. Car proposons-nous de chercher la soutendante de l'arc de 10 degrés : pour cela, nous prenons la soutendante du double de cet arc, c'est-à-dire celle de 20 degrés; puis prenant cet arc double sur la circonférence du cercle, nous trouverons par le théorème de division, la soutendante de sa moitié, c'est-à-dire celle de 10 degrés. Ou bien prenant des arcs qui diffèrent de 10 degrés les uns à l'égard des autres, comme ceux de 20 et de 30 degrés, et ayant leurs cordes, nous trouverons par le théorème de différence, celle de 10 degrés. Ou même de la manière suivante : en prenant la soutendante des 170 degrés qui complétent le demi cercle, et en l'élevant au carré, puisque nous avons celui du diamètre, lequel est égal à la somme de celui de la soutendante de 170 degrés, et de celui de la soutendante de 10 degrés, parce que l'angle qu'elles comprennent dans le demi-cercle, est droit. Otant donc du carré du diamètre, celui de la corde

Εὐκατανόητον δὲ ὅτι διὰ τῶν αὐτῶν καὶ προκειμένων θεωρημάτων κἂν ἐν διςαγμῷ γενώμεθα γραφικῆς ἁμαρτίας περί τινα ἐν τῷ κανόνι περιεχομένων εὐθειῶν, καὶ τὰ ἑξῆς. Φανερὸν δὲ, φησὶν, ὅτι καὶ ἐὰν ἀμφιβάλλωμεν περί τινα τῶν ἐν τῷ κανόνι περιεχομένων εὐθειῶν, ὡς μὴ δεόντως αὐτῆς ἐκτεθειμένης, ἐξ εὐχεροῦς τὴν ἐξέτασιν αὐτῆς καὶ τὴν ἐπανόρθωσιν ποιησόμεθα· ἤτοι τὴν ὑπὸ τὴν διπλασίονα αὐτῆς παραλαμβάνοντες, ἢ ἀλλήλας τινὰς ἐχούσας ταύτην τὴν ὑπεροχὴν, ἢ τὴν λείπουσαν αὐτῆς εἰς τὸ ἡμικύκλιον. Ἔςω γὰρ ἡμᾶς ἐπιζητεῖν τὴν ὑποτείνουσαν τὰς ῑ μοίρας τῆς περιφερείας λαμβάνομεν τὴν ὑποτείνουσαν τὴν διπλασίονα ταύτης, τουτέςι τὰς κ̅ μοίρας· καὶ ἐκθέμενοι κύκλον, καὶ ἀπολαβόντες τὴν τηλικαύτην περιφέρειαν, ἐπιζεύξαντες τὴν ὑποτείνουσαν εὐθεῖαν αὐτὴν δεδομένην ἡμῖν, καταχρώμενοι τῷ τῆς διχοτομίας θεωρήματι, εὑρήσομεν τὴν ὑποτείνουσαν τὴν ϛ″ αὐτῆς, τουτέςι τὰς ῑ μοίρας. Ἢ καὶ ἄλλως λαμβάνοντες τινὰς περιφερείας, ὧν ἡ ὑπεροχὴ ἐςὶ μοιρῶν ῑ· οἷον τὴν τῶν κ̅ μοιρῶν καὶ λ̅. Ἔχοντες δὲ καὶ τὰς ὑπ' αὐτὰς εὐθείας, πάλιν τῷ τῆς ὑπεροχῆς θεωρήματι καταχρώμενοι, εὑρήσομεν τὴν ὑπὸ τὰς ῑ μοίρας. Ἔτι δὲ καὶ οὕτως· λαμβάνοντες τὴν ὑποτείνουσαν τὰς λειπούσας τῶν ῑ εἰς τὸ ἡμικύκλιον μοιρῶν ρο̅, καὶ ποιήσαντες τὸ ἀπ' αὐτῆς, ἔχοντες δὲ καὶ τὸ ἀπὸ τῆς διαμέτρου, ὅ ἐςιν ἴσον τῷ τε ἀπὸ τῆς ὑποτεινούσης τὰς ρο̅, καὶ τὸ ἀπὸ τῆς ὑποτεινούσης τὰς λοιπὰς ῑ, διὰ τὸ ἐν ἡμικυκλίῳ ὀρθὴν γίνεσθαι τὴν γωνίαν τὴν ὑπ' αὐτῶν περιεχομένην. Καὶ ἀφελόντες ἀπὸ τοῦ ἀπὸ τῆς διαμέτρου τὸ ἀπὸ τῆς ὑποτεινούσης τὰς ρο̅, τῶν ὑπολειφθέντων, τετραγωνικὴν λαβόντες πλευρὰν, ἕξομεν καὶ τὴν ὑποτείνουσαν τὰς ῑ μοίρας τῆς περιφερείας. Καὶ ἔςιν ἡ τοῦ κανόνος ἔκθεσις τοιαύτη.

Ἐκτεθειμένης οὖν ἡμῖν τῆς πραγματείας τῶν ἐν κύκλῳ εὐθειῶν, ἀκόλουθον ἡγούμεθα καὶ ἐνταῦθα διαλαβεῖν, πῶς αἱ τῶν ἐλασσόνων εὐθειῶν πηλικότητες μείζοσι διαφοραῖς παρηύξηνται, κατὰ τὸ ἑξῆς τῶν παραυξήσεων τῶν περιφερειῶν ἴσων οὐσῶν, καὶ πῶς αἱ ἐλάσσονες τῶν ὑπὸ τὰς ξ μοίρας τῆς περιφερείας ὑποτείνουσαι εὐθεῖαι μείζονες εἰσὶ τῷ ἀριθμῷ τῶν κατ' αὐτὰς περιφερειῶν, αἱ δὲ μετὰ τὰς ξ, ἐλάττονες. Καὶ πῶς δοθείσης τινὸς περιφερείας μεταξὺ τῶν καθ' ἡμιμοίριον παραυξήσεων πιπτούσης, ἡ ὑπ' αὐτὴν εὐθεῖα λαμβάνεται. Καὶ τὸ ἀνάπαλιν· πῶς δοθείσης τινὸς εὐθείας μεταξὺ τῶν ἐγκειμένων πιπτούσης, ἡ ἐπ' αὐτῆς περιφέρεια δέδοται. Δείξομεν δὲ πρῶτον διὰ τῶν γραμμῶν, πῶς αἱ τῶν ἐλαττόνων εὐθειῶν πηλικότητες μείζοσι διαφοραῖς παρηύξηνται, κατὰ τὸ ἑξῆς τῶν παραυξήσεων τῶν περιφερειῶν ἴσων οὐσῶν.

Ἔςω γὰρ ἡμικύκλιον τὸ ΑΒΓ, καὶ ἀπειλήφθω ἡ ΑΒ περιφέρεια, λόγου ἕνεκεν, μοιρῶν ῑ, ἡ δὲ ΑΔ μοιρῶν ῑ ϛ'', ἡ δὲ ΑΕ μοιρῶν ῑα. Καὶ ἐπεζεύχθωσαν αἱ ὑπ' αὐτὰς εὐθεῖαι, ἥ τε ΑΒ καὶ ἡ ΑΔ, καὶ ἡ ΑΕ· καὶ κείσθω τῇ μὲν ΑΒ, ἴση ἡ ΑΖ, τῇ δὲ ΑΔ ἴση ἡ ΑΗ, λέγω ὅτι ἡ ὑπεροχὴ τῆς ΑΔ πρὸς τὴν ΑΒ, τουτέςιν ἡ ΒΖ, μείζων ἐςὶ τῆς ὑπεροχῆς τῆς ΑΕ πρὸς τὴν ΑΔ, τουτέςι τῆς ΗΕ. Κείσθω γὰρ τῇ ΑΒ ἴση ἡ ΑΘ· καὶ ἐπεζεύχθωσαν αἱ ΒΔ, ΔΕ, ΔΗ, ΔΘ. Ἐπεὶ οὖν ἴση ἐςὶν

de 170 degrés, et extrayant du reste le côté du carré ( la racine carrée ), nous aurons la corde de l'arc de 10 degrés : c'est ainsi que cette table est disposée.

Après cette exposition de la table des cordes, nous croyons devoir expliquer comment il se fait que les différences des valeurs des moindres cordes deviennent de plus en plus grandes, quoique les accroissemens de leurs arcs soient toujours égaux; et que les cordes des arcs au-dessous de 60 degrés sont exprimées en nombres plus grands que leurs arcs correspondans, tandis que celles des arcs au-dessus de 60$^{\text{d}}$., le sont en nombres plus petits; et comment, étant donné un arc intermédiaire à deux accroissemens par demi degré on trouve la droite qui le soutend; et réciproquement, comment étant donnée une soutendante intermédiaire à deux autres marquées dans la table, l'arc qu'elle soutend est aussi donné. Nous démontrerons d'abord géométriquement comment les valeurs des moindres droites croissent par des différences qui deviennent toujours de plus en plus grandes, à mesure que leurs arcs croissent par des différences toujours égales.

Soit le demi-cercle ABG (F. 57), et prenons sur sa circonférence, l'arc AB de 10 degrés, par exemple, l'arc AD de 10 $\frac{1}{2}$$^{\text{d}}$, et l'arc AE de 11 degrés joignons leurs cordes AC, AD, AE; et faisons AZ égale à AB, et AH égale à AD je dis que la différence de AD à AB, c'est-à-dire ZD, est plus grande que la différence de AE à AD, c'est-à-dire que HE. Faisons AB égale à AT, et joignons BD, DE, DH, DT. Puisque AB est égale à AT, et que AD est commune, les deux droites BA,

AD, sont égales aux deux TA, AD; et l'angle BAD est égal à l'angle EAD, puisque l'arc BD est égal à l'arc DE, par conséquent la base BD est égale à la base DT. Mais BD est égale à DE, donc DB est égale à DT. Ainsi le triangle DET est isoscéle, et par conséquent les angles T et E sont égaux. Et puisque AD est égal à AH, AZ étant égal à AT, il s'ensuit que le reste DZ est égal au reste TH. En outre, puisque AD est égal à AH, l'angle ADH est égal à l'angle AHD. Donc ils sont aigus l'un et l'autre. Et puisque l'angle AHD est aigu ainsi que l'angle en T, la perpendiculaire abaissée de D sur TE, tombera entre T et H. Menons donc DK. Puisque dans le triangle isoscéle DTE cette perpendiculaire tombe du sommet sur la base, elle coupe la base en deux parties égales. Donc TK est égale à KE. Par conséquent TH, c'est-à-dire ZD, est plus grande que HE. Or ZD est la différence de AD à AB, et HE est la différence de AE à AD. Donc les différences des arcs plus petits, sont plus grandes que celles des arcs plus grands dont les différences entr'eux sont égales.

Nous allons montrer à présent, que les cordes des arcs au-dessous de 60 degrés, sont exprimées en nombres plus grands que celles de leurs arcs correspondans, tandis que celles des arcs au-dessus, le sont en nombres plus petits ; ce qui est évident par le théorème qu'il a démontré auparavant.

(Fig. 58). Car soit le cercle ABGD, Menons-y les deux droites AB corde de l'arc de 30 degrés, et AG soutendante de 60. Puisque la droite AG est à la droite AB, en moindre raison que l'arc AG à

ἡ ΑΒ τῇ ΑΘ, κοινὴ δὲ ἡ ΑΔ, δύο αἱ ΒΑ, ΑΔ, δυσὶ ταῖς ΘΑ, ΑΔ ἴσαι εἰσὶ, καὶ γωνία ἡ ὑπὸ ΒΑΔ, γωνία τῇ ὑπὸ ΕΑΔ ἴση ἐςίν ἐπεὶ καὶ περιφέρεια ἡ ΒΔ τῇ ΔΕ περιφερείᾳ ἴση ἐςί· βάσις ἄρα ἡ ΒΔ βάσει τῇ ΔΘ ἐςὶν ἴση. Ἀλλὰ καὶ ἡ ΒΔ τῇ ΔΕ ἴση ἐςὶ, καὶ ἡ ΔΕ ἄρα τῇ ΔΘ ἐςὶν ἴση· ἰσοσκελὲς ἄρα ἐςὶ τὸ ΔΕΘ τρίγωνον. Ὀξεῖαι ἄρα αἱ πρὸς τοῖς Θ καὶ Ε γωνίαι. Καὶ ἐπεὶ ἡ ΑΔ τῇ ΑΗ ἴση ἐςὶν, ὧν ἡ ΑΖ τῇ ΑΘ ἴση· λοιπὴ ἄρα ἡ ΔΖ λοιπῇ τῇ ΘΗ ἐςὶν ἴση. Πάλιν ἐπεὶ ἴση ἐςὶν ἡ ΑΔ τῇ ΑΗ, καὶ γωνία ἄρα ἡ ὑπὸ ΑΔΗ γωνίᾳ τῇ ὑπὸ ΑΗΔ ἐςὶν ἴση· ὀξεῖα ἄρα ἑκατέρα. Καὶ ἐπεὶ ὀξεῖα ἐςὶν ἡ ὑπὸ ΑΗΔ, ἀλλὰ καὶ ἡ πρὸς τῷ Θ· ἡ ἄρα ἀπὸ τοῦ Δ, ἐπὶ τὴν ΘΕ κάθετος ἀγομένη μεταξὺ τῶν Θ, Η πεςεῖται. Ἤχθω δὴ ἡ ΔΚ, καὶ ἐπεὶ ἐν ἰσοσκελεῖ τριγώνῳ τῷ ΔΘΕ ἀπὸ τῆς κορυφῆς ἐπὶ τὴν βάσιν κάθετος ἦκται, δίχα τεμεῖ τὴν βάσιν. Ἴση ἄρα ἡ ΘΚ τῇ ΚΕ· μείζων ἄρα ἡ ΘΚ, τουτέςιν ἡ ΖΔ τῆς ΗΕ. Καὶ ἔςιν ἡ μὲν ΖΔ ὑπεροχὴ τῆς ΑΔ πρὸς τὴν ΑΒ, ἡ δὲ ΗΕ ὑπεροχὴ τῆς ΑΕ πρὸς τὴν ΑΔ· αἱ ἄρα τῶν ἐλαττόνων εὐθειῶν ὑπεροχαὶ μείζονές εἰσι τῶν ἐξῆς τῶν περιφερειῶν τῶν ἴσῳ παρηυξημένων.

Δείξομεν δὴ καὶ πῶς αἱ ὑπὸ τὰς ἐλάττονας τῶν ξ μοιρῶν ὑποτείνουσαι εὐθεῖαι, μείζους εἰσὶ τῷ ἀριθμῷ τῶν κατ' αὐτὰς περιφερειῶν, αἱ δ' ὑπὸ τὰς πλείους, ἐλάττονες. Καὶ ἔςι τὸ τοιοῦτον αὐτόθεν δῆλον, ἐκ τοῦ προδειχθέντος ὑπ' αὐτοῦ θεωρήματος.

Ἔςω γὰρ κύκλος ὁ ΑΒΓΔ, καὶ διήχθωσαν ἐν αὐτῷ δύο εὐθεῖαι, ἥ τε ΑΒ ὑποτείνουσα περιφέρειαν μοιρῶν λ, καὶ ἡ ΑΓ, μοιρῶν ξ. Καὶ ἐπεὶ ἡ ΑΓ εὐθεῖα πρὸς τὴν ΑΒ ἐλάσσονα λόγον ἔχει, ἥπερ ἡ ΛΓ περιφέρεια πρὸς τὴν ΑΒ περιφέρειαν· ἡ δὲ ΑΒΓ περιφέρεια διπλασίων ἐςὶ τῆς ΑΒ περιφερείας· καὶ ἡ ΑΓ ἄρα εὐθεῖα τῆς ΑΒ ἐλάσσων ἐςὶν ἢ διπλασία. Καὶ ἔςιν ἡ ΑΓ εὐθεῖα ξ· ἡ ΑΒ ἄρα εὐθεῖα μείζων ἐςὶ τῶν λ, ὥςε ἡ ΛΒ εὐθεῖα μείζων ἐςὶ τῷ ἀριθμῷ τῆς ἐπ᾽ αὐτᾶς περιφερείας, ἐλάσσων οὖσα ξ. Πάλιν διήχθω καὶ ἡ ΑΔ ὑποτείνουσα μοιρῶν ρκ. Καὶ ἐπεὶ ἡ ΑΔ εὐθεῖα πρὸς τὴν ΑΓ ἐλάσσονα λόγον ἔχει, ἥπερ ἡ ΑΔ περιφέρεια πρὸς τὴν ΑΓ περιφέρειαν, ἡ δὲ ΑΓΔ διπλασίων ἐςὶ τῆς ΑΒΓ· ἡ ΑΔ ἄρα εὐθεῖα, ἐλάσσων ἐςὶν ἢ διπλασία τῆς ΑΓ· ἀλλὰ ἡ ΑΓ εὐθεῖα ἐςὶν ξ· ἡ ΑΔ ἄρα ἐλάσσων ἐςὶ τῶν ρκ τῆς περιφερείας οὔσης ρκ.

Ἔςι δὲ καὶ τοῦτο λογικώτερον εἰπεῖν, ὅτι ἐπεὶ καὶ μείζους εὑρέθησαν αἱ εὐθεῖαι τῷ ἀριθμῷ τῶν ἐπ᾽ αὐτὰς περιφερειῶν, καὶ ἐλάσσους, εὐλόγως ἰσάριθμος εὑρέθη καὶ μέση, ἡ ἰσάριθμος τῶν ἀνίσων, τουτέςιν ἡ τῶν ξ.

Ὅτι δὲ οὐχ᾽ ὁρίζει τὰς πηλικότητας τῶν εὐθειῶν· καὶ ἐπὶ τῶν μειζόνων περιφερειῶν τὸ προκείμενον θεώρημα, καθάπερ ἐκ τῆς ὑπὸ τὸ ϛ″ δ, καὶ τῆς ὑπὸ τὴν ᾱ ϛ″ κατελάμβανε τὴν ὑπὸ τὴν ᾱ μοῖραν ἔγγιςα, δείξομεν οὕτως. Ὑποκείσθω γὰρ πάλιν ἡ μὲν ΑΒ περιφέρεια μοιρῶν λ, καὶ ἡ ὑπ᾽ αὐτὴν εὐθεῖα δεδομένη λᾱ γ′ λ″, ἡ δὲ ΑΒΔ περιφέρεια, μοιρῶν ρκ, καὶ ἡ ὑπ᾽ αὐτὴν εὐθεῖα ργ νε′ κγ″. Καὶ δέον ἔςω ἐκ τούτων εὑρεῖν τὴν ὑπὸ τὰς ξ, ὡς τὴν ΑΓ. Ἐπεὶ οὖν ἡ

THÉON.

l'arc AB, et l'arc ABG étant double de l'arc AB, il s'ensuit que la droite AG est moins que double de la droite AB. Or la droite AG est de 60ᵖ, donc la droite AB est de plus de 30ᵖ. C'est pourquoi la droite AB moindre que 60, est plus grande en nombres que son arc. Menons encore AD soutendante de 120 degrés. Puisque la droite AD est à la droite AG en moindre raison que l'arc AD à l'arc AG, et que l'arc AGD est double de l'arc ABG, il s'ensuit que la droite AD est moins que double de la droite AG; mais la droite AG est de 60ᵖ, dont la droite AD est de moins de 120ᵖ, relativement à son arc qui est de 120ᵈ.

On peut encore prouver la même chose par le raisonnement, en disant qu'après avoir trouvé que les cordes des arcs au-dessous de 60ᵈ, sont plus grandes en nombres, que leurs arcs respectifs, et la corde de l'arc moyen de 60ᵈ étant de 60ᵖ aussi, la conséquence naturelle est que l'expression en nombres des cordes des arcs au-dessus de cet arc moyen, doit être plus petite que celles de chacun de leurs arcs respectifs.

Nous allons faire voir que le théorème que Ptolemée a donné auparavant, ne détermine pas d'une manière précise les valeurs des soutendantes des grands arcs, comme par la soutendante de $\frac{1}{2} + \frac{1}{4}$, et par celle de $1 + \frac{1}{2}$, il a pris celle de 1 degré approchée. Supposons dans la même figure encore l'arc AB de 30 degrés, et sa corde de 31ᵖ 3′ 30″; l'arc ABD de 120 degrés, et sa corde de 103ᵖ 55′ 23″, Et qu'il faille trouver par ces cordes, celle de 60 degrés, telle que AG. Puisque l'arc AG est double de AB, la droite AF

20

est donc moins que double de la droite AB. Mais AB est de 31ᵖ 3′ 30″, donc AG est moindre que 62ᵖ 7′. Par les mêmes raisons encore, la droite AD est moins que le double de la droite AG. Mais AD est de 103ᵖ 55″ 23″, dont la droite AG est à peu près, de 51ᵖ 57′ 42″. Or elle vient d'être démontrée plus petite que 62ᵖ 7′, il est donc évident par là qu'on ne peut pas déterminer avec précision la valeur de cette droite, puisque la différence d'avec la vraie est d'environ 10ᵖ 10′.

Tout cela bien conçu, il resteroit encore à montrer comment, étant donné un arc intermédiaire à ceux qui croissent par demi-degrés, on pourra trouver aussitôt la corde de cet arc; et réciproquement, comment étant donné une corde intermédiaire à celles qui sont exposées dans la table, son arc sera aussi donné. Qu'il soit question de trouver la corde de l'arc donné de 10ᵈ 15′. Je prends dans la table l'arc de 10ᵈ, le plus prochainement inférieur, et sa corde, de 10ᵖ 27′ 32″; et l'arc immédiatement plus grand, qui est celui de 10ᵈ 30′, et sa corde de 10ᵈ 58′ 49″. Puis j'écris l'arc moyen donné de 10ᵈ + 15′, comme je l'écris ci-dessous.

ΑΓ περιφέρεια τῆς ΑΒ ἐςὶ διπλῆ, ἡ ΑΓ ἄρα εὐθεῖα τῆς ΑΒ ἐλάσσων ἐςὶν ἢ διπλασίων. Καὶ ἔςιν ἡ ΑΒ λᾱ γ′ λ″· ἡ ΑΓ ἄρα ἐλάττων ἐςὶν ξϛ ζ′. Πάλιν διὰ τὰ αὐτὰ ἡ ΑΔ εὐθεῖα τῆς ΑΓ ἐλάσσων ἐςὶν, ἢ διπλασίων. Καὶ ἔςιν ἡ ΑΔ ργ νε′ κγ″· ἡ ΑΓ ἄρα εὐθεῖα νᾱ νζ′ μϛ″ ἔγγιςα. Ἐδείχθη δὲ καὶ ἐλάττων ξϛ ζ′· καὶ δῆλον ὡς οὐκ ἔςιν ὁρίσαι αὐτᾶς ἔγγιςα τὴν πηλικότητα, τῆς διαφορᾶς μοιρῶν ῑ καὶ ἑξηκοςῶν ι′ ἔγγιςα τυγχανούσης.

Τούτου δειχθέντος, καταλίποιτο ἂν ἔτι δεῖξαι πῶς δοθείσης τινὸς περιφερείας μεταξὺ τῶν καθ' ἡμιμοίριον πιπτούσης, καὶ ἡ ὑπ' αὐτὴν εὐθεῖα ἐκ προχείρου ἔγγιςα δοθήσεται. Καὶ τὸ ἀνάπαλιν· πῶς δοθείσης τινὸς εὐθείας μεταξὺ τῶν ἐν τῷ κανόνι ἐκτεθειμένων πιπτούσης, καὶ ἡ ἐπ' αὐτῆς περιφέρεια ὁμοίως δοθήσεται. Ἔςω δὴ δοθείσης περιφερείας μοιρῶν ῑ καὶ ἑξηκοςῶν ιε′ τὴν ὑπ' αὐτὴν εὐθεῖαν εὑρεῖν. Ἀπογράφει τὴν ἔγγιςα ἐλάττονα περιφέρειαν μοιρῶν οὖσαν ῑ, καὶ τὴν ὑπ' αὐτὴν εὐθεῖαν τρημάτων ῑ κζ′ λϛ″· καὶ ἔτι τὴν ἔγγιςα μείζονα περιφέρειαν μοιρῶν οὖσαν ῑ λ′, καὶ τὴν ὑπ' αὐτὴν εὐθεῖαν ῑ νη′ μθ″. Μέςην δὲ τὴν διδομένην περιφέρειαν μοιρῶν ῑ καὶ ἑξηκοςῶν ιε′, ὡς ὑπογέγραπται·

```
        10 .  0  ...  10 . 27′ . 32″ . . . . . . . ῑ . ō . ῑ . κζ′ . λϛ.″
        10 . 15  ...  10 . 43  . 10               ι . ει . ι . μγ . ι.
        10 . 30  ...  10 . 58  . 49               ι . λ . ι . νη . μθ.
Pour    30             31 . 17  . . . . . . . : λ .        λα . ιζ
Pour    15             15 . 38  . 30‴             ιε .     ιε λη . λ‴.
        31′ 17″ =         469 . 15‴ . . . . . . . . . . . . . υξθ . ιε.
Divisé par  30 = ½  . . . 938 . 30 . . . . . . . . . . . . ϡλη . λ.
Quotient. . . . . . . . . . . . 15 . 38  . 30″ . . . . . . ιε . λη. λ⁗
        { 10 .  0  . . . 10 . 27 . 32          }
        { 10 . 15  . . . 10 . 43 . 10 . 30‴    }      λ′ : ει′ : : λα ιζ : εελη
```

Καὶ ἐπεὶ καθ' ὁμαλὴν παραύξησιν ἀναλόγως τοῖς μεταξὺ ἑξηκοςοῖς τῶν περιφερειῶν τὰ τῶν εὐθειῶν ἑξηκοςὰ ἔγγιςα ἐπιβάλλει, ὡς μικρῷ πρόσθεν φανερὸν ἡμῖν γέγονε, λαμβάνομεν τὴν ὑπεροχὴν τῆς μείζονος περιφερείας πρὸς τὴν ἐλάσσονα, τουτέςι τῶν μοιρῶν ῑ καὶ λ ἑξηκοςῶν πρὸς τὰς ῑ μοίρας. Ἔςι δὲ ἑξηκοςὰ λ', καὶ ἔτι τῶν ὑπ' αὐτὰς εὐθειῶν τὴν ὑπεροχὴν. Ἔςι δὲ ο̄ λα' ιζ'', καὶ ἔτι τῶν ῑ μοιρῶν τὰς περιφερείας πρὸς τὰς ῑ μοίρας καὶ ἑξηκοςὰ ιε', ἅ ἐςιν ἑξηκοςὰ ιε'. Καὶ ἐπεὶ, ὡς ἔφην, ἀναλόγως ζητοῦμεν τὰς ἐπιβαλλούσας εὐθείας ταῖς περιφερείαις, ἔχοντες τρία μεγέθη, β̄ μὲν τῶν ὑπεροχῶν τῶν περιφερειῶν, καὶ ἐν τῆς ὑπεροχῆς τῶν εὐθειῶν, λαμβάνοντες δ̄ ἀνάλογον, εὑρίσκομεν τὴν ὑποτείνουσαν εὐθεῖαν τὴν τῶν μοιρῶν ῑ καὶ ἑξηκοςῶν ιε' περιφέρειαν. Εὑρίσκεται δὲ οὕτω τὰ ιε' ἑξηκοςὰ τῆς περιφερείας, ἐπὶ τὰ ο̄ λα' ιζ'' τῆς εὐθείας, γίνονται νξθ'' β̄ ἑξηκοςὰ καὶ γ̄ ιε''. Ταῦτα μερίσαντες περὶ τὰ λ̄ πρῶτα ἑξηκοςὰ τῆς ὑπεροχῆς τῶν ῑ ϛ'' μοιρῶν, τῆς μείζονος περιφερείας πρὸς τὰς ῑ μοίρας τῆς ἐλαχίςης, ἕξομεν πρῶτα ἑξηκοςὰ ιε' καὶ β̄ λη'' ϛ'', ἃ προσθέντες τῇ ὑποτεινούσῃ εὐθείᾳ τὰς ῑ μοίρας τῆς περιφερείας τμημάτων οὔσῃ ῑ κζ' λδ'', ἕξομεν τὴν ὑποτείνουσαν τὰς ῑ μοίρας καὶ ἑξηκοςὰ ιε', τμημάτων ῑ μγ' ι'' ἔγγιςα, τὰ λ'' γ̄ ἑξηκοςὰ καταλιμπάνοντες, ὡς μηδὲν ἀξιόλογον ἐμποιοῦντα διαφοράν.

Πάλιν τῶν αὐτῶν ὑποκειμένων, δέον ἔςω ποιῆσαι τὸ ἀνάπαλιν· τουτέςι δοθείσης εὐθείας τμημάτων ῑ μγ' ι'', εὑρεῖν τὴν ὑπ' αὐτῆς περιφέρειαν. Λαμβάνομεν πάλιν τὴν ὑπεροχὴν τῆς ἐγγυτέρω μείζονος αὐτῆς καὶ ἐλάσσονος, τουτέςι τῶν ῑ νη' μθ'', πρὸς τὰ ῑ κζ'

Puisqu'il insère les soixantièmes des droites en suivant l'accroissement uniforme, conjointement avec les soixantièmes intermédiaires des arcs, comme nous l'avons vu un peu plus haut, nous prenons l'excédent du plus grand arc sur le plus petit, c'est-à-dire de 10ᵈ 3o' sur 10ᵈ. Cet excédent est 3o'. Nous prenons aussi celui de leurs cordes qui est de 31' 17'', enfin la différence de l'arc de 10ᵖ à celui de 10ᵈ 15', qui est 15'. Puisque, comme je l'ai dit, nous cherchons proportionellement les cordes qui répondent à leurs arcs, et que nous avons trois grandeurs, nous trouverons par leur moyen la quatrième qui sera la soutendante de l'arc de 10ᵈ 15'. Or 15' multipliées par 31' 17'' font 469'' 15''', qui divisées par les 3o de l'excédent du plus grand arc sur le plus petit, donnent 15' 38'' ½. Ajoutons ce dernier nombre aux 10ᵖ 27' 32'' de la corde de 10ᵈ, et nous aurons celle de 10ᵈ 15', de 10ᵖ 43' 10'' à peu près, en négligeant les 3o''' comme faisant une différence peu considérable.

Les mêmes choses demeurant, on veut faire l'inverse, c'est-à-dire étant donnée la droite de 10ᵖ 43', 10'', trouver l'arc soutendu par cette droite. Nous prenons encore l'excès du plus grand sur le plus petit, c'est-à-dire ici de 10ᵖ 58' 49'' sur 10ᵖ 27' 32'', qui est 31' 17'', et pareillement la différence 3o' des arcs, et 15' 38" qui est celle de 10ᵖ 43' 10" à 10ᵖ 27' 32" et pour avoir le quatrième terme par une proportion, nous multiplions les 15' 38" par 3o', et nous trouvons 450" 1140"' que nous divisons par 31' 17", Le quotient est 15'. Ajoutons-les à 10ᵈ, et nous aurons l'arc 10ᵈ 15' soutendu par la droite donnée.

Mais on peut trouver tout cela plus aisément, comme il le pense lui-même. Car si cherchant cette droite proposée, nous multiplions par 15 les nombres qui, dans la 3ᵉ colonne, répondent à 10ᵈ, et que nous en ajoutions le produit à la soutendante de 10 degrés, nous aurons ainsi celle de 10ᵈ 15'. Et réciproquement, si, ayant cette même droite, nous voulons avoir l'arc qu'elle soutend, prenant la différence de cette droite à l'inférieure la plus prochaine, comme de 10ᵖ 43' 10" à 10ᵖ 27' 32"; et divisant cette différence des deux droites par les soixantièmes qui, dans la 3ᵉ colonne répondent au moindre arc le plus prochain, nous ajouterons le quotient au moindre arc, comme ici à l'arc de 10ᵈ, et nous aurons l'arc soutendu par la droite donnée.

## CHAPITRE X.

### DE L'ARC COMPRIS ENTRE LES TROPIQUES.

Nous nous sommes assez étendus sur la construction de la table des cordes, et sur

λϛ″, ἃ γίνεται ō λα΄ ιζ″. Καὶ τῶν περιφερειῶν ὁμοίως, τὰ ō λ, καὶ ἔτι τῶν ῑ μγ΄ ι″ πρὸς τὰ ῑ κζ΄ λϛ″, ἅ ἐστιν ἑξηκοστὰ ιε΄ λη″. Καὶ ἵνα πάλιν λάβωμεν τὸν δ΄ ἀνάλογον, πολλαπλασιάζομεν τὰ ιε΄ λη″ ἐπὶ τὰ ō λ, καὶ γίνονται ō ō υν ϙμ. Καὶ μερίζομεν περὶ τὰ ō λα΄ ιζ″, καὶ τὰ γενόμενα ἑξηκοστὰ ιε΄ προστιθέντες ταῖς ῑ μοίραις, ἕξομεν τὴν ὑποτεινομένην περιφέρειαν ὑπὸ τῆς εἰρημένης εὐθείας, μοιρῶν ῑ ιε΄.

Ἔστι δὲ καὶ προχειρότερον τὸ τοιοῦτον ἐφοδεῦσαι, καθὼς καὶ αὐτῷ δοκεῖ. Ἐὰν γὰρ ζητοῦντές τὴν εἰρημένην εὐθεῖαν δεκαπεντάκις ποιήσωμεν τὰ περιεχόμενα ταῖς ῑ μοίραις τῆς περιφερείας ἐν τῷ τρίτῳ σελιδίῳ, καὶ τὰ γενόμενα προσθήσωμεν τῇ ὑποτεινούσῃ τὰς ῑ μοίρας, καὶ οὕτως ἕξομεν τὴν ὑποτείνουσαν τὰς ῑ μοίρας καὶ ἑξηκοστὰ ιε΄. Ἐὰν δὲ ἀνάπαλιν τὴν εἰρημένην εὐθεῖαν ἔχοντες βουλώμεθα λαβεῖν τὴν ἐπ' αὐτῆς περιφέρειαν, τὴν ὑπεροχὴν τῆς εὐθείας λαβόντες, ἣν ἔχει πρὸς τὴν ἔγγιστα ἐλάσσονα περιεχομένην, οἷον τὴν ὑπεροχὴν τῶν ῑ μγ΄ ι″ πρὸς τὰ ῑ κζ΄ λϛ″, καὶ ἔτι τὰ περιεχόμενα ἐν τῷ γ̄ σελιδίῳ ἑξηκοστὰ τῇ ἔγγιστα ἐλάσσονι· καὶ παρ' αὐτὰ μερίσαντες τὴν ὑπεροχὴν τῶν β̄ εὐθειῶν, τὰ γενόμενα ἐκ μερισμοῦ προσθέντες τῇ ἐκκειμένῃ ἐλάττονι περιφερείᾳ, οἷον τῇ τῶν ῑ μοιρῶν, ἕξομεν τὴν ὑποτεινομένην περιφέρειαν ὑπὸ τῆς εἰρημένης εὐθείας.

## ΚΕΦΑΛΑΙΟΝ Ι΄.

### ΠΕΡΙ ΤΗΣ ΜΕΤΑΞΥ ΤΩΝ ΤΡΟΠΙΚΩΝ ΠΕΡΙΦΕΡΕΙΑΣ.

Διεξελθόντες περὶ τῆς πραγματείας τῶν ἐν κύκλῳ εὐθειῶν, καὶ ἔτι περὶ τῶν κατὰ μέρος εἰς τὴν πραγματείαν παρακολουθούντων ταύτην, ἑξῆς περὶ τῆς εἰρημένης αὐτῷ ἀναγκαίως τῶν κατὰ μέρος προλαμβάνεσθαι ἀποδείξεων, τουτέστι τῆς μεταξὺ τῶν β πόλων τοῦ ἰσημερινοῦ καὶ τοῦ ζωδιακοῦ πηλικότητος ἐπὶ τοῦ διὰ τῶν αὐτῶν πόλων γραφομένου μεγίστου κύκλου τὸν λόγον ποιησόμεθα. Φησὶν οὖν ἐνταῦθα· πόσον ὁ λοξὸς καὶ διὰ μέσων τῶν ζωδίων κύκλος ἐγκέκλιται πρὸς τὸν ἰσημερινόν· ἡ γὰρ τούτων ἔγκλισις τὴν ἴσην ἀπολαμβάνει τῇ μεταξὺ τῶν β πόλων. Ἐὰν γὰρ νοήσωμεν ζωδιακὸν μὲν τὸν ΑΒΓ, ἰσημερινὸν δὲ τὸν ΑΔΓ, καὶ τὸ μὲν Α σημεῖον τὸ κατὰ τὴν ἐαρινὴν αὐτοῦ τομὴν; τὸ δὲ Β θερινὸν τροπικὸν, καὶ λάβωμεν τοῦ μὲν ΑΒΓ ζωδιακοῦ πόλου, τὸ Ε, τοῦ δὲ ΑΓΔ ἰσημερινοῦ πόλου τὸ Ζ, καὶ διὰ τῶν Ζ, Ε μέγιστον κύκλον γράψωμεν ὡς τὸν ΒΕΖΘ, γίνεται ἡ ΖΔ ἴση τῇ ΕΒ, ἐκ πόλων γὰρ εἰσὶ μεγίστων κύκλων. Καὶ κοινῆς ἀφαιρεθείσης τῆς ΔΕ, λοιπὴ ἡ ΖΕ μεταξὺ τῶν πόλων λοιπῇ τῇ ΒΔ τῆς ἐγκλίσεως ἐστὶν ἴση. Ὥστε ἐὰν τὴν ἔγκλισιν τῶν κύκλων εὕρωμεν ἐπὶ τοῦ οὕτως γραφομένου μεγίστου κύκλου, εὑρηκότες ἐσόμεθα καὶ τὴν μεταξὺ τῶν πόλων. Ὅτι δὲ ἡ ΒΔ τῆς ἐγκλίσεως ἐστὶ τῶν κύκλων, δείξομεν οὕτως· ἐὰν γὰρ ἐπιζεύξωμεν τὰς ΑΓ, ΒΚ, ΔΘ κοινὰς τομὰς τῶν κύκλων, ἔσται τὸ Κ κέντρον τῆς σφαίρας, διὰ τὸ μεγίστους εἶναι τοὺς κύκλους, καὶ διαμέτρους τὰς ΒΚ, ΔΘ, ΑΓ. Καὶ ἐπεὶ ὁ ΒΔΚΘ ὀρθός ἐστι πρὸς τοὺς ΑΒΓΚ, ΑΔΓΘ κύκλούς, καὶ οἱ ΑΒΓΚ, ΑΔΓΘ ἄρα κύκλοι, ὀρθοί εἰσι πρὸς τὸν ΒΔΚΘ. Καὶ ἡ κοινὴ ἄρα

les détails qu'elle entraîne. Nous allons parler des notions particulières dont Ptolemée a dit qu'il étoit nécessaire de donner les démonstrations avant toute autre, c'est-à-dire que nous allons commencer par chercher la grandeur de l'arc (du grand cercle qui passe par les pôles du zodiaque et de l'équateur) compris entre ces deux poles. Ou comme dit Ptolemée : « De combien le cercle oblique qui entoure le zodiaque par le milieu de sa largeur, est incliné à l'équateur ». Car leur inclinaison est mesurée par un arc égal à celui de la distance de ces poles. Représentons nous en effet le zodiaque figuré ici ( F. 59 ) par le cercle ABG, l'équateur par le cercle ADG, le point A placé dans leur intersection vernale, le tropique d'été en B; prenons E pour le pole du zodiaque ABG, et Z pour le pole de l'équateur AGD, et par ces points Z et E décrivons un grand cercle tel que BEZT, ZD est égal à EB, car ces deux arcs descendent perpendiculairement des pôles des deux grands cercles sur ces cercles. Retranchant l'arc commun DE, reste l'arc ZE entre les poles, égal à l'arc BD de l'inclinaison. Si donc nous trouvons l'inclinaison de ces cercles sur le grand cercle ainsi décrit, nous aurons par là l'arc entre les poles tout trouvé. Voici comme nous prouvons que l'arc BD est celui de l'inclinaison de ces cercles : si nous joignons leurs sections communes AG, BK, DT, K sera le centre de la sphère, parce que ce sont de grands cercles, et que ces droites en sont les diamètres. Puisque ce cercle BDKT est perpendiculaire sur les cercles ABGK et ADGT, ceux-ci sont donc perpendiculaires sur BDKT. Donc leur section commune AG est perpendiculaire sur le cercle BDKT, et par conséquent sur toutes les droites qui aboutissent à elle, et qui sont dans le plan du cercle BDKT; de sorte que la droite AG est perpendiculaire sur les droites BH et DH. Or, puisque ces droites sont perpendiculaires sur la section commune du cercle qui entoure le zodiaque par le milieu, et de l'équateur, dans les plans de l'un et l'autre de ces cercles, l'angle BHD est donc l'inclinaison de ces plans, et au centre de la sphère. Ainsi l'arc BD est celui de l'inclinaison des plans de ces deux cercles.

En disant encore : Quel rapport a le grand cercle qui passe par les pôles de ces deux cercles avec l'arc qui est compris entre ces pôles, il parle de leur écart égal de part et d'autre; car s'il trouvoit ce rapport, ayant le grand cercle de 360 degrés, il auroit l'arc d'entre les pôles, ou l'arc dont l'équateur est également éloigné des tropiques; c'est-à-dire l'arc dont celui d'entre les tropiques est le double; et il n'a employé cet arc, que parce qu'il lui sert plus que tout autre moyen à connoître aussitôt l'arc d'entre les poles. Mais toute la matière de la théorie astronomique, consistant dans les phénomènes, il déduit de ceux-ci cette première démonstration de l'arc compris entre les tropiques, je veux dire qu'il la déduit des observations de ces phénomènes. Et pour faire ces observations, il s'est servi de deux instrumens les plus simples : l'un, composé de cercles, l'autre qui n'est qu'un carreau : Il en décrit d'abord la construction, et la manière de les poser, et ensuite l'usage qu'on en fait. Il trouve, par leur moyen, comme nous l'avons dit, l'arc d'entre les tropiques; et par celui-ci, l'arc

αὐτῶν τομὴ ἡ ΑΓ, ὀρθή ἐςι πρὸς τὸν ΒΔΚΘ κύκλον· καὶ πρὸς πάσας ἄρα τὰς ἀπτομένας αὐτῆς εὐθείας, καὶ οὔσας ἐν τῷ τοῦ ΒΔΚΘ κύκλου ἐπιπέδῳ, ὥςε καὶ πρὸς τὰς ΒΗ, ΔΗ ὀρθή ἐςιν ἡ ΑΓ. Καὶ ἐπεὶ ἡ ΑΓ κοινὴ τομὴ τοῦ διὰ μέσων καὶ τοῦ ἰσημερινοῦ ἐν ἑκατέρῳ τῶν ἐπιπέδων πρὸς ὀρθάς εἰσιν αἱ ΗΒ ΗΔ· ἡ ἄρα ὑπὸ ΒΗΔ, ἡ κλίσις ἐςὶ τῶν εἰρημένων ἐπιπέδων. Καὶ ἔςι πρὸς τῷ κέντρῳ τῆς σφαίρας· ὥςε καὶ ἡ ΒΔ περιφέρεια, τῆς κλίσεως ἐςὶ τῶν αὐτῶν ἐπιπέδων.

Πάλιν λέγων τίνα λόγον ἔχει ὁ κύκλος πρὸς τὴν ἀπολαμβανομένην αὐτοῦ μεταξὺ τῶν πόλων περιφέρειαν, ἐκ παραλλήλων περὶ τῆς αὐτῆς κατακλίσεως λέγει. Ἐὰν γὰρ εὕρῃ τοῦτον τὸν λόγον, ἔχῃ δὲ καὶ τὸν μέγιςον κύκλον μοιρῶν τξ, ἔχει ἄρα καὶ τὴν μεταξὺ τῶν πόλων περιφέρειαν, ᾗτινι περιφερείᾳ, ἴσον ἀπέχει ἰσημερινὸς ἑκατέρου τῶν τροπικῶν, τουτέςιν ἧς περιφερείας διπλασίων ἐςὶν ἡ μεταξὺ τῶν τροπικῶν. Διὰ τοῦτο δὲ ταύτην ἐπήγαγεν, ἐπεὶ μάλιςα διὰ ταύτης ἐκ προχείρου τὴν εἰρημένην περιφέρειαν μεταξὺ τῶν πόλων καταλαμβάνει. Καὶ ἐπεὶ ὕλη τῆς ἀςρονομικῆς θεωρίας ἐςὶ τὰ φαινόμενα, ἐκ τούτων τὴν τοιαύτην πρώτην ἀπόδειξιν τῆς μεταξὺ τῶν τροπικῶν περιφερείας ἐπιλογίζεται, λέγω δὴ ἐκ τηρήσεων τῶν φαινομένων. Κέχρηται δὲ πρὸς τὴν τοιαύτην τῶν τηρήσεων κατάληψιν ἁπλουςέραις δυσὶν ὀργάνων ἐκθέσεσι, μιᾷ μὲν διὰ κρίκων, ἑτέρᾳ δὲ διὰ πλινθίδος, ὧν πρῶτον τὰς κατασκευὰς ἐκτίθεται καὶ τὰς θέσεις, εἶθ' οὕτω καὶ τὰς χρήσεις. Καὶ διὰ τούτων εὑρίσκει, ὡς ἔφαμεν, τὴν μεταξὺ τῶν τροπικῶν περιφέρειαν, καὶ ἐκ ταύτης τὴν προ-

κειμένην μεταξὺ τῶν πόλων, καὶ ἔτι τὴν
ἀπὸ τοῦ κατὰ κορυφὴν ἐπὶ τὸν ἰσημερινὸν,
τουτέστι τὸ τοῦ πόλου ἔξαρμα.

Κατασκευάζεται δὲ, φησὶ, τὰ ὄργανα
τόν δε τὸν τρόπον· καὶ πρῶτον ὁ διὰ τῶν
κρίκων. Ποιήσομεν γὰρ, φησὶ, κύκλον χάλ-
κεον σύμμετρον τῷ μεγέθει, τετορνευμένον
ἀκριβῶς, τετράγωνον τὴν ἐπιφάνειαν, τουτέστι
τετράπλευρον. Ἔπειτα παραγράψαντες ἐπὶ
μιᾶς τῶν παρά τε τὴν κοίλην καὶ τὴν κυρτὴν
πλευρὰν κατὰ μέσον κύκλον, διελόντες αὐτὸν εἰς τὰ τοῦ μεγίστου κύκλου τμήματα τξ,
καὶ ἔτι τὰ μεταξὺ εἰς ὅσα ἐνδέχεται, χρησόμεθα τούτῳ μεσημβρινῷ, καθιστάντες αὐτὸν, τὴν πρὸς ὀρθὰς τῷ ὁρίζοντι, καὶ ἔτι
πρὸς ἄρκτους καὶ μεσημβρίαν θέσιν λαμβάνοντα. Ἔπειτα ἕτερον κυκλίσκον, λεπτότερον
αὐτοῦ κατὰ τὸ ὕψος ἐναρμόσαντες ὑπ' αὐτὸν,
ὥστε τὰς πλευρὰς αὐτῶν, ὡς ἔφαμεν, τὰς
περὶ τὰς κυρτὰς καὶ κοίλας ἐπὶ μιᾶς μένειν
ἐπιφανείας, περιάγεσθαί τε ἀκωλύτως ὑπὸ
τὸν μείζονα δύνασθαι τὸν ἐλάσσονα τῶν
κύκλων, ἐν τῷ αὐτῷ ἐπιπέδῳ αὐτοῦ πρὸς
ἄρκτους τε καὶ μεσημβρίαν. Τοῦτο δὲ γίνηται,
πρισματίων τινῶν πηγνυμένων εἰς τὰς παρ'
ἑκάτερα τοῦ μείζονος κύκλου πλευρὰς, καὶ
διακρατούντων τὸν ἐλάσσονα εἰς τὸ αὐτὸ
τούτῳ ἐπίπεδον. Ἔπειτα εἰς τέσσαρα ἴσα διαιρουμένου τοῦ ἐλάσσονος κύκλου, κατὰ
δύο τῶν οὕτω γενομένων κατὰ διάμετρον
σημείων, ἐναρμόζομεν δύο πηγμάτια μικρὰ
τετράγωνα ἴσα, ἵνα ἐπ' εὐθείας αὐτοῖς γινομένου τοῦ ἡλίου, ὅλον τὸ ὑποκάτω πηγμάτιον ὑφ' ὅλου τοῦ ὑπεράνω σκιασθῇ,
νεύοντα πρὸς ἄλληλα, καὶ τὸ κέντρον τῶν
κύκλων, τουτέστιν ἵνα αἱ πλατύτεραι καὶ
τετράγωνοι πλευραὶ πρὸς ἀλλήλας ὦσι τε-

tion d'entre les poles; et enfin l'arc depuis
le point vertical jusqu'à l'équateur, c'est-à-
dire la hauteur du pole.

Voici, dit-il, quelle est la construction
de ces instrumens, d'abord de celui qui
est composé d'anneaux « nous ferons, ce
sont sont ses propres paroles, un cercle de
cuivre de même dimension dans toute sa
grandeur, parfaitement façonné au tour,
et dont toutes les surfaces fassent entr'elles
des angles droits » c'est - à - dire qui ait
quatre faces perpendiculaires entr'elles.
Ensuite décrivant sur une des faces un cercle moyen entre les circonférences concave
et convexe, nous le diviserons en 360 parties égales du grand cercle et chacune en
autant de subdivisions qu'il est possible
qu'elle en reçoive, il nous servira de méridien en le plaçant verticalement à l'horizon, et dans la direction des ourses vers
le midi. Après quoi, adaptant dans l'intérieur de ce cercle, un cercle plus petit
et plus étroit, dans le sens de sa hauteur,
de manière que se joignant, comme nous
l'avons dit, par leurs bords concave et convexe, ils ne composent qu'une seule surface, mais de sorte aussi que le plus petit
cercle puisse tourner dans le grand sans
obstacle, et dans le même plan, des ourses
vers le midi, et du midi vers les ourses,
ce qui se fait par de petits prismes attachés
des deux côtés sur les faces latérales du
grand cercle, et qui retiennent le petit
cercle dans le plan du plus grand, ce petit
cercle étant divisé en quatre parties égales,
nous fixons sur deux points diamétralement opposés de ces divisions, deux pinnules carrées, de manière que quand le
soleil est perpendiculaire sur elles, la pinnule inférieure soit couverte en entier par
l'ombre de la pinnule supérieure, toutes
deux ayant leurs faces tournées l'une vers

l'autre et vers le centre des cercles, c'est-
à-dire de sorte que leurs faces les plus
larges, qui sont carrées, se regardent l'une
l'autre, comme vers le centre, et non l'une
les ourses et le midi ; tandis que l'autre ne
regarderoit que le centre : et de plus, il faut
qu'elles soient perpendiculaires au plan des
cercles sur lesquels nous ajouterons au milieu de leur largeur, c'est-à-dire dans le
milieu de l'intervalle de ces cercles tant du
côté des ourses que du côté du midi, dans
la jonction de ce petit cercle à l'armille,
des aiguilles minces qui toucheront le côté
du grand cercle gradué. C'est ainsi que
Ptolemée décrit la construction de cet instrument. Il marque ensuite comment il faut
le placer pour la plus exacte précision, et
il dit que pour les observations, ce doit
être sur un plan parallèle à l'horizon, dans
un lieu découvert et au grand jour ; que les
côtés de la base du support soient parallèles entr'eux, et qu'il soit lui-même vertical sur l'horizon et parallèle au plan
du méridien. Pour le rendre vertical à
l'horizon, voici comment on s'y prend : On
laisse descendre librement par le centre
de la base un petit poids conique de plomb,
suspendu à un fil qui ne fait qu'une ligne
droite avec l'axe, ce fil passe par le point
le plus élevé de l'armille ; or ce point est diamétralement opposé au point central où le
cercle est appuyé sur le support. On dres-
sera donc l'instrument par des calles jusqu'à ce que son point vertical diamétralement opposé à celui du cercle touche le
côté du cercle dans ces points mêmes, de
manière qu'il ne s'en écarte pas, et qu'il n'y
soit pas incliné. Alors le plan sera perpendiculaire sur celui qui est parallèle à
l'horizon, parce que le poids conique abandonné à sa pesanteur, tient le fil perpendiculaire sur l'horizon. C'est ainsi qu'on

τραμμέναι, καὶ ὡς ἐπὶ τὸ κέντρον. Καὶ μὴ,
ἡ μὲν ὡς πρὸς ἄρκτους καὶ μεσημβρίαν, ἡ
δὲ ὡς πρὸς τὸ κέντρον. Ἔτι δὲ καὶ πρὸς ὀρθὰς τῷ ἐπιπέδῳ τῶν κύκλων, ἐφ' ὧν παρα-
θήσομεν κατὰ μέσον τοῦ πλάτους αὐτῶν,
τουτέςι κατὰ μέσης τῆς διαςάσεως αὐτῶν
τῆς πρὸς ἄρκτους καὶ μεσημβρίαν, καὶ συμ-
βαλλούσης τῷ κρίκῳ, γνωμόνια λεπτὰ ἁπτόμενα τῆς τοῦ μείζονος καὶ διηρημένου κύκλου πλευρᾶς. Διαλαβὼν οὖν μέχρι ἐνταῦθα
περὶ τῆς κατασκευῆς τοῦ διὰ τῶν κρίκων
ὀργάνου, ἑξῆς καὶ περὶ τῆς θέσεως αὐτοῦ
διαλαμβάνει, ὅπως δέον ταύτην ἀκριβοῦν,
καὶ φησί. Τοῦτον δὴ τὸν μείζονα κύκλον
παρ' αὐτὰς τὰς τηρήσεις ἐπὶ ςυλίσκου ἰςᾳ
συμμέτρου, κειμένου ἐν ἐπιπέδῳ παραλλήλῳ
τῷ ὁρίζοντι ἔν τινι ἀνεπισκοτήτῳ χωρίῳ,
παραλλήλους ἔχοντος τὰς βάσεις ἀλλήλαις,
ὀρθὸν μὲν πρὸς τὸν ὁρίζοντα, παράλληλον
δὲ τῷ τοῦ μεσημβρινοῦ ἐπιπέδῳ. Τὸ μὲν οὖν
ὀρθὸν πρὸς τὸν ὁρίζοντα, λαμβάνεται οὕτως·
βαρύλλιον μολύβδινον κωνάριον ἐξαρτυθὲν
ἀπὸ τοῦ κέντρου τῆς βάσεως, ὥςε ἐπ' εὐθείας εἶναι τὴν σπάρτον τῷ ἄξονι αὐτοῦ,
ἐῶμεν καταφέρεσθαι, ἐπιθέντες τὴν σπάρτον
ἐπὶ τοῦ κατὰ κορυφὴν ἐσομένου σημείου τοῦ
κρίκου· τοῦτο δέ ἐςι τὸ κατὰ διάμετρον τοῦ
ἐφαπτομένου τῆς ἐφεδρείας τοῦ ςυλίσκου,
ὑπὸ θεματίοις διορθούμενοι, ἕως ἂν εἰς τὸ
κατὰ διάμετρον ἐπιψαύσῃ ἡ κορυφὴ αὐτοῦ
τῆς ἐπὶ τὰ αὐτὰ πλευρᾶς τοῦ κύκλου, καὶ
μήτε ἐκτὸς αὐτῆς ἐκνεύσῃ, μήτε ἐπικαθίσῃ
αὐτῇ, καὶ ἔςαι τότε τὸ ἐπίπεδον ὀρθὸν πρὸς
τὸ παρὰ τὸν ὁρίζοντα· ἐπεὶ καὶ τὸ κωνάριον
τῷ ἰδίῳ βάρει καταφερόμενον, ὀρθὴν τὴν
σπάρτον διαφυλάττει πρὸς τὸ τοῦ ὁρίζοντος
ἐπίπεδον. Καὶ οὕτω μὲν ὀρθὴ πρὸς τὸν ὁρί-

ζοντα ἡ θέσις τοῦ ὀργάνου καθίσαται. Ἵνα
δὲ καὶ παράλληλον τῷ τοῦ μεσημβρινοῦ ἐπιπέδῳ αὐτὴν καταστήσωμεν, λαμβάνομεν πρῶτον μεσημβρινὴν γραμμὴν εὐσήμως ἐν ἀκλινεῖ
τῷ ὑπὸ τὴν βάσιν ἐπιπέδῳ. Καὶ ἐπὶ ταύτης
τιθέντες τὸν στυλίσκον, διοπτεύομεν, παραφέροντες τὸν στυλίσκον διὰ κωναρίου τῶν
εἰρημένων τρόπων φυλαττομένων, ἕως οὗ
διὰ μιᾶς πλευρᾶς τὸ ἐπίπεδον αὐτῶν παράλληλον τῇ μεσημβρινῇ γραμμῇ διοπτευθῇ,
καὶ οὕτως ἔχομεν καὶ τὴν τοιαύτην θέσιν.
Ἔστι δὲ οὕτω προχειρότερον ἅμα καὶ πρὸς
ὀρθὰς καὶ παράλληλον τῷ μεσημβρινῷ τὸ
ἐπίπεδον τῶν κύκλων τὴν θέσιν λαμβάνειν.
Ἐὰν γὰρ ἀποθέμενοι τὴν βάσιν τοῦ στυλίσκου
ἐπὶ τῆς μεσημβρινῆς γραμμῆς, κανόνας δύο
λαβόντες, ἐφ᾽ ἑκάτερα τῆς βάσεως στήσωμεν
ὀρθοὺς πρὸς τὸ τοῦ ὁρίζοντος ἐπίπεδον τὸν
ὑποδειχθησόμενον ἑξῆς ἐπὶ τῆς πλινθίδος τρόπον, καταστήσαντες αὐτὸν τὰς ἐπὶ τὰ αὐτὰ
πλευρὰς κατὰ τῆς μεσημβρινῆς εὐθείας, ἔσονται καὶ πρὸς ὀρθὰς τῷ ὁρίζοντι καὶ ἐν τῷ
τοῦ μεσημβρινοῦ ἐπιπέδῳ. Ἐὰν οὖν τοὺς
κρίκους ἐπιθέντες τοῖς κανόσι ἐναρμόσωμεν
μολίβδῳ τὸν μείζονα ἐπὶ τὴν ἐφέδραν, ἔσονται καὶ ὀρθοὶ πρὸς τὸν ὁρίζοντα, καὶ ἐν τῷ
τοῦ μεσημβρινοῦ ἐπιπέδῳ. Δηλώσας οὖν ἡμῖν
τὴν κατασκευὴν καὶ τὴν θέσιν, ἑξῆς ἐπὶ
τὴν χρῆσιν μεταβαίνει, καὶ φησί.

Τοιαύτης δὴ τῆς θέσεως γενομένης, καὶ
τὰ ἑξῆς. Τοιαύτην δὴ τὴν θέσιν τοῦ ὀργάνου
εἰληφότος, ἐτηροῦμεν τὴν πρὸς ἄρκτους καὶ
μεσημβρίαν τοῦ ἡλίου παραχώρησιν, περί
τε τὰς θερινὰς τροπὰς, τουτέστι τοῦ ἡλίου
περὶ τὴν ἀρχὴν τοῦ καρκίνου γινομένου,
καὶ περὶ τὰς χειμερινὰς τροπὰς τοῦ ἡλίου
πάλιν περὶ τὴν ἀρχὴν τοῦ αἰγόκερω τυγ-

THÉON.

pose l'instrument verticalement à l'horizon.
Mais pour qu'il soit en même temps parallèle au méridien, il faut d'abord marquer la ligne méridienne bien distincte-
ment dans le plan parallèle à l'horizon qui
est sous la base de l'instrument. On place
sur cette méridienne la petite colonne, en
se servant, de la manière que je viens de
dire, du petit plomb, jusqu'à ce qu'on
apperçoive par un seul côté, leur plan parallèle à la ligne méridienne, et nous aurons
ainsi la position convenable. Il est une manière plus expéditive de mettre le plan des
cercles dans une situation tout à la fois
verticale et parallèle au méridien. Car si
nous plaçons la base de la colonne sur la
ligne méridienne, et si prenant deux règles,
nous les plaçons de part et d'autre de la
base, perpendiculairement au plan de
l'horizon, de la manière que nous dirons
bientôt en parlant du parallélépipède, de
sorte que leurs côtés soient dans la méridienne, elles seront verticales sur l'horizon
et dans le plan du méridien. Si donc met-
tant les cercles dans le plan des règles,
nous les ajustons de sorte que le plus grand
soit sur son appui suivant la ligne à plomb,
ils seront droits sur l'horizon, et dans le
plan du méridien.

De la manière de construire et de placer
cet instrument, passant à son usage, Ptolemée dit : L'instrument étant ainsi placé,
après avoir donné cette position à l'instrument, nous avons observé la déclinaison du
soleil vers les ourses et vers le midi, aux
approches des conversions (solstices) d'été,
c'est-à-dire quand le soleil est au commencement du cancer; et aux approches des

conversions (solstices) d'hiver, quand il est au commencement du capricorne à l'heure de midi, c'est-à-dire à la sixième, quand le méridien étoit devenu ombragé. En faisant tourner le cercle intérieur jusqu'à ce que la pinnule supérieure couvrît de son ombre la pinnule inférieure diamétralement opposée, et la plus proche de nous, car alors la ligne droite que l'on imagine passer par le point du milieu de chaque pinnule tombera sur le centre du soleil, le soleil étant alors, comme nous l'avons dit, dans les solstices, en continuant nos observations les jours suivans, nous observions jusqu'à ce que nous vissions le soleil retournant de la limite boréale ou australe, et demeurant comme sur le même point du méridien, y rester quelque temps; et, prenant le point de cette limite de la déclinaison du soleil, nous trouvions de combien de divisions du cercle il étoit dans la limite boréale, éloigné du point vertical sur le méridien. La petite aiguille nous l'indiquoit par les divisions du grand cercle, comprises entre cette aiguille et le point vertical, c'est-à-dire le point où le plan diamétralement opposé et parallèle à l'horizon, touche ce cercle, car la droite qui passe par le point vertical qui est dans le méridien est perpendiculaire à l'horizon. Observant donc les deux déclinaisons du soleil en latitude, la plus boréale et la plus australe dans les lieux où le soleil devient plus boréal que le point vertical, c'est-à-dire dans les lieux où la hauteur du pôle est moindre que les 23ᵈ 51″ d'inclinaison de l'écliptique

χάνοντος, ἐν αὐτῇ τῇ μεσημβρινῇ, τουτέςιν ἐν ϛ ὥρᾳ, ὅτε καὶ ἄσκιος ἐγίνετο ὁ μεσημβρινὸς, παραφέροντες τὸν ἐντὸς τῶν κύκλων, ἕως τὸ ἐπάνω πηγμάτιον τὸ κατὰ διάμετρον ἑαυτοῦ, καὶ κάτω πρὸς ἡμᾶς σκιάσῃ. Τότε καὶ γὰρ ἡ διὰ μέσον τῶν πηγματίων νοουμένη εὐθεῖα ἐκβαλλομένη, ἐπὶ τὸ τοῦ ἡλίου κέντρον πεσεῖται. Περὶ αὐτὰς οὖν, ὡς ἔφαμεν, τὰς τροπὰς ὄντος τοῦ ἡλίου, διὰ τῶν ἑξῆς ἡμερῶν τὴν τοιαύτην παρατήρησιν ποιούμενοι, ἐτηροῦμεν ἕως ἂν καταλάβωμεν τὸν ἥλιον ἀπὸ τοῦ βορειοτάτου ἢ νοτιωτάτου πέρατος τρεπέμενον, καὶ ὥσπερ ἐπὶ τοῦ αὐτοῦ σημείου μένοντα τοῦ μεσημβρινοῦ, διὰ τὸ περὶ τὰ τοιαῦτα σημεῖα μᾶλλον αὐτὸν ἐγχρονίζειν ἐπὶ τοῦ αὐτοῦ. Καὶ λαμβάνοντες τὸ κατ' ἐκεῖνα τὸ πέρας τῆς τοῦ ἡλίου παραχωρήσεως σημεῖον, εὑρίσκομεν πόσα τμήματα ἀφίςατο ἀπὸ τοῦ κατὰ κορυφὴν ἐπὶ τὸ βορειότατον πέρας ἐπὶ τοῦ μεσημβρινοῦ, δηλοῦντος ἡμῖν τοῦ γνωμονίου δηλαδὴ τὸ τοιοῦτον, ἐκ τῶν ἀπολειφθεισῶν διαιρέσεων τοῦ μείζονος κύκλου μεταξὺ τοῦ τε γνωμονίου τοῦ ἐπὶ τοῦ πηγματίου καὶ τοῦ κατὰ κορυφὴν σημείου, τουτέςι τοῦ κατὰ διάμετρον τοῦ τοῦ ἐπιπέδου ἐφαπτομένου· ἐπεὶ καὶ ἡ οὕτως ἐπιζευγνυμένη εὐθεῖα πρὸς ὀρθὰς γωνίας γίνεται τῷ τοῦ ὁρίζοντος ἐπιπέδῳ, ἥτις καὶ ἐπὶ τὸ κατὰ κορυφὴν πίπτει, ὅ ἐςι καὶ ἐπ' αὐτοῦ τοῦ μεσημβρινοῦ. Τηρήσαντες οὖν ἀμφοτέρας τὰς κατὰ πλάτος τοῦ ἡλίου παρόδους τὴν βορειοτάτην καὶ νοτιωτάτην, ἐφ' ὧν μὲν βορειότερος ὁ ἥλιος ἐγίνετο τοῦ κατὰ κορυφὴν, τουτέςιν ἐφ' ὧν οἰκήσεων τὸ ἔξαρμα ἔλαττόν ἐςι τῶν καταλαμβανομένων τῆς τοῦ διὰ μέσων ἀπὸ τοῦ ἰσημερινοῦ ἐγκλίσεως μοιρῶν κγ να΄, συντιθέντες ἀμφο-

τέρας τὰς ἀπὸ τοῦ κατὰ κορυφὴν ἐπὶ τὰ
βορειότατα καὶ νοτιώτατα τῶν γνωμονίων
ἀποϛάσεις, τὴν ὅλην παραλαμβανομένη γινομένην μεταξὺ τῶν τροπικῶν. Ἔνθα δὲ
ὁ ἥλιος βορειότατος γινόμενος ἐπὶ αὐτοῦ τοῦ
κατὰ κορυφὴν ἐτύγχανεν, λαμβάνοντες μόνην τὴν ἀπὸ τοῦ κατὰ κορυφὴν ἐπὶ τὸ νοτιώτατον ᾿πέρας τοῦ ἡλίου παραχώρησιν,
ταύτην πάλιν ἐλέγομεν εἶναι μεταξὺ τῶν
τροπικῶν. Ἔνθα δὲ βορειότατος ὁ ἥλιος γινόμενος, νοτιώτερος τοῦ κατὰ κορυφὴν ἐτύγχανεν, ἀπὸ τῆς νοτιωτέρας αὐτοῦ κατὰ
κορυφὴν ἀποϛάσεως, ἀφαιροῦντες τὴν βο-
ρειοτέραν, τὴν λοιπὴν ἐλέγομεν εἶναι μεταξὺ
τῶν τροπικῶν, ἣν δίχα τεμόντες, εἴχομεν
τὸ κατὰ τὸν ἰσημερινὸν σημεῖον. Καθόλου
δὲ ἐπὶ πασῶν τῶν οἰκήσεων ὅσον ἀπέχει
τοῦτο τὸ τῆς τοιαύτης διχοτομίας σημεῖον,
ὃ ἐϛι κατὰ τὸν ἰσημερινὸν τοῦ κατὰ κορυφὴν,
τοσοῦτον ἔϛαι καὶ τὸ ἔξαρμα τῆς οἰκήσεως,
τοῦ τοιούτου κατὰ κορυφὴν σημείου γινομένου, κατὰ τὸν ἰσημερινὸν ἐπὶ μόνης τῆς
ὀρθῆς σφαίρας.

Ἵνα δὲ καὶ ἐνταῦθα φανερὰ ἡμῖν γένηται
διὰ τῶν γραμμῶν τὰ λεγόμενα, ἐκκείσθωσαν
οἱ ΑΒ, ΓΔ κύκλοι, ἔχοντες τὴν εἰρημένην
θέσιν· κατὰ κορυφὴν δὲ ἔϛω τὸ Α· καὶ
βόρεια μὲν ἔϛω τὰ πρὸς τῷ Ε, νότια δὲ
τὰ πρὸς τῷ Β· καὶ βορειοτάτου γινομένου
τοῦ ἡλίου, σκιαζέτω τὸ ὑπεράνω πρισμά-
τιον τὸ ὑποκάτω κατὰ τῆς Ε θέσεως, νοτιωτάτου δὲ κατὰ τῆς ἐπὶ τὸ Β. Ἕξομεν
ἄρα καὶ ἐκ τῆς τοῦ κρίκου διαιρέσεως τὴν
ΕΑΒ ἀπὸ τοῦ βορειοτάτου ἐπὶ τὸν νοτιώτατον
τοῦ ἡλίου παραχώρησιν, ἥτις γίνεται μεταξὺ τῶν τροπικῶν, συγκειμένη δηλαδὴ ἐκ
τῶν ΑΕ καὶ ΑΒ ἀπὸ τοῦ κατὰ κορυφὴν ἐπὶ

sur l'équateur, la somme des deux distances, depuis le point vertical jusqu'aux
termes les plus boréaux et les plus austraux
des aiguilles, nous donne tout l'intervalle
des tropiques. Mais pour les lieux où le
soleil parvenu à sa limite la plus boréale
est devenu plus austral que le point vertical, retranchant la plus boréale, le reste
est l'intervalle des tropiques, et le point
de division de cet intervalle divisé en deux
parties égales est le point de l'équateur.
En général, dans tout lieu, autant le point
de division par moitiés, lequel est dans
l'équateur, est éloigné du point vertical,
autant est grande la hauteur du pole pour
ce lieu. Les lieux qui ont la sphère droite
étant les seuls qui aient leur point vertical
dans l'équateur.

(Fig. 6o.) Mais, pour rendre tout cela
plus sensible par des figures, supposons que
les cercles AB, GD soient disposés comme
je l'ai dit; soit A le point vertical, les parties boréales vers E, et les australes vers B;
que le soleil étant dans sa limite la plus boréale en B, la pinnule supérieure ombrage
l'inférieure, et dans sa limite la plus australe en B, réciproquement. Nous aurons
donc, par la division du cercle, le trajet
EAB du soleil depuis son terme le plus
boréal jusqu'au plus austral, entre les
tropiques, composé des déclinaisons EA
et AB. Pareillement, si la pinnule au point

vertical A, dans le terme le plus boréal, ombrage la pinnule la plus australe, diamétralement opposée en T, nous aurons encore l'arc AT. Mais si la limite la plus boréale est en B, et la plus australe en K, ôtant AB de AK, restera de même l'arc cherché BK qui, coupé par le milieu, donnera le point dans l'équateur.

Pour prouver que la distance de l'équateur au point vertical est égale à la hauteur du pôle pour le lieu où nous faisons les observations, soit le cercle méridien ABG, (F. 61) et sur ce cercle, le point vertical A, et l'horizon BG, puisqu'en tout lieu le pôle de l'horizon est le point vertical, AG est donc un quart de cercle. Soit DE l'équateur, et Z son pôle, DZ est donc aussi un quart du même grand cercle. L'arc AG est donc égal à l'arc DZ. Retranchant l'arc commun AZ, reste l'arc AD égal au reste ZG. Or AD est la distance du point vertical à l'équateur, et GZ celle de l'horizon au pole, laquelle est la hauteur du pole sur l'horizon, donc la distance du point vertical à l'équateur, est égale à la hauteur du pole.

Telle est la construction de l'instrument qui consiste en armilles; telle est aussi la manière de le placer, et enfin celle de s'en servir. Nous allons exposer de rechef ces trois articles relativement à l'autre instrument qu'il dit avec raison être plus commode dans la pratique, comme aussi plus aisé à concevoir. Il dit donc qu'il

τὸ βορειότατον καὶ νοτιώτατον. Καὶ ὁμοίως ἐὰν τὸ πηγμάτιον κατὰ τοῦ Α κατὰ κορυφὴν βορειότατον γενόμενον σκιάσῃ τὸ κατὰ διάμετρον νοτιώτατον γενόμενον κατὰ τὸ Θ, ἕξομεν πάλιν τὴν ΑΘ ἐπιζητουμένην περιφέρειαν. Ἐὰν δὲ τὸ μὲν βορειότατον πέρας κατὰ τοῦ Β γένηται, τὸ δὲ νοτιώτατον κατὰ τοῦ Κ, ἀφελόντες ἀπὸ τῆς ΑΚ τὴν ΑΒ, ἕξομεν λοιπὴν τὴν ΒΚ ἐπιζητουμένην ὁμοίως περιφέρειαν, ἣν δίχα τεμόντες ἕξομεν τὸ κατὰ τὸν ἰσημερινὸν σημεῖον.

Ὅτι δὲ ἡ ἀπὸ τοῦ κατὰ κορυφὴν ἀπόστασις τοῦ ἰσημερινοῦ τὸ ἔξαρμα περιέχει τῆς οἰκήσεως, ἐφ᾽ ἧς ἂν ποιώμεθα τὰς τηρήσεις, οὕτως ἡμῖν ἔσται δῆλον. Ἔστω γὰρ μεσημβρινὸς κύκλος ὁ ΑΒΓ· καὶ ἐπ᾽ αὐτοῦ τὸ κατὰ κορυφὴν σημεῖον τὸ Α, ὁρίζων δὲ ὁ ΒΓ. Ἐπεὶ οὖν ἐπὶ πάσης οἰκήσεως ὁ πόλος τοῦ ὁρίζοντος τὸ κατὰ κορυφὴν ἐστι σημεῖον· ἡ ΑΓ ἄρα τεταρτημορίου ἐστίν. Ἔστω δὲ καὶ ἰσημερινὸς ὁ ΔΕ, πόλος δὲ αὐτοῦ τὸ Ζ· καὶ ἡ ΔΖ ἄρα τεταρτημορίου ἐστὶ τοῦ αὐτοῦ μεγίστου κύκλου· ἴση ἄρα ἐστὶν ἡ ΑΓ τῇ ΔΖ. Καὶ κοινῆς ἀφαιρεθείσης τῆς ΑΖ, λοιπὴ ἡ ΑΔ λοιπῇ τῇ ΖΓ ἐστὶν ἴση. Καὶ ἡ μὲν ΑΔ ἐστὶν ἡ ἀπὸ τοῦ κατὰ κορυφὴν ἐπὶ τὸν ἰσημερινὸν, ἡ δὲ ΓΖ ἀπὸ τοῦ ὁρίζοντος ἐπὶ τὸν πόλον, ἥτις ἐστὶ τοῦ ἐξάρματος. Ἡ ἄρα ἀπὸ τοῦ κατὰ κορυφὴν ἐπὶ τὸν ἰσημερινὸν, ἴση ἐστὶ τῷ τοῦ πόλου ἐξάρματι.

Ἡ μὲν οὖν τοῦ διὰ τῶν κρίκων ὀργάνου κατασκευή τε καὶ θέσις, ἔτι τε καὶ χρῆσις, τοῦτον ἔχει τὸν τρόπον. Ἐξῆς δὲ περὶ τῶν αὐτῶν καὶ ἐπὶ τοῦ ἑτέρου ὀργάνου διαληψόμεθα, ὅπερ ἐρεῖ καὶ εὐχρηστότερον εἶναι πρὸς τὴν ἐπιζητουμένην μετάληψιν. Φησὶν οὖν, χρὴ κατασκευάσαι πλινθίδα ξυλίνην ἢ καὶ λιθίνην, τετράγωνον μὲν κατὰ τὸ μῆκος καὶ τὸ πλάτος, ἐλάττονα δὲ τὴν διάςασιν ἔχουσαν κατὰ τὸ βάθος, ὥς' εἶναι τὸ σχῆμα αὐτῆς ςερεὸν παραλληλεπίπεδον, ἔχον τὰς μὲν τέσσαρας ἐπιφανείας ἐκ παραλληλογράμμων ἑτερομηκῶν· τὰς δὲ λειπούσας β καὶ ἀπεναντίον, τετραγώνους. Ἔτι δὲ καὶ ἀδιάςροφον καὶ σύμμετρον τῷ μεγέθει πρὸς τὸ δύνασθαι ἑςάναι κατὰ κρόταφον, μὴ πάνυ ςενῶν γινομένων τῶν ἑτερομηκῶν ἐπιπέδων, πρὸς τὸ ἑδραίως αὐτὴν ἑςάναι δύνασθαι, ἀποτεταμένην ἔχουσαν μίαν τῶν τετραγώνων πλευρῶν, πρὸς κανόνα ἀπειργασμένην, ὡς ἐπὶ τῆς ὑποκειμένης καταγραφῆς τὴν ΑΒΓΔ. Ἐφ' ἧς ἐπὶ μιᾶς τῶν γωνιῶν ἀποςήσαντες βραχὺ, ληψόμεθα σημεῖον οἷον τὸ Ε· ᾧ κέντρῳ χρησάμενοι, καὶ διαςήματι συμμέτρῳ, γράψομεν κύκλου τεταρτημόριον τὸ ΖΗ, ἐπιζεύξαντες ἀπὸ τοῦ Ε δύο εὐθείας πρὸς ὀρθὰς ἀλλήλαις τὰς τὸ τεταρτημόριον τοῦ ὅλου κύκλου ἀπολαμβανούσας ὡς τὰς ΕΖ, ΕΗ. Καὶ διελόντες τὴν ΖΗ περιφέρειαν εἰς ϛ τμήματα ἴσα, καὶ ἃ μεταξὺ ἐνδέχεται ἑξηκοςὰ, κατὰ μιᾶς τῶν εὐθειῶν τῶν περιεχουσῶν τὴν γωνίαν, τῆς πρὸς ὀρθὰς τῷ τοῦ ὁρίζοντος ἐπιπέδῳ τιθεμένης, καὶ ἐν τῷ νοτιωτέρῳ μέρει τοῦ ἐπιπέδου λαμβανομένης, ὡς αὐτός φησιν, τῆς μελλούσης ὀρθῆς τε ἔσεσθαι πρὸς τὸ τοῦ ὁρίζοντος ἐπίπεδον, καὶ πρὸς μεσημβρινὸν τὴν θέσιν ἕξειν, γνωμόνιον θήσομεν κυλινδρικόν· πρὸς τὸ ἀπὸ τούτου λαβεῖν τὴν ἀπὸ τοῦ ἡλίου πίπτουσαν σκιάν. Ἀναγκαίως οὖν ἐπὶ τοῦ νοτιωτέρου μέρους τοῦ ἐπιπέδου χρὴ εἶναι τὸ κυλίνδριον, ἵνα αἱ ἀκτῖνες ἐν τῷ ἐπιπέδῳ πίπτωσι πρὸς τὰ βόρεια αὐτοῦ περ-

faut préparer un solide de bois ou de pierre, carré dans sa longueur et sa largeur, mais d'une épaisseur moindre, de sorte qu'il ait la forme d'un parallélépipède, tel que quatre de ses faces soient des parallélogrammes dont les côtés seront d'inégale longueur, et que les deux autres faces qui sont opposées l'une à l'autre, soient carrées; et qu'il soit si droit et si bien proportionné dans sa grandeur, qu'il puisse se tenir ferme debout, ce qui ne pourroit être, s'il avoit trop peu d'épaisseur. Qu'une de ses faces carrées soit taillée bien unie à la règle, comme le montre la figure (62) ABGD, sur un angle de laquelle, à une petite distance du bord, nous prendrons un point. De ce point comme centre et d'une distance convenable, nous décrirons le quart de cercle ZH qui sera embrassé par les deux lignes EZ, EH qui font un angle droit en E. Nous partagerons l'arc ZH en 90 portions égales, et chacune en autant de soixantièmes qu'il est possible. Puis sur celle de ces droites par lesquelles l'angle droit est formé, et qui est perpendiculaire au plan de l'horizon, prise, comme il le dit, dans la partie la plus méridionale du plan, et qui devra être vers le midi, nous fixerons un petit gnomon cylindrique, qui recevra l'ombre que le soleil fera tomber sur lui. C'est pourquoi il faut que ce petit cylindre soit sur la partie la plus méridionale du plan, afin que les rayons solaires tombent sur les parties boréales de ce petit cylindre, étant plus élevés au-dessus de l'horizon, que la plus grande inclinaison de l'écliptique sur l'équateur, c'est-à-dire que 23ᵈ 51′. Ce parallélépipède étant dressé dans un endroit découvert sur un pavé bien parallèle au plan de l'horizon, ce qui se fait par le moyen d'un diabète ( pendule, ou fil auquel est suspendu un petit poids comme un solide triangulaire, ce pendule ou ce poids ressemblant au fruit chôrobate ); ou bien par de l'eau versée sur le plan qu'on redresse par de petites calles jusqu'à ce que l'eau y demeure en repos. La face carrée ABGD étant tournée vers l'orient, et la face BKLG appuyée sur le pavé, EH étant verticale au plan de l'horizon, nous ajoutons en E un petit cylindre dont le centre soit juste sur ce point E. Et le petit cylindre fixé en M à l'extrémité inférieure de la droite dont nous venons de parler, est tourné et formé absolument comme l'autre.

Après cette description de l'instrument, disons quelle doit être sa situation, et quelle en est l'usage. Plaçant donc, dit-il, la face graduée de ce parallélépipède, de manière qu'elle soit parallèle à la ligne méridienne qu'on a tracée; et soit en visant encore, soit en la posant sur cette ligne même, nous la dresserons perpendiculairement au plan de l'horizon, par le moyen d'un petit poids suspendu à un fil, et tombant de l'extrémité du cylindre supérieur jusqu'à ce qu'il soit tout proche de l'extrémité du cylindre inférieur. Car le fil touchant toute l'extrémité, il se fait un parallélogramme rectangle de quatre côtés dont deux sont les petits cylindres égaux et semblables, un est la droite du plan comprise entre les deux extrémités, et l'autre est le fil même. Il est clair que ce parallélogramme est rectangle, puisque

πόμεναι, ὡς ἐπὶ τῶν πλεῖον ἐχουσῶν τὸ ἔξαρμα τῶν τῆς μεγίςης ἐγκλίσεως τοῦ διὰ μέσων πρὸς τὸν ἰσημερινὸν μοιρῶν κγ́ νά. Τῆς οὖν πλινθίδος τιθεμένης ἔν τινι ἀνεπισκοτήτῳ χωρίῳ, ἐν ἀκλινεῖ πρὸς τὸ τοῦ ὁρίζοντος ἐπίπεδον ἐδάφει (τοῦτο δὲ γίνεται διὰ διαβήτου, ἤτοι ἀλφαρίου. Ἔςι δὲ ὁ διαβήτης, ἤτοι τὸ ἀλφάριον ἐοικὸς τῷ χωροβάτῃ καρπῷ, ἢ καὶ δι' ὕδατος τῷ ἐπιπέδῳ ἐπιχεομένου, καὶ ὑπὸ θεματίοις αὐτοῦ διορθουμένου, ἕως ἂν ςάσιν ποιήσῃ τὸ ὕδωρ). Καὶ τῆς ΑΒΓΔ τετραγώνου πλευρᾶς πρὸς τὰς ἀνατολὰς τρεπομένης, τῆς δὲ ΒΚΑΓ πρὸς τὸ ἔδαφος, ὀρθῆς γινομένης τῆς ΕΗ τῷ τοῦ ὁρίζοντος ἐπιπέδῳ, ἐνηρμόσαμεν ἐπὶ τοῦ Ε σημείου κυλίνδριον, ὥςε τὸ κέντρον τῆς βάσεως αὐτοῦ ἐπ' αὐτοῦ ἀκριβῶς τυγχάνειν. Ἔτι δὲ καὶ πρὸς τῷ κάτω πέρατι τῆς εἰρημένης εὐθείας ἐπὶ τοῦ Μ ἕτερον κυλίνδριον ἐνεθήκαμεν ἴσον καὶ ὁμοίως τετορνευμένον τῷ ἑτέρῳ.

Δηλωθείσης οὖν ἡμῖν τῆς κατασκευῆς τῆς πλινθίδος, ἑξῆς καὶ περὶ τῆς θέσεως καὶ χρήσεως αὐτῆς διαληψόμεθα. Ἱςάντες οὖν, φησὶ, ταύτην τὴν καταγεγραμμένην τῆς πλινθίδος πλευρὰν, ὥςε παράλληλον αὐτὴν ἔχειν τὴν θέσιν τῇ διηγμένῃ μεσημβρινῇ γραμμῇ, δηλαδὴ πάλιν διοπτεύοντες, ἢ καὶ ἐπ' αὐτῆς αὐτὴν τιθέντες, ἔτι καὶ ὀρθὴν αὐτὴν ποιήσομεν πρὸς τὸ τοῦ ὁρίζοντος ἐπίπεδον, διὰ σπάρτου ἀπηρτημένον ἐχούσης βαρύλλιον, καὶ ἀπὸ τοῦ πέρατος τοῦ ἐπάνω κυλινδρίου ἀφιεμένης, ἕως οὗ εἰς τὸ πέρας τοῦ κάτω κυλινδρίου ποιήσηται τὴν πρόσνευσιν. Τῆς γὰρ σπάρτου τοῦ πέρατος τοῦ κάτω ἀξονίου ἀκριβῶς ἐφαπτομένης, γίνεται παραλληλόγραμμον ὀρθογώνιον περιεχόμενον ὑπὸ δ̄, τῶν τε ἀξο-

νίων, τῶν τε δύο ἴσων καὶ ὁμοίων κυλιν-
δρίων, καὶ τῆς ἐν τῷ ἐπιπέδῳ διὰ τῶν περάτων αὐτῶν εὐθείας, καὶ ἔτι τῆς σπάρτου.
Καὶ δῆλον ὅτι καὶ ὀρθογώνιόν ἐςι, διὰ τὸ
καὶ τὸ κυλίνδριον πρὸς ὀρθὰς εἶναι τῷ ἐπιπέδῳ, καὶ τοὺς ἄξονας αὐτῶν τῇ εὐθείᾳ
τῇ ἐν τῷ ἐπιπέδῳ· ὥςε ὅταν ἡ σπάρτος
ἐφάψηται ἀκριβῶς τοῦ πέρατος τοῦ κατωτέρω
κυλινδρίου, τότε καὶ τὸ ἐπίπεδον ὀρθὸν ἔςαι
πρὸς τὸ παρὰ τὸν ὁρίζοντα τοῦ παραλληλογράμμου ὀρθογωνίου συνιςαμένου. Ἔτι δὲ
καὶ τῆς θέσεως εἰρημένης, ἑξῆς περὶ τῆς
χρήσεως διαληψόμεθα.

Ἐποιούμεθα δὴ τὴν τοιαύτην κατὰ πλάτος
παρατήρησιν τοῦ ἡλίου, ὁμοίως περὶ τὰς
θερινὰς τροπὰς ἢ τὰς χειμερινὰς τυγχάνοντος,
ἔτι τε καὶ κατ᾽ αὐτὴν τὴν μεσημβρίαν,
τουτέςι πάλιν περὶ ὥρας ϛ̄, ὁρῶντες τὴν
ἀπὸ τοῦ κυλινδρίου προσπίπτουσαν ἐπὶ τὸ
καταγεγραμμένον ἐπίπεδον σκιὰν, καὶ σημειούμενοι κατὰ ποίου τμήματος τῆς περιφερείας τυγχάνει, καὶ πηλίκην ἀπολαμβάνει
περιφέρειαν ἀπὸ τῆς πρὸς ὀρθὰς τῷ ὁρίζοντι
εὐθείας, ἥτις καὶ ἐπὶ τὸ κατὰ κορυφὴν πίπτει.
Καὶ ἵνα καταδηλοτέρα ἡμῖν γένηται ἡ ἀπὸ
τοῦ κυλινδρίου σκιὰ, παρατίθεμεν πτυχίοντι
πρὸς τῇ καταγεγραμμένῃ περιφερείᾳ, πρὸς
τὸ εἰς ἐκεῖνο προσπίπτουσαν αὐτὴν εὐση-
μαντοτέραν καταφαίνεσθαι. Καὶ ἐπεὶ ἡ σκιὰ
πλατυτέρα ἐςὶν (ἐπεὶ καὶ αὐτὸ τὸ κυλίνδριον παχύτερον τυγχάνει) καὶ πλείονα τόπον
τῆς περιφερείας ἀπολαμβάνει, τότε μέσον
αὐτῆς σημειούμενοι ἐπὶ τῆς τοῦ τεταρτημορίου διαιρέσεως, εἴχομεν τὴν ἀπὸ τοῦ κατὰ
κορυφὴν τοῦ κέντρου τοῦ ἡλίου κατὰ πλάτος
ἐπὶ τοῦ μεσημβρινοῦ παραχώρησιν, τουτέςι
πρὸς ἄρκτους καὶ μεσημβρίαν.

les cylindres sont perpendiculaires au plan
de cette face, et que les côtés parallèles
à l'axe, sont dans ce plan. Ainsi quand
le fil à plomb touchera juste l'extrêmité du
cylindre inférieur, ce même plan sera
perpendiculaire à ce parallélogramme perpendiculaire lui-même au plan parallèle
à l'horizon. De la position qu'il faut donner
à cet instrument, passons à l'usage qu'on
en fait.

Avec cet instrument nous observons le
soleil, aussi bien lorsqu'il est dans le solstice d'été, que dans celui d'hiver, à midi
encore, c'est-à-dire vers six heures, en regardant l'ombre qui tombe du petit cylindre sur le plan gradué, et en y marquant à
quel point de l'arc elle aboutit, et le nombre de degrés qu'elle y intercepte depuis la
droite perpendiculaire à l'horizon, laquelle
est la ligne verticale. Pour mieux distinguer
cette ombre, nous mettons contre l'arc gradué une tablette qui fait discerner l'ombre
avec plus de précision quand elle tombe
sur cette tablette. Et comme l'ombre est
plus large, puisque le petit cylindre est
plus épais, et qu'elle occupe plus de place
sur l'arc, en prenant le milieu de cette ombre sur la division du quart de cercle, nous
avions sur le méridien, à compter du point
vertical, l'espace en latitude dont le soleil
s'écarte de l'équateur, c'est-à-dire tant vers
les ourses que vers le midi.

En faisant ces observations, plusieurs jours consécutifs, quand le soleil se trouve dans le tropique d'été, et en considérant en même temps l'ombre qui tombe du cylindre vers les parties australes, et ne se dirige plus vers des parties plus australes, mais retourne vers les parties boréales, nous prenons le point où elle retourne sur ses pas, et nous avons ainsi l'écart du soleil dans le solstice d'été. De même ensuite quand le soleil est dans le solstice d'hiver, et que l'ombre se jette vers des parties plus boréales, et ne va pas au-delà, parce qu'elle est arrivée aux plus boréales où elle puisse parvenir, mais retourne en arrière, nous marquons ce point où elle s'arrête, et nous trouvons, par ce point, l'écart le plus austral du soleil, à compter du point vertical. Nous avons ainsi sur le méridien l'arc cherché depuis la limite la plus boréale du soleil jusqu'à la plus australe, et nous voyons de combien de divisions il est, par celles qu'il intercepte sur le quart de cercle. Coupant cet arc par moitiés, ce milieu nous donne le point de l'équateur, et tout à la fois la distance à chacun des deux tropiques, ainsi que celle du point vertical à l'équateur, laquelle est égale à la hauteur du pole, ou ce qui est le même, à la latitude du lieu terrestre où l'on observe.

Pour mettre encore tout cela sous les yeux par une démonstration graphique, soit ( Fig. 63.) EHDM le plan de l'arc gradué du parallélépipède, perpendiculaire sur l'horizon, N l'extrémité de l'ombre dans le solstice d'été, O dans le solstice d'hiver, si nous imaginons le cercle complété, PTNO cera le méridien, puisque la face graduée et le méridien doivent être dans le même plan. Si nous joignons NE ,

Ποιούμενοι οὖν τὰς τοιαύτας παρατηρήσεις διὰ τῶν ἑξῆς ἡμερῶν, καὶ ἡνίκα μὲν ἐπὶ τὴν θερινὴν τροπικὴν ὁ ἥλιος ἐτύγχανε, παρατηρούμενοι τὴν ἀπὸ τοῦ κυλινδρίου σκιὰν, ὡς ἐπὶ τὰ νότια γινομένην καὶ μηκέτι ἐπὶ τὰ νοτιώτερα ἀπερχομένην, ἀλλ' ὑποςρέφουσαν, λαμβάνοντες τὸ κατ' ἐκείνην σημεῖον, εἴχομεν τὴν ἀπὸ τοῦ κατὰ κορυφὴν ἐπὶ τὸν θερινὸν τροπικὸν τοῦ ἡλίου παραχώρησιν. Εἶτα πάλιν περὶ τὰς χειμερινὰς τροπὰς αὐτοῦ κατιόντος, καὶ γινομένης τῆς σκιᾶς βορειοτέρας καὶ μηκέτι προσωτέρω τούτου, ὡς ἐπὶ τὰ βορειότατα παραχωρούσης, ἀλλὰ πάλιν ὑποςρεφούσης, ὁμοίως σημειούμενοι τὸ κατ' αὐτὸ σημεῖον, εὑρίσκομεν τὴν ἀπὸ τοῦ κατὰ κορυφὴν ἐπὶ τὸ νοτιώτατον τοῦ ἡλίου παραχώρησιν. Καὶ οὕτως ἔχομεν ἐπὶ τοῦ μεσημβρινοῦ τὴν ἀπὸ τοῦ βορειοτάτου τοῦ ἡλίου πέρατος ἐπὶ τὸ νοτιώτατον ἐπιζητουμένην περιφέρειαν, πόσων ἐςὶ τμημάτων ἐκ τῶν μεταξὺ ἀπολειφθεισῶν διαιρέσεων. Ἣν δίχα τεμόντες, εἴχομεν καὶ τὸ κατὰ τὸν ἰσημερινὸν σημεῖον, καὶ πόσον ἀφέςηκεν ἑκατέρου τῶν τροπικῶν, καὶ ἔτι τὴν ἀπὸ τοῦ κατὰ κορυφὴν ἐπὶ τὸν ἰσημερινὸν, ἥτις ἴση ἐςὶ τῷ ἐξάρματι, ἤτοι τῷ πλάτει τῆς ὑποκειμένης οἰκήσεως.

Ἵνα δὲ πάλιν καὶ διὰ τῶν γραμμῶν ὑπ' ὄψιν ἡμῖν γένηται τὰ λεγόμενα, ἔςω πάλιν τὸ καταγραφόμενον τῆς πλινθίδος ἐπίπεδον τὸ ΕΗΔΘ, παράλληλον τῷ τοῦ ἰσημερινοῦ ἐπιπέδῳ, καὶ ὀρθὸν πρὸς τὸ τοῦ ὁρίζοντος. Καὶ τοῦ μὲν ἄκρου τῆς σκιᾶς γινομένου ἐν ταῖς θεριναῖς τροπαῖς κατὰ τὸ Ν, ἐν δὲ ταῖς χειμεριναῖς κατὰ τὸ Ο, ἐὰν νοήσωμεν ἀναπεπληρωμένον τὸν ΠΤΝΟ κύκλον, ἔςαι δηλονότι μεσημβρινὸς, διὰ τὸ καὶ τὸ ἐπίπεδὸν ἐν τῷ τοῦ μεσημβρινοῦ τὴν θέσιν ἔχειν. Καὶ ἐὰν ἐπιζεύξαντες τὰς ΝΕ, ΟΕ, νοήσωμεν αὐτὰς ἐπὶ τὸν μεσημβρινὸν ἐκβαλλομένας, ὡς τὰς ΝΕΡ, ΟΕΓ, καὶ ἐπιζεύξωμεν τὰς ΡΟ, ΤΝ, καὶ προσεκβάλλωμεν τὴν ΗΕ ἐπὶ τὸ Π, ἔϛαι ἡ μὲν ΡΟ θερινοῦ τροπικοῦ διάμετρος, ἡ δὲ ΤΝ χειμερινοῦ τροπικοῦ· τὸ δὲ Π κατὰ κορυφήν· καὶ ἡ μὲν ΡΘΝ θερινὴ τροπικὴ ἀκτὶς, ἡ δὲ ΤΟ χειμερινή. Καὶ δῆλον ὅτι κατὰ μὲν τοῦ Ρ γινόμενος ὁ ἥλιος, διὰ τοῦ πρὸς τῷ Ε κυλινδρίου, ἀκτῖνα πέμψει τὴν ΤΝ, ἀπέχων τοῦ Π κατὰ κορυφὴν τὴν ΠΡ περιφέρειαν, τουτέϛι τὴν ΗΝ. Πρὸς δὲ τὸ Τ γενόμενος, ἀκτῖνα πέμψει τὴν ΤΟ, ἀπέχων πάλιν τοῦ κατὰ κορυφὴν τὴν ΠΤ περιφέρειαν, τουτέϛι τὴν ΗΟ. Ἐκ πλειόνων οὖν τοιούτων παρατηρήσεων, τῶν περί τε τὰς θερινὰς τροπὰς καὶ τὰς χειμερινὰς αὐτῷ γεγενημένων, κατελαμβάνοντο τὴν ΝΟ μεταξὺ τῶν τροπικῶν πάντοτε μζ, οἵων ὁ κύκλος τξ, καὶ μείζονος μὲν, ἢ διμοίρου τμήματος, ἐλάττονος δὲ ἢ ϛ″ δ′. Καὶ τοῦτο δὲ οὕτως ἔχον ἐπελογίζοντο, διὰ τὸ καὶ τὰ μεταξὺ μοιριαῖα διαϛήματα διηρεῖσθαι κατὰ τὰ ἑξηκοϛά. Καὶ οὗτος ὁ λόγος ὁ αὐτὸς σχεδὸν τῷ τοῦ Ἐρατοσθένους, ᾧ καὶ ὁ Ἵππαρχος ἐχρήσατο ὡς ἀκριβῶς εἰλημμένῳ. Καὶ γὰρ ὁ Ἐρατοσθένης διαιρήσας τὸν ὅλον κύκλον εἰς πγ, εὕρηκε τὴν μεταξὺ τῶν τροπικῶν, τῶν αὐτῶν ιᾱ, καὶ ἔϛιν ὡς τξ πρὸς μζ μβ′ μ″, οὕτως πγ ιᾱ.

Ὅτι δὲ ἐκ τῶν τοιούτων παρατηρήσεων ἐξ εὐχεροῦς λαμβάνεται καὶ τὸ ἔξαρμα, ἢ καὶ ἡ ἔγκλισις τῆς οἰκήσεως ἐν ᾗ ἂν ἡ παρατήρησις γένηται, οὕτως ἔϛαι δῆλον. Ἐπεὶ γὰρ τῆς ΡΤ δίχα τμηθείσης ἐπὶ τοῦ ἰσημερινοῦ τὸ σημεῖον τῆς διχοτομίας ἐγίνετο· ἐὰν ἄρα τέμωμεν αὐτὴν



OE, qui conçues prolongées jusqu'au mé-. ridien, feront les droites NER, OET, et que nous joignions RO, TN, en prolongeant HE jusqu'en P, RO sera le diamètre du tropique d'été, TN celui du tropique d'hiver. Or il est clair que le soleil étant en R distant du point vertical P, de l'arc PR ou HN, dardera son rayon RN sur le point E du cylindre, et qu'étant en T, distant du même point vertical, de l'arc PT, c'est-à-dire HO, il dardera son rayon TO. Par plusieurs observations semblables, faites dans les solstices d'été et d'hiver, on a reconnu que l'arc NO compris entre les tropiques, est en gros, de 47 des 360 de la circonférence du cercle, et de plus de deux tiers d'un demi-degré, mais de moins de trois quarts d'un degré, et l'on trouvera par le calcul, en prenant les degrés et les subdivisions du degré en soixantièmes compris dans cet arc, que c'est à peu près là sa grandeur. Ce rapport est presque celui d'Eratosthène, dont Hipparque s'est servi comme pris exactement; car Eratosthène, ayant divisé le cercle entier en 83 parties égales, a trouvé l'arc entre les tropiques, de 11 de ces parties. Or, comme 360 sont à 47ᵈ 42′ 40″, ainsi 83 sont à 11.

Il est également évident que ces observations font connoître promptement la hauteur du pole, ou même l'inclinaison du lieu où on les fait. Car, puisque RT étant coupé en deux moitiés, le point du milieu est dans l'équateur, si nous marquons ce milieu en S, et que, joignant SE, nous prolongions cette droite‑ci jusqu'en X, SX sera le diamètre de l'équateur. Si donc, perpendiculairement à ce diamètre, nous menons du centre E, la droite EF, cette droite sera l'axe, et F le pole de l'équateur; et ME aura la position de l'horizon, parce que l'angle PEM est droit, le point P étant vertical, et l'arc PA étant un quart de cercle, distance du point vertical qui est le pole de l'horizon, à l'horizon même. Or F est le pole visible (de l'équateur), et puisque l'arc PFA est un quart de cercle, ainsi que SF, car F est le pole de l'équateur, étant l'arc commun PF, reste PS égal à FA, conformément à ce que nous avons dit plus haut. Mais AF est l'arc de la hauteur du pole, donc PS est égal à la hauteur du pole. Or PS est donné, c'est-à-dire HX, en parties (ou degrés) du quart de cercle, selon sa division; donc l'arc l'arc AF de la hauteur du pole est aussi donné, et par suite, aussi, l'arc SZ de l'inclinaison, qui, avec SP, complète le quart de cercle.

De même, en quelque lieu que nous fassions cette observation, nous dirons que la distance prise ainsi depuis le point vertical jusqu'au point du milieu entre l'écart le plus boréal et le plus austral du soleil, est la grandeur de l'élévation du pole, laquelle est la latitude de ce lieu, et que le complément de cette distance jusqu'à 90 degrés, est la quantité de l'inclinaison. Mais il est évident, que le côté EKDM étant tracé, et l'aiguille (cylindrique) placée sur un des angles, comme en E, l'instrument ainsi disposé ne peut pas servir pour toutes sortes de lieux, à trouver l'arc cherché entre les tropiques. Car le soleil étant, par exemple, en X, est plus boréal que le point vertical

δίχα κατὰ τὸ Σ, καὶ ἐπιζεύξαντες τὴν ΣΕ διαγάγωμεν κατὰ τὸ Ξ, ἔσται ἡ ΣΞ διάμετρος τοῦ ἰσημερινοῦ. Ἐὰν οὖν ταύτῃ πρὸς ὀρθὰς ἀπὸ τοῦ Ε κέντρου ἀγάγωμεν τὴν ΕΦ, ἡ ΕΦ ἔσται ἄξων, καὶ τὸ Φ πόλου τοῦ ἰσημερινοῦ· καὶ ἡ μὲν ΕΘ ὁρίζοντος θέσιν ἕξει, διὰ τὸ ὀρθὴν εἶναι τὴν ὑπὸ ΠΕΘ, τοῦ Π κατὰ κορυφὴν ὄντος, καὶ τεταρτημορίου γινομένου τῆς ΠΑ περιφερείας, ὅσον καὶ ἀπέχει τὸ κατὰ κορυφὴν τοῦ ὁρίζοντος πόλος αὐτοῦ τυγχάνων, τὸ δὲ Φ ἔσται ὁ φανερὸς πόλος. Καὶ ἐπεὶ ἡ ΠΦΑ τεταρτημορίου ἐστὶν, ἀλλὰ καὶ ἡ ΣΦ, διὰ τὸ τὸ Φ πόλον εἶναι τοῦ ἰσημερινοῦ, κοινῆς ἀφαιρεθείσης τῆς ΠΦ, λοιπὴ ἡ ΠΣ ἴση ἔσται τῇ ΦΑ, ὁμοίως τοῖς ἔμπροσθεν εἰρημένοις, καὶ ἔστιν ἡ ΑΦ τοῦ ἐξάρματος, καὶ ἡ ΠΣ ἄρα ἴση ἐστὶ τῷ τοῦ πόλου ἐξάρματι. Καὶ δέδοται ἡ ΠΣ, τουτέστιν ἡ ΗΞ. ἐκ τῆς τοῦ τεταρτημορίου διαιρέσεως δέδοται ἄρα καὶ ἡ ΦΑ τοῦ ἐξάρματος, ὥστε καὶ ἡ ΟΨ λείπουσα τῆς ΣΠ εἰς τὸ τεταρτημόριον ἔσται δεδομένη τῆς ἐγκλίσεως τυγχάνουσα.

Ὡσαύτως δὲ καὶ καθ' οἵαν ἂν οἴκησιν τὴν τοιαύτην παρατήρησιν ποιώμεθα, τὴν οὕτω λαμβανομένην διάστασιν ἀπὸ τοῦ κατὰ κορυφὴν ἐπὶ τὸ τῆς διχοτομίας τῆς τε βορειοτάτης καὶ νοτιωτάτης τοῦ ἡλίου παραχωρήσεως, φήσομεν εἶναι τοῦ ἐξάρματος, ὃ καὶ πλάτος ἐστὶ τῆς οἰκήσεως, τὰ δὲ λοιπὰ εἰς τὸ τεταρτημόριον τῆς ἐγκλίσεως. Φανερὸν δὲ ὅτι τῆς πλευρᾶς τῆς καταγραφείσης οὔσης τῆς ΕΗΔΘ, καὶ τοῦ γνωμονίου κειμένου πρὸς τῇ μιᾷ τῶν γωνιῶν ὡς κατὰ τὸ Ε, οὐκ εἰς πᾶσαν οἴκησιν χρησιμεύει τὸ ὄργανον πρὸς τὴν κατάληψιν τῆς ἐπιζητουμένης μεταξὺ τῶν τροπικῶν περιφερείας. Ἔνθα γὰρ ὁ ἥλιος βορειότερος γίνεται τοῦ Π κατὰ κορυφὴν ὡς ἐπὶ τὸ Χ, πέμψει διὰ τοῦ Ε κυλίνδρου ἀκτῖνα τὴν ΧΕΩ, ἐκπίπτουσαν τοῦ ΕΗΔΘ παραλληλογράμμου, καὶ ἀδύνατον ποιοῦσαν τὴν ἐπιζητουμένην κατάληψιν, διὸ χρὴ ἐπὶ τῶν τοιούτων κλιμάτων, μὴ πρὸς τῷ ἄκρῳ τυγχάνειν τὸν γνώμονα, ἀλλὰ περὶ τὸ μέσον, ὡς ἐπὶ τοῦ ΘΖ παραλληλογράμμου τὸ Ε, καὶ ἀναπληροῦν τὴν περιφέρειαν, καὶ οὕτω τὴν τῆς μεταξὺ τῶν τροπικῶν κατάληψιν μεταχειρίζεσθαι, ἀκολούθως τοῖς εἰρημένοις ἐπὶ τοῦ κρίκου. Καὶ ἔσονται ἡμῖν αἵ τε κατασκευαὶ καὶ θέσεις καὶ αἱ χρήσεις τῶν δυοῖν ὀργάνων, καὶ αἱ διὰ τῶν τοιούτων τηρήσεων καταλήψεις, τοιαῦται.

Ἐπαπορήσειε δ᾽ ἄν τις δι᾽ ἣν αἰτίαν μετὰ τὴν ἔκθεσιν τῶν ἀρχοειδῶς ὀφειλόντων προληφθῆναι τῆς μαθηματικῆς θεωρίας ἀρχόμενος τῶν κατὰ μέρος ἀποδείξεων, καὶ φήσας πρώτην δέον εἶναι ποιήσασθαι τὴν ἀπόδειξιν τῆς πηλικότητος, τῆς μεταξὺ τῶν δύο πόλων περιφερείας τοῦ τε διὰ μέσων τῶν ζωδίων καὶ τοῦ ἰσημερινοῦ, καὶ ταύτης ἀναγκαῖον εἶναι προλαβεῖν τὴν πραγματείαν τῶν ἐν κύκλῳ εὐθειῶν, ὡς συντελοῦσαν πρὸς τὴν ἀπόδειξιν τῆς μεταξὺ τῶν εἰρημένων δευτέρων πόλων περιφερείας, προεκθέμενος τὰς ἐν κύκλῳ εὐθείας, οὐδαμοῦ ταύταις προσεχρήσατο πρὸς τὴν εὕρεσιν τῆς μεταξὺ τῶν πόλων περιφερείας. Δῆλον οὖν ὅτι καὶ ταύτην μετὰ τῶν ἀρχοειδῶν προλαβεῖν βεβούληται, ὡς συντελοῦσαν εἰς τὰς πλείςας τῆς συντάξεως γραμμικὰς ἀποδείξεις, διὸ καὶ φησίν, ἀναγκαῖον ὁρῶμεν προεκθέσθαι τὴν πραγ

P. Il dardera, par le cylindre E, son rayon XEV qui tombera hors du parallélogramme EKDM, et ne pourra faire connoître la grandeur cherchée de cet arc. C'est pourquoi, dans ces climats, il faut que l'aiguille soit, non à l'extrémité, mais à une moyenne distance, comme sur le point E du parallélogramme MZ; puis on terminera l'arc, et on pourra par ce moyen prendre l'arc entre les tropiques, de la manière que nous avons détaillée en parlant de l'instrument armillaire. C'est ainsi que l'on construit, que l'on place et que l'on employe ces deux instrumens, et voilà à quelles sortes d'observations ils servent.

On pourroit demander pourquoi Ptolemée, après avoir exposé les principes généraux dont il devoit, en commençant sa théorie mathématique, donner l'explication avant les démonstrations des propositions particulières, et après avoir dit qu'il faut d'abord démontrer quelle est la grandeur de l'arc compris entre les deux poles de l'écliptique et de l'équateur, mais qu'il est nécessaire de connoître auparavant la manière d'évaluer les droites inscrites dans le cercle, parce que cette évaluation sert à faire trouver la grandeur de l'arc compris entre ces poles; enfin après avoir donné les valeurs de ces droites, n'a pourtant pas appliqué ces valeurs à la recherche de celle de ce même arc? Il est bien vrai qu'il a voulu que les premiers principes fussent immédiatement suivis de l'exposé de cette méthode comme nécessaire pour la plupart des démonstrations géométriques de sa composition mathématique. Aussi dit-il: Nous croyons qu'il est nécessaire de dire auparavant par quelle méthode on évalue les droites inscrites dans le cercle, et nous

accompagnerons nos démonstrations, de
figures qui les rendront plus palpables ».
Car s'il n'eût pas exposé la méthode de
prendre les valeurs des cordes, avant que
de traiter de la valeur de l'arc compris entre
les tropiques, il auroit été obligé de s'in-
terrompre après qu'il auroit eu démontré
que cet arc est à peu près de 23ᵈ . 51′. 20″,
qui est la quantité de la plus grande obliquité de l'écliptique, pour donner ensuite
la méthode d'évaluer les droites inscrites
dans le cercle, parce qu'elles étoient nécessaires pour chaque obliquité particulière.
C'est pourquoi il a jugé plus à propos d'exposer la doctrine des droites inscrites dans
le cercle, avant la démonstration de la valeur de l'arc compris entre les tropiques, et
non celle-ci avant celle-là.

## CHAPITRE XI.

### NOTIONS PRÉLIMINAIRES POUR LES DÉMONS-
### TRATIONS SPHÉRIQUES.

L'ordre demande que par suite de ce
qui précède, nous démontrions les grandeurs des arcs pris, entre l'équateur et
le cercle oblique, sur les grands cercles
qui passent par les poles de l'équateur.
Après avoir donné le plus grand de ces
arcs, c'est-à-dire celui qui s'étend du
tropique à l'équateur, Ptolemée expose
auparavant deux lemmes courts et utiles
par le moyen desquels il procède de la
manière la plus simple et la plus mé-
thodique à la plupart des démonstrations
sphériques. Et il débute par le premier
qu'il propose en ces termes : si sur deux
droites finies qui font un angle, on mène
de leurs extrémités deux droites qui s'entrecoupent et coupent les droites qui em-

μ ατείαν τῶν ἐν κύκλῳ εὐθειῶν, ἅπαξ γε μελ-
λήσοντες ἅπαντα γραμμικῶς ἀποδεικνύναι.
Ἔμελλε γὰρ μὴ προεκθέμενος τὰς ἐν κύκλῳ
εὐθείας κατὰ διαίρεσιν τῆς λοξώσεως πραγματείας, δεῖξαι πρότερον διὰ τῶν ὀργάνων
τὴν μεταξὺ τῶν τροπικῶν καὶ τοῦ ἰσημερινοῦ
μοιρῶν κγ̅ να′ κ″ ἔγγιϛα συναγομένην, ἥτις
ἐϛὶ τῆς μεγίϛης λοξώσεως, εἶτα τὴν ἔκθεσιν
τῆς πραγματείας τῶν ἐν κύκλῳ εὐθειῶν ἐκ-
θῆναι, διὰ τὸ προσδεῖσθαί αὐτῶν εἰς τὰς κατὰ μέρος λοξώσεις, ὅθεν μᾶλλον πρεπῳδέ-
ϛερον ἔκρινε προεκθῆναι τὴν τῶν ἐν κύκλῳ
εὐθειῶν πραγματείαν τῆς ἀποδείξεως τῆς μεταξὺ τῶν τροπικῶν περιφερείας καὶ μὴ μετ'
αὐτήν.

## ΚΕΦΑΛΑΙΟΝ ΙΑ.

### ΠΡΟΛΑΜΒΑΝΟΜΕΝΑ ΕΙΣ ΤΑΣ ΣΦΑΙΡΙΚΑΣ
### ΔΕΙΞΕΙΣ.

Ἀκόλουθου δ' ὄντος καὶ τὰς κατὰ μέρος
ἀποδεῖξαι πηλικότητας τῶν ἀπολαμβανομένων
περιφερειῶν μεταξὺ τοῦ τε ἰσημερινοῦ καὶ
τοῦ διὰ μέσων τῶν ζωδίων κύκλου τῶν
γραφομένων μεγίϛων κύκλων διὰ τῶν τοῦ
ἰσημερινοῦ πόλων, διὰ τὸ τὴν μεγίϛην δεδειχέναι, τουτέϛι τὴν ἀπὸ τοῦ τροπικοῦ ἐπὶ
τὸν ἰσημερινὸν, προεκτίθεταί λημμάτια βρα-
χέα καὶ εὔχρηϛα, δι' ὧν τὰς πλείϛας τῶν
σφαιρικῶν δείξεων ἁπλούϛερον καὶ μεθοδι-
κώτερον ἐφοδεύει. Καὶ πρῶτον οὗ ἡ πρότασις
δύναται εἶναι τοιαύτη. Ἐὰν εἰς δύο εὐθείας
πεπερασμένας, γωνίαν περιεχούσας, ἀπὸ τῶν
περάτων διαχθῶσι β̅ εὐθεῖαι τέμνουσαι ἀλλήλας καὶ τὰς τὴν γωνίαν περιεχούσας, ἁ

τῆς μιᾶς τῶν εὐθειῶν τῶν τὴν ἐξαρχῆς γωνίαν περιεχουσῶν, πρὸς τὴν ἀπολαμβανομένην
αὐτῆς πρὸς τῇ γωνίᾳ ὑπὸ τῆς διαχθείσης
λόγος συνῆπται ἤτοι σύγκειται ἔκ τε τοῦ λόγου τῆς διαχθείσης ἀπὸ τοῦ πέρατος τῆς
εἰρημένης εὐθείας, καὶ τῆς ἀπολαμβανομένης
αὐτῆς ὑπεροχῆς τῆς ἑτέρας διαχθείσης πρὸς
τῇ ἑτέρᾳ εὐθείᾳ τῶν περιεχουσῶν τὴν γωνίαν, καὶ ἔτι τοῦ λόγου τῆς ἀπολαμβανομένης
ὑπό τε τῆς τομῆς τῶν διαχθεισῶν πρὸς τῷ
πέρατι τῆς ἑτέρας τῶν τὴν γωνίαν περιεχουσῶν, καὶ αὐτῆς ὅλης τῆς διαχθείσης.

Εἰ γὰρ δύο εὐθείας τὰς ΑΒ ΑΓ διαχθεῖ-
σαι δύο ἥ τε ΒΕ καὶ ἡ ΓΔ, τεμνέτωσαν
ἀλλήλας μὲν κατὰ τὸ Ζ σημεῖον, τὰς δὲ
ΑΒ, ΑΓ, κατὰ τὰ Δ, Ε σημεῖα, λέγω ὅτι
ὁ τῆς ΓΑ πρὸς ΑΕ λόγος σύγκειται ἔκ τε
τοῦ τῆς ΓΔ πρὸς ΔΖ λόγου, καὶ τοῦ τῆς ΖΒ
πρὸς ΒΕ. Ἤχθω γὰρ διὰ τοῦ Ε τῇ ΓΔ παράλληλος ἡ ΕΗ. Ἐπεὶ οὖν παράλληλός ἐστιν
ἡ ΓΔ τῇ ΕΗ, ὁ ἄρα τῆς ΓΑ πρὸς ΑΕ λόγος,
ὁ αὐτός ἐστι τῷ τῆς ΓΔ πρὸς ΕΗ· ἰσογώνιον
γάρ ἐστι τὸ ΑΓΔ τρίγωνον τῷ ΑΕΗ. Ἀλλὰ
τῆς ΔΖ εὐθείας ἔξωθεν ἤτοι μέσης λαμβανομένης, ὁ τῆς ΓΔ πρὸς ΕΗ λόγος σύγκειται ἔκ τε τοῦ ΓΔ πρὸς ΔΖ λόγου, καὶ τοῦ
τῆς ΔΖ πρὸς ΕΗ. Ἀλλὰ τῷ τῆς ΔΖ πρὸς ΕΗ
λόγῳ, ὁ αὐτός ἐστιν ὁ τῆς ΖΒ πρὸς ΒΕ, διὰ
τὸ παράλληλον εἶναι τὴν ΔΖ τῇ ΕΗ, καὶ
ἰσογώνιον πάλιν γίνεσθαι τὸ ΒΖΔ τρίγωνον
τῷ ΒΕΗ τριγώνῳ· ὁ ἄρα τῆς ΓΔ πρὸς ΕΗ,
τουτέστι τῆς ΓΑ πρὸς ΑΕ λόγος σύγκειται
ἔκ τε τοῦ τῆς ΓΔ πρὸς ΔΖ, καὶ τοῦ τῆς ΖΒ
πρὸς ΒΕ. Καὶ δῆλον ὅτι ἀφ' οὗ σημείου ἄρχεται ὁ συντιθέμενος λόγος, ἀπὸ τούτου ἄρ-

brassent l'angle, la raison d'une des
droites qui embrassent l'angle depuis le
sommet, à sa portion interceptée entre
l'angle et la ligne menée, est composée
de la raison de celle qui est menée depuis
l'extrêmité de cette même droite, et de
la portion de cette ligne prise entre l'autre
ligne et la seconde des droites qui embrassent l'angle, et de la raison de la portion
de l'autre ligne comprise dans l'intersection de ces deux lignes jusqu'à l'extrêmité
de la seconde des droites qui embrassent
l'angle, à la seconde ligne entière.

Les deux droites BE, GD (Fig. 64)
menées sur les droites AB, AG, se coupant
en un point Z, et coupant les droites qui
sont les côtés de l'angle, je dis que la
raison de GA à AE est composée de la
raison de GD à DZ, et de celle de ZB
à BE. Car soit menée par le point E, la
droite EH parallèle à GD. Ces deux
droites étant parallèles, il s'ensuit que la
raison de GA à AE est la même que
celle de CD à EH, car le triangle AGD
est équiangle au triangle AEH. Mais la
droite DZ étant prise auxiliairement comme
moyenne, la raison de GD à EH est
composée de celle de GD à DZ, et de
celle de DZ à EH. Mais la raison de DZ
à EH est égale à celle de ZB à BE, à
cause du parallélisme de DZ et de EH, et
du triangle BZD équiangle aussi au triangle
BEH, donc la raison de GD à EH, c'est-
à-dire de GA à AE, est composée de celle
de GD à DZ, et de celle de ZB à BE. Or
il est clair qu'au point où commence la raison composée, là commence aussi la première des deux raisons composées, et qu'au

point où elle finit, là commence la seconde des deux raisons composées, et qu'elle finit où se termine la raison composée. Ainsi la raison composée de GA à AE, a commencé au point G, et a fini en E, ensuite la première des deux raisons composées, qui est celle de GD à DZ, a commencé en G d'où elle s'est terminée en Z. Par conséquent la raison de ZB à BE a commencé en Z où la première des deux composées s'est terminée, et a fini en E où la raison composée a fini.

Or je dis que généralement on a aussi dans le même cas ou ordre des lignes, la raison de EB à BZ, composée de celle de EA à AG, et de celle de GD à DZ. Car, dans cette même figure, la raison de EB à EZ est égale à celle de EH à ZD; mais GD étant prise pour auxiliaire de EH et de ZD, la raison de EH à ZD est composée de celle de EH à GD, et de celle de GD à DZ. Ainsi la raison de EB à BZ, est composée de celle de EH à GD, et de celle de GD à DZ. Mais la raison de EH à GD est la même que celle de EA à AG, donc la raison de EB à BZ est composée de celle de EA à AG, et de celle de GD à DZ.

En disposant cet ordre autrement, je dis que la raison de BE à EZ est composée de celle de BA à AD, et de celle de GD à GZ. Car, toujours dans la même figure, menant par le point Z la parallèle ZH à AB, la raison de BE à EZ est égale à celle de BA à ZH; mais la raison de BA à ZH, en prenant l'auxiliaire DA, est composée de

χεται καὶ ὁ πρῶτος τῶν συντιθέντων, καὶ εἰς ὃ οὗτος καταλήγει, ἀπὸ τούτου ἄρχεται ὁ δεύτερος τῶν συντιθέντων, καὶ λήγει εἰς ὃ καὶ ὁ συντιθέμενος κατέληξε. Καθάπερ ὁ συντιθέμενος ὁ τῆς ΓΑ πρὸς ΑΕ λόγος, ἤρξατο μὲν ἀπὸ τοῦ Γ, καὶ κατέληξεν ἐπὶ τὸ Ε. Εἶτα ὁ πρῶτος τῶν συντιθέντων ὁ τῆς ΓΔ πρὸς ΔΖ λόγος, ἤρξατο ἀπὸ τοῦ Γ, ἀφ' οὗ καὶ ὁ συντιθέμενος, καὶ κατέληξεν ἐπὶ τὸ Ζ. Καὶ ἑξῆς ὁ ΖΒ πρὸς τὴν ΒΕ ἤρξατο ἀπὸ τοῦ Ζ, εἰς ὃ ὁ πρῶτος τῶν συντιθέντων κατέληξε· καὶ κατέληξεν ἐπὶ τὸ Ε, ἐφ' οὗ ὁ συντιθέμενος κατέληξε.

Λέγω δὴ ὅτι καὶ καθόλου ἐπὶ τῆς τοιαύτης τάξεως ἡ ὁμοία δεῖξις συνίςαται, τουτέςιν ὁ τῆς ΕΒ πρὸς ΒΖ λόγος συνῆπται ἔκ τε τοῦ τῆς ΕΑ πρὸς ΑΓ, καὶ τοῦ τῆς ΓΔ πρὸς ΔΖ. Ὡς γὰρ ἐπὶ τῆς αὐτῆς καταγραφῆς, ἐπεὶ ὁ τῆς ΕΒ πρὸς ΒΖ λόγος ὁ αὐτός ἐςι τῷ τῆς ΕΗ πρὸς ΖΔ· ἀλλὰ τῶν ΕΗ, ΖΔ τῆς ΓΔ ἔξωθεν λαμβανομένης, ὁ τῆς ΕΗ πρὸς ΖΔ λόγος σύγκειται ἔκ τε τοῦ τῆς ΕΗ πρὸς ΓΔ, καὶ τοῦ τῆς ΓΔ πρὸς ΔΖ, ὥςε καὶ ὁ τῆς ΕΒ πρὸς ΒΖ λόγος σύγκειται ἔκ τε τοῦ τῆς ΕΗ πρὸς ΓΔ, καὶ τοῦ τῆς ΓΔ πρὸς ΔΖ. Ἀλλὰ τῷ τῆς ΕΗ πρὸς ΓΔ λόγῳ, ὁ αὐτός ἐςιν ὁ τῆς ΕΑ πρὸς ΑΓ· ὁ ἄρα τῆς ΕΒ πρὸς ΒΖ λόγος συνῆπται ἔκ τε τοῦ τῆς ΕΑ πρὸς ΑΓ, καὶ τοῦ τῆς ΓΔ πρὸς ΔΖ.

Ἔτι καὶ ἑτέρως μεταληπτέον τὴν εἰρημένην τάξιν. Λέγω γὰρ πάλιν ὅτι ὁ τῆς ΒΕ πρὸς ΕΖ λόγος σύγκειται ἔκ τε τοῦ τῆς ΒΑ πρὸς ΑΔ, καὶ τοῦ τῆς ΓΔ πρὸς ΓΖ. Ὡς γὰρ ἐπὶ τῆς παρούσης καταγραφῆς, ἤχθω διὰ τοῦ Ζ σημείου τῇ ΑΒ παράλληλος ἡ ΖΗ. Ἐπεὶ οὖν ὁ τῆς ΒΕ πρὸς ΕΖ λόγος ὁ αὐτός ἐςι τῷ τῆς ΒΑ πρὸς ΖΗ, ἀλλ' ὁ τῆς ΒΑ πρὸς ΖΗ λόγος, τῆς ΔΑ ἔξωθεν λαμβανομένης, σύγκειται ἔκ τε τοῦ τῆς ΒΑ πρὸς ΑΔ, καὶ τοῦ τῆς ΑΔ πρὸς ΖΗ· ὥςε καὶ ὁ τῆς ΒΕ πρὸς ΕΖ λόγος σύγκειται ἔκ τε τοῦ τῆς ΒΑ πρὸς ΑΔ, καὶ τοῦ τῆς ΑΔ πρὸς ΖΗ. Τῷ δὲ τῆς ΑΔ πρὸς ΖΗ λόγῳ ὁ αὐτός ἐςι τῷ τῆς ΓΔ πρὸς ΓΖ, καὶ ὁ τῆς ΒΕ πρὸς ΕΖ ἄρα λόγος, σύγκειται ἔκ τε τοῦ τῆς ΒΑ πρὸς ΑΔ, καὶ τοῦ τῆς ΓΔ πρὸς ΓΖ. Ὁμοίως δὲ καὶ ἐπὶ τῶν λοιπῶν πτώσεων τὸ αὐτὸ συναχθήσεται τῆς τῶν εὐθειῶν τάξεως, κατὰ τὸν εἰρημένον τρόπον λαμβανομένης.

Ἵνα δὲ ἔτι κατάδηλον γένηται τὸ τῆς συνθέσεως τῶν λόγων, διήχθω ἡ ΓΔ ἐπὶ τὸ Θ, καὶ κείσθω τῇ ΕΗ ἡ ΔΘ ἴση, καὶ ἤχθω ἀπὸ τοῦ Δ τῇ ΓΘ πρὸς ὀρθὰς ἡ ΔΚ, καὶ κείσθω ἴση τῇ ΔΖ, καὶ συμπεπληρώσθω τὸ ΑΓ παραλληλόγραμμον. Καὶ ἐπεὶ ὁ τοῦ ΓΚ παραλληλαγράμμου πρὸς τὸ ΚΘ λόγος ὁ αὐτός ἐςι τῷ τῆς ΓΔ εὐθείας πρὸς τὴν ΔΘ, ὁ δὲ τοῦ ΓΚ πρὸς ΚΘ λόγος σύγκειται ἐκ τῶν λοιπῶν, τουτέςιν ἔκ τε τοῦ ὃν ἔχει ἡ ΓΔ πρὸς ΔΚ, καὶ ἡ ΚΔ πρὸς ΔΘ· τὰ γὰρ ἰσογώνια παραλληλόγραμμα λόγον ἔχει πρὸς ἄλληλα τὸν συγκείμενον ἐκ τῶν πλευρῶν. Καὶ ὁ τῆς ΓΔ ἄρα πρὸς ΔΘ λόγος σύγκειται ἔκ τε τοῦ τῆς ΓΔ πρὸς ΔΚ, καὶ τοῦ τῆς ΚΔ πρὸς ΔΘ. Ἀλλ' ἡ μὲν ΔΚ τῇ ΔΖ ἐςὶν ἴση, ἡ δὲ ΔΘ τῇ ΗΕ· ὁ ἄρα τῆς ΓΔ πρὸς ΕΗ λόγος, τουτέςιν ὁ τῆς ΓΑ πρὸς ΑΕ, σύγκειται ἔκ τε τοῦ τῆς ΓΔ πρὸς ΔΖ, καὶ τοῦ τῆς ΔΖ πρὸς ΕΗ, τουτέςι τῆς ΖΒ πρὸς ΒΕ. Λόγος ἐκ δύο λόγων ἢ καὶ πλειόνων συγκεῖσθαι λέγεται, ὅταν αἱ τῶν λόγων πηλικότητες πολλαπλασιασθεῖσαι ποιῶσι τινὰ πηλικότητα λόγου. Ἐχέτω γὰρ τὸ ΑΒ πρὸς τὸ ΓΔ λόγον δεδομένου, καὶ τὸ ΓΔ πρὸς τὸ ΕΖ λόγον, λέγω

la raison de BA à AD, et de celle de AD à ZH. Ainsi la raison de BE à EZ, est composée de celle de BA à AD, et de celle de AD à ZH. Or la raison de AD à ZH est la même que celle de GD à GZ; donc la raison de BE à EZ est composée de celle de BA à AD, et de celle de GD à GZ. On trouvera la même chose dans les autres cas, en prenant les droites dans l'ordre que nous avons dit.

Pour éclaircir cette théorie de la composition des raisons, (Fig. 65) prolongeons GD en T, et faisons DT égale à EH. Du point D menons DK perpendiculaire sur GT, et faisons cette perpendiculaire égale à DZ, puis complétons le parallélogramme LG. Alors, puisque la raison du parallélogramme GK au parallélogramme KT, est la même que celle de la droite GD à la droite DT, et que la raison de GK à KT est composée des autres raisons, c'est-à-dire de celle de GD à DK, et de celle de KD à DT, car les parallélogrammes équiangles sont entr'eux en raison composée des côtés; il s'ensuit que la raison de GD à DT est composée de celle de GD à DK, et de celle de KD à DT. Mais DK est égale à DZ, et DT à HE; donc la raison de la droite GD à la droite EH, c'est-à-dire de GA à AE, est composée de celle de GD à DZ, et de celle de DZ à EH, c'est-à-dire de ZB à EB. On dit qu'une raison est composée de deux ou de plusieurs, quand les valeurs des raisons étant multipliées produisent une certaine valeur de raisons. Car si la raison de AB à GD est donnée, ainsi que celle de GD à EZ, je dis que la raison de

AB à EZ est composée de celle de AB à
GD, et de celle de GD à EZ; c'est-à-dire
que si la valeur de la raison de AB à GD
est multipliée par la valeur de la raison de
GD à EZ, elle fera la valeur de la raison
de AB à EZ. Par exemple (Fig. 66), soit
d'abord AB double de GD, et GD triple
de EZ. Puisque GD est triple de EZ, et
que AB est double de GD, il s'ensuit que
AB est sextuple de EZ. En effet, si nous
doublons le triple d'une quantité, nous obtiendrons le sextuple. Car c'est là proprement la synthèse ou composition.

Ou bien autrement : puisque AB est
double de GD, divisons AB en portions
AH, HB égales chacune à GD; GD étant
triple de EZ, et AH égale à GD, AH
est donc triple de EZ. Par la même raison, HB est triple de EZ. Donc AB entier est sextuple de EZ. Donc la raison de
AB à EZ résulte par le moyen terme GD,
de celle de AB à GD, et de celle de GD à
EZ.

Il en sera encore de même, si GD est
moindre que chacune des quantités AB,
EZ. Car ( Fig. 67 ) soit maintenant AB
triple de GD, et GD moitié de EZ ;
puisque GD est la moitié de EZ, et que
AB est le triple de GD, il s'ensuit que AB
vaut EZ et la moitié de EZ. Car si nous
triplons la moitié d'un nombre, nous aurons
ce nombre une fois et demie. Ou autrement
encore : puisque AB est le triple de GD,
et GD la moitié de EZ, EZ a donc le double
de la valeur de la quantité GD dont AB a

ὅτι ὁ τοῦ ΑΒ πρὸς ΕΖ λόγος σύγκειται ἔκ τε
τοῦ τοῦ ΑΒ πρὸς ΓΔ, καὶ τοῦ ΓΔ πρὸς ΕΖ,
τουτέστιν ὅτι ἐὰν ἡ τοῦ ΑΒ πρὸς τὸ ΓΔ λόγου
πηλικότης πολλαπλασιασθῇ ἐπὶ τὴν τοῦ ΓΔ
πρὸς ΕΖ, τοῦ λόγου πηλικότητα τὴν τοῦ
ΑΒ πρὸς ΕΖ ποιήσει. Ἔστω γὰρ πρότερον τὸ
μὲν ΑΒ τοῦ ΓΔ μεῖζον, τὸ δὲ ΓΔ τοῦ ΕΖ,
καὶ ἔστω τὸ μὲν ΑΒ τοῦ ΓΔ διπλάσιον, τὸ δὲ
ΓΔ τοῦ ΕΖ τριπλάσιον. Ἐπεὶ οὖν τὸ μὲν ΓΔ
τοῦ ΕΖ τριπλάσιόν ἐστι, τοῦ δὲ ΓΔ διπλάσιον
τὸ ΑΒ, τὸ ἄρα ΑΒ τοῦ ΕΖ ἔστιν ἑξαπλάσιον.
Ἐπεὶ καὶ ἐὰν τὸ τριπλάσιον τινὸς διπλασιά-
σωμεν, γίνεται αὐτοῦ ἑξαπλάσιον· τοῦτο γάρ
ἐστι κυρίως σύνθεσις.

Ἢ οὕτως· ἐπεὶ τὸ ΑΒ τοῦ ΓΔ ἐστὶ διπλάσιον, διῃρείσθω τὸ ΑΒ εἰς τὰ τῷ ΓΔ ἴσα τὰ
ΑΗ, ΗΒ. Καὶ ἐπεὶ τὸ ΓΔ τοῦ ΕΖ ἐστὶ τριπλάσιον, ἴσον δὲ τὸ ΑΗ τῷ ΓΔ· καὶ τὸ ΑΗ
ἄρα τοῦ ΕΖ τριπλάσιόν ἐστι. Διὰ τὰ αὐτὰ
δὴ καὶ τὸ ΗΒ τοῦ ΕΖ ἐστὶ τριπλάσιον· καὶ
ὅλον ἄρα τὸ ΑΒ τοῦ ΕΖ ἐστὶν ἑξαπλάσιον·
Ὁ ἄρα τοῦ ΑΒ πρὸς τὸ ΕΖ λόγος, σύγκειται
διὰ τοῦ ΓΔ μέσου ὅρου ἔκ τε τοῦ τοῦ ΑΒ
πρὸς τὸ ΓΔ λόγου, καὶ τοῦ τοῦ ΓΔ πρὸς
ΕΖ.

Ὁμοίως δὲ καὶ ἐὰν ἔλαττον ᾖ ἑκατέρου
τῶν ΑΒ, ΕΖ τὸ ΓΔ, τὸ αὐτὸ συναχθήσεται.
Ἔστω γὰρ πάλιν τὸ μὲν ΑΒ τοῦ ΓΔ τριπλάσιον, τὸ δὲ ΓΔ, ϛ″ τοῦ ΕΖ. Καὶ ἐπεὶ τὸ
ΓΔ ϛ″ ἐστὶ τοῦ ΕΖ, τοῦ δὲ ΓΔ τριπλάσιον
τὸ ΑΒ, τὸ ΑΒ ἄρα ἡμιόλιον ἐστὶ τοῦ ΕΖ.
Ἐὰν γὰρ τὸ ἥμισυ τινὸς τριπλασιάσωμεν,
ἕξει αὐτὸ ἅπαξ καὶ ἡμισάκις. Ἢ καὶ οὕτως
ἐπεὶ τὸ μὲν ΑΒ τοῦ ΓΔ ἐστὶ τριπλάσιον, τὸ
δὲ ΓΔ τοῦ ΕΖ ϛ″, οἵων ἄρα ἐστὶ τὸ ΑΒ
ἴσον τῷ Γ, τριῶν, τοιούτων ἐστὶ τὸ ΕΖ δύο·
ὥστε ἡμιόλιον ἔσται τὸ ΑΒ τοῦ ΕΖ· Ὁ ἄρα

τοῦ ΑΒ πρὸς τὸ ΓΖ λόγος συνῆκται διὰ τοῦ ΓΔ μέσου ὅρου συγκείμενος, ἔκ τε τοῦ ΑΒ πρὸς ΓΔ λόγου, καὶ τοῦ τοῦ ΓΔ πρὸς ΕΖ.

Ἀλλὰ δὴ πάλιν ἔσω τὸ ΓΔ ἑκατέρου τῶν ΑΒ, ΕΖ μεῖζον. Καὶ ἔσω τὸ μὲν ΑΒ τοῦ ΓΔ, 5″ μέρος, τὸ δὲ ΓΔ τοῦ ΕΖ ἐπίτριτον. Ἐπεὶ οὖν οἵων ἐςὶ τὸ ΑΒ δύο, τοιούτων τὸ ΓΔ, τεσσάρων, οἵων δὲ τὸ ΓΔ τεσσάρων, τὸ ΕΖ τριῶν, καὶ οἵων ἄρα τὸ ΑΒ δύο, τοι- οὔτων τὸ ΕΖ τρία. Συνῆκται ἄρα πάλιν ὁ τοῦ ΑΒ πρὸς ΕΖ λόγος διὰ τοῦ ΓΔ μέσου ὅρου ὁ τῶν β πρὸς τὰ γ. Ὁμοίως δὲ καὶ ἐπὶ τῶν λοιπῶν πτώσεων. Καὶ δῆλον ὡς ὅτι ἐὰν ἀπὸ τοῦ συγκειμένου λόγου εἰς ὁποιαῦν τῶν συντιθέντων διαιρεθῇ, ἑνὸς τῶν ἄκρων ἀφανισθέντος, ὁ λοιπὸς τῶν συντιθέντων κα- ταλειφθήσεται.

Ἑξῆς δὲ καὶ δεύτερον θεώρημα ἐκτίθεται συντελοῦν καὶ αὐτὸ, ὡς ἔφαμεν, εἰς τὰς σφαιρικὰς ἀποδείξεις, ὅμοιον μὲν τῷ πρώτῳ, κατὰ διαίρεσιν δὲ αὐτοῦ τυγχάνον, οὗ ἡ πρότασις δύναται εἶναι τοιαύτη. Ἐὰν εἰς δύο εὐθείας πεπερασμένας γωνίαν περιεχούσας, δι- αχθῶσι δύο εὐθεῖαι ἀπὸ τῶν περάτων τέμνου- σαι ἀλλήλας, καὶ τὰς τὴν γωνίαν περιεχούσας, ὁ τῶν τῆς μιᾶς τῶν τὴν γωνίαν περιεχουσῶν εὐθειῶν τμημάτων λόγος, ἀρχόμενος ἀπὸ τοῦ πρὸς τῷ κάτω πέρατι, σύγκειται ἔκ τε τῶν τμημάτων τῶν τῆς ἀπὸ τοῦ αὐτοῦ πέρατος διαχθείσης, ἀρχομένων πάλιν ἀπὸ τοῦ αὐτοῦ πέρατος, καὶ τοῦ λόγου τοῦ ἀπολαμβανομένου τμήματος ὑπὸ τῆς αὐτῆς διαχθείσης τῆς ἑτέρας τῶν περιεχουσῶν τὴν γωνίαν, πρὸς τῷ πέρατι αὐτῆς, καὶ αὐτῆς ὅλης. Εἰς γὰρ δύο εὐθείας τὰς ΑΒ, ΑΓ διήχθωσαν δύο εὐ- θεῖαι αἱ ΒΕ, ΓΔ, τέμνουσαι ἀλλήλας κατὰ

THÉON.

le triple, ainsi AB vaut trois fois la moitié de EZ; donc la raison de AB à EZ résulte par le moyen terme GD, de celle de AB à GD, et de celle de GD à EZ.

(Fig. 68). Faisons actuellement GD plus grande que chacune des quantités AB, EZ, et soit AB la moitié de GD, et GD le tiers en sus de EZ. Puisque des portions dont AB en contient deux, GD en contient quatre, et EZ trois, et qu'ainsi EZ a trois des portions dont AB en a deux, il en ré- sulte que la raison de AB à EZ est, par le moyen terme GD, celle de 2 à 3. Il en sera de même dans tous les autres cas. Et il est clair que si de la raison composée, en quel- ques raisons composantes qu'elle soit par- tagée, on fait évanouir un des termes ex- trêmes, l'autre des composans restera toujours.

Ptolemée expose ensuite son second théo- rême dont il tire, comme nous l'avons dit, un grand avantage pour les solutions des problêmes sphériques, en procédant comme dans le premier, mais par diérèse. Voici en quoi il consiste : si sur deux droites finies qui embrassent un angle, on mène de leurs extrémités deux droites qui s'entrecoupent et qui coupent celles qui embrassent l'angle, la raison des portions d'une des droites qui embrassent l'angle, à commencer du point de l'extrémité inférieure, est composée des portions de la droite menée de cette extré- mité, commençant à cette même extrémité, et de la raison de la portion comprise de- puis la même autre des droites qui embras- sent l'angle jusqu'à son extrémité, et de cette droite entière. Car sur les deux droites AB, AG, soient (F. 69.) menées les deux BE, GD,

23

qui s'entrecoupent en Z, je dis que la raison de GE à EA, est composée de celle de
GZ à ZD, et de celle de DB à BA. Car
menons par A la parallèle AH à EZ, et
prolongeons GD en H. Puisque EZ est parallèle à AH, GZ est à ZH comme GE est
à EA. Mais d'après ce qui vient d'être dit,
prenant ZD moyenne entre GZ et ZH, la
raison de GZ à ZH est composée de celle de
GZ à ZD, et de celle de ZD à ZH. Mais à
la raison de ZD à ZH, est égale celle de
DB à BA, à cause de BA et ZH menées
sur les parallèles AH et EB, ce qui rend
les triangles ADH, BDZ équiangles, et fait
que HD est à DA comme ZD est à DB; et
en changeant les moyens de place, HD à
DZ, comme *permutando* AD à DB; et,
*componendo*, ZH à HD comme BA à AD;
*dividendo*, DB à BA comme DZ à HZ.
Donc la raison de GZ à ZH, c'est-à-dire
celle de GE à EA, est composée de celle
de GZ à ZD, et de celle de DB à AB. Ainsi il est clair qu'ici pareillement au point
où a commencé la raison composée, là aussi
a commencé la première des raisons composantes, et qu'où celle-ci s'est terminée, la
seconde a commencé, et la composée a fini
avec elle. Or (Fig. 70) je dis qu'ici encore en
général, tout restant dans le même arrange-
ment, on démontre toujours de même, premièrement, que le rapport de BZ à ZE est
composé de celui de BD à DA, et de celui
de AG à GE. Car soit menée par A la parallèle AT à GD, et prolongez BE en T.
Puisque le rapport de BZ à ZE, au moyen

τὸ Ζ, λέγω ὅτι τῆς ΓΕ πρὸς ΕΑ λόγος σύγκειται ἔκ τε τοῦ τῆς ΓΖ πρὸς ΖΔ λόγου, καὶ
τοῦ τῆς ΔΒ πρὸς ΒΑ. Ἤχθω γὰρ διὰ τοῦ Α
τῇ ΕΖ παράλληλος ἡ ΑΗ, καὶ διήχθω ἡ ΓΔ
ἐπὶ τὸ Ε. Ἐπεὶ οὖν παράλληλός ἐστιν ἡ ΕΖ
τῇ ΑΗ, ἔστιν ἄρα ὡς ἡ ΓΕ πρὸς ΕΑ, οὕτως ἡ ΓΖ πρὸς ΖΗ. Ἀλλὰ ἀκολούθως τοῖς
ἔμπροσθεν εἰρημένοις, τῶν ΓΖ, ΖΗ, μέσης
λαμβανομένης τῆς ΖΔ, ὁ τῆς ΓΖ πρὸς ΖΗ
λόγος, σύγκειται ἔκ τε τοῦ τῆς ΓΖ πρὸς ΖΔ
λόγου, καὶ τοῦ τῆς ΔΖ πρὸς ΖΗ, ἀλλὰ τῷ
τῆς ΔΖ πρὸς ΖΗ λόγῳ, ὁ αὐτός ἐστιν ὁ τῆς
ΔΒ πρὸς ΒΑ, διὰ τὸ εἰς παραλλήλους τὰς
ΑΗ, ΕΒ διῆχθαι τὰς ΒΑ καὶ ΖΗ, καὶ ἰσογώνια ποιεῖν τὰ ΑΔΗ, ΒΔΖ τρίγωνα, καὶ
εἶναι ὡς τὴν ΗΔ πρὸς ΔΑ, οὕτω τὴν ΖΔ πρὸς
ΔΒ, καὶ ἐναλλάξ· ὡς τὴν ΗΔ πρὸς ΔΖ,
οὕτω τὴν ΑΔ πρὸς ΔΒ. Καὶ συνθέντι, ὡς τὴν
ΖΗ πρὸς ΗΔ, οὕτω τὴν ΒΑ πρὸς ΑΔ. Καὶ
ἀνάπαλιν· ὡς τὴν ΔΗ πρὸς ΗΖ, οὕτω τὴν
ΔΒ πρὸς ΒΑ. Ὁ ἄρα τῆς ΓΖ πρὸς ΖΗ λόγος,
τουτέστιν ὁ τῆς ΓΕ πρὸς ΕΑ σύγκειται ἔκ τε
τοῦ τῆς ΓΖ πρὸς ΖΔ, καὶ τοῦ τῆς ΔΒ πρὸς
ΑΒ. Καὶ φανερὸν ὅτι ὁμοίως καὶ ἐνταῦθα,
ἀφ' οὗ ἤρξατο ὁ συντιθέμενος λόγος, ἀπὸ
τούτου ἤρξατο καὶ ὁ πρῶτος τῶν συντιθέντων.
Καὶ εἰς ὃ οὗτος κατέληξεν, ἀπὸ τούτου ἤρξατο ὁ δεύτερος τῶν συντιθέντων, καὶ κατέληξεν ἔνθα καὶ ὁ συντιθέμενος.

Λέγω δὴ πάλιν ὅτι καὶ ἐνταῦθα καθόλου
ἐπὶ τῆς τοιαύτης τάξεως ἡ δεῖξις προχωρεῖ·
Καὶ πρῶτον ὅτι ὁ τῆς ΒΖ πρὸς ΖΕ λόγος
σύγκειται ἔκ τε τοῦ τῆς ΒΔ πρὸς ΔΑ, καὶ
τοῦ τῆς ΑΓ πρὸς ΓΕ. Ἤχθω γὰρ διὰ τοῦ Α
τῇ ΓΔ παράλληλος ἡ ΑΘ, καὶ διήχθω ἡ ΒΕ
ἐπὶ τὸ Θ. Ἐπεὶ οὖν ὁ τῆς ΒΖ πρὸς ΖΕ λόγος,
τῆς ΖΘ ἔξωθεν λαμβανομένης, σύγκειται ἔκ

τε τοῦ τῆς ΒΖ πρὸς ΖΘ, καὶ τοῦ τῆς ΘΖ
πρὸς ΖΕ, ἀλλὰ τῷ μὲν τῆς ΒΖ πρὸς ΖΘ λόγῳ
ὁ αὐτός ἐστιν ὁ τῆς ΒΔ πρὸς ΔΑ, τῷ δὲ τῆς
ΘΖ πρὸς ΖΕ, ὁ αὐτός ἐστιν ὁ τοῦ ΑΓ πρὸς
ΓΕ, διὰ τὸ ἰσογώνια εἶναι τὰ ΑΕΘ, ΖΕΓ
τρίγωνα· ὁ ἄρα τῆς ΒΖ πρὸς ΖΕ λόγος σύγκειται ἔκ τε τοῦ τῆς ΒΔ πρὸς ΔΑ, καὶ τοῦ
τῆς ΑΓ πρὸς ΓΕ.

Ὁμοίως δὲ καὶ τὸ ἀνάπαλιν δειχθήσεται·
ὁ τῆς ΑΓ πρὸς ΓΕ λόγος σύγκειται ἔκ τε
τοῦ τῆς ΑΔ πρὸς ΔΒ, καὶ τοῦ τῆς ΒΖ πρὸς
ΖΕ. Καὶ πάλιν καὶ καθόλου ὡς ἂν ληφθῇ ἡ
εἰρημένη τάξις τοῦ τε συντιθεμένου καὶ τῶν
συντιθέντων, ὡς καὶ ἑξῆς ἐπὶ τῶν κατὰ μέρος
πάλιν τοιούτων δείξεων φανερὸν ποιήσομεν.

Ἵνα γὰρ πάλιν καὶ διὰ τῶν γραμμῶν κατάδηλον γένηται τὸ τῆς συνθέσεως τῶν λόγων,
ἤχθω διὰ τοῦ Ζ τῇ ΗΓ πρὸς ὀρθὰς ἡ ΖΘ,
καὶ κείσθω ἴση τῇ ΖΔ, καὶ συμπεπληρώσθω
τὸ ΗΚ παραλληλόγραμμον. Ἐπεὶ οὖν ὁ τοῦ
ΓΘ παραλληλογράμμου πρὸς ΘΗ λόγος σύγκειται ἐκ τῶν πλευρῶν, τουτέστιν ἔκ τε τοῦ
τῆς ΓΖ πρὸς ΖΘ, καὶ τοῦ τῆς ΘΖ πρὸς ΖΗ,
ἀλλ' ὡς τὸ ΓΘ παραλληλόγραμμον πρὸς τὸ
ΘΗ, οὕτως ἡ ΓΖ πρὸς τὴν ΖΗ. Ὁ ἄρα τῆς
ΓΖ πρὸς τὴν ΖΗ λόγος σύγκειται ἔκ τε τοῦ
τῆς ΓΖ πρὸς ΖΘ λόγου, καὶ τοῦ τῆς ΖΘ
πρὸς ΖΗ. Ἴση δὲ ἡ ΖΘ τῇ ΖΔ· ὁ ἄρα τῆς
ΓΖ πρὸς ΖΗ λόγος σύγκειται ἔκ τε τοῦ τῆς
ΓΖ πρὸς ΖΔ, καὶ τοῦ τῆς ΔΖ πρὸς ΖΗ. Ἀλλ'
ὁ τῆς ΔΖ πρὸς ΖΗ λόγος ὁ αὐτός ἐστι τῷ
τῆς ΔΒ πρὸς ΒΑ, διὰ τὸ ἰσογώνια εἶναι, ὡς
ἔφαμεν, τὰ ΔΖΒ, ΑΔΗ τρίγωνα. Ὁ ἄρα τῆς
ΓΖ πρὸς ΖΗ λόγος, τουτέστιν ὁ τῆς ΓΕ πρὸς
ΑΕ, σύγκειται ἐκ τοῦ τῆς ΓΖ πρὸς ΖΔ λόγου,
καὶ τοῦ τῆς ΔΒ πρὸς ΒΑ.

Ἑξῆς μετὰ τὰ τοιαῦτα δύο εὐθύγραμμα,

de l'auxiliaire ZT, est composé de celui de
BZ à ZT, et de celui de ZT à ZE, mais
que le rapport de BD à DA, est le même
que celui de BZ à ZT, et que celui de AG
à GE est le même que celui de TZ à ZE, à
cause des triangles équiangles AET, ZEG,
donc la raison de BZ à ZE est composée de
celle de BD à DA, et de celle de AG à GE.

On démontrera encore pareillement,
(*convertendo*), que la raison de AG à GE
est composée de celle de AD à DB, et de celle
de BZ à ZE. Il en est généralement de
même, si l'on conserve cette disposition du
rapport composé et des composans, comme
nous allons le démontrer en détail pour
les cas particuliers.

Car pour faire entendre encore par une
figure, la comparaison des raisons, menons par Z la perpendiculaire ZT à HG,
et faisons-la égale à ZD, puis complétons
le parallélograme. Alors, puisque la raison du parallélogramme GT au parllélo-
gramme TH, est composée des côtés, c'est-
à-dire de la raison de GZ à ZT, et de
celle de ZT à ZH; et que comme le parallélogramme GT est au parallélogramme
TH, ainsi GZ est à ZH, il s'ensuit que la
raison de GZ à ZH est composée de celle
de GZ à GT et de celle de ZT à ZH.
Mais ZT est égale à DZ, donc la raison de
GZ à ZH est composée de celle GZ à ZD,
et de celle de ZD à ZH. Mais la raison de
DZ à ZH est la même que celle de DB à
BA, à cause des triangles équiangles DZB,
ADH, comme nous l'avons dit. Donc la
raison de GZ à ZH, c'est-à-dire celle de
GE à AE, est composée de celle de GZ à
ZD, et de celle de DB à BA.

Ensuite de ces propositions démontrées

par des figures rectilignes, il expose quatre lemmes qu'il démontre dans le cercle, et qui lui servent à résoudre les problêmes sphériques. L'énoncé du premier est que si sur la circonférence d'un cercle, on prend trois points quelconques en sorte que les arcs entre ces points soient chacun plus petits que la demi-circonférence, la droite qui soutend ces deux arcs, sera coupée par le rayon du cercle, de telle sorte que ses portions seront entr'elles en même raison que les soutendantes des doubles de chacun de ces deux arcs pris du point où commence chacune de ces portions. ( Fig. 71 ), soit le cercle ABG dont le centre est D, prenons sur sa circonférence trois points quelconques A, B, G, tels que les arcs AG, BG, soient chacun plus petits que la demi-circonférence ; ce qui s'entend aussi de tous les arcs que nous prendrons pareillement dans la suite ; de sorte que quand nous dirons qu'il faut prendre trois points sur la circonférence du cercle, ils devront être à des distances l'un de l'autre, plus petites que la demi-circonférence. Joignons AG et DB. Je dis que comme la droite AE est à la droite EG, ainsi la soutendante du double de l'arc AB est à la soutendante du double de l'arc BG. Car soient abaissées des points A et G, sur le rayon DEB, les perpendiculaires AZ et ZH. Puisque AZ est parallèle à GH, et qu'elles sont coupées par la droite AEG, le triangle AEZ est donc équiangle au triangle GEH. Par conséquent, comme AZ est à GH, ainsi AE est à EG. Mais la raison de AZ à GH, est la même que celle de la soutendante du

λημμάτια ἐκτίθεται καὶ ἕτερα δ΄ κυκλικὰ, συντελοῦντα καὶ αὐτὰ πρὸς τὰς σφαιρικὰς δείξεις. Καὶ πρῶτον. οὗ ἡ πρότασις δύναται εἶναι τοιαύτη· ἐὰν κύκλου ἐπὶ τῆς περιφερείας ληφθῇ τρία τυχόντα σημεῖα ἀφαιροῦντα μεταξὺ δύο περιφερείας, ἑκατέραν ἐλάσσονα ἡμικυκλίου, ἡ ὑποτείνουσα τὴν συναμφότερον περιφέρειαν εὐθεῖα οὕτω τμηθήσεται ὑπὸ τῆς ἀπὸ τοῦ κέντρου τοῦ κύκλου, ἐπὶ τὸ μεταξὺ τῶν ληφθέντων τριῶν σημείων ἐπιζευγνυμένης, ὥς τε τὰ τμήματα αὐτῆς τὸν αὐτὸν λόγον ἔχειν ταῖς ὑποτεινούσαις τὰς διπλασίονας ἑκατέρας τῶν εἰρημένων δύο περιφερειῶν, ἀπὸ τοῦ αὐτοῦ σημείου τῶν ἡγουμένων λαμβανομένων. Ἔςω γὰρ κύκλος ὁ ΑΒΓ, οὗ κέντρον τὸ Δ· καὶ ἐπὶ τῆς περιφερείας αὐτοῦ εἰλήφθω τρία τυχόντα σημεῖα τὰ Α, Β, Γ, ὥς τε ἑκατέραν τῶν ΑΒ, ΒΓ περιφερειῶν ἐλάσσονα εἶναι ἡμικυκλίου. Καὶ ἐπὶ τῶν ἑξῆς δὲ τὸ ὅμοιον ὑπακουέσθω· ὥς τε ὅταν λέγωμεν εἰλήφθω ἐπὶ τῆς τοῦ κύκλου περιφερείας τρία τυχόντα σημεῖα, ἐλάττονας αὐτὰ ἀπολαμβάνειν ἡμικυκλίων περιφερείας τὰς μεταξὺ αὐτῶν. Καὶ ἐπεζεύχθωσαν ἥ τε ΑΓ καὶ ἡ ΔΕΒ, λέγω ὅτι ἔςιν ὡς ἡ ΑΕ εὐθεῖα πρὸς τὴν ΕΓ, οὕτως ἡ ὑποτείνουσα τὴν διπλασίονα τῆς ΑΒ περιφερείας εὐθεῖα πρὸς τὴν ὑποτείνουσαν τὴν διπλασίονα τῆς ΒΓ περιφερείας εὐθεῖαν. Ἤχθωσαν γὰρ κάθετοι ἀπὸ τῶν Α καὶ Γ σημείων ἐπὶ τὴν ΔΕΒ, αἵ ΑΖ, ΓΗ· καὶ ἐπεὶ παράλληλός ἐςιν ἡ ΑΖ τῇ ΓΗ, καὶ εἰς αὐτὰς ἐνέπεσεν ἡ ΑΕΓ, ἰσογώνιον ἄρα ἐςὶ τὸ ΑΕΖ τρίγωνον τῷ ΓΕΗ τριγώνῳ. Ἔςιν ἄρα ὡς ἡ ΑΖ πρὸς ΓΗ, οὕτως ἡ ΑΕ πρὸς ΕΓ. Ἀλλ' ὁ αὐτός ἐςι λόγος τῆς τε ΑΖ πρὸς ΓΗ, καὶ τῆς ὑποτεινούσης εὐθείας τὴν διπλασίονα τῆς AB περιφερείας πρὸς τὴν ὑποτείνουσαν τὴν διπλασίονα τῆς ΒΓ περιφερείας εὐθεῖαν. Ἐπειδήπερ ἐὰν ἐκβάλωμεν ἐπὶ τὰς ἀντικειμένας περιφερείας τὰς AZ, ΓΗ ὡς τὰς ΑΖΘ, ΓΗΚ· ἡ μὲν ΑΘ ὑποτείνουσα τὴν διπλασίονα τῆς AB περιφερείας, διπλασίων ἐςὶ τῆς AZ εὐθείας, ἡ δὲ ΓΚ ὁμοίως τὴν διπλασίονα ὑποτείνουσα τῆς ΒΓ περιφερείας, διπλασίων ἐςὶ τῆς ΓΗ. Καὶ ἔςιν ὡς ἡ ΑΘ ὑποτείνουσα τὴν διπλασίονα τῆς AB περιφερείας πρὸς τὴν ΓΗ ὑποτείνουσαν τὴν διπλασίονα τῆς ΒΓ περιφερείας, οὕτως ἡ AZ πρὸς τὴν ΓΗ. Ἀλλ' ὡς ἡ AZ πρὸς τὴν ΓΗ, οὕτως ἡ ΑΕ πρὸς τὴν ΕΓ· ὥςε καὶ ἡ τῆς ΑΕ πρὸς τὴν ΕΓ λόγος ὁ αὐτός ἐςι τῷ τῆς ΑΘ πρὸς ΓΚ, τουτέςι τῷ τῆς ὑπὸ τὴν διπλῆν τῆς AB περιφερείας πρὸς τὴν ὑπὸ τὴν διπλῆν τῆς ΒΓ.

Ἐπιδέχεται δὲ πλείονας πτώσεις τὰ προκείμενον θεώρημα. Ὅταν μὲν γὰρ αἱ AB, ΒΓ περιφέρειαι ἄνισοι τυγχάνωσιν, ἔτι δὲ καὶ ἑκατέρα αὐτῶν ἐλάσσων ἢ τεταρτημορίου, πεσοῦνται κάθετοι καθ' ἑτέρου καὶ ἑτέρου σημείου τῶν ἐπὶ τῆς ΒΔ, ὡς ἔχει ἐπὶ τῆς προκειμένης καταγραφῆς. Ὅταν δὲ ἴσαι, κατὰ τοῦ αὐτοῦ σημείου πεσοῦνται ἐπὶ τῆς ΒΔ, ἐπ' εὐθείας ἀλλήλαις γινόμεναι, τῶν καθέτων τότε τῶν ΑΕ, ΕΓ τυγχανουσῶν, καὶ τῆς ΑΓ ὑποτεινούσης τὴν διπλασίονα ἑκατέρας τῶν ἴσων περιφερειῶν. Ὅταν δὲ ἡ μὲν αὐτῶν ἢ τεταρτημορίου, ἡ δὲ ἐλάσσων, ἡ μὲν ἐπ' αὐτὸ τὸ Δ κέντρον πεσεῖται, ἡ δὲ, ἐπὶ τῆς ΒΔ. Ὅταν δὲ ἑκατέρα αὐτῶν τεταρτημορίου τυγχάνη, ἐπ' αὐτὸ τὸ Δ κέντρον καὶ ἀμφότεραὶ πεσοῦνται αἱ κάθετοι, ἐπ' εὐθείας ἀλλήλαις γινόμεναι, καὶ διάμετρον τοῦ κύκλου ἀποτελοῦσαι. Ὅταν δὲ μείζονες ὦσι τεταρτη-

double de l'arc AB à la soutendante du double de l'arc BG. En effet, si nous prolongeons jusqu'à la circonférence, les droites AZ, ZH, elles deviennent AZT, GHK; alors AT soutendante du double de l'arc AB, est double de la droite AZ; et pareillement, GK soutendante de l'arc BG, est double de GH. Et, comme AT soutendante du double de l'arc AB, est à GH soutendante du double de l'arc BG, ainsi AZ est à GH. Mais AE est à EG, comme AZ est à GH. Donc la raison de AE à EG est la même que celle de AT à GK, c'est-à-dire que la raison de la soutendante du double de l'arc AB, au double de l'arc BG.

Ce théorême a plusieurs cas. Si les arcs AB, BG, sont inégaux, et que chacun soit plus petit qu'un quart de cercle, les perpendiculaires tomberont sur différens points de BD, comme dans la présente figure. Mais s'ils sont égaux, elles tomberont sur un même point de BD, et feront une seule ligne droite, ces perpendiculaires se rencontrant alors, et AG soutendant le double de chacun des arcs égaux. Mais si l'un est d'un quart de cercle, et l'autre moindre, l'une tombera sur le centre D, et l'autre entre B et D. Si l'un et l'autre sont des quarts de cercle, les deux perpendiculaires tomberont sur le centre D, en faisant une seule ligne droite qui sera le diamètre du cercle. Mais s'ils sont plus grands qu'un quart de cercle, elles tomberont sur le prolongement de BD, et dans tous les cas, la démonstration précédente y sera applicable. Au reste, Ptolemée prend toujours entre ces points des arcs plus petits que le demi-cercle, parce qu'il cherche le rapport des droites qui soutendent les doubles de ces arcs. Et si chacun étoit d'un demi-cercle, le double de chacun seroit la circonférence entière du cercle, laquelle n'a pas de soutendante. Et ce qui seroit encore plus impossible, ce seroit si l'on prenoit des arcs plus grands que le demi-cercle, leurs doubles étant plus grands que la circonférence entière.

(Fig. 72) A ce premier lemme démontré par des arcs circulaires, il fait succéder le second ainsi conçu : Si sur la circonférence d'un cercle on prend trois points quelconques, tels que les deux arcs qu'ils interceptent, soient chacun moindres que le demi-cercle, la somme de ces arcs étant donnée, ainsi que la raison des droites qui soutendent leurs doubles, chacun de ces deux arcs sera aussi donné. En effet, sur la circonférence du cercle ABG, soient pris trois points quelconques A, B, G, qui interceptent les deux arcs AB, BG, comme il a été dit, de sorte que l'arc ABG soit donné, ainsi que le rapport de la soutendante du double de l'arc AB, à la soutendante du double de l'arc BG, je dis que chacun des arcs AB, BG, est aussi donné. Car prenons le centre D du cercle, et joignant, conformément au lemme précédent, les droites AG, DB, menons encore du centre le rayon DA et la perpendiculaire DZ, l'arc AB étant plus grand que l'arc

μορίου, ἐπὶ τὴν ΒΔ προσεκβαλλομένην πεσοῦνται, τὸν εἰρημένον τρόπον τὴν προκειμένην ἀπόδειξιν περαίνουσαι. Παραλλάττει δὲ τὰς μεταξὺ τῶν εἰρημένων σημείων περιφερείας, ἐλάττονας ἡμικυκλίου, ἐπειδὴ τῶν ὑπὸ τὰς διπλασίονας αὐτῶν εὐθειῶν τὸν λόγον ἐπιζητεῖ. Καὶ ἐὰν ἑκατέρα αὐτῶν ἡμικυκλίου ᾖ, ἡ διπλασίων ἑκατέρας, ἡ ὅλη περιφέρεια τοῦ κύκλου ἐστὶν, ὑφ' ἣν εὐθεῖα οὐχ' ὑποτείνει. Ἔτι δὲ πολλῷ τὸ ἀδύνατον προχωρεῖ ἐπὶ τῶν μειζόνων ἡμικυκλίων ἀπολαμβανομένων περιφερειῶν, τῶν διπλασιόνων αὐτῶν μειζόνων γινομένων τῆς τοῦ κύκλου περιφερείας.

Τοῦ τοιούτου οὖν πρώτου κυκλικοῦ λημματίου προληφθέντος, ἐξέθετο καὶ δεύτερον κυκλικὸν λημμάτιον, οὗ πάλιν ἡ πρότασις δύναται εἶναι τοιαύτη· ἐὰν κύκλου ἐπὶ τῆς περιφερείας ληφθῇ τρία τυχόντα σημεῖα ἀπολαμβάνοντα μεταξὺ αὐτῶν δύο περιφερειῶν, ἑκατέραν ἐλάσσονα ἡμικυκλίου, ὥστε τὴν συναμφοτέραν εἶναι δεδομένην, καὶ ἔτι τὸν λόγον τῶν ὑποτεινουσῶν εὐθειῶν τὰς διπλασίους αὐτῶν, δοθήσεται καὶ ἑκατέρα τῶν ἐξ ἀρχῆς δύο περιφερειῶν. Κύκλου γὰρ τοῦ ΑΒΓ, εἰλήφθω ἐπὶ τῆς περιφερείας τρία τυχόντα σημεῖα τὰ Α, Β, Γ, ἀπολαμβάνοντα μεταξὺ αὐτῶν τὰς ΑΒ, ΒΓ περιφερείας τὸν εἰρημένον τρόπον, ὥστε συναμφότερον τὴν ΑΒΓ εἶναι δεδομένην, καὶ ἔτι τὸν λόγον τῆς ὑποτεινούσης εὐθείας τὴν διπλασίονα τῆς ΑΒ περιφερείας, πρὸς τὴν ὑποτείνουσαν εὐθεῖαν τὴν διπλασίονα τῆς ΒΓ περιφερείας, λέγω ὅτι καὶ ἑκατέρα τῶν ΑΒ, ΒΓ περιφερειῶν, δέδοται. Εἰλήφθω γὰρ τὸ κέντρον τοῦ κύκλου τὸ Δ· καὶ ἐπιζευχθεισῶν ὁμοίως τῷ ἐπάνω λήμματίῳ, τῆς τε ΑΓ καὶ ΔΘ, ἔτι ἐπεζεύχθω, καὶ ἀπὸ μὲν τοῦ Δ κέντρου ἐπὶ τὸ Α, ἡ δὲ ΔΑ,

κάθετος δὲ ἀπὸ τοῦ Δ ἐπὶ τὴν ΑΓ ἤχθω ἡ
ΔΖ, ὡς μείζονος δηλαδὴ οὔσης τῆς ΑΒ περιφερείας τῆς ΒΓ. Εἰ γὰρ ἦσαν ἴσαι ἡ κάθετος ἐπὶ τὸ Ε ἔπιπτεν, εἰ δὲ ἐλάττων ἡ ΑΒ
τῆς ΒΓ, ἐπὶ τῆς ΕΓ ἔπιπτεν. Ἐπεὶ οὖν δέδοται ἡ ΑΓ περιφέρεια, δέδοται ἄρα καὶ ἡ ϛ''
αὐτῆς, ὥστε καὶ ἡ ὑπὸ ΑΔΖ γωνία ὑπ' αὐτῆς δέδοται. Ἐὰν γὰρ προσεκβληθῇ ἡ ΔΖ,
ἐπὶ τῆς διχοτομίας τῆς ΑΒΓ περιφερείας πεσεῖται, δέδοται δὲ καὶ ἡ πρὸς τῷ Ζ ὀρθὴ
γωνία· καὶ λοιπὴ ἄρα ἡ πρὸς τῷ Α γωνία
δοθήσεται. Δέδοται δὲ καὶ ἡ ΔΑ εὐθεῖα ἐκ
τοῦ κέντρου, καὶ ἔστιν ἡ ΑΖ ἡμίσεια τῆς ΑΓ
δεδομένης ἐκ τῶν ἐν κύκλῳ εὐθειῶν, ἐπεὶ καὶ
ἡ ΑΒΓ περιφέρεια δέδοται. Καὶ ἔστι τὸ ἀπὸ
τῆς ΑΔ ἴσον τοῖς ἀπὸ τῆς ΑΖ, ΖΔ, ὥστε καὶ
ἡ λοιπὴ τοῦ ΑΔΖ τριγώνου πλευρὰ ἡ ΔΖ ἐστι
δεδομένη· καὶ ὅλον δηλονότι τὸ ΑΔΖ τρίγωνον ἔστι δεδομένον. Καὶ ἐπεὶ ὑπόκειται ὁ τῆς
ὑπὸ τὴν διπλῆν τῆς ΑΒ περιφερείας πρὸς τὴν
ὑπὸ τὴν διπλῆν τῆς ΒΓ λόγος δοθείς, ὁ
αὐτὸς ὢν τῷ τῆς ΑΕ πρὸς ΕΓ λόγῳ, διὰ
τὸ πρὸ τούτου, δέδοται ἄρα καὶ ὁ τῆς ΔΕ
πρὸς ΕΓ λόγος. Δέδοται δὲ καὶ ὅλη ἡ ΑΓ
εὐθεῖα· καὶ ἑκατέρα ἄρα τῶν ΑΕ, ΕΓ ἔσται
δεδομένη. Δέδεικται γὰρ ἐν τοῖς δεδομένοις,
ὅτι ἐὰν δεδομένον μέγεθος, εἰς δεδομένον
λόγον διαιρεθῇ, ἑκάτερον τῶν τμημάτων,
ἔσται δεδομένον. Ἢ καὶ οὕτως·

Ἐπεὶ δέδοται ὁ τῆς ΑΕ πρὸς ΕΓ λόγος,
καὶ συνθέντι δέδοται ὁ τῆς ΑΓ πρὸς ΓΕ λόγος, καὶ δέδοται ἡ ΑΓ, δέδοται ἄρα καὶ ἡ
ΓΕ. Δέδοται δὲ καὶ ΖΓ, ϛ'' οὖσα τῆς ΑΓ·
καὶ λοιπὴ ἄρα ἡ ΖΕ ἔσται δεδομένη. Δέδοται
καὶ ἡ ΖΔ, καὶ ὀρθὴ ἡ ὑπὸ ΔΖΕ δέδοται ἄρα
καὶ ἡ ΔΕ. Διὰ τοῦτο δὲ καὶ ἡ ὑπὸ ΕΔΖ
γωνία, ὡς ἑξῆς δείξομεν. Ἦν δὲ δεδομένη

BG, car s'ils étoient égaux, la perpendiculaire tomberoit en E, et si l'arc AB étoit
plus petit que l'arc BG, elle tomberoit entre
E et G. Puisque l'arc AG est donné,
sa moitié est donc aussi donnée, et par conséquent aussi l'angle ADZ. Car si on prolonge DZ, cette droite tombera sur le point
du milieu de l'arc ABG. Mais l'angle droit
est donné, donc le troisième angle A sera
donné. D'ailleurs le rayon DA est donné,
et AZ est la moitié de AG donnée par la
table des cordes, puisque l'arc ABG est
donné. Et de plus, le carré de AD est égal
à la somme des carrés de AZ et de ZD. Le
troisième côté DZ du triangle ADZ est donc
donné, et par conséquent tout le triangle
ADZ est donné. Et puisqu'on suppose donnée la raison de la soutendante du double de
l'arc AB à la corde du double de l'arc BG,
raison égale à la raison de AE à la droite
EG, par le lemme précédent, la raison de
la droite AE à la droite EG sera donc aussi
donnée. Mais la droite entière AG est donnée, par conséquent chacune des droites
AE, EG, sera donnée. Car il a été prouvé
dans les (*data*) données, que si une grandeur donnée est divisée en une raison donnée, chacune des portions sera donnée. Ou
même prouvons-le de la manière suivante:

Puisque la raison de AE à EG est donnée, il s'ensuit par composition que la raison de AG à GE est donnée; mais AG est
donnée, donc GE est donnée. Ainsi ZG qui
est la moitié de AG, étant donnée, ZE sera
donc donnée. Mais ZD est donnée, ainsi que
l'angle droit DZE, par conséquent DE est
donnée. Et par là même l'angle EDZ est
donné, comme nous le démontrerons par

la suite. Mais si l'angle ADZ étoit donné, l'angle entier ADB seroit donné, et par ce moyen aussi l'arc AB. Et si l'arc entier ABG est donné, l'arc BG restant sera donné. Et aussi, conséquemment aux cas énoncés précédemment, chacun des arcs AB, BG, sera donné. Or l'angle EDZ du cercle circonscrit au triangle rectangle EZD est donné de cette manière. Car imaginons ce cercle circonscrit. Il est clair que DE en sera le diamètre, puisque ce sera l'hypoténuse de l'angle droit Z; et puisque chacune des droites DE, EZ, est donnée en parties dont le diamètre du cercle ABG en contient 120, par conséquent EZ est donnée en parties dont le diamètre DE du cercle circonscrit, en contient 120. L'arc soutendu par cette corde EZ sera aussi donné, ainsi que l'angle EDZ qui, ayant son sommet dans la circonférence du cercle circonscrit, et étant d'un certain nombre de degrés dont deux angles droits à la circonférence, ne valent que la moitié des 360 degrés, valeur des quatre angles droits au centre, parce que deux angles étant à la circonférence, leurs cordes soutendent le cercle entier, au lieu que s'ils sont au centre, il en faut quatre pour soutendre la circonférence partagée en 360 degrés; et les segmens étant joints par les soutendantes tirées d'un angle droit à l'autre, la circonférence est ainsi divisée en 180 degrés pour un angle droit qui y a son sommet, et en 90 pour chaque angle droit qui a son sommet au centre.

Le troisième lemme exposé par Ptolemée, est que si l'on prend sur la circonférence d'un cercle trois points qui y comprennent des arcs plus petits, non-seulement

καὶ ἡ ὑπὸ ΑΔΖ, καὶ ὅλη ἄρα ἡ ὑπὸ ΑΔΒ γωνία ἔςαι δεδομένη· διὰ δὴ τοῦτο καὶ ἡ ΑΒ περιφέρεια. Ἦν δὲ δεδομένη καὶ ὅλη ἡ ΑΒΓ περιφέρεια, καὶ λοιπὴ ἄρα ἡ ΒΓ περιφέρεια ἔςαι δεδομένη. Ἀκολούθως δὲ καὶ ἐπὶ τῶν ἐπάνω εἰρημένων πτώσεων, δοθήσεται ἑκατέρα τῶν ΑΒ, ΒΓ περιφερειῶν. Δίδοται δὲ ἡ ὑπὸ ΕΔΖ γωνία περιγραφομένου περὶ τὸ ΕΖΔ ὀρθογώνιον κύκλου τόν δὲ τὸν τρόπον· νενοήσθω γὰρ περιγεγραμμένος ὁ κύκλος· φανερὸν δὴ ὅτι ἡ ΔΕ διάμετρος ἔςαι τοῦ κύκλου, διὰ τὸ ὀρθὴν εἶναι τὴν πρὸς τῷ Ζ γωνίαν. Καὶ ἐπεὶ δέδοται ἑκατέρα τῶν ΔΕ, ΕΖ, οἵων ἡ τοῦ ΑΒΓ κύκλου διάμετρος ρ‾κ, καὶ οἵων ἄρα ἡ ΔΕ διάμετρος τοῦ γραφομένου κύκλου ρ‾κ, δίδοται καὶ ἡ ΕΖ, ὥςε καὶ ἡ ἐπ' αὐτῆς περιφέρεια δοθήσεται καὶ ἡ ὑπὸ ΕΔΖ γωνία, ὡς πρὸς τῇ περιφερείᾳ οὖσα τοῦ περιγραφέντος κύκλου, οἵων αἱ δύο ὀρθαὶ τξ, καὶ τῶν ἡμίσεων, οἵων αἱ τέσσαρες ὀρθαὶ τξ, ὡς πρὸς τῷ κέντρῳ τυγχάνειν, διὰ τὸ πρὸς μὲν τῇ περιφερείᾳ τυγχανουσῶν τῶν γωνιῶν ὑποτείνειν δύο ὀρθὰς τὸν ὅλον κύκλον, πρὸς δὲ τῷ κέντρῳ τέσσαρας· καὶ τοῦ ὅλου κύκλου εἰς τξ μοίρας διαιρουμένου, καὶ ἀπὸ τῆς ὀρθῆς γωνίας ἐπὶ τὰ τμήματα ἐπιζευγνυμένων εὐθειῶν, τὴν μὲν πρὸς τῇ περιφερείᾳ ὀρθὴν γωνίαν εἰς ρ‾π. διαιρεῖσθαι, τὴν δὲ πρὸς τῷ κέντρῳ, εἰς ϙ.

Ἔτι δὲ καὶ τρίτον λημμάτιον ἐκτίθηται κυκλικὸν, οὗ ἡ πρότασις δύναται εἶναι τοιαύτη· Ἐὰν κύκλου ἐπὶ τῆς περιφερείας ληφθῇ τρία σημεῖα, ἀφαιροῦντα μὴ μόνον ἑκατέραν

ἀλλὰ καὶ συναμφοτέρας τὰς μεταξὺ δύο περιφερείας ἐλάσσονας ἡμικυκλίου, ὥςε συμπίπτειν τὴν ὑποτείνουσαν εὐθεῖαν ὑπὸ μίαν
τῶν εἰρημένων περιφερειῶν τῇ ἀπὸ τοῦ κέντρου τοῦ ἐπικύκλου ἐπὶ τὸ λοιπὸν σημεῖον
ἐπιζευγνυμένῃ εὐθείᾳ, ἐκτὸς δηλονότι τῆς τοῦ
κύκλου περιφερείας, ἔςαι ὡς ἡ ὑποτείνουσα
εὐθεῖα τὴν διπλασίονα τῆς συναμφοτέρας περιφερείας πρὸς τὴν ὑποτείνουσαν εὐθεῖαν τὴν
διπλασίαν τῆς μιᾶς περιφερείας τῆς πρὸς τῇ
ἐπὶ τὸ κέντρον ἐπιζευχθείσῃ εὐθείᾳ, οὕτως ἡ
ὅλη εὐθεῖα συμπίπτουσα τῇ διὰ τοῦ κέντρου
πρὸς τὴν ἀπολαμβανομένην αὐτῆς ἐκτὸς τῆς
τοῦ κύκλου περιφερείας. Κύκλου γὰρ τοῦ ΑΒΓ
εἰλήφθω ἐπὶ τῆς περιφερείας τρία σημεῖα τὰ
Α, Β, Γ, ἀφαιροῦντα τὰς ΑΒ, ΒΓ περιφερείας μεταξὺ αὐτῶν, ὥςε ἐλάττονα εἶναι
ἡμικυκλίου συναμφοτέραν τὴν ΑΓ. Καὶ εἰλήφθω τὸ κέντρον τοῦ κύκλου τὸ Δ, καὶ ἐπιζευχθεῖσαι αἱ ΓΒ, ΔΑ, συμπιπτέτωσαν κατὰ τὸ Ε, λέγω ὅτι ἐςὶν ὡς ἡ ὑπὸ τὴν διπλῆν τῆς ΓΑ περιφερείας, πρὸς τὴν ὑπὸ τὴν
διπλῆν τῆς ΑΒ, οὕτως ἡ ΓΕ εὐθεῖα πρὸς τὴν
ΕΒ. Ἠχθωσαν γὰρ ἀπὸ τῶν Γ Β σημείων ἐπὶ
τὴν ΔΑ κάθετοι αἱ ΓΗ, ΒΖ, παράλληλοι
δηλονότι γινόμεναι, καὶ ὅμοιον ποιοῦσαι τὸ
ΓΕΗ τρίγωνον τῷ ΒΕΖ τριγώνῳ· ἔςιν ἄρα
ὡς ἡ ΓΗ πρὸς τὴν ΒΖ, οὕτως ἡ ΓΕ πρὸς
τὴν ΕΒ. Ἀλλ’ ὡς ἡ ΓΗ πρὸς τὴν ΒΖ, οὕτως
ἡ ὑπὸ τὴν διπλῆν τῆς ΑΓ περιφερείας πρὸς
τὴν ὑπὸ τὴν διπλῆν τῆς ΑΒ, διὰ τὸ πρῶτον
κυκλικὸν θεώρημα. Καὶ ὡς ἄρα ἡ ὑπὸ τὴν
διπλῆν τῆς ΓΑ περιφερείας πρὸς τὴν διπλῆν
τῆς ΑΒ, οὕτως ἡ ΓΕ εὐθεῖα πρὸς τὴν ΕΒ.

Λέγω ὅτι κἂν ἐπὶ τὰ ἕτερα μέρη ἡ σύμ-
πτωσις γένηται, τὸ ὅμοιον συμβήσεται, τῶν
περιφερειῶν ἀνάπαλιν λαμβανομένων. Συμπιπτέτωσαν γὰρ αἱ ΒΓ, ΑΔ κατὰ τὸ Κ, λέγω
ὅτι ἔςιν ὡς ἡ ὑπὸ τὴν διπλῆν τῆς ΑΒ, πρὸς
τὴν ὑπὸ τὴν διπλῆν τῆς ΑΓ, οὕτως ἡ ΒΚ

THÉON.

chacun, mais encore ensemble, que la demi-
circonférence, de sorte que la corde d'un
de ces arcs concourant avec le rayon mené
à l'autre point, le rencontre, prolongé ainsi
qu'elle hors du cercle, on aura cette analo-
gie: Comme la soutendante du double de
la somme des arcs, est à la soutendante du
double de l'arc qui commence au point où
passe le rayon, ainsi toute la droite qui
rencontre le rayon prolongé, est à sa portion extérieure au cercle. Car soient pris sur
le cercle ABG trois points A, B, G, avec
les arcs interceptés plus petits, chacun et
ensemble, que la demi-circonférence. Soit
D le centre du cercle. Joignons GB et DA
qui se rencontrent en E, je dis: comme la
corde du double de l'arc GA, est à celle du
double de l'arc AB, ainsi la droite GE est
à la droite EB. Car soient menées (Fig. 73)
des points G et B sur DA, les perpendiculaires GH et BZ parallèles entr'elles, et faisant le triangle GEH semblable au triangle
BEZ, on aura : comme GH est à BZ, ainsi
GE est à EB. Mais comme GH est à
BZ, ainsi la corde du double de l'arc AG
est à celle du double de l'arc AB, par le
premier de ces trois théorèmes, donc aussi
la droite GE est à la droite EB, comme la
corde du double de l'arc GA est à celle du
double de l'arc AB.

(Fig. 74) Je dis de plus, que si ces deux
droites se rencontrent ailleurs, la même
chose aura lieu, en prenant les arcs en sens
contraire. Car, que BG, AD, se rencontrent
en K, je dis que comme la corde du double
de l'arc AB est à celle du double de l'arc
AG, ainsi la droite BK est à la droite KG.
24

Car soient menées encore des points B et
G, sur AK les perpendiculaires BZ, GH.
D'après ce qui a été dit ci-devant, comme
la droite BZ est à GH, ainsi BK est à KG.
Mais comme BZ est à GH, ainsi la corde du
double de l'arc BA est à la corde du double
de l'arc AG, car chaque droite est moitié
de chaque corde. Donc la droite BK est à
la droite KG, comme la corde du double
de l'arc BA est à la corde du double de l'arc
AG.

Il est clair que dans les figures où les
deux arcs forment ensemble le quart de cercle, la perpendiculaire abaissée de G sur
AG, tombant sur le centre D, il arrivera
que les deux angles en D et en G étant plus
petits ensemble que deux droites, DA et
BG se rencontreront comme dans la figure
74; et si l'arc AG est plus petit qu'un
quart de cercle, les droites DA, BG se
réuniront bien plutôt encore. Elles se couperoient ausssi. Le problême seroit toujours le même, si l'arc AG étoit plus grand
qu'un quart de cercle, et que les deux
angles G et D fussent moindres que deux
droites; mais s'ils sont plus grands, elles se
rencontreront en des points opposés, et
la raison sera inverse. Si au contraire AD
prolongée en T, fait AB égal à GT, la
droite BG étant parallèle à AT, le théorême n'aura plus lieu, ni dans le cas où les
deux arcs AB, BG, sont plus grands ensemble que la demi circonférence, car les
droites se rencontreront alors en dedans du
cercle, de même que si les arcs faisoient ensemble la demi-circonférence. Car les droites tomberoient alors sur le même point de
l'arc, comme dans ces figures. C'est pourquoi nous démontrerons particulièrement
que celles de ces figures où les droites rendent ce théorême inapplicable, par leur
manière de se rencontrer, sont inutiles et

πρὸς τὴν ΚΓ. Ἤχθωσαν γὰρ πάλιν ἀπὸ τῶν
Β, Γ ἐπὶ τὴν ΑΚ κάθετοι αἱ ΒΖ, ΓΗ. Ἔστιν
ἄρα πάλιν διὰ τὰ προειρημένα, ὡς ἡ μὲν
ΒΖ πρὸς ΓΗ, οὕτως ἡ ΒΚ πρὸς ΚΓ· ὡς δὲ
ἡ ΒΖ πρὸς ΓΗ, οὕτως ἡ ὑπὸ τὴν διπλῆν
τῆς ΒΑ πρὸς τὴν ὑπὸ τὴν διπλῆν τῆς ΑΓ·
ἡμίσεια γὰρ ἑκατέρα ἑκατέρας. Καὶ ὡς ἄρα
ἡ ὑπὸ τὴν διπλῆν τῆς ΒΑ πρὸς τὴν διπλῆν
τῆς ΑΓ, οὕτως ἡ ΒΚ πρὸς ΚΓ.

Δῆλον δὲ ὅτι ἐφ' ὧν καταγραφῶν συν-
αμφοτέρα ἡ ΑΒΓ τεταρτημορίου τυγχάνει,
τῆς ἀπὸ τοῦ Γ ἐπὶ τὴν ΑΔ καθέτου πιπτούσης
ἐπὶ τὸ Δ κέντρον, συμπεσοῦνται αἱ ΔΑ, ΒΓ,
ἐλαττόνων δύο ὀρθῶν γινομένων τῶν πρὸς
τοῖς Δ Γ γωνιῶν, ὡς ἐπὶ τῆς ὑποκειμένης
καταγραφῆς. Πολλῷ δὲ μᾶλλον ἐὰν ἐλαττόνων τεταρτημορίου τυγχάνῃ ἡ ΑΓ, συμπεσοῦνται αἱ ΔΑ, ΒΓ εὐθεῖαι. Ὁμοίως δὲ κἂν
μείζων τεταρτημορίου τυγχάνῃ ἡ ΑΓ, αἱ δὲ
πρὸς τοῖς Γ Δ γωνίαι δύο ὀρθῶν ἐλάττονες
τυγχάνωσι, συμπεσοῦνται, καὶ συσταθήσεται
τὸ πρόβλημα· ἐφ' ὧν δὲ μείζονες εἰσὶ δύο
ὀρθῶν, ἐπὶ τὰ ἀντικείμενα συμπεσοῦνται, καὶ
ὁ ἀνάπαλιν λόγος συσταθήσεται. Ἐφ' ὧν δὲ
ἐκβαλλομένη ἡ ΑΔ ὡς ἐπὶ τὸ Θ, ἴσην ποιεῖ
τὴν ΑΒ τῇ ΓΘ, παραλλήλου γινομένης τῆς
ΒΓ εὐθείας τῇ ΑΘ, ἀσύστατον ἔσται τὸ θεώρημα. Καὶ ἔτι ἐφ' ὧν αἱ ΑΒ, ΒΓ συναμφό-
τεραι, μείζονες γίνονται ἡμικυκλίου, ἐντὸς
γὰρ συμπεσοῦνται αἱ εὐθεῖαι. Καὶ ἔτι πάλιν
ἐφ' ὧν ἡμικύκλιοι τυγχάνωσιν· ἐπὶ γὰρ τοῦ
αὐτοῦ σημείου τῆς περιφερείας συμπεσοῦνται
αἱ εὐθεῖαι ὡς ἐπὶ τῶν ὑποκειμένων πάλιν
καταγραφῶν. Διὸ δείξομεν ἐπὶ τῶν κατὰ
μέρος δείξεων, ὅτι οὐ προσχρῆται ταῖς οὕτως

ἀσύςατον ποιούσαις τὸ πρόβλημα, ἀλλὰ
ταῖς ἐκτὸς συμπιπτούσαις.

Ἔτι δὲ ἑξῆς καὶ τέταρτον λημμάτιον κυκλικὸν ὁμοίως ἐκτίθεται, οὗ ἡ πρότασις δύναται εἶναι τοιαύτη· ἐὰν κύκλου ἐπὶ τῆς περιφερείας ληφθῇ τρία σημεῖα, ἀφαιροῦντα δύο
περιφερείας τὰς μεταξὺ αὐτῶν, ὥςε συναμφοτέραν ἐλάσσονα εἶναι ἡμικυκλίου, καὶ τὴν
ἐπὶ τὰ ἑξῆς δύο σημεῖα ἐπιζευγνυμένην εὐθεῖαν συμπίπτειν τῇ ἀπὸ τοῦ κέντρου τοῦ κύκλου, ἐπὶ τὸ λοιπὸν σημεῖον ἐπιζευγνυμένη
εὐθεῖα ἐκτὸς τῆς τοῦ κύκλου περιφερείας, καὶ
δοθῇ ἡ ἐπὶ τῆς ἐπιζευχθείσης ἐπὶ τὰ ἑξῆς
δύο σημεῖα εὐθείας περιφέρεια, καὶ ἔτι ὁ λόγος ὁ τῆς ὑπὸ τὴν διπλῆν τῆς συναμφοτέρας
περιφερείας πρὸς τὴν ὑπὸ τὴν διπλῆν τῆς
λοιπῆς, καὶ αὐτὴ ἡ λοιπὴ περιφέρεια δοθήσεται.

Κύκλου γὰρ τοῦ ΑΒΓ ἐπὶ τῆς περιφερείας
εἰλήφθω τρία σημεῖα τὰ Α, Β, Γ, ἀφαιροῦντα
συναμφοτέρας τὰς ΑΒ, ΒΓ ἐλάττονας ἡμικυκλίου, ὥςε τὴν ΒΓ εἶναι δεδομένην. Καὶ
ἔτι τὸν λόγον τῆς ὑπὸ τὴν διπλῆν τῆς ΓΑ
περιφερείας πρὸς τὴν ὑπὸ τὴν διπλῆν τῆς ΑΒ,
λέγω ὅτι καὶ αὐτὴ ἡ ΑΒ δέδοται. Εἰλήφθω
γὰρ τὸ κέντρον τοῦ κύκλου τὸ Δ, καὶ ἐπιζευχθεῖσαι αἱ ΑΔ, ΓΒ, ἐκβεβλήσθωσαν, καὶ
συμπιπτέτωσαν κατὰ τὸ Ε, καὶ ἀπὸ τοῦ Δ
ἐπὶ τὴν ΓΒ εὐθεῖαν κάθετος ἤχθω ἡ ΔΖ, καὶ
ἐπεζεύχθω ἡ ΔΒ. Ἐπεὶ οὖν ἡ ΒΓ περιφέρεια
δέδοται, καὶ ἡ ὑπὸ ΒΔΖ γωνία τὴν 5" αὐτῆς
ὑποτείνουσα δεδομένη ἔςαι. Δέδοται δὲ καὶ
ἡ ΒΓ εὐθεῖα ἐκ τῶν ἐν κύκλῳ εὐθειῶν, καὶ
δίχα αὐτὴν τέμνει ἡ ΔΖ· καὶ ἡ 5" ἄρα αὐτῆς ἡ ΒΖ δέδοται· δέδοται δὲ καὶ ἡ ἐκ τοῦ
κέντρου ἡ ΔΒ. Καὶ ἔτι τὸ ἀπὸ τῆς ΑΒ,
ἴσον τοῖς ἀπὸ ΒΖ, ΖΔ· δέδοται ἄρα καὶ ἡ

qu'on n'a besoin que des cas où ces droites
se rencontrent hors du cercle.

Ptolemée propose ensuite son quatrième
lemme qu'on peut rendre en ces mots:
si ( Fig. 75) sur la circonférence d'un
cercle, on prend trois points qui interceptent deux arcs dont la somme soit
moindre que le demi-cercle, et que la
droite qui joint les deux derniers points,
rencontre le rayon prolongé par l'autre
point hors de la circonférence du cercle, et
que l'arc soutendu par la droite qui joint
les deux derniers points, soit donné, la raison de la soutendante du double des deux
arcs à celle de l'autre arc, sera aussi donnée, ainsi que l'autre arc.

Car prenant les trois points ABG, sur
la circonférence du cercle ABG, tels qu'ils
interceptent les deux arcs AB, BG plus
petits que le demi-cercle, de sorte que
l'arc BG soit donné, et aussi le rapport de
la soutendante du double de l'arc GA au
double de celle de l'arc AB, je dis que
l'arc AB est donné. Soient en effet, D le
centre du cercle, et les droites AG, GB
prolongées et se rencontrant en E. Menons
du point D sur la droite GB la perpendi-
laire DZ, et joignons DB, puisque l'arc
BG est donné, l'angle BDZ qui en comprend la moitié, sera aussi donné. Mais
la droite BG est donnée par la table des
cordes. Cette droite est coupée en deux
portions égales par DZ, donc sa moitié BZ
est aussi donnée, mais le rayon DB est
aussi donné, et le carré fait sur DB est
égal à la somme des carrés faits sur BZ
et ZD, par conséquent ZD est donnée,

ainsi que tout le triangle rectangle ZDB.
Et puisqu'on a la raison de GE à EB,
égale à celle de la corde du double de
l'arc GA à celle du double de l'arc AB, on
connoît donc aussi la raison de EG à GB.
Car si une grandeur est en certain rapport
donné relativement à une de ses portions,
on aura par-là son rapport à l'autre portion. Or GB est donné, donc EG est donnée, et par conséquent BE sera aussi donnée. Ou bien autrement : puisque la raison
de EG à EB est donnée, et que GB est
donnée, donc BE est aussi donnée. Mais
BZ est donnée, donc la droite EZ sera
donnée. Mais ZD est donnée, et la somme
des carrés de EZ et de ZD est égale au
carré de ED, donc ED est donnée. De
sorte que le triangle rectangle EZD sera
donné, ainsi que l'angle ZDE dans la circonférence du cercle circonscrit au triangle
rectangle ZDE. Mais l'angle ZDB étoit
donné, donc l'angle central BDA sera
donné, ainsi que l'arc AB.

De ces lemmes démontrés pour le cercle,
par des lignes droites, Ptolémée passe
au théorême qui contient pour la sphère
deux propositions, l'une qui procède par
diérèse, et l'autre par synthèse. La première peut s'énoncer en ces mots : Si, sur
la surface d'une sphère, on décrit deux
arcs de grands cercles qui s'entrecoupent,
et que depuis leur point d'intersection,
soient pris sur chacun, des segmens moindres que la demi-circonférence, et que
par les points où ils se terminent on décrive entre les premiers arcs, d'autres arcs
de grands cercles, moindres encore que la
demi-circonférence, et qui s'entrecoupent
et coupent les premiers, la raison de la
corde du double d'un segment compris

ΖΔ, καὶ ὅλον τὸ ΖΔΒ τρίγωνον ὀρθογώνιον.
Καὶ ἐπεὶ ὁ τῆς ΓΕ εὐθείας πρὸς ΕΒ λόγος
δέδοται, ὁ αὐτὸς ὢν τῷ τῆς ὑπὸ τὴν διπλῆν
τῆς ΓΑ περιφερείας πρὸς τὴν ὑπὸ τὴν διπλῆν
τῆς ΑΒ δεδομένης· δέδοται ἄρα καὶ ὁ τῆς
ΕΓ πρὸς ΓΒ λόγος. Ἐὰν γὰρ μέγεθος πρὸς
ἑαυτοῦ τὶ μέρος λόγον ἔχῃ δεδομένον, καὶ
πρὸς τὸ λοιπὸν λόγον ἕξει δεδομένον, καὶ
δέδοται τὸ ΓΒ, δέδοται ἄρα καὶ ἡ ΕΓ, ὥςε
καὶ λοιπὴ ἡ ΒΕ ἔςαι δεδομένη. Ἢ καὶ οὕτως·
ἐπεὶ ὁ τῆς ΕΓ πρὸς ΕΒ λόγος δέδοται, καὶ
δέδοται ἡ ΓΒ, δέδοται ἄρα καὶ ἡ ΒΕ· δέδοται δὲ καὶ ἡ ΒΖ, καὶ ὅλη ἄρα ἡ ΕΖ ἔςαι
δεδομένη. Ἀλλὰ καὶ ἡ ΖΔ δέδοται, καὶ ἔςαι
τὰ ἀπὸ τῶν ΕΖ, ΖΔ, ἴσα τῷ ἀπὸ τῆς ΕΔ·
δέδοται ἄρα καὶ ἡ ΕΔ· ὥςε καὶ τὸ ΕΖΔ
τρίγωνον ὀρθογώνιον ἔςαι δεδομένον, καὶ ἡ
ὑπὸ ΖΔΕ γωνία ὁμοίως, περὶ τὸ ΖΔΕ τρίγωνον ὀρθογώνιον γραφομένου κύκλου. Ἐδέ-
δοτο δὲ καὶ ἡ ὑπὸ ΖΔΒ γωνία, καὶ λοιπὴ
ἄρα ἡ ὑπὸ ΒΔΑ γωνία πρὸς τῷ κέντρῳ ἔςαι
δεδομένη, ὥςε καὶ ἡ ΑΒ περιφέρεια.

Τούτων οὖν τῶν δύο εὐθυγράμμων καὶ
τεσσάρων κυκλικῶν λημματίων προληφθέντων,
ἑξῆς ἐκτίθεται σφαιρικὸν θεώρημα, ἐν ᾧ δύο
προτάσεων ἀπόδειξιν ποιεῖται· μιᾶς μὲν κατὰ διαίρεσιν, ἑτέρας δὲ κατὰ σύνθεσιν. Καὶ
πρώτην τὴν κατὰ διαίρεσιν, ἥτις δύναται
εἶναι τοιαύτη· Ἐὰν ἐπὶ σφαιρικῆς ἐπιφανείας
γραφῶσι δύο μεγίςων κύκλων περιφέρειαι,
τέμνούσαι ἀλλήλας, καὶ ἀπὸ τῆς τομῆς αὐτῶν ἀποληφθῇ ἀφ' ἑκατέρας ἐλάσσων ἡμικυκλίου, καὶ διὰ τῶν γενομένων σημείων γρά-
φῶσι μεταξὺ τῶν δύο μεγίςων κύκλων περιφέρειαι ἐλάττονες πάλιν ἡμικυκλίου, τέμνουσαι ἀλλήλας, καὶ τὰς ἀποληφθείσας περιφερείας, ὁ τῆς ὑπὸ τὴν διπλῆν τοῦ ἑνὸς τμή-

ματος τοῦ ἀπὸ τοῦ πέρατος τῶν ἀποληφθεισῶν
πρὸς τὴν ὑπὸ τὴν διπλῆν τοῦ λοιποῦ αὐτῆς
τμήματος λόγος, συνῆπται ἔκ τε τοῦ λόγου
τῶν ὑπὸ τὰς διπλασίονας τῶν τμημάτων
τῆς γραφείσης ἀπὸ τοῦ πέρατος τῆς εἰρημένης
μιᾶς τῶν ἐξ ἀρχῆς ἀποληφθεισῶν ἡγουμένης,
λαμβανομένης τῆς ὑπὸ τὴν διπλῆν τοῦ ἀπὸ
τοιούτου πέρατος τμήματος· καὶ ἔτι τοῦ λόγου τῆς ὑπὸ τὴν διπλῆν τοῦ τμήματος τῆς
λοιπῆς τῶν ἐξ ἀρχῆς ἀποληφθεισῶν τοῦ πρὸς
τῷ πέρατι αὐτῆς πρὸς τὴν ὑπὸ τὴν διπλῆν
τῆς ὅλης.

Γεγράφθωσαν γὰρ ἐπὶ σφαιρικῆς ἐπιφανείας
μεγίστων κύκλων περιφέρειαι, ὥστε εἰς δύο
τὰς ΑΒ, ΑΓ δύο γραφείσης τὰς ΒΕ καὶ ΓΔ
τέμνειν ἀλλήλας κατὰ τὸ Ζ σημεῖον. Ἔστω δὲ
ἑκάστη αὐτῶν ἐλάσσων ἡμικυκλίου. Τὸ δ'
αὐτὸ καὶ ἐπὶ τῶν ὁμοίων πασῶν καταγραφῶν
ὑπακουέσθω· λέγω ὅτι, ὁ τῆς ὑπὸ τὴν διπλῆν
τῆς ΓΕ περιφερείας πρὸς τὴν ὑπὸ τὴν διπλῆν
τῆς ΕΑ λόγος συνῆπται ἔκ τε τοῦ τῆς ὑπὸ
τὴν διπλῆν τῆς ΓΖ περιφερείας πρὸς τὴν ὑπὸ
τὴν διπλῆν τῆς ΖΔ, καὶ τοῦ τῆς ὑπὸ τὴν
διπλῆν τῆς ΔΒ πρὸς τὴν ὑπὸ τὴν διπλῆν τῆς
ΒΑ. Εἰλήφθω γὰρ τὸ κέντρον τῆς σφαίρας
τὸ Η· τὸ αὐτὸ ἄρα ἔσται καὶ τῶν κύκλων·
μέγιστοι γὰρ ὑπόκεινται. Καὶ ἀπ' αὐτοῦ ἐπεζεύχθωσαν ἐπὶ τὰς ΒΖΕ τομὰς τῶν κύκλων,
ἅ τε ΗΒ καὶ ἡ ΗΖ καὶ ΗΕ. Καὶ ἐπιζευχθεῖσα
ἡ ΑΔ ἐκβεβλήσθω, καὶ συμπιπτέτω τῇ ΗΒ
ἐκβληθείσῃ καὶ αὐτῇ κατὰ τὸ Θ σημεῖον.
Ὁμοίως δὲ ἐπιζευχθεῖσαι αἱ ΔΓ καὶ ΑΓ τεμνέτωσαν τὰς ΗΖ καὶ ΕΗ κατὰ τὰ Κ καὶ
Λ σημεῖα, διὰ τὸ ἐν δυσὶν ἅμα εἶναι ἐπιπέδοις,
τοῦ τε ΑΓΔ τριγώνου καὶ τοῦ ΒΖΕ κύκλου,
ὡς ἑξῆς δείξομεν, ἥτις ἐπιζευχθεῖσα ποιεῖ τὴν
ἐπὶ τῶν πρώτων δύο εὐθυγράμμων λημματίων

depuis l'extrémité d'un des premiers arcs,
à la corde du double de l'autre segment
du même arc, est composée de la raison de
la corde du double du segment de celui
des seconds arcs qui est mené depuis la
même extrémité du premier arc jusqu'à
l'autre second arc, à la corde du double
du reste de ce second arc jusqu'à l'autre
premier arc, et de la raison de la corde du
double du segment de l'autre premier arc
jusqu'à son interrsection par le même second arc, à la corde du double de ce même
autre premier arc tout entier.

(Fig. 75) Car soient décrits sur la surface d'une sphère, des arcs de grands cercles, sur deux desquels AB et AG tombent deux autres arcs BE et GD qui s'entrecoupent au point Z. Que chacun de ces
arcs soit plus petit que la demi-circonférence, ce qui s'entend de toutes les constructions pareilles, je dis que la raison
de la corde du double de l'arc GE à la
corde du double de l'arc EA, est composée de la raison de la corde du
double de l'arc GZ à la corde du double
de l'arc ZD, et de la raison de la corde du
double de l'arc DB à la corde du double
de l'arc BA. En effet, soit H le centre de
la sphère, ce sera aussi celui de ces cercles,
car ils sont supposés être tous de grands
cercles ; et de ce centre soient menées aux
sections B, Z, E de ces cercles, les droites
HB, HZ, HE, et soit la droite AD prolongée jusqu'à ce qu'elle rencontre HB
au point T. Pareillement, que les droites
DG et AG coupent les rayons HZ en K, et
HE en L ; la droite qui est tout à la fois
dans les deux plans du triangle AGD, et
du cercle BZE, comme nous le prouverons,
se trouvant dans le cas de la démonstration et de la construction des deux premiers lemmes représentés par des figures

rectilignes, c'est-à-dire où sur deux droites TA et   G sont menées les droites TL et GD qui s'entrecoupent en K, alors la raison de GL à LA, est composée de la raison de GK à KD, et de celle de DT à TA. Mais comme GL est à LA, ainsi la corde du double de l'arc GE est à la corde du double de l'arc EA, par le premier des lemmes construits pour le cercle; car ayant pris sur la circonférence du cercle AEG, trois points quelconques A, E, G qui comprennent des arcs moindres que la demi-circonférence, si menant du centre H, le rayon HE, au point intermédiaire E, et joignant par la droite AG les deux autres points A, G, nous abaissons des perpendiculaires sur le rayon HE, nous aurons, comme nous venons de le dire, la même figure que dans le premier des lemmes construits pour le cercle. F pour les mêmes raisons, comme KG est à KD, ainsi la corde du double de GZ est à la corde du double de ZD. Mais comme DT est à TA, ainsi la corde du double de l'arc DB est à la corde du double de l'arc BA, en prenant réciproquement le troisième des lemmes construits pour le cercle. Par conséquent la raison de la corde du double de l'arc GE à la corde du double de l'arc EA, est composée de la raison de la corde du double de l'arc ZG à la corde du double l'arc ZD, et de la raison de la corde du double de l'arc DB à la corde du double de l'arc BA.

Prouvons maintenant que les points K, T, sont dans les deux plans du triangle ADG, et du cercle BZE : puisque ( Fig. 76 ) les points K, L, sont sur les côtés GA, GD, du triangle ADG, et le point D sur l'arc AD prolongé au-delà, il s'ensuit que les points T, K, L sont dans

ἀπόδειξίν τε καὶ καταγραφὴν, τουτέϛιν εἰς δύο εὐθείας τὰς ΘΛ καὶ ΑΓ, δύο διαχθείσας τὰς ΘΛ καὶ ΓΔ, τεμνούσας ἀλλήλας κατὰ τὸ Κ, καὶ δηλαδὴ τὸν τῆς ΓΛ εὐθείας πρὸς τὴν ΛΑ λόγον συνῆφθαι ἔκ τε τοῦ τῆς ΓΚ πρὸς ΚΔ, καὶ τοῦ τῆς ΔΘ πρὸς ΘΑ. Ἀλλ' ὡς μὲν ἡ ΓΛ πρὸς ΛΑ, οὕτως ἡ ὑπὸ τὴν διπλῆν τῆς ΓΕ περιφερείας πρὸς τὴν ὑπὸ τὴν διπλῆν τῆς ΕΑ, διὰ τὸ πρῶτον κυκλικὸν λημμάτιον. Ἐπὶ γὰρ τῆς τοῦ ΑΕΓ κύκλου περιφερείας εἴληπται τρία τυχόντα σημεῖα, τὰ Α, Ε, Γ, ἀπολαμβάνοντα περιφερείας ἐλάττονας ἡμικυκλίου, καὶ ἀπὸ τοῦ κέντρου αὐτοῦ τοῦ Η ἐπὶ τὸ μέσον σημεῖον τὸ Ε, ἐπέζευκται ἡ ΗΕ, καὶ ἔτι ἐπὶ τὰ λοιπὰ δύο σημεῖα, ἡ ΑΓ. Καὶ δῆλον ὡς ὅτι ἐὰν ἀπὸ τῶν Α, Γ σημείων ἐπὶ τὴν ΗΕ καθέτους ἀγάγωμεν, ἡ αὐτὴ ἔϛαι καταγραφὴ, ὡς ἔφαμεν, τῇ τοῦ πρώτου κυκλικοῦ λημματίου. Διὰ τὰ αὐτὰ δὴ καὶ ὡς ἡ ΚΓ πρὸς ΚΔ, οὕτως ἡ ὑπὸ τὴν διπλῆν τῆς ΓΖ πρὸς τὴν ὑπὸ τὴν διπλῆν τῆς ΖΔ. Ὡς δὲ ἡ ΔΘ πρὸς ΘΑ, οὕτως ἡ ὑπὸ τὴν διπλῆν τῆς ΔΒ περιφερείας πρὸς τὴν ὑπὸ τὴν διπλῆν τῆς ΒΑ, διὰ τὴν ἀνάπαλιν λῆψιν τοῦ τρίτου κυκλικοῦ λημματίου. Καὶ ὁ λόγος ἄρα ὁ τῆς ὑπὸ τὴν διπλῆν τῆς ΓΕ περιφερείας πρὸς τὴν ὑπὸ τὴν διπλῆν τῆς ΕΑ, σύγκειται ἔκ τε τοῦ τῆς ὑπὸ τὴν διπλῆν τῆς ΓΖ πρὸς τὴν ὑπὸ τὴν διπλῆν τῆς ΖΔ, καὶ τοῦ τῆς ὑπὸ τὴν διπλῆν τῆς ΔΒ πρὸς τὴν ὑπὸ τὴν διπλῆν τῆς ΒΑ.

Ὅτι δὲ τὰ Θ, Κ σημεῖα ἐν δυσίν εἰσιν ἐπιπέδοις, τῷ τε τοῦ ΑΔΓ τριγώνου καὶ τῷ τοῦ ΒΖΕ κύκλου, δείξομεν οὕτως· ἐπεὶ γὰρ τὰ μὲν ΚΛ ἐπὶ τῶν ΓΑ, ΓΔ πλευρῶν εἰσιν τοῦ ΑΔΓ τριγώνου, τὸ δὲ Ε ἐπὶ τῆς ΑΔ προσεκβληθείσης, τὰ ἄρα Θ, Κ, Λ, σημεῖα ἐν τῷ τοῦ

ΑΔΓ τριγώνου εἰσὶν ἐπιπέδῳ. Πάλιν ἐπεὶ τὸ Η κέντρόν ἐςὶ τοῦ ΒΖΕ κύκλου, καὶ ἐκ τοῦ κέντρου αὐτοῦ ἡ ΗΕ, ΗΖ, ΗΒ, ἐν τῷ τοῦ κύκλου εἰσὶν αὗται ἐπιπέδῳ· καὶ ἔςι τὸ μὲν Θ ἐπὶ τῆς ΗΒ ἐκϐληθείσης, τὸ δὲ Κ ἐπὶ τῆς ΗΖ, τὸ δὲ Λ ἐπὶ τῆς ΗΕ, ὥςε τὰ Θ, Κ, Λ σημεῖα ἐν τῷ διὰ τοῦ ΒΕΖ κύκλου εἰσὶν ἐπιπέδῳ. Ἐδείχθησαν δὲ καὶ ἐν τῷ διὰ τοῦ ΑΓΔ τριγώνου ἐπιπέδῳ· ἐπὶ τῆς κοινῆς ἄρα τομῆς εἰσὶ τῶν εἰρημένων ἐπιπέδων· ἐπ' εὐθείας ἄρα εἰσίν.

Ἀλλὰ δὴ ἐπὶ τῆς ἀφ' ἑκατέρας περιφερείας ἐλάσσονες ἡμικυκλίου, καὶ διὰ τῶν γενομένων σημείων γραφῶσι πάλιν μεταξὺ αὐτῶν ἀπολαμβανόμεναι μεγίςων κύκλων περιφέρειαι ἐλάττονες ἡμικυκλίου, τέμνουσαι ἀλλήλας, καὶ τὰς ἐξ ἀρχῆς ἀποληφθείσας περιφερείας, ὁ τῆς ὑπὸ τὴν διπλῆν τῆς μιᾶς τῶν ἐξ ἀρχῆς ἀποληφθεισῶν πρὸς τὴν ὑπὸ τὴν διπλῆν τοῦ τμήματος αὐτῆς τοῦ πρὸς τῇ κοινῇ τομῇ τῶν ἐξ ἀρχῆς περιφερειῶν λόγος σύγκειται ἔκ τε τοῦ τῆς ὑπὸ τὴν διπλῆν τῆς γραφείσης ἀπὸ τοῦ πέρατος τῆς εἰρημένης μιᾶς τῶν ἐξ ἀρχῆς περιφερειῶν, πρὸς τὴν ὑπὸ τὴν διπλῆν τοῦ τμήματος αὐτῆς τοῦ πρὸς τῇ λοιπῇ τῶν ἐξ ἀρχῆς περιφερειῶν, καὶ τοῦ τῆς ὑπὸ τὴν διπλῆν τοῦ τμήματος τῆς λοιπῆς τῶν γραφεισῶν τοῦ πρὸς τῷ πέρατι τῆς λοιπῆς τῶν ἐξ ἀρχῆς, πρὸς τὴν ὑπὸ τὴν διπλῆν τῆς ὅλης λοιπῆς τῶν γραφεισῶν, τουτέςιν ὡς ἐπὶ τῆς αὐτῆς καταγραφῆς, λέγω ὅτι ὁ τῆς ὑπὸ τὴν διπλῆν τῆς ΓΑ περιφερείας πρὸς τὴν ὑπὸ τὴν διπλῆν τῆς ΑΕ λόγος, σύγκειται ἔκ τε τοῦ τῆς ὑπὸ τὴν διπλῆν τῆς ΓΔ πρὸς τὴν ὑπὸ τὴν διπλῆν τῆς ΔΖ, καὶ τοῦ τῆς ὑπὸ τὴν διπλῆν τῆς ΖΒ, πρὸς τὴν ὑπὸ τὴν διπλῆν τῆς ΒΕ.

le plan du triangle ADG. En outre, puisque H est le centre du cercle BZE, et que les rayons HE, HZ, HB sont dans le plan de ce cercle, le point T étant sur le prolongement du rayon HB, le point K sur HZ, et le point L sur HE, il s'ensuit que ces points T, K L, sont dans le plan du cercle BZE. Mais il vient d'être démontré qu'ils sont aussi dans le plan du triangle AGD. Donc ils sont dans la section commune de ces plans, et par conséquent ils sont en ligne droite.

Maintenant, sur ces arcs plus petits chacun que la demi-circonférence, et par les mêmes points, menant encore entre les premiers, d'autres arcs plus petits aussi chacun que la demi-circonférence, qui s'entrecoupent, et qui coupent les autres arcs qui sont les premiers, la raison de la corde du double de son segment pris de la section commune des premiers arcs, est composée de la raison de la corde du double de celui des seconds arcs qui est décrit depuis l'extrémité de ce même premier arc, à la corde du double de son segment qui est contigu à l'autre premier arc, et de la raison de la corde de l'arc double de l'arc des segmens jusqu'à l'extrémité de l'autre premier arc, à la corde du double de ce même second arc, tout entier. C'est-à-dire, comme dans la même figure, que la raison de la corde du double de l'arc GA à la corde du double de l'arc AE, est composée de la raison de la corde du double de l'arc GD à la corde du double de l'arc ZD, et de la raison de la corde du double de l'arc ZE à la corde du double de l'arc BE.

(Fig. 77) Car soient prolongées les droites GE et HA, jusqu'à ce qu'elles se réunissent en K; et les droites EZ, HB, jusqu'en M; et pareillement encore les droites GZ, HD, jusqu'en L. Puisque les points K, L, M, sont dans le plan du triangle GZE, car ils sont sur ses côtés prolongés; et qu'ils sont aussi dans le plan du cercle, car ils sont sur les droites menées de son centre, ils sont par conséquent dans la commune section de ces plans, ils sont en ligne droite. C'est pourquoi la droite KLM étant menée par ces trois, les droites GL, ME, menées sur KM, GM, s'entrecoupent en Z. Et comme dans le prmier lemme construit en lignes droites par synthèse, la raison de la droite GK, à la droite KE, est composée de la raison de la droite GL à la droite LZ, et de la raison de la droite ZM à la droite ME. Mais la raison de la droite GK à la droite KE, suivant le troisième lemme construit pour le cercle, est la même que celle de la corde du double de l'arc GA à la corde du double de l'arc AE. Et d'après les mêmes principes, la raison de la droite GL à la droite LZ, est la même que celle de la corde du double de l'arc GD à la corde du double de l'arc DZ. Et la raison de la droite ZM à la droite ME, est aussi la même que la raison de la corde du double de l'arc ZB à la corde du double de l'arc BE. Donc la raison de la corde du double de l'arc AG à la corde du double de l'arc AE, est composée de la raison de la corde du double de l'arc GD à la corde du double de l'arc DZ, et de la raison de la corde du double de l'arc ZB à la corde de l'arc BE.

Il est évident qu'autant il y a ici de cas pour les lemmes qui ont servi à démontrer

Ἐπιζευχθεῖσαι γὰρ αἱ ΓΕ, ΗΑ, ἐκβεβλή-σθωσὰν καὶ συμπιπτέτωσαν κατὰ τὸ Κ, καὶ ἔτι αἱ ΕΖ, ΗΒ ἐπιζευχθεῖσαι συμπιπτέτωσαν κατὰ τὸ Μ. Καὶ ὁμοίως πάλιν αἱ ΓΖ, ΗΔ ἐπιζευχθεῖσαι, συμπιπτέτωσαν κατὰ τὸ Λ. Ἐπεὶ οὖν τὰ Κ, Λ, Μ σημεῖα ἐν τῷ διὰ τοῦ ΓΖΕ τριγώνου εἰσὶν ἐπιπέδῳ ( ἐπὶ γὰρ τῶν προσεκβληθεισῶν αὐτοῦ πλευρῶν εἰσιν ), εἰσὶ δὲ καὶ ἐν τῷ διὰ τοῦ ΑΔΒ κύκλου ἐπι-πέδῳ ( ἐπὶ γὰρ τῶν ἐκ τοῦ κέντρου αὐτοῦ προσεκβληθεισῶν εἰσιν ), ὥς' ἐπὶ τῆς κοινῆς τομῆς εἰσὶ τῶν εἰρημένων ἐπιπέδων· Ἐπ' εὐ-θείας ἄρα εἰσὶ τὰ Κ, Λ, Μ σημεῖα. Καὶ διὰ τοῦτο, ἐπιζευχθείσης τῆς ΚΛΜ εὐθείας, γίνονται εἰς δύο τὰς ΓΚ, ΚΜ δύο διηγμέναι αἱ ΓΛ, ΜΕ, τέμνουσαι ἀλλήλας κατὰ τὸ Ζ. Καὶ ὡς ἐπὶ τοῦ πρώτου εὐθυγράμμου λημ-ματίου κατὰ σύνθεσιν, ὁ τῆς ΓΚ εὐθείας πρὸς τὴν ΚΕ λόγος σύγκειται ἔκ τε τοῦ τῆς ΓΛ πρὸς ΛΖ, καὶ τοῦ τῆς ΖΜ πρὸς ΜΕ· ἀλλ' ὁ τῆς ΓΚ πρὸς ΚΕ λόγος διὰ τὸ τρίτον κυ-κλικὸν λημμάτιον, ὁ αὐτός ἐςι τῷ τῆς ὑπὸ τὴν διπλῆν τῆς ΓΑ πρὸς τὴν ὑπὸ τὴν διπλῆν τῆς ΑΕ. Ὁ δὲ τῆς ΓΛ πρὸς ΛΖ, διὰ τὰ αὐτὰ, ὁ αὐτός ἐςι τῷ τῆς ὑπὸ τὴν διπλῆν τῆς ΓΔ περιφερείας πρὸς τὴν ὑπὸ τὴν διπλῆν τῆς ΔΖ. Ὁ δὲ τῆς ΖΜ πρὸς ΜΕ ὁμοίως ὁ αὐτός ἐςι τῷ τῆς ὑπὸ τὴν διπλῆν τῆς ΖΒ πρὸς τὴν ὑπὸ τὴν διπλῆν τῆς ΒΕ· ὁ ἄρα τῆς ὑπὸ τὴν διπλῆν τῆς ΓΑ περιφερείας πρὸς τὴν ὑπὸ τὴν διπλῆν τῆς ΑΕ λόγος, σύγκειται ἔκ τε τοῦ τῆς ὑπὸ τὴν διπλῆν τῆς ΓΔ πρὸς τὴν ὑπὸ τὴν διπλῆν τῆς ΔΖ, καὶ τοῦ τῆς ὑπὸ τὴν διπλῆν τῆς ΖΒ πρὸς τὴν ὑπὸ τὴν διπλῆν τῆς ΒΕ.

Δῆλον δ' ὡς ὅτι καὶ ὅσαι τῶν εἰς τὰ τοι-αῦτα θεωρήματα ληφθέντων λημματίων εἰσὶ πτώσεις, τοσαῦται καὶ αὐτῶν τῶν θεωρημάτων. Καὶ φανερὸν καὶ ἐπὶ τούτων τῶν δύο σφαιρικῶν δείξεων, ὅτι ἀφ' οὗ ἂν ἄρχηται ὁ συντιθέμενος τῶν λόγων, ἀπὸ τούτου καὶ ὁ πρῶτος τῶν συντιθέντων· καὶ εἰς ὃ οὗτος λήγει, ἀπὸ τούτου ἄρχεται ὁ δεύτερος τῶν συντιθέντων, καὶ λήγει ἔνθα καὶ ὁ συντιθέμενος ἔληγε.

Πλειόνων οὖν πτώσεων ἐπὶ τοῦ θεωρήματος, ὡς ἔφαμεν, τυγχανουσῶν, μίαν ἢ δύο ἐκθησόμεθα, δι' ὧν καὶ αἱ λοιπαὶ εὐκατανόητοι γενήσονται. Ἐκκείσθω γὰρ ἡ ὁμοία τῇ ἐπὶ τῶν περιφερειῶν καταγραφῇ καὶ ἡ μὲν ΓΕ συμπιπτέτω ὡσαύτως τῇ ΗΑ κατὰ τὸ Κ, ἡ δὲ ΖΕ τῇ ΒΗ ἐπὶ τὰ ἀντικείμενα τῆς ἐπάνω καταγραφῆς κατὰ τὸ Λ, ἡ δὲ ΖΓ τῇ ΔΗ ὁμοίως ἐπὶ τὰ ἀντικείμενα κατὰ τὸ Μ. Ἐπ' εὐθείας ἄρα εἰσὶ τὰ Κ, Λ, Μ σημεῖα, διὰ τὸ πάλιν ἔν τε τῷ τοῦ ΖΓΕ τριγώνου ἐπιπέδῳ αὐτὰ τυγχάνειν, ἐπειδήπερ καὶ ἐπὶ τῶν πλευρῶν αὐτοῦ ἐκβληθεισῶν τυγχάνουσι, καὶ ἐν τῷ τοῦ ΑΔΒ κύκλου ἐπιπέδῳ. Ἐπειδήπερ πάλιν ἐπὶ τῶν ἐκ τοῦ κέντρου ἐκβληθεισῶν εἰσιν, ἥτις ἐπιζευχθεῖσα ποιεῖ εἰς δύο τὰς ΜΚ, ΜΖ, δύο διαχθείσας τὰς ΓΚ, ΛΖ τέμνειν ἀλλήλας κατὰ τὸ Ε. Καὶ καθάπερ ἐπάνω ἐπὶ τῆς τῶν εὐθειῶν καταγραφῆς ἐδείκνυμεν, ὡς ὁ τῆς ΓΚ πρὸς ΚΕ λόγος σύγκειται ἔκ τε τοῦ τῆς ΓΜ πρὸς ΜΖ, καὶ τοῦ τῆς ΖΑ πρὸς ΛΕ. Ἀλλὰ τῷ μὲν τῆς ΓΚ πρὸς ΚΕ λόγῳ ὁ αὐτός ἐστιν ὁ τῆς ὑπὸ τὴν διπλῆν τῆς ΓΑ περιφερείας πρὸς τὴν ὑπὸ τὴν διπλῆν τῆς ΑΕ. Τῷ δὲ τῆς ΓΜ πρὸς ΜΖ, ὁ αὐτός ἐστιν ἀνάπαλιν τῇ ἐπὶ τῶν περιφερειῶν εἰρημένῃ ἐπὶ τῇ τοῦ τρίτου κυκλικοῦ λημματίου πτώσει, ὁ τῆς ὑπὸ τὴν διπλῆν τῆς ΓΔ περιφερείας πρὸς τὴν διπλῆν τῆς ΖΔ·

THÉON.

ces théorêmes, autant il y en a pour ces théorêmes. On voit clairement par ces deux démonstrations sphériques, que la première des raisons composantes commence où commence la raison composée, et qu'où la première composante finit, là commence la seconde des raisons composantes, laquelle finit où la composée se termine.

Ce théorême ayant plusieurs cas, comme nous l'avons dit, nous en exposerons un ou deux par le moyen desquels tous les autres deviendront aisés à comprendre. (Fig. 78.) Que dans une figure décrite pareillement sur des arcs, GE rencontre de même HA en K, et que ZE se réunisse à BH en un point L, au contraire de la figure précédente; qu'au contraire encore ZG et DH se réunissent en M. Les points K, L, M sont donc en ligne droite, puisqu'ils sont toujours dans le plan du triangle ZGE, étant sur les côtés prolongés de ce triangle. Ils sont aussi dans le plan du cercle ADB, puisqu'ils sont sur les rayons prolongés de ce cercle. La droite qui joint ces trois points, fait que les droites GK, LZ, menées sur les droites MK, MZ, s'entrecoupent en E. Et conformément à ce que nous avons démontré ci-dessus dans la figure composée de lignes droites, la raison de GK à KE est composée de la raison de GM à MZ, et de celle de ZA à LE. Mais à la raison de GK à KE est égale celle de la corde du double de l'arc GA à la corde du double de l'arc AE; et à la raison de la droite GM à la droite MZ, est égale la raison de la corde du double de l'arc GD, à la corde du double de l'arc DZ, par la proposition converse de celle du troisième lemme construit pour le cercle; et à la raison de ZL à LE est pareillement égale celle de la corde du double de l'arc ZB à la corde du

25

double de l'arc BE. Ainsi donc, la raison de la corde du double de l'arc AG à la corde du double de l'arc AE, est composée de la raison de la corde du double de l'arc GD à la corde du double de l'arc DZ, et de la raison de la corde du double de l'arc ZB à la corde du double de l'arc BE.

Nous allons maintenant appliquer la même démonstration à l'autre cas. Que GE rencontre encore HA en K; et GZ, HD en M; et GH, EZ en L, comme dans la figure suivante. (F. 79). Il est clair que les points K, M, L sont encore en ligne droite, parce qu'ils sont dans le plan du triangle GEZ, et dans celui du cercle ADB. La droite qui les joint, fait que les deux droites GM, LE, menées sur LK, GK, s'entrecoupent en Z, et par là, comme nous l'avons montré plus haut, la raison de la droite GK à KE, est composée de celle de GM à MZ et de celle de ZL à LE, mais la raison de GK à KE est égale celle de la corde du double de l'arc GA à la corde du double de l'arc AE; et la raison de la droite GM à la droite MZ, est la même que la raison de la corde du double de l'arc GZ à la corde du double de l'arc DZ, et la raison de la droite ZL à la droite LE, est égale à celle de la corde du double de l'arc ZB à la corde du double de l'arc BE. Par conséquent, la raison de la corde du double de l'arc AG à la corde du double de l'arc AE, est composée de la raison de la corde du double de l'arc GD à la corde du double de l'arc DZ, et de la raison de la corde du double de l'arc ZB à la corde du double de l'arc BE. La même chose se démontre pour

τῷ δὲ τῆς ΖΛ πρὸς τὴν ΛΕ, ὁ αὐτός ἐςιν ὁμοίως ὁ τῆς ὑπὸ τὴν διπλῆν τῆς ΖΒ πρὸς τὴν ὑπὸ τὴν διπλῆν τῆς ΒΕ. Καὶ οὕτως ἄρα ὁ τῆς ὑπὸ τὴν διπλῆν τῆς ΑΓ λόγος πρὸς τὴν ὑπὸ τὴν διπλην της ΑΕ, συνῆ ται ἔκ τε τοῦ τῆς ὑπὸ τὴν διπλῆν τῆς ΓΔ πρὸς τὴν ὑπὸ τὴν διπλῆν τῆς ΔΖ, καὶ τοῦ τῆς ὑπὸ τὴν διπλῆν της ΖΒ, πρὸς τὴν ὑπὸ τὴν διπλῆν τῆς ΒΕ.

Ἑξῆς δὲ καὶ ἐπὶ ἑτέρας πτώσεως τὴν αὐτὴν δεῖξιν ποιησόμεθα. Συμπιπτέτω γὰρ πάλιν, ἡ μὲν ΓΕ τῇ ΗΑ κατὰ τὸ Κ, ἡ δὲ ΓΖ τῇ ΗΔ κατὰ τὸ Μ, ἡ δὲ ΓΗ τῇ ΕΖ κατὰ τὸ Λ, ὡς ἔχει ἐπὶ τῆς ἑξῆς καταγραφῆς. Καὶ φανερὸν πάλιν ὅτι ἐπ' εὐθείας εἰσὶ τὰ Κ, Μ, Λ σημεῖα, διὰ τὸ ὁμοίως ἔν τε τῷ ΓΕΖ τριγώνου εἶναι ἐπιπέδῳ, καὶ ἐν τῷ τοῦ ΑΔΒ κύκλου· ἥτις πάλιν ἐπιζευχθεῖσα ποιεῖ εἰς δύο τὰς ΛΚ, ΓΚ διαχθείσας τὰς ΓΜ, ΛΕ, τέμνειν ἀλλήλας κατὰ τὸ Ζ, καὶ διὰ τοῦτο, ὡς ἔμπροσθεν ἐδείξαμεν, ὁ τῆς ΓΚ εὐθείας πρὸς ΚΕ λόγος σύγκειται ἔκ τε τοῦ τῆς ΓΜ πρὸς ΜΖ, καὶ τοῦ τῆς ΖΛ πρὸς ΛΕ. Ἀλλὰ τῷ μὲν τῆς ΓΚ πρὸς ΚΕ λόγῳ ὁ αὐτός ἐςιν ὁ τῆς ὑπὸ τὴν διπλῆν τῆς ΓΑ περιφερείας πρὸς τὴν ὑπὸ τὴν διπλῆν τῆς ΑΕ· Τῷ δὲ τῆς ΓΜ εὐθείας πρὸς ΜΖ, ὁ αὐτός ἐςιν ὁ τῆς ὑπὸ τὴν διπλῆν τῆς ΓΖ περιφερείας πρὸς τὴν διπλῆν τῆς ΔΖ. Τῷ δὲ τῆς ΖΛ εὐθείας πρὸς τὴν ΛΕ, ὁ αὐτός ἐςιν ὁ τῆς ὑπὸ τὴν διπλῆν τῆς ΖΒ περιφερείας πρὸς τὴν ὑπὸ τὴν διπλῆν τῆς ΒΕ. Ὁ ἄρα τῆς ὑπὸ τὴν διπλῆν τῆς ΓΑ περιφερείας πρὸς τὴν ὑπὸ τὴν διπλῆν τῆς ΑΕ λόγος συνῆπται ἔκ τε τοῦ τῆς ὑπὸ τὴν διπλῆν τῆς ΓΔ πρὸς τὴν ὑπὸ τὴν διπλῆν τῆς ΔΖ, καὶ τοῦ τῆς ὑπὸ τὴν διπλῆν τῆς ΖΒ πρὸς τὴν ὑπὸ τὴν διπλῆν τῆς ΒΕ. Ὁμοίως δὲ καὶ ἐπὶ τῶν λοιπῶν πτώσεων

τὸ αὐτὸ τοῦτο δειχθήσεται ἐπ' εὐθειῶν τυγχανόντων τῶν Κ, Λ, Μ σημείων,

Ἔςι δὲ καὶ ἄνευ τῆς ἐπὶ τῶν εὐθειῶν ἐπιπέδου καταγραφῆς, ἐκ τῆς κατὰ διαίρεσιν
δείξεως προχειρότερον ἐπιλογίσασθαι τὴν κατὰ
σύνθεσιν τῶν περιφερειῶν ἀπόδειξιν, προληφθέντος ἡμῖν βραχέως τοιούτου λημματίου.

Ἔςω ἡμικύκλιον τὸ ΑΒΓ ἐπὶ διαμέτρου
τῆς ΑΓ, καὶ εἰλήφθω ἐπὶ τῆς περιφερείας αὐτοῦ
τυχὸν σημεῖον τὸ Β, λέγω ὅτι ἡ ὑποτείνουσα
τὴν διπλῆν περιφέρειαν της ΑΒ περιφερείας,
ὑποτείνει καὶ τὴν διπλην της ΒΓ, καὶ ἔςιν
αὐτόθεν φανερόν. Ἐὰν γὰρ ἀναπληρώσαντες
τὸν κύκλον κάθετον ἀπὸ τοῦ Β ἀγαγόντες ἐπὶ
τὴν ΑΓ προσεκβάλωμεν ἐπὶ τὸ Ε, ἡ ΒΕ εὐθεῖα ὑποτείνουσα τὴν ΒΑΕ διπλην οὖσαν της
ΒΑ, ὑποτείνει καὶ τὴν ΒΓΕ, διπλην οὖσαν
της ΒΓ.

Τούτου προληφθέντος, ἐκκείσθω ἡ αὐτὴ
τῶν περιφερειῶν καταγραφὴ, καὶ συμπεπληρώσθω τὰ ΓΑΗ, ΓΔΗ ἡμικύκλια. Ἐπεὶ οὖν
εἰς δύο τὰς ΕΗ, ΕΒ περιφερείας, δύο διηγμέναι εἰσὶν αἱ ΗΔΖ, ΒΔΛ, τέμνουσαι ἀλλήλας κατὰ τὸ Δ, ὁ της ὑπὸ τὴν διπλην
της ΗΑ πρὸς τὴν ὑπὸ τὴν διπλην της ΑΕ
λόγος, συνηπται ἔκ τε τοῦ της ὑπὸ τὴν διπλην της ΗΔ πρὸς τὴν ὑπὸ τὴν διπλην της
ΔΖ, καὶ τοῦ της ὑπὸ τὴν διπλην της ΖΒ
πρὸς τὴν ὑπὸ τὴν διπλην της ΒΕ· τοῦτο γὰρ
δέδεικται. Ἀλλ' ἡ μὲν ὑποτείνουσα τὴν διπλην
της ΗΑ, ὑποτείνει καὶ τὴν διπλην της ΑΓ
λοιπὴν οὖσαν εἰς τὸν ὅλον κύκλον, ἡ δὲ ὑποτείνουσα τὴν διπλην της ΗΔ ὑποτείνει καὶ
τὴν διπλην της ΓΔ· ὥςε καὶ ὁ της ὑπὸ τὴν
διπλην της ΓΑ πρὸς τὴν ὑπὸ τὴν διπλην της
ΑΕ λόγος συνηπται ἔκ τε τοῦ της ὑπὸ τὴν

les autres cas, les points KLM étant en
ligne droite.

On peut démontrer plus facilement par
la méthode de diérèse, sans le secours
d'un plan formé par des lignes droites,
cette composition de raisons au moyen
d'un petit lemme préliminaire.

(Fig. 80). Soit le demi-cercle ABG décrit sur le diamètre AG, et prenons sur la
circonférence un point quelconque B : je
dis que la corde du double de l'arc AB
soutend le double de l'arc BG. Ce qui
est clair par soi-même; car si nous complétons le cercle, la perpendiculaire abaissée de
B sur AG, et prolongée en E, est une ligne
droite BE qui soutend l'arc BAE double
de l'arc BA, et l'arc BGE double de
l'arc BG.

Cela posé, reprenons (Fig. 81) la
figure qui représente les arcs construits
comme ci-dessus, et complettons les demi-
cercles GAH, GDH. Puisque les arcs menés sur les deux arcs EH, EB, sont les
deux ADZ, BDA qui se coupent l'un l'autre
en D, la raison de la corde du double de l'arc HA à la corde du double de
l'arc AE, est composée de la raison de la
corde du double de l'arc HD à la corde du
double de l'arc DZ, et de la raison de la
corde du double de l'arc ZB à la corde du
double de l'arc BE. Car cela a été prouvé.
Mais la corde du double de HA soutend
le double de l'arc AG, qui est son supplément au cercle entier; et la corde qui
soutend le double de HD, soutend aussi
le double de GD. Par conséquent la raison
de la corde du double de l'arc AG à la
corde du double de l'arc AE, est composée de la raison de la corde du double
de l'arc GD à la corde du double de l'arc
25 *

DZ, et de la raison de la corde du double de l'arc ZB à la corde du double de l'arc BE.

Nous avons dit que de plusieurs cas nous n'en prendrons que quelques-uns pour en faire des applications de cette figure qui feront entendre tous les autres. (Fig. 81.) Montrons donc actuellement dans cette même figure, que par synthèse comme par diérèse, la raison de la corde du double de GD à la corde du double de DZ, est composée de la raison de la corde du double de l'arc GA à la corde du double de l'arc AE, et de la corde du double de l'arc EB à la corde du double de l'arc BZ. En effet, en conservant le même ordre dans les termes, la raison de l'arc HD à la corde du double de l'arc DZ, est composée de la raison de la corde du double de l'arc HA à la corde du double de l'arc AE, et de la raison de la corde du double de l'arc EB à la corde du double de l'arc BZ. Mais la corde qui soutend le double de l'arc HG, soutend aussi le double de l'arc GD, et la corde qui soutend le double de l'arc HA soutend aussi le double de l'arc AG. Donc la raison de la corde du double de l'arc GD à la corde du double de l'arc DZ, est composée de la raison de la corde du double de l'arc GA à la corde du double de l'arc AE, et de la raison de la corde du double de l'arc EB à la corde du double de l'arc BZ.

Dans la même figure, pour ce qui se prouve par diérèse, la même chose se démontre encore par la conversion des termes, savoir : que la raison de la corde du double de ZD à la corde du double de DG, est composée de la raison de la corde du double de l'arc ZB à la corde du double de l'arc BE, et de la raison de la corde du double de l'arc EA à la corde du dou-

διπλὴν τῆς ΓΔ, πρὸς τὴν ὑπὸ τὴν διπλὴν τῆς ΔΖ, καὶ τοῦ τῆς ὑπὸ τὴν διπλὴν τῆς ΖΒ πρὸς τὴν ὑπὸ τὴν διπλὴν τῆς ΒΕ.

Ὅτι δὲ, ὡς ἔφαμεν, ἀπὸ πλειόνων πτώσεων καὶ ἐπὶ τῆς τοιαύτης καταγραφῆς ὀλίγας ἐκθησόμεθα καὶ τὰς λοιπὰς εὐκατανοήτους ἡμῖν ποιεῖν δυναμένας. Καὶ δέον ἔξω πάλιν ἐκ τῆς κατὰ διαίρεσιν λήψεως δεῖξαι, ὅτι κατὰ σύνθεσιν ὁ τῆς ὑπὸ τὴν διπλῆν τῆς ΓΔ πρὸς τὴν ὑπὸ τὴν διπλὴν τῆς ΔΖ λόγος, σύγκειται ἔκ τε τοῦ τῆς ὑπο τὴν διπλῆν τῆς ΓΑ πρὸς τὴν ὑπὸ τὴν διπλῆν τῆς ΑΕ, καὶ τοῦ τῆς ὑπὸ τὴν διπλῆν τῆς ΕΒ πρὸς τὴν ὑπὸ τὴν διπλῆν τῆς ΒΖ. Ἐπεὶ γὰρ, κατὰ τὴν εἰρημένην ἡμῖν τάξιν, ὁ τῆς ὑπὸ τὴν διπλην της ΗΔ προς τὴν ὑπο τὴν διπλην της ΔΖ, σύγκειται ἔκ τε τοῦ τῆς ὑπα τὴν διπλην της ΗΑ προς τὴν ὑπο τὴν διπλην της ΑΕ, καὶ τοῦ της ὑπο τὴν διπλην της ΕΒ προς τὴν ὑπο τὴν διπλην της ΒΖ. Ἀλλ' ἡ μὲν τὴν διπλην της ΗΔ ὑποτείνουσα, ὑποτείνει καὶ τὴν διπλην της ΓΔ, ἡ δὲ τὴν διπλην της ΗΑ ὑποτείνουσα, ὑποτείνει καὶ τὴν διπλην της ΑΓ· ὁ ἄρα της ὑπὸ τὴν διπλην της ΓΔ προς τὴν ὑπὸ τὴν διπλην της ΔΖ λόγος σύγκειται ἔκ τε τοῦ της ὑπὸ τὴν διπλην της ΓΑ πρὸς τὴν ὑπὸ τὴν διπλην της ΑΕ, καὶ τοῦ της ὑπὸ τὴν διπλην της ΕΒ πρὸς τὴν ὑπὸ τὴν διπλην της ΒΖ.

Πάλιν ἐπὶ της αὐτης καταγραφης ἐκ τοῦ κατὰ διαίρεσιν λόγου, λέγω ὅτι καὶ ἀναςρέψαντι, ὁ της ὑπὸ τὴν διπλην της ΖΔ πρὸς τὴν ὑπὸ τὴν διπλην της ΔΓ λόγος σύγκειται ἔκ τε τοῦ της ὑπὸ τὴν διπλην της ΖΒ πρὸς τὴν ὑπὸ τὴν διπλην της ΒΕ, καὶ τοῦ της ὑπὸ τὴν διπλην της ΕΑ πρὸς τὴν ὑπὸ τὴν διπλην της ΑΓ. Πάλιν γὰρ ἐπὶ τοῦ κατὰ διαίρεσιν λόγου, ἐπεὶ ὁ της ὑπὸ τὴν διπλην

της ΖΔ, προς την ὑπὸ την διπλην της ΔΗ
λόγος, σύγκειται ἔκ τε τοῦ της ὑπὸ την διπλην της ΖΒ πρὸς την ὑπὸ την διπλην της
ΒΕ, καὶ τοῦ της ὑπὸ την διπλην της ΕΑ
πρὸς την ὑπὸ την διπλην της ΑΗ. Ἀλλ' ἡ
μὲν την διπλην της ΗΔ ὑποτείνουσα, ὑποτείνει
καὶ την διπλην της ΔΓ· ἡ δὲ την διπλῆν τῆς
ΑΗ ὑποτείνουσα, ὑποτείνει καὶ την διπλῆν
τῆς ΑΓ. Ὁ ἄρα τῆς ὑπὸ την διπλῆν τῆς ΖΔ
πρὸς την ὑπὸ την διπλῆν τῆς ΔΓ λόγος σύγκειται ἔκ τε τοῦ τῆς ὑπὸ την διπλῆν της ΖΒ
πρὸς την ὑπὸ την διπλην της ΒΕ, καὶ τοῦ
της ὑπὸ την διπλην της ΕΑ πρὸς την ὑπὸ
την διπλην της ΑΓ. Ὡσαύτως δὲ καὶ αἱ λοιπαὶ ἡμῖν πτώσεις ἀποδειχθήσονται, ἀναπλη-
ρουμένων τῶν ΒΔΑ, ΒΖΕ ἡμικυκλίων.

## ΚΕΦΑΛΑΙΟΝ ΙΒ.

### ΠΕΡΙ ΤΩΝ ΜΕΤΑΞΥ ΤΟΥ ΙΣΗΜΕΡΙΝΟΥ ΚΑΙ ΤΟΥ ΛΟΞΟΥ ΚΥΚΛΟΥ ΠΕΡΙΦΕΡΕΙΩΝ

Ἀποδείξας ἐκ της διὰ τῶν ὀργάνων παρατηρήσεως την μεταξὺ τῶν δύο πόλων περιφέρειαν μοιρῶν τυγχάνουσαν κγ̄ να΄ κ″, ἐπὶ
τοῦ δι' αὐτῶν γραφομένου μεγίςου κύκλου,
ἥτις ἦν καὶ ὁ της ὅλης ἐγκλίσεως, ἤτοι λοξώσεως τοῦ ζωδιακοῦ πρὸς τὸν ἰσημερινόν.
Καὶ ἐπαγαγὼν, ὅτι ἀκολούθου τε ὄντος καὶ
τὰς κατὰ μέρος γινομένας πηλικότητας τῶν
λοξώσεων ἀποδεικνύναι ἐπὶ τοῦ διὰ τῶν πόλων
τοῦ ἰσημερινοῦ καὶ τῶν διὰ μέσων τῶν ζωδίων κύκλου τμημάτων, ἐκθησόμεθα λημμάτια ὀλίγα καὶ χρήσιμα πρός τε την τοιαύτην πραγματείαν, καὶ ἔτι πρὸς πάσας
σχεδὸν τὰς πραγματείας καὶ σφαιρικὰς ἀποδείξεις, ἐκθέμενος τὰ τοιαῦτα λημμάτια. Καὶ
συναγαγὼν δι' αὐτῶν τὸ προληφθὲν σφαιρικὸν

ble de l'arc AG. Car dans la proportion
par diérèse, la raison de la corde du double
de l'arc ZD à la corde du double de l'arc
DH, est composée de la raison de la corde
du double de l'arc ZB, à la corde du double de l'arc BE, et de la raison de la corde
du double de l'arc EA à la corde du double
de l'arc AH. Mais la corde du double de
HD soutend aussi le double de AG, donc
la raison de la corde du double de ZD à
la corde du double de GD, est composée
de la raison de la corde du double de ZB
à la corde du double de BE, et de la raison de la corde du double de EA à la
corde du double de GA. Nous démontre-
rions encore de même tous les autres cas,
en complétant les demi-cercles BDA,
BZE.

## CHAPITRE XII.

### DES ARCS COMPRIS ENTRE L'ÉQUATEUR ET LE CERCLE OBLIQUE.

Ptolemée ayant démontré, d'après l'observation faite à l'aide des instrumens, que
l'arc compris entre les deux poles est de
23ᵈ 51′ 20″, sur le grand cercle qui passe
par ces poles, intervalle qui est la grandeur de toute l'inclinaison ou obliquité
du zodiaque sur l'équateur, dit ensuite:
L'ordre établi dans le plan de cet ouvrage
demandant que conséquemment à ce qui
précède, nous démontrions les valeurs respectives des obliquités sur le cercle qui
passe par les poles de l'équateur et par
les sections du cercle qui ceint le zodiaque
par le milieu de sa largeur, nous exposerons d'abord des lemmes courts et utiles
pour cet objet, et pour la plupart des
questions relatives aux problèmes sphériques. Après avoir exposé ces lemmes, et

y avoir joint la démonstration du théorème sphérique que nous venons d'expliquer, tant par diérèse que par synthèse,
il dit encore :

Tout cela étant démontré, nous donnerons les valeurs des arcs proposés ci-
dessus : je veux dire des obliquités particulières, tellement qu'étant donné un
point du cercle qui ceint le zodiaque
dans toute sa circonférence, nous puissions prendre sur le grand cercle qui passe
par ce point et par les poles de l'é-
quateur, la grandeur de la distance de
ce même point à l'équateur, en commençant tous les arcs au point de l'intersection de l'équateur et du cercle mitoyen du zodiaque; par ce moyen, le lieu
du soleil sur quelque point du zodiaque étant donné pour un certain temps,
nous trouverons aisément sa distance à
l'équateur en latitude, en la calculant
sur un des quarts du cercle. Représen-
tant donc par ABGD le grand cercle qui
passe par les poles de l'équateur et du
cercle mitoyen du zodiaque, par AEG la
demi-circonférence de l'équateur, et par
BED celle du zodiaque, de sorte que E
soit le point du printemps, c'est-à-dire le
premier du bélier; B le point tropique d'hiver, ou le commencement du capricorne,
et le point D le point tropique d'été, ou
le commencement du cancer. Et prenant
sur le zodiaque l'arc EH de 3o degrés, et
décrivant par le pole Z de l'équateur, et
par le point donné du zodiaque; l'arc
ZHT de grand cercle, Ptolemée démontre combien l'arc HT, distance du trentième degré du cercle oblique à l'équateur, contient de degrés des 36o de la
circonférence entière. Et avant que de
procéder à cette démonstration, il nous

θεώρημα, κατά τε διαίρεσιν καὶ κατὰ σύνθεσιν, ἑξῆς περὶ τῶν κατὰ μέρος λοξώσεων
τὸν λόγον ποιεῖται· καὶ φησί

Τούτου προεκτεθέντος ποιησόμεθα τὴν τῶν
προκειμένων περιφερειῶν ἀπόδειξιν, λέγω δὴ
τῶν κατὰ μέρος λοξώσεων· οἷον· πῶς ἂν δοθέντος τινὸς τμήματος τοῦ διὰ μέσων τῶν
ζωδίων, τὴν πηλικότητα τῆς ἀπὸ τοῦ ἰσημερινοῦ ἀποστάσεως αὐτοῦ λάβωμεν ἐπὶ τοῦ
γραφομένου κύκλου δι' αὐτοῦ καὶ τῶν τοῦ
ἰσημερινοῦ πόλων, τὴν ἀρχὴν ἀπὸ κοινης
τομης τοῦ τε ἰσημερινοῦ καὶ τοῦ διὰ μέσων
παραλαμβάνοντες. Ἵνα κἂν τοῦ ἡλίου κατά
τινα χρόνον ἐπί τινος τμήματος τοῦ ζωδιακοῦ
τυγχάνοντα ἐφοδεύωμεν, ἐξ εὐχεροῦς λαμβάνομεν καὶ τὴν ἀπὸ τοῦ ἰσημερινοῦ κατὰ πλάτος αὐτοῦ παραχώρησιν, ἐφ' ἑνὸς τεταρτημορίου τὴν σκέψιν ποιησάμενοι. Ἐκθέμενος
οὖν τὸν δι' ἀμφοτέρων τῶν πόλων τοῦ τε
ἰσημερινοῦ καὶ τοῦ διὰ μέσων τῶν ζωδίων,
μέγιστον κύκλον τὸν ΑΒΓΔ, καὶ ἰσημερινοῦ
μὲν ἡμικύκλιον τὸ ΑΕΓ, ζωδιακοῦ δὲ τὸ
ΒΕΔ· ὥστε τὸ μὲν Ε σημεῖον γίνεσθαι ἐαρινὸν,
τουτέστι τὴν ἀρχὴν τοῦ κριοῦ, τὸ δὲ Β χειμερινὸν τροπικὸν, ἤτοι τὴν ἀρχὴν τοῦ αἰγόκερω, τὸ δὲ Δ θερινὸν, δηλονότι τὴν ἀρχὴν
τοῦ καρκίνου. Καὶ ἀπειληφὼς ἐπὶ τοῦ ζωδιακοῦ τὴν ΕΗ περιφέρειαν μοιρῶν λ, καὶ
γράψας διὰ τοῦ Ζ πόλου τοῦ ἰσημερινοῦ καὶ
τοῦ δεδομένου τμήματος τοῦ ζωδιακοῦ τοῦ
μεγίστου κύκλου περιφέρειαν τὴν ΖΗΘ, ἀποδείκνυσι δηλαδὴ τὴν ΗΘ περιφέρειαν, ἣν
λελόξωται ἡ τριακονταμοιρία τοῦ διὰ μέσων
ἀπὸ τοῦ ἰσημερινοῦ πόσων ἐστὶ τμημάτων,
οἵων ἐστὶν ὅλος ὁ κύκλος τξ. Ἔπειτα μέλλων
τὴν τοιαύτην ἀπόδειξιν ποιεῖσθαι, εἰς ὑπό-

μνῆσιν ἡμᾶς ἄγει λέγων· ὅτι καθόλου ὅταν
λέγωμεν περιφέρειαν τινὰ ἢ εὐθεῖαν μοιρῶν
εἶναι τινῶν ἢ τμημάτων, ἐπὶ μὲν τῶν περιφερειῶν τοιούτων φαμὲν οἵων ὁ κύκλος τξ̅,
ἐπὶ δὲ τῶν εὐθειῶν, οἵων ἡ διάμετρος ρκ̅.
Καὶ ἑξῆς τὴν ἀπόδειξιν ποιούμενος, προσχρῆται τῷ ἐκτεθειμένῳ σφαιρικῷ θεωρήματι
ἐπὶ τῆς κατὰ σύνθεσιν ἀποδείξεως οὕτως·

Ἐπεὶ ἐν καταγραφῇ μεγίςων κύκλων, εἰς
δύο περιφερείας τὰς ΑΖ καὶ ΑΕ, δύο διηγμέναι εἰσὶν, ἥ τε ΖΘ καὶ ἡ ΕΒ, τέμνουσαι
ἀλλήλας κατὰ τὸ Η, ὁ τῆς ὑπὸ τὴν διπλῆν
τῆς ΖΑ πρὸς τὴν ὑπὸ τὴν διπλῆν τῆς ΑΒ
λόγος, συνῆπται ἔκ τε τοῦ τῆς ὑπὸ τὴν διπλῆν τῆς ΖΘ πρὸς τὴν διπλῆν τῆς ΘΚ, καὶ
τοῦ τῆς ὑπὸ τὴν διπλῆν τῆς ΗΕ πρὸς τὴν
ὑπὸ τὴν διπλην της ΕΒ. Ἀλλ' ἡ μὲν της ΖΑ
περιφερείας διπλη μοιρῶν ἐςιν ρπ̅· ἡ γὰρ
ΖΑ ἐκ τοῦ πόλου οὖσα ἐπὶ τὸν ἰσημερινὸν,
τῶν τοῦ τεταρτημορίου ἐςὶ μοιρῶν ϟ· ὥςε
καὶ ἡ διπλη αὐτης ἔςαι ρπ̅, ἡ δὲ ὑπ' αὐτὴν
εὐθεῖα, τμημάτων ρκ̅· ἡ δὲ της ΑΒ περιφερείας διπλη, κατὰ τὸν συμπεφωνημένον
ἡμῖν τοῦ Ἐρατοσθένους λόγον, τὸν τῶν πγ̅
πρὸς τὰ ια̅, μοιρῶν ἐςὶ μζ̅ μβ' μ''· ἡ δὲ ὑπ'
αὐτὴν εὐθεῖα, τμημάτων μη̅ λα' νε''. Καὶ
πάλιν ἐπεὶ ἡ ΗΕ περιφέρεια ὑπόκειται μοιρῶν
λ̅, ἡ ἄρα διπλη αὐτης ἔςαι μοιρῶν ξ̅, καὶ
ἡ ὑπ' αὐτὴν εὐθεῖα τμημάτων ξ̅. Ἔςι
δὲ καὶ ἡ διπλη της ΕΒ, μοιρῶν
ρπ̅· καὶ ἡ ὑπ' αὐτὴν εὐθεῖα τμημάτων ρκ̅, ἐπειδήπερ ἡ ΕΒ τεταρτημορίου ἐςὶ, διὰ τὸ δύο
μεγίςους κύκλους, τόν τε ΑΕΖ ἰσημερινὸν,
καὶ τὸν ΒΕΔ ζωδιακὸν τέμνειν ἀλλήλους εἰς
ἡμικύκλιον, καὶ τὸν ΑΒΓΔ διὰ τῶν πόλων
αὐτῶν ὄντα, τέμνειν τὰ ἀπειλημμένα αὐτῶν
ἡμικύκλια δίχα. Ἐὰν ἄρα ἀπὸ τῶν ρκ̅ πρὸς

rappelle que généralement quand nous disons qu'un arc ou une droite vaut un certain nombre de degrés ou de parties, cela
s'entend pour les arcs, des degrés dont le
cercle en a 360; et pour les droites, des
parties dont le diamètre en a 120. Puis,
pour sa démonstration, il emploie le théorème sphérique par synthèse, de la manière suivante (Fig. 82):

Dans la figure des grands arcs, ZT et
EB qui s'entrecoupent en H, étant menés
sur les arcs AE et AZ, la raison de la
corde du double de AZ à la corde du double de AB, est composée de la raison de
la corde de ZT à la corde du double de
TK, et de celle de la corde du double de
HE à la corde du double de EB. Mais
l'arc double de AZ est de 180 degrés,
car l'arc ZA mené du pole sur l'équateur,
a pour valeur les 90 degrés du quart de
cercle, dont le double est $180^d$, et la soutendante $120^p$. Mais l'arc double de AB,
suivant le rapport que j'ai cité d'Eratosthène, de 83 à 11, est de $47^d\ 42'\ 40''$,
et sa corde est de $48^p\ 51'\ 55''$. Et puisque l'arc HE est supposé de 30 degrés, il s'ensuit que son double est de
60 degrés, et sa corde de 60 parties.
Or le double de EB est de $180^d$, et sa
corde est de $120^p$, puisque EB est un
quart de cercle, les deux grands cercles
AEZ et BED de l'équateur et du zodiaque s'entrecoupant en demi-cercles; et le
cercle qui passe par leurs poles, coupant
en deux également ces demi-cercles. Par
conséquent, si de la raison de 120 à $48^p$
31' 55'', c'est-à-dire, si de la raison de la

corde du double de ZA à la corde du double de AB, nous ôtons la raison de 60 à 120, c'est-à-dire la raison de la corde du double de HE à la corde du double de EB, il restera la raison de la corde du double de ZT à la corde du double de TH, laquelle est celle de 120ᵖ à 24ᵖ 15′ 57″. Or le double de l'arc ZT est de 180ᵈ, et sa corde est de 120 parties; donc la corde du double de l'arc TH est de 24ᵖ 15′ 57″ de ces mêmes parties. Portant cette quantité dans la table des cordes, nous trouverons que l'arc auquel elle répond, double de TH, est de 23ᵈ 19′ 59″, dont la moitié est 11ᵈ 40′ à peu près. Et en général, dans ces démonstrations, il faut avoir cinq grandeurs données de droites pour chercher la sixième, à quoi on pourra appliquer cette méthode. Or il est certain d'après le théorème démontré pour le cercle, que, comme nous l'avons fait voir, si de deux arcs AB, BZ, ou ZH, HT, ou EH, HB, compris entre trois points, et faisant ensemble un quart de cercle, les droites comme AB se rencontrant avec le rayon EZ prolongé, ainsi que nous l'avons prouvé précédemment dans cette démonstration et dans les autres semblables, il en résulte un théorème pareil à celui qui a été exposé, provenant de l'application des lemmes au théorème sphérique.

Il est de même évident que si de la raison de 120ᵖ à 48ᵖ 51′ 55″, nous ôtons celle de 60 à 120, reste la raison de 120 à 24ᵖ 15′ 57″. Car puisque trois nombres étant donnés, il est toujours possible d'en trouver un quatrième proportionnel, ayant ici trois nom-

τὰ μᾱ λα΄ νε″ λόγου, τουτέςι τοῦ τῆς ὑπὸ τὴν διπλὴν τῆς ΖΑ πρὸς τὴν ὑπὸ τὴν διπλὴν τῆς ΑΒ, ἀφέλωμεν τὸν τῶν ξ πρὸς τὰ ρκ, τουτέςι τὸν τῆς ὑπὸ τὴν διπλην τῆς ΗΕ πρὸς τὴν ὑπὸ τὴν διπλην τῆς ΕΒ, καταλειφθήσεται ὁ λόγος ὁ τῆς ὑπὸ τὴν διπλην τῆς ΖΘ πρὸς τὴν ὑπο τὴν διπλην τῆς ΘΗ, ὁ τῶν ρκ πρὸς τὰ κδ ιε΄ νζ″. Καὶ ἔςιν ἡ μὲν διπλη τῆς ΖΘ περιφερείας μοιρῶν ρπ· ἡ δὲ ὑπ᾽ αὐτὴν εὐθεῖα τμημάτων ρκ· καὶ ἡ ὑπο τὴν διπλην ἄρα τῆς ΘΗ περιφερείας τῶν αὐτῶν τμημάτων ἐςὶν κδ ιε΄ νζ″, ἥντινα εἰσαγόντες εἰς τὸν κανόνα τῶν ἐν κύκλῳ εὐθειῶν, εὑρήσομεν τὴν ἐπ᾽ αὐτης περιφέρειαν, τουτέςι τὴν διπλην τῆς ΘΗ, μοιρῶν κγ ιθ΄ νθ″, ἃς τὴν ϛ″ λαβόντες, ἕξομεν αὐτὴν τὴν ΗΘ περιφέρειαν μοιρῶν ια μ΄ ἔγγιςα. Καὶ καθόλου τῶν τοιούτων ἀποδείξεων, πέντε μεγέθη εὐθειῶν ἔχειν δεῖ δεδομένα, καὶ ἕκτον ἐπιζητεῖν· οὕτω γὰρ τοιαύτη ἀπόδειξις προχωρήσει. Καὶ φανερὸν ὅτι, καθάπερ ἐπὶ τοῦ κυκλικοῦ θεωρήματος ἐδηλοῦμεν, τῶν ἀπαληφθεισῶν δύο περιφερειῶν μεταξὺ τῶν τριῶν σημείων συναμφοτέρων τεταρτημορίου τυγχανόντων, ὡς τῶν ΑΒ, ΒΖ, ἢ τῶν ΖΗ, ΗΘ, καὶ ἔτι τῶν ΕΗ, ΗΒ, καὶ συμπιπτουσῶν τῶν εὐθειῶν ὡς τῆς ἀπὸ τοῦ Α ἐπὶ τὸ Β, τῇ ἀπὸ τοῦ κέντρου τοῦ κύκλου ἐπὶ τὸ Ζ, ὡς ἔμπροσθεν ἀπεδείκνυμεν, καὶ τῶν ὁμοίων, συνίςαται τὸ θεώρημα, ἀκολούθως τῷ προεκτεθειμένῳ ἐκ τῆς συμπλοκης τῶν λημματίων σφαιρικῷ θεωρήματι.

Ὃν δὲ τρόπον ἐὰν ἀπο τοῦ λόγου τοῦ τῶν ρκ πρὸς τὰ μη λα΄ νε″, ἀφέλωμεν τὸν τῶν ξ πρὸς τὰ ρκ, καταλείπεται ὁ τῶν ρκ πρὸς τὰ κδ ιε΄ νζ″, οὕτω γίνεται δηλον. Ἐπεὶ γὰρ τριῶν ἀριθμῶν δοθέντων δυνατόν ἐςι τέταρτον ἀνάλογον προσευρεῖν. Ἔχομεν δὲ τρεῖς ἀριθμοὺς τόν τε ξ καὶ ρκ καὶ μη λα' νε", καὶ τέταρτον ἀνάλογον ἐπιζητοῦμεν, καὶ ἔστιν ὁ ὑπὸ ᾱ καὶ δ' ἴσος τῷ ὑπὸ β καὶ γ, τάσσομεν ὡς ᾱ τὸν ρκ, καὶ β τὸν ξ, καὶ γ τὸν μη λα' με". Καὶ πολλαπλασιάσαντες τὸν β ἐπὶ τὸν γ, τουτέστι τὸν ξ ἐπὶ τὸν μη λα' νε", καὶ τὰ γενόμενα βϡκα νε' μερίσαντες παρὰ τὸν ρκ, ἕξομεν τὸν τέταρτον ἀνάλογον, κδ ιε' νζ". Καὶ γέγονε κατὰ τὴν ἀνάπαλιν τάξιν, ὡς κδ ιε' νζ" πρὸς μη λα' νε", οὕτως ξ πρὸς ρκ.

ρκ    ξ    μη λα' νε"    βϡκα νε'.
————————————
ρκ
κδ ιε' νζ',

Καὶ ἐπεὶ τοῦ κδ ιε' νζ" μέσου λαμβανομένου ὁ τῶν ρκ πρὸς τὰ μη λα' νε" λόγος σύγκειται ἔκ τε τοῦ τῶν ρκ πρὸς τὰ κδ ιε' νζ", καὶ τοῦ τῶν κδ ιε' νζ", πρὸς τὰ μη λα' νε". Ἐὰν ἄρα ἀπὸ τοῦ τῶν ρκ πρὸς τὰ μη λα' νε" λόγου ἀφέλωμεν τὸν τῶν κδ ιε' νζ" πρὸς τὰ μη λα' νε", τουτέστι τὸν τῶν ξ πρὸς τὰ ρκ, καταλειφθήσεται ὁ λόγος τῶν ρκ πρὸς τὰ κδ ιε' νζ", ὅς ἐστι τῆς ὑπεροχῆς τῆς διπλῆς τῆς ΖΘ πρὸς ὑπεροχὴν τὴν διπλῆν τὴν ΘΗ, καὶ ἔστιν ἡ ὑπὸ τὴν διπλῆν τῆς ΖΘ τμημάτων ρκ, καὶ ἡ ὑπὸ τὴν διπλῆν ἄρα τῆς ΘΚ ἔσται κδ ιε' νζ". Ἡ δὲ ἐπ' αὐτῆς περιφέρεια, τουτέστιν ἡ διπλῆ τῆς ΘΗ περιφερείας, μοιρῶν κγ ιθ' νθ"· αὐτὴ δὲ ἡ ΘΗ, ια λθ' νθ", αἵτινες καὶ παράκεινται ἐν τῷ τῆς λοξώσεως κανονίῳ, κατὰ τὸ δεύτερον σελίδιον ταῖς τοῦ ζωδιακοῦ καὶ κατὰ τὸ πρῶτον σελίδιον ἐκκειμέναις μοίραις λ.

THÉON.

bres, savoir 60, 120, et $48^p$ 31' 55"; si nous cherchons le quatrième en proportion avec eux, le produit du premier par le quatrième étant égal à celui du second par le troisième, nous placerons 120 le premier, 60 le second, 48. 31' 55" le troisième, et multipliant le second par le troisième, c'est-à-dire 60 par 48. 31' 55", et divisant le produit 2921 55' par 120, nous aurons pour quatrième terme proportionnel 24. 15' 57", et en renversant l'ordre des termes, comme 24. 15' 57" sont à 48. 31' 55", ainsi 60 sont à 120.

$$120 : 60 :: 48, 31'\,55" : 2921, 55'$$
$$120$$
$$24, 15', 57.$$

Et puisque 24. 15' 57" étant pris pour un milieu, la raison de 120 à 48. 31' 55" est composée de celle de 120 à 24. 15' 57", et de celle de 24 15' 57" à 48 31' 55", il s'ensuit que si de la raison de 120 à 48 31' 55" nous ôtons celle de 24 15' 57" à 48 31' 55", c'est-à-dire celle de 60 à 120, restera la raison de 120 à 24 15' 57", laquelle est celle du double trop grand de ZT au double trop grand de TH. Or la corde du double de ZT est de $120^p$, donc la corde du double de TH est de 24 15' 57"; mais l'arc que celle-ci soutend, c'est-à-dire le double de TH, est de $23^d$ 19' 59", TH est donc de $11^d$ 39' 59" qui, dans la seconde colonne de la table d'obliquité, répondent aux 30 degrés du zodiaque marqués dans la première colonne. Et

26

il y a, pour dernier extrême, soustraction de la raison 24$^d$ 15′ 48 à 57″ à 51$^d$ 55′, et addition pour le premier. Puisque dans la démonstration graphique on a ôté, de deux raisons composantes, la seconde, et laissé la première.

Voulant encore dans la même figure, montrer de combien 60 degrés du zodiaque sont éloignés de l'équateur par l'obliquité du premier de ces cercles sur l'autre, Ptolémée dit : Soit actuellement EH l'arc de 60 degrés du zodiaque, de sorte que la raison de la corde du double de l'arc ZA à la corde du double de l'arc AB, demeurant celle de 120$^p$ à 48$^p$ 31′ 55″, et la corde du double de l'arc ZT étant toujours de 120$^p$, le double de l'arc EH soit 120$^d$, et sa corde 103$^p$ 55′ 23″. Alors si de la raison de 120$^p$ à 48$^p$ 31′ 55″ nous ôtons la raison de 103$^p$ 55′ 23″ à 120$^p$, restera la raison de la corde du double de ZT à la corde du double de TH, laquelle est celle de 120$^p$ à 42$^p$ 1′ 48″. Or la corde du double de ZT est de 120$^p$, donc celle du double de TH est de 42$^p$ 1′ 48″. Mais l'arc soutendu par celle-ci, c'est-à-dire le double de l'arc TH sert de 41$^d$ 9′ 18″, par conséquent sa moitié, ou l'arc TH, est de 20$^d$ 30′ 9″.

On a calculé par cette méthode les grandeurs des arcs d'un seul quart de cercle du zodiaque, de degré en degré, depuis l'équateur, comme est l'arc TH, parce que les mêmes grandeurs se retrouvent sur les trois autres quarts, comme nous le montrerons, attendu qu'il n'y a qu'une seule et même inclinaison du zodiaque sur l'é-

Καὶ ἔϛι πρὸς μὲν τῷ τελευταίῳ ἄκρῳ ἡ ἀφαίρεσις τοῦ τῶν κδ ιε΄ νζ″ πρὸς τὰ μη̄ λα΄ νε″ λόγου, πρὸς δὲ τῷ ᾱ ἡ κατάληψις. Ἐπεὶ καὶ ἡ διὰ τῶν γραμμῶν ἀπόδειξις τὸν δεύτερον τῶν συντιθέντων τὸν ἐξαρχῆς λόγον ἀφαιρούμενον εἶχε, τὸν δὲ πρῶτον καταλειπόμενον.

Πάλιν ἐπὶ τῆς αὐτῆς καταγραφῆς, βουλόμενος δεῖξαι πόσον λελόξωται ἡ ἑξηκονταμοιρία τοῦ ζωδιακοῦ ἀπὸ τοῦ ἰσημερινοῦ ἐπὶ τοῦ αὐτοῦ κύκλου, φησίν· ἔϛω πάλιν ἡ ΕΗ τοῦ ζωδιακοῦ περιφέρεια μοιρῶν ξ, ὥϛε πάλιν τοῦ λόγου της ὑπὸ τὴν διπλην της ΖΑ πρὸς τὴν ὑπὸ τὴν διπλην της ΑΒ μένοντος τοῦ τῶν ρκ̄ πρὸς τὰ μκ̄ λα΄ νε″, καὶ της ὑπὸ τὴν διπλην της ΖΘ μενούσης ρκ̄, τὴν μὲν διπλην της ΕΗ περιφερείας γίνεσθαι ρκ̄, καὶ τὴν ὑπ᾽ αὐτὴν εὐθεῖαν τμημάτων ργ̄ νε΄ κγ″. Καὶ ἐὰν ἄρα πάλιν ἀπὸ τοῦ τῶν ρκ̄ πρὸς τὰ μη̄ λα΄ νε″ λόγου, ἀφέλωμεν τὸν τῶν ργ̄ νε΄ κγ″ πρὸς τὰ ρκ̄, καταλειφθήσεται ὁ λόγος της ὑπὸ τὴν διπλην της ΖΘ πρὸς τὴν ὑπὸ τὴν διπλην της ΘΗ, ὁ τῶν ρκ̄ πρὸς τὰ μβ̄ α΄ μη″. Καὶ ἔϛιν ἡ ὑπὸ τὴν διπλην της ΖΘ τμημάτων ρκ̄, καὶ ἡ ὑπὸ τὴν διπλην ἄρα της ΘΗ, τμημάτων ἐϛὶ μβ̄ α΄ μη″. Ἡ δὲ ἐπ᾽ αὐτης περιφέρεια, τουτέϛιν ἡ διπλη της ΘΚ, ἔϛαι μᾱ ο̄ ιη″, ἡ δὲ ἡμίσεια αὐτῆς, τουτέϛιν αὐτὴ ἡ ΗΘ, ἔϛαι κ̄ λ΄ θ″.

Τὸν αὐτὸν δὴ τρόπον καθ᾽ ἑκάϛην μοῖραν τοῦ ζωδιακοῦ ἀπὸ τοῦ ἰσημερινοῦ ἐπιλογισάμενοι τὰ μεγέθη τῶν ὁμοίων τῇ ΗΘ περιφερείᾳ ἐπὶ τοῦ ἑνὸς τεταρτημορίου· ἐπεὶ καὶ ἐπὶ τῶν λοιπῶν τριῶν τὰ αὐτὰ μεγέθη συνάγηται, ὡς ἑξῆς δείξομεν, διὰ τὸ καὶ μίαν τινὰ καὶ τὴν αὐτὴν εἶναι ἔγκλισιν τοῦ ζω-

διακοῦ πρὸς τὸν ἰσημερινὸν, καὶ κανονοποιΐαν αὐτῶν ἐξέθετο, πρὸς τὸ καὶ τὰ τοιαῦτα
μεγέθη ἐκ προχείρου καὶ ἡμᾶς δύνασθαι λαμβάνειν, ἐπὶ ϛίχους μὲν πάλιν με., σελίδια
δὲ δύο· ὧν τὰ μὲν πρῶτα περιέχει τὰς τοῦ
ἑνὸς τεταρτημορίου, τοῦ ζωδιακοῦ μοίρας ϟ,
κατὰ α παρηυξημένας, τὰ δὲ β τὰς ἐπιβαλλούσας αὐταῖς ἀπὸ τοῦ ἰσημερινοῦ τῆς
λοξώσεως πηλικότητας ἐπὶ τοῦ εἰρημένου κύκλου, καὶ ἔϛι τὸ κανόνιον τοιοῦτον.

Ὑπομνήσεως δὲ ἕνεκεν τοῦ πολλαπλασιασμοῦ
ἐκθησόμεθα τοὺς ἀριθμοὺς τοὺς ἐπὶ τῆς δείξεως. Ἐὰν οὖν, φησὶν, ἀπὸ τοῦ τῶν ρκ πρὸς
τὰ μη λαʹ νεʺ λόγου ἀφέλωμεν τὸν τῶν ργ
νεʹ κγʺ πρὸς τὰ ρκ, καταλειφθήσεται ὁ τῶν
ρκ πρὸς τὰ μβ αʹ μηʺ, οὕτως. Ἐὰν γὰρ
πάλιν πολλαπλασιάσωμεν τὸν ργ νεʹ κγʺ, ἐπὶ
τὸν μη λαʹ. νεʺ, τὰ γενόμενα καθὼς ἐξῆς
ἡ ἔκθεσις τῶν ἀριθμῶν περιέχει ͵εμγ λεʹ ιεʺ
λθʺʹ ιεʺʺ, μερίσομεν περὶ τὸν ρκ εὑρήσομεν
τὸν μβ λαʹ μηʺ τέταρτον ἀνάλογον.

Καὶ ἔϛιν ὁ τῶν ργ νεʹ κγʺ πρὸς τὰ ρκ λόγος
ὁ αὐτὸς τῷ τῶν μβ αʹ μηʺ πρὸς τὰ μη λαʹ
νεʺ. Καὶ μέσον τοῦ τῶν ρκ πρὸς τὸν μη λαʹ
νεʺ λόγου λαμβανομένου τοῦ τῶν μβ αʹ μηʺ,
ὁ τῶν ρκ πρὸς τὰ μη λαʹ νεʺ λόγος, συγκείμενος ἔϛαι ἔκ τε τοῦ τῶν ρκ πρὸς τὰ μβ αʹ
μηʺ λόγου, καὶ τοῦ τῶν μβ αʹ μηʺ πρὸς τὰ
μη λαʹ νεʺ. Καὶ ἐὰν ἀπὸ τοῦ τῶν ρκ πρὸς
τὰ μη λαʹ νεʺ λόγου ἀφέλωμεν τὸν τῶν ργ
νεʹ κγʺ πρὸς τὰ ρκ, τουτέϛι τὸν τῶν μβ αʹ
μηʺ πρὸς τὰ μη λαʹ νεʺ, καταλειφθήσεται ὁ
τῶν ρκ πρὸς τὰ μβ αʹ μηʺ.

quateur. On les a mises en table pour les
avoir sous la main, toutes prêtes à être
prises, et disposées en 45 lignes en deux
colonnes, l'une desquelles contient les 90
degrés d'un quart du zodiaque, augmen-
tant d'un degré à chaque ligne; et la seconde contient les degrés et portions de
degrés qui leur répondent sur le méridien,
suivant leurs distances à l'équateur. C'est
ainsi que cette table est construite.

Mais pour rappeler la multiplication à
la mémoire, nous allons l'appliquer aux
nombres de cette démonstration. « Si, dit
Ptolemée, de la raison de 120 à 48 31'
55", nous ôtons la raison de 103 55' 23"
à 120, restera la raison de 120 à 42 1'
48". En effet, si nous multiplions 103 55'
23" par 48 31' 55", le produit sera, comme
le calcul l'expose ici, 5043 35' 15" 39" 15""
que nous diviserons par 120, et nous trouverons pour quatrième terme proportionel
42 31' 48.

Or la raison de 103 55' 23" à 120, est la
même que celle de 42 1' 48" à 48 31' 55",
si l'on prend 42 1' 48" pour terme milieu
de la raison de 120 à 48 31' 55", la raison de 120 à 48 31' 55" sera composée de
la raison de 120 à 42 1' 48", et de la raison de 42 1' 48" à 48 31' 55"; et si de la
raison de 120 à 48. 31' 55", nous ôtons la
raison de 103 55' 23" à 120, c'est-à-dire
celle de 42 1' 48" à 48 31' 55", restera la
raison de 120 à 42. 1' 48".

26*

```
120ᵖ   103ᵖ 55' 23"      48ᵈ 31' 55".                 ρκ̄  ργ̄  νε' κγ"  μη̄   λά νε".
                         42   1  48                                  μβ       α  μη.
─────────────────────────────────────        ──────────────────────────────────────
        103  55' 23"                                  ργ  νε' κγ"
        48   31  55                                   μη  λα  νε
─────────────────────────────────────        ──────────────────────────────────────
    4944ᵖ  3193'  5665"                              ,δϠμδ̄   γρϟγ'   'εχξε"
           2640   1705   3025'''                     ,β'χμ   ,αψε    ,γκε"'
                  1104    713   1265''''             ,αρδ    ψιγ     ,ασξε"".
─────────────────────────────────────        ──────────────────────────────────────
    5043ᵖ   35'   15"    39'''   15''''              ,εμγ̄   λε"   ιε"   λθ'"   ιε""
```

(1) Ces multiplications se font de la manière suivante, comme nous l'avons enseigné déjà. Nous multiplierons 103ᵖ 55' 23" par 48ᵈ 31' 55". D'abord 103ᵖ par 48, le produit sera 4944 parties; ensuite 103ᵖ par 31', le produit est 3193. Puis encore 103ᵖ par 55", viennent 5665". Après quoi 55' multipliées par 48ᵖ font 2640; par 31', 1705"; ( car des minutes ou primes étant multipliées les unes par les autres produisent des secondes. ) Et 55' encore par 55" font 3025'''; enfin 23" multipliées par 48ᵖ font 1104"; par 31', 713"'; et par 55", 1265''''. Car les secondes par les secondes produisent des quartes. Divisant maintenant les quartes par 60, et portant les 3 tierces que j'en tire, aux tierces; j'en divise la somme encore par 60, et je porte aux secondes les secondes que j'en tire. Je divise la somme de celles-ci par 60, et il me vient des primes ou minutes que je porte aux minutes, et que je divise toujours par 60. Le quotient est en nombres entiers que je somme avec les unités entières, et je trouve pour produit total des

Οἱ δὲ πολλαπλασιασμοὶ, καθὼς καὶ πρότερον ὑπεγράψαμεν, γίνονται οὕτω· πολλαπλασιάσομεν τὸν ργ̄ νέ κγ", ἐπὶ τὸν μη̄ λα νε", ὡς πρότερον τὸν ρκ̄ ἐπὶ τὸν μη̄, γίνονται μοῖραι ,δϠμδ. Εἶτα τὸν ργ̄ ἐπὶ τὸν λα, γίνονται πρῶτα ἑξηκοςὰ γρϟγ. Ἔπειτα πάλιν τὸν ργ̄ ἐπὶ τὰ νε, γίνονται β ἑξηκοςὰ εχξε". Ἔπειτα τὰ νε' πρῶτα ἑξηκοςὰ ἐπὶ τὰ μη̄, γίνονται πρῶτα ἑξηκοςὰ βχμ· ἐπὶ δὲ τὰ λα πρῶτα ἑξηκοςὰ, γίνονται δεύτερα ἑξηκοςὰ αψε· πρῶτα γὰρ ἐπὶ πρῶτα, δεύτερα ποιεῖ. Καὶ ἔτι ἐπὶ τὰ νε β γίνονται γκε". Ἔπειτα πάλιν τὰ κγ" β ἐπὶ τὰ μη̄, γίνονται β ,αρδ"· ἐπὶ δὲ τὰ πρῶτα λα, γίνονται τρίτα ψιγ", ἐπὶ δὲ τὰ δεύτερα νε γίνονται τέταρτα ,ασξε"", β γὰρ ἐπὶ β γίνονται δ. Παραβαλόντες οὖν τὰ τέταρτα ἑξηκοςὰ παρὰ τὸν ξ, καὶ ποιήσαντες τρίτα καὶ τέταρτα ἑξηκοςὰ, προσεθήκαμεν τὰ γ̄ τοῖς γ̄· καὶ συναγαγόντες αὐτὰ καὶ παραβαλόντες πάλιν παρὰ τὸν ξ, καὶ ποιήσαντες β καὶ γ, προσεθήκαμεν πάλιν ὁμοίως τὰ β τοῖς β. Καὶ ἔτι συναγαγόντες αὐτὰ καὶ μερίσαντες περὶ τὸν ξ, ἔχομεν μοίρας καὶ πρῶτα ἑξηκοςά. Καὶ προσθέντες τὰς μοίρας ταῖς μοίραις, ἔχομεν τὸν συναχθέντα ἀριθ-

(1) Voyez les détails de cette opération très-clairement exposés dans l'histoire de l'astronomie ancienne par M. Delambre, tome 2, page 566.

μὲν μοιρῶν ͵εμγ λε′ ιε″ λθ‴ ιε⁗, ὃν μερίσαντες παρὰ τὸν ρκ̄, εὕρομεν τὸν μβ̄ α′
μη″ τέταρτον ἀνάλογον.

## ΚΕΦΑΛΑΙΟΝ ΙΓ΄.

### ΠΕΡΙ ΤΟΥ ΚΑΝΟΝΙΟΥ ΤΗΣ ΛΟΞΩΣΕΩΣ.

Ἐπεὶ δὲ ἐν τῷ ἐκτεθειμένῳ τῆς λοξώσεως
κανονίῳ ἀπὸ τοῦ ἰσημερινοῦ τυγχάνοντι κατὰ τὸ πρῶτον σελίδιον ἑνὸς μόνου τεταρτημορίου τοῦ διὰ μέσων ἔγκειται μοιρῶν ϙ̄,
ἀναγκαῖον δηλῶσαι ὃν τρόπον εἰσάγειν ὀφείλομεν ἐν τῷ κανόνι, πλειόνων τῶν ϙ̄ μοιρῶν
διδομένων. Ὅταν μὲν οὖν, λόγου ἕνεκεν,
ἀπ᾽ ἀρχῆς κριοῦ δοθῶσι μέχρι μοιρῶν ϙ̄,
αὐτοὶ τὰς διδομένας εἰσαγαγόντες εἰς τὸ πρῶτον σελίδιον τοῦ κανόνος, τὰς περιεχομένας
αὐταῖς ἐν τῷ δευτέρῳ σελιδίῳ ἐροῦμεν λελο-
ξῶσθαι τὸ δεδομένον τοῦ ζωδιακοῦ τμῆμα.
Ἐὰν δὲ ὑπὲρ τὰς ϙ̄ ὦσιν αἱ διδόμεναι τοῦ
ζωδιακοῦ μοῖραι, τὰς λειπούσας εἰς τὰς ρπ̄
μοίρας εἰσαγαγόντες, ὁμοίως ληψόμεθα τὴν
ἐπιζητουμένην τῆς λοξώσεως πηλικότητα.
Ἐὰν δὲ ὑπὲρ τὰς ρπ̄ ὦσιν ἕως σο̄, τὰς λοιπὰς τῶν ρπ̄ εἰσάξομεν. Ἐὰν δὲ ὑπὲρ τὰς σο̄,
τὰς λειπούσας εἰς τὰς τξ̄. Ἵνα δὲ καὶ ἐπὶ
καταγραφῆς φανερὰ γένηται τὰ λεγόμενα,
ἔστω ζωδιακὸς ὁ ΑΒΓΔ, ἰσημερινὸς δὲ, ὁ
ΕΖΗΘ· τὰ δὲ ἰσημερινὰ καὶ τροπικὰ σημεῖα
κατὰ τὰς ἀρχὰς τῶν τεσσάρων ζωδιακῶν·
κριοῦ, καρκίνου, λίτρου, παρθένου, ὡς ὑπογέγραπται. Ἐὰν οὖν ζητῶμεν τινὸς τμήματος
τῶν ἀπ᾽ ἀρχῆς τοῦ κριοῦ μέχρι τῆς ἀρχῆς
τοῦ καρκίνου, μοιρῶν ϙ̄ τὴν λόξωσιν, δῆλον,
ὡς ἔφαμεν, ὅτι αὐτὰς τὰς ἀπὸ κριοῦ διδομένας μοίρας εἰσαγαγεῖν ὀφείλομεν. Ἐὰν δὲ

nombres 5043ᵖ 35′ 15″ 39‴ 15⁗, qui divisées par 120, nous donnent le quatrième terme proportionnel 42ᵖ 1′ 48″.

## CHAPITRE XIII.

### DE LA TABLE D'OBLIQUITÉ.

La table des inclinaisons du cercle oblique sur l'équateur ne donnant, telle qu'elle
est posée, que les 90 degrés d'un seul
quart du cercle mitoyen du zodiaque,
dans la première colonne, il est nécessaire de montrer comment, avec des arcs
de plus de 90 degrés, nous devons entrer dans cette table; par exemple, étant
donné 90 degrés depuis le commencement du bélier, les portant dans la première colonne de la table, nous disons
que les nombres qui leur répondent dans
la seconde colonne marquent l'inclinaison
ou obliquité de cet arc du zodiaque.
Mais si l'arc donné du zodiaque est de
plus de 90 degrés, nous y porterons ce qui
s'en manque jusqu'à 180 degrés, et nous
prendrons pareillement la quantité cherchée de l'obliquité. Si l'arc surpasse 180
degrés jusqu'à 270, nous porterons dans
la table l'excédent de 180; et enfin s'il
passe 270, nous y porterons ce qui s'en
manque jusqu'à 360. Pour expliquer clairement par une figure, ce que je viens
de dire, ( Fig. 83 ), soit le zodiaque
ABGD, l'équateur EZHT; les points équinoxiaux et les point tropiques aux quatre
points du zodiaque où commencent le bélier, le cancer, la balance et le capricorne
comme ils sont marqués dans cette figure.
Si donc nous cherchons l'inclinaison de
quelque portion des 90 degrés comprise
depuis le commencement du bélier jusqu'à

celui du cancer, il est clair que nous devons compter les degrés de ce segment depuis le commencement du bélier. Mais si nous cherchons l'obliquité d'un segment plus grand que 90 degrés, mais qui ne passe pas 180, il est clair que nous devrons prendre ce qui s'en manque pour que cet arc soit de 180$^d$, ou l'arc entre le point donné et le premier de la balance, et porter cet arc dans la table. Mais si l'arc donné surpasse 180$^d$, sans être de 270, il faut prendre l'arc depuis le commencement de la balance jusqu'au troisième point donné G, et porter cet arc dans la table. Enfin si on a plus de 270 degrés, jusqu'à 360, au quatrième point D donné, nous porterons ce qui s'en manque pour completter 360, comptés depuis le commencement du bélier. Et nous agirions de même, si les degrés donnés étoient depuis le commencement de la balance.

Nous allons faire voir par cette même figure, qu'il suffit que cela soit démontré pour les arcs d'inclinaison sur un seul quart de cercle du zodiaque, parce que les mêmes ont les mêmes valeurs dans les trois autres quarts. K étant diamétralement opposé à L, supposons KA égal à LG, dès-lors A est diamétralement opposé à G. Soit M le pole de l'équateur et par A et M décrivons un grand cercle qui commencera en G, et passera par AE en G. Puisque AG est une demi-circonférence, ( car ces grands cercles s'entrecoupent par le milieu ) ainsi que EH, retranchons la portion commune GME: restera l'arc AE d'inclinaison égal à l'autre arc GH. On démontrera la même chose pour les autres. Donc les segmens du cercle mitoyen du zodiaque également dis-

πάλιν τινὸς τμήματος τῶν μετὰ τὰς ϛ ἕως τῶν ρπ̄· οἷον ὡς τοῦ κατὰ τὸ Β τμήματος, δῆλον ὅτι τὰς ἀπὸ λίτρας ἕως τοῦ Β λειπούσας εἰς τὰς ρπ̄ εἰσαγαγεῖν ὀφείλομεν. Ἐὰν δὲ ὑπὲρ τὰς ρπ̄ ἕως σō ὦσιν αἱ διδόμεναι ἀπὸ κριοῦ· οἷον πάλιν ὡς κατὰ τὸ Γ, δῆλον ὅτι πάλιν τὰς ἀπὸ λίτρας ἕως τοῦ Γ λοιπὰς οὔσας μετὰ τὰς ρπ̄ τοῦ ἡμικυκλίου εἰσαγαγεῖν ὀφείλομεν. Ἐὰν δὲ ὑπὲρ τὰς σō ἕως τξ̄, οἷον ὡς κατὰ τὸ Δ τὰς λειπούσας εἰς τὰς τξ̄ εἰσαγαγεῖν πάλιν ὀφείλομεν, ἵνα πάλιν ἀπὸ κριοῦ ὦσιν αἱ εἰσαγόμεναι. Ὁμοίως δὲ κἂν ἀπὸ τῆς ἀρχῆς τῶν λίτρων ἦσαν αἱ διδόμεναι τῇ αὐτῇ ἀγωγῇ χρήσομεν.

Ὅτι δὲ ἀρκούντως ἐπὶ τοῦ ἑνὸς τεταρτημορίου τοῦ ζωδιακοῦ τὰς λοξώσεις ἀπέδειξε, διὰ τὸ καὶ ἐπὶ τῶν λοιπῶν τριῶν τεταρτημορίων τὰς αὐτὰς εἶναι, δείξομεν πάλιν ἐπὶ τῆς αὐτῆς καταγραφῆς. Ἐπεὶ γὰρ κατὰ διάμετρον ἐςὶ τὸ Κ τῷ Λ, κείσθω ἴση ἡ ΚΑ τῇ ΛΓ· κατὰ διάμετρον ἄρα ἐςὶ καὶ τὸ Α τῷ Γ. Εἰλήφθω ὁ πόλος τοῦ ἰσημερινοῦ, καὶ ἔςω τὸ Μ. Καὶ διὰ τοῦ Α καὶ τοῦ Μ μέγιςος κύκλος γεγράφθω· ἤρξει δὴ καὶ διὰ τοῦ Γ. Ἐρχέσθω ὡς ὁ ΑΕΜΓ, καὶ ἐπεὶ ἡμικυκλίου ἐςὶν ἡ ΑΓ ( οἱ γὰρ μέγιςοι κύκλοι δίχα τέμνουσιν ἀλλήλους ), ἀλλὰ καὶ ἡ ΕΚ, κοινὴ ἀφῃρήσθω ἡ ΓΜΕ· λοιπὴ ἄρα ἡ ΑΕ τῆς λοξώσεως περιφέρεια λοιπῇ τῇ ΓΗ ἴση ἐςίν. Ὁμοίως δὴ δειχθήσεται καὶ ἐπὶ τῶν λοιπῶν· τὰ ἄρα ἴσον ἀπέχοντα ἀφ' ἑκατέρου τῶν ἰσημερινῶν σημείων τοῦ διὰ μέσων τῶν ζωδίων τμήματα, τὴν ἴσην λόξωσιν λοξοῦνται· ὥστε εἰκότως ἐπὶ ἑνὸς τεταρτημορίου τὴν ἀπόδειξιν πεποίηται.

Ὃν δὲ τρόπον κατὰ τὴν ἔκθεσιν τοῦ κανόνος ἀεὶ αἱ πρὸς τοῖς ἰσημερινοῖς σημείοις λοξώσεις μείζοσιν ὑπεροχαῖς παρηύξηνται τῶν ἀπώτερον, δείξομεν διὰ τῶν γραμμῶν οὕτως πάλιν· ἐκκείσθω ὁ δι' ἀμφοτέρων τῶν πόλων τοῦ τε διὰ μέσων τῶν ζωδίων καὶ τοῦ ἰσημερινοῦ, ὁ ΑΒΓΔ. Καὶ ἰσημερινοῦ μὲν ἡμικυκλίου τὸ ΑΕΓ, τοῦ δὲ διὰ μέσων τῶν ζωδίων, τὸ ΒΕΔ· πόλος δὲ τοῦ ἰσημερινοῦ ἔστω τὸ Ζ, καὶ ἀπειλήφθωσαν ἀπὸ τοῦ Ε ἐπὶ τοῦ διὰ μέσων τῶν ζωδίων ἴσαι περιφέρειαι αἱ ΕΗ, ΗΘ, ΘΚ, καὶ γεγράφθωσαν διὰ τοῦ Ζ πόλου τοῦ ἰσημερινοῦ καὶ τῶν Η Θ Κ σημείων, μεγίστων κύκλων τεταρτημόρια, τὰ ΖΗΛ, ΖΘΜ, ΖΚΝ, ἐφ' ὧν αἱ λοξώσεις ἐδείκνυντο, λέγω ὅτι ἡ ΘΜ της ΗΛ μείζονι ὑπερέχει ἥπερ ἡ ΚΝ τῆς ΘΜ. Καὶ ἔστιν αὐτόθεν φανερὸν, παραλλήλων γραφέντων διὰ τῶν Η Θ Κ, τῷ ΑΕΓ ἰσημερινῷ τῶν ΗΞ, ΘΟ, ΚΠ. Γίνεται γὰρ, ὡς ἐδείχθη ἐν τῷ πέμπτῳ θεωρήματι τοῦ τρίτου τῶν σφαιρικῶν, ἡ μὲν ΑΞ τῆς ΞΟ μείζων, ἡ δὲ ΞΟ, τῆς ΟΠ. Καὶ ὑπερέχει ἡ μὲν ΘΜ τῆς ΗΛ τῇ ΞΟ, ἡ δὲ ΚΝ τῆς ΘΜ, τῇ ΟΠ. Ἴσαι γὰρ εἰσὶν αἱ τῶν μεγίστων κύκλων περιφέρειαι, αἱ μεταξὺ τῶν παραλλήλων, ὥστε ἡ ΜΘ τῆς ΛΗ μείζονι ὑπερέχει, ἥπερ ἡ ΚΝ τῆς ΘΜ.

tants de chacun des deux points équinoxiaux sont également inclinés : d'où il suit qu'il suffit que Ptolemée ait établi sa démonstration sur un seul quart de cercle.

Nous allons de même démontrer par cette autre figure 84, que les arcs d'inclinaison croissent véritablement comme dans la table, par des différences d'autant plus grandes, qu'ils sont plus proches des points équinoxiaux. Supposons le cercle ABGD passant par les poles et du zodiaque et de l'équateur, AEG la demi-circonférence de l'équateur, BED celle du zodiaque, Z le pole de l'équateur, prenons depuis E sur le zodiaque des arcs égaux EH, HT, TK, et faisons passer par le pole Z de l'équateur et par les points H, T, K, les quarts de grands cercles ZHL, ZTM, ZKN, sur lesquels les inclinaisons ont été démontrées, je dis que l'arc TM surpasse plus l'arc HL, que l'arc KM ne surpasse l'arc TM. Ce qui est évident par soi-même, si l'on décrit par les points H, T, K, des arcs HX, TO, KP parallèles à l'équateur, car comme l'a démontré le troisième théorême sphérique, l'arc AX est plus grand que XO et XO plus grand que OP. Or l'arc TM a l'arc XO de plus que n'a l'arc HL, et l'arc KN a l'arc OP de plus que n'a l'arc TE. Car les arcs des grands cercles, entre parallèles, sont égaux ; donc l'arc MT surpasse l'arc LH d'une quantité plus grande que celle dont l'arc KN surpasse l'arc TN.

## ΚΕΦΑΛΑΙΟΝ ΙΔ.

ΠΕΡΙ ΤΩΝ ΕΠ' ΟΡΘΗΣ ΣΦΑΙΡΑΣ ΑΝΑΦΟΡΩΝ.

## CHAPITRE XIV.

DES ASCENSIONS DANS LA SPHÈRE DROITE.

Ἀποδείξας τὴν μεγίστην λόξωσιν μοιρῶν

Ptolemée, après avoir démontré la valeur

du plus grand arc d'obliquité, de 23ᵈ 51′ 20″, et celles des autres arcs d'obliquité particulièrement, tous pris sur les grands cercles qui passent par les poles de l'équateur et par les points donnés du cercle oblique et du zodiaque, et après en avoir dressé une table, afin qu'on puisse les y trouver à la simple vue sur-le-champ, continue son discours par les ascensions de l'équateur et du zodiaque, dans la sphère droite, position dans laquelle les poles de la sphère sont dans l'horizon. C'est pourquoi il dit qu'il fait la même fonction que les méridiens pour les lieux de la terre qui ont la sphère droite, parce que leur horizon passe comme les méridiens par les poles de la sphère. Ensuite, voulant montrer les valeurs des arcs de l'équateur et du mitoyen du zodiaque, pris depuis l'intersection de ces deux cercles jusqu'à leurs sections par le grand cercle qui passe par les poles de l'équateur et par les points qui terminent ces arcs du cercle oblique, il dit : « Car nous saurons ainsi en combien de temps équinoxiaux les segmens du cercle oblique traverseront le méridien pour quelque lieu terrestre que ce soit, et l'horizon dans la sphère droite ». Pour démontrer les ascensions, ou passages au méridien, des points donnés dans le zodiaque, et combien de temps de l'équateur passent au méridien ou s'élèvent sur l'horizon de la sphère droite, il appelle temps les segmens de l'équateur, parce que la révolution de l'univers se fait uniformément d'orient en occident autour des poles de l'équateur, et qu'il faut régler les mesures du temps sur le mouvement égal et uniforme d'un grand cercle, et il le démontre par le moyen du théorême

κζ να′ κ″, καὶ ἔτι τὰς κατὰ μέρος τοιαύτας πηλικότητας, ἐπὶ τῶν διὰ τοῦ ἰσημερινοῦ πόλων γραφομένων μεγίϛων κύκλων καὶ τῶν διδομένων τοῦ λοξοῦ, καὶ διὰ μέσων τῶν ζωδίων κύκλου τμημάτων, καὶ κανονοποιΐαν τούτων ἐκθέμενος πρὸς τὸ ἐξ ἑτοίμου ταύτας ἔχειν εἰς τὰς κατὰ μέρος ἐπισκέψεις, ἑξῆς περὶ τῶν ἐπ' ὀρθῆς τῆς σφαίρας ἀναφορῶν τοῦ ἰσημερινοῦ καὶ τοῦ ζωδιακοῦ κύκλου τὸν λόγον ποιεῖται, καθ' ἣν θέσιν οἱ πόλοι τῆς σφαίρας ἐπὶ τοῦ ὁρίζοντος τυγχάνουσι· διὸ καὶ ἰσοδυναμεῖν αὐτὸν ἐρεῖ τοῖς καθ' ἑκάϛην οἴκησιν μεσημβρινοῖς, ἐπεὶ καὶ ὁ τοιοῦτος ὁρίζων διὰ τῶν πόλων ἐϛὶ τῆς σφαίρας, καθάπερ καὶ πάντες οἱ μεσημβρινοί. Εἶτα βουλόμενος ἀποδεῖξαι τὰς γινομένας πηλικότητας τῶν ἀπολαμβανομένων περιφερειῶν τοῦ τε ἰσημερινοῦ καὶ τοῦ διὰ μέσων τῶν ζωδίων, ἀπὸ τῆς κοινῆς τομῆς αὐτῆς, ὑπὸ τοῦ γραφομένου κύκλου διὰ τῶν τοῦ ἰσημερινοῦ πόλων καὶ τῶν διδομένων τοῦ λοξοῦ κύκλου τμημάτων, φησίν· Οὕτω γὰρ ἕξομεν πόσοις χρόνοις ἰσημερινοῖς τὰ τοῦ διὰ μέσων τῶν ζωδίων κύκλου τμήματα, διελεύσεται τόν τε μεσημβρινὸν πανταχῇ, καὶ τὸν ἐπ' ὀρθῆς τῆς σφαίρας ὁρίζοντα. Εἶτα βουλόμενος ἀποδεῖξαι ἐπὶ τῶν κατὰ μέρος συναναφορῶν, ἢ συμμεσουρανήσεων τοῖς διδομένοις τμήμασι τοῦ ζωδιακοῦ, πόσοι χρόνοι τοῦ ἰσημερινοῦ συμμεσουρανοῦσιν, ἢ συνανέρχονται τὸν ἐπ' ὀρθῆς τῆς σφαίρας ὁρίζοντα χρόνον, καλῶν τὰ τοῦ ἰσημερινοῦ τμήματα, διὰ τὸ περὶ τοὺς τούτου πόλους τὴν ἀπὸ ἀνατολῶν ἐπὶ δυσμὰς φορὰν τῶν ὅλων ὁμαλῶς φέρεσθαι, καὶ ἀναγκαῖον εἶναι τὰς καταμετρήσεις τῶν χρόνων, ἐπί τινος ὁμαλῶς καὶ τεταγμένως φερομένου μεγίϛου κύκλου καταμετρεῖσθαι, ποιεῖ τοῦ τὴν εἰρημένην ἀπόδειξιν ἐπὶ τοῦ αὐτοῦ θεωρήματος, ἐφ' οὗ καὶ τὰς λοξώσεις ἀπεδείκνυε, προσχρώμενος τῷ κατὰ διαίρεσιν δειχθέντι αὐτῷ σφαιρικῷ θεωρήματι.

Ἐκτεθείσης γὰρ τῆς αὐτῆς καταγραφῆς, τουτέςι τοῦ ἐπὶ δι' ἀμφοτέρων τῶν πόλων τοῦ ΑΒΓΔ, ἰσημερινοῦ δὲ τοῦ ΑΕΓ, καὶ ζωδιακοῦ τοῦ ΒΕΔ, ὥςε τὸ Ε σημεῖον τὴν ἐαρινὴν εἶναι τομὴν τοῦ ζωδιακοῦ καὶ τοῦ ἰσημερινοῦ. Καὶ ἀποληφθείσης ὁμοίως της ΕΗ, λόγου ἕνεκεν, μοιρῶν λ‾, καὶ γραφείσης διὰ τοῦ Ζ πόλου τοῦ ἰσημερινοῦ καὶ τοῦ δεδομένου τοῦ διὰ μέσων τῶν ζωδίων τοῦ Η, τεταρτημορίου μεγίςου κύκλου περιφερείας της ΖΗΘ, ἐπιλογίζεται ἐκ τῶν ἔμπροσθεν εἰρημένων τὴν συναναφερομένην αὐτῇ τοῦ ἰσημερινοῦ, τουτέςι τὴν ΕΘ· αὕτη γὰρ συναναφέρεται τῇ ΕΚ τοῦ ζωδιακοῦ, διὰ τὸ τὸν ΖΗΘ κύκλον διὰ τῶν πόλων ὄντα της σφαίρας, ἰσοδυναμεῖν τῷ ἐπ' ὀρθης της σφαίρας ὁρίζοντι, καὶ ἅμα τὸ κοινὸν αὐτης σημεῖον τὸ Ε ἐπ' αὐτοῦ γίνεσθαι, καὶ δηλαδὴ συνανέρχεσθαι τὴν ΕΗ τῇ ΕΘ. Κατὰ τὰ αὐτὰ οὖν τοῖς πρώτοις εἰρημένοις, ἐπεὶ εἰς δύο μεγίςων κύκλων περιφερείας τὰς ΑΖ, ΑΕ, δύο διηγμέναι εἰσὶν, ἥ τε ΖΘ καὶ ἡ ΕΘ τέμνουσαι ἀλλήλας κατὰ τὸ Η, ὁ της ὑπὸ τὴν διπλην της ΖΒ, πρὸς τὴν ὑπὸ τὴν διπλην της ΒΑ λόγος συνῆπται ἔκ τε τοῦ της ὑπὸ τὴν διπλῆν της ΖΗ πρὸς τὴν ὑπὸ τὴν διπλῆν της ΗΘ, καὶ τοῦ της ὑπὸ τὴν διπλῆν της ΘΕ πρὸς τὴν ὑπὸ τὴν διπλην της ΕΑ. Ἀλλ' ἡ μὲν της ΖΒ περιφερείας διπλη μοιρῶν ἐςὶν ρλβ ιϛ' κ″, καὶ ἡ ὑπ' αὐτὴν εὐθεῖα τμημάτων ρθ‾ μθ' νγ″· ἡ δὲ της ΒΑ διπλη, μοιρῶν ἐςι μζ‾ μβ' μ″, καὶ ἡ ὑπ' αὐτὴν εὐθεῖα, μῆ λα' νε″ (τὸ γὰρ Β τροπικὸν σημεῖον ἐςὶ,

THÉON.

qui a servi à donner les valeurs des arcs d'inclinaison ou d'obliquité, en prenant pour cette démonstration le théorême qu'il a démontré par diérèse.

Dans la même figure ( 82 ), c'est-à-dire, du cercle ABGD passant les deux poles et de AEG l'équateur, E étant l'intersection vernale du zodiaque et de l'équateur, prenant l'arc EH de 30 degrés, par exemple, et décrivant par le pole Z de l'équateur et par le point donné H du cercle oblique, le quart ZHT de grand cercle, il calcule, d'après ce qui précède, l'arc ET de l'équateur qui se lève avec l'arc en question de l'oblique, ils se lèvent simultanément parce que le cercle ZHT passant par les poles de la sphère fait fonction d'horizon dans la sphère droite, et que le point commun E est dans l'horison même. C'est pourquoi EH marche avec ET. Or suivant ce qui a été prouvé, deux arcs ZT et ET de grands cercles qui s'entrecoupent en TH, en rencontrant deux autres AZ, AE, la raison de la corde du double de ZB à celle du double de BA, est composée de la raison de la corde du double de ZH à la corde du double de HT, et de la raison de la corde du double TE à la corde du double de EA. Mais l'arc double de ZB est de $132^p\,12'\,20''$, et sa corde est de $109^p\,44'\,53''$, l'arc double de BA est de $47^d\,42'\,40''$, et sa corde est de $48^p\,31'\,55''$, ( car B est le point tropique, puisque EB est un quart de cercle comme nous l'avons

27

montré plus haut). Et BA qui est la plus grande obliquité, étant de 23ᵖ 51′ 20″; son double est de 47ᵈ 42′ 40″, le double de l'arc ZB est donc de 132ᵈ 12′ 20″. Et puisque l'arc ZA est de 180ᵈ, et que le double de l'arc ZH est de 156ᵈ 41′, parce que l'arc HT d'obliquité ( de 10ᵈ ) est donné, et que sa corde est de 117ᵖ 31′ 15″, le double de l'arc HT étant de 23ᵈ 19′ 59″, et sa corde de 24ᵖ 15′ 57″. Si de la raison de 109 44′ 53″ à 48 31′ 55″. Nous ôtons la raison de 117ᵖ 31′ 15″ à 24ᵖ 15′ 57″, il en résultera que la raison de la corde du double de TE à la corde du double de EA, est la même que la raison de 54 52′ 26″ à 117ᵖ 31′ 15″. Or à cette raison est égale celle de 56 1′ 25″ à 120; et le double de l'arc EA est de 180ᵈ, et sa corde est de 120ᵖ. Donc la corde du double de l'arc ET vaut ces 56ᵖ 1′ 25″. Par conséquent l'arc qu'elle soutend, c'est-à-dire le double de TE est d'environ 55ᵈ 40′, et sa moitié, ou TE, de 27ᵈ 50′.

Ainsi, de la raison de 109. 44′. 53″ à 48. 31′. 55″, étant ôtée celle de 117. 31′. 15″ à 24. 15′. 57″, reste la raison de 54. 52′. 26″ à 117. 31′. 15″. Et celle-ci se transforme en celle de 56. 31′. 25″, à 120, comme nous allons le montrer : puisque nous avons les trois nombres donnés 109. 44′. 53″, 48. 31′. 55″, et 24. 15′. 57″, pour avoir un quatrième proportionnel, nous multiplions 24. 15′. 57″ par 109. 44′. 53″,

διὰ τὸ τὴν ΕΒ εἶναι τεταρτημορίου, ὡς καὶ μικρῷ πρόσθεν ἀπεδείκνυμεν ). Καὶ ἔς-ιν ἡ ΒΑ ἡ μεγίς-η λόξωσις, μοιρῶν οὖσα κγ̄ να″ κ″, ὥς-ε καὶ ἡ διπλῆ αὐτης ἐς-ὶν μζ μβ μ″· διὸ καὶ ἡ της ΖΒ διπλῆ μοιρῶν ἐς-ὶν ρλβ̄ ιβ′ κ″. Καὶ ἐπεὶ καὶ ἡ της ΖΑ μοιρῶν ἐς-ὶν ρπ̄, ἔς-ι δὲ καὶ ἡ της ΖΗ διπλῆ μοιρῶν ρνϛ̄ μα′, διὰ τὸ τὴν ΗΘ λόξωσιν δεδόσθαι, καὶ ἡ ὑπ' αὐτὴν εὐθεῖα τμημάτων ἐς-ὶν ριζ λα′ ιε″· ἡ δὲ της ΗΘ διπλῆ μοιρῶν ἐς-ὶν κγ̄ ιθ′ νθ″, καὶ ἡ ὑπ' αὐτὴν εὐθεῖα τμημάτων κδ̄ ιε′ νζ″. Ἐὰν ἄρα ἀπὸ τοῦ τῶν ρθ̄ μδ′ νγ″ πρὸς τὰ μη̄ λα′ νε″ λόγου ἀφέλωμεν τὸν τῶν ριζ λα′ ιε″ πρὸς τὰ κδ̄ ιε′ νζ″, καταλειφθήσεται ἡμῖν ὅτι, ὁ της ὑπὸ τὴν διπλὴν της ΘΕ πρὸς τὴν ὑπὸ τὴν διπλὴν της ΕΑ λόγος, ὁ τῶν νδ̄ νβ′ κϛ″ πρὸς τὰ ριζ̄ λα′ ιε″. Ὁ δ' αὐτὸς τούτῳ λόγος ἐς-ὶ καὶ ὁ τῶν νϛ̄ α′ κε″, πρὸς τὰ ρκ̄. Καὶ ἔς-ιν ἡ μὲν διπλῆ της ΕΑ, μοιρῶν ρπ̄, ἡ δ' ὑπ' αὐτὴν εὐθεῖα, τμημάτων ρκ̄ καὶ ἡ ὑπὸ τὴν διπλὴν ἄρα της ΕΘ τῶν αὐτῶν ἐς-ὶν νϛ̄ α′ κε″, ὥς-ε καὶ ἡ ἐπ' αὐτης περιφέρεια, τουτές-ιν ἡ διπλῆ της ΘΕ μοιρῶν ἐς-ὶν νε̄ μ′ ἔγγις-α· ἡ δὲ ϛ″ αὐτης, τουτές-ιν αὐτὴ ἡ ΕΘ τῶν αὐτῶν κζ ν′.

Ὃν δὲ τρόπον καὶ ἐνταῦθα ἀπὸ τοῦ τῶν ρθ̄ μα′ νγ″ πρὸς τὰ μη̄ λα′ νε″ λόγου ἀφ-αιρουμένου τοῦ τῶν ριζ λα′ ιε″ πρὸς τὰ κδ̄ ιε′ νζ″, καταλείπεται ὁ τῶν νδ̄ νβ′ κϛ″ πρὸς τὰ ριζ λα′ ιε″. Μεταλαμβάνεται δὲ οὗτος πάλιν εἰς τὸν τῶν πρὸς ρκ̄ τὰ νϛ̄ λα′ κε″, δείξομεν οὕτως. Ἐπεὶ γὰρ πάλιν ἔχομεν τρεῖς ἀριθμοὺς δεδομένους, τόν τε ρθ̄ μδ′ νγ″, καὶ τὸν μη̄ λα′ νε″, καὶ ἔτι τὸν κδ̄ ιε′ νζ″, μεταχειριζόμεθα ὁμοίως τὸν τέταρτον ἀνάλογον. Πολλαπλασιάζομεν τὸν κδ̄ ιε′ νϛ″

ἐπὶ τὸν ρθ μδ΄ νγ΄΄, καὶ μερίζοντες παρὰ τὸν μῆ λα΄ νε΄΄, εὑρίσκομεν ἐκ τοῦ μερισμοῦ τὸν νδ΄ νϛ΄ κϛ΄΄, καὶ γέγονε πάλιν ὡς ρθ μδ΄ νγ΄΄ πρὸς μῆ λα΄ νε΄΄, οὕτως νδ΄ νϛ΄ κϛ΄΄ πρὸς κδ΄ ιε΄ νζ΄΄. Καὶ μέσου ὅρου λαμβανομένου τοῦ ριζ λα΄ ιε΄, ὁ τῶν νδ΄ νϛ΄ κϛ΄΄ πρὸς τὰ κδ΄ ιε΄ νζ΄΄ λόγος σύγκειται ἔκ τε τοῦ τῶν νδ΄ νϛ΄ κϛ΄΄ πρὸς τὰ ριζ λα΄ νε΄΄, καὶ τοῦ τῶν ριζ λα΄ κε΄΄ πρὸς τὰ κδ΄ ιε΄ νζ΄΄. Καὶ δῆλον ὡς ὅτι ἐὰν ἀπὸ τοῦ τῶν ρθ μδ΄ νγ΄΄, πρὸς τὰ μῆ λα΄ νε΄΄ λόγου, τουτέστι τῶν νδ΄ νϛ΄ μϛ΄΄ πρὸς τὰ κδ΄ ιε΄ νζ΄΄ (ὁ γὰρ αὐτὸς αὐτῷ ἐστιν.) ἀφαιρεθῇ ὁ τῶν ριζ λα΄ ιε΄΄ πρὸς τὰ κδ΄ ιε΄ νζ΄΄, καταλειφθήσεται ὁ τῶν νδ΄ νϛ΄ κϛ΄΄ πρὸς τὰ ριζ λα΄ ιε΄΄, τουτέστιν ὡς ἐπὶ τῶν γραμμῶν ὁ τῆς ὑπὸ τὴν διπλῆν τῆς ΘΕ πρὸς τὴν ὑπὸ τὴν διπλῆν τῆς ΕΑ. Καὶ εἰ ἡ μὲν ὑπὸ τὴν διπλῆν τῆς ΕΑ περιφερείας εὐθεῖα τμημάτων ἦν ριζ λα΄ ιε΄΄, εἴχομεν ἂν αὐτόθεν καὶ τὴν ὑπὸ τὴν διπλῆν τῆς ΕΘ, νδ΄ νϛ΄ κϛ΄΄. Ἀλλ’ ἐπεὶ ἡ ὑπὸ τὴν διπλῆν τῆς ΕΑ ἐστὶν ρκ, μετάγομεν τὸν καταλειφθέντα λόγον εἰς τὸν ρκ, πολλαπλασιάσαντες τὸν ρκ ἐπὶ τὸν νδ΄ νϛ΄ κϛ΄΄, καὶ μερίσαντες τὸν γενόμενον παρα τὸν ριζ λα΄ ιε΄΄. Εὑρίσκομεν οὖν τέταρτον ἀνάλογον τὸν νϛ α΄ κε΄΄, καὶ γέγονεν ὡς νδ΄ νϛ΄ κϛ΄΄ πρὸς ριζ λα΄ ιε΄΄, οὕτω νϛ α΄ κϛ΄΄, πρὸς ρκ. Καὶ ἔστιν ἡ ὑπὸ τὴν διπλῆν τῆς ΕΑ ρκ, καὶ ἡ ὑπὸ τὴν διπλῆν ἄρα τῆς ΕΘ ἔσται νϛ α΄ κε΄΄. Καὶ δῆλον ὅτι οὐκ ἐπὶ τῶν ἐκτεθειμένων ἀριθμῶν, καὶ τὸν λόγον περιεχόντων τῆς ἀφαιρέσεως πεποίηται, ἀλλ’ ἐπὶ τῶν τὸν αὐτῶν λόγον ἐχόντων. Ἦν δὲ πάλιν καὶ ἀπ’ αὐτοῦ τοῦ ἐκτεθέντος τοῦ τῶν ρθ μδ΄ νγ΄΄ πρὸς τὰ μῆ λα΄ νε΄΄ τὴν ἀφαίρεσιν ποιήσασθαι, πολλαπλασιασάντων ἡμῶν τὸν

ot divisant le produit par 48 31' 55", nous trouvons le quotient 54 52' 26". D'où comme 109 44' 53" sont à 48 31' 55", ainsi 54 52' 26" sont à 24 15' 57". Prenant pour intermédiaire 117ᵖ 31' 15", la raison de 54ᵖ 52' 26", à 24 15' 57" est composée de la raison de 54 52' 26" à 117 31' 55", et de celle de 117 31' 15" à 24 15' 57". Or il est clair que si de la raison de 109 44' 53" à 48 31' 55", c'est-à-dire de 54 52' 46" à 24 15' 57" (car c'est le même rapport), on ôte la raison de 117 31' 15" à 24 15' 57", restera la raison de 54 52' 26" à 117 31' 15", c'est-à-dire, dans la figure, la raison du double de TE au double de EA. Si la corde du double de l'arc EA étoit de 117 31' 15", nous aurions par là même la corde du double de l'arc ET, de 54 52' 26". Mais la corde du double de EA étant de 120ᵖ, nous introduisons 120 dans la raison qui reste, en multipliant 120 par 54 52' 26", et en divisant le produit par 117 31' 15", nous trouvons pour quatrième proportionnel 56 1' 25". Voilà donc 54 52' 26" à 117 31' 15", comme 56 1' 26" sont à 120. Or la corde du double de EA est 120, par conséquent la corde du double de ET sera de 56 1' 25". On voit qu'ici on n'a pas agi sur les nombres proposés qui renferment la raison supprimée, mais sur d'autres nombres qui sont avec eux en même raison. On pourroit également ôter la raison des nombres donnés de 109 44' 53" à 48 31' 55", en multipliant 24 15' 57".

par 109 44′ 53″, et en divisant le produit
par 117 31′ 15″, et en prenant l'intermédiaire de la raison de 109 44″ 53″ à 48 31′
55″. Alors le quatrième proportionnel trouvé ne nous donneroit plus dans le dévelop-
pement des nombres, le rapport resté, à 117
31′ 15″, mais à 48 31′ 55″. Or la raison
n'a pas été ôtée, ni laissée autrement que
dans notre première manière d'opérer. Car
conformément à nos démonstrations géométriques, on a obtenu la seconde raison en
ôtant la première. Il paroit donc que
Ptolemée, dans tous les cas semblables, a
supprimé une raison pour avoir celle qu'il
cherchoit.

Après cette démonstration du nombre
de temps équinoxiaux, que l'arc de 30
degrés du zodiaque pris depuis l'intersection commune de ce cercle avec l'équateur
employe à monter sur l'horizon ou à tra-
verser le méridien, ou à passer au point
médiant du ciel, pour toute habitation
terrestre dans la sphère terrestre, Ptolémée applique la même figure et les mêmes
raisonnements à trouver en combien de
temps depuis cette même intersection
l'arc de 60 degrés du zodiaque montera
ou médiera pour tous les lieux qui ont
la sphère droite, il dit : Soit actuellement l'arc EH du zodiaque, de 60 degrés, et cherchons de combien de degrés
est l'arc ET de l'équateur. La raison de la
corde du double de l'arc ZB à la corde du
double de l'arc BA, étant composée de la
raison de la corde du double de l'arc ZH,
à la corde du double de l'arc HT, et de
la raison de la corde du double de l'arc
TE à la corde du double de l'arc EA,
d'après ce qui a été dit, le double de l'arc
ZB est de 132ᵈ 17′ 20″, et sa corde est
de 109ᵖ 44″ 53″; le double de l'arc BA

κδ̅ ιε′ νζ″ ἐπὶ τὸν ρθ̅ μδ′ νγ″, καὶ μερι-
σάντων περὶ τὸν ριζ̅ λα′ ιε″, καὶ εὑρόντων
τῶν τὸν μέσον ὅρον τοῦ ρθ̅ μδ′ νγ″ πρὸς
τὰ μη̅ λα′ νε″. Ἀλλ' ὁ εὑρισκόμενος τέταρτος
ἀνάλογος οὐκέτι πρὸς τὸν ριζ̅ λα′ ιε″ καταλειπόμενον λόγον ἐποιεῖτο κατὰ τὴν ἔκθεσιν
αὐτῶν, ἀλλὰ πρὸς μη̅ λα′ νε″. Καὶ ἦν ἂν
ἡ ἀφαίρεσις καὶ ἡ κατάληψις ἀκολούθως τῇ
ἔμπροσθεν ἡμῖν εἰρημένῃ ἐφόδῳ· ἀκολούθως
γὰρ ταῖς γραμμικαῖς ἐνταῦθα δείξεσι, τοῦ
πρώτου λόγου ἀφαιρουμένου, ὁ δεύτερος κατελαμβάνετο. Ὅθεν ἀπὸ ὁμοίου φαίνεται τὴν
ἀφαίρεσιν καὶ τὴν κατάλειψιν τοῦ λόγου ποιησάμενος.

Ἀποδείξας τὴν λ̅ μοιρίαν τοῦ ζωδιακοῦ,
τὴν ἀπὸ τῆς κοινῆς τομῆς αὐτοῦ τε καὶ τοῦ
ἰσημερινοῦ, πόσοις χρόνοις τοῦ ἰσημερινοῦ
ἐπ' ὀρθῆς τῆς σφαίρας, ἤτοι συνανέρχεται
τὸν ὁρίζοντα, ἢ συνεξέρχεται τὸν μεσημβρινὸν κατὰ πᾶσαν οἴκησιν, τουτέςι συμμεσ-
ουρανεῖ, ἐξῆς βούλεται δεῖξαι ἐπὶ τῆς αὐτῆς
καταγραφῆς τῇ αὐτῇ ἀποδείξει προσχρώμενος,
καὶ τὴν ξ̅ μοιρίαν τοῦ ζωδιακοῦ ἀπὸ τῆς
αὐτῆς κοινῆς τομῆς, πόσαις συναναφέρονται
ἢ συμμεσουρανοῦσι πανταχοῦ, καὶ φησίν·
Ἔςω οὖν πάλιν ἡ ΕΗ τοῦ ζωδιακοῦ περιφέρεια, μοιρῶν ξ̅, καὶ δέον ἔςω εὑρεῖν τὴν
ΕΘ τοῦ ἰσημερινοῦ περιφέρειαν πόσων ἐςὶ
μοιρῶν. Διὰ τὰ αὐτὰ οὖν ὁ τῆς ὑπὸ τὴν διπλῆν
τῆς ΖΒ, πρὸς τὴν ὑπὸ τὴν διπλῆν τῆς ΒΑ
λόγος συνῆπται ἔκ τε τοῦ τῆς ὑπὸ τὴν διπλῆν τῆς ΖΗ πρὸς τὴν ὑπὸ τὴν διπλῆν τῆς
ΗΘ, καὶ τοῦ τῆς ὑπὸ τὴν διπλῆν τῆς ΘΕ,
πρὸς τὴν ὑπὸ τὴν διπλῆν τῆς ΕΑ. Ἀλλ' ἡ
μὲν τῆς ΖΒ διπλῆ, διὰ τὰ εἰρημένα, μοιρῶν
ἐςὶν ρλβ̅ ιζ′ κ″, καὶ ἡ ὑπ' αὐτὴν εὐθεῖα,
τμημάτων ρθ̅ μδ′ νγ″, ἡ δὲ τῆς ΒΑ διπλῆ

μοιρῶν ἐς-ι μζ μδ μ'', καὶ ἡ ὑπ' αὐτὴν
εὐθεῖα μη λα' νε'· ἡ δὲ τῆς ZH διπλῆ,
ρλη νε', καὶ ἡ ὑπ' αὐτὴν εὐθεῖα, ριβ κγ
νς''· ἡ δὲ τῆς HΘ διπλῆ μοιρῶν μα ο ιη'',
καὶ ἡ ὑπ' αὐτὴν εὐθεῖα, μβ α' μη''. Δέδοται
δὲ ἡ HΘ περιφέρεια ἐκ τοῦ τῆς λοξώσεως
κανονίου ( λόξωσις γὰρ ἐς-ὶ μοιρῶν ζ )· διὸ
καὶ λοιπὴ ἡ ZH δίδοται. Ἐὰν οὖν πάλιν ἀπὸ
τοῦ τῶν ρθ μδ νγ πρὸς τὰ μη λα' νε'' λόγου ἀφέλωμεν τὸν τῶν ριβ κγ νς'' πρὸς τὰ
μβ α' μη'', καταλειφθήσεται ὁ τῆς ὑπὸ τὴν
διπλῆν τῆς EΘ πρὸς τὴν ὑπὸ τὴν διπλῆν τῆς
EA λόγος, ὁ τῶν ζε β' μ'' πρὸς τὰ ριβ κγ
νς''. Καὶ εἰ μὲν ἡ ὑπὸ τὴν διπλῆν τῆς EA
τμημάτων ἦν ριβ κγ νς'', καὶ ἡ ὑπὸ τὴν
διπλῆν τῆς ΘE τῶν αὐτῶν ἦν ζε β' μ''.
Ἀλλ' ἐπεὶ ἡ ὑπὸ τὴν διπλῆν τῆς EA ἐς-ὶ ρκ,
μεταγάγομεν πάλιν τὸν λόγον εἰς τὸν ρκ,
καὶ εὕρομεν τὴν ὑπὸ τὴν διπλῆν τῆς EΘ,
ρα κη κ''· ὥς-ε καὶ ἡ ἐπ' αὐτῆς περιφέρεια,
τουτές-ιν ἡ διπλῆ τῆς ΘE, ἔς-αι ἐκ τῶν ἐν
κύκλῳ εὐθειῶν ριε κη' ἔγγις-α· ἧς τὴν ς'',
ἢ εὐθεῖαν αὐτὴν τὴν ΘE, ἕξομεν νδ μδ',
αἵ τινες συμμεσουρανήσουσι ταῖς ξ μοίραις
τοῦ ζωδιακοῦ.

Καὶ ἐνταῦθα δὲ πάλιν πολλαπλασιάσαντες
τὰ μβ α' μη'' ἐπὶ τὸν ρθ μδ νγ, καὶ
μερίσαντες περὶ τὸν μη λα' νε'', εὑρίσκομεν
τὸν ζε β' μ''· καὶ γίνεται ὡς ρθ μδ νγ
πρὸς μη λα' νε'', οὕτως ζε β' μ'' πρὸς μβ
α' μ''· καὶ μέσου ὅρου λαμβανομένου τοῦ
ριβ κγ' νς'', ὁ τῶν ζε β' μ'' πρὸς τὰ μβ
α' μη'' λόγος σύγκειται ἔκ τε τοῦ τῶν ζε β'
μ'' πρὸς τὰ ριβ κγ νς'', καὶ τοῦ τῶν ριβ
κγ νς'' πρὸς τὰ μβ α' μ''. Καὶ ἐὰν πάλιν
ἀπὸ τοῦ τῶν ρθ μδ νγ πρὸς τὰ μη λα'
νε'' λόγου, τουτές-ι τοῦ τῶν ζε β' μ'' πρὸς

est de 47$^d$ 42' 40'', et sa corde est de 48$^p$
31' 55''; le double de l'arc ZH est de 138
55' 42'', et sa corde est de 112$^p$ 23' 56'';
le double de l'arc HT est de 41$^d$ 0' 18'',
et sa corde est de 42$^p$ 1' 48''. Or l'arc
HT est donné par la table d'obliquité, car
il est l'arc d'inclinaison de 60 degrés, l'arc
restant ZH est donc donné. Partant, si
encore de la raison de 109$^p$ 44' 53'' à 48$^p$
31' 55'', nous ôtons la raison de 112 23' 56''
à 42$^p$ 1' 48'', restera la raison de la corde
du double de ET à la corde du double de
EA, laquelle est celle de 95$^p$ 2' 40'' à 112$^p$
23' 56''. Et si la corde du double de EA
étoit de 112$^p$ 23' 56'', la corde du double
de TE seroit de 95$^p$ 2' 40''. Mais parce que
la corde du double de EA est de 120 parties, nous transformons la raison de manière
que EA y soit 120, et nous trouvons la
corde du double de l'arc ET, de 101$^p$ 28'
20''. Ainsi, son arc, c'est-à-dire le double
de TE, sera, par la table des cordes, de
115$^d$ 28' à peu près, et sa moitié 57$^d$ 44',
arc de l'équateur, qui passera au méridien
avec l'arc de 60 degrés du zodiaque.

Puis ici encore multipliant 42$^p$ 1' 48''
par 109$^p$ 44' 53'', et divisant par 48$^p$ 31'
55'', nous trouvons 95$^p$ 2' 40''. Or 109$^p$ 44'
53'' sont à 48$^p$ 31' 55'', comme 95$^p$ 2' 40''
sont à 42$^p$ 1' 40''. Et prenant l'intermédiaire 112$^p$ 23' 56'', la raison de 95$^p$ 2' 40''
à 42$^p$ 1' 4'' est composée de la raison de 94$^p$
2' 40'' à 112$^p$ 23' 56'', et de la raison de
112$^p$ 23' 56'' à 42$^p$ 1' 48''. Si donc encore
de la raison 109$^p$ 44' 53'' à 48$^p$ 31' 55'',
c'est-à-dire de la raison de 95$^p$ 2' 40'' à
42$^p$ 1' 48'', nous ôtons la raison de 112$^p$
23' 56'' à 42$^p$ 1' 4'', restera la raison de

$95^{p}$ 2' 4'' à $112^{p}$ 23' 56''. Transformant celle-ci en une raison égale où entre le nombre 120, selon ce que nous avons dit, nous trouverons la même raison de $101^{p}$ 28' 20'' à $120^{p}$.

Ayant ainsi démontré que 60 degrés du zodiaque, comptés depuis l'équateur (qui sont deux dodécatémories du cercle oblique entier dont 30 degrés sont la douzième partie), passent au méridien avec $57^{d}$ 44' de l'équateur, la première dodécatémorie traversant avec $27^{d}$ 50' de l'équateur, la seconde traverse donc avec $29^{d}$ 54'. Et puisque tout le quart de cercle du zodiaque traverse avec celui de l'équateur, et qu'il est composé de trois dodécatémories faisant ensemble 90 degrés, il s'ensuit que la troisième passe au méridien avec les $32^{d}$ 16' restants des $90^{d}$ de l'équateur. Il est évident que dans cette figure, nous trouvons par la même méthode, les arcs de l'équateur qui passent au méridien avec les arcs du zodiaque de dix en dix degrés, attendu que l'on n'apperçoit pas que les arcs plus petits soient sensiblement différents de ce qu'ils seroient s'ils croissoient uniformément. Ainsi, par exemple, dix degrés du bélier se trouvant par le calcul monter ou médier avec $9^{d}$ 10' de l'équateur, si nous voulons savoir combien de temps de l'équateur passent au méridien avec cinq degrés du bélier, nous prenons proportionellement la moitié de $9^{d}$ 10', laquelle est $4^{d}$ 35', et nous disons que ce nombre est synchronique aux 5 degrés du bélier. Car si nous voulons les calculer

τὰ ριϛ κγ νϛ'', ἀφέλωμεν τὸν τῶν ριϛ κγ νϛ'' πρὸς τὰ μϛ α μ'', καταλειφθήσεται ἃ τῶν ϟϛ β μ'' πρὸς τὰ ριϛ κγ νϛ'· ὃν μεταλαβόντες εἰς τὸν ρκ, δι' ἣν εἴπομεν αἰτίαν, εὑρήσομεν αὐτῷ τὸν αὐτὸν τὸν ρα κη κ'' πρὸς τὰ ρκ.

Δείξας οὖν πάλιν ὅτι ταῖς ἀπὸ τοῦ ἰσημερινοῦ τοῦ ζωδιακοῦ μοίραις ξ (αἵ τινές εἰσι δύο δωδεκατημόρια τοῦ ὅλου κύκλου, διὰ τὸ δυοδεκάκις τοῦ ὅλου κύκλου εἶναι λ), συγχρονοῦσι τοῦ ἰσημερινοῦ τμήμασι νϛ μδ, ὧν τὸ πρῶτον συνεχρόνει τμήμασιν κζ ν, καὶ λοιπὸν ἄρα τὸ δεύτερον συγχρονήσει μοιρῶν κθ νδ. Καὶ ἐπεὶ ὅλον τὸ τοῦ ζωδιακοῦ τεταρτημορίου ὅλῳ τῷ τοῦ ἰσημερινοῦ τεταρτημορίῳ συγχρονεῖ, τὸ δὲ τεταρτημόριον, τριῶν μὲν ἐστὶ δωδεκατημορίων, μοιρῶν δὲ Ϥ, καὶ τὸ τρίτον ἄρα τοῦ ζωδιακοῦ δωδεκατημόριον, συγχρονήσει τοῖς λοιποῖς μετὰ τοὺς νϛ μδ χρόνοις τοῦ ἰσημερινοῦ, εἰς τοὺς Ϥ χρόνους λβ ιϛ'. Καὶ δῆλον ὅτι ἐπὶ τῆς αὐτῆς καταγραφῆς τῇ αὐτῇ ἀποδείξει κατακολουθοῦντες, καὶ τὰς ταῖς κατὰ δεκαμοιρίαις τοῦ ζωδιακοῦ συγχρονούσας τοῦ ἰσημερινοῦ περιφερείας εὑρίσκομεν, διὰ τὸ τὰς ἔτι τούτων ἐλάττονας μηδενὶ ἀξιολόγῳ διαφέρειν τῶν καθ' ὁμαλὴν παραύξησιν ἐπιβαλλόντων παρὰ τὰ γραμμικά· οἷον, ἐπεὶ τῇ δεκαμοιρίᾳ τοῦ κριοῦ εὑρίσκομεν διὰ τῶν γραμμικῶν συναναφερομένους, ἤτοι συμμεσουρανοῦντας τοῦ ἰσημερινοῦ χρόνους θ ι, ἐὰν τοὺς τῆς ε συναναφερομένους ὁμοίως χρόνους ἐπὶ τοῦ κριοῦ εὑρίσκομεν, λαμβάνομεν ἐξ ἀναλόγου τὰς ϛ'' τῶν θ ι, ἤτοι δ λε', καὶ τοσαύτας λέγομεν συγχρονεῖν ταῖς τοῦ κριοῦ μοίραις ε· ἐπεὶ καὶ ἐὰν διὰ τῶν γραμμικῶν πάλιν τὰς ταῖς ε μοίραις συν-

ἀναφερομένας θελήσωμεν ἐπιλογίσασθαι, τοσαύτας ἔγγιςα εὑρήσομεν. Ἐκτίθεται οὖν
καὶ τούτων κανονογραφίαν, πρὸς τὸ πάλιν
ἐκ προχείρου ἔχειν ἡμᾶς παραλαμβάνειν εἰς
τὰς κατὰ μέρος ἐπισκέψεις, πόσοις χρόνοις
ἰσημερινοῖς τὰ διδόμενα τοῦ ζωδιακοῦ τμήματα, ἤτοι συνανέρχεται τὸν ἐπ' ὀρθῆς τῆς
σφαίρας ὁρίζοντα, ἢ συνεξέρχονται πανταχοῦ
τὸν μεσημβρινὸν, ὡς ἔφαμεν τὴν ἀρχὴν τῆς
ἐν τῷ κανόνι ἐκθέσεως ἀπὸ τῆς πρὸς τῷ
ἐαρινῷ γινομένης τομῆς τοῦ ζωδιακοῦ καὶ
τοῦ ἰσημερινοῦ ποιησάμενος, τουτέςιν ἀπὸ
τῆς ἀρχῆς τοῦ κριοῦ, καὶ ἔτι τὰς παραυξήσεις τῶν τοῦ ζωδιακοῦ τμημάτων κατὰ
δεκαμοιρίαν ἐκθέμενος. Εὑρίσκει δὲ ἐκ τῶν
εἰρημένων ἐπιλογισμῶν, τῇ μὲν πρώτῃ δεκαμοιρίᾳ, τῇ ἀπὸ τῆς ἀρχῆς τοῦ κριοῦ συναναφερομένους ἢ συμμεσουρανοῦντας τοῦ
ἰσημερινοῦ χρόνους θ ι, τῇ δευτέρᾳ, θ ιε·
τῇ τρίτῃ, θ κε. Ὡς συνάγεσθαι τοὺς μεσουρανοῦντας χρόνους, τῷ τοῦ κριοῦ δωδεκατημορίῳ κζ ν, τῇ δὲ τετάρτῃ δεκαμοιρίᾳ,
ἥτις ἐςὶ πρώτη τοῦ ταύρου, θ μ· τῇ δὲ
πέμπτῃ, ἥτις ἐςὶ δευτέρα τοῦ ταύρου, θ νη·
τῇ δὲ ἕκτῃ, τρίτη δὲ τοῦ ταύρου, ι ιϛ, ὡς
συνάγεσθαι καὶ τοὺς μεσουρανοῦντας χρόνους
τῷ τοῦ ταύρου δωδεκατημορίῳ κθ νδ· τὴν
δὲ ἑβδόμην ι μοῖραν, πρώτην δὲ τῶν διδύμων,
χρόνους ι λδ· τῇ δὲ ὀγδόῃ, δευτέρᾳ δὲ τῶν
διδύμων, ι μζ· τῇ δὲ ἐννάτῃ, τρίτη δὲ
τῶν διδύμων, ι νε, ὡς συνάγεσθαι πάλιν
καὶ τοὺς τούτου τοῦ δωδεκατημορίου λϛ ιϛ
χρόνους· ὅλου δὲ τοῦ τεταρτημορίου, ϛ.

Καὶ ἔςιν αὐτόθεν φανερὸν, ὅτι καὶ ἡ τῶν
λοιπῶν τεταρτημορίων τάξις ἡ αὐτὴ τυγχάνει,
πάντων καθ' ἕκαςον τῶν αὐτῶν συμβαινόντων,
διὰ τὸ τὴν σφαῖραν ὀρθὴν ὑποκεῖσθαι, ἐπει-

par le moyen de la figure, nous trouverons les mêmes nombres à très-peu près. Ptolemée les expose en forme de table, pour nous aider à trouver promptement en combien de temps de l'équateur les arcs donnés du zodiaque traversent l'horizon, ou passent au méridien, pour tous les lieux qui ont la sphère droite, en commençant comme nous l'avons dit, sa table au point d'intersection du zodiaque et de l'équateur, c'est-à-dire au premier point du bélier, et en y donnant les arcs du zodiaque croissants de dix en dix degrés. Il trouve par les calculs qu'il a développés, qu'avec la première décamorie (dixaine de degrés), qui est la portion ou le segment qui commence au premier point du bélier, montent ou médient 9 temps 10' minutes de l'équateur; avec la seconde, 9' 15'; avec la troisième, 9' 25'; qui font 27 temps 50 minutes traversant le méridien avec la dodécatémorie du bélier; avec la quatrième décamorie qui est la première du taureau, 9' 40'; avec la cinquième qui est la seconde du taureau, 9' 58'; avec la sixième qui est la troisième du taureau, 10' 16', qui font 29 temps 54 minutes passant au méridien avec la dodécatémorie du taureau; avec la septième décamorie qui est la première des gémeaux, 10' 34; avec la huitième, seconde des gémeaux, 10' 47'; avec la neuvième, troisième des gémeaux, 10' 55', qui font pour cette dodécatémorie, 32 temps 16 minutes, et ensemble les temps du quart de cercle.

Il est évident par soi-même que tout se passe dans le même ordre pour les autres quarts de la circonférence, tout étant disposé de la même manière en chacun d'eux. Nous supposons toujours que la sphère est droite; en effet dans la présente figure (86) décrivons le demi-cercle KEL du zodiaque, de sorte que E soit le point équinoxial du printems, B le point tropique d'hiver, et D celui d'été ; que E étant le point équinoxial d'automne, K soit le point tropique d'été, et L le point tropique d'hiver, et que le demi-cercle BED s'étende depuis le premier point du capricorne jusqu'au premier point du cancer, et KEL depuis le premier point du cancer jusqu'au premier point du capricorne; puis décrivons le demi-cercle ZHTP. Chacun des arcs EB, EA, EK, sera un quart de cercle, parce que le cercle ABGD en passant par leurs pôles, coupe en deux parties égales les demi-cercles interceptés. C'est pourquoi, puisque les deux arcs BE, EA, sont égaux aux deux EA, EK, et que la base BA est égale à la base AK, il s'ensuit que l'angle BEA est égal à l'angle AEK, suivant la raison des côtés homologues coïncidens chacun à chacun. Mais les angles en T sont droits, et ET commun aux trilatères, ainsi ils sont parfaitement égaux l'un à l'autre, suivant la même raison des parties homologues qui coïncident exactement l'une sur l'autre, comme Ménélas l'a prouvé dans ses sphériques. Donc l'arc EH du cercle oblique est égal à l'arc EM du même cercle, et l'arc HT d'obliquité est par conséquent égal à l'arc HT d'obliquité aussi. Et il est évident que les deux arcs EH, EM, s'étendant à une distance égale de part et d'autre de l'équateur, ils passent au méridien avec des segmens égaux de l'équateur. Car si nous décrivons le demi-cercle ZEP de l'horizon, et par les points H et M les arcs HR, MS, parallèles à l'équateur, l'arc RH marchera avec l'arc EH, et SM avec EM. Mais cha-

δήπερ ἐὰν, ἐκτεθείσης τῆς ἐπάνω καταγραφῆς, γράψωμεν καὶ τὸ ΚΕΛ τοῦ ζωδιακοῦ ἡμικύκλιον, ὥςε τοῦ μὲν Ε σημείου ἐαρινοῦ ὑποκειμένου, τὸ μὲν Β γίνεσθαι χειμερινὸν τροπικὸν, τὸ δὲ Δ θερινόν· τοῦ δὲ Ε πάλιν μετοπωρινοῦ ὑποκειμένου, τὸ μὲν Κ γίνεσθαι θερινὸν, τὸ δὲ Λ χειμερινόν· καὶ τὸ μὲν ΒΕΔ ἡμικυκλίου γίνεσθαι ἀπ' ἀρχῆς παρθένου ἐπὶ ἀρχὴν καρκίνου, τὸ δὲ ΚΕΛ ἀπ' ἀρχῆς καρκίνου ἐπὶ ἀρχὴν αἰγόκερω, καὶ ἀναπληρώσωμεν τὸ ΖΗΘΠ ἡμικύκλιον, ἑκάςη μὲν τῶν ΕΒ, ΕΑ, ΕΚ, τεταρτημορίου ἔςαι, διὰ τὸ τὸν ΑΒΓΔ κύκλον, διὰ τῶν πόλων αὐτῶν τυγχάνοντα, δίχα τέμνειν τὰ ἀπολαμβανόμενα αὐτῶν ἡμικύκλια. Καὶ διὰ τοῦτο ἐπεὶ δύο αἱ ΒΕ, ΕΑ, δυσὶ ταῖς ΕΑ, ΕΚ ἴσαι εἰσὶν, ἀλλὰ καὶ βάσις ἡ ΒΑ, βάσει τῇ ΛΚ ἴση. Γωνία ἄρα ἡ ὑπὸ ΒΕΑ, γωνίᾳ τῇ ὑπὸ ΑΕΚ ἴση ἐςὶ, κατὰ τὸν τῶν ἐφαρμοζόντων λόγον. Εἰσὶ δὲ καὶ αἱ πρὸς τῷ Θ γωνίαι ὀρθαὶ, καὶ κοινὴ τῶν δύο τριπλεύρων ἡ ΕΘ, καὶ πάντα πᾶσιν ἴσα κατὰ τὸν τῶν ἐφαρμοζόντων ὁμοίως λόγον, ὡς καὶ ὁ Μενέλαος ἐν τοῖς σφαιρικοῖς. Ἴση ἄρα ἡ μὲν ΕΗ τοῦ διὰ μέσων τῇ ΕΜ τοῦ αὐτοῦ κύκλου, ἡ δὲ ΗΘ δηλονότι τῆς λοξώσεως τῇ ΘΜ ὁμοίως τῆς λοξώσεως. Καὶ φανερὸν ὅτι ἑκατέρα τῶν ΕΗ, ΕΜ, ἴσον ἀπέχουσα τοῦ ἰσημερινοῦ, τοῖς ἴσοις τοῦ ἰσημερινοῦ τμήμασι συναναφέρεται. Ἐπειδήπερ ἐὰν γράψωμεν καὶ τὸ ΖΕΠ τοῦ ὁρίζοντος ἡμικυκλίου, καὶ διὰ τῶν Η καὶ Μ σημείων παραλλήλους τῷ ἰσημερινῷ γράψωμεν τὰς ΗΡ, ΜΕ περιφερείας, ἡ μὲν ΡΗ τῇ ΕΗ συνανενεχθήσεται, ἡ δὲ ΣΜ τῇ ΕΜ. Ἀλλὰ ἑκατέρα τῶν ΡΗ, ΣΜ τῇ ΕΘ, ὅμοιαι γὰρ, καὶ ἑκατέρα ἄρα τῶν ΕΗ, ΕΜ τῇ ΕΘ ἴσῃ οὔσῃ συνανενεχθήσεται.

Ἢ καὶ ὅτι πάλιν εἰς δύο τὰς ΠΑ, ΑΕ, δύο γεγραμμέναι εἰσὶν, αἱ ΠΘ, ΕΚ, τέμνουσαι ἀλλήλας κατὰ τὸ Μ, καὶ ὁ τῆς ὑπὸ τὴν διπλῆν τῆς ΠΚ πρὸς τὴν ὑπὸ τὴν διπλῆν τῆς ΚΑ, ὁ αὐτὸς ὢν τῷ τῆς ὑπὸ τὴν διπλῆν τῆς ΖΒ πρὸς τὴν ὑπὸ τὴν διπλῆν τῆς ΒΑ λόγῳ σύγκειται ἔκ τε τοῦ τῆς ὑπὸ τὴν διπλῆν τῆς ΠΜ πρὸς τὴν ὑπὸ τὴν διπλῆν τῆς ΜΘ, τοῦ αὐτοῦ ὄντος τῷ τῆς ὑπὸ τὴν διπλῆν τῆς ΖΗ πρὸς τὴν ὑπὸ τὴν διπλῆν τῆς ΗΘ, καὶ τοῦ τῆς ὑπὸ τὴν διπλῆν τῆς ΘΕ, πρὸς τὴν ὑπὸ τὴν διπλῆν τῆς ΕΑ, ἐν ἑκατέρᾳ τοῦ αὐτοῦ τυγχάνοντος, ὡς καὶ ἐφ' ἑκατέρας τῶν καταγραφῶν, τὴν ΕΘ περιφέρειαν καταλαμβάνεσθαι συναναφερομένην ἐπ' ὀρθῆς τῆς σφαίρας ἑκατέρα τῶν ΗΕ, ΕΜ τοῦ ζωδιακοῦ ἴσων περιφερειῶν. Διὰ τὰ αὐτὰ δὴ κἂν τὴν ΕΖ ἴσην τῇ ΕΗ ἀπολαβόντες γράψωμεν τὸ ΖΞΝΠ ἡμικύκλιον, καὶ τὴν ΕΟ ἴσην τῇ ΕΘ οὖσαν εὑρήσομεν, διὰ τὸ καὶ τὰς πρὸς τῷ Ε γωνίας ἴσας εἶναι, τῶν ΑΒ, ΓΔ περιφερειῶν ἴσων οὐσῶν, καὶ ἑκατέρα τῶν ΕΞ, ΕΝ συναναφερομένων. Καὶ ἔςιν αὐτόθεν φανερὸν, ὡς ἔφαμεν, ὅτι καὶ ἐπὶ τῶν λοιπῶν τριῶν τεταρτημορίων τῇ αὐτῇ τάξει κατακολουθοῦντες, τὰς αὐτὰς συναναφορὰς καταληψόμεθα ἐπὶ τῶν ἴσων ἀπὸ τῶν ἰσημερινῶν τοῦ ζωδιακοῦ περιφερειῶν, διὰ τὸ τὰς ΖΘ, ΘΕ, ΠΘ, ΠΕ, διὰ τῶν πόλων οὔσας ἰσοδυναμεῖν τῷ ἐπ' ὀρθῆς τῆς σφαίρας ὁρίζοντι.

cun des arcs RH, SM, marchera avec ET, car ils sont semblables, donc chacun des arcs EH, EM, marchera avec l'arc égal ET.

Ou bien, comme aux deux arcs PA, AE, sont menés les deux PT, EK qui s'entre-coupent en M, la raison de la corde du double de PK à la corde du double KA, étant la même que la raison de la corde du double de ZB à la corde du double de BA, est composée de la raison de la corde du double de PM à la corde du double de MT, qui est la même que la raison de la corde du double de ZH à la corde du double de HT, et de la raison de la corde du double de TE à la corde du double de EA, la même raison étant dans chacuns, de sorte que dans l'une et l'autre figure, l'arc ET, se trouve passer au méridien dans la sphère droite, avec les arcs HE, EM égaux du zodiaque. Pour ces raisons, si prenant l'arc EZ égal à l'arc EH, nous décrivons le demi-cercle ZXNA, nous trouverons l'arc EO égal à l'arc ET, parce que les angles en E sont égaux, les arcs AB, GD, étant égaux, et les arcs EX, traversant le méridien ensemble. Il résulte donc clairement de tout cela, comme nous l'avons dit, qu'en suivant le même ordre pour les trois autres quarts de cercle, nous trouverons les mêmes coascensions des mêmes arcs du zodiaque depuis les points équinoxiaux, attendu que les arcs ZT, ZE, PT, PE, passant par les poles font la même chose que l'horizon dans la sphère droite (1).

(1) Théophile omet le paragraphe suivant qui paroît être une note intruse relative à la figure 48. Porta n'a pas manqué de la traduire.

THÉON.

Comme dans celle des figures précédentes qui représente la divison d'un arc par moitié, nous avons décrit sur le diamètre AG le demi-cercle ABG, l'ayant divisé en demi-degrés, si nous prenons GB de 1 ½, et GD de ½, et que nous joignions les droites GB, GD, et les droites AB, AD, et que prenant AE égale à AB, nous abaissions de D, la perpendiculaire DZ sur AG, GB étant donnée, BA, c'est-à-dire AE est aussi donnée, et par conséquent EG sera donnée. Mais la raison de EG à GZ n'est pas donnée, comme quand l'arc GB étant coupé par le milieu, on avoit la moitié ZG de EG, puisque si nous prenions l'arc DH égal à l'arc GD, et si nous joignions AH, HD, en faisant AT égale à AH, ZG sera moitié de GT qui n'est pas donnée. Ainsi GZ n'étant pas donnée, le produit de AG par GZ, c'est-à-dire le carré de GD n'est pas donné, ni la droite GD qui soutend la moitié.

Pour prouver que les arcs du cercle oblique passent simultanément avec les mêmes temps ou segmens de l'équateur, par le méridien, pour tous les lieux terrestres, et par l'horizon dans la sphère droite, soit, (Fig. 86.) ABGD le méridien, BED un demi-cercle de l'horizon dans la sphère droite, AEG un autre de l'équateur, ZHT un autre du cercle oblique, et décrivons par le point K le segment KD d'un parallèle à l'équateur. Puisque l'horizon BED passe par les poles de la sphère, KL est donc semblable à EA. Par conséquent HA est plus grand qu'il ne faut pour être semblable à

Ἐπειδήπερ κἂν ἐπὶ τῆς ἔμπροσθεν ἐπὶ τῆς διχοτομίας ἐκτεθειμένης καταγραφῆς, ἐγγράψωμεν ἐπὶ τῆς ΑΓ διαμέτρου, ἡμικύκλιον τὸ ΑΒΓ, καὶ ἔχοντες αὐτὸ διῃρημένον κατὰ ἡμιμοίριον, ἀπολαβόντες τὴν μὲν ΓΒ μοίρας $\bar{α}$ ϛ″, τὴν δὲ ΓΔ ἡμιμοιρίας, ἐπιζεύξωμεν τὰς ΓΒ, ΓΔ, καὶ ἔτι τὰς ΑΒ, ΑΔ, καὶ ἀπολαβόντες τῇ ΑΒ ἴσην τὴν ΑΕ, κάθετον ἐπὶ τὴν ΑΓ ἀπὸ τοῦ Δ ἀγάγωμεν τὴν ΔΖ. Ἐπεὶ δοθείσης τῆς ΓΒ, δίδοται καὶ ἡ ΒΑ, τουτέστιν ἡ ΑΕ, καὶ λοιπὴ ἡ ΕΓ δοθήσεται. Οὐκέτι δὲ καὶ ὁ τῆς ΕΓ πρὸς ΓΖ λόγος δίδοται καθάπερ ἐπὶ τῆς διχοτομίας τῆς ΓΒ περιφερείας, ἡμίσεια κατελαμβάνετο ἡ ΖΓ τῆς ΕΓ. Ἐπειδήπερ ἐὰν ἴσην τῇ ΓΔ περιφερείᾳ ἀπολάβωμεν τὴν ΔΗ, καὶ ἐπιζεύξωμεν τὰς ΑΗ, ΗΔ, ἴσην τῇ ΑΗ. Ἀπολαβόντες τὴν ΑΘ ἐπιζεύξωμεν τὴν ΑΘ, ἡμίσεια γενήσεται ἡ ΖΓ τῆς ΓΘ μὴ δεδομένης. Διὸ, τῆς ΓΖ μὴ δεδομένης, οὐδὲ τὸ ὑπὸ τῶν ΑΓ, ΓΖ, τουτέστι τὸ ἀπὸ τῆς ΓΔ δοθήσεται δηλαδὴ, οὐδὲ αὐτὴ ἡ ΓΔ εὐθεῖα ὑποτείνουσα τὸ ἡμιμοίριον.

Ὅτι δὲ τοῖς αὐτοῖς χρόνοις, ἤτοι τμήμασι τοῦ ἰσημερινοῦ τὰ τοῦ διὰ μέσων τῶν ζωδίων τμήματα διελεύσεται, τόν τε ἰσημερινὸν πανταχοῦ, καὶ τὸν ἐπ' ὀρθῆς τῆς σφαίρας ὁρίζοντα, οὕτω δεικτέον· ἔστω μεσημβρινὸς μὲν κύκλος ὁ ΑΒΓΔ, καὶ τῶν ἡμικυκλίων τοῦ μὲν ἐπ' ὀρθῆς τῆς σφαίρας ὁρίζοντος τὸ ΒΕΔ, ἰσημερινοῦ δὲ, τὸ ΑΕΓ, τοῦ δὲ διὰ μέσων, τὸ ΖΗΘ, καὶ γεγράφθω διὰ τοῦ Κ παράλληλον τῷ ἰσημερινῷ τὸ ΚΛ τμῆμα· καὶ ἐπεὶ ὁ ΒΕΔ ὁρίζων διὰ τῶν πόλων ἐστὶ τῆς σφαίρας, ὁμοία ἄρα ἡ ΚΛ τῇ ΕΑ· ἡ ἄρα ΗΑ μείζων ἐστὶν, ἢ ὁμοία τῇ ΚΛ. Κείσθω τῇ ΚΛ ὁμοία ἡ ΗΜ, ἐν ᾧ ἄρα τὸ Κ ἐπὶ τὸ Λ, ἐν τούτῳ καὶ τὸ Η ἐπὶ τὸ Μ, καὶ ἕξει ἡ ΚΗ τοῦ ζωδιακοῦ περιφέρεια τὴν της ΛΜ θέσιν. Καὶ ἐπεὶ ἑκατέρα τῶν ΕΛ, ΗΜ, ὁμοία ἐςὶ τῇ ΚΛ, καὶ ἡ ΕΛ ἄρα ὁμοία ἐςὶ τῇ ΗΜ, ἴση ἄρα ἡ ΚΜ τῇ ΕΛ. Καὶ κοινης ἀφαιρεθείσης της ΕΜ, λοιπὴ ἡ ΕΗ λοιπῇ τῇ ΜΑ ἐςὶν ἴση. Καὶ τῇ μὲν ΕΗ τοῦ ἰσημερινοῦ συνανέρχεται ἡ ΗΚ τοῦ ζωδιακοῦ τὸν ὁρίζοντα, τῇ δὲ ΜΑ τοῦ ἰσημερινοῦ συνεξέρχηται τὸν μεσημβρινὸν ἡ ΛΜ τοῦ ζωδιακοῦ, ὥςε τοῖς αὐτοῖς τοῦ ἰσημερινοῦ χρόνοις τὰ τοῦ διὰ μέσων τμήματα διελεύσεται, τόν τε μεσημβρινὸν πανταχῇ καὶ τὸν ἐπ' ὀρθης της σφαίρας ὁρίζοντα.

l'arc KL, supposons HM semblable à KL, alors si l'on pose K sur L, et H sur M, par cette superposition, l'arc KH du zodiaque prendra la position LM. Et puisque chacun des arcs EA, HM est semblable à l'arc KL, l'arc est aussi semblable à l'arc HM, et par conséquent HM est égal à EA. Otant donc l'arc commun EM, restent les arcs égaux EH et MA. Or l'arc HK du zodiaque traverse l'horizon avec l'arc EH de l'équateur, et l'arc LM du zodiaque passe au méridien avec l'arc MA de l'équateur ; donc les segmens du cercle oblique traverseront, avec les mêmes tems de l'équateur, le méridien pour tous les lieux terrestres, et l'horizon dans la sphère droite.

ΤΕΛΟΣ ΤΟΥ ΠΡΩΤΟΥ ΒΙΒΛΙΟΥ.  FIN DU PREMIER LIVRE.

L'application que j'ai faite, sous le médaillon qui est en tête de ce volume, des deux vers tirés de l'hymne de S. Remi ( Brev. de Reims ), est justifiée par les paragraphes des pages 7, 8, 9, 18, 19 de la lettre pastorale publiée à Paris le 9 octobre 1819. H.

# NOTES.

*Epitre dédicatoire.*

Ce que j'ai dit de la commission donnée par le concile de Nicée à l'évêque d'Alexandrie, de s'informer auprès des astronomes de cette ville, du jour précis de l'équinoxe pour la détermination du jour de la fête de pâques en chaque année, est confirmé par l'inscription suivante gravée au dessous de la pyramide de la méridienne de Saint-Sulpice à Paris :

« Quod S. Martyr et episcopus Hippolytus adorsus est, quod concilium Nicænum patriarchæ Alexandrino demandavit, quod patres Constantienses et Lateranenses sollicitos habuit, quod inter Romanos pontifices Gregorius XIII et Clemens XI incredibili labore et adhibita peritiorum astronomorum industria conati sunt, hoc æmulatur stylus iste cum subducta linea meridiana et puncto æquinoxiali certis periodorum solarium indicibus. »

Mon quatrième volume intitulé : Hypothèses de Ptoleméc, contient à la fin du discours préliminaire, les preuves de cette commission donnée par le concile de Nicée à l'évêque d'Alexandrie.

Alexandrie en devenant chrétienne, dès le premier siècle de l'église, avoit reçu un évêque et une école que Saint Clément dans le deuxième siècle, et Origène dans le troisième rendirent célèbre. Elle profita de la culture de l'astronomie dans cette ville, pour régler le calendrier des fêtes mobiles. Cette école chrétienne fut anéantie, comme celle des payens, par la prise d'Alexandrie et l'incendie de sa bibliothèque sous le calife Omar dans le septième siècle.

Ammonius d'Alexandrie, philosophe chrétien et maître d'Origène et de Plotin, écrivit dans le troisième siècle ses commentaires sur la composition de Ptolemée, ils sont totalement perdus.

Les tables paschales de saint Hippolyte sont du second siècle, et dressées d'après celles que Clément d'Alexandrie avoit composées. Les disputes sur le vrai temps de la célébration de la fête de pâques firent éclore bien des écrits sur le calendrier. Le P. Petau en rapporte une partie dans son Uranologien.

Le romancier grec Achilles Tatius, mauvais abbréviateur d'astronomie, ne parlant pas des astronomes postérieurs à Hypsicle, ne peut appartenir qu'au troisième siècle, où vivoit l'évêque Pierre d'Alexandrie qui composa un canon paschal, et qui eut pour successeur Achillas qu'il avoit préposé à l'école chrétienne d'Alexandrie, et après celui-ci, Alexandre qui fut chargé par les pères du concile de Nicée, de faire savoir à toute l'église, d'après la réponse des astronomes d'Alexandrie, le jour de l'année auquel il falloit placer la célébration de la fête de pâques.

L'école chrétienne établie à Rome par le philosophe Saint Justin, l'apologiste de la religion, ne s'occupoit aucunement des sciences profanes. Aussi le Pape Victor s'en rapportoit-il pour la détermination de la fête de pâques, aux évêques d'Orient.

Denis évêque d'Alexandrie, décida qu'elle suivroit l'équinoxe vernal. Anatolius d'Alexandrie, évêque de Laodicée, fit sur le cycle lunaire de 19 ans un canon pascal qui fut perfectionné ensuite par Eusèbe et Saint Cyrille, évêques d'Alexandrie.

Cinquante ans avant le concile de Nicée, l'empereur Aurélien, sous qui vécut Porphyre plus astrologue qu'astronome, avoit détruit le musée dans une révolte des habitans d'Alexandrie. Et depuis le second siége, le Sérapéum étoit devenu l'unique demeure des savans et le seul dépôt des livres de cette ville.

Ce fut donc en ce lieu, que Théon et Pappus, contemporains, sous le régne de Théodose le grand, professèrent l'astronomie, et qu'ils écrivirent leurs commentaires sur la composition de Ptolemée.

### *Discours préliminaire, page première.*

Saint Augustin montre bien le mépris qu'il faisoit des prédictions des astrologues, quand il dit dans sa Cité de Dieu, que l'on ne peut attribuer qu'aux mauvais esprits celles qui se trouvent vérifiées par l'événement. Ces êtres malfaisans ne s'occupant, ajoute-t-il, que de fasciner les ames par de fausses et dangereuses idées d'influence des astres sur les destinées humaines, et non par quelque moyen certain d'horoscope, science vaine et illusoire. (1)

Ce grand évêque rapporte un fait curieux dans son cinquième livre de la Cité de Dieu. Il le cite pour prouver la vanité des prétendues prédictions des astrologues par les étoiles, sur les événemens de la vie au moment de la naissance. (2) « Cicéron disoit que le célèbre médecin Hippocrate avoit parlé dans ses écrits, de deux frères dont l'un tomboit malade en même temps que l'autre le devenoit. Le stoïcien Possidonius, fort adonné à l'astrologie, expliquoit cela par la constitution des astres qui avoit été la même au moment de la conception de ces deux enfans. Mais le médecin, présumant qu'ils étoient jumeaux, attribuoit cette disposition de leurs corps à la similitude du genre de vie depuis leur naissance, élevés et nourris de même, dans la même maison, sous les yeux des mêmes parens, faisant les mêmes exercices et usant de toutes les mêmes choses. L'opinion du médecin est plus croyable, ajoute Saint Augustin, puisqu'on voit des frères jumeaux qui élevés différemment et en des lieux différens, n'ont ni les mêmes passions ni le même tempérament, et n'éprouvent pas les mêmes accidens ni les mêmes affections en même temps.

Saint Augustin réfute ensuite l'argument, tiré de la roue du potier par Nigidius qui fut surnommé pour cela Figulus. Ce philosophe supposoit un potier qui en faisant tourner rapidement sa roue, touchoit deux fois au même instant avec une matière colorée,

(1) Non immeritò creditur, cum astrologi mirabiliter multa vera respondent, occulto instinctu fieri spirituum non bonorum, quorum cura est has falsas et noxias opiniones de astralibus fatis inserere humanis mentibus atque firmare, non horoscopi notati et inspecti aliqua arte quæ nulla est.

S. A. Augustini *Hipp. Episc. de civit. Dei L. v. C. vii.*

(2) Ce fait ne se trouve pas dans les ouvrages que nous avons de Cicéron et d'Hippocrate.

sur le même point, le vase qu'il façonnoit au tour; et il soutenoit qu'aussitôt que la roue cessoit de tourner, ce vase se trouvoit marqué de deux taches de couleurs, assez éloignées l'une de l'autre. Il en concluoit que deux frères jumeaux qui paroissoient naître en même temps, naissoient pourtant l'un après l'autre, et que la constitution ou l'aspect du ciel changeant pendant l'intervalle quoique très court de ces deux naissances, cela suffisoit aux astrologues pour rendre raison de la différence d'inclinations, de santé, de mœurs et d'aventures de ces deux jumeaux.

Saint Augustin répond avec beaucoup de justesse, que ce raisonnement est faux, en ce que, s'il étoit vrai, il prouveroit tout à la fois trop et trop peu : il prouveroit trop, parce que la grande diversité de fortune dans la vie des jumeaux n'est pas proportionnée au court intervalle qui sépare leur naissance, vu que les astrologues établissent l'identité de leur horoscope sur la durée d'une heure entière : il ne prouveroit pas assez, parce que la portion du ciel qui, par le mouvement de rotation sur l'axe, tourne pendant cet intervalle des deux naissances, est trop petite pour causer cette grande diversité, qui a été dans deux frères jumeaux, jusqu'à faire de l'un un homme libre et de l'autre un esclave. (1).

Cette vaine prétention de vouloir annoncer les évènemens futurs de la volonté contingente des hommes, par l'inspection du ciel, a fait mal-à-propos confondre les astronomes avec les astrologues, sous la dénomination commune de mathématiciens. Mais l'astronomie ne s'ingère pas de prédire les évènemens humains. Elle se borne à calculer les mouvemens des astres, pour marquer leurs places relatives dans le ciel, en un instant quelconque donné ; et à tous les faux argumens des astrologues qui sont cause de la persécution dirigée autrefois à Rome contre les mathématiciens confondus avec les diseurs de bonne aventure, elle répond que les constellations n'étant plus les signes par l'effet de la précession des équinoxes depuis un grand nombre de siècles, les prétendus horoscopes fondés sur l'identité des constellations et des signes qui n'en ont plus que les noms, portent à faux et sont nuls.

Cicéron dans son second livre *de Divinatione*, en prouvant que les étoiles n'ont eu aucune influence de prédestination sur le jour où Rome fut fondée, dit que Tarrutius Firmanus versé dans les calculs des Chaldéens, assuroit que ce jour fut le premier des *parilia*, lorsque la lune étoit dans la balance, et il exprime cette constellation par le mot *jugo* (2). Ce qui prouve que ce mot étoit usité à Rome, pour les serres du scorpion, avant le règne d'Auguste.

Théon n'a pas plus donné que Ptolemée dans les absurdités de l'astrologie. Il a commenté les deux derniers chapitres du 13ᵉ livre de Ptolemée ; mais on a perdu cette partie de ses commentaires, et la traduction latine manuscrite de Viviani ne va que jusques vers la fin du xᵉ chap. du 9ᵉ livre des commentaires de Théon. Le reste est de Teofili, ou de Viviani, mais plutôt du premier de ces deux interprètes latins.

(1) S. Aug. *ibid. C. 1, 11, 111.*    (2) *Ibid. L. iv. C.* 33.

Porta a traduit aussi en latin le premier livre du Commentaire de Théon, ainsi que le premier de Ptolemée. Mais sa traduction de Théon ne vaut pas celles de Saint-Clair et de Viviani : C'étoit un Napolitain habile dans les mathématiques, la médecine et l'histoire naturelle. Il tenoit chez lui des assemblées de savans, et chacun y apportoit des secrets pour les progrès de la médecine et des arts mécaniques, ce qui fit nommer ces assemblées, l'Académie des secrets. Porta en tira de quoi composer son livre de la magie naturelle, qui fit prohiber ces assemblées par ordre du pape. Porta est aussi l'auteur d'un traité de physionomie en latin, inférieur à celui d'Aristote; et d'un autre traité latin, mais plus curieux, sur l'art d'écrire en chiffres ou notes occultes, et de déchiffrer cette sorte d'écriture. Il mourut en 1515. Il étoit comme Gauric plus astrologue qu'astronome. Gauric, évêque de Civita Ducale, a fait quelques notes sur l'Almageste dans la version latine de George de Trebizonde. C'étoit aussi un Napolitain qui se méloit de prédire par les astres. Mais il se trompa lourdement dans la prédiction qu'il fit à Henri II, roi de France, à qui il avoit promis l'empire du monde, et qui trouva la mort dans un tournoi.

Je n'ai pas parlé, dans ce que j'ai dit d'Archimède, du miroir ardent par lequel les écrivains grecs du Bas-Empire rapportent qu'il incendia du haut des remparts de Syracuse, la flotte romaine dans le port de cette ville. Ma raison est que les meilleurs historiens grecs et latins, tels que Polybe, Plutarque et Tite-Live qui n'oublient rien de ce qui peut faire honneur à ce grand géomètre, n'ont rien dit de ce fait. Il est donc fort douteux. Il est même presque impossible, à cause du mouvement continuel du soleil dans l'écliptique, ce qui empêcheroit de faire réfléchir ses rayons sur un point unique, à moins qu'on ne fît tourner du même mouvement, ce miroir qui devroit être d'une forme paraboloïde concave. D'ailleurs l'agitation perpétuelle des vaisseaux causée par celle des eaux de la mer, s'opposeroit encore à la fixité des rayons réfléchis en un seul et même foyer. Archimède n'a pas besoin de ce miroir pour sa gloire. Son arénaire seul qui est le principe de notre arithmétique décuple, qu'on prétend venue de l'Inde, suffiroit pour l'illustrer.

## Page 62.

Voici une preuve plus aisée à entendre, pour ceux qui ne sont pas mathématiciens, que celle de Théon : Supposons la plus grande montagne d'une lieue de hauteur perpendiculaire. Les 360 degrés de la circonférence terrestre, de 25 lieues au degré, donnant 9000 lieues de tour, et 3000 de diamètre, la circonférence de la terre est donc 9000 fois plus grande que la hauteur de cette montagne. C'est pourquoi cette hauteur n'empêche pas plus la sphéricité de la terre, que la plus forte tubérosité granulée de l'écorce d'une orange, ne l'empêche d'être ronde. Car supposons cette tubérosité d'une demi-ligne de hauteur, et l'orange de 4 pouces de diamètre. La circonférence seroit donc d'un pied. Or un pied contient 288 demi-lignes. Cette petite tubérosité n'est donc égale qu'à la 288ᵉ partie de la rondeur de l'orange. Or $\frac{1}{288}$ est une fraction plus forte de l'unité que $\frac{1}{9000}$, par conséquent, puisqu'une hauteur égale à la 288ᵉ partie de la rondeur n'empêche pas cette rondeur, à bien plus forte raison la hauteur qui n'est que un neuf-millième de la rondeur, ne détruit pas cette rondeur ou sphéricité.

Le chorobate étoit tout-à-la-fois un niveau à pendules et un niveau d'eau. Perrault, l'architecte de la belle colonnade du Louvre, en a fait la description dans une note de sa traduction française de Vitruve. J'en donne, ci-après, dans la planche IV, fig. 89, la représentation calquée sur celle que Perrault a fait graver d'après la description que Vitruve en a faite dans son huitième livre, chapitre sixième, en ces termes :

(1) « Le chorobate (F. 89) est composé d'une règle AA longue d'environ 20 pieds, de deux autres bouts de règle BD joints en équerre aux extrémités de la règle en forme de coude, et de deux autres tringles qui sont entre la règle et les extrémités des pièces coudées, sur lesquelles on marque des lignes perpendiculaires, et sur ces lignes pendent des plombs de chaque côté de la règle AA. L'usage du chorobate est que lorsque l'instrument sera placé, si les plombs touchent également les lignes qui sont marquées sur les tringles traversantes, ils feront voir que la machine est à niveau. Que si l'on craint que le vent empêche les plombs de s'arrêter pour faire connoître s'ils tombent sur la ligne perpendiculaire, il faudra creuser sur le haut de la règle un canal EE de la longueur de cinq pieds, large d'un doigt et creux d'un doigt et demi, et y verser de l'eau. Si l'eau touche également le haut des bords du canal, on ne pourra douter que le chorobate ne soit à niveau ; et par ce moyen, on pourra être assuré de la hauteur que l'eau a, et quelle sera sa pente ». VITRUVE, traduction *de Perrault, in-fol. p.* 254.

En effet, ainsi qu'Hesychius explique le mot χωροβατει par περιπατει, le nom de χωροβατης reste sans doute aux pèse-liqueurs qu'on fit depuis, tels que celui qui est décrit par Synésius dans sa lettre à Hypatia, que je vais rapporter :

(2) « Je suis dans un tel besoin d'un hydroscope, qu'il faut que vous m'en fassiez faire un en cuivre ou que vous en achetiez un pour moi ; c'est un canal (cylindrique, selon Columelle), qui a la forme et la grandeur d'une flûte. Une ligne droite tracée sur sa longueur est divisée en plusieurs sections par lesquelles on reconnoît la pesanteur des eaux. Car l'une de ses extrémités est terminée par un cône qui est joint au canal par une base commune. Ce cône est un petit poids qui sert à maintenir droite dans l'eau cette espèce de flûte, quand on l'y a plongée, et on peut y compter les divisions qui indiquent par leur nombre le poids de l'eau. »

(1) Le fruit chorobates étoit probablement un instrument en forme de poire ou de coing dont la section, de la queue à la tête, avait assez la forme d'un alpha. Le gros bout s'enfonçoit plus ou moins dans le liquide ; mais il était toujours en bas. Avant d'imaginer cet instrument, on s'est peut-être servi de quelque fruit semblable pour le même usage, et ce fruit restant droit dans le liquide où il sembloit marcher, quoique plus ou moins enfoncé, sans aller tout à fait au fond, on aura dit qu'il s'y promenoit comme sur un terrein uni, ou qu'il y restoit debout. Et delà, le nom de chorobate.

(2) Que Naogeorus prend mal à propos pour une horloge à eau, dans son édition grecque et latine des lettres de Synesius, à Bâle, chez Oporinus, 1559.

C'étoit donc une espèce de balance hydrostatique , comme l'assure Portus dans sa version latine des lettres de Synesius, publiée à Paris, avec le grec, en 1605, chez Morel. La règle, principale partie du chorobate, devoit être plus pesante que les autres parties de l'instrument, pour le tenir à la surface de l'eau, mais cette pesanteur ne devoit pas aller jusqu'à le faire enfoncer. Et c'est sans doute en cela que Synesius dit que son instrument doit ressembler au chorobate, car il en avoit la règle, dit le P. Pétau dans ses remarques sur les lettres de Synesius. Ce savant homme dit aussi que, pour le reste, il ne sait trop quel instrument Synesius a voulu désigner, mais qu'à coup sûr ce n'étoit pas une sorte de clepsydre, puisque dans les clepsydres on mettoit de l'eau, au lieu que l'instrument de Synesius se mettoit dans l'eau.

Page 33, lig. 8.

Pour entendre ce qu'a dit Zénodore dans son traité des figures isopérimètres, concevons qu'une ligne d'un pouce de longueur composé de 12 lignes, étant pliée en un triangle de 4 lignes à chaque côté, ce rectangle est égal en contour à un carré dont chaque côté a trois lignes. L'un et l'autre étant inscrits au même cercle y prennent un espace d'autant plus grand, qu'ils ont plus d'angles , c'est-à-dire que le carré occupe dans le cercle circonscrit un espace plus grand que le triangle équilatéral inscrit dans ce cercle. Soit le diamètre $= \sqrt{18}$, la surface du triangle équilatéral inscrit est $4\sqrt{5}$ ; la surface du carré inscrit est $9 > 4\sqrt{5}$. donc, plus les figures isopérimètres ont d'angles, plus elles contiennent d'espace.

Page 34. Fig.

TEM : TMN $>$ TML : TMX , TEM $+$ TML : TML $>$ TMN $+$ TMX : TMX, TEL : TML $>$ TNX : TMX. Il y a erreur dans l'édition grecque et dans la traduction latine de Porta, qui font TEL : TML $>$ TMX : TNX, il faut $>$ TNX : TMX.

Note de M. Delambre, page 34.

EZ : périmètre DEZ : : ETZ : 360

Pér.   ABG :           BG : : 360° : BHG,

Mais les périmètres sont égaux ,

Donc   EZ : BG : : ETZ : BHG : : EL : BK : : EL : LM : : ETL : BHK ,

Ou   $\dfrac{EL}{LM} = \dfrac{ETL}{MTL}$,

Car tri. $\dfrac{TEM}{TMN} >$ tri. $\dfrac{TML}{TMX}$.
Sect.        Sect.

Donc tr. $\dfrac{TEM}{TML}$  Sect. $\dfrac{TMN}{TMX}$

$$\frac{TEM + TML}{TML} > \frac{ZMN + TMX.}{TMX}$$

$$\frac{ETL}{TML} > \frac{NTX}{TMX}, \text{ donc } \frac{EL}{LM} > \frac{ETL}{MTL}$$

Donc $\quad MTL > BHK$, ou $(90^\circ - TML) > (90^\circ - KBH,$

Ou $\quad\; KBH > TML.$

Soit $\quad NML = KBH$, donc $HK = NL > TL.$ D.

Page 181.

$$gz \times dz + \overline{de}^2 = (de + dz)^2$$

Car $\quad gz = 2de + dz$

Donc $\quad gz \times dz = (2de + dz)dz$

Ainsi $\quad gz \times dz + \overline{de}^2 = (2de + dz)dz + de,^2$

Mais $\quad (2de + dz)dz = 2de.dz + dz^2$

Donc $\quad (2de + dz)dz + \overline{de}^2 = 2de.dz + \overline{dz}^2 + \overline{de}^2$

Or, $\quad (de + dz)^2 = de^2 + 2de.dz + \overline{dz}^2$

Et $\quad 2de.dz + \overline{dz}^2 + \overline{de}^2 = \overline{de}^2 + 2de.dz + dz^2$

Donc $gz.dz + \overline{de}^2 = (de + dz)^2.$ Donc $gz.dz + \overline{de}^2 = (de + dz)^2.$

Mais $(de + dz)^2 = \overline{be}^2 = \overline{bd}^2 + \overline{de}^2 = \overline{gd}^2 + \overline{de}^2$, donc $gz.dz = \overline{gd}^2$, et $gz : gd : dz$.
moyenne et extrême raison. $\qquad$ H.

(1) Chorobates autem est regula longa circiter pedum X X. E ahabet ancones in capi‑
tibus extremis æquali modo perfectos, in què regulæ capitibus ad norman coagmentatos,
et inter regulam et ancones a cardinibus compacta transversaria, quæ habent lineas ad per‑
pendiculum rectè descriptas, pendentia què ex regula, quæ cùm regula fuerit collocata, ea
que tangent æquè ac pariter lineas descritionis, indicabunt libratam collocationem, etc.

Vitruv. de architect.

(2). Ὑδροσκοπίου μοι δεῖ, ἐπίταξον αὐτὸ χαλκευθῆναί τε καὶ συνωνηθῆναι. Σωλὴν ἐςὶ κυλιν‑
δρικὸς, αὐλοῦ καὶ σχῆμα καὶ μέγεθός ἔχων. Οὗτος ἐπί τινος εὐθείας δέχεται τὰς κατατομὰς,
αἷς τῶν ὑδάτων τὴν ῥοπὴν ἐξετάζομεν. Ἐπιπωματίζει γὰρ αὐτὸν ἐκ θατέρου κῶνος κατὰ θέσιν
ἴσην ἐγκείμενος, ὡς εἶναι κοινὴν βάσιν ἀμφοῖν τοῦ κώνου τε καὶ τοῦ σωλῆνος, αὐτὸ δὴ τοῦ‑
τό ἐςι τὸ βαρύλλιον. Ὅταν οὖν εἰς ὕδωρ καθῆς τὸν αὐλὸν, ὀρθὸς ἐςήξει, καὶ παρέξει σοι
τὰς κατατομὰς ἀριθμεῖν· αἱ δὲ, τῆς ῥητῆς εἰσί γνωρίσματα.

Synesii episcopi epist.

H.

29*

*Page 235 , l. 3 d'en bas.*

Ce passage de Théon a été sévèrement censuré par R. Simson dont je vais traduire une note intéressante sur la xviii^e proposition du 6^e livre, relative à ce passage d'Euclide. « Les commençans ne trouvent ordinairement rien de plus difficile dans les élemens de géométrie, que la doctrine de la raison composée. Théon l'a rendue aussi absurde que peu géométrique par la substitution qu'il a faite de la cinquième définition du 6^e livre, à la vraie définition qu'Eudoxe ou Euclide en avoit donnée, à la suite de la définition de la raison triplée dans le 5^e livre. Voici quelle est celle de Théon : « Une raison est dite être composée de raisons, quand les quantités des raisons étant multipliées entr'elles en font une. Ὅταν αἱ τῶν λόγων πηλικότητες ἐφ' ἑαυτὰς πολλαπλασιασθεῖσαι ποιῶσι τίνα. ( Il dit dans ses commentaires, font une certaine quantité de raisons, quando rationum quantitates inter se multiplicatæ aliquam efficiunt rationem, suivant la version de Commandin). Wallis traduit le mot πηλικότητες par rationem exponentes exposants de la raison; et Gregory rend les derniers mots de grec par illius facit quantitatem, en fait la quantité ( de la raison ). Mais en quelque sens que l'on prenne les expressions *quantités* , ou *exposants de la raison,* et leur *multiplication,* la définition sera toujours inexacte et ne fera rien connoître. Car il ne peut y avoir de multiplication que par un nombre. Or la quantité ou exposant de la raison, selon Eutochius dans son commentaire sur la proposition iv du 2^d livre d'Archimède *de sph. et cyl.,* et selon l'explication moderne de ces termes, est le nombre qui, multiplié par le terme conséquent d'une raison, produit l'antécédent ; ou, ce qui est là même chose, c'est le nombre qui provient de la division de l'antécédent par le conséquent. Par exemple, la raison de la diagonale du carré, au côté; et celle de la circonférence du cercle au diamètre; et autres semblables. D'ailleurs, on ne trouve pas la moindre mention de cette définition dans les écrits d'Euclide, d'Archimède, d'Apollonius et des autres anciens, quoiqu'ils fassent un usage fréquent de la raison composée. Et dans la iii^e proposition du 6^e livre, où il est question de la raison composée, pour la première fois, il n'y a pas un seul mot qui soit relatif à cette définition; quoique, s'il y avoit quelque endroit où il en fallût parler, c'étoit là précisément qu'il falloit l'insérer. La juste définition est expressément citée en ces termes: « Or la raison de K à M, est composée de la raison de K à L, et de la raison de L à M ». La définition du Théon est donc absurde et sans application. On ne peut guères douter que Théon ne l'ait fourrée dans les élémens d'Euclide. Car elle se retrouve dans son commentaire sur la grande composition de Ptolemée, où il en donne une explication puérile qui ne convient qu'aux quantités que l'on peut exprimer en nombres. Et c'est de ce commentaire, que cette définition et l'explication ont été copiées mot à mot, et transportées delà parmi celles du 6^e livre, comme il paroit par l'édition d'Hervagius. Mais Zamberti et Commandini, dans leurs versions latines des élémens, disent la même chose à l'occasion de ces définitions. Et ni Campani, ni, à ce qu'il paroit, les manuscrits arabes sur lesquels il a traduit Euclide, ne présentent cette définition. Clavius, dans les remar-

*Page 235, l. 3 d'en bas.*

Nothing is usually reckoned more difficult in the elements of geometry by learners, than the doctrine of compoud ratio which Theon has rendered absurd and ungeometrical, by substituting the 5th definition of the 6th book in place of the right definition, which without doubt Eudoxus or Euclid gave, in its proper place, after the definition of triplicate ratio, etc., in the 5th book.

Theon's definition is this; a ratio is said to be compounded of ratios ὅταν αἱ τῶν λόγων πηλικότητες ἐφ' ἑαυτὰς πολλαπλασιασθεῖσαι ποιωσι τινά : Which Commandine thus translates: « quando rationum quantitates inter se multiplicatæ aliquam efficiunt rationem; » that is, when the quantities of the ratios being multiplied by one another make a certain ratio. Dr Wallis translates the word πηλικοτητες « rationem exponentes, » the exponents of the ratios : And Dr Gregory renders the last words of the definition by « illius « facit quantitatem, » mades the quantity of that ratio : But in whatever sense the « quantities, » or « exponents of the ratios, » and their « multiplication » be taken, the definition will be ungeometrical and useless : For there can be no multiplication but by a number : Now the quantity or exponent of a ratio (according to Eutochius in his comment. on prop. 4. book 2. of Arch. de Sp. et Cyl. and the moderns explain that term) is the number which multiplied into the consequent term of a ratio produces the antecedent, or, wich is the same thing, the number wich arises by dividing the antecedent by the consequent; but there are many ratios such, that no number can arise from the division of the antecedent by the consequent; ex. gr. the ratio of which the diameter of a square has to the side of it; and the ratio wich the circumference of a circle has to its diameter, and such like. Besides, that there is not the least mention made of this definition in the writings of Euclid, Archimedes, Apollonius, or other ancients, tho' they frequently make use of compound ratio : And in this 23d prop. of the 6th book, where compound ratio is first mentioned, there is not one word which can relate to this definition, though here, if in any place, it was necessary to be brought in; but the right definition is expressly cited in these words : « But the ratio » of K to M is compounded of the ratio of K to L, and of the ratio of L to M. » This definition therefore of Theon is quite uselefs and absurd : For that Theon brought it into the elements can scarce be doubted; as it is to be found in his commentary upon Ptolemy's Μεγαλη Συνταξις, page 62. where he also gives a childish explication of it, as agreeing only to such ratios as can be expressed by numbers; and from this place the definition and explication have been exaactly copied and prefixed to the definitions of the 6th book, as appears from Hervagius's edition : But Zambertus and Commandine, in their Latin translations, subjoin the same to these definitions. Neither campanus, nor, as it seems, the Arabic manuscripts, from which he made his translation, have this definition. Clavius, in his observations upon it, rightly judges that the definition of compound ratio might have been made after the

ques qu'elle lui donne lieu de faire, pense judicieusement que la raison composée auroit pû être définie de la même manière que la raison doublée et que la raison triplée. « Quand, dit-il, plusieurs grandeurs sont en proportion continue, Euclide a nommé la raison de la première à la troisième, raison doublée de la première à la seconde; et la raison de la première à la quatrième, raison triplée de la première à la seconde; c'est-à-dire, raison composée de deux ou trois raisons intermédiaires qui sont égales entr'elles, et ainsi de suite. De sorte que si plusieurs grandeurs de la même espèce se suivent l'une l'autre, sans être en proportion continue, la première est dite être à la dernière, la raison composée de toutes les raisons intermédiaires. C'est pour cela seulement, que ces raisons intermédiaires sont placées entre les deux extrêmes, savoir entre la moindre et la plus forte grandeur, comme dans la 10ᵉ définition du 5ᵉ livre, la raison du premier terme au troisième a été appellée raison doublée, seulement parce qu'il y a deux raisons entre les extrêmes. Il n'y a donc pas de différence entre la composition des raisons, et leur duplication, triplication, etc., définies dans le 5ᵉ livre, sinon que dans la duplication, la triplication etc., des raisons, les raisons intermédiaires sont égales entr'elles, tandis que dans la composition des raisons, il n'est pas nécessaire que les raisons soient égales les unes aux autres ». Aussi M. Edmond Scarburgh dans sa traduction anglaise des six premiers livres, p. 238, 266, affirme expressément que la 5ᵉ définition du 6ᵉ livre est supposée, et que la vraie définition de la raison composée, c'est-à-dire celle de la raison doublée est contenue dans la 10ᵉ définition du 5ᵉ livre, ou doit s'en déduire conformément à l'explication que Clavius en a donnée. Cependant les modernes ont perdu beaucoup de temps et de peines à expliquer par de longs commentaires cette 5ᵉ définition qu'ils auroient dû plutôt supprimer comme fausse et controuvée.

En effet, si l'on compare la 5ᵉ définition du 6ᵉ livre avec la 5ᵉ proposition du 8ᵉ livre, on verra que cette définition a été insérée dans les élémens en place de la vraie qu'on en a ôtée. Car la 5ᵉ du 8ᵉ démontre que le nombre plan dont les côtés sont C, D, est au nombre plan dont les côtés sont E, Z, ( v. l'éd. d'Herv. ou de Greg. ) en raison composée des raisons de leurs côtés, c'est-à-dire qu'ils sont entr'eux en raison composée de C à E, et de D à Z. Mais par la définition 5 du livre 6, et par l'explication qu'en donnent tous les commentateurs, la raison composée des raisons de C à E et de D à Z est la raison du produit de la multiplication des antécédens C, D, au produit des conséquens E, Z, c'est-à-dire la raison du nombre plan dont les côtés sont G, D, au nombre plan dont les côtés sont E, Z. Ainsi la proposition qui est la définition 5 du livre 6, est la même que la 5ᵉ du livre 8. Il faut donc la supprimer dans l'un ou l'autre, car il est absurde de donner comme définition dans un endroit des élémens, une proposition démontrée dans un autre. Or il n'est pas douteux que la 5ᵉ proposition du livre 8 ne doive être conservée à sa place, puisqu'elle démontre la même chose concernant les nombres plans, qui est démontrée dans la 23ᵉ proposition du livre 6 concernant les parallélogrammes équiangles. Elle ne peut donc pas rester parmi les défini-

same manner in wich the definitions of duplicate and triplicate ratio are given, viz.
" That is in several magnitudes that are continual proportionals, Euclid named the
" ratio of the first to the third, the duplicate ratio of the first to the second; and
" the ratio of the first to the fourth, the triplicate ratio of the first to the second,
" that ts, the ratio compounded of two or three intermediate ratios that are equal
" to one another, and so on; so, in like manner, if there be several magnitudes of
" the same kind, following one another, which are not continual proportionals, the
" first is said to have to the last the ratio compounded of all the intermediate ratios,
" — only for this reason, that these intermediate ratios are interposed betwixt the
" two extremes, viz. the first and last magnitudes; even as, in the 10th definition of
" the 5th book, the ratio of the first to the third was called the duplicate ratio,
" merely upon account of two ratios being interposed betwixt the extremes, that are
" equal to one another : So that there is no difference betwixt this compounding of
" ratios, and the duplication or triplication of them wich are defined in the 5th
" book, but that in the duplication, triplication, etc. of ratios, all the interposed
" ratios, it is not necessary that the intermediate ratios should be equal to one ano-
" ther ». Also Mr. Edmund Scarburgh, in his English translation of the first six
books, page 238, 266, expressly affirms, that the 5th definition of the 6th book is
supposititious, and that the true definition of compound ratio is contained in the 10th
definitions of the 5th book, viz. the definition of duplicate ratio, or to be under-
stood from it, to wit, in the same manner as Clavius has explained it in the preceding
citation. Yet these, and the rest of the moderns, do notwithstanding retain retain
this 5th def. of the 6th book, and illustrate and explain it by long commentaries,
when they ought rather to have taken it quite away from the elements.

For, by comparing def. 5. book 8. it will clearly appear that this definition has
been put into the elements in place of the right one wich has been taken out of them:
because, in prop. 5. book 8. it is demonstrated that the plane number, of wich the
sides are C, D, has to the plane number of wich the sides are E, Z, (see Hergavius's
or Gregory's edition), the ratio wich is compounded of the ratios of their sides;
that is, of the ratios of C to E, and D to Z; and by def. 5. book 6. and the explication given of it by all the commentators, the ratio wich is compounded of the ratios
of C to E, and D to Z, is the ratio of the product mace by the multiplication of the
antecedents C, D to the product by the consequents E, Z, that is, the ratio of the
plane number of wich the sides are C, D, to the plane number of which the sides are
E, Z. Wherefore the proposition wich is the 5th def. of book 6. is the very same
with the 5th prop. of book 8. and therefore it ought necessarily to be cancelled in one
of these places; because it is absurd that the same proposition should stand as a definition in one place of the elements, and be demonstrated in another place of them.
Now, there is no doubt that prop. 5. book 8. should have a place in the elements, as
the same thing is demonstrated in it concerning plane numbers, which is demonstrated

tions du livre 6, où il est évident qu'elle n'a pas été mise par Euclide, mais par Théon, ou par quelque autre géomètre peu habile.

Mais personne, à ma connoissance, n'a jusqu'à présent montré le véritable usage de la raison composée, ou à quelle fin elle a été introduite dans la géométrie. Car toute proposition dans laquelle la raison composée est employée, peut être énoncée et démontrée sans qu'on ait besoin d'y avoir recours. L'utilité de la raison composée consiste en ce que par son moyen on évite des périphrases et on abrège l'exposé et la démonstration. Or on peut de la manière suivante énoncer et démontrer, par exemple, la proposition 23e du livre 6, sans faire mention de la raison composée en disant : Si deux parallélogrammes sont équiangles, et si comme un côté du premier est à un côté du second, ainsi une ligne droite est à une autre ligne droite, et si comme l'autre côté du premier est à l'autre côté du second, ainsi la seconde ligne droite est faite à une troisième, le premier parallélogramme sera au second, comme la première ligne droite à la troisième. La démonstration seroit exactement la même que nous la faisons à présent, mais les anciens géomètres, voyant qu'on pouvoit la rendre plus courte en donnant un nom à la raison de la première ligne avec la dernière, par lequel les raisons intermédiaires pussent être également exprimées, savoir celles de la première à la seconde et de la seconde à la troisième, et ainsi de suite, s'il y en a plusieurs, ils appellèrent cette raison de la première à la dernière, raison composée de la raison de la première ligne à la seconde, et de celle de la seconde à la troisième, c'est-à-dire dans le présent exemple, composée des raisons qui sont les mêmes que les raisons des côtés, et par là ils exprimèrent la proposition d'une manière plus abrégée en disant : Si deux parallélogrammes sont équiangulaires, ils ont entr'eux la raison qui est la même que celle qui est composée des raisons qui sont les raisons des côtés. Ce qui est plus court que l'énonciation précédente, mais a le même sens; ou même plus brièvement : les parallélogrammes équiangles ont entr'eux la raison qui est la même que celle qui est composée des raisons de leurs côtés. Ces deux énonciations, la première surtout, s'accordent avec la démonstration qui est dans le grec. Cette proposition peut se démontrer encore plus brièvement en disant avec Candalla : (Fig. 88.)

Soient ABCD, CEFG deux parallélogrammes équiangles : complettez le parallélogramme CDHG. Comme nous avons maintenant trois parallélogrammes AC, CH, CF, le premier AC ( par la définition de la raison composée) a, au troisième CF, la raison qui est composée de la raison du premier AC au second CH, et de la raison de CH au troisième CF. Mais le parallélogramme AC est au parallélogramme CH, comme la ligne droite BC est à CG; et le parallélogramme CH est à CF, comme la ligne droite CD est à CE. Ainsi donc le parallélogramme AC est à CF en raison composée des raisons qui sont les mêmes que les raisons des côtés. Cette démonstration s'accorde avec celle du texte grec, qui est que les parallélogrammes équiangles ont entr'eux la raison qui est composée des raisons des côtés; car il est absurde de dire vulgairement

in prop. 23. book 6. of equiangular parallelograms; wherefore def. 5. book 6. ought not to be in the elements. And from this it is evident that this definition is not Euclid's, but Theon's, or some other unskilful geometer's.

But nobody, as far as I know, has hitherto shown the true use of compound ratio, or for what purpose it has been introduced into geometry: for every proposition in wich compound ratio is made use of, may without it be both enunciated and demonstrated. Now the use of compound ratio consists wholly in this, that by means of it, circumlocutions may be avoided, and thereby propositions may be more briefly either enunciated or demonstrated, or both may be done, for instance, if this 23d proposition of the sixth book were to be enunciated, without mentioning compound ratio, it might be done as follows. If two parallelograms be equiangular, and if as a side of the first to a side of the second, so any assumed straight line be made to a second straight line; and as the other side of the first to the other side of the second, so the second straight line be made a third. The first parallelogram is to the second, as the first straight line to the third. And the demonstration would be exactly the same as we now have it. But the ancient geometers, when they observed this enunciation could be made shorter, by giving a name to the ratio which the first straight line has to the last, by which name the intermediate ratios might likewise be signified, of the first to the second, and of the second to the third, and so on, if there were more of them, they called this ratio of the first to the last, the ratio compounded of the ratios of the first to the second, and of the second to the third straight line; that is, in the present example, of the ratios which are the same with the ratios of the sides, and by this they expressed the proposition more briefly thus: If there be two equiangular parallelograms, they have to one another the ratio which is the same with that which is compounded of ratios that are the same with the ratios of the sides. Which is shorter than the preceding enunciation, but has precisely the same meaning. Or yet shorter thus: Equiangular parallelograms have to one another the ratio which is the same with that which is compounded of the ratios of their sides. And these two enunciations, the first especially, agree to the demonstration wich is now in the Greek. The proposition may be more briefly demonstated, as Candalla does thus: Let ABCD, CEFG be two equiangular parallelograms, and complete the parallelogram CDHG; then, because there are three parallelograms AC, CH, CF, the first AC (by the definition of compound ratio) has to the third CF, the ratio wich is compounded of the ratio of the first AC to the second CH, and of the ratio of CH to the third CF; but the parallelograms AC is to the parallelogram CH, as the straight line BC to CG; and the parallelogram CH is to CF, as the straight line CD is to CE; therefore the parallelogram AC has to CF the ratio which is compounded of ratios that are the same with the ratios of the sides. And to this demonstration agrees the enunciation wich is at present in the text, viz. Equiangular parallelograms have to one another the ratio which is com-

la raison qui est composée des côtés. Nous avons préféré la démonstration du texte grec, quoique moins courte que celle de Candalla. Parce que non celle-ci, mais la première montre la manière de trouver la raison composée des raisons des côtés, c'est-à-dire de trouver la raison des parallélogrammes, et les commençans peuvent y apprendre en cas semblables, le moyen d'avoir la raison composée de deux ou de plusieurs raisons données.

De tout cela on peut conclure que dans toutes grandeurs de la même espèce A, B, C, D etc. la raison composée des raisons de la première à la seconde, de la seconde à la troisième, et ainsi de suite jusqu'à la dernière, est seulement une manière d'exprimer la raison de la première A à la dernière D, et d'indiquer en même temps les raisons de A à B, de B à C, de C à D, depuis la première jusqu'à la dernière, soit qu'elles soient les mêmes ou différentes, comme dans les grandeurs qui sont en progression A, B, C, D, la raison doublée de la première à la seconde n'est que l'expression de la raison de la première à la troisième, ce qui indique aussi qu'il y a deux raisons de grandeurs de la première à la dernière, savoir celle de A à B, et celle de B à C qui sont égales. Il en est de même pour la raison triplée de la première à la seconde pour exprimer la raison de A à D, et ainsi de toutes raisons multipliées. Cela est clair par l'expression : λέγεται, *est dite*, dont Euclide se sert dans ses définitions de la raison doublée et triplée, et que Théon ou d'autres ont effacée des élémens, quoique retenue dans la mauvaise définition de la raison composée, 5ᵉ du 6ᵉ, mais mise quelquefois dans la citation de ces définitions, comme dans la démonstration de la proposition xix du livre 6 mal traduite par Commandin qui n'a pas rendu λέγεται, quand il a dit : la première raison a à la troisième la raison doublée. . . . . . Il falloit dire, est dite avoir. Quelquefois cette expression est omise, comme dans la démonstration 33ᵉ du livre xi, où on lit : La première a à la troisième la raison triplée, il y a ἔχει qui signifie sans doute : est dite avoir. Et pareillement nous trouvons cette citation dans la 23ᵉ proposition du 6ᵉ livre : mais la raison de K à M est composée, σύγκειται, de la raison de K à L et de la raison de L à M, manière plus expéditive d'exprimer la même chose qui auroit dû être exprimée par les mots : est dite être composée, σύγκεισθαι λέγεται.

pounded of the ratios of the sides : For the vulgar reading, « which is compounded of
» their sides », is absurd. But, in this edition, we have kept the demonstration wich
is in the Greek text, though not so short as Candallas; because the way of finding the
ratio wich is compounded of the ratios of the sides, that is, of finding the ratio of the
parallelograms, is shewn in that, but not in Candalla's demonstration; whereby be-
ginners may learn, in like cases, how to find the ratio wich is compounded of two or
more given ratios.

From what has been said, it may be observed, that in any magnitudes whatever of
the same kind A, B, C, D, etc., the ratio compounded of the ratios of the first to
the second, of the second to the third, and so on to the last, is only a name or expression by which the ratio which the first A has to the last D is signified, and by which at
the same time the ratios of all the magnitudes A to B, B to C, C to D from the first to
the last, to one another, whether they be the same, or be not the same, are indicated;
as in magnitudes which are continual proportionals A, B, C, D, etc., the duplicate
ratio of the first to the second is only a name, or expression by which the ratio of the
first A to the third C is signified, and by wich, at the same time, is shown that there
are two ratios of the magnitudes from the first to the last, viz. of the first A to the
second B, and of the second B to the third or last C, which are the same with one
another; and the triplicate ratio of the first to the second is a name or expression by
which the ratio of the first A to the fourth D is signified, and by which, at the same
time, is shown that there are three ratios of the magnitudes from the first to the last,
viz. of the first A to the second B, and of B to the third C, and of C to the fourth or
last D, which are all the same with one another; and so in the case of any other mul-
tiplicate ratios. And that this is the right explication of the meaning of these ratios is
plain from the definitions of duplicate and triplicate ratio in which Euclid makes use of
the word λεγεται, is said to be, or is called; which word, he, no doubt, made use of
also in the definition of compound ratio, which Theon, or some other, has expunged
from the elements, for the very same word is still retained in the wrong definition of
compound ratio, which is now the 5th of the 6th book : But in the citation of these
definitions it is sometimes retained, as in the demonstration of prop. 19. book 6.
« the first is said to have, ἐχειν λεγεται, to the third the duplicate ratio, etc. » which
is wrong translated by commandine and others, « has » instead of « is said to have »:
and sometimes it is left out, as in the demonstration of prop. 33. of the 11th book, in
which we find « the first has, εχει, to the third the triplicate ratio; » but without
doubt εχει, « has », in this place signifies the same as εχειν λεγεται, is said to have :
« So likewise in prop. 23. B. 6. we find this citation, « but the ratio of K to M is
« compounded, συγκειται, of the ratio of K to L, and the ratio of L to M », which is
a a shorter way of expressing the same thing, which, according to the definition, ought
to have been expressed by συγκεισθαι λεγεται, is said to be compounded.

3o *

# VARIANTES

Et Critique du texte grec, manuscrit et imprimé du Commentaire de Théon sur la Composition mathématique ou Astronomie de Ptolemée, et des trois versions latines de S.-Clair, de Viviani ou Téofili, et de Porta.

----

Il seroit trop long de rapporter les fautes d'impression et de texte, les omissions, les transpositions, les répétitions, les altérations de calculs, qui se rencontrent à chaque page de l'édition grecque des Commentaires de Théon, donnée à Bâle en 1538, outre les défauts que les figures présentent. Je ne relèverai ci-après que les fautes les plus importantes, celles qui pourroient influer sur le véritable sens des phrases. Par exemple, je ne parlerai ni de ἀρτους, pains, mis par l'édition de Bâle, pour ἀρκτους, ourses, page 27, l. 12 comptée d'en bas ; ni de τογχανοντων, mis pour τογχανοντος qui se rapporte à ὁριζοντος, p. 21, l. 24, etc. Les figures sont des copies de celles du manuscrit grec. On peut en corriger quelques-unes d'après celle de M. Delambre, dans son analyse de Théon, Hist. de l'Ast. anc., T. II.

## CHAPITRE II.

Manuscrit grec. *P.* 26, *l.* 3 *d'en bas,* δια του ἡλιου παραλλαχαεις καταλαμϐανεθαι.

Edition de Bâle. *P.* 11, *l.* 3, δια το του ἡλιου παραλληλας καταλαμϐανεθαι.

Nouvelle édition. *P.* 31, *l.* 29, δια το του ἡλιου ἀκτινας παραλληλας καταλαμϐανεθαι.

Ce membre de phrase est inintelligible, si l'on n'y supplée pas par le mot ακτινας, que le manuscrit grec a omis, et que les latins n'ont pas rendu. Cependant il est nécessaire dans le raisonnement de Ptolemée : sinon, à quoi se rapporteroit l'adjectif pluriel féminin παραλληλας ? ce ne pourroit être qu'à ὑποθεσεσι, qui est le substantif pluriel précédent le plus proche. Mais qu'est-ce que signifieroient ces mots-ci : que les hypothèses du soleil se trouvent parallèles sur la terre ? cela seroit absurde. Or il ne peut se trouver que les rayons solaires qui tombent parallèlement sur la terre, car ils y arrivent d'une distance presqu'infinie, c'est ce qui fait leur parallélisme apparent, comme dans la projection orthographique de la sphère sur un plan.

## CHAPITRE III.

| Manuscrit grec. | Edition de Bâle. | Nouvelle édition. |
|---|---|---|
| *P.* *l.* 14, παραλληλων... | *P.* 18, *l.* 16, παραλληλον... | *P.* 51, *l.* 28, παραλλαξεων... |
| *P.* 15, *l.* 6, ποιουν εν... | *P.* 24, *l.* 19, ποιουν ἐν... | *P.* 66, *l.* 20, ποιουντες ἐν... |
| *Ibid.* ευθειαν... | *P.* 24, *l.* 20, ευθειας... | *Ibid.* *l.* 21, ευθειαν... |

## CHAPITRE IV.

| | | |
|---|---|---|
| *Ibid.,* *l.* 15, ισημεριαν... | *Ibid.* 16, ισηρε αντιχριαν... | *P.* 68, *l.* 2, ισημεριαν... |
| *Ibid.* v. 6. b. λέγι ιᾶν. ἰσοι γαρ... | *P.* 25, *l.* 42, λέγοι ἂν. ἰσοι γαρ... | *P.* 70, *l.* 20, λέγει· ανισοιγάρ· |

Saint-Clair et Viviani, ou Théophile, ont traduit ces mots d'une manière toute opposée : le premier dit : *Non enim æqualia esse tempora dicat quis. Hæc autem æqualia, ut demonstratur, l. 3°....*, et le second : *Nec sanè æqualia tempora dicit, inæqualia enim hæc sunt, ut in 3° ostendit libro.* Dé ces deux versions, celle de Viviani est préférable, parce que le grec n'a pas le mot εἰς qu'il faudroit après ἄν, pour celle de Saint-Clair, et que d'ailleurs le mot ἴσοι contredit ce que Ptolemée dit dans le livre 3.

## CHAPITRE VI.

| Manuscrit grec. | Edition de Bâle. | Nouvelle édition. |
|---|---|---|
| *P.* 20, *l.* 22, νυχθημέρα... | *P.* 33, *l.* 21, νυχθημέρα... | *P.* 91, *l.* 20, νυχθημέρα... |

Porta a rendu ce mot νυχθημέρα, comme s'il eût lu ἰσημέρα; en quoi il a tort, car Saint-Clair et Viviani s'accordent à dire, l'un : *Continget etiam ex una cœli circumvolutione duas fieri dies et noctes duas ;* et l'autre : *Erit autem ut una conversio duos efficiat dies.*

L'*alinea* de la page 93 de cette nouvelle édition-ci, contient dans les premières lignes un aveu bien naïf de Ptolemée en faveur du véritable système du monde, quand il dit que quant aux phénomènes, rien n'empêcheroit que la terre ne tournât autour du soleil, pour plus de simplicité dans les mouvemens et dans leurs démonstrations. Mais il s'en tient aux apparences qu'il explique bien péniblement.

## CHAPITRE IX.

| Manuscrit grec. | Edition de Bâle. | Nouvelle édition. |
|---|---|---|
| *P.* 26, *l.* 29, $\bar{\mu}$ $\bar{\alpha}$ καὶ $\bar{\omega}$... | *P.* 44, *l. dern.*, μυριων $\bar{\alpha}$ και $\bar{\omega}$... | *P.* 183, *l.* 20, μυριαδος $\bar{\alpha}$ και ω... |

Μυριων suffit pour exprimer 10000 sans être suivi de $\bar{\alpha}$. Mais si l'on veut ajouter $\bar{\alpha}$, il faut changer μυριων en μυριαδος, ce qui fait μυριαδος μιας, d'une myriade.

| Manuscrit grec. | Edition de Bâle. | Nouvelle édition. |
|---|---|---|
| *P.* 30. v, *l.* 13, τον β μ<sup>ο</sup> ϑ<sup>α</sup>... | *P.* 51, *l.* 20, των 6 μοιρων... | *P.* 205, *l.* 3, τον β ͵ς″ |

Viviani ou Téofili a corrigé la faute de Porta qui a oublié la demie ͵ς″ que le calcul donne après των β.

| Manuscrit grec. | Edition de Bâle. | Nouvelle édition. |
|---|---|---|
| *P.* 34, *l.* 3, του ♑... | *P.* 57, της παρθένου... | *P.* 221, *l. dern.*, τοῦ αιγοκερω... |

La faute commise par l'édition de Bâle, en substituant à tort la vierge au capricorne pour le lieu du soleil dans le solstice d'hiver, se trouve répétée par la même édition dans celles de ses pages qui répondent aux pages 105, 248, 256, etc., de mon édition, où j'ai eu soin de rétablir le mot αιγοκερω, comme cela doit être. Car puisque, suivant Théon, le solstice d'été étoit au commencement du cancer, le solstice d'hiver devoit être au commencement du septième signe suivant qui est le capricorne.      II.

# ERRATA.

| Pages. | Lignes. | |
|---|---|---|
| 3 | dernière , | *au lieu de* pratiquer , *lisez* pratique. |
| 36 | 10 | *au lieu de* d'abord , *lisez* ( Fig. 10 ) |
| 37 | 9 | *au lieu de* Fig. 10 , *lisez* dans |
| 45 | 19 | soit ABGD , *lisez* soit ( Fig. 22 ) ABGD |
| 46 | 25 | *au lieu de* ( Fig. 22 ) , *lisez* ( Fig. 23 ) |
| Ibid. | 32 | *au lieu de* sous , *lisez* sout |
| 60 | 2 | effacez Fig. 27, qu'il faut transporter à la ligne 3 suivante, après les mots: en effet, |
| 62 | dernière , | *au lieu de* et la terre , *lisez* et que la terre |
| 65 | 1 | après car , *lisez* Fig. 29, |
| 81 | 11 | après ( Fig. 36 ), *lisez* bis , ou 37. |
| 91 | 27 | *lisez* ( Fig. 39 *bis* ) |
| 103 | 4 | *au lieu de* ( Fig. 45 ) , *lisez* ( Fig. 40 ). |
| 118, | 10 d'en bas , | après entières , *lisez* et |
| 185 | 10 | *lisez* ( Fig. 45 *bis* ) à la ligne 11 suivante. |

La pagination est fautive depuis la page 120 , après laquelle on a imprimé mal à propos 181 au lieu de 121 , et cette faute s'est accumulée en conséquence dans les pages suivantes , jusqu'après la page 244 qui conséquemment à cette erreur , devroit être suivie de 245 , mais l'erreur est ici diminuée de 10 , et la page est numérotée 235 ; et cette diminution continue jusqu'à la fin de ce tome.

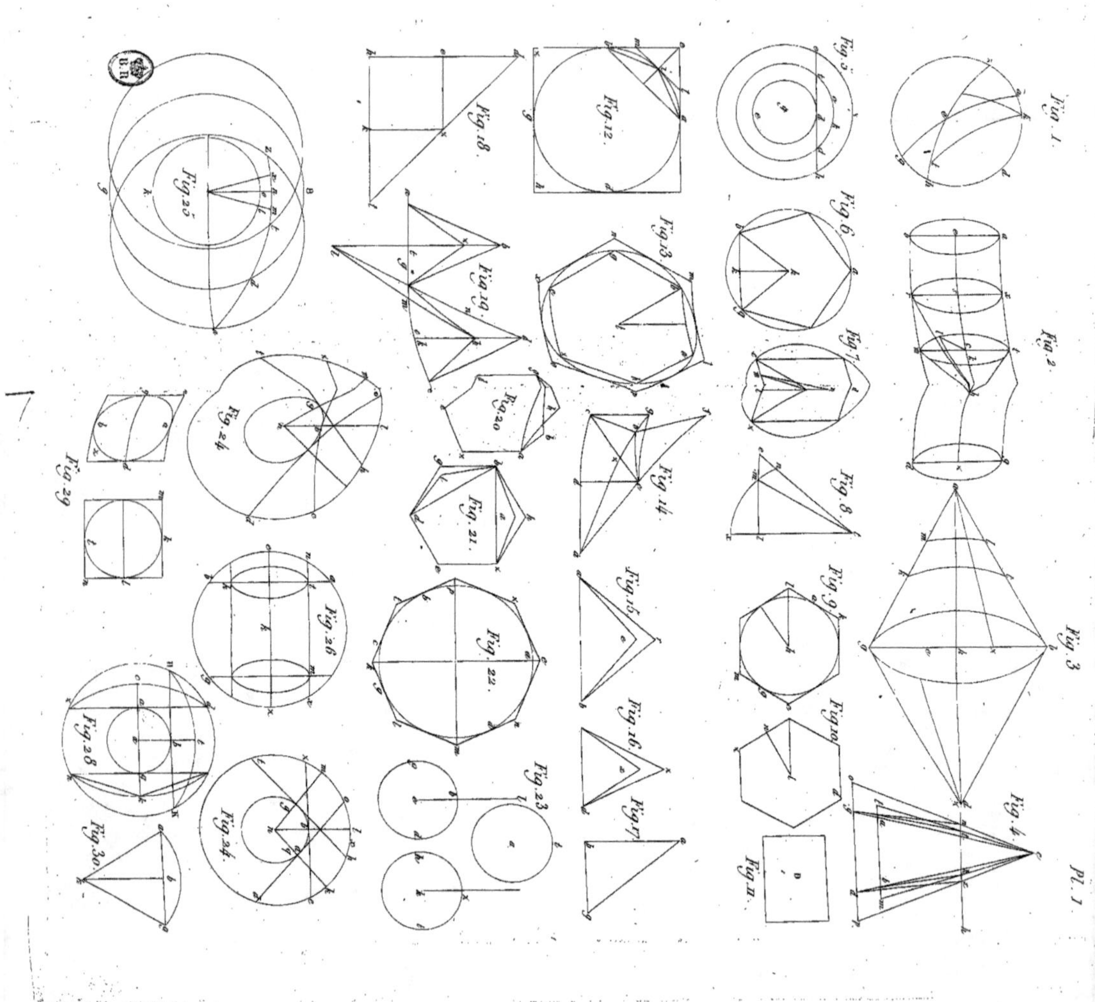

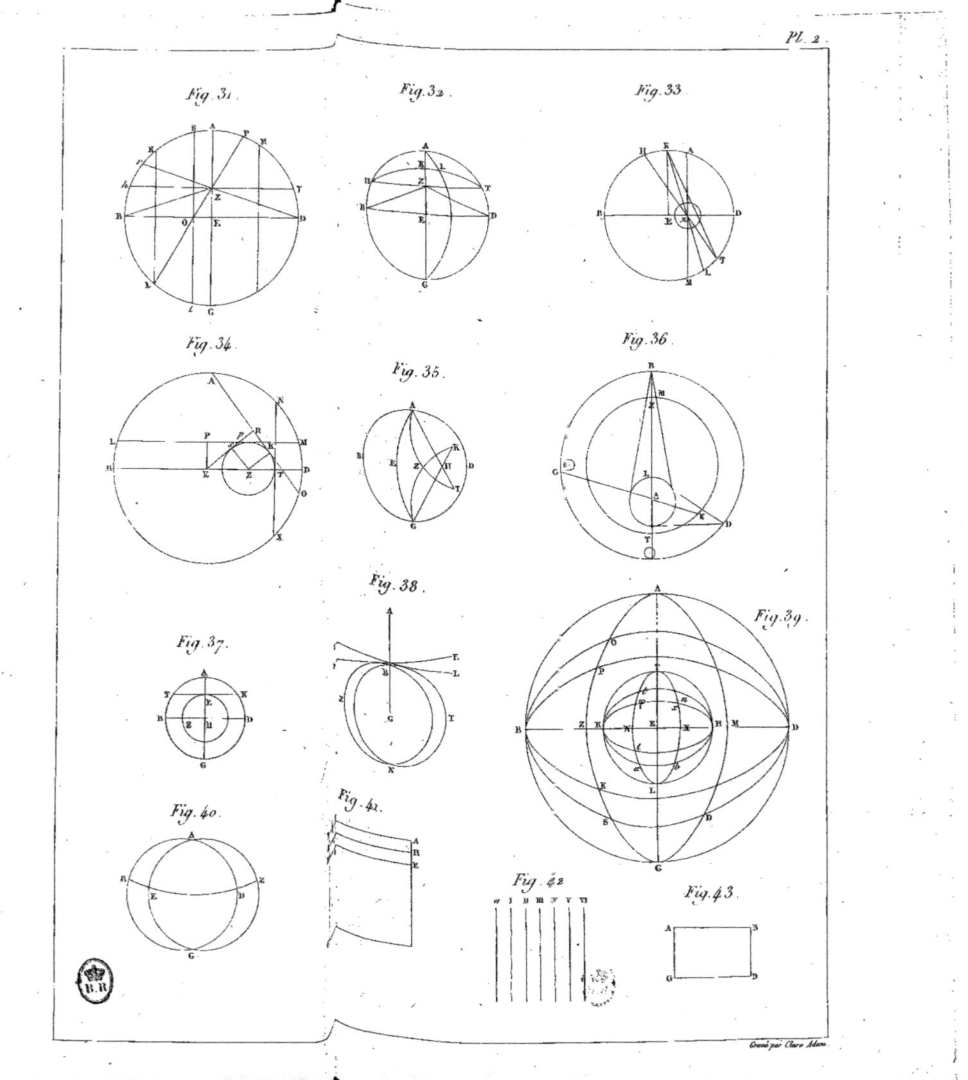

Pl. 2.
Fig. 31.
Fig. 32.
Fig. 33.
Fig. 34.
Fig. 35.
Fig. 36.
Fig. 37.
Fig. 38.
Fig. 39.
Fig. 40.
Fig. 41.
Fig. 42.
Fig. 43.
Gravé par Claro Adam.

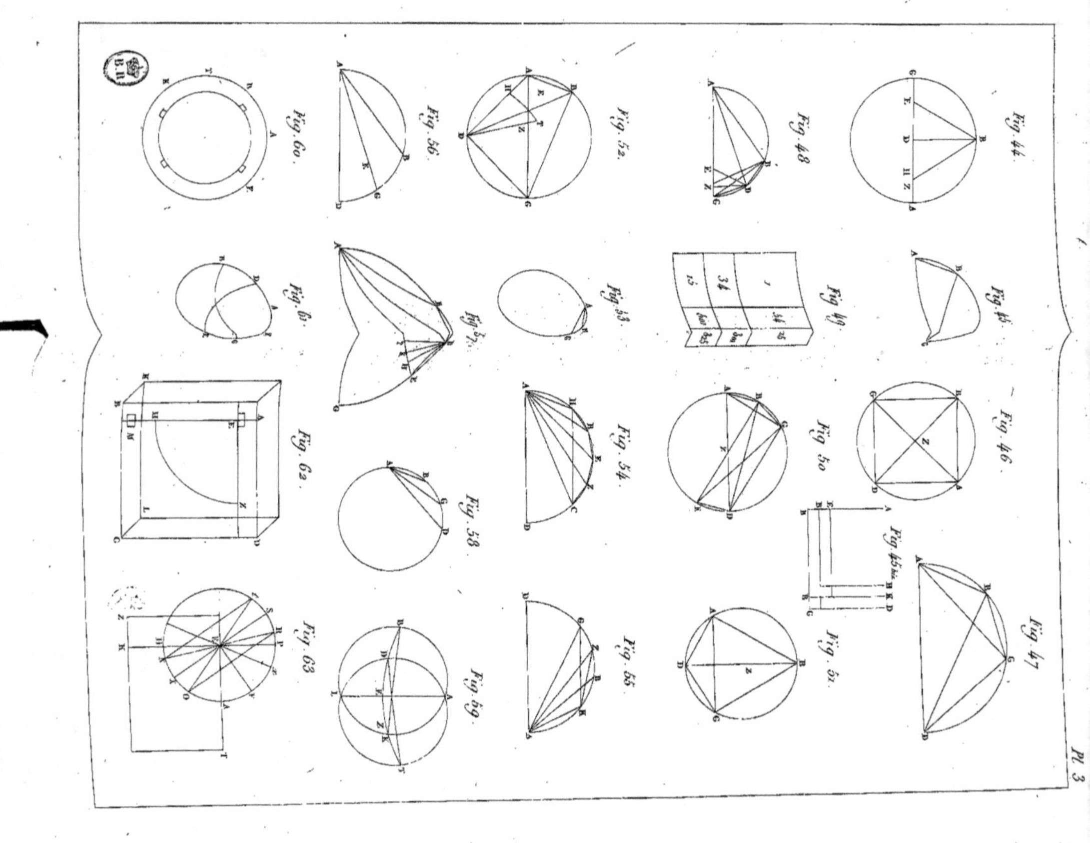

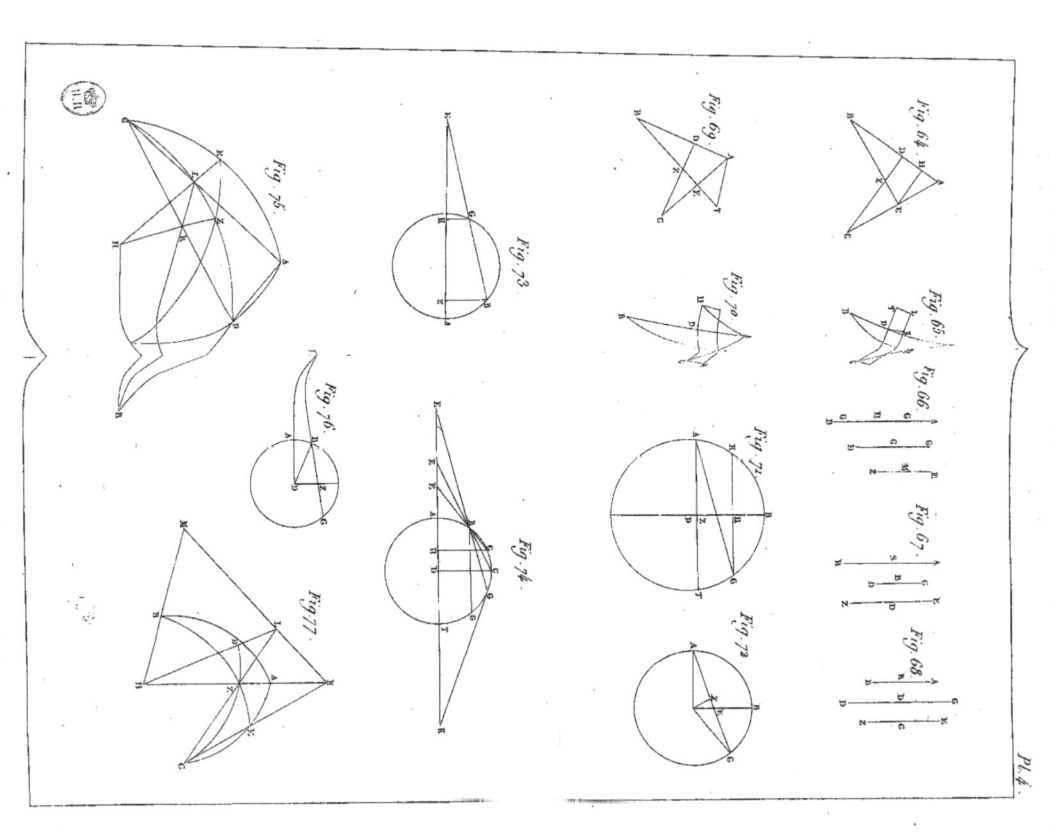

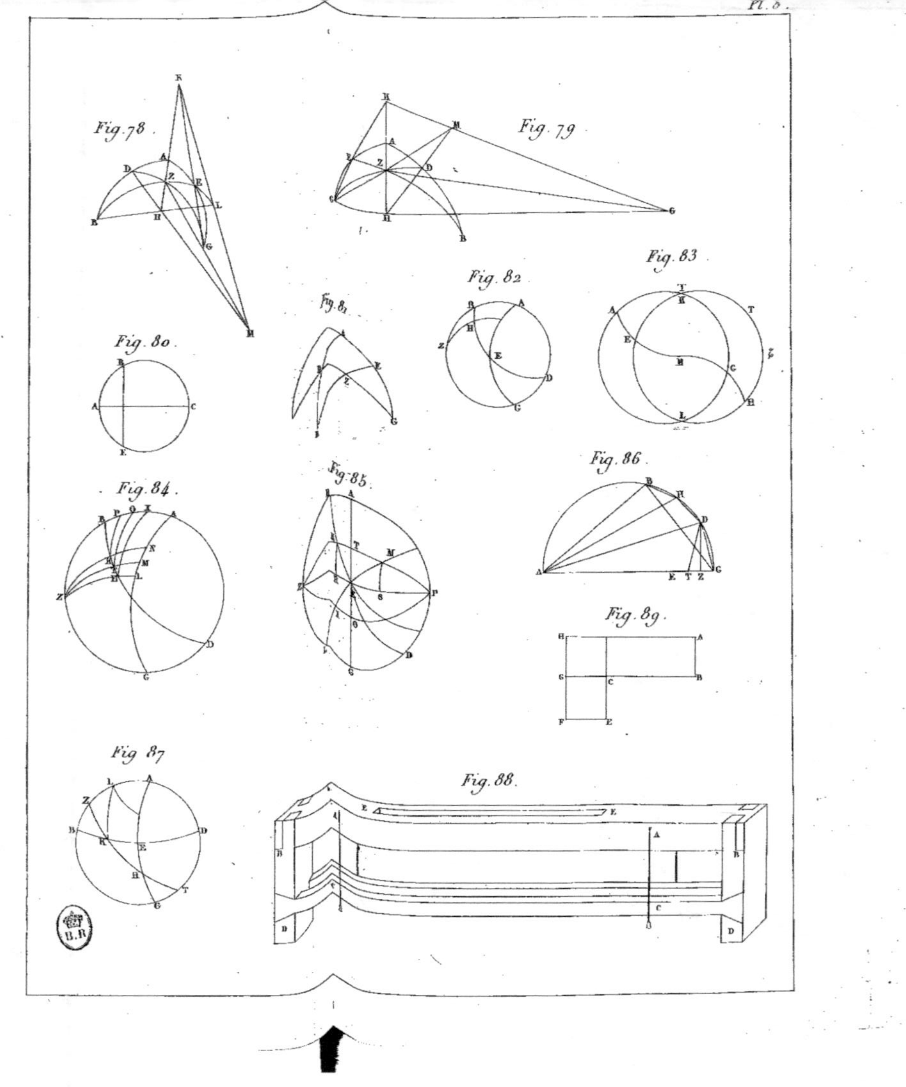

Fig. 78.
Fig. 79.
Fig. 80.
Fig. 81.
Fig. 82.
Fig. 83.
Fig. 84.
Fig. 85.
Fig. 86.
Fig. 87.
Fig. 88.
Fig. 89.